结构设计统一技术措施

中国建筑西南设计研究院有限公司　编著

中国建筑工业出版社

图书在版编目（CIP）数据

结构设计统一技术措施/中国建筑西南设计研究院有限公司编著. —北京：中国建筑工业出版社，2020.3
ISBN 978-7-112-24797-4

Ⅰ. ①结…　Ⅱ. ①中…　Ⅲ. ①建筑结构-结构设计-技术措施　Ⅳ. ①TU318.4

中国版本图书馆CIP数据核字（2020）第017898号

本措施是在总结中建西南院工程建设设计实践经验的基础上，结合设计现状，对现行国家标准、规范、规程执行中需要强调或容易引起歧义的条文，进行执行层面的规定，以期帮助设计人员更好地理解标准、规范、规程；对设计中遇到的部分共性问题，进行专题立项研究，将有建设性的结论纳入本措施作为统一做法；结合汶川地震震害和中建西南院对建筑结构抗震的思考，提出了一些结构抗震设计概念，作为设计人员在执行层面以外的抗震概念补充。

本措施适用于结构设计人员进行西南地区民用建筑工程的设计时使用，其他地区可参考使用。

责任编辑：武晓涛
责任校对：张　颖

结构设计统一技术措施
中国建筑西南设计研究院有限公司　编著
*
中国建筑工业出版社出版、发行（北京海淀三里河路9号）
各地新华书店、建筑书店经销
霸州市顺浩图文科技发展有限公司制版
北京京华铭诚工贸有限公司印刷
*
开本：787×1092毫米　1/16　印张：24　字数：596千字
2020年7月第一版　2020年7月第一次印刷
定价：**79.00**元
ISBN 978-7-112-24797-4
（35241）

前　言

20 世纪 80 年代，中建西南院编写了一本蓝色封面的《结构专业统一技术措施》，这本“蓝皮书”当时在统一全院结构设计人员设计做法，保证设计质量，帮助新员工入手设计工作等方面发挥了重要的技术指导作用。随着我国经济实力不断提高，城市建设的快速发展，人们对建筑的要求也从满足一般使用功能需求逐步转变为兼顾安全、舒适、美观、绿色等综合性能，新材料、新技术、新结构大量出现；2008 年四川汶川发生了震惊世界的 8 级大地震，伤亡人数和房屋倒塌损坏程度令人悲痛，建筑物的抗震性能成为行业关注的热点；目前设计项目数量多、建筑类型多、新人多，一方面复杂结构设计问题需要讨论，另一方面大量基础性的设计做法需要统一，对规范条文的理解和易错问题的提醒需要加强。

在这样的背景下，中建西南院结构专业委员会开始对“蓝皮书”进行修编，完成了新版《结构设计统一技术措施》(2020 版)，力求使设计质量和品质满足新时期建筑市场发展的需求。

本措施编制的主要依据是国家现行规范、规程、标准，也参考借鉴了部分地方标准。编制特点是在总结中建西南院工程建设设计实践经验的基础上，结合设计现状，对现行国家规范、规程执行中需要强调或容易引起歧义的条文，进行执行层面的规定，以期帮助设计人员更好地理解规范、规程的本意；对设计中遇到的部分共性问题，进行专题立项研究，将有建设性的结论纳入本措施作为统一做法；结合汶川地震震害和中建西南院对建筑结构抗震的思考，提出了一些结构抗震设计概念，作为设计人员在执行层面以外的抗震概念补充。

本措施适合于我院设计人员进行西南地区民用建筑工程的设计时使用，其他地区可参考使用。

本措施涵盖房建的传统主营设计及近年来我院随市场发展需求新增的设计板块，共 17 章。主要内容是：1 总则；2 荷载；3 抗震设计；4 地基基础与地下室；5 多高层混凝土结构及混合结构；6 多高层钢结构；7 空间结构；8 砌体结构；9 木结构；10 超长混凝土框架结构；11 既有建筑加固改造设计；12 建筑工业化与装配整体式混凝土结构；13 山地建筑结构；14 填充墙；15 钢结构防腐与防火设计；16 城市桥梁结构；17 地下结构。在【条文说明】中，对部分正文的编制依据、背景及正文中未予展开或不易理解的内容等进行了必要的说明。

主编：

冯　远　邓开国　肖克艰

主要编写人（以姓氏笔画排序）：

冯中伟　毕　琼　伍　庶　刘宜丰　杨　林　杨学兵　吴小宾　何建波　宋谦益　赵广坡　徐　勇

参加编写人（以姓氏笔画排序）：

马玉龙　王　涛　王立维　方长建　邓世斌　兰盛磊　向新岸　刘昭清　李常虹
杨　文　何　进　宋涛炜　迟　春　张　彦　张蜀泸　陈文明　陈志强　欧加加
罗　昱　周劲炜　周定松　夏　循　高晓莉　董　博　熊小林　熊耀清　魏　忠
魏锦涛

本措施编制过程中，西南院的结构设计人员做了大量基础性工作，在此表示真诚的感谢！

本措施编制过程中，陈彬磊、于海平、王四清、邓小华、卢伟煌、朱忠义、朱炳寅、刘冬柏、肖从真、沙志国、张建、张维汇、罗开海、罗赤宇、周建龙、黄世敏、康景文、章一萍、章光斗、隗萍、赖庆文等行业专家给予了宝贵意见和建议，在此对各位专家致以诚挚的谢意！

《结构设计统一技术措施》（2020 版）由中国建筑西南设计研究院有限公司（邮编：610042，地址：成都市天府大道北段 866 号）科技部负责解释。

目　　录

1 总　　则

1.1 一般规定

1.1.1 为适应建筑技术发展和市场需求，统一常见结构设计方法，提高设计水平、效率和质量，推广应用成熟工程实践经验及科研成果，做到安全适用、耐久舒适、经济合理、保护环境、保证质量，力求技术先进，制定本措施。

1.1.2 本措施主要适用于西南地区新建、改建、扩建、加固的民用建筑结构设计，也可供其他地区参考。

1.1.3 结构设计应遵守国家现行有关规范、标准、规程、规定及工程所在地区的地方标准，结合工程实际情况，与建筑专业、设备专业及其相关专业紧密合作，精心设计。

1.1.4 结构设计应考虑工程所在地行业管理政策、施工技术、材料供应及地域环境等条件，做到便于施工，符合实际。

1.1.5 在确保质量的前提下，结构设计应积极采用和推广成熟的新材料、新结构、新技术和新工艺。首次采用新结构、新技术、新材料和新工艺时应进行多方案比较分析，必要时尚应进行专项论证或试验。设计中不得采用国家或地方明文规定禁止使用的技术，尽量避免采用限制使用的技术。

1.1.6 超出现行国家标准、行业标准及工程所在地区地方标准所规定的适用高度和适用结构类型的高层建筑和大跨空间结构工程、特别不规则的复杂建筑工程，以及有关规范、规程规定应进行抗震专项审查的高层建筑工程，应当在初步设计阶段通过建设单位向工程所在地区的建设行政主管部门提出专项报告并进行抗震设防专项审查。超限高层建筑工程的施工图设计文件应当严格按照经抗震设防专项审查批准的初步设计进行编制。

【条文说明】1. 无初步设计阶段的抗震超限工程可在施工图送审前进行抗震设防专项审查。

2. 不属于抗震超限的工程是否需进行抗震专项审查应以工程所在地区建设行政主管部门规定为准。

3. 工程超限判断时，当局部不规则（位置、数量等）对整个结构影响较小时可不计入不规则项。

1.1.7 结构体系应受力合理、传力简捷、具有良好的整体性和延性。应避免因部分结构或构件破坏而导致整个结构丧失承载能力和稳定。

1.1.8 结构计算应选择合适的计算假定、计算简图、计算方法及计算软件，输入的计算信息、模型、简图和数据必须符合本工程实际。对所有计算软件的计算结果，应经分析判断确认其合理、有效后方可用于工程设计。

1.1.9 结构设计应重视结构方案和概念设计，除满足计算要求外，尚应通过构造设计加强连接，保证结构有良好的整体性和适当的刚度；对结构的关键部位和薄弱部位应采取加强措施。

1.1.10 结构设计选用的材料应符合绿色环保要求，结合当地供应条件，注重高强、高性能或高耐久性建筑结构材料的应用，优先采用可再循环、可再利用材料，并提高材料的使用效率。

1.1.11 采用国家、地区及我院标准图、通用图时，应结合具体工程正确合理地选用，必要时应进行复核、调整。

1.1.12 对既有建筑进行加固改造时，应在充分了解原设计标准、设计资料、用途、结构现状及改造后使用功能等基础上确定加固设计使用标准，同时应按规定进行检测、鉴定，必要时应进行专门试验。

1.2 设计标准

1.2.1 设计使用年限应符合下列规定：

1. 一般工业与民用建筑结构设计使用年限应按表 1.2.1 采用。当业主或工程结构需求设计采用高于 50 年的设计使用年限时，应另行确定其在此基准期内荷载与设计参数（如地震动参数、使用活荷载、基本风压、雪压、气温、混凝土保护层厚度等）的取值，及可靠度指标。相应地还应确定与结构构件有关的建筑材料乃至设备的性能参数。

房屋建筑结构的设计使用年限 **表 1.2.1**

类别	设计使用年限(年)	示例
1	5	临时性建筑结构
2	25	易于替换的结构构件
3	50	普通房屋和构筑物
4	100	标志性建筑和特别重要的建筑结构

2. 防空地下室结构的设计使用年限应与上部结构的设计使用年限相同，且不应少于 50 年。

3. 既有建筑结构加固设计的后续使用年限一般不低于 30 年。

1.2.2 建筑结构的安全等级应符合下列规定：

1. 建筑结构设计时，应根据结构破坏可能产生的后果（危及人的生命、造成经济损失、产生的社会影响等）的严重性，采用相应的安全等级。房屋建筑结构安全等级的划分可依据表 1.2.2。

2. 地基基础安全等级不应低于其对应上部结构构件的安全等级。

3. 建筑结构中各类结构构件的安全等级，宜与结构的安全等级相同，允许对其中部分结构构件采用不同的安全等级，但不应低于三级，且应在设计文件中明确表示。

4. 现有建筑改扩建或加固时，其安全等级应根据结构破坏后果的严重性、结构的重要性以及改扩建或加固后的使用年限确定。

5. 抗震设计中的重点设防类建筑结构，其重要构件（如框架柱、剪力墙、转换构件、基础）、框架梁跨中截面、关键节点等安全等级宜为一级。

【条文说明】《工程可靠性设计统一标准》GB 50153—2008 第 3.2.2 条规定“工程结

构中各类结构构件的安全等级，宜与结构的安全等级相同，对其中部分结构构件的安全等级可进行调整，但不得低于三级”；表 A.1.1 规定“房屋建筑结构抗震设计中的甲类和乙类建筑，其安全等级宜为一级”；表 A.1.7 又规定“对偶然设计状况和地震设计状况，结构重要性系数为 1.0”。综合前述三款规定及实际结构震害，本措施未要求对乙类建筑结构框架梁梁端截面的安全等级提高为一级。对于其他次要构件（如次梁、楼板），亦可不予提高。

建筑结构的安全等级 **表 1.2.2**

安全等级	破坏后果	示例
一级	很严重：对人的生命、经济、社会或环境影响很大	大型的公共建筑等
二级	严重：对人的生命、经济、社会或环境影响较大	普通的住宅和办公楼等
三级	不严重：对人的生命、经济、社会或环境影响较小	小型的或临时性贮存建筑等

1.2.3 地基基础设计时应根据地基复杂程度、建筑规模和功能特征以及由于地基问题可能造成建筑物破坏或影响正常使用的程度，采用不同的设计等级并符合表 1.2.3 的规定。

地基基础设计等级 **表 1.2.3**

设计等级	建筑和地基类型
甲级	重要的工业与民用建筑物 30 层以上或高度超过 100m 的高层建筑 体型复杂，层数相差超过 10 层的高低层（含纯地下室）连成一体的建筑物 大面积的多层地下建筑物（如地下车库、商场、运动场等） 对地基变形有特殊要求的建筑物 复杂地质条件下的坡上建筑物（包括高边坡） 对原有工程影响较大的新建建筑物 持力层起伏较大、存在软弱夹层等地基条件复杂及坡地、岸边建筑
乙级	除甲级、丙级以外的工业与民用建筑物
丙级	场地和地基条件简单、荷载分布均匀的七层及七层以下民用建筑及一般工业建筑物 次要的轻型建筑物

1.2.4 结构重要性系数应符合下列规定：

1. 房屋建筑的结构重要性系数取值应不小于表 1.2.4 的规定。

2. 房屋建筑基础的结构重要性系数应与上部结构相同，且不小于 1.0。

3. 对承载能力极限状态，当预应力作为荷载效应参与组合时，预应力效应项的结构重要性系数通常取 1.0。

结构重要性系数 γ_0 **表 1.2.4**

结构重要性系数	对持久设计状况和短暂设计状况			对偶然设计状况和地震设计状况
	安全等级			
	一级	二级	三级	
γ_0	1.1	1.0	0.9	1.0

1.2.5 建筑结构设计应符合现行国家标准《建筑设计防火规范》GB 50016 有关条文要求，应根据建筑的耐火等级，正确选择结构构件的燃烧性能和耐火极限。对于高度超过250m 的超高层建筑还应符合《建筑高度大于 250m 民用建筑防火设计加强性技术要求(试行)》的规定。

2 荷　　载

2.1 一般规定

2.1.1 建筑结构上的荷载按作用时间变化特征可分为永久荷载、可变荷载和偶然荷载，设计应根据使用过程中在结构上可能出现的荷载及荷载分布，按承载能力极限状态和正常使用极限状态分别进行荷载组合，并取各自的最不利组合进行设计。对于承载能力极限状态，应按荷载的基本组合或偶然组合进行设计。对于正常使用极限状态，应根据不同的设计要求，采取荷载的标准组合、频遇组合或准永久组合进行设计。

2.1.2 在进行结构承载能力极限状态计算和正常使用极限状态验算时应考虑活荷载的不利布置组合。

【条文说明】为避免局部结构存在安全隐患，在计算分析时应考虑活荷载不利布置的影响。

2.1.3 对于抗倾覆、抗滑移、抗漂浮有利的永久荷载，其取值应乘以不大于 1.0 的折减系数，对于抗倾覆、抗滑移、抗漂浮有利的活荷载应不予考虑。

【条文说明】对于抗倾覆、抗滑移、抗漂浮验算多采用安全系数法，根据结构的重要性及抗倾覆、抗滑移、抗漂浮荷载的不同，分别取相应的安全系数。《建筑地基基础设计规范》GB 50007—2011 第 6.7.5 条关于挡土墙抗倾覆、抗滑移的稳定性安全系数分别为 1.6、1.3；《建筑地基基础设计规范》GB 50007—2011 第 5.4.3 条规定，地下结构的抗浮安全系数为 1.05；《地铁设计规范》GB 50157—2013 第 11.6.1 条规定，地铁结构的抗浮安全系数，当不计地层侧摩阻力时不应小于 1.05，当计及地层侧摩阻力时，根据不同地区的地质和水文地质条件，可采用 1.10～1.15。

2.1.4 计算地下室外墙的侧向压力时，土压力宜取静止土压力，当土位于地下水位以下时，土的单位体积自重应取浮重度，并应同时考虑地下水的静水压力，必要时尚应在土压力计算中考虑地震作用的影响。水压、土压的荷载分项系数可按恒载标准取值，但其换算水头标高不宜超过地下结构室外入口标高。

【条文说明】地震作用会降低土的内摩擦角或凝聚力，增大主动土压力，降低被动土压力。

2.1.5 抗浮稳定性及构件强度验算时设防水位应取建筑物设计使用年限内（包括施工期）可能出现的最高水位，即抗浮设防水位；对结构构件进行裂缝宽度验算时可取常年（3～5 年）最高水位。

【条文说明】对当可能出现的最高水位超过地下室入口标高时，可取该标高作为抗浮设防水位。地下室抗浮设防水位的选取，除了参考岩土工程勘察报告之外，还需调研该场地设计使用周期历史水文地质资料，并考虑未来使用期间地下水位回升的不利影响。坡地建筑尽管地下水位标高在地下室基底以下，也需考虑汛期其上坡地面滞水对其不利影响，并采取有效措施。

2.1.6 大跨度空间结构的荷载取值及组合除应满足本章要求外，尚应符合本措施第7章的规定。

2.1.7 对荷载分布及大小难以描述清楚的部位，设计文件中宜提供荷载平面分布图。

【条文说明】结构设计中偶有荷载难以描述清楚的情况，提供荷载分布图比较准确和直观，也利于规范后期的使用及改造。

2.2 永久荷载

2.2.1 永久荷载应包括结构构件、围护构件、面层及装饰、固定设备、长期储物的自重，土压力、水压力，以及需要按永久荷载考虑的荷载。

2.2.2 楼（屋）面面层材料的重量应根据建筑实际选用的面层材料重度和厚度计算确定。面层材料的重度应根据现行国家标准《建筑结构荷载规范》GB 50009 确定，对于自重变异较大的材料，其自重的标准值应根据对结构或构件有利或不利的状态分别取上限值或下限值。常用楼屋面面层重量见表 2.2.2。

常用楼屋面面层重量计算 **表 2.2.2**

面层名称	面层做法	面层重量（kN/m^2）	重量合计（kN/m^2）	总厚度（mm）
水磨石楼面 1	15 厚水磨石面层	0.36	0.78	35
	20 厚水泥砂浆找平层	0.40		
	水泥砂浆结合层一道	0.02		
水磨石楼面 2（防水）	15 厚水磨石面层	0.36	1.22	55
	20 厚水泥砂浆找平层	0.40		
	改性沥青一布四涂防水层	0.04		
	最薄处 20 厚水泥砂浆找坡层	0.40		
	水泥砂浆结合层一道	0.02		
水磨石楼面 3（水暖敷管）	15 厚水磨石面层	0.36	1.93	85
	20 厚水泥砂浆找平层	0.40		
	水泥砂浆结合层一道	0.02		
	50 厚 C10 细石混凝土敷管找平层	1.15		
水磨石楼面 4（防水、水暖敷管）	15 厚水磨石面层	0.36	1.95	85
	20 厚水泥砂浆找平层	0.40		
	改性沥青一布四涂防水层	0.04		
	50 厚 C10 细石混凝土敷管找坡找平层	1.15		
地砖楼面 1	10 厚地砖面层	0.25	1.07	50
	20 厚水泥砂浆粘结层	0.40		
	20 厚水泥砂浆找平层	0.40		
	水泥砂浆结合层一道	0.02		

续表

面层名称	面层做法	面层重量（kN/m²）	重量合计（kN/m²）	总厚度（mm）
地砖楼面 2（防水）	10 厚地砖面层	0.25	1.11	50
	20 厚水泥砂浆粘结层	0.40		
	改性沥青一布四涂防水层	0.04		
	最薄处 20 厚水泥砂浆找坡层	0.40		
	水泥砂浆结合层一道	0.02		
地砖楼面 3（水暖敷管）	10 厚地砖面层	0.25	1.82	80
	20 厚水泥砂浆粘结层	0.40		
	水泥砂浆结合层一道	0.02		
	50 厚 C10 细石混凝土敷管找平层	1.15		
地砖楼面 4（防水、水暖敷管）	10 厚地砖面层	0.25	1.84	80
	20 厚水泥砂浆粘结层	0.40		
	改性沥青一布四涂防水层	0.04		
	最薄 50 厚 C10 细石混凝土敷管找坡找平层	1.15		
电热采暖地砖楼面	10 厚地砖面层	0.25	2.46	130
	20 厚水泥砂浆粘结层	0.40		
	50 厚 C10 细石混凝土内敷供暖电缆盘	1.15		
	0.2 厚真空镀铝聚酯薄膜	0		
	30 厚聚苯乙烯泡沫板	0.24		
	20 厚水泥砂浆找平层	0.40		
	水泥砂浆结合层一道	0.02		
马赛克面层 1	6 厚马赛克面层	0.15	0.97	46
	20 厚水泥砂浆粘结层	0.40		
	20 厚水泥砂浆找平层	0.40		
	水泥砂浆结合层一道	0.02		
马赛克面层 2（防水）	6 厚马赛克面层	0.15	1.01	80
	20 厚水泥砂浆粘结层	0.40		
	改性沥青一布四涂防水层	0.04		
	最薄处 20 厚水泥砂浆找坡层	0.40		
	水泥砂浆结合层一道	0.02		
马赛克面层 3（水暖敷管）	6 厚马赛克面层	0.15	1.72	76
	20 厚水泥砂浆粘结层	0.40		
	水泥砂浆结合层一道	0.02		
	50 厚 C10 细石混凝土敷管找平层	1.15		
马赛克面层 4（防水、水暖敷管）	6 厚马赛克面层	0.15	1.74	76
	20 厚水泥砂浆粘结层	0.40		

续表

面层名称	面层做法	面层重量 (kN/m^2)	重量合计 (kN/m^2)	总厚度 (mm)
马赛克面层 4（防水、水暖敷管）	改性沥青一布四涂防水层	0.04	1.74	76
	最薄 50 厚 C10 细石混凝土敷管找坡找平层	1.15		
石材楼面 1	20 厚石材面层	0.56	1.38	60
	20 厚水泥砂浆粘结层	0.40		
	20 厚水泥砂浆找平层	0.40		
	水泥砂浆结合层一道	0.02		
石材楼面 2（防水）	20 厚石材面层	0.56	1.42	60
	20 厚水泥砂浆粘结层	0.40		
	改性沥青一布四涂防水层	0.04		
	最薄处 20 厚水泥砂浆找坡层	0.40		
	水泥砂浆结合层一道	0.02		
石材楼面 3（水暖敷管）	20 厚石材面层	0.56	2.13	90
	20 厚水泥砂浆粘结层	0.40		
	水泥砂浆结合层一道	0.02		
	50 厚 C10 细石混凝土敷管找平层	1.15		
石材楼面 4（防水、水暖敷管）	20 厚石材面层	0.56	2.15	90
	20 厚水泥砂浆粘结层	0.40		
	改性沥青一布四涂防水层	0.04		
	最薄 50 厚 C10 细石混凝土敷管找坡找平层	1.15		
强化复合单层木地板	8 厚强化复合木地板	0.08	0.51	31
	3 厚聚乙烯高弹泡沫垫层	0.01		
	20 厚水泥砂浆找平层	0.40		
	水泥砂浆结合层一道	0.02		
强化复合双层木地板	8 厚强化复合木地板	0.08	0.63	46
	3 厚聚乙烯高弹泡沫垫层	0.01		
	15 厚松木毛底板	0.12		
	20 厚水泥砂浆找平层	0.40		
	水泥砂浆结合层一道	0.02		
架空单层硬木地板	50×20 长条硬木企口板	0.20	0.3 (0.7)	110 (150)
	50×70 主木龙骨中距 400，用 20 厚木块垫平	0.07		
	50×50 次龙骨中距 800	0.03		
	(40 厚干焦渣隔声层)	(0.4)		
架空双层硬木地板	50×20 长条硬木企口板	0.20	0.48 (0.88)	132 (172)
	22 厚松木毛底板	0.18		
	50×70 主木龙骨中距 400，用 20 厚木块垫平	0.07		

续表

面层名称	面层做法	面层重量 (kN/m^2)	重量合计 (kN/m^2)	总厚度 (mm)
架空双层硬木地板	50×50 次龙骨中距 800	0.03	0.48 (0.88)	132 (172)
	(40 厚干焦渣隔声层)	(0.4)		
电热采暖木地板	50×20 长条硬木企口板	0.20	0.75	142
	22 厚松木毛底板	0.18		
	50×50 主木龙骨中距 400,用 20 厚木块垫平	0.06		
	50×50 次龙骨中距 800	0.03		
	供暖电缆盘	0.04		
	0.2 厚真空镀铝聚酯薄膜	0		
	30 厚聚苯乙烯泡沫板	0.24		
保温不上人屋面	40 厚 C20 混凝土配 ϕ6.5@200 钢筋,分仓施工	1.00	2.92	166
	20 厚水泥砂浆保护层	0.40		
	酚醛板满铺点粘,厚度大于 20	0.01		
	20 厚水泥砂浆保护层	0.40		
	4 厚 SBS 改性沥青防水卷材粘贴	0.04		
	刷底胶漆一道,材料同防水材料	0.01		
	20 厚水泥砂浆找平层	0.40		
	陶粒混凝土找坡层,最薄 20	0.24		
	20 厚水泥砂浆保护层	0.40		
	2 厚 JS 防水涂料	0.02		
保温上人屋面	8~10 厚缸砖	0.25	4.10	189
	15 厚水泥砂浆粘结层	0.30		
	其余同保温不上人屋面	3.55		

【条文说明】1. 表中找坡层总量按最薄处计算，具体设计时应按最薄和最厚取平均计算。

2. 对面层较轻的楼面，如架空地板、地毯楼面等，其面层荷载按实际取值可能不利于将来的建筑功能改变，建议设计时适当留有富余。

3. 本表涉及的均是楼屋面面层重量，板底抹灰、吊顶、吊挂设备等荷载应由设计人按实际取值。

2.2.3 幕墙永久荷载标准值=面层厚度×面层重度+支承龙骨重量，面层一般为石材或人造板材、玻璃、铝板等金属材料。

【条文说明】表 2.2.3 数据是我院幕墙中心提供的常用幕墙和轻屋面重量，包含支承龙骨的重量，有数值区间的表示支承龙骨重量的变化范围，支承龙骨跨度越大重量越大，面层厚度与面层分隔有关。一般来讲，为了减小龙骨尺寸，龙骨常采用吊挂方式支承于上层结构，故结构分析时应按其实际作用位置输入。

常用幕墙及轻屋面重量 **表 2.2.3**

幕墙类型	幕墙自重 kN/m²		备　注
玻璃幕墙	常规幕墙(玻璃分格面积 4≤m²)	0.6	
	大装饰条幕墙(装饰条>200mm)	0.8	
	大板面幕墙(玻璃分格面积>4m²)	1.0	
大跨度玻璃幕墙	跨度>10m	1.0～1.7	取决于支承钢结构的用量
玻璃采光顶	常规小跨度玻璃采光顶(有主体结构)	1.0	
	大跨度玻璃采光顶(跨度>8m)	1.2～1.7	取决于支承钢结构的用量
铝板等金属板幕墙		0.4	
石材及人造板材幕墙		1.1	
直立锁板金属屋面		1.0～1.5	取决于沿海、严寒等地区造成钢结构用量的不同

2.2.4 固定隔墙的自重可按永久荷载考虑，位置可能变化布置的隔墙自重应按可变荷载考虑。隔墙自重荷载应根据采用的隔墙类型确定。当采用页岩空心砖或页岩多孔砖时，除应根据孔洞率计算隔墙自重外，尚应考虑砂浆灰缝、构造柱、圈梁、现浇带和隔墙面层等因素的影响，对有防潮要求的墙体还需考虑配砌实心砖重度的影响；当采用加气混凝土砌块干重度计算隔墙荷载时，应对砌块干重度乘以适当的增大系数，以考虑其吸湿作用对重度的影响。常用隔墙自重荷载参数见表 2.2.4。

常用隔墙自重荷载参数 **表 2.2.4**

分类	名称	块体自重(kN/m³)	砌体自重(kN/m³)	常用厚度(mm)
砖	页岩实心砖	18.0	19.0	240、490
	页岩空心砖	8.4 (开洞率 56%)	12.0	100、200
	页岩多孔砖	13.7 (开洞率 28%)	16.4	100、200
砌块	蒸压加气混凝土砌块 (实心)	优等品:5.5～7.5 一等品:5.5	一等品 10.0	100、150、200、300
	陶粒空心砌块	6.0～8.0 B06,B07,B08	B06 10.5	200、250
	石膏砌块	实心:≤11 空心:≤8		100、150、200
板材	灰渣混凝土空心隔墙板	90 厚≤1.2kN/m² 120 厚≤1.4kN/m² 150 厚≤1.6kN/m²		90、120、150
	蒸压加气 混凝土板	4.25～7.25 (B04,B05,B06,B07)		75、100、125、150、175、200、250、300、120、180、240
	轻质条板	面密度不大于 110kg/m²	增加连接材料重量	90、120
	石膏空心条板	60 厚≤45kg/m² 90 厚≤60kg/m² 120 厚≤75kg/m²		90、120

续表

分类	名称	块体自重(kN/m³)	砌体自重(kN/m³)	常用厚度(mm)
板材	玻璃纤维增强水泥轻质多孔隔墙条板(GRC板)	10		90、120
带钢龙骨隔墙	纸面石膏板	10	与轻钢龙骨有关	9.5、12、15、18、21、25
	纤维增强硅酸钙板	D0.8:≤9.5 D1.1:9.5～12.0 D1.3:12.0～14.0 D1.5:>14.0	9	5～12
	纤维增强低碱度水泥建筑平板	16～18		4、5、6
	维纶纤维增强水泥平板	A型:16～19 B型:9～12		4、5、6、8、10、12、15、20、35

【条文说明】1. 在计算墙体荷载时，设计人员易混淆砌块和砌体重度的区别，在此加以强调。

2. 砌体自重考虑了构造柱、圈梁、现浇带、拉结筋及灰缝的重量，但不包括砌体装饰面层的重量。

2.2.5 当无充分的依据表明隔墙在建筑使用年限内不被拆除或改造时，隔墙自重不得作为抗浮抗力的一部分。

2.2.6 地下室顶板覆土荷载应根据实际覆土厚度和重度计算确定，覆土重度一般为14.0～18.0kN/m³，当覆土荷载用于地下室顶板楼盖设计时取大值，当覆土荷载用于地下室抗浮验算时取小值。

【条文说明】本条文主要是考虑景观覆土施工的随意性和不可控性，分别确保地下室顶板结构安全性和地下室抗浮稳定性。另外在设计时应充分考虑景观的不利堆载和荷载的不均匀分布，当地下室顶板上有较大面积的景观水池时，应注意水荷载的不利组合，抗浮计算时不应考虑此部分水荷载。抗浮设计中考虑地下室顶板覆土作为压重时，在设计文件中应明确要求覆土不被移除或减少。利用覆土进行结构抗浮时，应明确覆土施工的时间，对于有可能出现覆土延期施工的情况，应提醒施工方采取必要的抗浮措施满足设计要求。

2.2.7 钢筋混凝土结构构件的重度宜采用25.0kN/m³，构件饰面重量应根据施工工艺及建筑要求计算，高层建筑可扣除节点重叠部分重量。

2.3 活荷载

2.3.1 房屋建筑中栏杆的顶部水平活荷载标准值，一般取1.0kN/m，中小学校应取1.5kN/m。对学校、食堂、剧场、电影院、车站、礼堂、展览馆及体育场，其栏杆顶部还需考虑竖向荷载1.2kN/m，此竖向荷载与水平荷载应分别考虑。

2.3.2 建筑楼面消防车等效均布活荷载按现行国家标准《建筑结构荷载规范》GB 50009的规定采用。

【条文说明】广东省建筑设计研究院《高层住宅结构统一技术措施》(2012 年版)4.1.8 条，对 30t 普通消防车，作用在楼板上的等效均布活荷载可参照表 2.3.2-1、表 2.3.2-2 选用，各表列值之间的数值可采用线性插值方式确定。

消防车轮压作用下单向板的等效均布荷载值（kN/m^2）　　表 2.3.2-1

板跨(m)	覆土厚度(m)									
	0	0.5	0.75	1.00	1.25	1.50	1.75	2.00	2.5	≥3.0
2	35.0	32.9	31.9	30.8	29.8	28.7	26.6	24.5	19.6	16.1
3	30.0	28.2	27.3	26.4	25.2	24.0	22.5	21.0	18.0	15.3
4	25.0	23.5	22.8	22.0	22.2	20.3	19.1	17.8	15.5	13.5

消防车轮压作用下双向板的等效均布荷载值（kN/m^2）　　表 2.3.2-2

板跨(m)	覆土厚度(m)									
	0	0.5	0.75	1.00	1.25	1.50	1.75	2.00	2.50	≥3.0
3.0	35.0	33.3	32.1	30.8	29.3	27.7	25.6	23.5	20.0	16.8
3.5	32.5	31.1	30.3	29.4	27.9	26.3	24.5	22.6	19.3	16.6
4.0	30.0	28.8	28.4	27.9	26.4	24.9	23.3	21.6	18.6	16.2
4.5	27.5	26.8	26.6	26.7	25.2	24.2	22.6	21.0	18.2	15.8
5.0	25.0	24.8	24.7	24.5	23.9	23.3	21.8	20.3	17.5	15.3
5.5	22.5	22.4	22.4	22.3	22.0	21.7	20.6	19.5	17.0	14.9
≥6.0	20.0	20.0	20.0	20.0	20.0	20.0	19.2	18.4	16.2	14.2

2.3.3 对于 30t 普通消防车计算楼盖梁内力时，可对 2.3.2 条板上的等效均布活荷载进行折减，其折减系数按现行国家标准《建筑结构荷载规范》GB 50009 的规定取值。

【条文说明】现行国家标准《建筑结构荷载规范》GB 50009 采用的是规定消防车作用在板上的均布活荷载，再通过折减系数的方法考虑梁的等效均布活荷载，这种方法虽然比较简单但物理概念不是很清楚，为此本院做了专题研究：在特定的框架结构（柱距可变）楼盖上布置消防车荷载（根据对特定梁构件内力不利的原则选择消防车的布置台数和位置），考察特定梁构件支座和跨中弯矩、剪力与相应位置布置均布荷载的弯矩、剪力相等便可求得主梁、次梁的等效均布活荷载，近似于对消防车荷载对构件的作用效应采用了直接设计法，无覆土时板上的等效均布活荷载见表 2.3.3-1，有覆土时板上的等效均布活荷载见表 2.3.3-2。

普通消防车等效均布活荷载（kN/m^2）　　表 2.3.3-1

楼盖类型 \ 柱网尺寸		7.8m×7.8m	8.1m×8.1m	8.4m×8.4m	9.0m×9.0m
井字梁楼盖	主梁	15.0	14.7	14.3	13.7
	次梁	18.0	17.7	17.2	16.4
单向双梁楼盖	主梁	14.6	14.2	13.8	13.1
	次梁	20.0	19.0	18.6	15.4

续表

柱网尺寸 楼盖类型		7.8m×7.8m	8.1m×8.1m	8.4m×8.4m	9.0m×9.0m
十字梁楼盖	主梁	14.0	13.7	13.4	12.9
	次梁	19.2	18.7	18.2	17.5

普通消防车等效均布活荷载覆土厚度折减系数　　表 2.3.3-2

覆土厚度 楼盖类型		0	0.3m	0.6m	0.9m	1.2m	1.5m	1.8m
井字梁楼盖	主梁	1.00	1.00	0.99	0.99	0.97	0.96	0.94
	次梁	1.00	1.00	0.99	0.99	0.97	0.94	0.91
单向双梁楼盖	主梁	1.00	1.00	0.99	0.99	0.97	0.95	0.92
	次梁	1.00	0.98	0.95	0.91	0.86	0.81	0.78
十字梁楼盖	主梁	1.00	0.99	0.98	0.96	0.93	0.89	0.85
	次梁	1.00	0.99	0.99	0.97	0.95	0.92	0.89

【条文说明】1. 当采用本措施中的消防车等效均布荷载用于设计时，无须再考虑《建筑结构荷载规范》GB 50009—2012 第 5.1.2 条梁从属面积的折减系数。

2. 本表仅适用于 30t 的普通消防车，如当地消防部门提供的消防车吨位更大则需设计人自行考虑。

2.3.4 大型消防车型号有多种，全国各地选用情况也不一样，当无资料参考时应根据其吨位或轮压及可能进入现场的台数采用直接设计法考虑其荷载效应。

【条文说明】我院对 63t 消防云梯消防车等效均布活荷载进行了分析计算，在考虑柱网尺寸、工作状态、有无覆土情况下，进行直接计算法得到了主梁、次梁等效均布活荷载如表 2.3.4-1～表 2.3.4-2 所示。

63t 云梯车等效均布活荷载（行驶状态、无覆土、井字楼盖）(kN/m^2)　表 2.3.4-1

柱网尺寸 构件类型	7.8m×7.8m	8.1m×8.1m	8.4m×8.4m	9.0m×9.0m
主梁	17.6	16.8	16.0	14.8
次梁	27.5	26.6	25.7	24.0

63t 云梯车等效均布活荷载覆土厚度折减系数（行驶状态、8.1m×8.1m 柱网、井字楼盖）

表 2.3.4-2

覆土厚度 构件类型	0	0.3m	0.6m	0.9m	1.2m	1.5m
主梁	1.00	1.00	0.99	0.99	0.97	0.96
次梁	1.00	1.00	1.00	1.00	0.98	0.96

63t 云梯车等效均布活荷载（工作状态、井字楼盖）(kN/m²)　　　表 2.3.4-3

柱网尺寸 \ 覆土厚度		0	0.3m	0.6m	0.9m	1.2m	1.5m	1.8m
7.8m×7.8m	主梁	20.0	18.6	17.3	16.1	14.7	13.7	12.8
	次梁	42.6	38.5	34.6	31.1	27.2	24.4	22.0
8.1m×8.1m	主梁	18.7	17.5	16.3	15.2	13.9	13.1	12.2
	次梁	39.8	36.1	32.6	29.5	25.8	23.4	21.1
8.4m×8.4m	主梁	17.6	16.5	15.4	14.4	13.2	12.4	11.6
	次梁	37.4	34.0	30.9	27.9	24.6	22.3	20.3
9.0m×9.0m	主梁	15.6	14.7	13.9	13.0	12.1	11.4	10.7
	次梁	33.1	30.3	27.7	25.3	22.6	20.6	18.8

【条文说明】1. 大型消防车型号有多种，全国各地选用情况也不一样，本表仅适用于特定 63t 云梯消防车等效均布荷载情况。

2. 表中数值仅适用于一个失火现场进入一台消防云梯车的情况，若有多台消防车进入同一火灾现场的情况，需另做研究，以下同。

2.3.5 墙、柱竖向承载能力设计时，消防车活荷载可按实际情况考虑。消防车荷载只用于结构构件的强度计算，可不用于梁板的裂缝及挠度控制验算，可不参与结构指标的控制分析；消防车荷载不与风荷载、地震及温度作用组合。

【条文说明】消防车荷载标准值很大，但出现概率小，作用时间短。在基础设计时，根据经验和习惯，同时为减小平时使用时产生的不均匀沉降，允许不考虑消防车通道的消防车荷载。消防车荷载也可不参与结构的整体指标控制分析，也不用于梁板的裂缝及挠度控制的验算。

2.3.6 停车库活荷载应符合下列规定：

1. 停放小轿车的停车库，其楼面等效均布活荷载应按现行国家标准《建筑结构荷载规范》GB 50009 的规定采用。

2. 停放面包车、卡车、大轿车或其他较重车辆的车库，其楼面等效均布活荷载应根据结构布置、车辆实际轮压和最不利分布求出。

3. 双层停车库的活荷载按实际情况取值，估算时可取 5.0kN/m²。

2.3.7 医疗用房使用活荷载可按表 2.3.7 采用，当医疗设备型号与表中不符时，应按实际情况采用。

有医疗设备的楼（地）面均布活荷载　　　表 2.3.7

项次	类　别	标准值 (kN/m²)	准永久值系数 ψ_q	组合值系数 ψ_c
1	X 光室： 1. 30MA 移动式 X 光机诊室 2. 200MA 诊断 X 光机诊室 3. 200kV 治疗机诊室 4. X 光存片室	 2.5 4.0 3.0 5.0	 0.5 0.5 0.5 0.8	0.7

续表

项次	类别	标准值 (kN/m²)	准永久值系数 ψ_q	组合值系数 ψ_c
2	口腔科： 1. 201 型治疗台及电动脚踏升降椅诊室 2. 205 型、206 型治疗台及 3704 型椅诊室	3.0 4.0	0.5 0.5	0.7
3	消毒室： 1. 1602 型消毒柜 2. 2616 型治疗台及 3704 型椅	6.0 5.0	0.8 0.8	0.7
4	手术室： 一般手术室 杂合(杂交)手术室(注意辐射屏蔽设计要求) 杂合(杂交)手术室设有 C 臂型 DSA 机器时顶面悬挂荷载参照 9 项要求执行	3.0 15.0	0.5	0.7
5	产房	3.0	0.5	0.7
6	血库：设 D-101 型冰箱、生化实验室	5.0	0.8	0.7
7	CT 检查室	6.0	0.8	0.7
8	MRI 房间：检查室、控制机房 (MRI 的主要荷载为永磁体的集中荷载，1.5Tesla 级取不小于 60kN，3.0Tesla 级别取不小于 120kN)	7.0	0.8	0.7
9	DSA 检查室： 检查室地面荷载 悬挂型 DSA(C 臂型)：顶面区域附加总荷载不小于 20kN	5.0	0.8	0.7
10	DR 检查室： 检查室地面荷载 检查室顶面区域悬挂附加荷载不小于 10kN	5.0	0.8	0.7
11	检验科： 实验台部分 生化流水线部分	5.0 10.0	0.8	0.7
12	病理档案室、资料室(密集型档案柜)	12.0	0.8	0.7
13	ICU、EICU、PICU、NICU 地面荷载 顶面吊塔设备荷载(除去吊顶荷载)	3.0 0.5	0.5 1.0	0.7

【条文说明】在初步设计前应向甲方协调确定所有设备的大致类型，在施工图设计前应由甲方提供有可能采用的所有厂家的具体样本。如医院的核磁共振设备室，MRI 永磁体荷载为两个支座的集中荷载，应注意在 MRI 永磁体下设梁承担此部分荷载。MRI 检查室与机房应设置连通的降板区域，降板区域一般为 150mm～300mm 深，此部分铺设电缆后需采用强度等级不低于 C30 的素混凝土进行回填，在设计时应考虑此部分荷载。由于 MRI 在工作时会产生很大的磁力，在 MRI 的房间磁力线范围内应注意结构构件的配筋率不宜过大（具体要求详见 MRI 厂家技术资料）。在对原建筑进行功能改造时，对于新增的 MRI 机房应注意磁力对于原有结构的影响。

2.3.8 超市活荷载大小应根据建筑物使用要求由甲方提供。初步设计无资料时，可参照如下取值：大型生活超市卖场：梁、柱取7.5kN/m^2，板取15.0kN/m^2；大型生活超市仓储区：梁、柱取15.0kN/m^2，板取18.0kN/m^2。

【条文说明】对于“大型生活超市、仓储区”的活荷载首先应与使用方商定。大型生活超市仓储区的活荷载与层高关系较大，应综合评估，本条文所给数值应在限定层高4.8m以下。

2.3.9 剧场舞台结构活荷载应按舞台工艺设计提供的实际荷载采用，在初步设计时可按下列要求采用：

1. 主舞台、侧舞台、后舞台及台唇台面上的活荷载不应小于5.0kN/m^2；

2. 主舞台上方屋盖吊挂等效均布活荷载：甲等剧场不宜小于6.5kN/m^2，乙等剧场不宜小于6.0kN/m^2；侧舞台、后舞台上方屋盖等效均布活荷载：甲等剧场分别不宜小于2.5kN/m^2、4.0kN/m^2，乙等剧场均不宜小于2.0kN/m^2。

2.3.10 地铁车站的站台、楼板和楼梯等部位人群均布荷载应采用4.0kN/m^2。

【条文说明】本条规定引自《地铁设计规范》GB 50157—2013第11.2.5条。

2.3.11 载客电梯机房活荷载应按照电梯订货样本荷载值取用。初步设计暂无电梯订货样本时，可按下列要求估算：

1. 不论是有机房电梯还是无机房电梯，对于载重1000kg的电梯，可按每部电梯40.0kN/m的均布活荷载标准值作用于井道顶周边的梁或剪力墙上，楼板局部配筋设计时活荷载仍需按7.0kN/m^{2}取值。载重大于1000kg的电梯井道顶荷载可按载重比例增加。

2. 电梯基坑吊在楼层时，电梯机坑底板等效均布荷载可在电梯总重力荷载的4～6倍范围内选取。

【条文说明】本条仅适用于曳引机位于井道顶部的载客电梯。作用于井道周边的等效均布活荷载，系根据大量工程统计得出的经验值，可作为初步设计估算用。当多台电梯并列时，共用井道墙上荷载应按两台电梯取值。电梯订货后应根据样本进行复核。对于载重量较大的货运电梯应按样本确定。

2.3.12 自动扶梯活荷载应按照扶梯订货样本荷载值取用。初步设计暂无扶梯订货样本时，可按下式估算作用于扶梯支承梁上的等效均布线荷载标准值：$5L+10$（kN/m）。

【条文说明】1. 扶梯支承端荷载系根据常用扶梯样本（扶梯倾斜角30°和35°）统计分析得出，L为扶梯水平投影长度（包括斜段水平投影长度＋两端水平段长度，单位：m），该荷载作用于扶梯梯井宽度范围内。扶梯订货后应根据样本进行复核。

2. 支承自动扶梯的悬挑构件挠度控制应比普通悬挑构件要严，变形过大影响机械传动。

2.3.13 设备布置区的活荷载应根据设备安装、检修和正常使用的实际情况（包括动力效应）确定，重型设备尚应根据设备实际重量、动力影响、安装运输途径等确定其荷载大小与范围，一般情况下折算均布荷载标准值不应小于7.0kN/m^2。大型公共建筑的设备管井、楼层吊顶中的管道及管道内容物活荷载应按其实际重量取值。

【条文说明】大型公共建筑的设备管井、楼层吊顶中的管道及管道内容物活荷载应按其实际重量取值，并应采取结构支承措施，特别是集中空调系统需要的冷却水管管径达300mm～800mm，它可能在管井内布置，也可能水平吊挂在楼盖上，且不一定每层都固定，宜根据管道安装方式确定，这类管道的荷载值较大，应予以重视。

2.3.14 擦窗机清洗设备应按其实际运行情况确定其自重荷载大小、作用位置和对局部结构的最不利作用。

【条文说明】擦窗机分为水平轨道式、附墙轨道式、轮载式、插杆式、悬挂轨道式、滑梯式等，其支承情况多种多样。为计算方便，可采用局部结构满布均布或集中荷载的方式考虑擦窗机荷载对局部结构内力影响，但对整体结构进行抗震、抗风分析时其总荷载值不宜超过擦窗机自重。

2.3.15 施工活荷载应符合下列规定：

1. 施工中如采用整体顶升施工平台、附墙塔式起重机、爬升式塔式起重机等对结构构件受力有影响的施工设备或起重机械时，应根据具体情况补充计算施工荷载的影响。

2. 高低层相邻的屋面、高大中庭地面，在设计低层屋面构件时应适当考虑施工堆载等临时荷载，该荷载应不小于 5.0kN/m^2。

3. 地下室顶板（含室内）需考虑施工堆放材料或作临时工场时，施工活荷载应根据施工要求按实际计算，其值不宜小于 10.0kN/m^2。

4. 施工活荷载仅用于施工阶段的局部结构强度验算，可不参与结构整体控制分析。施工活荷载的组合值系数可取 0.7。

【条文说明】地下室顶板区域分为主楼地下室和非主楼地下室（纯地下室车库顶）区域，纯地下室车库顶一般有覆土，覆土上有景观或消防车道。施工期间一般地下室顶板完成后，会划分材料堆放或加工临时区域和施工车辆或设备运行区域，待主体工程施工到一定阶段后，撤除该材料临时堆载区域，进行覆土回填，并施工园林景观及消防车道等。因此在进行地下室顶板结构计算时应分两次进行，其一是建筑正常运行工况，即恒荷载（包括覆土）+顶板活荷载，其二是施工工况，即恒荷载+施工活荷载，截面设计时应取两种工况的最不利效应。注意，施工工况仅用于施工阶段的局部结构强度验算，可以不与地震或风荷载组合。

2.4 风荷载

2.4.1 一般情况下，结构风荷载按现行国家标准《建筑结构荷载规范》GB 50009 取值。超高、体型复杂或位于复杂环境下的结构宜采用风洞试验方法来确定其风荷载。必要时可采用数值模拟方法进行补充。

【条文说明】我国现行主要规范中对需要进行风洞试验的建筑要求如下：房屋高度大于 200m 的高层建筑；平面形状或立面形状复杂的高层建筑；立面开洞或连体高层建筑；周围地形或环境较复杂的高层建筑；体型复杂、对风荷载敏感或者周边干扰效应明显的大跨度屋盖结构。采用风洞试验方法时，应按照现行行业标准《建筑工程风洞试验方法标准》JGJ/T 338 的要求执行。

结构风洞试验报告应包括分层（块）体型系数、风振系数、风压时程数据、等效风荷载等。结构计算时可以直接采用报告提供的等效风荷载，也可以利用报告提供的体型系数和风振系数，结合现行国家标准《建筑结构荷载规范》GB 50009 中的公式计算风荷载。大跨度空间结构不能采用一致风振系数。

《建筑工程风洞试验方法标准》JGJ/T 338 中规定：关系结构安全的风荷载问题不能

仅采用数值模拟的方法来获得风荷载作用。目前数值模拟方法应用于建筑领域的计算公式有多种，且采用不同的计算公式所得结果有较大差异。数值模拟技术独立应用于结构设计工作还有待进一步完善。

2.4.2 在进行结构风荷载取值时，应考虑不利风向角。风向角一般取不少于 4 个，复杂体型的结构风向角宜适当增加。

【条文说明】1. 常用的 4 个风向角详见图 2.4.2。

2. 在确定风向角时，应注意迎风面积大小对风荷载的影响。

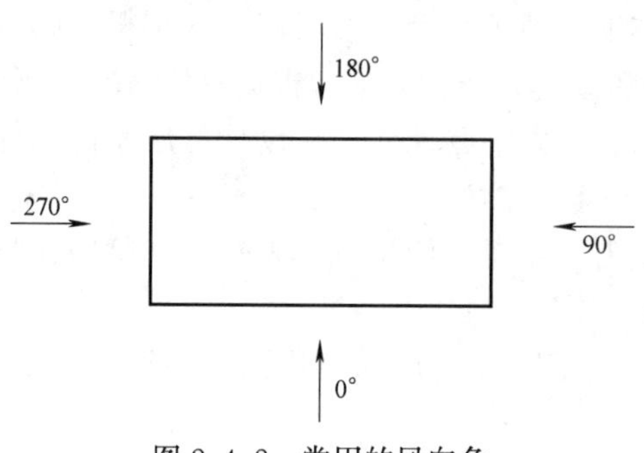

图 2.4.2 常用的风向角

2.4.3 封闭结构应考虑内表面体型系数。当屋盖外表面体型系数为正值时（压），内表面体型系数可取－0.2（向内拉）；当屋盖外表面体型系数为负值时（吸），内表面体型系数可取＋0.2（向外压）。

【条文说明】开敞结构不考虑内表面体型系数。封闭结构的内表面体型系数不考虑风脉动效应。即采用现行国家标准《建筑结构荷载规范》GB 50009 计算风荷载时，内表面风压不再乘风振系数。

2.4.4 悬挑屋盖体型系数可按照图 2.4.4 取值。

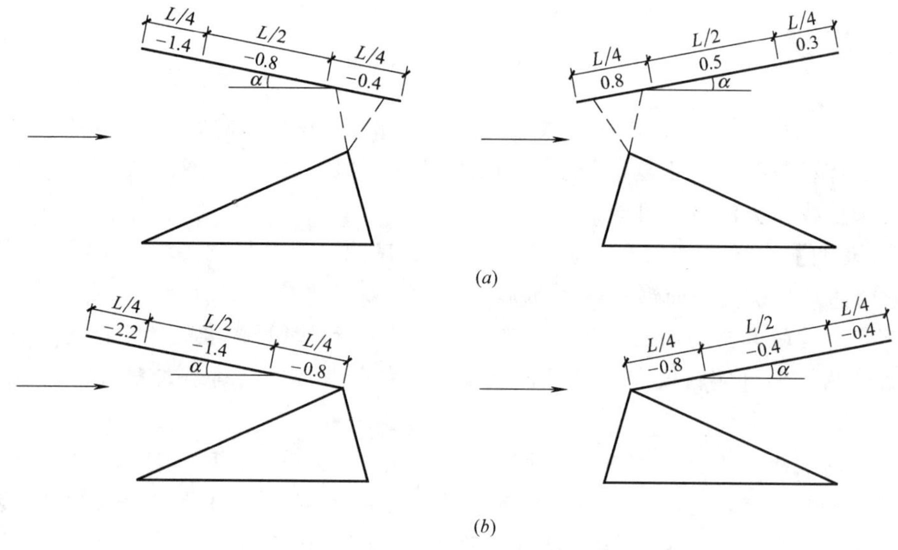

图 2.4.4 悬挑屋盖结构体型系数

（a）后部通风；（b）后部封闭

【条文说明】1. 图 2.4.4 中的体型系数适用于屋盖倾角 α 不小于 0°且不大于 10°的情况。

2. 对于后部开敞的屋盖，图 2.4.4（a）中的体型系数适用条件除满足第 1 条要求外，还需满足屋盖的后背墙（图中虚线部分）通风率≥10%，50%。

3. 本条引自广东省标准《建筑结构荷载规范》DBJ 15—101—2014。

2.4.5 对于风致敏感的高层和高耸结构应考虑风振的影响。

【条文说明】在风荷载作用下，高层建筑的风振响应主要包括顺风向、横风向和扭转风向三部分。设计时，应根据具体情况分别进行考虑或者考虑三种效应组合。横风向和扭转风向的风振计算可参阅现行国家标准《建筑结构荷载规范》GB 50009。

2.4.6 对于以风荷载为设计控制荷载的超高层建筑，可以采用以下措施减少建筑的风荷载效应：

1. 采用合理的建筑体型减小结构所受的风荷载作用，比如三角锥、圆柱体等。

2. 将建筑平面角部切角或柔化减小结构所受的横风向风荷载作用，比如建筑平面沿高度退台、锥形化、改变形状或旋转等。

3. 建筑立面上设置扰流部件或开洞减小结构所受的横风向风荷载作用。

4. 根据主导风向以及周边的建筑风环境情况调整建筑的朝向。

5. 采用减振技术减小超高层建筑顶部的加速度响应，提高建筑物的舒适度。

【条文说明】有关分析表明：三角锥所受的风荷载最小，圆柱体约为三角锥的 1.3 倍，而棱柱体最大，可达三角锥的 2.5 倍。锥形内收的建筑体型，一方面截面沿高度的不断收缩变化，可显著减小风荷载作用下的漩涡脱落和横风向效应，另一方面可提高结构抵抗水平力的效率。

高层建筑采用流线型平面、建筑角部钝化、沿高度逐步退台以及立面设置导流槽等体型优化措施可以有效降低横风向风荷载作用，从而取得可观的经济效益。增加建筑物的建筑体型旋转程度可导致涡漩脱落之间的相关性减小，从而有效降低横风向动力响应以及提高顶部舒适度。在建筑物高区立面开设一些洞口，减小迎风面面积，对减小基底风荷载作用以及倾覆力矩作用效果非常明显。

此外，也可通过优化建筑物朝向，使建筑空气动力响应最不利的风向远离当地主要的强风风向，从而使抵抗风荷载效果达到最大。

采用减振技术对提高风荷载作用下建筑的舒适度也有较明显的作用。据文献报道上海中心采用 TMD 后建筑顶部的风致加速度从 3.8gal 减小为 2.1gal，减小了 44%，大大提高了建筑物的舒适度品质。

2.5 雪荷载

2.5.1 一般情况下，屋面雪荷载按现行国家标准《建筑结构荷载规范》GB 50009 规定取值。基本雪压应采用 50 年重现期的雪压，对雪荷载敏感的结构应采用 100 年重现期的雪压。雪荷载的组合值系数可取 0.7，频遇值系数可取 0.6，准永久值系数应按雪荷载分区Ⅰ、Ⅱ和Ⅲ的不同，分别取 0.5，0.2 和 0。

【条文说明】对雪荷载敏感的结构应特别注意雪荷载的不利影响，必要时应采取相应结构措施。对雪荷载敏感的结构主要是指大跨、轻质屋面结构，此类结构的雪荷载经常是控制荷载，极端雪荷载作用下容易造成结构整体破坏，后果特别严重，因此基本雪压要适当提高，采用 100 年重现期的雪压。

2.5.2 山区的雪荷载应通过实际调查后确定。当无实测资料时，可按当地邻近空旷平坦地面的雪荷载值乘以系数 1.2 采用。

2.5.3 屋面积雪分布系数应根据建筑不同屋面形式确定。应注意屋面的跨数、拱形、坡形、高低屋面、女儿墙等因素对积雪分布系数的影响。

【条文说明】对体形复杂的结构应注意积雪效应。各国及地区规范中（中国 GB 50009，日本 AIJ 2004，欧洲 EN1991-1-3：2003，美国 ASCE/SEI 7-10，加拿大 NBCC）大多考虑高低跨屋面与含女儿墙等屋面突出物的屋顶。以高低跨屋顶为例，规范中均将漂移雪荷载以三角形分布形式叠加到屋面基本均布雪荷载上。各国规范考虑积雪漂移效应系数对漂移荷载幅值调控，该类系数取值受高低跨屋面尺寸关系、屋面积雪量与主导风向风速等因素影响。对荷载不均匀性敏感的结构应考虑雪荷载不均匀分布（如单层网壳等考虑半跨雪荷载）。

2.5.4 对屋面落雪期间存在未融化雪堆积成冰并与雪荷载共存的情况，应考虑冰雪共存荷载。综合考虑建筑是否采暖、所建区域冬季冻融循环周期等因素确定雪荷载放大系数。

【条文说明】对冰雪共存情况较严重的屋面，必要时宜进行试验。借鉴 ASCE/SEI 规范考虑雪荷载放大系数，不采暖屋面最不利可取到 1.3，采暖建筑一般取 1.0，不采暖与露天建筑取 1.2，温度要求保持在 0℃以下的建筑取 1.3。

2.5.5 必要时可考虑建筑物地处的风环境状态对屋面积雪荷载的影响。

【条文说明】建筑四周环绕着较多更高山丘、树木与已建建筑，EN 规范对影响系数取值为 1.2。

2.6 温度、地震作用

2.6.1 当温度作用引起的结构应力或变形对结构承载力或正常使用有较大影响时，应考虑温度作用效应。温度作用的组合值系数、频遇值系数和准永久值系数分别取 0.6、0.5 和 0.4；温度作用的计算应遵循本措施第 7 章、第 10 章的有关规定。

【条文说明】现行国家标准《建筑结构荷载规范》GB 50009 规定，有关可变荷载的规定同样适用于温度作用，因此温度作用的分项系数取值与可变荷载相同。

2.6.2 对设计使用年限为 70 年、100 年的建筑结构，其水平地震作用可分别采用设计使用年限 50 年地震作用的 1.2 倍、1.45 倍。

【条文说明】来源于《建筑抗震设计手册》。

3 抗震设计

3.1 一般规定

3.1.1 一般情况下，建筑的抗震设防烈度应根据现行国家标准《建筑抗震设计规范》GB 50011 及中国地震动参数区划图确定。

【条文说明】1. 现行国家标准《建筑抗震设计规范》GB 50011 附录 A 中未提供的村镇、街道等可参照《中国地震动参数区划图》GB 18306 列出的基本地震动参数对应的地震烈度确定抗震设防烈度。

2. 村镇建筑的抗震设计与施工可依据《镇（乡）村建筑抗震技术规程》JGJ 161—2008。村镇建筑系指乡镇与农村中层数为一、二层，且单体面积不超过 300m^2，采用木或预制板楼（屋）盖的一般民用房屋。根据我国目前情况，此类建筑大多未进行专门规范化设计、未纳入城乡建设管理体系。

3. 当建筑所在地主管部门或业主要求采用高于中国地震动参数区划图确定的地震基本烈度时，可按其要求确定。

3.1.2 抗震设防的所有建筑应按现行国家标准《建筑工程抗震设防分类标准》GB 50223 确定其抗震设防类别。

1. 建筑各区段的功能有显著不同时，可按区段划分抗震设防类别。下部区段的抗震设防类别不应低于上部区段。

2. 高层建筑中，当结构单元内经常使用人数不少于 8000 人时宜划为重点设防类。

3. 大型多层商场的设防类别以区段划分。设置防震缝分成若干个独立结构单元、本结构单元有疏散出入口，该结构单元即可认为是独立计容的区段。

4. 仓储式、地上单层，以及地下一层且具有与地上部分分开的符合消防疏散要求出入口的商场可不列入重点设防类。

5. 当多层商场有地上和地下部分时，应按总人数划分设防类别。当地下部分有单独设置的出入口时，可单独计容。

6. 养老院、福利院等，抗震设防类别应划为重点设防类。

【条文说明】区段指由防震缝分开的结构单元、或上下使用功能不同的楼层。

3.1.3 建筑设计应重视其平面、立面和竖向剖面的规则性对抗震性能及经济合理性的影响，宜选用规则的形体。不规则的建筑应按规定采取加强措施；特别不规则的建筑应进行专门研究和论证，采取特别的加强措施，进行抗震性能化设计；严重不规则的建筑不应采用。

3.1.4 防震缝宜结合建筑规则性、温度缝、沉降缝设置。

1. 防震缝宜沿房屋全高设置，地下室、基础可不设防震缝，但在与上部防震缝对应处应加强构造和连接；

2. 抗震设防烈度 7 度及以上的框架结构房屋，防震缝两侧结构层高相差较大时，两侧框架柱纵筋加强，箍筋全高加密。

【条文说明】防震缝不能完全避免两侧房屋在强震时发生碰撞。两侧结构层高相差较大时，考虑碰撞原因宜适当加强两侧可能碰撞楼层的框架柱配筋。

3.1.5 平面凹凸不规则或楼板局部不连续时，应采用符合楼板平面内实际刚度变化的计算模型。扭转不规则时，应计入扭转影响。

1. 超过梁高的错层，按楼板开洞对待。当错层面积大于该层总面积 30%时，属于楼板局部不连续。

2. 计算扭转位移比时，楼盖刚度可按实际情况确定而不限于刚度无限大假定。

【条文说明】扭转位移比计算采用“规定水平力作用下”的楼层位移。规定水平力一般采用振型组合后楼层地震剪力换算的水平作用力，并考虑偶然偏心。

3.1.6 建筑竖向规则性可通过软弱层和薄弱层进行判断。软弱层和薄弱层不应同时出现在同一楼层。软弱层和薄弱层所在楼层对应的地震作用标准值的剪力应乘以 1.25 增大系数。必要时应进行罕遇地震下的弹塑性变形验算并满足相关限值要求。

1. 软弱层通过相邻楼层的侧向刚度比判断，相应楼层侧向刚度比计算及控制指标宜按行业标准《高层建筑混凝土结构技术规程》JGJ 3—2010 第 3.5.2 条执行。

2. 薄弱层通过相邻楼层的层间受剪承载力比判断，宜符合现行行业标准《高层建筑混凝土结构技术规程》JGJ 3—2010 第 3.5.3 条规定。

【条文说明】层间受剪承载力指所考虑的水平地震作用方向上，该层全部竖向构件（含斜撑）的受剪承载力之和；其中柱的受剪承载力可根据柱两端实配的受弯承载力按两端同时屈服的假定失效模式反算，剪力墙可根据实配钢筋按抗剪设计公式反算，斜撑的受剪承载力可计及轴力的贡献。

3.1.7 抗震设计应符合以下要求：

1. 建筑结构在地震作用下结构构件应有合理的屈服次序。

2. 结构在两个主轴方向的动力特性宜相近；应具有适度的抗扭刚度，扭转周期不宜出现在第二周期。

3. 结构超高时应从严控制结构的规则性。

4. 宜具有明确的多道防线：框架-核心筒结构的框架部分计算分配的楼层地震剪力，除底部个别楼层、加强层及其相邻上下层外，多数不低于基底剪力的 8%且最大值不宜低于 10%，最小值不宜低于 5%。

5. 地震作用下竖向构件应有足够的稳定性。

6. 当混凝土框架柱及抗震墙端柱在小偏心受拉时，柱内纵筋总截面面积应比计算值增加 25%；当其为关键构件时，宜按现行行业标准《高层建筑混凝土结构技术规程》JGJ 3 中特一级构件进行设计。

7. 带加强层的高层建筑结构应合理设计加强层的数量、位置和结构形式。加强层宜采用钢构件，伸臂应贯通核心筒的墙体（平面内可有小的斜交角度），上下弦应与墙体内的钢构件形成刚接。

8. 出屋面结构（含装饰构架）应有足够刚度和承载力，并参与整体分析，避免结构局部振型成为主要振型，必要时采用能激励高振型的地震波进行时程分析。

9. 屋面女儿墙高度超过 0.9m（出入口处超过 0.5m）时不宜采用砌体女儿墙，无法避免时应采取专门的加强措施，或采用钢筋混凝土女儿墙。

10. 框架结构的填充墙布置避免对结构造成不利影响，避免形成短柱、薄弱层以及产生过大扭转效应，不应影响地震作用下主体结构预期的屈服耗能机制。

11. 框架内楼梯、看台等斜向构件布置应避免对结构规则性的不利影响。

【条文说明】1. 一般情况下，屈服应从耗能构件开始；且在达到性能目标时，耗能构件屈服越多，其消耗的地震能量越大，结构的设计越合理。

2. 结构动力特性相近指两个主轴方向平动为主的第一周期相差不超过 20%。

3. 注意越层柱、楼板洞口边剪力墙等竖向构件的稳定验算。

4. 出屋面结构位于顶部，由于高振型影响，地震作用放大明显，震害表明极易受损，应特别注意加强。屋面女儿墙作为悬臂构件，超过一定高度后应采取措施。

3.1.8 抗震计算可采用下列方法：

1. 宜采用考虑扭转耦联振动影响的振型分解反应谱法进行多遇地震下计算；对于行业标准《高层建筑混凝土结构技术规程》JGJ 3—2010 第 4.3.4 条第 3 款所列情况，应采用时程分析法进行多遇地震下补充计算。

2. 需进行设防烈度、罕遇地震下的抗震计算时，应根据抗震性能目标要求，采用振型分解反应谱法进行弹性计算或等效弹性计算；采用时程分析法或静力弹塑性分析法进行弹性或弹塑性计算。

3. 平面投影尺度很大的空间结构，应采用时程分析法进行单点一致、多点单向或多点多向输入的抗震验算。

4. 构件设计时楼板应采用弹性膜单元进行计算，以真实反映构件内力情况。

3.1.9 结构构件采用等效弹性反应谱计算方法进行设防、罕遇地震作用下的抗震性能验算时，可按以下步骤进行：

1. 采用设防、罕遇地震下的动力弹塑性时程分析法，判断结构水平和竖向构件损伤的位置及程度；

2. 在弹性反应谱计算模型中针对损伤构件进行刚度折减，计算结构在设防、罕遇地震下按等效弹性计算的最大基底剪力；

3. 将等效弹性反应谱法与时程分析法的计算结果进行比较，验证等效弹性反应谱计算模型中损伤位置构件折减刚度取值的合理性。采用等效弹性反应谱计算的底部地震剪力与弹塑性时程计算的底部剪力比值宜为 1.0～1.2。弹塑性时程计算的底部地震剪力 3 条波时取最大值，7 条波时取平均值。

【条文说明】弹塑性时程分析能够较为真实地反映结构在设防、罕遇地震下部分构件进入塑性后的结构受力状态，但是其计算结果难于直接用于结构设计。根据弹塑性时程分析中结构构件损伤的位置及程度，对弹性反应谱模型的结构构件进行相应刚度折减，使等效弹性反应谱计算的底部地震剪力与弹塑性时程计算的底部剪力接近，以反映结构真实受力状态。考虑到地震波的随机性，等效弹性反应谱计算的底部地震剪力与弹塑性时程计算的底部剪力比值在 1.0～1.2 较为合理。

3.1.10 地震作用计算应符合下列规定：

1. 地震作用主方向与两个主轴方向角度大于 15°，或有斜交抗侧力构件的相交角度大于15°，应计入该方向的水平地震作用。

2. 位于条状凸出的山嘴、高耸孤立的山丘、非岩石和强风化岩石的陡坡的建筑，其水平地震作用应乘以1.1～1.6的放大系数；对处于发震断裂两侧5km以内的建筑，宜乘以1.5的水平地震作用放大系数，5km～10km宜乘以不小于1.25的放大系数。

3. 跨度大于8m的转换结构，7度、8度跨度不小于18m的楼盖结构及悬挑大于2m的悬挑结构，6度悬挑大于2.5m的悬挑结构和9度的结构，抗震设计应计入竖向地震作用；竖向地震作用的计算方法见国家标准《建筑抗震设计规范》GB 50011—2010第5.3节。

4. 多向地震作用计算，当采用时程分析方法时，水平地震为主控的地震动参数比例取值：水平主向∶水平次向∶竖向＝1∶0.85∶0.65，竖向地震为主控的地震动参数比例取值：水平主向∶水平次向∶竖向＝0.85∶0.65∶1；当采用反应谱分析方法时，水平或竖向地震为主控的地震动参数比例取值均为：水平主向∶水平次向∶竖向＝1∶0.85∶0.65，地震作用分项系数：水平主控$\gamma_{Eh}=1.3$，$\gamma_{Ev}=0.5$，竖向主控$\gamma_{Ev}=1.3$，$\gamma_{Eh}=0.5$。

【条文说明】对竖向地震作用敏感的结构及大跨度屋盖结构应增加以竖向为主的工况验算。时程分析时，水平或竖向为主控的工况验算体现在地震动参数比例上。反应谱分析时，水平或竖向为主控的工况验算体现在地震作用分项系数γ_{Eh}、γ_{Ev}上，而非地震动参数比例，当竖向与水平地震作用同时考虑时，两者的组合比为1∶0.4，水平为主时$\gamma_{Eh}=1.3$，$\gamma_{Ev}=0.4\times1.3=0.5$，反之，竖向为主时$\gamma_{Ev}=1.3$，$\gamma_{Eh}=0.4\times1.3=0.5$。

5. 抗震设计时，结构任一楼层的水平地震剪力系数λ应符合以下最小限值要求：

1）基本周期$T\leqslant3.5$s或扭转效应明显的结构，$\lambda=0.2\alpha_{max}$；

2）基本周期$3.5\text{s}<T<5\text{s}$的结构，$\lambda=(0.2\sim0.15)\alpha_{max}$；

3）基本周期$T=5$s的结构，$\lambda=0.15\alpha_{max}$;

4）基本周期$5\text{s}<T<6\text{s}$的结构，$\lambda=(1\sim0.85)\times0.15\alpha_{max}$；

5）基本周期$T\geqslant6$s的结构，$\lambda=0.85\times0.15\alpha_{max}$；

6）对第4)、5）款，采用$\lambda=0.15\alpha_{max}$进行结构设计；

7）当不满足1)～5）款的剪力系数要求时，可按1.3倍最小剪力系数限值（基本周期≥5s的结构按$1.3\times0.15\alpha_{max}$）计算层间位移角，若层间位移角满足规范要求，且两个方向刚度差异较小（相差20%内)，采用全楼增大系数（底部剪力系数限值/底部剪力系数计算值）方法调整剪力进行结构设计；

8）不满足7）款要求的结构宜调整结构以满足抗震要求。

9）Ⅲ、Ⅳ类场地宜适当增大。

3.1.11 结构的弹塑性分析宜符合下列规定：

1. 材料的性能指标宜取强度标准值。

2. 复杂的混凝土结构、大体积混凝土结构、节点或局部区域需进行精细分析时，应采用实体单元。

3. 宜考虑结构几何非线性的不利影响。

3.1.12 多遇地震作用下结构设计时，应将振型分解反应谱法计算的各层剪力与时程分析计算结果进行比较，取二者的较大值作为设计内力。对竖向地震作用敏感的结构，时程分析的竖向地震计算结果应满足相关规范对最小地震作用的要求。

【条文说明】时程分析选波应满足国家标准《建筑抗震设计规范》GB 50011—2010第

5.1.2 条第 2 款及其条文说明的要求：

1. 所要求的主要周期点应包括各主要抗侧力结构方向的第一平动周期、结构第一扭转周期、影响较大振型的周期；对大跨屋盖结构，应包含竖向振动周期。

2. 按 3 条波进行时程分析时，宜不少于 1 条波的局部楼层剪力计算值大于相应楼层 CQC 计算值；按 7 条波进行时程分析时，宜不少于 2 条波的局部楼层剪力计算值大于相应楼层 CQC 计算值。

3. 罕遇地震下的时程分析应按罕遇地震反应谱进行选波。

3.1.13　在竖向荷载作用下，宜考虑框架梁端塑性变形内力重分布，并应符合下列规定：

1. 对竖向荷载作用下框架梁的梁端负弯矩乘以调幅系数进行调幅，调幅后梁跨中弯矩应按平衡条件相应增大；

2. 对竖向荷载作用下框架梁的弯矩调幅后，与水平作用产生的框架梁弯矩进行组合；

3. 截面设计时，框架梁跨中截面正弯矩设计值不应小于竖向荷载作用下按简支梁计算的跨中弯矩设计值的 50%。

3.1.14　抗震设计应明确上部结构的嵌固部位，采用相应的计算模型，并采取相应的抗震概念加强措施：

1. 对于无地下室的结构，当基础顶与地面层标高相差较大时，可在地面层以下设置地梁减小底层柱高度，将基础顶作为嵌固部位与地梁顶、刚性地坪作为嵌固端进行包络设计。

2. 对于有地下室的结构，若符合国家标准《建筑抗震设计规范》GB 50011—2010 第 6.1.14 条的嵌固部位要求，宜将地下室顶板作为嵌固部位。如顶板不满足嵌固部位要求，可将地下室以下楼层作为嵌固部位。构件设计应采用有地下室的整体模型与地下室顶板作为嵌固部位的单独模型进行包络设计。

3. 构件设计应采用包含地下室并考虑周边土的侧限作用的整体模型与上部结构的单独模型的包络值，整体指标计算可采用上部结构的单独模型；进行弹塑性分析时，可采用上部结构的单独模型，此时相应对比的弹性计算也应采用单独模型。

4. 地下室顶板应满足嵌固端的楼板的构造要求。

5. 对于山地建筑结构，尚应符合本措施第 13 章的相关规定。

【条文说明】1. 嵌固部位一般认为就是预期竖向构件塑性铰出现的部位，实质是计算模型的约束端（边界）。也有人认为嵌固部位应满足刚度要求，即固定约束端，此时嵌固层的位置不影响整体结构的周期和位移（振动模态）等，我国规范所指的嵌固更偏重于前者即强度嵌固，而非力学嵌固。力学嵌固是指完全刚性的固定，嵌固点以下刚度无穷大，嵌固点无平动、转动，实现完全约束，即所谓固结。强度嵌固是指地下室结构刚度以及回填土约束达到限制水平移动的能力，且竖向构件的塑性铰出现在嵌固部位上面的构件底部。研究表明，当地下室顶板满足嵌固部位条件时，地下室周边土侧限的影响均小于 10%，可忽略不计。

2. 地下室嵌固部位判断时，宜采用剪切刚度比：$\gamma=\dfrac{G_0A_0h_1}{G_1A_1h_0}$。

3. 地下室顶板与室外地坪的高差不宜大于地下一层层高 1/3。对于坡地的地下室顶板作为嵌固部位，国家标准《建筑抗震设计规范》GB 50011—2010 第 6.1.14 条文说明要求：地下室应为完整的地下室，在山（坡）地建筑中出现地下室各边填埋深度差异较大时，宜单独设置支挡结构。

4. 地下室顶板开大洞，且洞口与塔楼距离较近时，若需要将嵌固部位设置在地下室顶板，应满足以下条件：

1）在楼板按弹性有限单元设置的整体模型中，建立地下室顶板位置设置强制约束使其位移为零的模型，与模拟地下室侧限的模型进行模态分析比较，若两者前几阶模态相同、周期相近且地下室顶板处位移较小，说明嵌固部位设置在地下室顶板是合理的。

2）洞口相关楼板等应能够有效传递水平力。满足设防地震作用下主拉应力小于 f_{tk}，罕遇地震作用下不屈服。

3）满足规范相关嵌固部位楼板的构造要求。

5. 对于大底盘地下室，抗震计算可取地上结构及其周边外延不大于 20m 的地下室结构进行整体计算。多个塔楼共用大底盘地下室时，可不作为多塔结构进行抗震计算。

6. 嵌固部位在下列相关规范条文中出现：

1）底层地震倾覆力矩和底部剪力，用于判断框架-剪力墙结构的抗震等级和剪力调整大小。根据国家标准《建筑抗震设计规范》GB 50011—2010 第 6.1.3 条注，此处底层指嵌固部位所在层；考虑若嵌固部位在地下室顶板以下层时，地下室侧墙等将影响上述底层地震倾覆力矩和底部剪力，不能真实反映结构情况，建议取上部结构底层进行判断；

2）剪力墙底部加强区从地下室顶板算起，但宜向下延伸至计算嵌固部位；

3）对结构嵌固层，根据行业标准《高层建筑混凝土结构技术规程》JGJ 3—2010 公式（3.5.2-2）计算的本层侧向刚度与相邻上层比值不宜小于 1.5；

4）地下室嵌固部位下一层的抗震等级应与上层相同，以下可逐层降低（但不应低于四级）。

3.1.15 特殊类型的结构或构件应注意其计算模型的合理性，必要时应采取以下补充分析：

1. 转换桁架、伸臂桁架、连体桁架的弦杆所处楼层板应采用弹性膜楼板假定，必要时与不计入楼板计算模型包络设计。

2. 连体结构应验算设防地震下连接体楼板截面受剪承载力；宜补充不同工况下单塔的验算。

3. 平面开洞较多导致几部分结构相互连接薄弱时，宜采取整体模型和分块模型计算进行包络设计；楼板宜进行截面受剪承载力验算；楼板薄弱截面受拉配筋率不宜小于 1.0%。当个别楼层楼板开洞面积较大，洞口周围楼板面积较小时，宜补充合并楼层模型分析进行包络设计。

3.1.16 大跨屋盖结构抗震计算的基本要求如下：

1. 地震作用应按屋盖结构及其下部支撑结构协同工作的整体模型进行计算。

2. 可采用振型分解反应谱法作为结构弹性地震效应计算方法；对于体型复杂或重要的大跨度屋盖结构，应采用时程分析法进行补充计算分析。对于柔性屋盖体系应考虑几何、材料非线性，采用时程分析法进行计算分析。

3. 当采用振型分解反应谱法计算时，竖向振型参与质量系数宜达到 90%。

3.1.17 剪力墙结构、框架结构设计在控制楼层侧向刚度比及承载力比的同时，尚宜控制相邻楼层之间的能力-需求比 $\xi_i=(0.8\sim1.5)\xi_{i+1}$，使楼层间安全储备均匀，以避免形成软弱层和薄弱层。能力-需求比 ξ_i 是指结构第 i 楼层的受剪承载力设计值/标准值（能力）V_{Ri} 与多遇地震下该楼层的弹性地震剪力设计值/标准值（需求）V_{Si} 的比值，可反映结构楼层的抗震安全储备程度。各楼层之间 ξ_i 之比可用于评价相邻楼层构件设计的合理性。

【条文说明】大量研究成果及实际震害表明，建筑结构在地震作用下的破坏部位及破坏形态，除了与结构的刚度、质量、绝对强度的分布情况有关外，更主要的是取决于结构的相对抗剪强度分布情况。我国 89 规范编制过程中，对于钢筋混凝土框架结构进行了大量的弹塑性变形分析，其结果表明，楼层屈服强度系数（即本条中的楼层能力-需求比）沿建筑高度方向的分布是影响结构层间最大弹塑性位移的主要因素，楼层屈服强度系数均匀分布的结构，地震作用下其侧向变形要匀称一些，其抗震性能也明显优于非均匀分布的结构。

剪力墙结构、框架结构中，竖向构件的截面及配筋宜沿高度逐渐均匀变化，避免突变。任一楼层的竖向构件受剪承载能力-需求比 ξ_i 不宜小于其相邻上一楼层 ξ_{i+1} 的 0.8 倍，且不宜大于其相邻上一楼层 ξ_{i+1} 的 1.5 倍。

建立框架结构分析模型，通过改变框架柱的配筋（钢）率，得到相邻楼层抗剪承载力的比值，采用 FEMA P695 推荐的 22 条实际地震动记录对其进行了结构倒塌分析。分析结果表明：当本层抗剪承载力大于其相邻上一楼层的 1.7 倍时，层屈服发生在突变楼层有 19 条（86.4%）；1.6 倍时，有 12 条（54.5%）；1.4 倍时，有 9 条（40.9%）；1.3 倍时，有 8 条（36.4%）；其余均发生底层倒塌模式。通过改变框架柱的截面，当抗剪承载力比为 1.5 和 1.6 时，结构倒塌部位集中在底层；1.7 时，结构倒塌发生在底层或突变楼层；1.8 时，倒塌均发生突变楼层。统计部分框架结构算例可知，楼层剪力下层与上层之比约为 1.1～1.3。基于上述分析结果，控制本层能力需求比不宜大于其相邻上一楼层的 1.5 倍（1.7/1.1=1.54 倍），以使得建筑结构不发生层间屈服破坏模式。

建立剪力墙结构分析模型，通过改变剪力墙墙厚，得到相邻楼层抗剪承载力的比值，对其进行了结构倒塌分析。分析结果表明：当本层抗剪承载力大于其相邻上一楼层的 1.2 倍时，剪力墙损伤分布均匀；1.5 倍时，损伤集中在变化楼层以上。通过改变剪力墙水平配筋率，分析结果与改变墙厚方式相似，但对比发现改变水平配筋带来的影响要小于改变截面带来的影响。通过改变墙肢边缘构件及竖向配筋率的方式，采用 FEMA P695 推荐的 22 条实际地震动记录（调整峰值至 $2g$）对其进行了结构倒塌分析，其中 7 条在底部损伤严重；9 条在中上部损伤严重；6 条损伤分布均匀，未出现损伤集中在楼层变化处的情况，可见抗弯能力的变化对剪力墙破坏模式影响相比抗剪能力的变化影响小。统计部分剪力墙结构算例可知，楼层剪力下层与上层之比约为 1.0～1.1。基于分析结果，控制本层能力需求比不宜大于其相邻上一楼层的 1.5 倍，以使得建筑结构不发生层屈服破坏模式。

控制 $\xi_i=(0.8\sim1.5)\xi_{i+1}$，是为了避免竖向构件设计时因多层配筋归并、型钢设置统一收分、超配钢筋（型钢）及竖向构件截面减小等导致的上下楼层承载能力-需求比突变，造成结构性能不均匀出现层屈服破坏模式。计算 ξ_i 时，不考虑与抗震等级相关的调整系数。

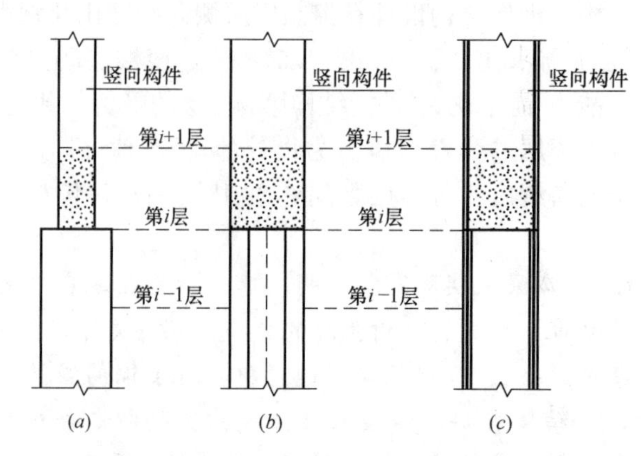

图 3.1.17 导致上下楼层承载能力-需求比突变的几种情况示意

(*a*) 竖向构件突变；(*b*) 型钢设置分界；(*c*) 多层配筋归并或超配筋

3.1.18 楼板开大洞削弱后，在设防地震作用下楼板截面中心平面主拉应力宜小于混凝土轴心抗拉强度标准值 f_{tk}，否则宜采取下列措施：

1. 加厚洞口周边楼板，楼板按计算配筋且配筋率不小于 0.25%，并采用双层双向配筋。

2. 洞口边缘设置边梁。

3.1.19 结构设计时，应采取调整结构布置、构件截面等方式来避免出现受拉剪力墙。当不可避免时，也应只允许出现个别受拉墙肢。偏心受拉剪力墙设计宜符合下列要求：

1. 在《超限高层建筑工程抗震设防专项审查技术要点》中，用于判断超过混凝土抗拉强度标准值（f_{tk}）倍数的墙肢全截面平均名义拉应力 σ_{t0}，是指中震不屈服时双向水平地震下墙肢由轴力 N_t（标准值）产生的全截面平均拉应力，计算时可按弹性模量换算考虑型钢和钢板的作用（式 3.1.19）。对与受拉剪力墙垂直的墙肢，可适当考虑其有效长度。

$$\sigma_{t0}=\frac{N_t}{A_0}=\frac{N_t}{A_c+\frac{E_s}{E_c}A_s} \tag{3.1.19}$$

注：①与受拉剪力墙垂直的墙肢有效长度可取 2 倍较薄墙肢厚度，此时尚宜同时考虑其墙肢同工况组合轴拉力的影响。

②公式（3.1.7）中 $A_c=A_w-A_s$，A_w 为墙肢毛截面面积。

2. 设防地震作用下的偏心受拉剪力墙，应通过加强配置钢筋、型钢（钢板）等措施，控制剪力墙受拉造成的受剪承载力降低的影响。

3. 当偏心受拉剪力墙的名义拉应力为（1～2）f_{tk} 时，大偏心受拉剪力墙可仅配置钢筋，也可配置型钢（钢板）；当名义拉应力为（2～4）f_{tk} 时，大偏心受拉剪力墙宜配置型钢（钢板）。当仅配置钢筋时需根据第 4（3）款公式进行受剪滑移面验算。小偏心受拉剪力墙宜配置型钢（钢板）。名义拉应力 σ_{t0} 不宜大于 $4f_{tk}$。当 $\sigma_{t0}>2f_{tk}$ 时，宜进行罕遇地震作用下的弹塑性时程分析。

4. 弹性（不屈服）设计时偏心受拉剪力墙的配筋（钢）计算原则如下：

（1）当仅配置钢筋时，依据行业标准《高层建筑混凝土结构技术规程》JGJ 3—2010设计。端部纵筋和竖向分布钢筋按偏心受拉剪力墙的正截面受拉承载力公式7.2.9-2～7.2.9-4计算；水平筋按偏心受拉剪力墙的斜截面受剪承载力公式7.2.11-2计算。

（2）当配置型钢时，依据行业标准《组合结构设计规范》JGJ 138—2016设计。剪力墙型钢按偏心受拉剪力墙正截面受拉承载力公式9.1.2-2～9.1.2-4和斜截面受剪承载力公式9.1.8-2的计算结果取包络值；剪力墙端部纵筋和竖向分布钢筋按偏心受拉剪力墙正截面受拉承载力公式9.1.2-2～9.1.2-4计算；水平筋按斜截面受剪承载力公式9.1.8-2计算。

（3）小偏心受拉剪力墙的配筋，在满足上述第（1）、（2）款基础上，剪力墙受剪滑移面尚应满足公式$V=0.6f_{y}A_{s}-0.6N$（拉力为正）。

注：第（3）款计算公式是基于美国规范ACI 318—2014第22.9.4.2和22.9.4.6条规定以及肖从真等发表在《土木工程学报》2018年第51卷第5期的“钢筋混凝土剪力墙拉剪承载力分析”论文研究成果得到。

（4）上述计算公式是基于对称配筋的矩形截面剪力墙，弹性设计时考虑构件承载力调整系数γ_{RE}，内力、材料采用设计值；不屈服设计时不考虑构件承载能力调整系数γ_{RE}，内力、材料采用标准值。

5. 关键楼层的受拉剪力墙应根据第4（3）款公式进行受剪滑移面验算，关键楼层指地上一层及刚度或型体变化较大的楼层。

注：刚度或型体变化较大的楼层指墙肢数量变化、裙房顶等部位。

【条文说明】以下注解内容为一特定算例，是在某些假定条件下计算的结果，目的是让设计人员对假定条件下的配筋有直观的了解。设计人员在实际工程设计中应严格按照上述5款进行计算。除文中注明外，统一假定：中震不屈服下计算，钢筋等级HRB400（$f_{yk}=400$MPa）。

1. 偏心受拉剪力墙的配筋（钢），当仅配置钢筋时，端部纵筋的全截面配筋率如表3.1.19-1所示，水平筋的配筋率如表3.1.19-2所示，剪力墙不同裂缝宽度值所对应的竖向筋配筋率如表3.1.19-3所示。

偏心受拉墙（偏心距$e_0=0.5(h_{w0}-a_s')$）仅配置钢筋时的端部暗柱配筋率

表3.1.19-1a

名义拉应力与混凝土抗拉强度比值n	C40	C45	C50	C55	C60	假定竖向分布筋配筋率
0	0.00%	0.00%	0.00%	0.00%	0.00%	0.5%
1	1.49%	1.60%	1.73%	1.82%	1.92%	0.5%
1.5	2.61%	2.78%	2.96%	3.10%	3.26%	0.5%
2	3.73%	3.96%	4.20%	4.39%	4.59%	0.5%
2.5	4.10%	4.38%	4.69%	4.92%	5.18%	1.0%
3	3.72%	4.06%	4.43%	4.71%	5.02%	2.0%

偏心受拉墙（偏心距 $e_0=1.5(h_{w0}-a_s')$）仅配置钢筋时的端部暗柱配筋率

表 3.1.19-1*b*

名义拉应力与混凝土抗拉强度比值 n	C40	C45	C50	C55	C60	假定竖向分布筋配筋率
0	0.00%	0.00%	0.00%	0.00%	0.00%	0.5%
1	2.98%	3.17%	3.38%	3.53%	3.70%	0.5%
1.5	3.35%	3.63%	3.94%	4.17%	4.43%	1.5%
2	4.47%	4.84%	5.25%	5.56%	5.91%	2.0%
2.5	4.84%	5.30%	5.81%	6.20%	6.63%	3.0%
3	5.20%	5.77%	6.38%	6.84%	7.36%	4.0%

注：表 3.1.19-1*a* 和表 3.1.19-1*b* 中端部纵筋按行业标准《高层建筑混凝土结构技术规程》JGJ 3—2010 的偏心受拉剪力墙的正截面受拉承载力公式（7.2.9-2）～公式（7.2.9-4）计算。当配筋率较大时，可以通过采用高强钢筋来降低配筋率，如采用 HRB500 级钢筋。

$$N=\frac{1}{\frac{1}{N_{ou}}+\frac{e_0}{M_{wu}}}$$

偏心受拉墙仅配置钢筋时的水平筋配筋率 **表 3.1.19-2**

剪压比	名义拉应力与混凝土抗拉强度比值 n	混凝土强度等级				
		C40	C45	C50	C55	C60
0.05	0	0.24%	0.28%	0.31%	0.35%	0.39%
	1	0.29%	0.32%	0.36%	0.40%	0.44%
	1.5	0.31%	0.35%	0.38%	0.43%	0.47%
	2	0.33%	0.37%	0.41%	0.45%	0.50%
	2.5	0.35%	0.39%	0.43%	0.48%	0.52%
	3	0.37%	0.42%	0.46%	0.50%	0.55%
0.10	0	0.66%	0.74%	0.82%	0.91%	0.99%
	1	0.71%	0.79%	0.87%	0.96%	1.05%
	1.5	0.73%	0.81%	0.89%	0.98%	1.07%
	2	0.75%	0.83%	0.92%	1.01%	1.10%
	2.5	0.77%	0.86%	0.94%	1.03%	1.12%
	3	0.79%	0.88%	0.96%	1.06%	1.15%
0.15	0	1.08%	1.20%	1.32%	1.46%	1.60%
	1	1.12%	1.25%	1.37%	1.51%	1.65%
	1.5	1.15%	1.27%	1.40%	1.54%	1.67%
	2	1.17%	1.30%	1.42%	1.56%	1.70%
	2.5	1.19%	1.32%	1.45%	1.59%	1.73%
	3	1.21%	1.34%	1.47%	1.61%	1.75%

注：水平筋按行业标准《高层建筑混凝土结构技术规程》JGJ 3—2010 的偏心受拉剪力墙的斜截面受剪承载力公式（7.2.11-2）计算，$V=\left(\frac{1}{\lambda-0.5}(0.4f_{tk}bh_0-0.1N)+0.8f_{yk}\frac{A_{sh}}{s}h_0\right)$，假定剪跨比按 2.2 计算。当为超限工程时，斜截面受剪承载力公式 $V=\left(\frac{1}{\lambda-0.5}(0.4f_{tk}bh_0-0.2N)+0.8f_{yk}\frac{A_{sh}}{s}h_0\right)$。

偏心受拉墙的不同裂缝宽度对应墙肢竖向平均配筋率 表 3.1.19-3

裂缝宽度	名义拉应力与混凝土抗拉强度比值 n	混凝土强度等级				
		C40	C45	C50	C55	C60
0.2mm	0	0.50%	0.50%	0.50%	0.50%	0.50%
	1	1.29%	1.33%	1.37%	1.40%	1.43%
	1.5	2.21%	2.27%	2.35%	2.40%	2.46%
	2	2.96%	3.06%	3.16%	3.24%	3.32%
	2.5	3.65%	3.77%	3.90%	4.00%	4.11%
	3	4.30%	4.45%	4.60%	4.73%	4.86%
0.3mm	0	0.50%	0.50%	0.50%	0.50%	0.50%
	1	1.02%	1.05%	1.08%	1.11%	1.13%
	1.5	1.72%	1.77%	1.83%	1.87%	1.92%
	2	2.29%	2.36%	2.44%	2.49%	2.56%
	2.5	2.80%	2.89%	2.98%	3.05%	3.13%
	3	3.27%	3.38%	3.49%	3.58%	3.67%
0.4mm	0	0.50%	0.50%	0.50%	0.50%	0.50%
	1	0.87%	0.90%	0.92%	0.94%	0.96%
	1.5	1.46%	1.50%	1.54%	1.58%	1.62%
	2	1.92%	1.98%	2.04%	2.09%	2.14%
	2.5	2.33%	2.41%	2.48%	2.54%	2.61%
	3	2.72%	2.80%	2.90%	2.97%	3.04%

注：墙肢竖向平均配筋率指单片墙肢内暗柱纵筋及竖向分布筋面积之和与墙肢截面面积之比，裂缝宽度根据国家标准《混凝土结构设计规范》GB 50010—2010 公式（7.1.2-1）计算，钢筋应力 σ_s 及构件受力特征系数 α_{cr} 按轴心受拉考虑，按等效钢筋直径 $d_{eq}=25$mm 计算，$c_s=30$mm 取值。

2. 偏心受拉剪力墙的配筋（钢），当配置型钢时，端部型钢如表 3.1.19-4 所示，水平筋如表 3.1.19-5 所示。

偏心受拉墙的型钢端部暗柱含钢率（偏心距 $e_0=0.5(h_{w0}-a_s')$） 表 3.1.19-4*a*

名义拉应力与混凝土抗拉强度比值 n	C40	C45	C50	C55	C60	假定竖向分布筋配筋率
0	0.00%	0.00%	0.00%	0.00%	0.00%	0.5%
1	0.34%	0.47%	0.61%	0.72%	0.84%	0.5%
1.5	1.64%	1.83%	2.04%	2.21%	2.39%	0.5%
2	2.93%	3.20%	3.48%	3.70%	3.93%	0.5%
2.5	3.36%	3.69%	4.04%	4.32%	4.61%	1.0%
3	3.79%	4.18%	4.61%	4.93%	5.29%	1.5%

偏心受拉墙的型钢端部暗柱含钢率（偏心距 $e_0=1.5(h_{w0}-a_s')$）　表 3.1.19-4b

名义拉应力与混凝土抗拉强度比值 n	C40	C45	C50	C55	C60	假定竖向分布筋配筋率
0	0.00%	0.00%	0.00%	0.00%	0.00%	0.5%
1	2.07%	2.29%	2.52%	2.70%	2.90%	0.5%
1.5	3.36%	3.69%	4.04%	4.32%	4.61%	1.0%
2	4.66%	5.09%	5.57%	5.93%	6.33%	1.5%
2.5	5.09%	5.63%	6.22%	6.67%	7.17%	2.5%
3	5.51%	6.16%	6.87%	7.41%	8.01%	3.5%

注：型钢按行业标准《组合结构设计规范》JGJ 138—2016 的偏心受拉剪力墙的正截面受拉承载力公式（9.1.2-2）～公式（9.1.2-4）计算。其中假定竖向分布筋配筋率按 0.5%，端部暗柱阴影区配筋率按 1.2%（抗震等级一级）计算，型钢强度等级取用 Q355。

偏心受拉墙（偏心距 $e_0=0.5(h_{w0}-a_s')$）配置型钢时的水平筋配筋率

表 3.1.19-5a

剪压比	名义拉应力与混凝土抗拉强度比值 n	混凝土强度等级				
		C40	C45	C50	C55	C60
0.05	0	0.24%	0.28%	0.31%	0.35%	0.39%
	1	0.27%	0.29%	0.32%	0.36%	0.39%
	1.5	0.21%	0.23%	0.26%	0.29%	0.32%
	2	0.20%	0.20%	0.20%	0.22%	0.25%
	2.5	0.20%	0.20%	0.20%	0.21%	0.23%
	3	0.20%	0.20%	0.20%	0.20%	0.22%
0.10	0	0.66%	0.74%	0.82%	0.91%	0.99%
	1	0.68%	0.76%	0.83%	0.91%	0.99%
	1.5	0.63%	0.69%	0.76%	0.85%	0.92%
	2	0.57%	0.63%	0.70%	0.78%	0.85%
	2.5	0.56%	0.62%	0.69%	0.76%	0.84%
	3	0.56%	0.62%	0.67%	0.75%	0.82%
0.15	0	1.08%	1.20%	1.32%	1.46%	1.60%
	1	1.10%	1.22%	1.33%	1.47%	1.60%
	1.5	1.04%	1.16%	1.27%	1.40%	1.52%
	2	0.98%	1.09%	1.20%	1.33%	1.45%
	2.5	0.98%	1.09%	1.19%	1.32%	1.44%
	3	0.97%	1.08%	1.18%	1.30%	1.42%

注：水平筋按行业标准《组合结构设计规范》JGJ 138—2016 的偏心受拉剪力墙的斜截面受剪承载力公式（9.1.8-2）计算。其中端部型钢配钢率按表 3.1.19-4a，剪跨比按 2.2 计算。

偏心受拉墙（偏心距 $e_0=1.5(h_{w0}-a_s')$）配置型钢时的水平筋配筋率

表 3.1.19-5b

剪压比	名义拉应力与混凝土抗拉强度比值 n	混凝土强度等级				
		C40	C45	C50	C55	C60
0.05	0	0.20%	0.20%	0.20%	0.20%	0.20%
	1	0.20%	0.20%	0.20%	0.20%	0.20%
	1.5	0.20%	0.20%	0.20%	0.20%	0.20%
	2	0.20%	0.20%	0.20%	0.20%	0.20%
	2.5	0.20%	0.20%	0.20%	0.20%	0.20%
	3	0.20%	0.20%	0.20%	0.20%	0.20%
0.10	0	0.66%	0.74%	0.82%	0.91%	0.99%
	1	0.58%	0.64%	0.71%	0.79%	0.86%
	1.5	0.46%	0.52%	0.58%	0.66%	0.73%
	2	0.46%	0.51%	0.57%	0.64%	0.70%
	2.5	0.45%	0.50%	0.55%	0.62%	0.67%
	3	0.45%	0.49%	0.53%	0.59%	0.65%
0.15	0	1.08%	1.20%	1.32%	1.46%	1.60%
	1	0.99%	1.11%	1.21%	1.34%	1.47%
	1.5	0.88%	0.99%	1.09%	1.21%	1.33%
	2	0.88%	0.98%	1.07%	1.19%	1.30%
	2.5	0.87%	0.97%	1.06%	1.17%	1.28%
	3	0.87%	0.95%	1.04%	1.15%	1.25%

注：水平筋按行业标准《组合结构设计规范》JGJ 138—2016 的偏心受拉剪力墙的斜截面受剪承载力公式（9.1.8-2）计算。其中端部型钢配钢率按表 3.1.19-4b，剪跨比按 2.2 计算。

3. 表 3.1.19-6 为不同剪压比及名义拉应力与混凝土抗拉强度比值的偏心受拉剪力墙滑移面验算结果。

剪力墙滑移面验算的竖向配筋（钢）率 **表 3.1.19-6**

剪压比	名义拉应力与混凝土抗拉强度比值 n	混凝土强度等级				
		C40	C45	C50	C55	C60
0.05	0	0.56%	0.62%	0.68%	0.74%	0.80%
	1	1.16%	1.24%	1.34%	1.42%	1.51%
	1.5	1.45%	1.56%	1.67%	1.77%	1.87%
	2	1.75%	1.87%	2.00%	2.11%	2.23%
	2.5	2.05%	2.19%	2.33%	2.45%	2.58%
	3	2.35%	2.50%	2.66%	2.79%	2.94%

续表

剪压比	名义拉应力与混凝土抗拉强度比值 n	混凝土强度等级				
		C40	C45	C50	C55	C60
0.10	0	1.12%	1.23%	1.35%	1.48%	1.60%
	1	1.71%	1.86%	2.01%	2.16%	2.32%
	1.5	2.01%	2.17%	2.34%	2.51%	2.67%
	2	2.31%	2.49%	2.67%	2.85%	3.03%
	2.5	2.61%	2.80%	3.00%	3.19%	3.39%
	3	2.91%	3.12%	3.33%	3.53%	3.74%
0.15	0	1.68%	1.85%	2.03%	2.22%	2.41%
	1	2.27%	2.48%	2.69%	2.90%	3.12%
	1.5	2.57%	2.79%	3.02%	3.25%	3.48%
	2	2.87%	3.11%	3.35%	3.59%	3.83%
	2.5	3.17%	3.42%	3.68%	3.93%	4.19%
	3	3.47%	3.73%	4.01%	4.27%	4.54%

注：竖向配筋率按正文第 4（3）款公式 $V=0.6f_yA_s-0.6N$ 计算。

4. 配筋示例：列举了 400×6000 及 350×4000 两种截面尺寸的剪力墙配筋示例，便于设计人员参考类似尺寸墙肢在设定钢筋或型钢间距下，通过改变钢筋直径及型钢厚度，所得的构件配筋（钢）率。

配筋示例 1-1：400×6000 剪力墙（仅配置钢筋）

400×6000 剪力墙不同钢筋直径的配筋率　　表 3.1.19-7

钢筋直径	12	14	16	18	20	22	25	28	32	36
边缘构件配筋率	0.75%	1.03%	1.34%	1.70%	2.09%	2.53%	3.27%	4.10%	5.36%	6.78%
竖向分布钢筋配筋率	0.57%	0.77%	1.00%	1.27%	1.57%	1.90%	2.45%	3.08%	4.02%	5.09%
水平分布钢筋配筋率	0.57%	0.77%	1.00%	1.27%	1.57%	1.90%	2.45%	3.08%	4.02%	5.09%
竖向平均配筋率	0.60%	0.82%	1.07%	1.36%	1.67%	2.03%	2.62%	3.28%	4.29%	5.43%

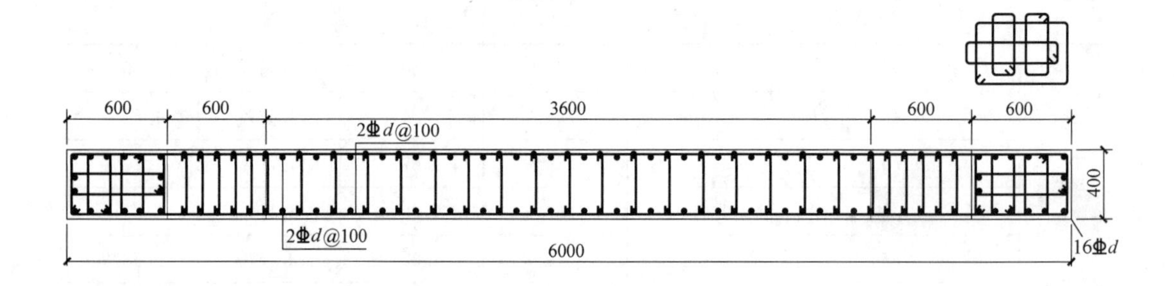

配筋示例 1-2：400×6000 剪力墙（端部配置型钢）

400×6000 剪力墙端部配钢时不同钢板厚度的配钢率 **表 3.1.19-8**

钢板厚度	16	18	20	25	30	35	40
边缘构件含钢率	3.79%	4.23%	4.67%	5.73%	6.75%	7.73%	8.67%
全截面含钢率	0.76%	0.85%	0.93%	1.15%	1.35%	1.55%	1.73%

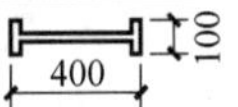

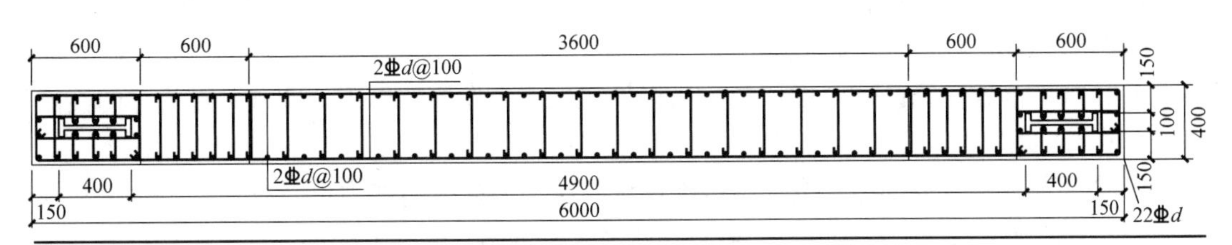

配筋示例 1-3：400×6000 剪力墙（均匀配置型钢）

400×6000 剪力墙均匀配钢时不同钢板厚度的配钢率 **表 3.1.19-9**

钢板厚度	16	18	20	25	30	35	40
边缘构件含钢率	3.79%	4.23%	4.67%	5.73%	6.75%	7.73%	8.67%
全截面含钢率	1.98%	2.21%	2.43%	2.97%	3.48%	3.95%	4.40%

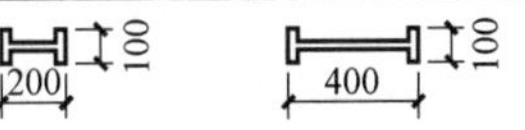

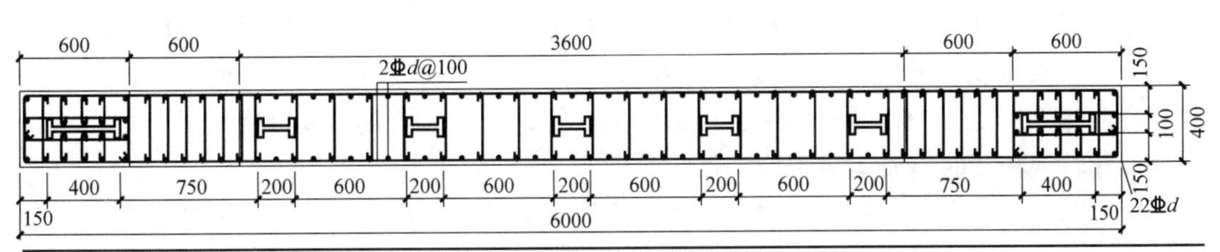

配筋示例 2-1：350×4000 剪力墙（仅配置钢筋）

350×4000 剪力墙不同钢筋直径的配筋率 **表 3.1.19-10**

钢筋直径	12	14	16	18	20	22	25	28	32	36
边缘构件配筋率	0.97%	1.32%	1.72%	2.18%	2.69%	3.26%	4.21%	5.28%	6.89%	8.72%
竖向分布钢筋配筋率	0.65%	0.88%	1.15%	1.45%	1.79%	2.17%	2.80%	3.52%	4.59%	5.81%
水平分布钢筋配筋率	0.65%	0.88%	1.15%	1.45%	1.79%	2.17%	2.80%	3.52%	4.59%	5.81%
竖向平均配筋率	0.71%	0.97%	1.26%	1.60%	1.97%	2.39%	3.08%	3.87%	5.05%	6.39%

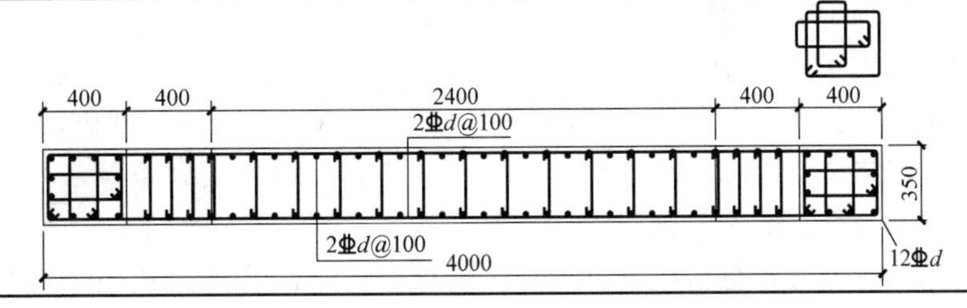

3.1.20 性能目标的选取应综合考虑抗震设防类别、设防烈度、场地条件、结构的不规则性、建筑高度、结构的特殊性、震后损失和修复难易程度等。以下建筑抗震性能目标不宜低于C级：

1. A、B级高度的特别不规则建筑；

2. 超过B级高度的不规则建筑；

3. 重点设防类的不规则建筑。

【条文说明】结构规则性判断按照《超限高层建筑工程抗震设防专项审查技术要点》（建质【2015】67号）规定要求。

3.1.21 抗震性能设计应根据各结构构件在抗震中发挥的作用，明确关键构件的性能水准。

1. 以下结构构件或部位宜按关键构件设计：底部加强区的剪力墙及框架柱、水平转换构件及与其相连的竖向支承构件、大悬挑结构及大跨度结构的相关构件及其支承构件、加强层和周边环带结构的竖向支承构件、连体结构的连接体及与其相连的竖向支承构件、扭转变形很大部位的竖向构件、重要的斜撑、长短柱在同一楼层且数量相当时该层各个长短柱。

2. 设置减震装置时，与减震装置相关的构件宜按关键构件设计。

【条文说明】1. “关键构件”指该构件失效可能引起结构的连续破坏或危及生命安全的严重破坏。本条第1、2款中所列构件的破坏可能导致结构抗震性能显著下降，因此提出按“关键构件”设计的要求。

2. 加强层弦杆及为提高侧向刚度而设置的斜撑可按普通竖向构件控制大震性能。

3.1.22 构件的抗震等级宜根据构件在体系中发挥作用的重要程度综合考虑确定。关键构件的抗震等级应不低于普通构件；竖向构件的抗震等级应不低于水平构件；转换构件应与竖向构件抗震等级相同；斜撑、环带桁架与伸臂桁架的抗震等级可略低于柱，但环带桁架兼作转换桁架时抗震等级不应降低。

3.1.23 中（大）震弹性和中（大震）不屈服验算，参数取值应符合下列要求：

1. 中、大震弹性和不屈服验算应根据结构或构件保持弹性状态的程度确定采用弹性、等效弹性或弹塑性计算方法。

2. 中、大震弹性验算的构件内力不需进行强柱弱梁、强剪弱弯、强节点弱构件的调整；不考虑风荷载的组合，荷载作用应乘以荷载分项系数，材料强度应取设计值，且应保留承载力抗震调整系数。

3. 中、大震不屈服验算的构件内力不需进行强柱弱梁、强剪弱弯、强节点弱构件的调整；不考虑风荷载的组合，荷载分项系数取1.0，材料强度取标准值，承载力抗震调整系数取1.0。

4. 等效弹性反应谱法依据本章第3.1.9条执行。

5. 弹塑性层间位移的计算宜按以下方法：采用同一软件、同一波形进行弹性和弹塑性计算，得到某一部位弹塑性位移（层间位移）与小震弹性位移（层间位移）的比值，取各波形的平均或包络比值乘以反应谱计算的该部位小震位移（层间位移），即得到该部位弹塑性位移（层间位移）的参考值。

3.1.24 结构抗震计算分析应准确模拟施工过程，提高层刚度作用的钢斜撑构件（含

BRB）如与主体结构形成同步安装，则应计入主体结构自重的影响。

3.1.25 抗地震倒塌设计应符合下列规定：

1. 重点设防类及以上，且有主要竖向构件转换、大跨度连体、大悬挑结构的建筑，宜进行抗地震倒塌设计。

2. 抗地震倒塌计算时，一般采用罕遇地震动参数。涉及地震应急救援保障设施的建筑及有相应要求的建筑尚宜考虑极罕遇地震。

3. 下列情况可作为在地震作用下结构倒塌判别界限：

1）弹塑性层间位移角超过限值；

2）关键构件发生超过比较严重破坏程度的损坏，或同一楼层较多竖向构件集中发生超过比较严重破坏程度的损坏；

3）钢结构建筑的同一层较多框架柱集中发生失稳；

4）弹塑性时程分析计算时，地震动输入结束后在重力荷载代表值作用下，结构顶点水平位移呈增大趋势或结构顶点水平位移时程曲线呈发散趋势或偏移中心轴很多。

3.1.26 高宽比超过现行行业标准《高层建筑混凝土结构技术规程》JGJ 3 较多的结构，宜补充以下计算：

1. 按 100 年一遇风荷载验算其稳定性。

2. 罕遇地震及风荷载作用下验算结构竖向构件和桩基的极限承载力。

3. 设防地震作用下的剪力墙、柱受拉验算，根据性能目标按中震弹性或中震不屈服计算。

4. 罕遇地震作用下的抗倾覆验算。

【条文说明】1. 在满足相关规范对承载力、稳定、抗倾覆、变形和舒适度要求后，高层建筑高宽比要求可不作为控制指标。但是当高宽比超过较多（超过 30%以上）时，结构构件可能会出现强度、稳定、倾覆等问题，应进行上述补充验算。设防地震及罕遇地震作用可按等效弹性方法计算。

2. 确定高层建筑的高宽比时，可采用建筑物地面至大屋面结构高度和各方向的楼板宽度折算值。

3.2 隔震设计

3.2.1 本节内容适用于抗震设防烈度为 6 度及以上地区的建筑物的隔震设计及既有建筑的隔震加固设计。

3.2.2 除国家和地方有明确规定需进行隔震设计的建筑外，提倡在技术经济合理的情况下推广和采用隔震技术进行防震，以减少人员伤亡和保持室内设施不遭到破坏。根据不同的建筑功能，推荐采用隔震设计的建筑物如表 3.2.2 所示。

适用隔震的建筑 **表 3.2.2**

建筑类型	使用原因
学校建筑，尤其中小学、幼儿园建筑，医院	保护人身安全
消防、警察、航空、交通及通信、指挥机构	地震发生时，这些单位需具有指挥救灾的功能

续表

建筑类型	使用原因
数据中心、银行、保险、金融机构	电脑资料的破坏会造成重大损失
美术馆、博物馆、图书馆及历史性建筑	具有重要的文化价值
机场、人员集中的大型建筑、一般工业与民用建筑，如住宅等	保护人身及财产安全
核电站、化学工厂、疾病预防中心及高科技机构	防止危险品泄漏或重要科研成果破坏
生命线工程，如水、电、燃气等	地震发生时，减少次生灾害，并保证能正常使用

3.2.3 隔震建筑场地宜为Ⅰ、Ⅱ、Ⅲ类；当为Ⅳ类场地时应进行专门研究，采取有效措施。

3.2.4 隔震建筑结构适用的高宽比和最大高度应根据隔震层和上部结构的抗倾覆验算确定，当突破相应的抗震结构限值时应做详尽的论证并采取有效的安全措施。

3.2.5 根据隔震层布置位置不同可分为三种方案：1）基础隔震；2）地下室顶板隔震；3）上部结构层间隔震。

【条文说明】隔震层在基顶是最基本的隔震构造形式，可最大限度地隔离地震能量。隔震层梁底与地坪间净高应大于0.8m，以方便安装和维修隔震支座。

3.2.6 隔震支座设计应遵循以下原则：

1. 应对隔震层中的隔震支座、阻尼装置进行计算分析综合考虑后确定设置方案，必要时应设置抗风装置或抗拉装置。

2. 隔震层的刚心宜与上部结构的质心重合，带黏滞阻尼装置宜设置在建筑物四周。

3. 隔震支座设计应满足偏心率、水平恢复力和抗倾覆等要求。

4. 同一隔震层内，各个橡胶隔震支座的竖向压应力宜均匀，在重力荷载代表值下的支座竖向压应力不应超过规定的限值。

5. 在罕遇地震作用下，隔震支座不宜出现竖向拉应力，当少数隔震支座不可避免受拉时，其竖向拉应力不应超过规定的限值。

6. 隔震支座顶标高宜相同。

7. 柱下宜采用单个支座，当不可避免采用多个隔震支座时，支座之间的净距不应小于安装和更换所需的空间尺寸。

8. 对于规模大且体形复杂或有特殊要求的隔震结构，在确定隔震方案时，宜通过振动台试验进行验证。

3.2.7 隔震结构的设缝要求：

1. 隔震建筑一般不设置防震缝。当结构平面特别不规则时，可设置防震缝，其缝宽取在罕遇地震下最大水平位移之和的1.2倍，且不宜小于600mm。

2. 当为基础隔震时，隔震沟的宽度不应小于隔震层在罕遇地震下最大水平位移的1.2倍，且不宜小于300mm。

3. 隔震层上部结构与下部结构之间应设置完全贯通的隔离缝，缝的高度不小于20mm，应进行密封处理，可用柔软弹性材料填塞。

4. 隔震建筑的温度缝设置要求可比常规建筑适当放宽。同时应注意超长结构温度应力释放对隔震支座的不利影响。

【条文说明】隔震建筑对超长结构的温度应力释放是有利的，但对隔震支座不利，设计时需要注意其不利影响。

3.2.8 设备管线在穿越隔震层时应采用柔性管线进行柔性连接。柔性管线应预留足够长度，其容许伸长的预留长度应大于隔震沟宽度的1.2倍（一般管线）、1.4倍（重要管线），以保证管线在罕遇地震下不被破坏。

3.2.9 利用构件钢筋作避雷针时，应采用柔性导线连接上部结构和下部结构的钢筋，并应对该处的隔震支座进行专门的防火处理。确保接地线具有足够的变形量。

3.2.10 隔震层设置在有耐火要求的使用空间中时，隔震支座和其他部件应根据使用空间的耐火等级采取相应的防火措施。

【条文说明】研究表明，隔震支座的天然橡胶温度达到约130℃～140℃时开始软化，达到200℃左右开始分解，达到250℃上剧烈分解。根据日本《隔震建筑防火设计指南》，隔震橡胶支座温度在150℃以下时抗拉强度及抗压强度下降在15%以内，温度在180℃以上时抗拉强度及抗压强度迅速下降。目前国内外隔震支座耐火性能及防火保护的研究相对较少，国内工程实际仅北京新机场采用经防火保护的隔震支座。增田直巳等、吴波等研究无防火保护的隔震橡胶支座耐火极限仅为90min。建筑隔震橡胶支座为承重柱的一部分且是关键节点，支座的耐火性能关系到承重构件以及结构整体的耐火性能。无防火保护的支座不能保证结构关键构件的基本耐火性能。北京新机场使用的目前工程最大的LNR1500隔震橡胶支座经防火保护后在ISO834标准火灾升温下橡胶表面温度都远低于150℃，且防火保护装置无脱落，证明经保护的隔震橡胶支座耐火极限大于3h，可达到《建筑设计防火规范》GB 50016—2014耐火等级一级的要求。因此，隔震结构设计时应对隔震橡胶支座采取有效的防火保护措施。

3.2.11 隔震支座产品应符合下列要求：

1. 性能参数及滞回曲线应通过产品试验确定。

2. 支座产品的设计使用年限不应低于隔震结构的设计使用年限。

3. 隔震支座（包括天然橡胶隔震支座、铅芯橡胶隔震支座、高阻尼橡胶隔震支座）经型式检验所得的极限剪切变形不应小于其有效直径的0.55倍和各橡胶层总厚度4倍二者的较大值。

4. 设计文件上应注明对支座的性能要求，安装前应具有相关产品的第三方型式检验报告及按规定进行第三方出厂检测。

【条文说明】1. 隔震结构中使用的隔震支座主要包括：天然橡胶隔震支座（LNR），铅芯橡胶隔震支座（LRB），高阻尼橡胶隔震支座（HDR），弹性滑板隔震支座（ESB），摩擦摆隔震支座（FPS）或其他隔震支座。

2. 隔震层采用的隔震支座产品应通过型式检验和出厂检验。型式检验应由独立于生产厂家的第三方完成，除满足相关的产品要求外，使用产品的型式检验报告有效期不得超过6年。出厂检验宜由独立于生产厂家的第三方完成，出厂检验报告只对采用该产品的项目有效，不得重复使用。

3. 隔震层中的隔震支座等安装前进行的出厂检验，其检测试件应由第三方或工程监理方采用随机抽样的方式抽取。当任一件抽样试件的任一项性能不合格时，该次抽样检验为不合格，不合格产品不得出厂。出厂检验数量应符合下列要求：

1）特殊设防类、重点设防类建筑，每种规格产品抽样数量应为100%。

2）标准设防类建筑，每种规格产品抽样数量不应少于总数的50%；若有不合格试件时，应100%检测。

3）一般情况下，每项工程抽样总数不应少于20件，每种规格的产品抽样数量不应少于4件，当产品少于4件时，应全部进行检测。

4. 隔震支座检验时，剪切性能应考虑温度修正和加载频率修正。

3.2.12 隔震结构计算模型，应符合下列规定：

1. 所选取的分析模型应能合理反映结构中构件的实际受力状况。

2. 隔震层的隔震支座和阻尼器应选择能正确反映其特性的减隔震元件模型。

3. 隔震结构的计算模型宜考虑结构杆件的空间分布、弹性楼板假定、隔震支座的位置、隔震建筑的质量偏心、在两个水平方向的平移和扭转、隔震层的非线性阻尼特性以及荷载-位移关系特性等。

4. 在设防地震作用下，隔震建筑上部和下部结构可采用弹性模型；隔震层应采用隔震产品试验提供的滞回模型，按非线性阻尼特性以及非线性荷载一位移关系特性进行分析。在罕遇和极罕遇地震作用下，隔震建筑上部和下部结构应采用弹塑性分析模型。

5. 隔震支座单元应能够模拟隔震支座水平非线性和竖向非线性特性，计算分析时，按先竖向后水平的荷载工况顺序合理加载。

3.2.13 隔震结构地震作用计算，除特殊要求外，可采用下列方法：

1. 房屋高度不超过24m，上部结构以剪切变形为主，质量和刚度沿高度分布比较均匀且隔震支座类型单一的隔震建筑，可采用底部剪力法。

2. 除1款外的隔震结构可采用振型分解反应谱法。

3. 对于高度大于60m，体型不规则，隔震层隔震支座、阻尼装置及其他装置的组合比较复杂的隔震建筑，尚应采用时程分析法进行补充计算。每条时程曲线计算所得结构底部剪力不应小于振型分解反应谱法计算结果的65%，多条时程曲线计算所得结构底部剪力的平均值不应小于振型分解反应谱法计算结果的80%。

4. 采用振型分解反应谱法和时程分析法同时计算时，地震作用结果应取时程分析法与振型分解反应谱法的包络值。

【条文说明】1. 对隔震结构构件进行设计时，采用带隔震支座的整体模型进行内力分析是更为准确的方法，但目前软件在进行振型分解反应谱法计算时不能准确反映隔震支座的属性，因此采用将振型分解反应谱法计算所得的各层剪力值调整为采用时程分析法计算所得的各层剪力值进行修正。具体步骤如下：1）采用时程分析法计算，选取5组天然地震波和2组人工波，得到设防地震作用下带支座隔震结构各层的地震剪力平均值；2）采用振型分解反应谱法计算，得到设防地震作用下带支座隔震结构各层的地震剪力值；3）时程分析法得到的层剪力值大于振型分解反应谱法得到的层剪力值时，将时程分析法得到的层剪力值与振型分解反应谱法得到的层剪力值之比作为各层的调整系数。

2. 结构设计时应该考虑支座剪切性能偏差的影响。

3.2.14 风荷载和其他非地震作用的水平荷载标准值产生的总水平力不宜超过结构总重力的10%。

3.2.15 对于9度抗震设防和8度且水平向减震系数不大于0.3的隔震建筑，采用振型分解反应谱法计算竖向地震作用时，其竖向地震影响系数最大值可采用水平地震影响系数最大值的65%。

3.2.16 上部结构设计：

1. 隔震结构构件根据性能要求可分为关键构件、普通竖向构件、重要水平构件和耗能构件。其中关键构件是指构件的失效可能引起结构的连续破坏或危及生命安全的严重破坏；普通竖向构件是指关键构件之外的竖向构件；重要水平构件是指不宜提早屈服的水平构件，包括对结构整体性有较大影响的水平构件、承受较大集中荷载的框架梁及剪力墙连梁等；耗能构件包括框架梁、剪力墙连梁等。

2. 隔震建筑的高宽比应注意确保具有抗倾覆的安全裕度，宜满足相应抗震结构类型的要求。基础隔震结构高宽比计算时，其高度取隔震层以上结构的高度。

3. 当上部结构高宽比超过相关规范限值时，宜对隔震建筑进行罕遇地震下抗倾覆验算。抗倾覆验算包括结构整体抗倾覆验算和隔震支座拉压承载能力验算。进行结构整体抗倾覆验算时，应按罕遇地震作用计算倾覆力矩，上部结构重力荷载代表值作为抗倾覆力矩，抗倾覆安全系数应大于1.2。上部结构传递到隔震支座的重力荷载代表值应考虑倾覆力矩所引起的增加值。隔震层在罕遇地震下应保持稳定，不宜出现不可恢复的变形；其橡胶支座在罕遇地震的水平和竖向地震同时作用下，拉应力应满足表3.2.17-3的要求。

【条文说明】抗倾覆安全系数应大于1.2，为参照《乌鲁木齐建筑隔震技术应用规定(设计部分)》。

4. 隔震建筑结构的抗震措施，可按底部剪力比、相应地震烈度及抗震设防类别等确定，与抵抗竖向地震作用有关的抗震构造措施不应降低，并符合相关规范规定。

3.2.17 隔震层设计：

1. 隔震层宜设置在结构的基础或地下室顶板。隔震支座类型、数量和分布应根据竖向承载力、侧向刚度和阻尼的要求通过计算确定。必要时可设置阻尼装置，提供阻尼减小隔震层水平位移。

【条文说明】隔震层可由隔震支座、阻尼装置和抗风装置组成。阻尼装置和抗风装置可与隔震支座合为一体，亦可单独设置。必要时可设置限位装置。

2. 隔震沟、楼面缝顶部宜设置滑动盖板，防止人员或杂物掉落。大样图如图3.2.17所示。

3. 隔震支座的平面布置宜与上部结构和下部结构中竖向受力构件的平面位置相对应。隔震支座底面宜布置在相同标高位置上，必要时也可布置在不同的标高位置上。同一房屋选用多种类型的隔震支座时，应注意充分发挥每个隔震支座的承载力和水平变形能力。同一隔震层内，各个隔震支座的竖向变形宜均匀，竖向平均应力不应超过规范的限值。

4. 隔震层刚度中心宜与上部结构的质量中心重合，偏心率不大于3%。

注：隔震层偏心率计算方法如下：

1）求重心：

$$X_g = \frac{\sum N_i \cdot X_i}{\sum N_i}, \quad Y_g = \frac{\sum N_i \cdot Y_i}{\sum N_i} \tag{3.2.17-1}$$

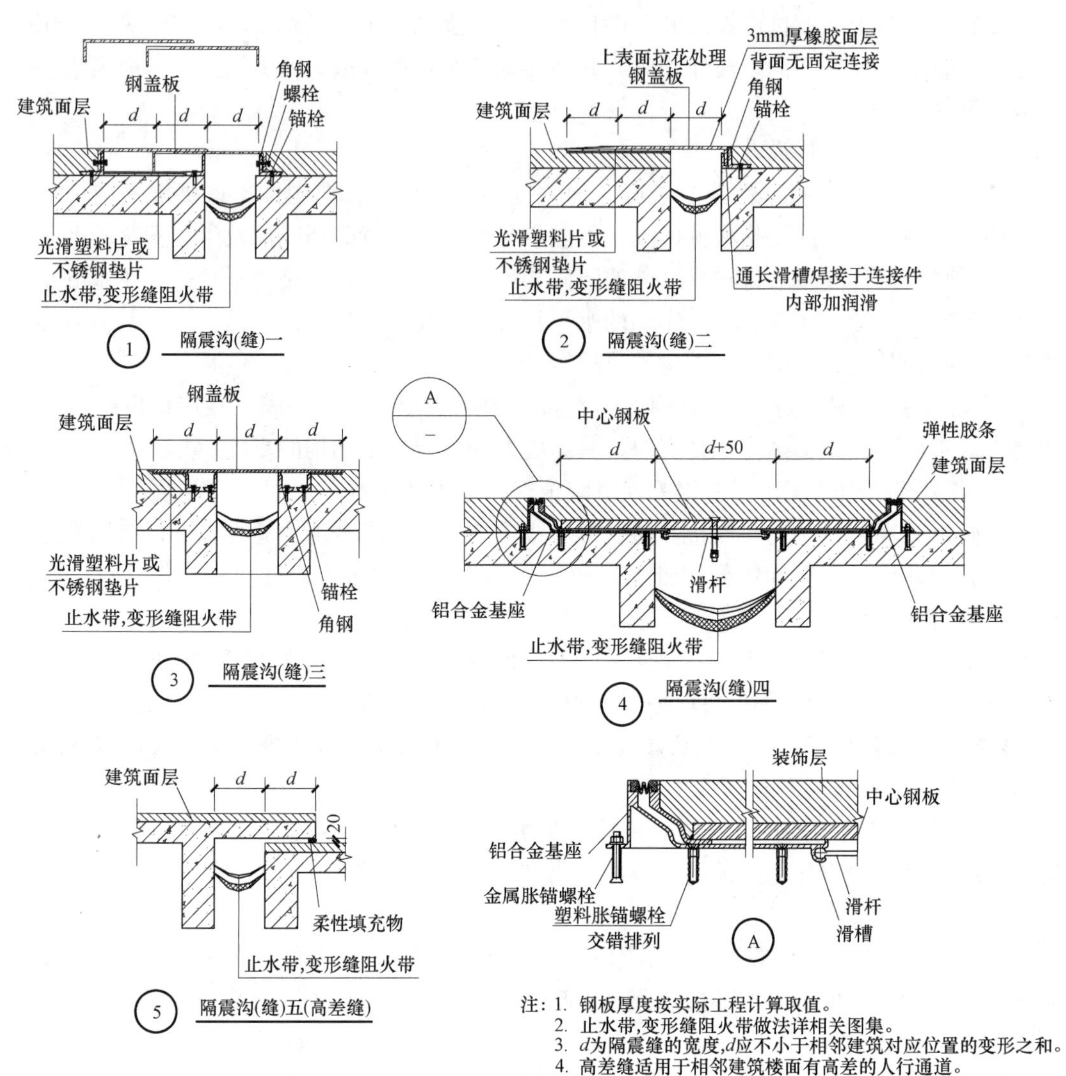

图 3.2.17　隔震沟（缝）构造大样

2）求刚心：

$$X_{k}=\frac{\sum K_{ey,i}\cdot X_{i}}{\sum K_{ey,i}},\quad Y_{k}=\frac{\sum K_{ex,i}\cdot Y_{i}}{\sum K_{ex,i}} \tag{3.2.17-2}$$

3）求偏心距：

$$e_{x}=|Y_{g}-Y_{k}|,\quad e_{y}=|X_{g}-X_{k}| \tag{3.2.17-3}$$

4）求扭转刚度：

$$K_{t}=\sum[K_{ex,i}(Y_{i}-Y_{k})^{2}+K_{ey,i}(X_{i}-X_{k})^{2}] \tag{3.2.17-4}$$

5）求回转半径：

$$R_{x}=\sqrt{\frac{K_{t}}{\sum K_{ex,i}}},\quad R_{y}=\sqrt{\frac{K_{t}}{\sum K_{ey,i}}} \tag{3.2.17-5}$$

6）求偏心率：

$$\rho_x=\frac{e_y}{R_x},\quad \rho_y=\frac{e_x}{R_y} \tag{3.2.17-6}$$

式中：N_i——第 i 个隔震支座承受的重力荷载；

X_i，Y_i——第 i 个隔震支座中心位置 X 方向和 Y 方向坐标；

$K_{ex,i}$，$K_{ey,i}$——第 i 个隔震支座在 X 方向和 Y 方向的等效刚度。

【条文说明】隔震结构由于其上部结构的平动特性，一般有利于降低结构不规则性导致的危害；但由于隔震层抗扭转能力相对薄弱，因而对上部结构质心相对隔震层刚心的偏心较为敏感，需要提出隔震结构的规则性要求；此外，计算分析表明，不规则程度明显的隔震结构仍不同程度地存在着由明显不规则导致的薄弱层或薄弱部位的问题。基于此，设计人员应对不规则结构的隔震设计引起足够重视。

5. 隔震层的橡胶隔震支座在重力荷载代表值的设计值作用下，竖向压应力设计值应不超过表 3.2.17-1 的规定。

橡胶隔震支座在重力荷载代表值下的压应力限值　　表 3.2.17-1

建筑类别	特殊设防类建筑	重点设防类建筑	标准设防类建筑
压应力限值(MPa)	10	12	15

注：1. 压应力设计值应按永久荷载和可变荷载的组合计算，楼面活荷载应按现行国家标准《建筑结构荷载规范》GB 50009 的规定乘以折减系数；

2. 橡胶支座的第二形状系数（有效直径与橡胶层总厚度之比）小于 5.0 时应降低压应力限值，小于 5.0 不小于 4.0 时降低 20%，小于 4.0 不小于 3.0 时降低 40%；

3. 隔震支座外径不宜小于 300mm。

【条文说明】1. 支座在重力荷载代表值下的压应力，是指支座在重力荷载代表值作用下承受的轴压力设计值产生的竖向压应力，即工况 $\gamma_G S_{SE}$。

2. 支座的屈曲应力 σ_{cr}，是指根据 Haringx 弹性理论，按稳定要求，以压缩荷载下叠层橡胶水平刚度为零的压应力；试验表明，满足 $s_1\geqslant15$ 和 $s_2\geqslant5$ 且橡胶硬度不小于 40 时，最小屈曲应力值 σ_{cr} 为 34.0MPa。

3. 现行国家标准《建筑抗震设计规范》GB 50011 中规定竖向压应力限值应不小于 15MPa，即 $\sigma_{max}=0.45\sigma_{cr}=15$MPa。支座的竖向压应力限值 σ_{max}，是指支座在水平位移为 0.55 倍有效直径（D）时，上下钢板投影的重叠部分作为有效受压面积，以该有效受压面积得到的平均应力达到最小屈曲应力作为控制橡胶支座稳定的条件的压应力。此时极限压应力在 30MPa～40MPa。

4. 叠层橡胶支座的竖向极限压应力 σ_{vmax}，是指在无任何水平变形的情况下支座承担的最大轴压应力。从国内外的大量试验结果得知，支座在满足 $s_1\geqslant15$ 和 $s_2\geqslant5$ 的条件下，此值一般都在 90MPa 以上。

5. 橡胶隔震支座在重力荷载代表值下的压应力限值的规定，可以方便支座的初步选用，支座的选用尚需满足罕遇地震下的拉压应力和变形等要求。

6. 隔震层的隔震橡胶支座在罕遇地震作用下的最大竖向压应力不应超过表 3.2.17-2 所规定限值。隔震橡胶支座在罕遇地震下不宜出现竖向拉应力，当不可避免受拉时，其竖向拉应力不应超过表 3.2.17-3 所规定限值。

隔震橡胶支座在罕遇地震下的压应力限值　　表 3.2.17-2

建筑类别	特殊设防类建筑	重点设防类建筑	标准设防类建筑
压应力限值(MPa)	20	25	30

隔震橡胶支座在罕遇地震下的拉应力限值　　表 3.2.17-3

建筑类别	特殊设防类建筑	重点设防类建筑	标准设防类建筑
拉应力限值(MPa)	0.0	1.0	1.0

注：1. 隔震支座验算最大压应力和最大拉应力时，应考虑三向地震作用产生的最不利轴力；其中水平和竖向地震作用产生的应力应取标准值；

2. 在罕遇地震作用下的最大压应力，即取 $(1.0D+0.5L)+E_h$(水平地震)$+0.4E_v$、$(1.0D+0.5L)+E_v+0.4E_h$ 两者较大值；

3. 在罕遇地震作用下的最大拉应力，即取 $0.9(1.0D+0.5L)-0.4E_v-1.0E_h$、$0.9(1.0D+0.5L)-E_v-0.4E_h$ 两者较大值。

7. 隔震层的隔震橡胶支座在罕遇地震作用下考虑扭转影响的水平位移，不应超过该支座有效直径的 0.55 倍和支座内部橡胶总厚度 3.0 倍二者的较小值。当隔震层以上结构的质心与隔震层刚度中心在两个主轴方向均无偏心时，边支座的扭转影响系数不应小于 1.15。

8. 隔震层水平屈服荷载验算：

1）风荷载下隔震层应保持“不屈服”（即保持弹性刚度），不满足时可通过另设抗风装置、采取较大初始刚度的位移型消能器（阻尼器）等方式予以满足；上述装置宜沿建筑物周边均匀布置。

2）抗风验算：

$$\gamma_w V_{wk} \leqslant V_{Rw} \quad (3.2.17\text{-}7)$$

式中：V_{Rw}——隔震层抗风承载力设计值；隔震层抗风承载力由抗风装置和隔震支座的屈服力构成，按屈服强度设计值确定；

γ_w——风荷载分项系数；

V_{wk}——风荷载作用下隔震层的水平剪力标准值，风荷载标准值可按 50 年一遇取值（高层隔震结构宜按 100 年一遇取值）。

9. 隔震支座的弹性恢复力验算：

$$K_{100} T_\gamma \geqslant 1.40 V_{Rw} \quad (3.2.17\text{-}8)$$

式中：K_{100}——隔震支座在水平剪切应变 100%时的水平等效刚度；

T_γ——隔震支座内部橡胶总厚度。

3.2.18 隔震层下部结构设计：

1. 隔震层下部结构的承载力验算，应考虑上部结构传来的轴力、弯矩、水平剪力以及由隔震层水平变形产生的附加弯矩。

2. 上部结构和隔震层传至下部结构顶面的水平地震作用，可按隔震支座的水平刚度分配；当考虑扭转时，尚应计及隔震层的扭转刚度。

3. 隔震层支墩、支柱及相连构件，应采用在罕遇地震下隔震支座底部的竖向力、水平力和力矩进行承载力验算。

【条文说明】相连构件一般指与支柱顶部相连的系梁、与支柱相连的翼墙等构件。橡胶隔震支座水平变形后，隔震支墩及连接部位的附加弯矩应按下列公式计算：

$$M=\frac{Pu+VH}{2} \tag{3.2.18}$$

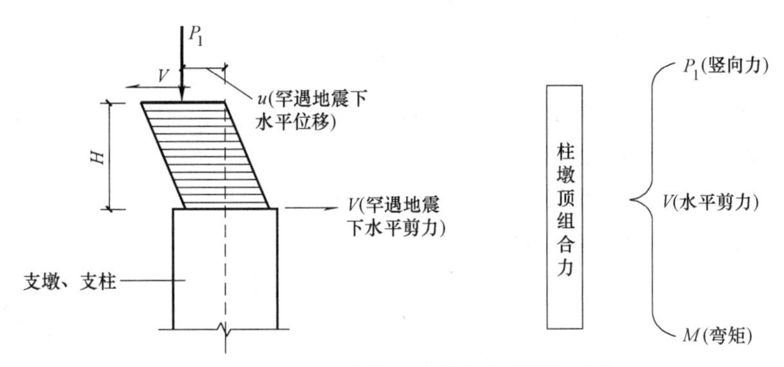

图 3.2.18　隔震支墩及连接部位的附加弯矩

4. 隔震层以下的结构（包括地下室和隔震塔楼下的底盘）中直接支承隔震层以上结构的相关构件，应满足嵌固的刚度比和隔震后设防地震的抗震承载力要求，并按罕遇地震进行抗剪承载力验算。隔震层以下地面以上的结构在罕遇地震下的层间位移角限值应满足表 3.2.18 的要求。

隔震层以下结构罕遇地震作用下层间弹塑性位移角限值　　表 3.2.18

下部结构类型	层间弹塑性位移角限值
钢筋混凝土框架结构	1/150
底部框架砌体房屋中的框架-抗震墙、钢筋混凝土框架-抗震墙、框架-核心筒结构	1/250
钢筋混凝土抗震墙、板柱-抗震墙结构	1/300
钢结构	1/120

3.2.19　地基基础设计：

1. 隔震建筑地基基础的设计、抗震验算和地基处理，应满足本地区抗震设防烈度按隔震结构地震计算的要求；甲、乙类建筑的抗液化措施应按提高一个液化等级确定，直至全部消除液化沉陷。

2. 隔震结构抵抗地基不均匀沉降的能力较弱，对可能产生地基不均匀沉降的隔震建筑应采取适当措施消除或减小不均匀沉降；对可能产生地基液化的基础应采取从严处理的措施。

3. 隔震结构宜采用整体性较好的基础形式（如筏形基础、交叉基础等）；当为独立柱基时一般应设置基础拉梁（有防水板时可不另设；强风化基岩地基宜设；非强风化基岩地基可不设）。

3.2.20　隔震建筑工程施工、验收和维护应符合以下规定：

1. 施工单位应针对隔震装置及相关隔震措施编制专项施工方案，并在工程显著部位镶刻铭牌，标明工程的减震类别和使用注意事项。监理单位应针对隔震工程的具体情况制定监理规划和监理实施细则。设计单位应提供隔震工程使用说明书。

2. 建设单位或总包单位进行隔震装置招标工作时，隔震装置生产企业应按设计要求提供样品，交由第三方检测机构进行统一检测，将检测报告作为投标技术文件的内容。

3. 隔震支座生产企业供应产品时，应提供具备资质的检测单位出具的与所生产规格相应的型式检测报告。

4. 隔震工程施工过程中的安全措施、劳动保护、防火要求等，应符合国家现行有关规范的规定。对层间隔震层及有防火要求的隔震层，宜检查支座是否有防火包裹或设置专门针对隔震支座的灭火器具。

5. 施工单位应保证施工资料真实、有效、完整和齐全。施工项目技术负责人应组织施工全过程的资料编制、收集、整理和审核，并应及时存档、备案。

6. 施工阶段应重点检查隔震层隔震沟、隔震缝大样做法。隔震层工程分项验收时应符合下列规定：质量控制资料应完整；隔震装置的第三方检验单位应具有相应的资质；隔震装置及其他部件的相关检验和抽验结果应符合有关规定。

7. 隔震建筑的竣工验收除应符合国家现行有关施工及验收规范规定外，尚应提交下列文件：

1）隔震支座及预埋件供货企业的合法性证明；

2）隔震支座及预埋件出厂合格证书；

3）隔震支座及预埋件出厂检验报告；

4）隔震层子分部工程施工验收记录；

5）隐蔽工程验收记录；

6）隔震支座及其预埋件的施工安装记录；

7）隔震结构施工全过程中隔震支座竖向变形观察记录；

8）隔震结构施工安装记录；

9）上部结构与周围固定物脱开距离的检查记录。

8. 隔震工程的业主应确保隔震工程的正常使用，不得随意改变、损坏、拆除隔震装置或填埋、破坏隔震构造措施。

9. 隔震建筑标识应能描述隔震建筑的功能及其功能发挥的特殊性，应能提醒业主及其他人员对隔震支座及隔震构造的维护。隔震建筑标识的设置应满足下列要求：标识醒目，具有警示作用；标识内容简单明了；隔震建筑的标识一般设置在门厅入口、楼梯断缝、建筑物周围隔震沟、隔震层防震缝等部位；隔震产品描述应包括隔震支座的型号、规格以及功能、特性等，对其特殊的使用要求也应进行简要的描述。

10. 隔震建筑维护和检查：

1）生产厂家应在产品说明书中明确隔震支座的特点及使用过程中的维护要求；

2）隔震建筑的检查分为定期检查和应急检查两类；

3）业主或物业管理应在隔震工程竣工后第 1 年、第 3 年、第 5 年、第 10 年对隔震层进行定期检查；10 年后每 10 年进行一次定期检查；

4）当发生地震、强风、火灾、水灾、极端温度等异常情况时，应委托专门技术人员进行应急检查；

5）定期检查隔震层是否存在异常位移、隔震支座和连接件是否有锈蚀、剥落及倾斜等现象。

3.2.21 宜设置地震反应观测系统。

【条文说明】在设计文件里宜写入设置地震反应观测系统。因为地震记录系统可以记录隔震结构在每一次地震时的状态和反应，这些地震记录对于以后的隔震设计和隔震建筑的安全来说是非常宝贵的资料。对于一般隔震建筑，宜采用简易、可更换的地震记录仪器，对较重要或有特殊要求的隔震建筑可设置更高级的地震反应观测和反馈系统。

4 地基基础与地下室

4.1 一般规定

4.1.1 建筑场地应根据地质复杂程度、工程规模和使用功能、上部结构类型及已有岩土工程勘察资料，优先选择场地稳定、地质条件好的地段；对于建筑抗震不利地段，应提出避让要求，无法避让时应采取相应措施；对于危险地段，严禁建造甲类、乙类建筑，不应建造丙类建筑。

4.1.2 当拟建工程位于危岩、陡坎等不利地段或切坡、荷载增加等建造行为对原有场地稳定性有不利影响时，应要求业主对改变后的场地进行地质灾害危险性评估或场地稳定性评价。

4.1.3 设计应在岩土工程勘察前提出设计需求和技术要求，并向勘察单位提供拟建工程概况、总平面图、建筑物层数、高度、结构类型、荷载条件、基础埋置深度、地基变形控制要求等资料。对已有的可行性研究地质勘察报告或初步地质勘察报告，应仔细研读并判断其内容和深度是否满足设计要求；当不满足时应提出后续勘察阶段补充完善要求，或要求进行补充勘察。

【条文说明】对于荷载较大或复杂地基的一柱一桩基础工程，当采用端承型桩基时，宜要求各桩位均设置勘探点；对于岩溶、基岩起伏大等情况尚应根据实际情况采取一桩一孔或一桩多孔的勘探方式。

当初步勘察阶段发现场地全风化及强风化泥岩中有石膏、芒硝等对混凝土有强腐蚀性的矿物质时，应要求勘察单位进一步探明其深度、分布范围、层厚、腐蚀等级及地下水赋存等情况，并采取有效的防腐蚀措施（如采用抗硫酸盐水泥等）。

4.1.4 地基基础设计应采用经审查合格的岩土工程勘察报告作为依据，且应优先采用勘察报告推荐的地基持力层和基础形式，有疑问应及时与勘察单位协调处理。若需采用勘察报告未推荐的地基持力层或基础形式时，应事前取得勘察单位同意并由其提供书面变更意见重新报请审查机构确认。

【条文说明】《四川省建设工程勘察设计管理条例》（2001 年 10 月 1 日）第一章第 5 条规定“建设工程勘察文件未经审查批准的，不得进行工程设计”，即应采用已通过审查合格的岩土工程勘察报告作为设计依据。其他地区应按当地建设行政主管部门相关规定执行。

4.1.5 坡地建筑不宜将建筑的外墙作为挡土墙使用。建筑外墙与边坡土体间应留有足够的距离，防止土体滑动造成建筑结构严重变形破坏。无法避免时应计算土体对结构主体的影响，确保安全。

4.1.6 对现行国家标准《建筑抗震设计规范》GB 50011 规定的发震断裂带避让距离范围内建造的 1～2 层分散的丙、丁类建筑，应采用现浇整体式基础，并应加强上部结构的整体性，且不得跨越断层线。

4.1.7　地基基础设计时应优先利用天然地基作为基础持力层。当建筑地基局部范围内存在不满足上部荷载要求的地基土层时，应采取处理措施。

4.1.8　地下水对建筑工程有上浮作用时应进行抗浮验算。

4.1.9　除地基基础设计规范有明确规定可不进行建筑地基变形验算外，下列情况地基基础设计应进行差异沉降计算，并应在基础和上部结构的相关部位充分考虑沉降差异采取相应措施，增强其抵抗差异沉降的能力：

1. 同一结构单元的基础设置在性质截然不同的地基土上；
2. 同一结构单元部分采用天然地基部分采用复合地基；
3. 采用不同基础类型或基础埋深显著不同；
4. 采用经处理的地基作为基础主要持力层；
5. 上部结构荷载差异较大的区域。

4.1.10　对以黏性土、素填土为主要填料的填筑地基为基础主要持力层时，填土地基压实系数不应小于0.97；当其不作为基础主要持力层时，填土地基压实系数不宜小于0.94。

【条文说明】夯填度与压实系数：压实系数是施工时测定的干密度和室内击实试验得到的最大干密度的比值，主要是针对细粒土而言，对碎石类土不存在最佳含水量和最大干密度的问题，因此无法用压实系数进行测试，可采用压实后填土厚度与虚铺填土厚度的比值（即夯填度）进行控制。当以碎石类土为填料且作为基础主要持力层时，夯填度不应大于0.9。

4.1.11　地下室防水等级和抗渗等级可根据现行国家标准《地下工程防水技术规范》GB 50108确定。

4.1.12　处于腐蚀性介质作用环境中的地下结构可按现行国家标准《工业建筑防腐蚀设计标准》GB/T 50046有关规定采取防腐蚀设计措施。

4.1.13　季节性冻土和多年冻土地区的地基基础设计应符合现行行业标准《冻土地区建筑地基基础设计规范》JGJ 118的有关规定。

4.1.14　膨胀土地基设计应按现行国家标准《膨胀土地区建筑技术规范》GB 50112的相关规定执行。

【条文说明】1. 应充分利用膨胀土地基的地基承载力，并应考虑地下水的不利影响（软化），必要时采取封闭或隔离措施；

2. 基础埋深应该在大气影响深度以下；

3. 对于荷载较轻的结构下部可采取设置褥垫层的形式调节基础变形。

4.1.15　岩溶地基设计应按现行国家标准《岩溶地区建筑地基基础技术标准》GB/T 51238的相关规定执行。

4.1.16　当需要对建筑地基进行加固时，应要求业主委托具有相应资质的单位设计、施工。

【条文说明】现行行业标准《既有建筑地基基础加固技术规范》JGJ 123规定：既有建筑地基和基础的鉴定、加固设计和施工，应由有相应资质的单位和有经验的专业技术人员承担。

4.1.17 山地（坡地）建筑地基基础设计除应满足本章要求外，尚应符合本措施第13章有关规定。

4.2 基础方案及选型

4.2.1 确定基础类型时，应综合考虑工程地质和水文地质条件、建筑体型与功能要求、荷载大小和分布情况、相邻建筑基础情况、施工条件和材料供应以及抗震设防烈度等因素。宜优先采用地勘报告推荐的基础形式，当选择的基础形式与推荐的基础形式不一致时，应与地勘部门沟通，取得一致意见，并留下相关记录。

4.2.2 位于地基条件较好场地的框架结构、框架-剪力墙结构及剪力墙结构，框架柱下可采用独立基础或墩基础，剪力墙下可采用条形基础或筏形基础；当基础持力层较差、埋深较深或地基土层起伏较大时可采用筏形基础或桩基础。

【条文说明】框架-剪力墙结构如柱下采用独立基础，剪力墙下采用条形基础或筏形基础时应注意，一般情况下独立基础的沉降量大于条形基础或筏形基础，故应加强控制相邻基础之间的沉降差，避免在长期荷载作用下沉降差异过大导致上部结构开裂，必要时可适当加大独立基础面积。

4.2.3 砌体结构一般选用条形刚性基础。当基础宽度较大（2.0m～2.5m及以上）时，宜选用钢筋混凝土条形扩展基础；当基础埋深较大（3.0m以上）时，可采用墩式基础或桩基础。

【条文说明】砌体结构采用条形刚性基础应注意，有地下管道、管沟穿过时应根据洞口大小和位置对削弱墙体采取局部加强措施，并宜在管道、管沟与上部墙体间预留适当间隙，避免上部墙体或地基下沉造成管道、管沟受损。

4.2.4 底部框架-抗震墙砌体结构底部的抗震墙下宜设置条形基础、筏形基础或桩基础。当抗震墙下采用桩基础时，应验算桩的竖向及水平承载力。

4.2.5 遇有下列情况时，可采用桩基础或复合地基：

1. 天然地基承载力不足；
2. 天然地基变形值过大；
3. 地基的稳定性不能满足要求；
4. 基础主要持力层下软弱下卧层的地基承载力或地基变形不能满足要求；
5. 同一结构单元范围内持力层地基土层起伏高差较大；
6. 需要穿越地震区场地的液化土层、较厚的新填土、欠固结土或软土；
7. 经技术和经济性比较，采用天然地基技术经济性较差时；
8. 基底以下存在较厚的非自重湿陷性黄土层时。

4.2.6 承受较大竖向荷载的大跨度承重柱，柱底弯矩较大时，不宜采用一柱一桩基础。

4.2.7 对位于软土地基且塔楼与裙楼、纯地下室连为一体的情形，当裙楼采用天然地基时，主楼不宜采用CFG桩复合地基。

【条文说明】主楼与裙楼、纯地下室连为一体时，主楼CFG桩复合地基的褥垫层有后期压缩变形，易引起底板开裂。

4.2.8 基础连系梁的设置应满足下列要求：

1. 当结构单元内有地下室且设有厚度不小于300mm的混凝土配筋底板时，除本条第3款情形外，独立基础及多桩承台间可不设置基础系梁；对于单桩基础，当有地下室且设有厚度不小于400mm的混凝土配筋底板时，相邻基础间宜在底板内设置暗敷连系梁。

2. 当结构单元内无地下室时，独立基础及桩承台间宜沿两个主轴方向设置基础连系梁，对于单桩承台应在桩顶沿两个主轴方向设置连系梁，两桩承台应沿其短向设置连系梁。

3. 对于下列情形，当结构单元内有地下室且设有厚度小于300mm的混凝土配筋底板时，独立基础及桩承台间宜沿两个主轴方向设置连系梁；当无地下室时，独立基础及桩承台间应沿两个主轴方向设置连系梁：

1）地基土为软弱黏性土、液化土、新近填土或严重不均匀土；

2）重要的建筑物；

3）基础承受较大水平力作用；

4）抗震设防烈度为8度及以上。

4. 对于以承受竖向荷载为主的一柱一桩大直径桩基础，当桩身全长均进入硬塑黏土或完整性较好的基岩且桩与柱的截面直径（对于矩形柱取柱截面的对角线长度）之比大于2时，可不设基础连系梁。

5. 基础连系梁的宽度不应小于250mm，高度可取基础中心距的1/10～1/15，且不小于400mm。

6. 基础连系梁的主筋应按计算确定。连系梁内上下纵向钢筋直径不应小于12mm且不应少于2根，并应按受拉要求锚入基础或承台，连系梁内上下纵向钢筋在中间支座部位应贯通设置。

7. 当基础埋置较浅时，连系梁与基础间可按图4.2.8所示构造连接；当基础埋置较深时，连系梁与基础间的框架柱可按长颈基础设计、构造。

【条文说明】对一柱一桩基础，当桩直径相当于柱直径的2倍以上时，桩的截面抗弯刚度相当于柱的16倍以上，可满足桩对柱固端约束的要求。考虑桩侧土体对桩抗弯刚度的有利作用，桩的实际抗弯刚度更大。当结构设计确有困难时，可适当降低桩与柱的直径比值，但不应小于1.5倍或桩与柱的抗弯刚度比不小于10。高层建筑中当混凝土配筋底板不能代替基础连系梁的作用时应设置连系梁。

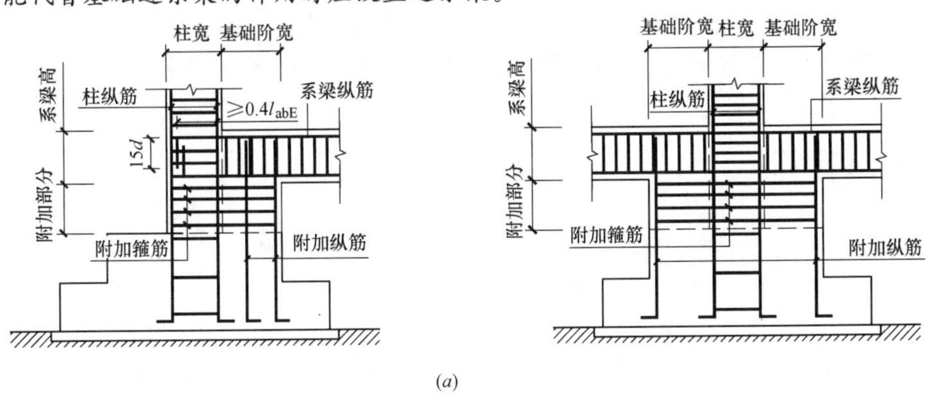

(a)

图4.2.8　基础连系梁与基础连接构造示意图

(a) 基础连系梁底高于基础顶

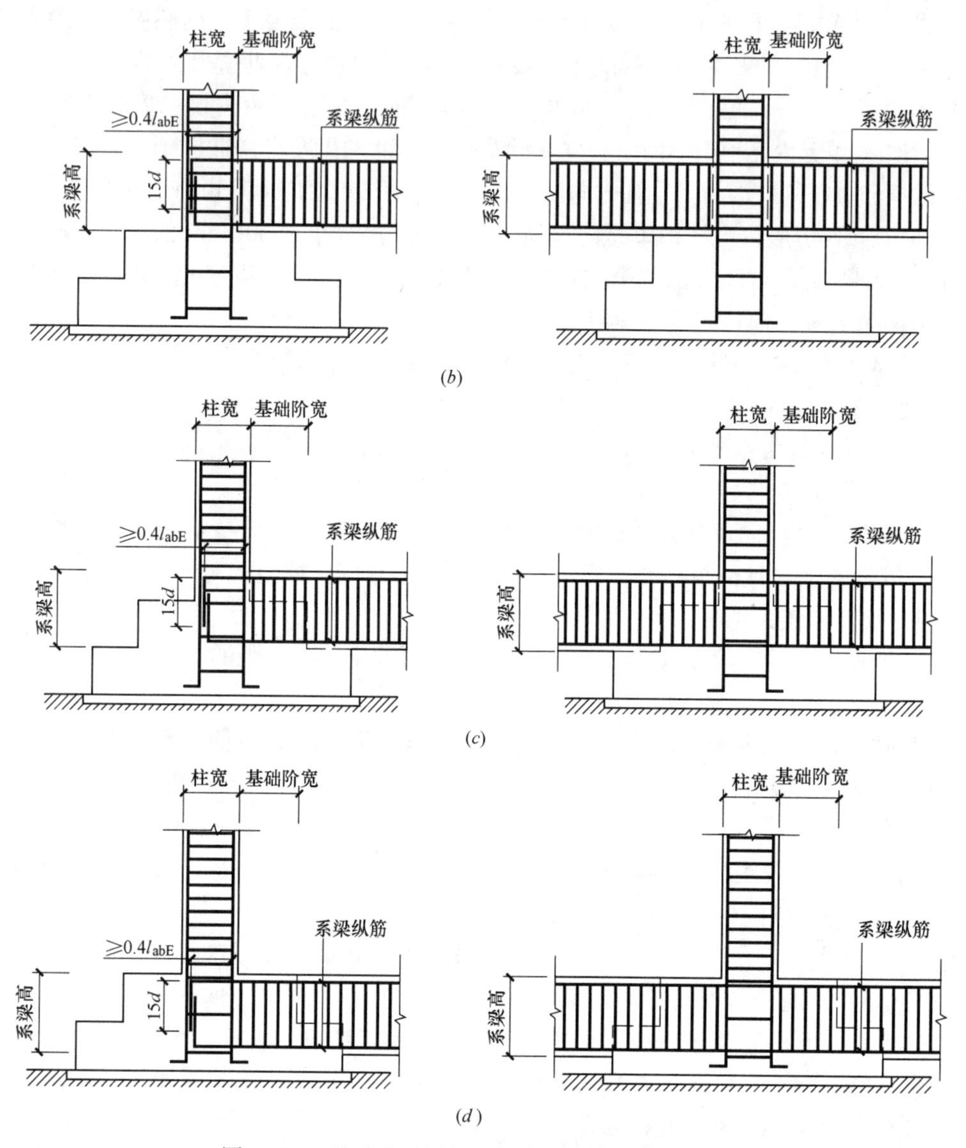

图 4.2.8 基础连系梁与基础连接构造示意图（续）

（b）基础连系梁底与基础顶齐平；（c）基础连系梁与基础部分重合；（d）基础连系梁顶与基础顶齐平

4.3 地基计算

4.3.1 地基设计计算应包括以下基本内容：

1. 持力层、软弱下卧层的地基承载力验算；

2. 地基变形（沉降量及倾斜值）验算及控制；

3. 长期承受水平荷载作用的建筑、建造于坡地上的建筑及支挡结构的地基稳定性验算。

4.3.2 地基基础设计时，所采用的作用效应与相应的抗力限值应符合现行国家标准、行业标准及地方标准的规定。

4.3.3 基础埋置深度：

1. 基础埋置深度应满足建筑使用功能要求，在保证建筑安全和正常使用的前提下尽量浅埋。

2. 基础埋置深度一般应符合现行国家标准《建筑地基基础设计规范》GB 50007 的规定。当受条件限制确实不能满足时，应采取必要的抗倾覆、抗滑移措施保证基础的稳定。

3. 高层建筑宜设置地下室。一般情况下，高层建筑的基础埋置深度宜符合下列要求：

1）天然地基或复合地基，可取 $H/18$～$H/15$，且不宜小于 3m（H 为建筑物室外地面至主要屋面结构高度，不包括局部突出屋面的电梯机房、水箱、构架等高度）；

2）桩基础，可取 $H/20$～$H/18$（不计桩长）；

3）位于岩石地基的高层建筑筏形基础、箱形基础及以水平作用为主要荷载的基础，当埋深不满足本条第 1、2 款要求时，应根据抗倾覆、抗滑移要求确定基础埋置深度。对其他型式的基础在满足地基承载力、稳定性要求的前提下，基础埋置深度要求可适当放宽。

4. 无地下室或基础埋置深度不足的高层建筑以及高宽比超过适用高宽比较多的高层建筑，宜按大震验算上部结构的整体抗倾覆稳定和地基的抗滑移稳定。当采用桩基础时，尚应验算桩身及连接钢筋的受拉极限承载力。此时，大震地震作用标准值效应采用等效弹性方法计算，地基承载力采用标准值，承载力抗震调整系数取 1.0。

5. 除岩石地基外，多层建筑的基础埋置深度不应小于 0.5m。

6. 置于膨胀土地基上的基础埋置深度应大于大气影响深度。

7. 置于季节性冻土上的基础埋置深度宜大于场地冻结深度。

8. 当新建建筑紧邻既有建筑时，其基础埋置深度不宜大于既有建筑的基础埋置深度。当无法避免时，应采取可靠措施保证既有建筑的安全；当新建建筑基础埋深远小于既有建筑基础埋置深度时，尚应考虑新建建筑对既有建筑的不利影响。

9. 基础埋置深度一般从室外地面（含填方平整区）算起，天然地基算至基础底面，桩基础算至承台底面；对于埋置情况比较复杂的建筑基础，可参照下述原则确定：

1）对于无地下室或有地下室但无裙楼的建筑，当四周地面标高不同时，基础埋置深度从室外最低地面起算。

2）对于主楼带有裙楼的建筑，当主楼有地下室而裙楼无地下室时，主楼和裙楼的基础埋置深度可从室外最低地面算至各自基础底面。

3）对于主楼、裙楼均带有地下室的建筑，当主楼与裙楼间地下室设有变形缝且在室外地面标高以下的缝中设有回填粗砂或地下室顶板连续（图 4.3.3（*a*））时，基础埋置深度均可从室外地面起算，其他情况应从地下室室内地面起算（图 4.3.3（*b*））。

4）当地下室为两面围合、三面围合时，基础埋置深度应从基础底面算至室外最低地面。此时宜在围合面设置永久支挡结构将土体与主体结构隔离，或可设置垂直于地下室外墙的钢筋混凝土墙段将土体的侧压力传递给基础，并应注意控制地下室结构扭转。当未采用上述措施时，应考虑地下室侧墙外土体在地震作用下对主体结构的影响。

5）当地下室有下沉式广场时，基础埋置深度应根据下沉式广场的位置、地下室顶板开洞面积大小等专门研究确定。

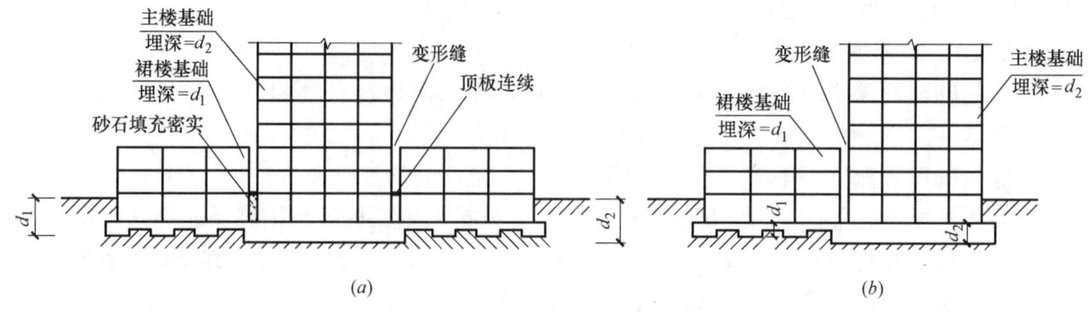

图 4.3.3 有变形缝时基础埋深计算

6）对于主楼带有裙楼的建筑，主楼基础埋深均不宜小于裙楼基础埋深，无法避免时，应采取措施确保主楼地基及基础的稳定，并考虑主楼地基应力扩散对裙楼的不利影响。

7）新建建筑的基础埋深不宜小于既有建筑的基础埋深，无法避免时，应采取措施确保新建建筑地基及基础的稳定，并考虑新建建筑地基应力扩散对既有建筑的不利影响。

【条文说明】1. 实际项目情况可能较上述几种情况更为复杂，地下室单侧室外地面标高可能也有高低起伏，或局部约束缺失，楼板刚度影响等，应根据实际情况综合考虑。

2. 应当特别注意，本条所述的基础埋置深度与本章第 4.3.4 条中进行地基承载力深度修正取用的基础埋置深度含义及取值的区别，不可混淆。

3. 地下室顶板高出室外地面的高度超过地下室层高 1/3 但未超出地下室层高 1/2 时，可认为其是半地下室；当超出地下室层高 1/2 时，应不认为其是地下室。当有半地下室时，半地下室基础埋深应从室外地面算至半地下室的基础底面。

4.《全国民用建筑工程设计技术措施/结构/地基与基础》（2009 年版）5.1.4 条第 3 款规定，桩基础埋深可取 $H/20$。

4.3.4 基础宽度大于 3.0m、埋置深度大于 0.5m 的天然地基的地基承载力特征值可按现行国家标准《建筑地基基础设计规范》GB 50007 的相关规定进行修正。地基承载力深度修正计算深度取值应符合下列要求：

1. 下列情况时，天然地基承载力深度修正计算深度可从室外地面最低点算至基础底面：

1）无地下室建筑；

2）主楼有地下室无裙楼且采用筏形基础或箱形基础的建筑；

3）主楼有地下室（无裙楼）且地下室有通长采光井时（无论采光井挡土墙与主体结构有没有连结），主楼采用整体式筏形基础或箱形基础的房屋；

4）与防水板连为整体的独立基础或条形基础，当防水板满足筏板最小厚度且按变厚度筏板设计的房屋。

2. 不符合上述情况时，天然地基承载力深度修正计算深度应符合以下规定：

1）主楼带有裙楼的建筑，当主楼有地下室而裙房无地下室时，主楼、裙楼的深度修正计算深度应按各自基础底面至室外最低地面起算。

2）有地下室的主楼带裙楼（含纯地下室）的建筑，裙楼及地下室深度修正计算深度应从室内地面算起；当裙楼基础整体性较好时，主楼深度修正计算深度可考虑裙楼重量的作用，即将裙楼基底以上的荷载视为主楼基础两侧的超载。可将超载折算成土层厚度作为折算埋深，主楼基础两侧超载不等时取小值，且折算埋深不应大于其实际埋深。

3）在填方平整区，一般自室外地面起算。当填土在上部结构施工完成后进行时，应不考虑该部分填土所产生的超载作用对地基承载力修正的影响，即计算埋深仍应自天然地面起算。

4）对采用条形基础或独立基础的地下室，外墙基础埋置深度取为 $d_{ext}=0.3d_1+0.7d_2$（d_1、d_2 分别为基础底面至室外地面、地下室室内地面的距离）；内墙基础埋置深度 d_{int} 自地下室内地面起算。

4.3.5 处理地基的深度修正系数应取为 1.0，宽度修正系数应取为 0；大面积压实填土地基可按规定进行深度修正，不应考虑宽度修正。

4.3.6 对强风化和全风化的岩石地基可参照风化后的相应土类确定深度和宽度修正系数，其他状态下的岩石地基不应进行深宽修正。

4.3.7 采用浅层平板载荷试验所确定的土质地基承载力特征值，可进行深度和宽度修正；采用深层平板载荷试验所确定的土质地基承载力特征值可进行宽度修正，深度修正系数应取为 1.0。

4.3.8 以膨胀土为持力层的基础，其底面压应力宜大于地基土的膨胀力（但不得超过地基承载力），避免地基土膨胀隆起对建筑基础稳定产生不利影响。

4.3.9 地基变形计算及沉降观测：

1. 地基变形可分为沉降量、沉降差、倾斜、局部倾斜。地基变形计算值不应大于地基变形允许值。

2. 地基变形计算应符合现行国家标准《建筑地基基础设计规范》GB 50007 和现行行业标准《建筑桩基技术规范》JGJ 94 的相关规定。

【条文说明】1. 由于建筑地基不均匀、荷载差异很大、体型复杂等因素引起的地基变形，对于砌体承重结构一般应由局部倾斜控制；对于框架结构和单层排架结构应由相邻柱基的沉降差控制；对于多层或高层建筑和高耸结构应由倾斜值控制；必要时尚应控制平均沉降量。

2. 在必要情况下，需要分别预估建筑物在施工期间和使用期间的地基变形值，以便预留建筑物有关部分之间的净空，选择连结方法和施工顺序。一般建筑物在施工期间完成的沉降量，对于碎石和砂土可认为其最终沉降量已完成 80%以上，对于其他低压缩性土可认为已完成最终沉降量的 50%～80%，对于中压缩性土可认为已完成 20%～50%，对于高压缩性土可认为已完成 5%～20%。

3. 同一整体大面积基础上建有多栋高层和低层建筑时（大底盘基础上的主楼与裙房、地下车库连体建筑），宜进行考虑地基与基础和上部结构相互作用的地基变形计算；当地基土质差别明显、上部荷载大小相差悬殊、结构刚度和构造变化复杂时，需要采用多种地基和基础类型，宜考虑地基与基础和上部结构相互作用，分析计算不均匀沉降对基础和上部结构的影响。

4. 当在建筑物范围内有大面积地面堆载（例如，生产堆料、工业设备等地面堆载和天然地面上的大面积填土或堆土等）局部压在基础周边时，特别是软土地基，应考虑因其引起的地基不均匀变形、基础内外过大的沉降差及其对上部结构的不利影响。

5. 大面积地面荷载引起的地基附加沉降值的计算，应符合现行国家标准《建筑地基基础设计规范》GB 50007 的有关规定。

3. 建筑物的地基变形允许值，按现行国家标准《建筑地基基础设计规范》GB 50007 的规定采用。对其中未包括的建筑物，其地基变形允许值应根据上部结构对地基变形的适应能力和使用要求确定。

4. 计算地基变形时，应考虑相邻荷载的影响，其值可按应力叠加原理，采用角点法计算。

5. 下列建筑在施工和使用期间应进行沉降变形观测：

1）地基基础设计等级为甲级的建筑物；

2）软弱地基上地基基础设计等级为乙级的建筑物；

3）相邻基础荷载差异较大的建筑物；

4）处理地基上的建筑物；

5）加层、扩建的建筑物；

6）受邻近深基坑开挖施工影响或地基受场地地下水等环境因素变化影响较大的建筑物；

7）采用新型基础或新型结构的建筑物。

6. 沉降观测点的布设应能全面反映建筑及地基变形特征，并兼顾地质情况及建筑结构特点且便于观测。

7. 沉降观测点位宜选设在下列位置，并在基础施工完成后开始观测：

1）建筑的四角、核心筒四角、大转角处及沿外墙每 20m～30m 处或每隔 3 根～4 根柱基上；

2）高低层建筑、新旧建筑、纵横墙等交接处的两侧；

3）建筑裂缝、后浇带和沉降缝两侧，基础埋深或荷载相差悬殊处，处理地基与天然地基接壤处，不同结构的分界处及填挖方分界处；

4）对于宽度不小于 15m 或小于 15m 但地质条件复杂以及膨胀土地区的建筑，应设置在室内地面中心及四周；

5）筏形基础、箱形基础底板或接近基础的结构四角处及其中部位置；

6）对于电视塔、烟囱、水塔等高耸建筑，应设在沿周边与基础轴线相交的对称位置上，点数不少于 4 个；

7）结构对变形敏感部位。

8. 沉降观测的标志、施测精度、观测周期和时间、作业方法和技术要求等应按现行行业标准《建筑变形测量规范》JGJ 8 相关规定执行。

4.4 扩展基础

4.4.1 扩展基础的地基可以是天然地基或处理地基。扩展基础的最小厚度不应小于 300mm，宽度不应小于 600mm，受力钢筋最小配筋率不应小于 0.15%。墙下钢筋混凝土条形基础每延米分布钢筋的面积应不小于受力钢筋面积的 15%。当有垫层时钢筋保护层的厚度不应小于 40mm；无垫层时不应小于 70mm。

4.4.2 无筋扩展基础（刚性基础）：

1. 无筋扩展基础（刚性基础）一般情况下应根据基础所选材料控制宽高比，并符合现行国家标准《建筑地基基础设计规范》GB 50007 的规定。基底反力偏心过大、承受偏心荷载等特殊情况时，应验算构件的受弯（受拉）、受剪承载力。

2. 当基础宽度 $B \geqslant 2.5$m 时，不宜采用刚性基础。

3. 墙下刚性条形基础一般可不设置基础梁，但当地基主要受力层范围内存在软弱土层及不均匀土层时，可在室内地坪附近增设基础圈梁以加强基础刚度。

4. 一般内隔墙基础做法可参照图 4.4.2。隔墙较厚且高度较高时应另行考虑。

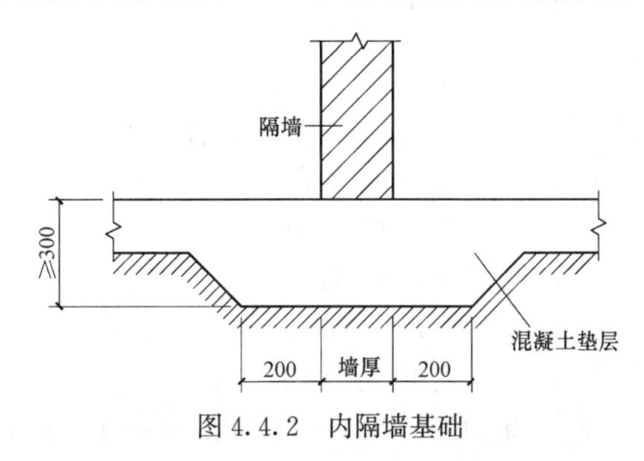

图 4.4.2　内隔墙基础

5. 单向受力状态下的条形基础，单侧扩展范围内基础底面处的平均压力值超过 300kPa 时，应验算基础受剪承载力。

6. 双向受力状态下的柱下无筋扩展基础，除应验算受剪承载力外，尚应验算基础的受冲切承载力。

7. 当基础混凝土强度等级小于柱混凝土强度等级时，应对柱下混凝土基础进行局部受压承载力验算。

【条文说明】重庆大学等曾对置于泥岩、泥质砂岩和砂岩等变形模量较大的岩石地基上的无筋扩展基础进行了试验。试验研究结果表明，岩石地基上无筋扩展基础的基底反力曲线是一倒置的马鞍形，呈现出中间大，两边小，到了边缘又略为增大的分布形式，反力的分布曲线主要与岩体的变形模量和基础的弹性模量比值、基础的高宽比有关。由于试验数据少，且因我国岩石类别较多，目前尚不能提供有关此类基础的受剪承载力验算公式，因此有关岩石地基上无筋扩展基础的台阶宽高比应结合各地区经验确定。

现行国家标准《建筑地基基础设计规范》GB 50007 提供了墙（柱）边缘或变阶处的素混凝土基础受剪承载力的验算公式：$V_s \leqslant 0.366 f_t A$，该公式是根据材料力学、素混凝土抗拉强度设计值以及基底反力为直线分布的条件下确定的，用于除岩石以外的地基。

与国家规范有所不同，重庆地方标准《建筑地基基础设计规范》DBJ 50—047 提出的素混凝土基础受剪承载力验算公式为 $V_s \leqslant 0.7 f_t A$，可用于重庆地区的无筋扩展基础设计。实际上，当地基承载力超过 300kPa 时，采用无筋扩展基础的经济性不一定好，此时可采用扩展基础。

柱下混凝土基础（无论是无筋扩展基础还是扩展基础）均应进行局部受压承载力计算，避免柱下混凝土基础可能因横向拉应力达到混凝土的抗拉强度后引起基础周边混凝土发生竖向劈裂破坏和压陷。

对岩石地基，目前仅地方标准《贵州建筑地基基础设计规范》DB 2245—2018 中提出了钢筋混凝土扩展基础受剪承载力验算公式，该公式在其他地区应用时宜取得工程所在地审查机构的认可。

4.4.3 钢筋混凝土扩展基础：

1. 柱下独立基础、条形基础应按现行国家标准《建筑地基基础设计规范》GB 50007 的规定，进行受冲切、受剪及受弯承载力计算。

2. 单向受力状态钢筋混凝土柱下独立基础、条形基础均应进行受弯、受剪承载力验算。

3. 对于土质地基，扩展基础受冲切、受剪承载力验算应遵循以下原则：

1）双向受力状态且基础底面两个方向边长相同或相近（长宽比<2）的钢筋混凝土柱下独立基础（扩展基础），当冲切破坏锥体落在基础底面以内时仅需验算受冲切承载力，当冲切破坏锥体落在基础底面以外时无须验算受冲切承载力；

2）双向受力状态钢筋混凝土柱下独立基础可不验算受剪承载力。

4. 对岩石地基，基础的受剪承载力验算应根据各地区具体情况确定。

5. 当基础底面短边尺寸小于或等于柱宽加 2 倍基础有效高度时，应验算柱与基础交接处截面的受剪承载力，验算截面取柱边缘。当受剪验算截面为阶形及锥形时，可将其截面折算成矩形。

6. 柱下独立基础基底平面宜取方形或矩形，矩形基础的长宽比不宜大于 2，基础高度不宜小于 500mm；阶形基础每阶高度宜为 300mm～500mm，锥形基础边缘高度不宜小于 200mm，且两个方向的坡度不宜大于 1∶3。

7. 当基础边长大于 2.5m 时，基础底板钢筋在该方向的长度可减少 10%，并交错放置，同时应注意使钢筋长度满足钢筋强度充分利用点后的延伸长度要求。

8. 当双柱联合基础柱净距 L 大于 1.5 倍基础高度时，应在柱间基础顶面设置钢筋网或于基础内设置暗梁（图 4.4.3），基础顶面钢筋网或暗梁顶纵向钢筋及箍筋应按计算确定。

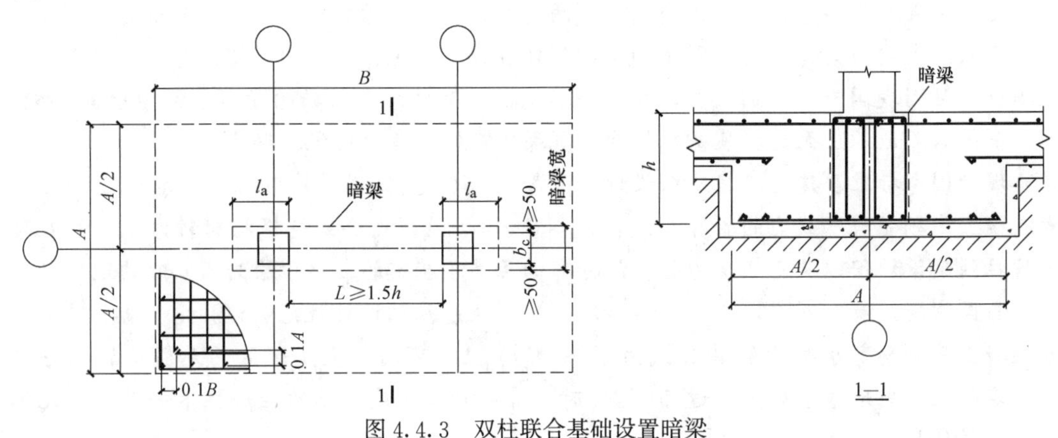

图 4.4.3 双柱联合基础设置暗梁

4.4.4 对于采用带有防水板的独立基础，当设有抗浮锚杆时板厚不应小于 400mm，其他情况不宜小于 300mm。按防水板与独立基础分离设计时，独立基础的厚度不宜小于 2 倍防水板厚度。

4.4.5 带有防水板的独立基础设计，一般可采用下列方法：

1. 变厚度筏板设计法：认为防水板与独立基础共同受力，防水板下也有地基反力存在，其机制更接近于局部设置柱帽的筏形基础，宜优先采用此方法设计。

2. 防水板与独立基础分离设计法：认为防水板只用于抵抗水浮力，不考虑其地基承载能力分担上部荷载的作用，由独立基础承担全部结构荷载并考虑水浮力的影响。应当注意的是，采用这种方法计算时独立基础厚度及配筋取值宜比计算值适当加大，以考虑基底反力分布范围扩大对基础抗冲切能力降低和弯矩加大的不利影响，通常地基土越软其影响越大。

【条文说明】采用何种设计方法与具体工程情况有关，影响因素主要有：1）防水板和独立基础的线刚度比；2）是否对防水板采取了必要的构造措施（如设置软垫层）。当防水板范围设有抗浮锚杆时，作用于防水板的水浮力可将抗浮锚杆的拉力适当折减后扣除。

1. 按变厚度筏板设计：

当防水板因承担较大水浮力而采用较大厚度（如500mm～800mm）且未设置软垫层时，独立基础已不能按通常意义下的独立基础计算，其受力机制更接近于局部变厚度的筏形基础，可按筏形基础进行计算配筋。基底反力不再仅分布于独立基础范围，防水板下也有地基反力存在，独立基础与防水板下的实际反力分布大致如图4.4.5-1所示。对于这种情况下的独立基础和防水板，应按有、无水浮力作用时的变厚度筏形计算结果进行包络设计。应当注意的是此时防水板厚度应满足筏形基础最小厚度的要求。

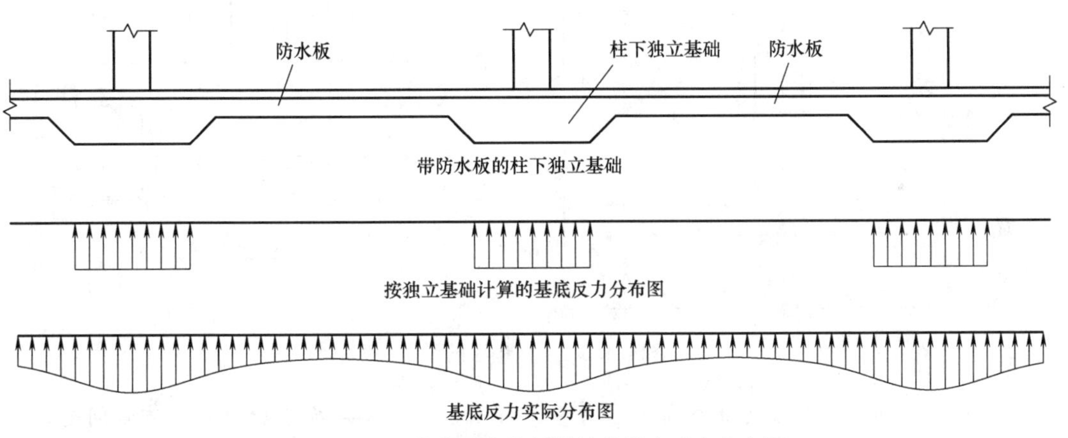

图4.4.5-1 按变厚度筏板设计的基底反力分布图

2. 按防水板与独立基础分离设计：

1）当抗浮设防水位位于防水板以下时，不考虑防水板的抗浮作用。防水板直接放置在原状土层（没经过扰动）上，防水板自重及其上的荷载直接传递给地基，此时防水板的厚度一般可取为250mm～300mm，按构造配筋，其最小配筋率可按0.15%控制。一般情况下，对于常见地下室8m×8m左右的柱网，防水板厚度小于300mm时，其刚度较小，即使不在底板下加设软垫层，防水板与独立基础分开独立设计也是可行的。

2）当抗浮设防水位位于防水板以上时，防水板承担水浮力作用，需对其进行结构设计计算：

（1）倒楼盖法（注意底板自重的作用方向）

(2) 防水板采用相关计算软件按无梁楼盖（独立基础作为柱帽）计算：

① 独立基础按独立承担上部结构荷载计算，并考虑防水板传递来的水浮力，防水板承担的水浮力会加大独立基础冲切高度以及独立基础基底的弯矩和配筋，工程设计时应充分重视。

② 任一方向柱帽有效宽度 C 的取值不应大于 2 倍柱帽有效高度＋柱宽。

③ 构造措施：可按图 4.4.5-2 设置软垫层，软垫层的设置及其厚度要求是为实现独立基础加防水板分离设计而采取的构造措施。软垫层的厚度 h 应根据独立基础边长中点的地基沉降值 s 确定，一般应满足 $h \geqslant s$＋软垫层压缩后的厚度。软垫层应具有一定的承载能力，应能承担防水板浇筑时的自重及相应施工荷载，并确保在混凝土达到设计强度前不致产生过大的压缩变形。软垫层的“软”是相对的，如对于砂卵石及岩石持力层，其“软垫层”可以是压缩模量相对较低的一般土层或回填土层；而对于一般地基土层，其“软垫层”则可采用聚苯板等压缩模量更低的材料。防水板下软垫层的铺设范围应沿独立基础周边设置，软垫层的宽度可根据工程的具体情况确定，一般情况下，可取 $20s$，且不宜小于 500mm。

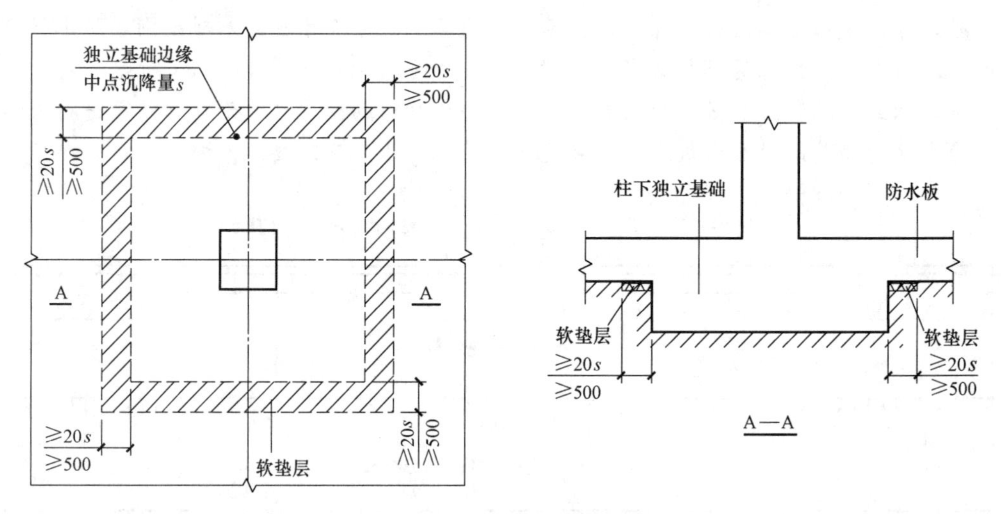

图 4.4.5-2　软垫层的设置

应当说明的是，目前为止成都地区大量工程未设置软垫层亦未出现大的质量问题，应是由于独立基础施工中普遍采用砖胎模成形，同时砖胎模与基坑开挖面间回填土不密实，使基础周边自然形成了一定宽度的“软垫层”。

4.5　筏形基础

4.5.1　筏形基础的选型应综合地质条件、基础埋深、土方开挖量、基坑支护工程量、降水、竖向构件长度、建筑外防水材料、工期等因素确定。一般来说，梁板式筏形基础材料用量相对较少，但工期比平板式筏形基础要长。

4.5.2　筏形基础可采用倒楼盖法或弹性地基梁板方法进行计算。

4.5.3　筏形基础主要计算内容有：

1. 梁板式筏形基础：

1）验算双向板的受冲切承载力、单向板的受剪切承载力，以确定基础底板的厚度；

2）计算基础板的弯矩，配置板受弯钢筋；

3）验算基础梁的受剪切承载力，以确定基础梁的截面，并配置梁箍筋或弯起钢筋；

4）计算基础梁的弯矩，配置梁受弯钢筋；

5）验算基础沉降量及相邻柱间的差异沉降。

2. 平板式筏形基础：

1）验算柱底及柱帽底面的受冲切、受剪切承载力，以确定基础板厚度和柱帽尺寸。对于含墙（包括核心筒）的结构，尚应验算墙边及筒周边的受冲切、受剪切承载力。对于框架-核心筒结构，可按内筒下筏板破坏锥底面积范围内地基土的实际净反力计算。

2）计算基础板的弯矩，配置板受弯钢筋。采用倒楼盖法计算时，基础板可按柱上板带和跨中板带分别配筋。

3）验算基础沉降量及相邻柱间的差异沉降。

【条文说明】用弹性地基梁板法计算时，应重视概念设计，同时宜对自动生成的网格优化调整，以避免造成计算结果的异常。

4.5.4 高层建筑筏板基础的基底平面形心宜与结构竖向永久荷载中心重合。当不能重合时，在作用的准永久组合下，偏心距 e 宜符合下式规定：

$$e \leqslant 0.1W/A \tag{4.5.4}$$

式中：W——与偏心距方向一致的基础底面边缘抵抗矩（m^3）；

A——基础底面积（m^2）。

4.5.5 筏形基础下卧层承载力不满足要求时可采取下列措施：

1. 适当加大筏板长、宽尺寸并调整板厚以减小地基反力峰值；

2. 通过深层平板载荷试验验证下卧层的实际承载力；

3. 采用复合地基提高地基承载力；

4. 采用桩筏基础；

5. 减小上部结构自重，如采用轻质隔墙等。

4.5.6 筏形基础设计时，可采用局部增设柱墩、局部加厚或配置抗冲切钢筋等措施控制筏形基础的厚度。当采用变厚度筏板时，尚应验算筏板变厚度处的受剪承载力。

4.5.7 对于筏形基础计算配筋文件中常出现的较大配筋峰值情况，可采取以下措施“削峰”：

1. 调整网格尺寸重新计算（适当加大网格尺寸并使网格划分规则可减小峰值）；

2. 在满足抗冲切要求的前提下适当调整筏板厚度；

3. 在合理范围内调整地基基床系数重新计算；

4. 取相邻 3～5 个网格（或 3～5 倍筏板厚）且总宽度不大于半个柱距的计算配筋值加以平均，按平均值配筋；

5. 配有附加钢筋时应注意使附加钢筋长度满足钢筋强度充分利用点外伸一个锚固长度的要求。

4.5.8 梁板式筏形基础基础梁和平板式筏形基础的顶面应满足底层柱下局部受压承载力的要求。对抗震设防烈度为 9 度的高层建筑，验算柱下基础梁、筏板局部受压承载力时，应计入竖向地震作用对柱轴力的影响。

4.5.9 筏形基础的构造要求：

1. 平板式筏形基础板厚度不应小于 400mm 且不宜小于 500mm；梁板式筏形基础板厚不宜小于 250mm。

2. 筏形基础应采用双向钢筋网片分别配置在板的顶面和底面，受力钢筋直径不宜小于 12mm，钢筋间距不宜小于 150mm，且不宜大于 300mm。

3. 筏板厚度的中部一般不需增设水平构造钢筋。板的上下钢筋之间的支撑定位等做法，应保证使浇筑混凝土时钢筋位置准确、不位移。

【条文说明】根据《2009 全国民用建筑工程设计技术措施　结构（地基与基础）》第 5.6.3 条，筏板厚度的中部一般不需增设水平构造钢筋。

4.6 桩基础

4.6.1 桩基应根据具体条件分别进行承载能力计算和稳定性验算：

1. 桩基应根据桩基的使用功能和受力特征分别进行竖向承载力计算和水平承载力计算。

1）对于承受较大水平力作用（包括不平衡土压力、上部结构产生的水平力、水平地震作用等）或桩身穿越液化地基及厚度较大且未经夯实的新填土地基的桩基，应进行桩水平承载力验算，桩水平承载力验算时不应计入承台底面与地基土间的摩擦力及承台的被动土压力。

2）确定打入式预制桩单桩竖向承载力时，对桩穿越软弱土层或液化层区段内的侧阻力取值应分别进行折减。对重要建筑桩基，宜不考虑桩穿越软弱土层或液化层区段内的侧阻力。

3）对桩身穿越较厚松散新回填土、欠固结土、淤泥、可液化土以及生活垃圾为主的地基土层时，应考虑桩侧负摩阻力的作用。

4）扩底桩扩大端斜面及变截面以上 $2d$ 长度范围内不应计入桩侧阻力（d 为桩身直径）；当扩底桩桩长小于 6.0m 时，不宜计入桩侧阻力；以硬质岩为持力层的端承桩，持力层以上桩身长度范围不应计入土层的桩侧阻力。

5）确定单桩承载力时，应根据基桩成桩工艺、桩身混凝土强度等采用相应的折减系数，预制桩不应大于 0.85，泥浆护壁水下灌注混凝土时不应大于 0.80，干作业非挤土灌注桩不应大于 0.9。

6）有护壁的人工挖孔桩取护壁外径计算侧阻力时，护壁的混凝土强度等级不宜低于桩身混凝土强度等级，不应低于 C25。

7）位于液化土层的低桩承台桩基抗震验算应符合现行国家标准《建筑抗震设计规范》GB 50011 的规定。

2. 对于桩身上部为较厚的淤泥、流塑或可塑软土、松散的新回填土等软弱土层或可液化土层，基桩除应进行桩身强度计算外，对长径比较大的桩尚应进行桩身稳定性验算或采取有效措施对不利土层进行地基处理。

3. 对位于坡地、岸边的桩基，应进行整体稳定性验算。

4. 对于抗浮、抗拔桩基，应进行基桩和群桩的抗拔承载力计算。

【条文说明】1. 确定大直径桩嵌岩桩承载力时，如需计入非嵌岩段桩侧阻力的有利作用，则应按现行行业标准《建筑桩基技术规范》JGJ 94 规定计入桩尺寸效应。

2. 对于端承桩，当持力层为硬质岩，由于地基几乎不发生变形而不会产生桩侧阻力，因此不宜计入桩侧阻力的有利作用。

3. 桩端软弱下卧层系指与持力层压缩模量之比不大于 0.6 的地层。

4. 对于超过《高规》适用的最大高宽比较多或埋深不足的高层建筑，当桩承台以上地基土为淤泥、流塑状软土或可液化土层且承台顶面处结构竖向构件存在受拉工况时，应采取措施消除或减轻其不利影响，必要时尚应考虑中、大震倾覆力矩对桩的作用。

4.6.2 桩基应进行正常使用极限状态的验算：

1. 群桩桩基沉降应按照现行行业标准《建筑桩基技术规范》JGJ 94 的要求计算，单桩桩基沉降可按本措施第 4.6.12 条第 3 款计算。

2. 当桩基（含单桩、群桩及桩筏等）受水平荷载较大、桩身需穿越液化地基或厚度较大（如超过桩长 1/4）的淤泥、流塑或可塑软土、未经夯实的新填土地基时，宜按高桩承台进行群桩效应验算和单桩受剪承载力验算，对桩基水平位移有严格限制时，尚应验算桩或承台的水平位移。

【条文说明】对于基顶水平作用较大情形，通常桩受剪承载力有限，完全由桩抵抗水平作用可能会造成桩用量较大而经济性不好，此时可考虑改按刚性桩复合地基设计，使桩仅承受竖向作用，水平作用则由基底与土的摩擦及基础高度范围的被动土压力共同平衡（即对基础进行抗滑移验算）。

3. 桩和承台裂缝宽度应根据桩基所处的环境类别和相应裂缝控制等级进行验算。

4.6.3 确定桩数和布桩时，应采用传至承台底面的荷载效应标准组合，相应的抗力应采用基桩或复合基桩承载力特征值。

1. 计算桩身结构和承台结构承载力、确定截面尺寸和配筋时，应采用传至承台顶面的荷载效应基本组合。

2. 计算荷载作用下的桩基沉降和水平位移时，应采用荷载效应准永久组合。

3. 计算水平地震作用、风荷载作用下的桩基水平位移时，应采用水平地震作用、风荷载效应标准组合。

4. 验算坡地、岸边建筑桩基的整体稳定性时，应采用荷载效应标准组合；抗震验算时，应采用地震作用效应和荷载效应标准组合。

5. 进行桩裂缝控制验算时，应分别采用荷载效应标准组合和荷载效应准永久组合包络设计。

【条文说明】对于桩基础设计采用的作用效应与抗力，由于 GB 50007、JGJ 94 有一些不同，故本条引用了 JGJ 94 的规定。

4.6.4 桩承载力特征值（包括水平及竖向）应优先采用静载荷试验确定。

4.6.5 桩基承台应进行受弯、受剪、受冲切承载力计算，其设计及构造应符合现行行业标准《建筑桩基技术规范》JGJ 94 的有关规定。当承台下基桩受拉时，尚应验算承台顶面正截面受弯承载能力，并按规定配置抗弯钢筋。

【条文说明】对于持久和短暂设计状况及多遇地震设计状况，当基础顶水平作用较大或弯矩较大或设计即为抗拔桩承台等情形，可能会出现部分或全部基桩受拉，使承台上部出现受拉区，此时应对承台上部进行受弯承载力验算并按现行国家标准《混凝土结构设计规范》GB 50010 规定配置钢筋且应满足最小配筋率要求。

4.6.6 桩平面布置应符合下列规定：

1. 布桩宜采用变刚度调平设计方法，强化主楼桩基刚度弱化裙楼（含纯地下室）桩基刚度、强化核心筒桩基刚度弱化外围框架桩基刚度，以减少差异沉降和承台内力。

2. 排列基桩时宜使桩受荷均匀，桩群承载力合力点与竖向永久荷载合力作用点重合，并使基桩受水平力和力矩较大方向有较大的抵抗矩。

3. 基桩宜布置在柱、混凝土墙、核心筒冲切锥体以内；条形承台在纵横墙交叉处应布桩，墙洞口下不宜布桩。

4. 对于柱底力矩较小的情况，当采用大直径桩时，宜采用一柱一桩。

5. 地下室侧墙条形基础应考虑侧墙底部弯矩、水平力对桩和桩承台梁产生的不利影响，不宜采用单排桩。

【条文说明】当有现浇整体式底板且底板截面及配筋足以平衡侧墙底部弯矩时，墙下单排桩及桩承台梁可忽略侧墙底部弯矩和水平力的影响。

4.6.7 桩型选择应符合下列规定：

1. 桩型应根据建筑物的使用要求、上部结构类型、荷载大小及分布、工程地质情况、施工条件及周围环境等因素，结合当地经验和桩型特点，按安全适用、经济合理的原则选择。

2. 抗震设防烈度为 8 度的地区不宜采用普通预应力混凝土管桩（PC 桩）和预应力混凝土空心方桩（PS 桩）；抗震设防烈度为 9 度的地区不应采用普通预应力管桩（PC 桩）基础。

【条文说明】由于高烈度地区竖向地震作用较大，而普通预应力管桩（PC 桩）受弯承载力有限，受剪承载力较低，因此不应采用普通预应力管桩基础。

3. 坡地、岸边的桩基不宜采用挤土桩，不得将桩支承于边坡潜在的滑动体上。桩端进入潜在滑裂面以下稳定岩土层内的深度应能保证桩基的稳定性，且应考虑滑动体传来的水平力，结合边坡治理情况进行设计。

4. 当上部土层为软弱土层或液化土层时，桩基础选型宜优先选用打入式预制桩且桩端进入持力层深度不宜小于 $3d$（d 为桩身直径）。

【条文说明】打入式预制桩在沉桩过程中通过挤密、震动可部分改善软弱土层或液化土层的土粒结构，进而提高软弱土层的抗震性能。

4.6.8 基桩的最小中心距宜满足下列要求：

1. 基桩的最小中心距一般应符合现行行业标准《建筑桩基技术规范》JGJ 94 的规定。

2. 对非挤土类大直径扩底桩、嵌岩桩，扩大头最小间距可适当减小，但最小中心距不宜小于 $2.5d$ 和 $1.5D$ 二者较大值，且扩大头净间距不宜小于 500mm（d 和 D 分别为桩身和扩大端设计直径）。

【条文说明】1. 桩最小中心距与桩型、桩端持力层有关，一般情况下挤土桩、以摩擦为主的桩或桩端土（岩）较软的桩，其中心距不宜过小；而对非挤土类以端承为主或桩端土较硬（如硬质岩）的桩，其中心距可适当减小；应注意的是，当桩中心距较小时，应要求间隔施工以免造成事故。

2. 对于桩距不大于 $6d$ 的多桩承台，当桩距不满足本条规定时，单桩承载力宜适当折减。

4.6.9　基桩承载类型应综合地基条件、上部结构类型、荷载分布特征等因素进行选择，并符合下列规定：

1. 上层有厚度较大的硬塑土层时，宜采用摩擦型。

2. 上层有厚度较大的软塑及以下状态的土层时，宜采用端承型。

3. 同一结构单元的桩宜采用相同的承载类型。

4.6.10　桩端持力层选择宜符合下列规定：

1. 应选用分布均匀、承载力高、压缩性小、无软弱下卧层的岩（土）层。

2. 坡地、岸边等地段应选用潜在滑动面以下、不受水位波动影响的岩（土）层。

3. 岩溶或溶蚀场地应选用均匀稳定且承载力及厚度满足稳定和变形要求的岩（土）层；当桩身穿越溶洞而无侧限时，桩应按柱的构造要求进行设计。

4. 除采用变刚度设计外，同一结构单元不宜选用承载力、压缩性差异较大的岩（土）层。

5. 大直径端承桩桩端下主要持力层厚度应满足下列要求：

1）多层建筑不宜小于 3 倍桩径或扩大端直径；

2）高层建筑不宜小于 4 倍桩径或扩大端直径；

3）当存在软弱下卧层时，持力层厚度不宜小于 2.5 倍桩径或扩大端直径，且不宜小于 5m；

4）对一柱一桩的嵌岩桩，桩端下 $3d$ 或 5m 深度范围应无软弱夹层、破碎带和洞隙，且不存在岩体临空面。

【条文说明】综合现行国家标准《建筑地基基础设计规范》GB 50007、现行行业标准《建筑桩基技术规范》JGJ 94 及《大直径扩底灌注桩技术规程》JGJ/T 225 相关规定而提出本条要求。

4.6.11　桩进入持力层的最小深度（图 4.6.11）应满足下列要求：

1. 桩端全断面进入持力层的深度应符合表 4.6.11-1 的规定。

桩端全断面进入持力层深度要求　　**表 4.6.11-1**

持力层情况	桩端全断面进入持力层的深度
黏性土、粉土	宜≥$2d$ 且不小于 3m
砂土	宜≥$1.5d$
碎石类土	宜≥$1d$
当存在软弱下卧层时桩端以下硬持力层厚度	宜≥$3d$
当采用旋挖成孔灌注桩时桩端进入持力层深度	宜≥1.5m

2. 对处于基岩倾斜面的嵌岩桩，嵌岩桩段深度应从稳定基岩斜面最低处起算，桩端全断面嵌入岩层的深度应符合表 4.6.11-2 的规定。

嵌岩桩全断面进入持力层深度要求 **表 4.6.11-2**

岩层情况	嵌岩桩桩端全断面嵌入岩层的深度
嵌入倾斜的完整和较完整岩	宜≥0.4d 且≥0.5m
倾斜度大于30%的中风化岩	宜根据倾斜度及岩石完整性适当加大嵌岩深度
嵌入平整、完整的坚硬岩和较硬岩	宜≥0.2d 且≥0.2m

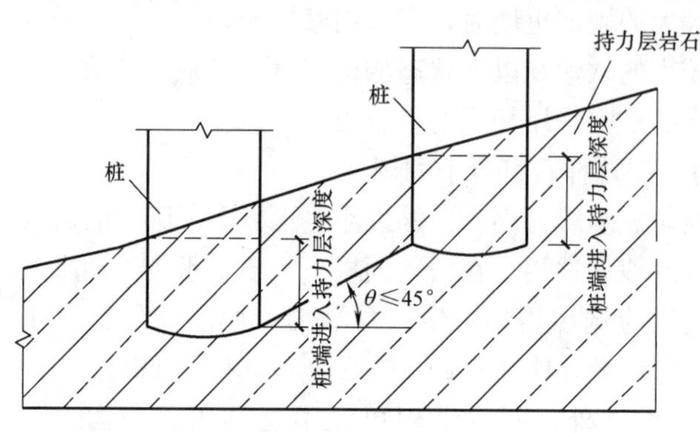

图 4.6.11 桩端进入持力层深度示意图

3. 两相邻桩的桩底标高差，对端承型桩不宜超过相邻桩的净距，对摩擦型桩尚不宜超过较长桩长的 1/10。

4. 对于季节性冻土或膨胀土场地，桩端进入冻深线或膨胀土大气影响急剧层以下的深度，除应满足抗拔稳定性验算要求，不宜小于 4 倍桩径，最小深度不得小于 1.5m ，且宜采用非挤土桩。

4.6.12 桩基下卧层承载力较低时，应进行下列验算：

1. 桩距不超过 6d 的独立承台或桩筏基础，群桩桩端持力层下卧层承载力可按现行行业标准《建筑桩基技术规范》JGJ 94 要求进行验算，不能满足要求时宜采取加大桩距、增加桩数等措施调整。

2. 宜通过静载试验检验桩的实际承载力。当受设备或现场条件限制无法检测单桩竖向受压承载力时，可按现行行业标准《建筑基桩检测技术规范》JGJ 106 的相关规定采用钻芯法或深层平板载荷试验进行持力层核验。

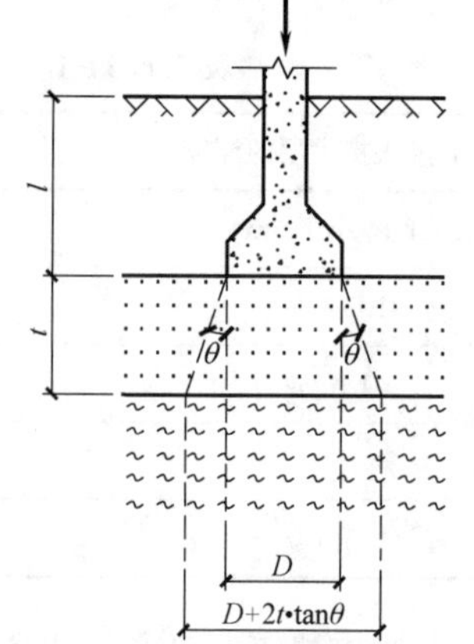

图 4.6.12 大直径灌注桩软弱下卧层计算

3. 大直径灌注桩单桩，当桩端下持力层厚度 2D 范围内存在与持力层压缩模量之比不大于 0.6 的软弱下卧层时，可按下列公式验算软弱下卧层的承载力：

$$\sigma_z+\gamma_m(l+t)\leqslant f_{az} \tag{4.6.12-1}$$

$$\sigma_z=\frac{4(N_k+V\cdot\Delta\gamma-\pi d\cdot\sum q_{sik}l_i)}{\pi(D+2t\cdot\tan\theta)^2} \tag{4.6.12-2}$$

$$\Delta\gamma=\gamma_G-\gamma_m \tag{4.6.12-3}$$

式中：σ_z——作用于软弱下卧层顶面的平均附加应力标准值（kPa）；

γ_m——软弱下卧层顶面以上各土层重度（地下水以下取浮重度）按土层厚度计算的加权平均值（kN/m^3）；

l——桩长（m）；

t——硬持力层厚度（m）；

f_{az}——软弱下卧层经深度修正后的地基承载力特征值（kPa）；

N_k——桩顶的竖向作用力标准值（kN）；

V——大直径灌注桩桩孔体积（m^3）；

$\Delta\gamma$——桩体混凝土重度与土体重度差（kN/m^3）；

γ_G——桩体混凝土重度（kN/m^3）；

d——桩身直径（m）；

D——大直径扩底桩扩大端直径（m），当无扩大端时，取 $D=d$；

q_{sik}——第 i 层土的桩侧极限侧阻力标准值（kPa）；

l_i——第 i 层土的厚度（m）；

θ——桩端硬持力层压力扩散角度，按表 4.6.12-1 取值。

桩端硬持力层压力扩散角 θ **表 4.6.12-1**

E_{s1}/E_{s2}	$t=0.25D$	$t\geqslant 0.5D$
1	4°	12°
3	6°	23°
5	10°	25°
10	20°	30°

【条文说明】1. 本条款引自《大直径扩底灌注桩技术规程》JGJ/T 225—2010 的规定；

2. E_{s1}、E_{s2} 分别为持力层、软弱下卧层的压缩模量；

3. 当 $t<0.25D$ 时，取 $\theta=0°$；t 介于 $0.25D$ 与 $0.5D$ 之间时可内插取值。

4. 大直径灌注桩单桩竖向变形可按下列公式计算：

$$s=s_1+s_2 \tag{4.6.12-4}$$

$$s_1=\frac{QL}{E_c A_{ps}} \tag{4.6.12-5}$$

$$s_2=\frac{DI_\rho p_b}{2E_0} \tag{4.6.12-6}$$

$$p_b=(N_K+G_{fk})/A_p-(\pi d q_{sk} L/A_p)-\gamma_0 l_m \tag{4.6.12-7}$$

式中：s——单桩竖向变形（mm）；

s_1——桩身轴向压缩变形（mm）；

s_2——桩端下土的沉降变形（mm）；

Q——荷载效应准永久组合作用下，桩顶的附加荷载标准值（kN）；

L——扩大端变截面以上桩身长度（m），当无扩大端时，取 $L=l$；

E_c——桩体混凝土的弹性模量（MPa）；

A_{ps}——桩身截面面积（m^2）；

I_{ρ}——大直径扩底桩沉降影响系数，与桩入土深度 l_m、扩大端半径 a 及持力层土体的泊松比有关，可按表 4.6.12-2 的规定取值；

p_b——桩底平均附加压力标准值（kPa）；

E_0——桩端持力层土体的变形模量（MPa），可由深层载荷试验确定；当无深层载荷试验数据时应取 $E_0=\beta_0 E_{s1-2}$，其中 E_{s1-2} 为桩端持力层土体的压缩模量；β_0 为室内土工试验压缩模量换算为计算变形模量的修正系数，应按表 4.6.12-3 的规定取值；

G_{fk}——大直径灌注桩自重标准值（kN）；

A_p——桩底扩大端水平投影面积（m^2）；

q_{sk}——扩大端变截面以上桩长范围内按土层厚度计算的加权平均极限侧阻力标准值（kPa）；

γ_0——桩入土深度范围内土层重度的加权平均值（kN/m^3）；

l_m——桩入土深度（m）。

大直径扩底桩沉降影响系数 **表 4.6.12-2**

l_m/a	2.0	3.0	4.0	5.0	6.0	7.0	8.0	9.0	10.0	11.0	12.0	15.0
I_{ρ}	0.837	0.768	0.741	0.702	0.681	0.664	0.652	0.641	0.625	0.611	0.598	0.565

【条文说明】可由 l_m/a 值内插法确定 I_{ρ}；当 $l_m/a>15$ 时，I_{ρ} 应按 0.565 取值。

大直径扩底桩桩端土体计算变形模量的修正系数 **表 4.6.12-3**

E_{s1-2}(MPa)	10.0	12.0	15.0	18.0	20.0	25.0	28.0
β_0	1.30	1.55	1.87	2.20	2.30	2.40	2.50

【条文说明】1. 本条款引自《大直径扩底灌注桩技术规程》JGJ/T 225—2010 有关规定。

2. 可由 E_{s1-2} 值内插法确定 β_0；当 $E_{s1-2}>28.0$MPa 时，可由深层载荷试验确定 E_0。

4.6.13 灌注桩的构造应符合下列规定：

1. 钻孔桩桩身直径不宜小于 300mm；冲孔桩、旋挖成孔桩桩身直径不宜小于 600mm；人工挖孔桩桩身直径不宜小于 800mm。

2. 非腐蚀及弱腐蚀环境中桩身混凝土强度等级不得小于 C25，水下灌注混凝土的桩身混凝土强度等级不小于 C30，刚性桩复合地基中刚性桩桩身混凝土强度等级不低于 C15。

【条文说明】水下灌注混凝土的强度等级，其配合比与相同强度等级的普通混凝土有很大差异，设计文件中应明确标明“水下混凝土”。

3. 腐蚀性环境等级为中等及以上环境中桩身混凝土强度等级不宜低于 C35；腐蚀性环境等级为强腐蚀时桩身混凝土水灰比不应大于 0.4，中等及弱腐蚀时桩身混凝土水灰比不应大于 0.45。

4. 桩身混凝土的保护层厚度要求：

1）干作业钻孔桩主筋的混凝土保护层厚度不应小于50mm，湿作业钻孔桩主筋的混凝土保护层厚度不应小于70mm；

2）腐蚀环境中的混凝土保护层厚度根据耐久性设计确定。

5. 灌注桩的配筋及构造应符合表4.6.13的要求。

灌注桩的配筋率及构造要求 **表4.6.13**

情况			要求
配筋率	桩身直径为300mm～2000mm的桩		可取0.65%～0.2%（小直径桩取高值，大直径桩取低值）
	受荷载特别大的桩、抗拔桩和嵌岩端承桩		根据计算确定配筋率，且不小于前项的要求
配筋长度	8度及8度以上地震区的桩、端承桩、嵌岩桩和位于坡地岸边的桩、专用抗拔桩及因地震作用、冻胀或膨胀力作用而受拔力的桩		应沿桩身通长配筋
	桩径 d<600mm的摩擦型桩	不受水平荷载时	不应小于2/3桩长
		受水平荷载时	满足前项要求且不宜小于4.0/α（α为桩水平变形系数）
	受地震作用的基桩		应穿过可液化土层和软弱土层，进入稳定土层的深度满足规范要求
	受负摩阻力的桩、因先成桩后开挖基坑而随地基土回弹的桩		应穿过软土层并进入稳定土层一定深度≥(2～3)d
受水平荷载的桩			主筋应≥8ϕ12， 主筋沿桩周均匀布置，主筋净距应≥60mm
抗压桩和抗拔桩			主筋应≥6ϕ10 主筋沿桩周均匀布置，主筋净距应≥60mm
箍筋			应采用螺旋箍ϕ6～ϕ10@200～300mm
受水平荷载较大的桩、承受水平地震作用的桩、计算桩身受压承载力考虑主筋作用的桩、一柱一桩且无拉梁或无承台的桩			桩顶以下5d范围内箍筋应加密，箍筋间距≤100mm
液化土层范围内			箍筋应加密
当考虑箍筋受力作用时			箍筋配置应符合现行国家标准《混凝土结构设计规范》GB 50010的相关规定
钢筋笼长度≥4m时			应每隔2m左右设一道ϕ12～ϕ18的焊接加劲箍

【条文说明】对直径不小于800mm的大直径灌注桩及大直径扩底灌注桩尚宜满足现行行业标准《大直径扩底灌注桩技术规程》JGJ/T 225规定的配筋及构造要求。

4.6.14 人工挖孔桩护壁应符合下列要求：

1. 位于土层中的人工挖孔桩应设置挖孔护壁，位于破碎岩层中的人工挖孔桩宜设置挖孔护壁。圆形护壁可按闭合圆环计算内力和配筋，长圆形护壁可按闭合框架计算内力和配筋。

2. 圆形、长圆形挖孔护壁构造（图 4.6.14-1）应满足下列要求：

1）一般采用“直柱状”护壁。

2）人工挖孔桩混凝土的圆形护壁厚度不应小于 150mm；长圆形护壁厚度 t 按计算确定且不小于其水平段长度 S 的 1/8 或 150mm 两者的较大值。

3）长圆形护壁井圈顶面第一节应比场地高出 100mm～150mm，壁厚应比下部井壁厚度增加 100mm～150mm；同时宜在顶部设置锁扣环，锁扣环宽度不宜小于 500mm，厚度不宜小于 300mm。

4）长圆形护壁直线段的长宽比（$S/2R$）不宜大于 2。

5）护壁应配置直径不小于 8mm 的构造钢筋；长圆形护壁水平受力钢筋与竖向钢筋的最小配筋率应取 0.2%和 $45f_t/f_y$ 的较大值，内外层水平钢筋之间应设水平拉接钢筋；圆形护壁竖向筋直径不应小于 6mm；长圆形护壁竖向钢筋直径不应小于 8mm；竖向钢筋应上下搭接或拉接。

6）长圆形护壁水平受力钢筋应采用受拉搭接，搭接长度不小于 300mm。

7）上下护壁的搭接长度不应小于 75mm；护壁模板的拆除应在灌注混凝土 24h 之后。

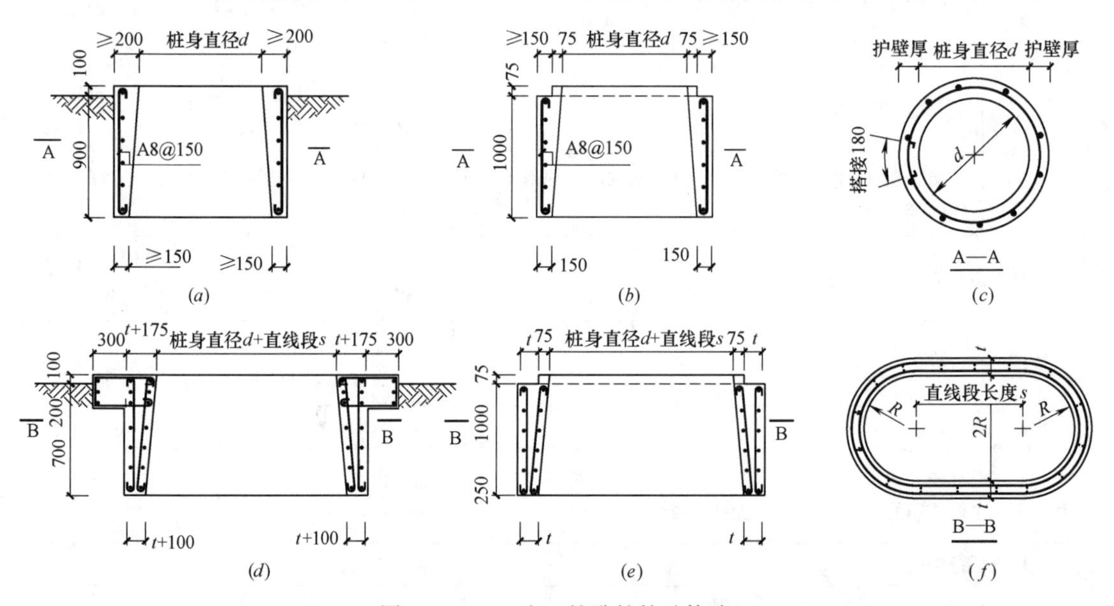

图 4.6.14-1　人工挖孔桩护壁构造

（a）用于圆形桩桩顶；（b）用于圆形桩中部及桩底；（c）圆形桩剖面图；（d）用于长圆形桩桩顶；（e）用于长圆形桩中部及桩底；（f）长圆形桩剖面图

3. 圆形桩护壁计算：

人工挖孔桩的护壁所承受的土压力，从地面至以下 5.0m 范围，按主动土压力计算，5.0m 以下各点土压力，取 5.0m 处的主动土压力值（图 4.6.14-2）。

$$p=K_a\cdot\gamma\cdot z=\tan^2\left(45°-\frac{\varphi}{2}\right)\cdot\gamma\cdot z \tag{4.6.14-1}$$

式中：p——桩护壁承受的主动土压力强度；

K_a——主动土压力系数，按不同类型土分别计算：

砂性土：$K_{\mathrm{a}}=\tan^{2}\left(45°-\frac{\varphi}{2}\right)$；　　(4.6.14-2)

黏性土：$K_{\mathrm{a}}=\left[\tan\left(45°-\frac{\varphi}{2}\right)-\frac{2c}{\gamma z}\right]^{2}$；　　(4.6.14-3)

γ——土的重度；

z——计算点到土表面的距离，z 大于 5.0m 时取 5.0m；

φ——土的内摩擦角。

c——黏性土的黏聚力。

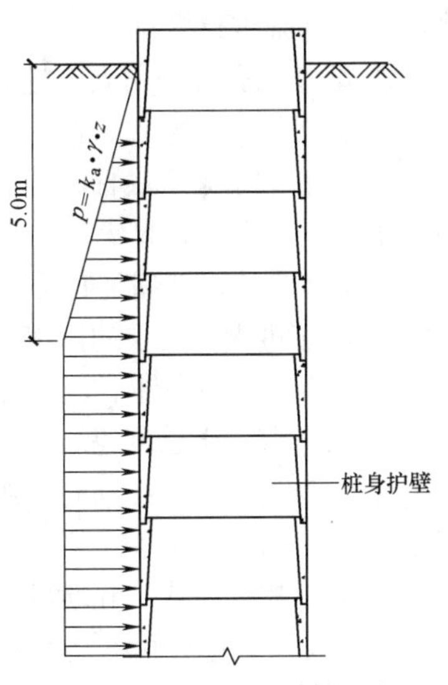

图 4.6.14-2　护壁计算深度

4. 长圆形桩护壁计算：

长圆形桩护壁可取不同高度截取闭合环形按平面结构计算。计算时假定挖孔护壁在同一水平环上土压力均匀分布。在周围均匀土压力作用下长圆状护壁在各截面处产生弯矩与轴压力，长圆形护壁为偏心受压构件，偏安全在设计中可按受弯构件进行配筋设计。配筋设计的弯矩系数可按表 4.6.14 取值（p 为计算截面周围均匀土压力）。

$$M_1=\alpha pR^2 \tag{4.6.14-4}$$

$$M_2=\beta pR^2 \tag{4.6.14-5}$$

式中参数如图 4.6.14-1、图 4.6.14-2 所示。

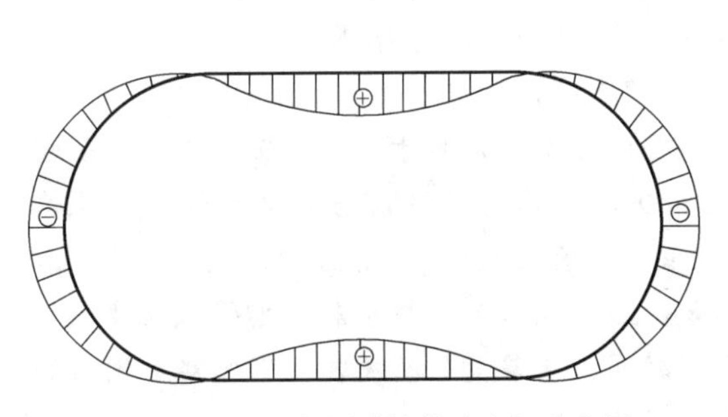
图 4.6.14-3　长圆形桩护壁弯矩分布图

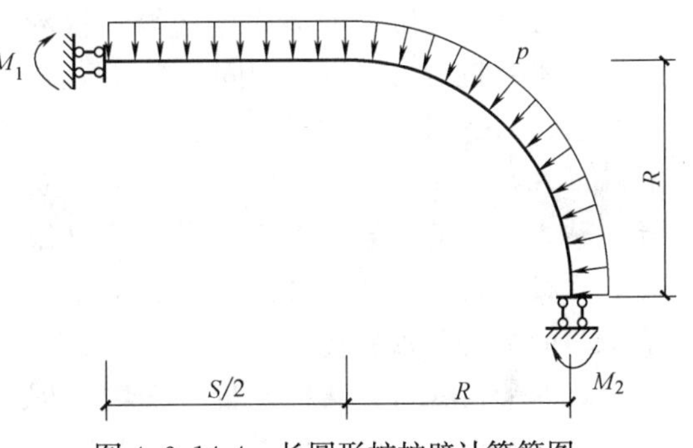

图 4.6.14-4　长圆形桩护壁计算简图

长圆形桩护壁内力系数表　　**表 4.6.14**

2R/(2R+S)	1	0.9	0.8	0.7	0.6	0.5	0.4	0.3
α	0	0.072	0.166	0.293	0.484	0.759	1.247	2.235
β	0	−0.045	−0.155	−0.227	−0.405	−0.741	−1.378	−2.821

注：表中系数摘自重庆市工程建设标准《建筑桩基础设计与施工验收规范》DBJ50—200—2014。对弯矩 M 值，“+”表示里皮受拉；“−”表示外皮受拉。

4.6.15　大直径墩基础应符合下列要求：

1. 埋深大于 3m、直径不小于 800mm 且埋深与墩身直径之比小于 6 或埋深与扩底直径之比小于 4 的独立刚性基础可按墩基进行设计，墩身有效长度不宜超过 5m。

2. 墩基础地基承载力特征值可按现行国家标准《建筑地基基础设计规范》GB 50007

中的独立基础进行修正。

3. 墩基成孔宜采用人工挖孔、机械钻孔的方法施工。采用扩底墩时，墩底扩底直径不宜大于墩身直径的 1.5 倍。

4. 相邻墩基础墩底标高一致时，墩位按上部结构要求及施工条件布置，墩中心距可不受限制。持力层有起伏时，应综合考虑相邻墩墩底高差与墩中心距之间的关系，进行持力层稳定性验算，不满足时可调整墩底标高。

5. 墩底进入持力层的深度不宜小于 300mm。当持力层为中风化、微风化岩石时，在保证墩基稳定性的条件下，墩底可直接置于平整的岩石面上。

6. 墩身混凝土强度等级不应低于 C25。

7. 墩身采用构造配筋时，纵向钢筋不小于 8ϕ12，且配筋率不小于 0.15%，箍筋不小于 ϕ8@250。

8. 人工挖孔墩或钻孔墩的施工方法及其他构造要求可与人工挖孔桩或钻孔桩相同。

4.6.16 旋挖成孔桩及冲孔、钻孔桩应符合下列规定：

1. 当持力层上部为碎石类土或其他易塌孔的软弱土层且桩端持力层不为岩基时，旋挖成孔桩不宜设置扩大端。

2. 设有扩大端的嵌岩桩，扩大端应在桩身全截面进入基岩后开始扩大。

3. 桩底沉渣厚度应符合下列规定：

1）对端承桩，不应大于 50mm；

2）对摩擦桩，不应大于 100mm；

3）对抗拔、抗水平力桩，不应大于 200mm。

4. 当灌注桩桩底出现沉渣过厚、混凝土离析、桩周泥皮及缝隙等问题时，可采用后注浆技术对桩持力层进行加固，提高灌注桩的承载力，减小桩基的沉降。

【条文说明】对人工挖孔灌注桩，其孔底可清理干净，故应无桩底沉渣。而对于旋挖、钻孔灌注桩，因采用机械作业，桩底沉渣难以完全清理干净。对于地质情况较差、桩长较长、施工条件有限等桩底沉渣厚度难以保证的情况，设计时可事前与业主和施工单位沟通，于桩身内预埋 2 根内径不小于 ϕ120 的注浆管（桩直径大于 1.2m 时埋 3 根），便于对有缺陷的桩进行桩底后注浆加固。应当注意的是，后注浆工艺对桩承载力增强效果离散性较大，影响因素与桩端持力层、压浆压力、压浆时间、压浆量等有关，故若需对加固后的增强效应加以利用时，应要求通过载荷试验予以确认。

4.6.17 预应力管桩应符合下列要求：

1. 桩型选择：预应力混凝土管桩包括预应力高强混凝土管桩（PHC）和普通预应力混凝土管桩（PC）、方桩（PS）。预应力管桩根据桩尖不同，分为开口形、十字形和圆锥形三种，其适用条件见表 4.6.17。

预应力管桩桩尖适用条件 **表 4.6.17**

名称	特点及适用条件
开口形钢桩尖	较易保持桩直线性，容易穿过厚砂层，构造简单，挤土效应较小
十字形钢桩尖	较易保持桩直线性，穿进硬层性能较好，适用于打穿坚硬地层，如卵石层或强风化岩层
圆锥形钢桩尖	适用于一般砂地层

2. 在膨胀土或遇水易软化岩石（如泥岩），以及易被沉桩破坏岩土结构性且不易恢复的地层中应用预应力高强混凝土管桩基础工程时应注意以下几点：

1）勘察孔的间距不应大于10m。

2）控制性勘察孔应深入管桩桩端平面不小于10m。

3）当岩石软化系数 K_d＜0.45时，应优先考虑采用静压沉桩法、植入沉桩法等工艺沉桩。不应采用打入式管桩基础，不能避免时可采取引孔辅助法沉桩，当引孔中有积水时，宜采用开口形桩尖。

【条文说明】岩石软化系数：水饱和状态下的试件与干燥状态下的试件（或自然含水状态下）单向抗压强度之比（即岩石饱和单轴抗压强度与天然单轴抗压强度之比）。

4）当管桩基础的桩端持力层为遇水易软化的强风化、全风化岩、中风化泥岩和其他遇水易软化的土层时，桩尖应采用封闭型桩尖（采用引孔辅助法时除外），并在桩底灌注1.5m～2m强度等级不小于C30的微膨胀细石混凝土填芯，以减轻持力层软化的不利影响。

5）对打入式管桩，当桩身需穿越硬塑黏性土或膨胀性黏性土或当布桩密集时，可采取引孔取土措施以消减挤土效应；取土深度宜在1/2桩长～2/3桩长间或全桩长取土，但摩擦型桩取土深度不宜超过10m；取土孔径 D_1 宜比桩径小50mm～100mm。

6）当持力层为较薄的强风化岩层且下伏中、微风化岩层而上覆土层较软弱时，最后贯入度可适当减少，但不宜小于15mm/10击。

7）管桩的承载力检测宜在打桩收锤后不少于28d。

8）管桩基础应进行变形计算，并应在承台、基础和基坑开挖的施工期间及使用期间进行变形观测，直到达到稳定标准和设计要求。

3. 管桩入土深度一般按设计值和贯入度控制，最终以贯入度为准，但最小桩长不宜小于 $8d$。

4. 普通预应力管桩不宜用于抗拔桩，确需使用管桩抗拔时，应采取专门措施。

5. 在中等腐蚀环境采用管桩时，桩管壁厚不应小于125mm、管桩混凝土中应掺入磨细掺合料、桩尖应采用闭口形、桩管孔内应采用不低于C35的细石微膨胀混凝土满灌。

【条文说明】当必须以预应力管桩作为抗拔桩使用时应采取以下措施：

1. 控制桩身混凝土拉应力不超过混凝土抗拉强度设计值。

2. 截桩后应考虑预应力损失并在损失段外围包裹混凝土。

3. 宜采用单节桩。当采用多节桩时，接头宜采用机械连接，且应按规定进行接头部位的强度验算。

4. 应在管孔顶部采用混凝土填芯，并配置抗拔受力钢筋。填芯长度和受力钢筋数量应由计算确定。

4.6.18 基桩检测应符合下列要求：

1. 工程桩应进行单桩承载力和桩身完整性抽样检测。抽检数量应按桩型分别符合相关国家、行业标准或地方标准规定。

2. 大直径桩单桩竖向极限承载力试验需注意下列事项：

1）采用单桩静载试验确定桩竖向（抗压或抗拔）极限承载力时不宜选用工程桩作为试验桩。

2）采用锚桩法进行单桩静载试验确定单桩竖向极限承载力时，当选用工程桩作为试验的反力桩时，应对反力桩进行专门设计并在试验完成后采用后注浆技术对其进行加固，以避免试验用工程桩与非试验桩在上部荷载作用下产生较大的差异沉降而对上部结构造成不利影响。

3）当预加试验荷载较大，受设备或现场条件限制无法检测单桩竖向受压承载力时，可通过深层平板载荷试验、岩基载荷试验、桩侧阻力测试试验、桩端阻力测试试验按现行行业标准《建筑桩基技术规范》JGJ 94 的相关规定计算确定单桩竖向极限承载力。

4）大承载力、大直径嵌岩桩的承载力检验可以采用钻孔取芯，以孔底岩土载荷试验、持力层岩土性鉴别、室内芯样抗压强度试验及桩身质量检验等综合分析作为检验依据。检验数量不应少于总桩数的 10%，且不少于 10 根。

5）采用自平衡法（预埋荷载箱测试法）测定单桩承载力时，应满足该测试方法的适用条件（即短桩、桩身长度范围有大量软弱土层、液化层、新填土层及桩承受拉力等情况不适用自平衡法）。

6）设计应配合相关单位选定受检桩并于设计文件中列出设计采用的基桩计算参数。

【条文说明】当选用工程桩进行抗拔验收试验时，应严格控制加载量，并根据上部结构适应变形的能力对抗拔桩试验桩桩顶最大上拔量提出要求。

4.7 主楼与裙楼之间不设沉降缝的措施

4.7.1 高层建筑的主楼部分与裙楼之间，根据地基及上部的结构条件，可不设置永久性沉降缝，但应采取措施减少主楼部分沉降及控制裙楼沉降量（增沉），使两者之间的沉降差尽量减少。

4.7.2 减少主楼部分沉降可以采用扩大基底面积、桩基、复合地基等方法。

4.7.3 控制裙楼沉降量（增沉）可采用下列措施：

1. 控制基础底面积，使裙楼部分的基底压应力接近地基承载力。

2. 优先选用独立柱基或条形基础，不宜采用满堂筏形基础。

3. 群楼基础下设置褥垫层在允许范围内适当增加其沉降量。

4.7.4 主楼部分与其裙楼之间不设置沉降缝时，宜设置沉降后浇带，沉降后浇带应符合下列规定：

1. 沉降后浇带宜根据土的软硬程度，设置在与主楼部分相邻裙楼的第一跨（土较硬）或第二跨（土较软）内。当设置在第二跨时，应考虑在施工期间的温度、混凝土收缩应力作用的影响。

2. 沉降后浇带一般在主楼主体结构完工且沉降趋于稳定后，采用高一强度等级的无收缩混凝土进行封闭。当沉降观测结果表明主楼部分的沉降在主体结构全部完工之前已趋于稳定，可适当提前封闭。

3. 对主楼部分与裙楼相连结的梁、板宜采取适当的加强措施。

【条文说明】1. 主楼部分与裙楼的变形控制，主要是控制两者间的沉降差，一般原则是强化主楼，弱化裙楼。当主楼部分采用桩基时，裙楼首选方案为天然地基，必要时可采取增沉措施（如设置褥垫层）。当两者差异沉降小于规范允许值时，则可不设沉降缝，甚至连后浇带也可取消。

2. 沉降量趋于稳定是指根据沉降量与时间关系曲线得到最后100d的平均沉降速率小于0.01mm/d～0.04mm/d。具体取值宜根据各地区地基土的压缩性能确定，四川地区可取为0.01mm/d。

4.8 地下室设计的一般要求

4.8.1 地下室顶板作为上部结构的嵌固部位时，应符合下列规定：

1. 地下室顶板应避免开设大洞口；地下室在地上结构相关范围内的顶板应采用现浇梁板结构，相关范围以外的地下室顶板宜采用现浇梁板结构；其楼板厚度不宜小于180mm，混凝土强度等级不宜小于C30，应采用双层双向配筋，且每层每个方向的配筋率不宜小于0.25%。

2. 主楼地下一层及相关范围侧向刚度不应小于地上一层侧向刚度的2.0倍（高层）或1.5倍（多层）。

3. 地下室顶板对应于地上框架柱的梁柱节点除应满足抗震计算要求外，尚应符合下列规定之一：

1）地下一层柱截面每侧纵向钢筋不应小于地上一层柱对应纵向钢筋的1.1倍，且地下一层柱上端和节点左右梁端实配的抗震受弯承载力之和应大于地上一层柱下端实配的抗震受弯承载力的1.3倍。

2）地下一层梁刚度较大时，柱截面每侧的纵向钢筋面积应大于地上一层对应柱每侧纵向钢筋面积的1.1倍，同时梁端顶面和底面的纵向钢筋面积均应比计算增大10%以上。

【条文说明】1. 在柱配筋设计中为了达到1.1倍的要求，宜通过增加地下一层对应柱中钢筋根数的方法增大纵向钢筋配筋面积，这样可以使得地上一层柱钢筋尽量少截断地进入地下一层。

2. 当地下室顶板开洞率>30%或洞口边长大于顶板相应边长30%时，应视为顶板开设大洞口。

4. 地下一层抗震墙墙肢端部边缘构件纵向钢筋的截面面积，不应少于地上一层对应墙肢端部边缘构件纵向钢筋的截面面积。

4.8.2 当地下一层的侧向刚度不满足嵌固层要求时，应优先在顶板以下主楼相关范围内加大梁柱截面、加长加厚抗震墙或增设部分抗震墙等措施增加地下室结构的侧向刚度，使主楼相关范围地下一层的侧向刚度不小于地上一层侧向刚度的1.2倍。采取上述措施后如仍不满足要求嵌固层时，结构计算嵌固层可下移直至其满足嵌固条件。且应考虑地下室顶板的实际嵌固作用取包络分析结果进行结构构件设计。任何情况下结构底部加强区高度均应从室外地面起算并下延至计算嵌固端。地下室顶板的其余构造仍应符合4.8.1条第1、3、4款要求。

4.8.3 地下室顶板与室内楼盖通常因高差较大不能连续而形成错层及短柱，此时应采取在室内（外）一侧梁设置加腋或室内外两侧梁均设置加腋的构造措施以避免楼盖错位形成短柱的不利影响，同时室内外高差处的纵向梁宜为一整体梁（宽度不小于350mm）并按深梁设计、构造（图4.8.3）。室内外梁加腋重合部分的竖直高度不宜小于300mm，加腋坡度宜大于1∶2，不应超过1∶1，以利于力的平缓过渡。在室外的地下室梁顶进行加腋（图4.8.3（*b*）、（*c*））时应注意在梁顶与室外地坪中间应留出充足的建筑做法空间，以保证建筑做法及设备管道的正常设置，不致其露出室外地面。当条件受限无法设置加腋时，应对此段短柱进行受剪承载力验算并采取措施提高其延性。

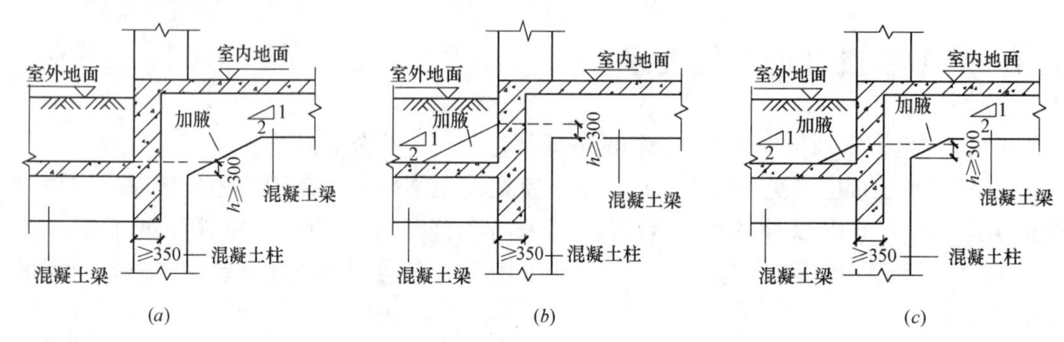

图4.8.3　地下室顶板室内外高差较大时的处理措施

【条文说明】顶板高差较大时，某些地区要求除采取梁端加腋措施外，尚要求于室外一侧增加斜板过渡。

4.8.4　地下室长度超过50m或平面凹凸明显或局部约束过强时，宜每隔30m～40m设置一道后浇带，其宽度一般可取0.80m～1.0m（地下室长度超过150m时后浇带宽度宜适当加宽），位置宜在柱距三等分的中间范围内以及剪力墙附近。后浇带内下部钢筋可贯通、上部钢筋宜断开并错位搭接；后浇带应在其两侧混凝土浇筑完毕两个月后采用强度等级高一级的无收缩微膨胀混凝土进行浇筑。

【条文说明】后浇带内钢筋采用断开错位搭接时，后浇带宽度应满足钢筋错位搭接所需长度要求。

4.8.5　对多塔楼共用超长结构地下室，除应设置混凝土后浇带外，尚宜考虑温度变化和塔楼的约束作用对地下室结构进行补充分析，加强应力集中区域（如塔楼周边一跨范围）楼盖梁、板配筋构造。

【条文说明】超长地下室的设计及构造加强措施可参照本措施第10章。

4.8.6　当地下室因施工工期受限需提前停止降水或肥槽回填时，底板及侧墙后浇带可按超前止水构造设计，其停止降水时间仍应满足抗浮设计要求。

【条文说明】采用超前止水构造时，应注意在基坑开挖时于侧墙后浇带位置相应加大肥槽施工作业宽度。

4.8.7　地下室各构件钢筋的混凝土保护层厚度应符合下列要求：

1. 外墙迎水面的混凝土保护层厚度应按实际环境类别确定。当地下室墙体采取可靠的建筑防水做法或防护措施时，迎水面钢筋的保护层厚度可适当减少，但不应小于20mm；当地下室墙体无建筑防水做法或防护措施时，迎水面钢筋保护层厚度不应小于50mm。

2. 地下室底板及基础等直接接触土体浇筑的构件，其混凝土保护层厚度不应小于70mm；当有混凝土垫层时，可取40mm（从垫层顶面算起）。

3. 对于处于腐蚀环境的结构和构件尚应满足现行国家标准《工业建筑防腐蚀设计规

范》GB 50046 的相关规定。

4.8.8　地下室各构件的最大裂缝宽度应符合下列规定：

1. 地下室底板、外墙迎水面及室外地下室顶板最大裂缝宽度限值应取为 0.2mm，当采取可靠的建筑防水做法或防护措施时，最大裂缝宽度限值可取为 0.3mm；非迎水面的混凝土最大裂缝宽度限值应取为 0.3mm。

2. 钢筋混凝土抗拔桩及抗拔锚杆最大裂缝宽度限值宜取为 0.2mm。当拉力由地震作用产生时，混凝土抗拔桩最大裂缝宽度限值可取为 0.5mm。

【条文说明】1. 考虑到地震作用时受拉的基桩仍需保持一定的抗剪承载力，其裂缝宽度不宜过大。

2. 地下室底板、外墙迎水面、抗浮锚杆（桩）裂缝宽度计算时，参考《给水排水工程管道结构设计规范》GB 50332 相关规定，地下水作用的准永久值系数可按以下方法取值：当采用最高地下水位时，可取平均水位水头高度与最高水位水头高度的比值且不应小于 0.7；当采用平均水位时，应取 1.0。

4.8.9　柱、墙纵向钢筋锚入基础的长度应按基本锚固长度 l_a 或抗震锚固长度 l_{aE} 确定。当采取可靠施工措施能保证柱墙纵向钢筋的竖向定位时，对于厚度较大的基础，可仅将一部分纵向钢筋伸至基础底部并弯折 150mm 以便于纵向钢筋竖向定位，其余钢筋满足基本锚固长度或抗震锚固长度即可，不必伸至基础底部。

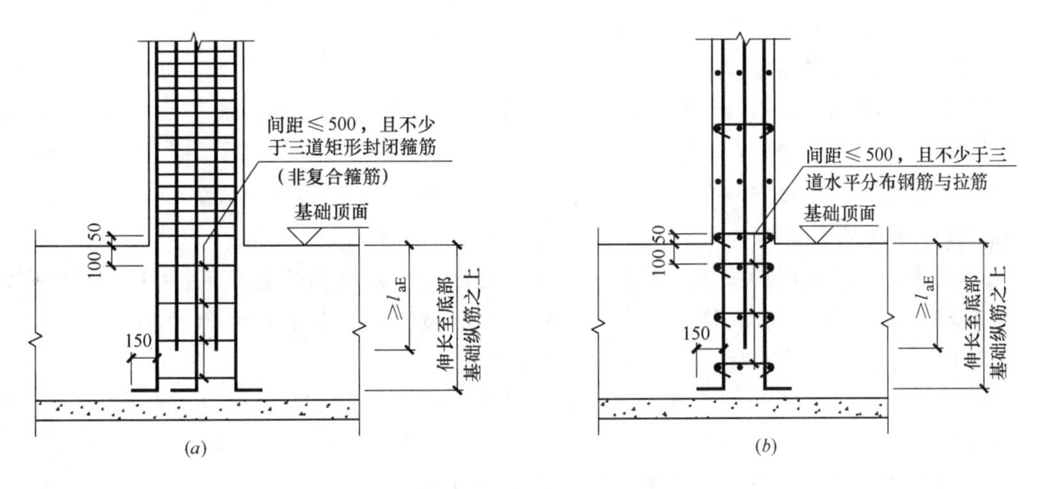

图 4.8.9　柱、墙钢筋在深厚基础中的锚固

（a）柱钢筋锚固；（b）墙钢筋锚固

【条文说明】根据《全国民用建筑工程设计技术措施　结构（地基与基础）》（2009 年版）第 5.8.12 条，当地下室层数不少于 2 层时，柱、剪力墙竖向纵向钢筋在基础中的锚固长度可取 l_a，必要时尚可按现行国家标准《混凝土结构设计规范》GB 50010 规定乘以考虑混凝土保护层厚度的修正系数 0.8。任何情况下纵向钢筋在基础中的直线段锚固长度均不得小于 $20d$，弯折段的长度不应小于 150mm。

4.8.10　有平战结合防空要求的地下室设计，尚应满足现行国家标准《人民防空地下室设计规范》GB 50038 的相关规定。与人防地下室共用的结构、构件均应按人防及非人防两种工况进行包络设计。

【条文说明】实际工程中，常遇主体结构抗侧力构件（主要是剪力墙）与人防地下室中的临空墙共用的情况，因人防工程设计所采用的荷载值、材料强度指标等均与非人防设计有较大差异，故须特别注意剪力墙除墙厚应满足人防临空墙要求外，墙内分布筋直径、间距、边缘构件钢筋等亦应同时满足抗震设计和人防设计的要求。

4.9 抗浮设计

4.9.1 当建筑物地下室的一部分或全部在地下水位以下时，应进行抗浮稳定性验算。

4.9.2 建筑工程抗浮设计应符合现行《建筑工程抗浮技术标准》JGJ 476 有关规定。

4.9.3 抗浮稳定性验算应符合下式的要求：

$$F_k' + G_k \geqslant K_f \cdot F_f \tag{4.9.3}$$

式中：F_k'——上部结构传至基础顶面的竖向永久荷载标准值（kN）；

G_k——基础（含地下室底板）自重和基础上的土重之和标准值（kN）；

F_f——水浮力标准值（kN）：$F_f = \gamma A h$；

γ——地下水的重度，一般为 $10kN/m^3$；

A——地下室底板面积；

h——设计基准期内可能出现的最高水位（即抗浮设防水位）与地下室底板底面或基础底面标高间的差值；

K_f——抗浮稳定安全系数。

【条文说明】1. 上部结构传至基础顶面的竖向永久荷载仅指梁、板、柱及钢筋混凝土墙体等固定构件的自重及地下室顶板覆土自重等。

2. 地下室内砌体填充墙及装饰面层、装修荷载及地下室顶板上水池（水景）中的水、机电设备重量等不应计入，所有使用活荷载也不应计入。

3. 抗浮计算时材料的重度应按照现行国家标准《建筑结构荷载规范》GB 50009 的规定取其下限值，如：钢筋混凝土重度取 $24kN/m^3$，覆土重度取不大于 $14kN/m^3$ 等。当顶板采用其他材料或种植土时应按照实际情况采用。

4. 地下室相关结构构件承载力计算时，覆土重度可取 $18kN/m^3$～$20kN/m^3$，并宜考虑覆土超厚的影响。

5. 抗浮设防水位取值一般不宜高于建筑室外地坪。

6. 根据《建筑工程抗浮技术标准》JGJ 476—2019 规定，当场地及其周边或场地竖向设计的分区标高差异较大时，可按以下原则划分抗浮设防分区采用不同的抗浮设防水位：1）跨越多个地貌单元、地下水存在水力坡降的场地可根据地质条件分区；2）场地内有不同竖向设计标高区时，可按竖向设计标高分区；3）同一竖向设计标高区域原始地形、地层分布和水文地质条件等变化较大的场地，可按工程结构单元分区；4）对勘察报告提供的抗浮设防水位有异议时，宜通过专项论证进行确定。

4.9.4 地下室抗浮设计除应对结构的整体抗浮稳定性进行验算外，尚应对下列区域进行抗浮验算：

1. 上部结构缺失或大范围楼板缺失的开洞部位（如地下室采光井、坡道等部位）；

2. 柱网不规则时，柱网相对较大的区域；

3. 地下室底板或基础底板埋深局部降低的区域；

4. 顶板覆土厚度相差较大或设有景观水池、水溪的区域；

5. 结构荷载（抗浮荷载较小）区域（如主楼之间的裙楼、主楼外侧的裙楼、纯地下室等）。

4.9.5　整体抗浮验算不满足要求时，应优先采取设置抗浮锚杆或者抗浮桩的措施；仅局部抗浮验算不满足要求时，可采取局部设置抗浮锚杆、抗浮桩、增加压重等措施，保证地下室的安全。

【条文说明】对于与主楼外侧相连的纯地下室外伸宽度不大的情形，如整体抗浮满足要求仅纯地下室部分不满足要求时，也可将外围纯地下室的底板适当加长加厚，利用肥槽填土作为压重并将纯地下室部分底板按悬臂板进行设计的方法来抵抗水浮力。

4.9.6　对于勘察期间未见有地下水，但地下室处于不透水或弱透水层黏性土地基或泥（页）岩地基时，设计仍应采取一定的抗浮措施释放水浮力，防止使用期间基坑肥槽积水并渗入底板形成水盆效应，导致底板上浮影响地下室的正常使用。如采用阻排法或基础底板下设置暗沟等措施以考虑地表水下渗产生的影响。一般工程可按图 4.9.6 所示的阻排法进行肥槽填土构造。对于遇水不易风化的岩石地区，可在肥槽内或底板下设置集水、排水系统释放水浮力。重要工程应进行专门研究采取特别加强的抗浮措施。

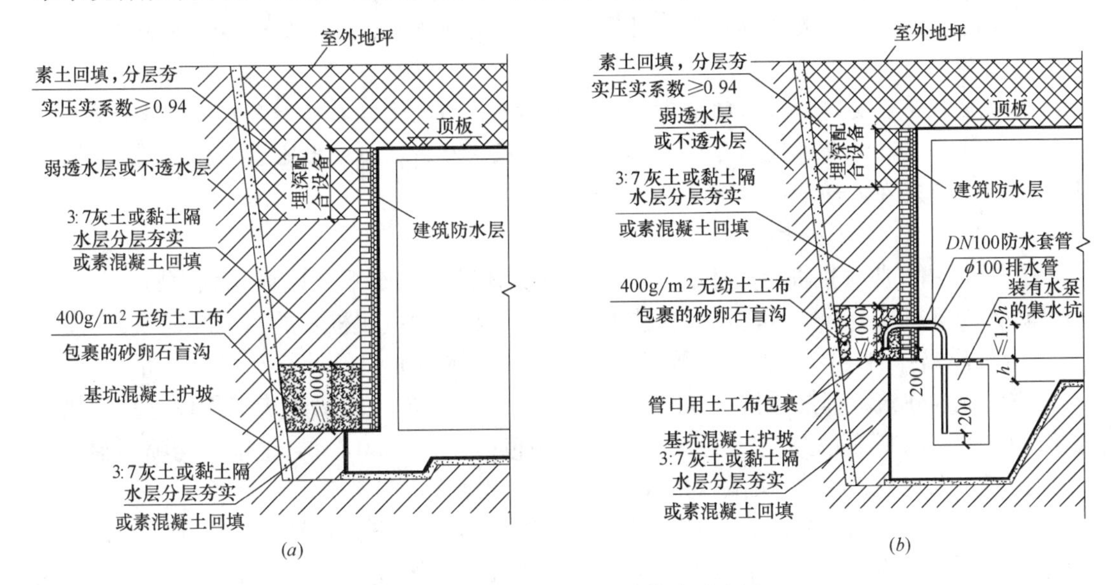

图 4.9.6　阻排法肥槽回填构造示意图

（*a*）无集水坑处侧墙处理措施；（*b*）有集水坑处侧墙处理措施

【条文说明】当基础底板置于黏土层、岩层等不透水层时，由于黏性土层中的水以孔隙水为主，不易补充、排出，使得地勘单位无法提出抗浮设防水位，因此有些工程未考虑抗浮问题。但实际施工中，地下室基坑护壁与地下室之间即基坑肥槽的回填密实度一般都不高，时间久了地表水会慢慢渗入肥槽累积，使地下室漂浮于基坑形成的“水池”中，造成地下室底板反拱、地下室填充墙开裂、甚至梁柱节点开裂等现象。采用阻排法可经济有效地解决不透水层中地下室的抗浮问题。

阻排法由“阻”和“排”两种工艺设计组成。“阻”即控制回填密实度和渗水性，目标是在可接受的经济条件下尽可能减少地表水渗入基坑。“阻”是关键，因此隔水层密实度必须严格控制。“排”即把渗水排出肥槽，防止基坑回填不密实造成日积月累水位不断升高。采用“阻排法”后，地下室底板和侧壁可不再考虑水压力的作用。阻排法涉及建筑、结构、水、电专业，各专业间相互影响，设计人员应同相关专业随时沟通，共同解决所遇到的问题。阻排法中设置的集水坑应沿地下室外墙周边设置，间距一般控制在30m～50m为宜。

阻排法由于自身特点，在工程应用中需要同时满足以下条件：

1）地下室周边和基坑底部在土层的竖向分布上应全部是弱透水或不透水层并且没有通向基坑底部的暗沟、排水管等过水通道。

2）建筑物周围在可预见的将来不会出现会破坏基坑周围不透水性的情况，如增加外连的地下通道等。

3）地下室室内沿侧墙周边间隔30m～50m有配置自动抽水泵的集水坑，且应要求相关专业保证可靠供电。

应当注意的是，当建设场地处于山坡地带且高差较大时，如通过大范围土方平整后再修建地下室且地下室底部仍处于填土层或透水层内，则可能会出现勘察期间未发现有地下水，但由于建设行为改变了原有场地排水条件而实际形成地下积水的情况，此时阻排法将不再可靠有效。设计应要求勘察单位提供可能出现的地下水位，并采取其他方法（如设置抗浮锚杆等）进行抗浮设计。

基础底板下设置暗沟排水的方法不宜用于黏土、易风化岩石（如泥岩、粉砂岩等）地基，因此类土层在流动水侵蚀作用下承载力会降低。对新近回填土地基不应采用设置暗沟排水，防止土层在流动水作用下造成水土流失。

4.9.7 抗浮锚杆设计：

1. 抗浮锚杆应分别进行整体破坏状态和非整体破坏状态下的抗拔承载力验算。验算方法可参照现行行业标准《建筑桩基技术规范》JGJ 94中抗拔桩基的相关规定。

2. 抗浮锚杆的设计包括锚杆承载力的计算、杆体截面积的计算和锚杆数量的计算，设计方法见《建筑工程抗浮技术标准》JGJ 476、《2009全国民用建筑工程设计技术措施　结构（地基与基础）》、《建筑边坡工程技术规范》GB 50330、《岩土锚杆与喷射混凝土支护工程技术规范》GB 50086、《抗浮锚杆技术规程》YB/T 4659等。

3. 抗浮锚杆大面积施工前，应先进行基本试验，试验锚杆数量不应少于3根；当通过基本试验确定锚杆抗拔力承载力特征值时，单根锚杆抗拔承载力特征值（R_t）可取试验极限承载力的0.5倍。基本试验的锚杆不应用于工程。

4. 锚杆施工完毕后应进行验收试验，验收试验锚杆数量不应少于锚杆总数的5%。验收试验最大荷载可根据下列情况确定：

1）当按《全国民用建筑工程设计技术措施　结构（地基与基础）》（2009年版）设计时，可取$1.5R_t$；

2）当按《建筑边坡工程技术规范》GB 50330计算时可取$1.5N_{ak}$；

3）当按《岩土锚杆与喷射混凝土支护工程技术规范》GB 50086设计时，可取$1.2N_k$。

5. 抗浮锚杆设计的一般要求：

1）一般情况下应根据所需抗浮力分区段或整体均匀布置。

2）对于柱下独立基础＋抗水板的结构，当恒载作用下柱基下的压力大于水浮力时，可仅在基础以外区域设置锚杆，此时应使总的抗拔力满足要求，且适当增加底板刚度。

3）浮力作用下抗水板的变形较大的区域宜适当加密锚杆间距或增加锚杆长度。

4）对于全长粘结型非预应力锚杆，土层锚杆的锚固段长度不应小于 6m；岩石锚杆的锚固段长度不应小于 3.0m；锚杆自由段长度不宜小于 1.0m，不应小于 0.5m。

5）锚杆锚固体材料可采用 M30 水泥砂浆、M30 水泥浆或 C30 细石混凝土。

6）锚杆钢筋应锚入基础或底板内，底板厚度应能满足钢筋直锚段长度不小于 $0.6l_{ab}$ 的要求，确有困难时，应采取在钢筋端部设置锚板等措施确保钢筋锚固的可靠性。

7）对锚杆施工完毕还需进行二次开挖的情形，设计应要求施工中采取措施保证锚筋不受扰动，必要时可要求待基础混凝土垫层施工完毕后，再进行锚杆施工。

8）修改设计时，锚杆应重新计算、布置，不得随意加密或加长。

4.9.8 抗浮桩设计：

1. 抗浮桩应按现行行业标准《建筑桩基技术规范》JGJ 94 中抗拔桩的要求进行设计。设计中除应进行抗拔承载力及裂缝控制计算外，还应结合抗拔试验的位移实测数据考虑在浮力作用下的结构向上位移时抗浮桩对结构的不利影响。必要时可适当增加底板上部钢筋或根据实测位移进行底板配筋验算。

2. 抗浮桩一般布置在柱及钢筋混凝土墙下。

3. 抗浮桩应按照现行行业标准《建筑桩基技术规范》JGJ 94 的要求进行单桩竖向抗拔静载试验。

4.10 地下室外墙设计

4.10.1 地下室外墙应根据地下室的层数和隔墙间距等具体条件，按沿竖向单跨或多跨单向板或双向板分析其内力。地下室外墙在基础处可按固端考虑，中间楼层处有楼板时可将楼板视为侧向支承，顶部一般情况可按简支端考虑，当顶板沿外墙边缘开大洞且未采取加强措施时，应按自由端考虑。

4.10.2 当紧邻地下室外墙设有汽车（自行车）坡道，当将坡道板视作外墙的支座时，应仔细分析坡道板自身的刚度和支承条件、外墙水平力的传递途径、复核坡道板相关支承构件的强度和变形并加强构造，以保证坡道板相关结构的安全。

4.10.3 对地下室外墙相连的楼板缺失的情形，可采用图 4.10.3 所示做法设置小梁和暗梁加强（暗梁按计算配筋），此时仍可视为外墙在暗梁处有侧向支承。

4.10.4 地下室外墙所承受的主要荷载包括：

1. 侧向荷载：土压力、车辆荷载或地面堆载引起的侧向压力、水压力。

2. 竖向荷载：上部传来的竖向荷载、挡土墙的重力荷载。

4.10.5 一般情况下计算地下室外墙侧压力荷载时，静止土压力系数取 0.5；当地下室施工采用护坡桩或连续墙支护时，可对静止土压力进行折减，折减系数取 0.66（即折减后的静止土压力系数可取 0.5×0.66＝0.33）；地面道路车辆荷载可按 $10kN/m^2$ 考虑，地面堆载按实际情况取值，其侧压力系数均取 0.5。

【条文说明】静止土压力折减系数取 0.66 引自《全国民用建筑工程设计技术措施 结

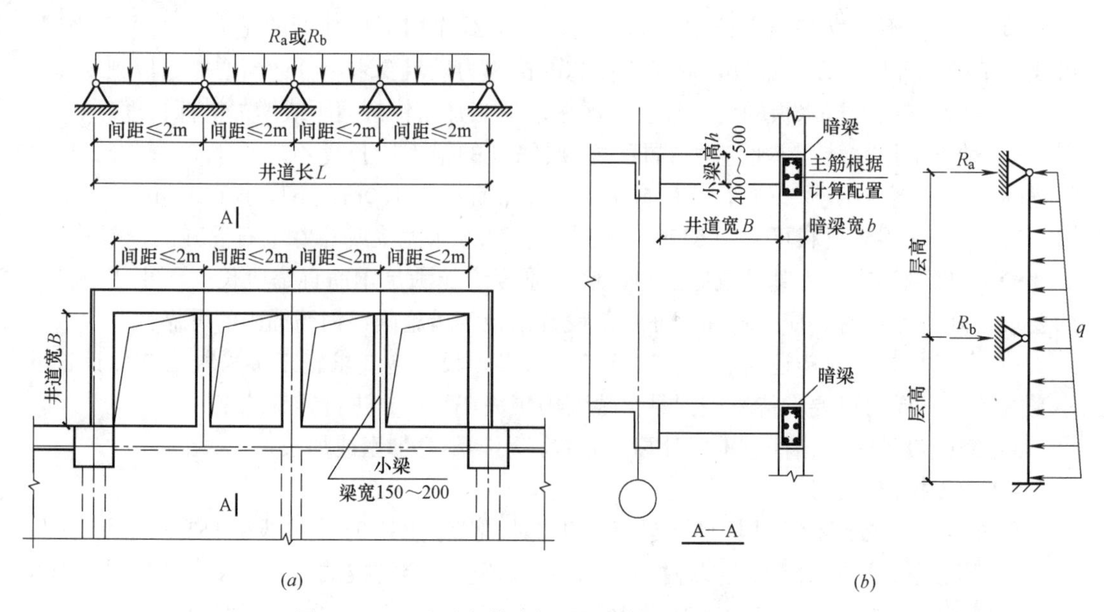

图 4.10.3　地下室外墙相连局部楼板缺失处理措施

（a）处理措施平面布置图及暗梁计算简图；（b）处理措施剖面图及侧墙计算简图

构（地基与基础）》（2009 年版）第 5.8.11 条。

4.10.6　地下室外墙的配筋、构造：

1. 地下室外墙的配筋应通过计算确定。计算外墙裂缝宽度时可考虑竖向荷载的有利影响。

2. 当地下室外墙与上部结构剪力墙齐平时，墙体钢筋的布置宜采用水平钢筋在外侧，竖向钢筋在里侧的布筋方式，以方便施工。

3. 地下室外墙顶部宜设置通长水平钢筋。一般情况下，墙厚不大于 300mm 时配置 2ϕ18，墙厚大于 300mm 时配置 4ϕ18（分两排布置），必要时可设置高度不小于墙厚的暗梁。

4. 当墙上支承有较大跨度次梁时，可于次梁下设置暗梁或增设短钢筋以控制次梁下墙体裂缝开展。

4.10.7　对较长外墙通常取沿墙长方向的 1m 墙段按单向受力构件计算，此时水平钢筋一般为构造分布钢筋，其间距不宜大于 150mm，单侧配筋率不宜小于 0.2%。考虑到在墙体支承处实际存在的嵌固作用，可如图 4.10.7 所示在墙体转角处或 T 形相交处沿墙体高度附加 ϕ12 的水平附加钢筋，间距与水平通长钢筋相同，间隔布置，每边伸出支座

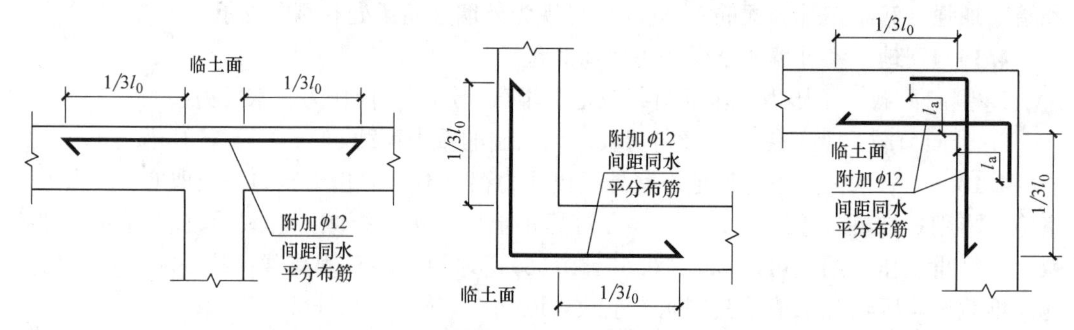

图 4.10.7　地下室外墙附加水平钢筋大样（l_0 为层高）

不小于墙体沿高度方向相邻支承点之间距离 l_0 的 1/3。

4.10.8 当纯地下室的框架柱与外墙连为一体时，外墙计算中一般可不考虑柱的作用，此时柱宽范围沿外墙一侧的配筋应不小于地下室外墙外侧所需钢筋，柱箍筋可不设加密区。

4.10.9 当上部结构框架柱与外墙连为整体时，墙的计算应考虑柱对墙的支承作用按三边或四边支承板计算，同时按压弯构件复核框架柱的承载力。柱纵向钢筋除应满足计算要求外，柱宽范围沿外墙一侧的配筋应不小于地下室外墙外侧所需钢筋，柱箍筋应设加密区。

4.10.10 当上部结构剪力墙与地下室外墙重合时，地下室外墙作为上部剪力墙的支承（嵌固）结构，此时地下室墙顶应设高度为 2 倍墙厚、纵筋不小于 4ϕ18、箍筋 ϕ8@200 的暗梁，并应使地下室外墙在剪力墙边缘构件范围的配筋不小于上部剪力墙配筋，其余剪力墙竖向分布钢筋锚入地下室外墙 l_{aE}。

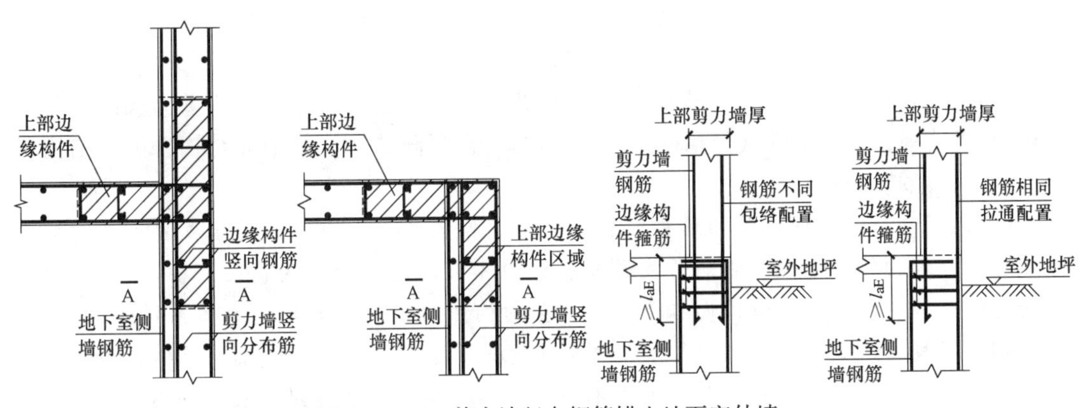

图 4.10.10 剪力墙竖向钢筋锚入地下室外墙

4.10.11 地下室外墙的基础设计应同时考虑外墙竖向荷载和侧向荷载引起的墙底弯矩的共同作用，基础的厚度及配筋应能满足承担外墙墙底弯矩的要求，侧墙基础厚度不宜小于侧墙厚度的 1.5 倍。

4.10.12 对纯地下室外墙扶壁柱，其基础设计可将柱轴力折算成沿墙长分布的均布荷载，按墙下条形基础进行设计。

4.10.13 当地下室外墙采用条形基础且地下室无整体浇注底板或底板厚度较薄时，宜适当加大外墙室内一侧配筋，以考虑墙下端实际嵌固刚度不足的影响。

4.10.14 当地下室层高较大（如大于 5m）时，宜在外墙半层高处增设高度为墙厚的暗圈梁，圈梁纵向钢筋直径不宜小于 14mm，间距不宜大于 150mm，箍筋不宜小于ϕ6@200。

【条文说明】工程实践中，在地下室（特别是层高较大的超长地下结构）外墙内增设暗圈梁可有效抑制墙体混凝土收缩裂缝的开展。

4.10.15 重要的高大墙体（如下沉广场外围墙体等）或地下室层数较多时，地下室外墙应专门研究并进行专项设计。

5 多高层混凝土结构及混合结构

5.1 一般规定

5.1.1 多高层混凝土结构及混合结构房屋设计，应根据建筑形体、使用要求、场地地质和外部荷载及作用情况，通过结构方案比选和优化设计（包括结构类型选择、结构平面和竖向布置、构件的连接及构造设计等），满足建筑使用功能和造型要求，结构承载力和刚度要求，及建筑整体稳固性、耐久性、耐火性和经济性要求。

【条文说明】高度超过250m的超高层建筑，结构构件尺寸、混凝土保护层厚度、防火涂层厚度等尚应满足相应防火规定的更高要求。

5.1.2 常用钢筋混凝土结构体系有：框架结构、剪力墙结构、框架-剪力墙结构、板柱-剪力墙结构、筒体结构（包括框架-核心筒结构、框筒结构、筒中筒结构、束筒结构）、巨型结构、悬挂结构等。

【条文说明】结构体系是指结构抵抗竖向荷载和水平荷载的构件的组成方式。结构体系应具有合理的传力途径，竖向荷载通过水平构件（楼盖）和竖向构件（柱、墙、斜撑）等传递到基础，水平荷载通过由水平构件和竖向构件组合而成的抗侧力体系传递到基础。常用钢筋混凝土建筑结构体系的基本抗侧力单元是：梁柱框架、剪力墙、筒体、斜撑，这四类基本单元可独立或相互组合，形成不同的抗侧力体系。结构因所采用抗侧力体系的不同而形成不同的结构体系。

框筒结构是指房屋周边布置间距较密的柱（间距常为4m左右），柱之间由具有较大刚度的裙梁刚性连接，在外围形成由框架组成的、抗侧刚度较大的筒体之结构。

5.1.3 多高层混凝土结构及混合结构房屋设计，应正确确定结构的安全等级、抗震设防烈度、抗震设防类别、抗震等级。安全等级为一级的高层建筑结构应满足抗连续倒塌概念设计要求。

【条文说明】对抗震设防类别为甲、乙类的结构，宜将抗震重要构件和部位的安全等级定为一级，这有利于提高低烈度地区和风、地震作用效应双控这类结构的抗震性能，可仅将抗震重要构件如竖向构件、抗侧力构件、大跨、大悬挑构件、转换构件和关键节点等的安全等级定为一级，其他梁板构件类可不予提高。这样规定，一方面是根据《混凝土结构设计规范》GB 50010—2010第3.1.5条及条文说明的原则“对其中部分结构构件的安全等级，可根据其重要程度适当调整”，符合经济性要求；另一方面，也符合强柱（墙）弱梁的抗震原则，与强震破坏所揭示的需加强部位的规律相符。

5.1.4 多高层混凝土结构及混合结构房屋的适用高度宜满足现行国家标准《建筑抗震设计规范》GB 50011和现行行业标准《高层建筑混凝土结构技术规程》JGJ 3的有关要求。平面和竖向均不规则的高层建筑结构，其最大适用高度宜降低10%左右。

5.1.5 高层建筑的高宽比是对结构的宏观控制，在结构设计满足规定的承载力、稳定、抗倾覆、变形和舒适度等基本要求后，可适当放宽。对高宽比超过现行行业标准《高层建筑混凝土结构技术规程》JGJ 3 较多（超过 30%以上）的结构，宜按设防烈度、100年一遇风荷载验算其抗倾覆、稳定性。当剪力墙承受较大拉力，应采取相应措施。

【条文说明】1. 仅从结构安全角度讲高宽比不是必须要满足的，不将高宽比作为超限判断的指标。但高宽仍是结构概念设计的重要指标。

2. 确定高层建筑的高宽比时，应采用建筑物地面至大屋面结构高度和各方向的最小典型楼板宽度。楼板典型宽度是指所计算方向竖向构件最外缘间的楼板总宽度（包括内部洞口）。

5.1.6 多高层混凝土结构及混合结构房屋，应根据设防类别、设防烈度、场地类别、设计地震分组、结构类型和房屋高度采用相应的抗震等级，并应符合计算和抗震措施要求，必要时尚应进行罕遇地震下的弹塑性变形验算。

5.1.7 多高层混凝土结构及混合结构房屋，当地下室顶板作为上部结构的嵌固端时，主楼地下一层及相关范围（外延 1 跨～2 跨）的抗震等级应按上部结构采用。地下二层始，其抗震等级可逐层降低一级，但不应低于四级。

5.1.8 与主楼连为整体的裙房的抗震等级，除应按裙房本身确定外，相关范围（外延 3 跨且不小于 20m）不应低于主楼的抗震等级；主楼结构在裙房顶板上、下各一层应适当加强抗震构造措施。裙房与主楼分离时，应按主楼、裙房本身分别确定抗震等级。

【条文说明】5.1.7 条、5.1.8 条涉及两个“相关范围”，规范条文说明给予了不同的宽度定义，设计者应注意区分。

5.1.9 甲、乙类建筑按规定提高一度确定抗震措施时，或Ⅲ、Ⅳ类场地且设计基本地震加速度为 $0.15g$ 和 $0.30g$ 的丙类建筑按相关规定提高一度确定抗震构造措施时，如果房屋高度超过提高一度后对应的房屋最大适用高度，则应采取比对应抗震等级更有效的抗震构造措施。

5.1.10 结构体系应根据建筑的使用功能、建筑造型、自然环境条件（风、雪荷载、抗震设防烈度、场地、地基条件）、材料性能及施工等因素，经技术经济和适用条件综合比较确定。结构体系应安全可靠、经济合理。

5.1.11 结构体系应符合下列要求：

1. 应具有直接、合理、稳定、可靠的竖向和水平向荷载（作用）传递路径，及明确的计算简图。宜设计具有双重抗力和多赘余度的多道防线结构体系。对钢筋混凝土房屋中设防类别为甲、乙类的建筑宜优先选择剪力墙结构或框架-剪力墙结构，或采用隔震、消能减震技术。

【条文说明】结构的传力路径越短，其经济性越高。结构对竖向和水平向作用均宜具有多道防线，且各道防线设计均应满足结构整体屈服机制要求，避免第一道抗震防线刚度退化后，结构的抗倒塌能力受到影响。对钢筋混凝土结构而言，框架结构、框架-剪力墙结构、剪力墙结构的抗震安全性从前至后依次增加。采用隔震、消能减震技术能较好减轻震害。

2. 应特别重视竖向承重构件的安全性，提高其承载能力和抗震能力，避免其破坏而导致整个结构倒塌。对倒塌后果严重的重要结构，宜进行抗连续倒塌设计。

【条文说明】结构承担的最大水平作用（风荷载、水平地震作用等）往往是短暂的或偶然的，而由万有引力产生的竖向作用是始终存在的。要达到大震不倒的设计目标，竖向承重构件不仅应具有多遇地震下的承载能力，而且在罕遇地震作用后仍应具有必需的竖向承载能力。安全等级为一级的建筑结构应满足抗连续倒塌概念设计要求。

3. 结构体系应具有合理的平面和竖向的承载力分布及刚度分布、适宜的变形能力、合理的耗能机制和良好的耗能能力。结构在两个主轴方向的动力特性宜相近。

【条文说明】竖向构件的安全储备宜大于水平构件的安全储备，节点的承载能力宜大于杆件的承载能力。结构平面布置中，应尽量使沿同一抗侧方向各抗侧构件的刚度分散、均匀，避免刚度集中到局部抗侧构件上；同一结构平面中，竖向构件的压应力水平尽量接近，避免压应力水平差通过梁板柱的竖向变形来协调传递。结构平面周边构件与核心区构件的结构刚度应协调均匀，以保证结构有较好的抗扭刚度，避免建筑物在地震或风荷载作用下产生过大的扭转变形。耗能构件应具有良好的耗能能力。剪力墙中的连梁先屈服，是较好的耗能机制。跨高比较小（不大于2.5）的连梁，应采用交叉斜筋或对角斜筋或对角暗撑等具有良好耗能能力的配筋形式。基础应保持足够的安全储备，任何情况下不先于主体结构发生损坏，上部竖向构件按性能化设计时，基础应能满足上部构件的受力要求。结构在两个主轴方向的动力特性，主要指周期和振型等产生地震作用的特性。

4. 结构的侧向刚度中心与建筑风力和地震作用中心宜尽量重合，承载力和刚度沿竖向应均匀连续变化，避免因局部削弱或突变产生过大的应力集中或塑性变形集中，形成薄弱部位或薄弱层。对可能的薄弱部位或薄弱层，应采取措施提高其承载能力和变形能力，减少扭转影响。竖向构件截面尺寸和材料强度不宜在同一层改变。

5. 抗震设防烈度为9度时，不应采用带转换层的结构、带加强层的结构、错层结构和连体结构。

5.1.12 结构布置应符合充分发挥构件效能的原则，尽量实现整体化、周边化、协调匹配及轻质化。

【条文说明】所谓整体化，从结构体系层面而言，是指应加强各分体系完整性和分体系间的连接。如楼面梁板宜完整，以加强各抗侧构件的共同工作；梁柱宜刚接，以形成整体刚度；剪力墙布置宜对齐，以形成整体墙或联肢墙共同受力；两方向墙肢应相互连接，使其互为翼缘；二柱或多柱之间可加斜杆形成整体的桁架等。从结构构件层面而言，是指应使构件截面尽量整体均匀受力，构件宜设计成沿全长全截面均匀轴向受力，尽量减少应力不均的弯曲受力，如在框架结构中加入钢筋混凝土剪力墙或支撑（或 BRB）。

所谓周边化，主要针对抗侧结构分体系而言，是指应将主要抗侧力构件布置在接近周边的位置，以提高整体结构抗倾覆力矩和抗扭转的力臂，进而提高结构效能。

所谓协调匹配，是指构件的布置位置、截面形式及大小、材料类型及强度等应与荷载(作用)、内力的需求相匹配。如：竖向构件宜布置在竖向力较大的位置，水平构件的布置应利于竖向力就近传到竖向构件；构件截面形式的选择应与其所受的主要控制内力对应，一维构件宜沿其轴线承受一维内力，二维构件宜在其二维平面内承受内力。以抗弯为主的梁宜充分利用结构已占用的高度，减小梁宽；构件的大小、材料（钢筋混凝土或型钢混凝土或钢构件）及其强度等级在平面内、外，建筑上、下均宜随内力的变化而变化，框架-剪力墙结构中的剪力墙布置应均匀、分散，避免过长过大墙肢，特别是多层框架-剪力墙结构更应注意。另外，构件布置与结构内力也应相互匹配，构件布置应使竖向压力尽量传到主要抗倾覆构件上，以平衡倾覆产生的拉力，如框架-核心筒结构不宜设置内柱，框架-剪力墙结构中的墙宜布置在框架平面位置，平面布置时宜将楼面竖向荷载尽量多地传递给剪力墙等。

所谓轻质化，是指主体结构构件或填充墙体，应尽量选用高强轻质材料，减轻建筑重量。

5.1.13 多高层混凝土结构及混合结构房屋的单位面积重量标准值和结构自振周期宜在合理范围。

【条文说明】多高层混凝土结构及混合结构房屋，单位面积的重量标准值与结构类型、高度层数、使用性质、风载大小、抗震设防烈度及填充墙材料等有关。结构方案比选、构件布置及截面尺寸优化的目的，就是提高结构安全度、降低结构材料消耗，单位面积的重量标准值应作为方案比选、优化结构的重要衡量指标之一。

在满足我国设计规范对结构整体稳定性、位移限值以及最小剪重比等要求基础上，高层建筑结构（不含纯钢结构、框架结构）自振周期的合理分布范围宜符合表 5.1.13。

一般高层建筑结构（不含纯钢结构、框架结构）自振周期的合理分布范围　　表 5.1.13

高度 / 周期	50m<H	50m≤H<100m	100m≤H<150m	150m≤H<250m	H≥250m
第一周期 T_1	$0.08\sqrt{H}$～$0.15\sqrt{H}$	$0.15\sqrt{H}$～$0.3\sqrt{H}$	$0.2\sqrt{H}$～$0.35\sqrt{H}$	$0.25\sqrt{H}$～$0.4\sqrt{H}$	$0.3\sqrt{H}$～$0.4\sqrt{H}$
同方向第二周期 T_2	—	$0.035\sqrt{H}$～$0.08\sqrt{H}$	$0.05\sqrt{H}$～$0.1\sqrt{H}$	$0.065\sqrt{H}$～$0.1\sqrt{H}$	$0.08\sqrt{H}$～$0.12\sqrt{H}$

同一方向 $T_1:T_2:T_3\approx1:0.28:0.15$。当超高层建筑结构的基本周期 T_1 超过 $0.4\sqrt{H}$ 时，结构偏柔；当基本周期 T_1 接近 $0.45\sqrt{H}$ 时，结构过柔，宜予以调整，加强结构整体稳定性。

5.1.14 多高层混凝土结构及混合结构房屋宜调整平面形状和结构布置，尽量避免设置防震缝。体型复杂、平立面不规则的建筑，应根据不规则程度、地基基础条件、结构抗倒塌能力和技术经济等因素的比较分析，确定是否设置防震缝。

【条文说明】可设缝也可不设缝时，原则上不设缝，连接处明显薄弱的平面宜设缝。连接就应连接好，无法较好连接时宜脱离开。已有研究表明：弯、折的平面是否设缝，对结构抗倒塌能力影响不显著。但应对结构进行详细分析，充分估计地震扭转效应产生的不利影响，特别需要对远端、转角处的竖向构件进行加强；同时，为防止局部应力集中产生的破坏，应对接合部位的梁通长钢筋、板厚及板配筋加强。

5.1.15 防震缝应沿地上全高设置，地下室、基础可不设置防震缝，但在与上部防震缝对应处应加强构造和连接。防震缝宽度应符合相关规定。沉降缝兼做防震缝时，当相邻结构的基础有较大沉降差时宜加大防震缝宽度；不宜采用牛腿托梁设置防震缝，确需采用时，应采取可靠措施防止其在罕遇地震下的滑脱和碰撞。位于防震缝两侧的框架柱，当层高相差较大时，其箍筋应沿全高加密，8、9 度时尚宜设置防撞墙。

5.1.16 楼（屋）盖结构选型应满足建筑使用和造型要求，结构强度和刚度要求，及结构整体稳固性、耐久性、耐火极限、可变功能的适应性和全生命周期经济性要求。应通过综合分析比较，确定楼（屋）盖结构类型。

【条文说明】钢筋混凝土结构常用的楼（屋）盖结构，按结构受力有：梁板体系、平板体系（无梁楼盖）；按施工方法有：现浇楼（屋）盖，预制装配式楼（屋）盖，装配式整体楼盖；按预加应力有：预应力楼（屋）盖和非预应力楼（屋）盖。无梁楼盖可分为有柱帽无梁楼盖、无柱帽无梁楼盖。

楼（屋）盖在竖向荷载作用下，应有足够的承载力和平面外刚度，在水平荷载作用下应有足够的平面内刚度，保证楼（屋）盖能可靠地传递水平和竖向荷载。设计者应优先选择自重轻的楼（屋）盖形式。

对于梁板楼盖，应首先充分发挥板的承载潜力，做大板跨。次梁布置，一般单向梁板体系在经济上优于双向梁板体系；对单向梁板体系，在楼板受力和变形允许的情况下，少梁布置在经济上优于多梁布置；对于荷载可变性较大或房间分隔变化较大的建筑宜采用双向梁板体系。

5.1.17 无梁楼盖适用于正方形或接近正方形的柱网平面，根据荷载大小，受冲切承载力、建筑要求可设计成有柱帽和无柱帽无梁楼盖。柱帽可设计成锥形、矩形或两者混合形式。无梁楼盖设计除符合现行国家标准和行业标准的相关要求外，尚宜满足下列要求：

1. 有柱帽时楼盖跨度宜不大于12m，无柱帽时宜不大于9m。

2. 在结构嵌固层及相关范围内不应采用无梁楼盖结构。

3. 条件允许时，宜将无梁楼盖周边伸出边柱外侧，伸出长度（边柱中心至板外缘距离）宜不大于相应边跨的0.4倍。当无法外伸时，平面周边应设置边梁，边梁宽度宜不小于板厚的1.5倍，边梁高度不应小于板厚的2.5倍。

4. 无梁楼盖内力计算分析，规则结构可采用等代框架法，其他结构可采用极限平衡方法、有限元法或其他有效计算方法。有限元法计算时，在柱顶附近区域单元尺寸不宜大于0.5倍柱边尺寸，应反映其内力急剧变化的情况。除进行各截面抗弯、抗冲切验算外，尚宜参照《装配式混凝土结构技术规程》JGJ 1—2014式（7.2.2-1）验算柱周直剪承载力。

5. 无梁楼盖柱上板带顶部计算配筋量的70%以上宜配置在柱宽$+h_0$范围内，此范围内的上部筋应力宜不大于180MPa，其伸出柱边的截断长度宜不小于0.25倍跨度$+L_{aE}$。柱上板带其余部位的配筋应满足计算要求。

6. 无梁楼盖宜优先选择设置柱帽或托板或柱帽+托板的节点形式，柱帽或托板的长宽宜不小于长跨跨度的0.35倍，柱帽高宜不小于板厚的1.5倍、托板高宜不小于板厚的0.75倍，柱帽或托板应与板柱一次整体浇筑。

7. 无梁楼盖在柱周边临界截面的冲切应力不宜超过$0.7f_t$，超过时应配置抗冲切钢筋或型钢或抗剪栓钉。无梁楼盖板厚（包括托板厚度）不小于300mm时，可设置由箍筋和架立筋组成的抗冲切钢筋，并承担80%的冲切力。按计算所需的箍筋及相应的架立钢筋应配置在与45°冲切破坏锥面相交的范围内，且从柱截面边缘向外的延伸范围应不小于2倍板厚；箍筋直径不宜小于8mm，且应做成封闭式，间距不应大于$h_0/3$，且不应大于100mm；上部架立筋直径不宜小于16mm，其长度宜伸出冲切破坏锥面外L_{aE}。

8. 沿两个主轴方向均应布置通过柱截面的板底连续钢筋，且其总截面面积应不小于N_G/f_y，N_G为楼盖重力荷载代表值作用下的轴向压力设计值，8度时尚宜计入竖向地震影响。

9. 无梁楼盖开洞长边尺寸不宜大于所在边柱截面边长的1/4，同时不宜大于板厚的1/2。

10. 穿越无梁楼盖的后浇带，其底部钢筋不应全部断开。

11. 设计文件中应明确施工使用过程的荷载限值。

【条文说明】在柱顶附近区域有限元单元尺寸不宜过大，应反映其内力急剧变化的情况，特别应准确反映柱边、柱帽或托板边板的弯矩和剪力的实际分布。由于柱顶处混凝土可能开裂，h_0可能大幅度减小，混凝土的抗冲切承载力可能严重被高估，当柱帽区域出现开裂和内力重分布现象时，还可能影响柱帽区刚度和内力的真实性，带来安全隐患，不能采用弹性楼板6的计算模型和弹性有限元模型。因此，通过严格控制受弯纵筋的应力水平来控制裂缝开展，并要求设置抗冲切骨架或型钢，承担80%的冲切力。同时应特别注意“不平衡弯矩”产生的冲切力。布置通过柱截面的板底连续钢筋是为了防止连续倒塌。无梁楼盖应尽量采用方形柱网，当采用矩形柱网时长宽比不宜大于1.5。

5.1.18　空心楼盖受力性质介于无梁楼盖和密肋楼盖之间。其内模可以采用筒芯、箱体、轻质实心筒体或块体。空心楼盖设计除满足现行行业标准《现浇混凝土空心楼盖技术规程》JGJ/T 268要求外，尚宜符合下列要求：

1. 空心楼盖的内模布置应尽量体现双向受力。

2. 空心楼板的底板和顶板一般为等厚板，顶底板厚度不宜小于50mm。采用筒芯类内模时，板总厚度不宜小于180mm；采用箱体类内模时，板总厚度不宜小于250mm。

3. 空心无梁楼盖计算分析可采用有限元法或符合条件的近似计算方法。对计算结果应经判断和校核，确认合理有效后，方可用于工程设计。

4. 对无梁的柱支承空心楼盖结构，应在柱周边设置实心楼板区域，实心楼板区域大小根据受冲切承载力验算需求确定。实心区域从柱边外延长度不应小于$1.5h$（h为空心板总厚度）。

5.1.19　密肋楼盖分双向密肋楼盖和单向密肋楼盖，肋间通常采用成品芯模。一般肋间距为500mm～1200mm，肋宽为80mm～120mm。密肋楼盖设计应符合下列要求：

1. 单向密肋楼盖当肋梁跨度大于5m时，应增设横肋，保证肋梁侧向稳定。

2. 肋间距不超过500mm时，密肋楼盖可采用拟板法计算并配筋；肋间距大于500mm时，密肋楼盖应按梁板体系计算并配筋。

3. 采用双向密肋楼盖时，板格长短边之比不宜超过1.5，肋宽不宜小于100mm。一般需将与柱相连网格填实，形成与肋梁同高的实心板域，增强柱周楼板的抗冲剪能力。

4. 密肋楼盖板底保护层不满足防火要求时，肋梁负弯矩配筋应按照矩形梁考虑，不宜按T形截面设计。

5.1.20　多高层建筑底部入口局部高大空间设计宜符合下列要求：

1. 宜避免楼板开大洞影响本层水平地震力的传递和结构的整体抗震性能。无法避免时，对开大洞楼层及相邻上下层，计算中应考虑楼板变形对结构内力和位移的影响，采用弹性楼板假定。

【条文说明】底层局部大空间需考虑底部刚度偏心对结构整体指标（扭转）的影响及底部跃层长柱内力与其余抗侧构件的内力重分配。

2. 对楼板开大洞后形成的跃层柱、跃层剪力墙，应判断软件对跃层构件的计算长度指定是否符合实际情况。应按考虑开洞计算与并层计算包络值进行设计，验算相邻楼层的刚度和承载力，避免出现软弱层和薄弱层。

3. 楼板开大洞后，由于跃层构件的侧向刚度减小，宜适当加大跃层构件截面尺寸，减小长细比；其余竖向构件的抗侧能力（包括刚度、延性、受剪承载力、受弯承载力）宜适当提高。跃层构件的竖向承载力和稳定性也应适当加强。

4. 对开大洞楼层的相邻上层，宜对楼板进行受剪承载力计算，并予以加强：板厚不宜小于 120mm，采用双层双向配筋，每层、每向配筋率不宜少于 0.25%。

5.1.21 纯框架裙房与框架-核心筒或框架-剪力墙结构相连时，应加强裙楼屋面板与主楼之间的连接构造，以保证地震剪力在主楼与裙楼之间的传递。对裙房屋面层及上下层剪力墙，应加强其受弯、受剪承载能力，并提高其延性，裙楼框架跨数越多越应着重加强。当裙房跨数较多时，宜对裙房、塔楼分别计算并与整体计算结果包络设计，并宜对裙房周边构件的刚度进行加强，减少裙房结构的扭转影响。

5.1.22 防火分区隔墙下，结构布置时应设梁，并满足消防耐火极限要求。

【条文说明】现行国家标准《建筑设计防火规范》GB 50016—2014 第 6.1.1 条黑体字（强条）规定，“防火墙应直接设置在建筑的基础或框架、梁等承重结构上，框架、梁等承重结构的耐火极限不应低于防火墙的耐火极限”。在设计过程中若防火墙位置调整，结构梁布置也应相应调整。梁耐火极限要求达到 3h，其保护层厚度应不小于 45mm。此时，梁除正常的混凝土保护层厚度外，可增设水泥砂浆抹灰面层。

5.1.23 为保证计算精度和结构安全，结构整体计算应采用能反映空间受力的三维结构计算模型，以及相应的计算方法。在计算结构内力及位移时，计算模型应符合结构实际状况。对采用结构整体分析方法不能获得准确、合理结果的结构部位，尚应进行详细的局部效应分析。模型中的特殊构件（如角柱、框支柱、框支梁等）定义应完整。对计算结果应进行工程分析，判断正确后方可用于工程设计。

【条文说明】出屋面的构架等应在计算模型中有所反映。

5.1.24 对平面开洞较大、细腰、细长（长宽比大于 4（6、7 度）、3（8、9 度））、有较长外伸段（外伸段长宽比大于 2（6、7 度）、1.5（8、9 度））等整体较差平面、有竖向构件不连续、有竖向斜撑构件或相邻层刚度突变等楼（屋）盖，整体计算应采用弹性楼板假定，不应采用楼（屋）盖在自身平面刚性的假定。为确保楼（屋）盖在罕遇地震下不发生剪切破坏，对薄弱楼板宜进行受剪承载力验算。同时，对局部应力应变集中应进行有限元分析并按分析结果包络设计。

【条文说明】在水平荷载作用下，应考虑楼（屋）盖变形对结构整体指标、楼（屋）盖梁板、竖向构件和局部应力应变的不利影响。对薄弱部位的楼板宜参照国家标准《高层建筑混凝土结构技术规程》JGJ 3—2010 第 10.2.24 条的规定验算楼板受剪承载力。

5.1.25 多高层混凝土结构及混合结构房屋在选定结构体系后，宜先通过在重力荷载下调整结构布置和各竖向构件截面，使其在每层各竖向构件之间的竖向压缩变形基本一致，然后再计算水平荷载作用下的结构内力和变形。

【条文说明】竖向压缩变形调平法：首先，将结构水平构件全部铰接；然后一次施加重力荷载；调整结构竖向构件截面尺寸及结构布置，尽量消除结构竖向变形差；最后，结构水平构件恢复刚接，进行整体结构设计。

高层建筑在重力荷载作用下，结构竖向构件的压缩变形及徐变变形都与初始压应力成正比，构件间长期差异变形与竖向构件短期弹性压应力水平差异也正相关，控制重力荷载下结构竖向构件短期弹性压应力水平均匀一致，对降低水平结构附加内力（内耗），减小竖向结构构件长期差异变形和压缩徐变差异变形，提高经济性等，都具有重要的影响。同时，减小竖向荷载作用下水平和竖向构件的剪力和弯矩，也有利于其在水平风荷载或地震作用下的抗风或抗震承载力的提高。

5.1.26 结构计算时应考虑多个方向的地震作用，并应计入双向水平地震作用下的扭转影响，取其包络进行配筋设计。

【条文说明】地震作用的大小、方向具有较大不确定性；地震作用客观存在扭转分量，但地震记录仪只记录地面的三向线性振动，因而地震计算时程也没有地震扭转分量的输入；房屋结构刚度存在一定的不对称性。因此，结构计算时宜考虑多个方向的地震作用，利用现有软件，宜从0°起，到90°止，即2+5方向（其中包括最不利方向）计算地震作用，并应计入双向水平地震作用下的扭转影响，验算结构的整体指标是否满足规范要求，取其包络进行配筋设计。

5.1.27 跨度大于8m的转换结构、跨度不小于18m的大跨度结构和悬挑长度分别大于2.5m（6度）、2m（7、8度）、1.5m（9度）的长悬臂结构，应计算竖向地震作用，其截面承载力宜满足大震抗弯抗剪不屈服的要求；其支承结构宜满足大震抗剪不屈服的要求，并控制其混凝土和钢筋的损伤程度在轻度损伤以内。9度时的多、高层建筑均应计算竖向地震作用。高度超过B级的超高层结构宜考虑竖向地震作用。

【条文说明】本措施增加了6、7度设防时转换结构、大跨度、长悬臂结构和9度时的多层建筑应计算竖向地震作用的要求，主要原因在于：

1. 悬臂结构为不能产生内力重分布的静定结构，不能靠发展塑性来耗能，只有一道防线，实际工程中悬挑长度越来越大，从2m～3m发展到4m～8m，有些甚至于超过10m，要实现“大震不倒”目标必须考虑竖向地震作用的影响。对悬臂构件也可以采取加大竖向荷载效应的方式近似计算竖向地震作用。

2. 地震作用竖向分量普遍存在，低烈度区也不应例外。

3. 地震预测预报的严重不确定性，使6、7度区建筑更容易遭受其对应的罕遇地震甚至巨震的破坏，即超过其设防烈度。因此，6、7度区大跨度和长悬臂结构也应当考虑竖向地震作用的影响。

4. 多层建筑重力在柱或墙中产生的竖向轴力较小，高烈度区以竖向地震作用为主的组合内力可能对结构产生更加不利的影响。

此外，现行国家标准《建筑抗震设计规范》GB 50011和现行行业标准《高层建筑混凝土结构技术规程》JGJ 3中对大跨度和长悬臂结构定义稍有不同：国家标准《建筑抗震设计规范》GB 50011—2010第5.1.1条的条文说明：“关于大跨度和长悬臂结构，根据我国大陆和台湾地区地震的经验，9度和9度以上时，跨度大于18m的屋架、1.5m以上的悬挑阳台和走廊等震害严重甚至倒塌；8度时，跨度大于24m的屋架、2m以上的悬挑阳台和走廊震害严重"，另外在表6.1.2现浇钢筋混凝土房屋的抗震等级的注3对大跨度框架定义："大跨度框架指跨度不小于18m的框架"；行业标准《高层建筑混凝土结构技术规程》JGJ 3—2010第4.3.2条的条文说明："大跨度指跨度大于24m的楼盖、跨度大于8m的转换结构、悬挑长度大于2m的悬挑结构"。本条取其严格者。

5.1.28 无地下室的高层建筑，宜按罕遇地震验算上部结构的整体抗倾覆稳定和地基的抗剪切滑移稳定。

【条文说明】行业标准《高层建筑混凝土结构技术规程》JGJ 3—2010第12.1.7要求"在重力荷载与水平荷载标准值或重力荷载代表值与多遇地震作用标准值共同作用下，高宽比大于4的高层建筑，基础底面不宜出现零应力区；高宽比不大于4的高层建筑，基础底面与地基之间零应力区面积不应超过基础底面积的15%。"按基底反力线性分布、上部结构刚性、地基基础刚性的假定条件，可得到抗倾覆安全系数k（$k=M_{抗}/M_{倾}$）与零压应力区百分比p（p=零压应力区宽度/基础全宽）的关系：$k=3/(2p+1)$，即$p=0$时，$k=3$；$p=15\%$时，$k=2.308$；$p=50\%$时，$k=1.5$。但是，即使满足上述"基础底面不宜出现零应力区"，即$p=0$时，$k=3$的要求，也不一定就能满足"大震不倒"的设防目标。因为根据工程的罕遇地震下弹塑性时程分析结果可知，罕遇与多遇地震下剪力或弯矩的比值一般为规范的罕遇与多遇地震的地震影响系数比值的80%～50%（这相当于罕遇地震时结构刚度减小为原结构的60%～20%），其值与上部结构的塑性损伤程度密切相关。同时，这个比值也可以看作是上部结构按多遇地震作用计算来满足"大震不倒"设防目标所需要的抗倾覆安全系数k的下限，如表5.1.28所示。可见，绝大多数情况下这个下限均大于3，对6、7度低烈度区和低塑性损伤情况（$0.8\alpha_{大max}/\alpha_{小max}$）更是远大于3。

罕遇与多遇地震下地震影响系数比值及罕遇与多遇地震下剪力或弯矩的比值

表5.1.28

设防烈度	6	7	7.5	8	8.5	9
规范$\alpha_{大max}/\alpha_{小max}$比值	7	6.25	6	5.625	5	4.375
低塑性损伤时罕遇与多遇地震下剪力或弯矩的比值	5.6	5	4.8	4.5	4	3.5
高塑性损伤时罕遇与多遇地震下剪力或弯矩的比值	3.5	3.125	3	2.81	2.5	2.19

应注意，行业标准《高层建筑混凝土结构技术规程》JGJ 3—2010中以上规定是建立在第12.1.8条，即基础的埋置深度宜取1/15～1/18建筑高度基础上的。对于满足埋深要求及基坑回填土质量得到保证的高层建筑，考虑上部结构罕遇地震塑性发展周期增长产生的地震作用降低，以及基础埋深范围内的一定数量被动土压力产生的附加抗倾覆力矩，专家估计建筑抗倾覆和地基稳定性按规范可能是没问题的，但也宜通过计算分析确定。

对于不满足基础埋深要求的高层建筑，显然用超越概率如此高（50年内的超越概率达63.2%）的多遇地震作用计算出来的安全系数是令人怀疑的，不符合罕遇地震下的整体倾覆稳定要求，也不能真实地反映地基基础地震时的安全度。采用罕遇地震等效弹性分析最大底部弯矩标准值计算上部结构的整体抗倾覆稳定是目前可接受的比较计算方法，此时，罕遇地震作用下对应的地基内摩擦角和黏聚力应取极限值。若为基岩地基，上部结构抗倾覆安全系数$k\geqslant1.0$，若为中软土地基，k值应适当从严。

对地基基础抗震性能的了解程度远不如上部结构，地基基础抗震设计比上部结构抗震设计要粗糙得多、原始得多。考察地基基础震害难度很大，通常采用开挖、钻探、试验等方法，需要耗费大量人力、经费和时间，远不如考察上部结构震害直观和方便，因而难以大量进行；地基基础的抗震验算，仍普遍采用“拟静力法”，其理论基础、对待动力特点的考虑程度都与上部结构的抗震理论有较大的差距；地基基础震害经验也具有局限性，大多数是根据低层建筑和单层厂房等震害总结出来的，高层建筑的地基基础缺乏强震案例和实践经验，所以现行规范对高层建筑地基基础抗震设计的规定也不完善。

水平荷载作用下地基整体稳定性验算可按平面问题考虑，采用罕遇地震下的等效弹性分析最大底部弯矩和剪力值，根据极限平衡理论的圆弧滑动分条法进行分析，应用相关软件建模，计算最不利滑动面及最小的整体稳定安全系数 $k(k\geqslant 1.0)$。

5.1.29 多高层结构房屋计算时，为考虑高阶振型对建筑的不利影响，有效质量参与系数宜尽量接近100%；对有局部突出屋面的楼电梯间及悬挑构件等的多高层结构计算时，有效质量参与系数应接近100%。

【条文说明】震害表明，局部突出屋面楼、电梯间、构架等的震害远大于下部结构，高阶振型影响明显。底部剪力法是通过局部放大顶部水平地震作用加以考虑；按振型分解反应谱法计算水平地震作用时，应通过增加计算振型数使局部突出结构的振型反应被考虑进去；按振型分解反应谱法计算竖向地震作用时，分析模型也应包括竖向振动的质量和振型，以保证分析结果能反映结构的竖向振动反应。所取振型数应包含局部突出结构和悬挑等结构竖向振动的模态。

5.1.30 结构内力、配筋和位移计算时不宜采用刚性楼板假定，宜按楼板的实际面内外刚度确定计算模型。

【条文说明】刚性楼板假定是在20世纪六七十年代计算机性能不足时提出来的近似假定，在摩尔定律下计算机发展到今天，计算机性能与当时已不可同日而语，在计算机耗时已完全可接受的情况下，应尽量少作假定，采用与实际受力一致的计算模型。刚性楼板假定可在规则结构位移比时采用，在内力和配筋计算时不应采用。

5.1.31 对多塔楼结构，宜按整体模型和各分塔模型分别计算，并按其包络进行设计。

5.1.32 电梯间、楼梯间或设备管井等剪力墙围合的楼板洞口可否视为非开洞楼板，应分析其对整体结构的影响，并根据结构受力对洞口周边墙和楼板的刚度需求综合分析确定。

5.1.33 采取连梁刚度折减系数对刚度进行折减时，应针对不同计算内容，采取不同的系数。多遇地震作用下，折减系数不宜小于0.5，并应控制折减和不折减时的楼层剪力或基底剪力相当（相差不超过10%）。设防地震作用下构件承载力校核时，折减系数不宜小于0.3；罕遇地震作用下构件承载力校核时，折减系数不宜小于0.1。计算结构在多遇地震下的水平位移和风荷载舒适性加速度时，连梁刚度可不折减。连梁设计控制工况为竖向荷载作用和风荷载作用工况时，不宜折减。

【条文说明】连梁在剪力墙结构体系中所起的作用包括刚度和延性或耗能，而延性或耗能更重要些。在结构方案阶段，应尽量使剪力墙和连梁布置合理，避免为防止连梁超筋而对其刚度进行折减。连梁刚度是否可以折减，应视折减后结构的整体计算指标（基底剪力、层间位移角等）是否满足规范要求和上述不同的设计内容而确定，即应根据连梁在水平抗侧体系中的作用和结构抗震设计基本概念而定。比如：对结构周期、各层地震作用、结构底部总剪力、结构位移等整体结构指标计算时不宜折减，因为在“小震不坏”目标下，这类指标均不会改变，也不宜改变；连梁设计控制工况为（竖向荷载作用和风荷载作用）非地震工况时，也不宜折减；计算连梁配筋时，剪力设计值不宜折减、弯矩设计值可折减；为实现“强墙弱连梁”，设计与连梁相连墙肢时，其内力应取折减与不折减二者的较大值，“强墙弱连梁”的抗震原则在现行规范中尚未有具体规定，当连梁跨高比较小或墙肢截面高度较小时，应注意采取加强措施，使设计符合“强墙弱连梁”的基本原则。条文中折减系数 0.3 和 0.1，是等效弹性反应谱分析法分层或分段设置连梁折减系数中的最小值，对整体设置一个折减系数时，其值应根据结构整体塑性发展程度适当调大，例如设防地震下取 0.4～0.5，罕遇地震下取 0.2～0.4。

5.1.34 在进行框架内力和位移计算时，宜按不同需求，区分是否考虑楼板的翼缘作用。

【条文说明】楼板的翼缘作用（与杆系计算分析模型差异），对抗震不同内力和不同类型构件的配筋的影响是不同的，应区分其有利和不利影响。例如：计算地震作用、结构整体指标和侧移时宜考虑其影响；由于柱端弯矩设计值是按梁端实际配筋对应的弯矩（一级框架结构及 9 度时的框架）或梁端组合弯矩设计值（其他情况）之和放大得到，为形成“强柱弱梁”，计算柱内力（弯矩、剪力）和配筋（纵向钢筋、箍筋）时宜考虑其影响，计算梁弯矩和受弯配筋时不宜考虑其影响；为实现框架梁的“强剪弱弯”，计算梁剪力和受剪箍筋时宜考虑其影响。但同时，应注意到是否考虑楼板的翼缘作用，也将影响竖向荷载在梁柱之间的因相对刚度比变化产生的不同弯矩及剪力分配，因而影响到梁柱的实际配筋等。设计者应根据具体情况区分处置，建议墙柱纵向钢筋、箍筋，梁下部纵向钢筋、梁箍筋宜按包络设计；梁支座纵向钢筋可按不考虑其作用设计。

5.1.35 计算建筑物高宽比时，可采用各方向的楼板等效宽度。

【条文说明】楼板典型宽度是指所计算方向竖向构件最外缘间的楼板总宽度（包括内部洞口）；楼板有效宽度是指所计算方向上，不小于 2m 宽楼板的楼板的总宽度。楼板等效宽度是指楼层平面最小回转半径的 3.5 倍。

5.1.36 对混凝土楼盖应按下述使用功能要求，进行竖向自振频率验算：住宅和公寓不宜低于 5Hz，办公和旅馆不宜低于 4Hz，大跨度公共建筑不宜低于 3Hz。竖向振动加速度不应超过行业标准《高层建筑混凝土结构技术规程》JGJ 3—2010 表 3.7.7 的限值。

【条文说明】上述楼盖竖向自振频率的要求按现行国家标准《混凝土结构设计规范》GB 50010 采用。楼盖结构舒适度验算步骤如下：

1. 根据结构基本频率值 f 初步判别是否需要作舒适度验算，如大跨度楼盖结构基频小于 3Hz 时，可采用时程分析法进行舒适度验算。

2. 合理简化结构有限元模型，进行结构基本动力特性分析。计算模型应注意与常规承载力模型的区别：如刚度应考虑混凝土弹性模量的提高（弹性模量应乘以 1.35 以反映动载作用下混凝土弹性模量的提高）、混凝土楼板形成的组合梁刚度、铰接钢梁螺栓连接的实际刚性等（通常按刚接考虑），有可靠依据时结构刚度尚可考虑建筑面层的影响；质量源应考虑实际的恒载及有效分布荷载；阻尼比按行业标准《高层建筑混凝土结构技术规程》JGJ 3—2010 附录 A 中 A.0.2 取值，有节奏运动时取 0.06。

3. 根据建筑使用功能确定人（或人群）的活动状态、动力荷载的取值，此时需要考虑是单人激振、人群非一致活动还是人群有节奏运动等。

4. 根据模态振动特点，确定人行荷载的分布位置，通常将人行荷载布置在最大模态位移处（或其附近）。

5. 在有限元模型中施加人致动力荷载进行时程分析，提取典型位置点的竖向振动加速度峰值 a，与对应情况的加速度限值作比较（单人激振用于舒适度评价时尚需乘以折减系数 R，主要是考虑到在人行进过程中，共振不能达到稳态，行走的人和感受振动的人不能同时处在模态位移最大位置。对于有双向模态的楼板，折减系数 R 取 0.5，对于天桥等单向结构折减系数 R 取 0.7）。若不满足舒适度要求则应增大楼盖结构刚度或采取结构振动控制措施（如 TMD 振动控制），并重新验算楼盖结构舒适度。

5.1.37　高宽比超过现行行业标准《高层建筑混凝土结构技术规程》JGJ 3 较多的结构中，剪力墙底部加强区和位于建筑平面边缘的框架柱的轴压比宜较规范限值降低 0.1。

5.1.38　高度超过 B 级的超高层结构，剪力墙约束边缘构件的范围宜沿竖向延伸至轴压比小于 0.25 部位（一级抗震等级）、0.3 的部位（二级抗震等级）。

5.1.39　房屋高度不小于 150m 的高层混凝土结构及混合结构，应满足行业标准《高层建筑混凝土结构技术规程》JGJ 3—2010 表 3.7.6 的规定的风振舒适度要求。

5.1.40　钢筋混凝土悬挑构件应从严控制上部裂缝宽度，其值不宜大于 0.2mm。并特别注意防水，定期检查并及时更换防水材料。悬挑板同时沿板边方向、凹角部位上下表面宜加配防裂构造钢筋，配筋率均不宜小于 0.15%，间距不宜大于 150mm。板厚不小于 150mm 时，板端宜设 U 形构造筋与板上、下钢筋搭接，也可采用板上、下筋向板底、顶弯折搭接的形式。

【条文说明】1. 悬挑构件为静定结构，不能进行内力重分布，钢筋锈蚀将严重影响结构安全和耐久性；2. 混凝土的收缩徐变将增大裂缝宽度；3. 钢筋混凝土悬挑构件上部裂缝易受潮湿环境影响；因此设计者应从严控制上部裂缝宽度。悬挑板除发生悬挑根部板顶裂缝外，由于沿板纵向构造配筋不足不当等原因，常会出现沿悬挑方向的温度或混凝土收缩裂缝，影响建筑美观和结构耐久性。板厚较大时还可能产生端部裂缝，应配置构造配筋。悬挑板根部要特别注意防水要求，注意检查并及时更换防水材料。

5.1.41　梁的常用高跨比见表 5.1.41-1，板的常用最小厚跨比见表 5.1.41-2。

梁的常用高跨比　　**表 5.1.41-1**

分　类	梁高跨比
简支梁	1/12～1/16
连续梁	1/12～1/20
单向密肋梁	1/18～1/22
井字梁	1/15～1/20
悬挑梁	1/5～1/8
转换梁	1/6～1/8

注：1. 井字梁、单向密肋梁的跨度不宜大于 30m；
2. 双向密肋梁的梁高可适当减小；
3. 梁荷载较大时梁高取大值并复核裂缝宽度和挠度值（可考虑受压现浇板的影响并可扣减预拱值）；
4. 当梁跨度大于 18m 或荷载较大时宜采用钢梁或预应力梁，当梁高受限时可采用钢梁或预应力梁。

板的常用最小厚跨比　　　　表 5.1.41-2

支座	板的类型				
	单向板	双向板	悬挑板	无梁楼盖	
				无柱帽	有柱帽
简支	1/30	1/40	—	1/30～1/35	1/32～1/40
连续	1/40	1/50	1/12		

注：1. 当需要敷设电线管时，板厚不宜小于 110mm；
2. 双向板跨度不宜大于 8.5m；
3. 双向板两个方向边长之比不等于 1 时，板厚宜适当增加；
4. 跨度大于 4m 或板荷载较大时，板厚宜适当增加；
5. 板厚尚应满足防火要求。

5.1.42 钢筋混凝土剪力墙端部的计算配筋，不宜均匀配置在边缘构件中，不应均布配置在整个墙中，应配置在计算所取截面的有效高度处，以保证构件安全。

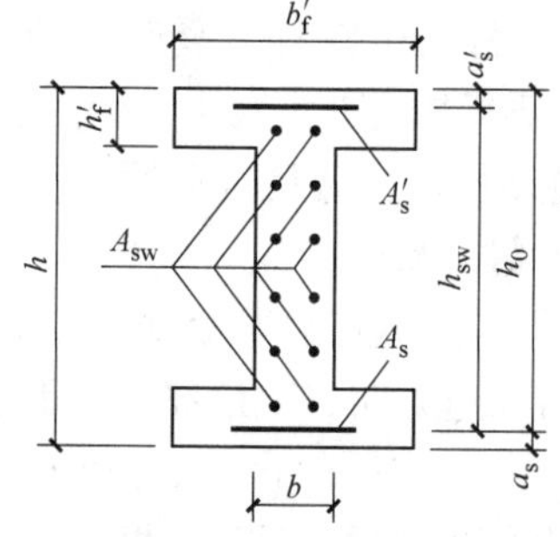

图 5.1.42　沿截面腹板均匀配筋的工字形正截面

【条文说明】沿腹板均匀配筋的矩形、T 形、工字形偏心受压剪力墙，墙肢的正截面偏心受压承载力应按图 5.1.42 进行计算；结构分析软件 PKPM 对于墙肢长度小于墙厚的 3 倍或一字形墙截面长度≤800mm 的剪力墙，按柱计算配筋。计算配筋 A_s 应配置在计算所取的截面有效高度 h_0 处。若 A_s 均布配置在边缘构件中，会使实际 h_0 小于计算采用的 h_0；若 A_s 均布配置在整个墙中，不仅会使实际 h_0 远小于计算采用的 h_0，而且用计算结果 A_s 替代了计算已预先考虑其作用的 A_{sw}，使其更不安全。

5.1.43 结构设计中应考虑填充墙对主体结构的影响，并应按本措施第 14 章要求采取相应的加强措施。对高大空间的填充墙应进行强度和稳定性计算。

砌体填充墙高度超过 4m（设防类别为甲、乙类的建筑人流通道和楼梯间的墙高超过 3m）时，墙体宜设置与柱连接且沿墙全长贯通的现浇钢筋混凝土配筋带，其竖向间距不宜大于 2m。人流通道和楼梯间填充墙应设置间距不大于层高且不大于 2m 的钢筋混凝土构造柱，尚应采用双面钢丝网砂浆面层加强墙体。

【条文说明】填充墙的存在将增加结构刚度、增大地震作用，在平面、竖向的不均匀布置将产生扭转或竖向刚度突变、或形成窗间短柱等，计算、设计和构造时应充分考虑其不利影响。高大空间的填充墙若按一般构造要求设计会存在强度和稳定的安全隐患，设计者应对其进行形式和构造的设计、计算。详见本措施第 14 章。

学校、医院、养老院等重要建筑的疏散通道狭长，人流集中、疏散缓慢，其层高往往在 3.6m～4.5m 之间，减去梁板高度后，填充墙高度一般小于 4m，按相关规范均可不设现浇配筋带。但实际震害表明，罕遇地震下填充墙倒塌是造成人员伤害的重要因素。因此，对设防类别为甲、乙类的建筑墙高超过 3m 时，墙体宜设置与柱连接且沿墙全长贯通的现浇钢筋混凝土配筋带。

5.1.44 受力钢筋的连接接头宜设置在构件受力较小部位，宜避开梁端、柱端箍筋加密区范围，当无法避开时，应采用性能等级为Ⅰ级的机械连接接头，且钢筋接头面积百分率不应超过50%。

5.1.45 钢筋连接可采用机械连接、绑扎搭接或焊接。当受拉钢筋直径大于20mm、受压钢筋直径大于22mm时，不宜采用绑扎搭接接头。位于同一连接区段内的受拉钢筋接头面积百分率不宜超过50%。

【条文说明】焊接连接质量受现场施工环境和人为因素影响较大，因此，现场连接钢筋的连接方式选用顺序是机械连接、绑扎搭接、焊接。随着高强度钢筋的进一步应用，其搭接连接、锚固所需长度将越来越长，采用机械连接和机械锚固，可较好地解决这类问题，因此本措施比现行规范减小了应用机械连接的钢筋起始直径。

5.1.46 纵向受力钢筋采用绑扎搭接时，搭接长度范围内应设置箍筋，其直径不应小于搭接钢筋较大直径的1/4。当钢筋受拉时，箍筋间距不应大于搭接钢筋较小直径的5倍，且不应大于100mm；当钢筋受压时，箍筋间距不应大于搭接钢筋较小直径的10倍，且不应大于200mm。当受压钢筋直径大于25mm时，尚应在搭接接头两个端面外100mm的范围内各设置两道箍筋。

5.1.47 梁的抗扭腰筋、超长钢筋混凝土结构中梁腰筋及梁上部受拉的架立筋应按受拉锚固构造。腰筋间的拉筋间距可取2倍箍筋间距，直径可比箍筋小1～2级，且不小于6mm。

5.1.48 次梁与主梁相交，次梁按铰接设计时，次梁梁端上部钢筋不应小于跨中下部钢筋的1/4，且应按受拉锚固，同时应加强主梁的抗扭设计。

【条文说明】钢筋混凝土次梁一般宜按刚接计算和构造支座，只有当梁跨小荷载轻时方可按铰接设计。尽管次梁端部整体计算按铰接处理，但次梁端实际上仍存在一定的弯矩，为控制次梁端的裂缝宽度，次梁端顶面仍需配有一定数量的构造钢筋，相应地会对主梁产生扭矩，此时可根据次梁端部顶面实配负筋反算其实际极限弯矩，然后将该弯矩作为作用于主梁的扭矩验算主梁的受扭承载力。

5.1.49 梁与墙平面外刚接时，梁纵向钢筋锚固宜符合下列要求：

1. 当剪力墙另一侧有楼板时，梁纵向钢筋宜直接锚入墙后板内。梁纵向钢筋在板内的锚固范围内应配置横向构造钢筋，详见图5.1.49（*a*）。

【条文说明】构造要求参考国家标准《混凝土结构设计规范》GB 50010—2010第8.3.1条第3款的要求。

2. 当单片剪力墙或核心筒剪力墙较薄（不大于300mm）时，宜设置边框梁，将梁纵向钢筋从边框梁主筋下部锚入，详见图5.1.49（*b*）。当无条件设置时，可设置暗梁。

3. 将楼面梁伸出墙面形成梁头或将墙局部加厚，详见图5.1.49（*c*）、（*d*）。

4. 当钢筋满足锚固要求时，梁端可按固结设计；否则，宜按铰接设计，并配置控制裂缝宽度的构造钢筋。

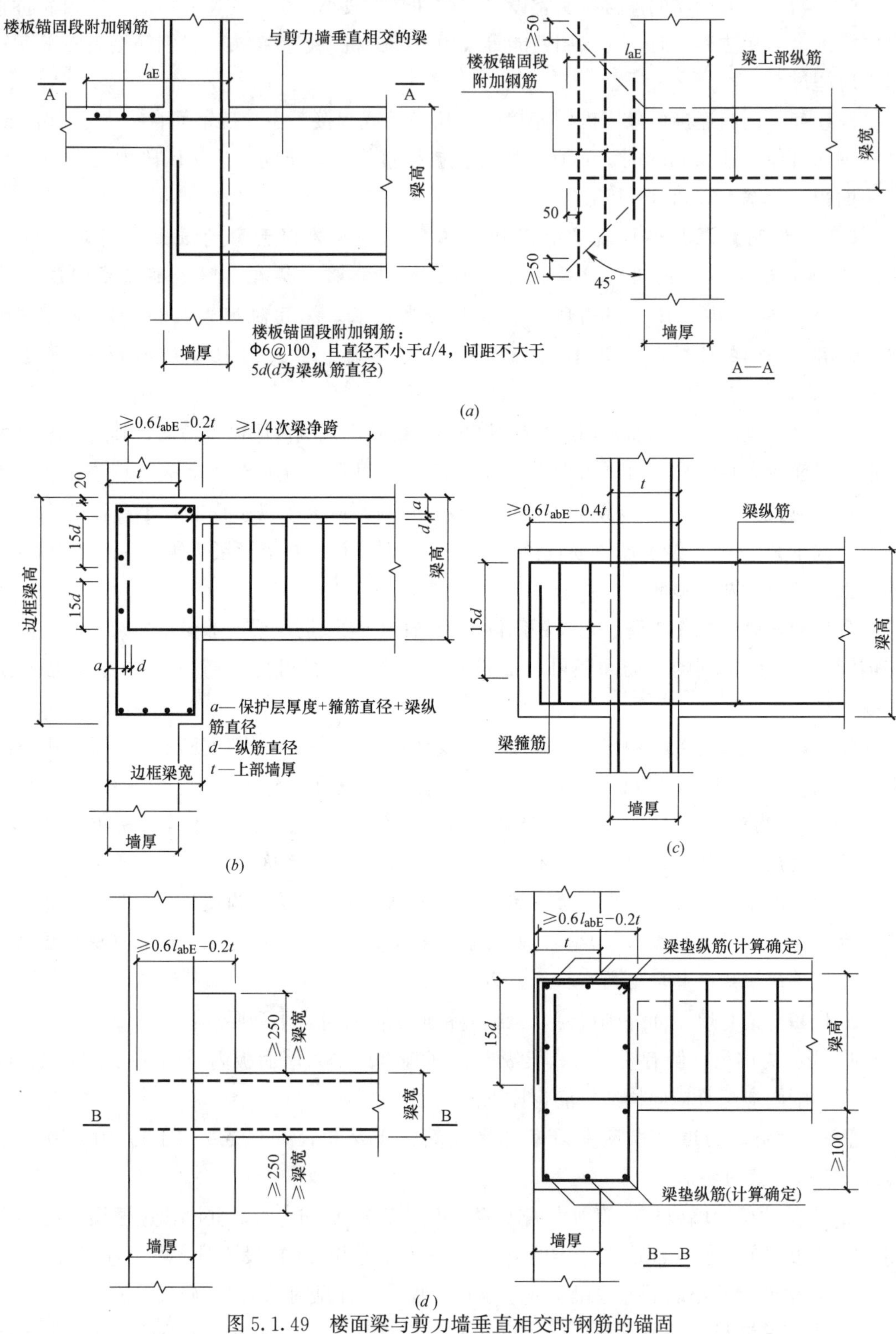

图 5.1.49　楼面梁与剪力墙垂直相交时钢筋的锚固

(*a*) 楼面梁钢筋在楼板内的锚固；(*b*) 梁筋在剪力墙边框梁内的钢筋锚固；

(*c*) 梁伸出墙面的钢筋锚固；(*d*) 梁头在剪力墙梁垫处的钢筋锚固

【条文说明】梁端宜采用小直径钢筋，如直径为 10mm、12mm 的钢筋，可以满足规范要求的平直段锚固长度。有限元分析结果表明，梁纵向钢筋配置小直径钢筋且将一部分梁纵向钢筋配置到板内时，对节点区锚固和承载能力没有明显影响，梁纵向钢筋屈服时的荷载略有降低，抵抗变形的能力没有差别，但梁筋屈服时，剪力墙墙身的损伤要轻微得多。

梁与墙垂直相交时的其他设计建议：

1. 工程设计中，当采用边框梁、设梁垫、设梁头这三种构造措施时，可按刚接设计。

2. 当采用暗梁加强措施，且梁两侧有楼板时，可按刚接设计，当剪力墙另一侧有楼板时，应优先考虑将梁上部纵向钢筋锚入另一侧楼板内。

3. 当剪力墙另一侧无楼板以及梁两侧无楼板，且无法采取其他加强措施时，建议梁端按铰接设计，梁上、下弯矩钢筋应尽量用小直径钢筋，200mm 墙厚时，直径不宜大于 12mm。

4. 梁较高（梁高大于 2.5 倍墙厚）时宜优先采用铰接构造。

5.1.50 当剪力墙或核心筒墙肢与其平面外相交的楼面梁刚接时，可沿楼面梁轴线方向设置与梁相连的剪力墙、扶壁柱、墙垛或在墙内设置暗柱，并应符合下列规定：

1. 设置沿楼面梁轴线方向与梁相连的剪力墙时，墙的厚度不宜小于梁的截面宽度。

2. 设置扶壁柱时，其截面宽度不应小于梁宽，其截面高度可计入墙厚。

3. 当梁跨度较小时，墙内可设置暗柱，暗柱的截面高度可取墙的厚度，暗柱的截面宽度可取梁宽加 2 倍墙厚。

4. 应通过计算确定暗柱或扶壁柱的纵向钢筋（或型钢），纵向钢筋的总配筋率不宜小于行业标准《高层建筑混凝土结构技术规程》JGJ 3—2010 表 7.1.6 的相关规定。

5. 楼面梁的水平钢筋应伸入剪力墙或扶壁柱，伸入长度应符合钢筋锚固要求。钢筋锚固段的水平投影长度不宜小于 $0.4l_{abE}$，也可采取其他可靠的锚固措施（参见本措施第 5.1.40 条）。

6. 暗柱或扶壁柱应设置箍筋，箍筋直径，一、二、三级时不应小于 8mm，四级时不应小于 6mm，且均不应小于纵向钢筋直径的 1/4；箍筋间距，一、二、三级时不应大于 150mm，四级时不应大于 200mm。

5.1.51 多层房屋女儿墙高度大于 900mm 宜采用钢筋混凝土；临街面、出入口及两侧各 3m 宽范围应采用钢筋混凝土女儿墙；高层房屋应采用钢筋混凝土女儿墙；其配筋应满足抗震要求。现浇女儿墙较长（长度大于 9m）时，宜间隔一段距离（6m～9m）设置竖向裂缝诱导凹槽。

5.1.52 钢筋混凝土构件或节点中钢筋较密时，可采用并筋的配置形式，其计算和构造应符合现行国家标准《混凝土结构设计规范》GB 50010 的相关规定。

5.1.53 当锚固钢筋的保护层厚度不大于 $5d$（d 为锚固钢筋直径）时，锚固长度范围内应配置横向构造钢筋（箍筋），其直径不应小于 $d/4$，其间距对梁、柱、斜杆等构件不应大于 $5d$，对板、墙等平面构件不应大于 $10d$，且均不应大于 100mm。

5.1.54 住宅局部升降板楼板的设计应满足下列要求：

1. 当楼板中局部升降板高度不超过板厚时，楼板计算可不考虑升降板的影响，按平板设计，构造见图 5.1.54（a）。

2. 当局部升降板高度超过板厚但不大于400mm时，楼板承载力计算仍可按平板计算，配筋按折板配置，升降板周边板肋内适当配置加强钢筋。构造见图5.1.54（*b*）。升降板板边界上有集中荷载作用时，应在弯折处沿板跨方向通长配置加强配筋。

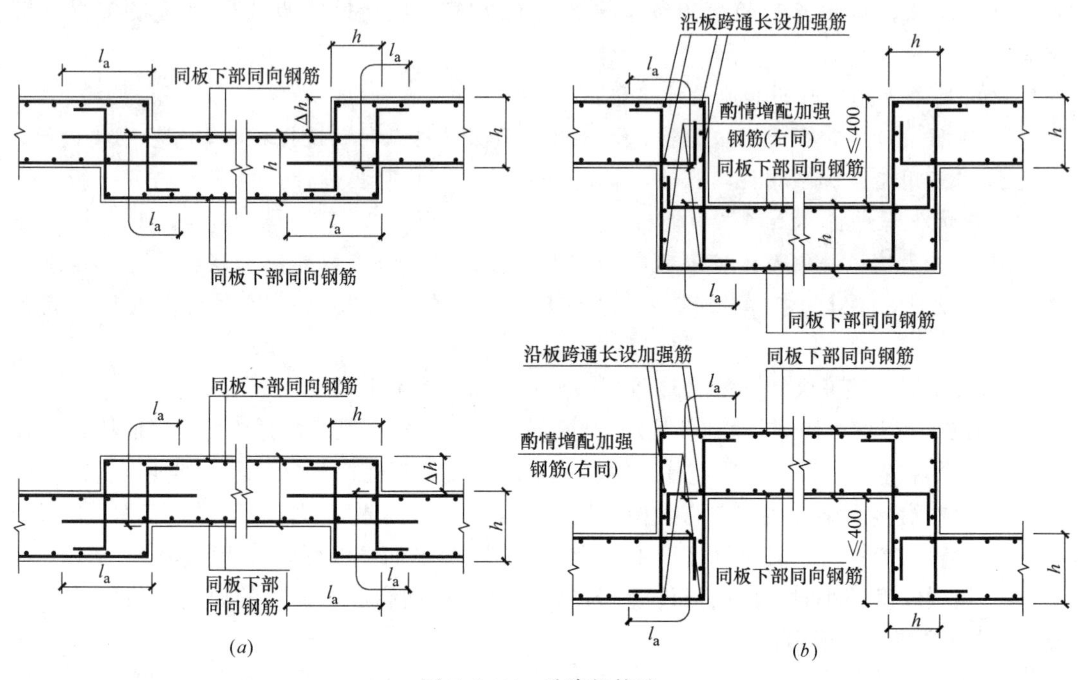

图5.1.54　升降板构造

5.2　框架结构

5.2.1　普通钢筋混凝土框架结构合理适用高度：6度不宜超过24m、7度不宜超过21m、8度不宜超过18m，9度区不宜采用框架结构。

【条文说明】现行国家标准《建筑抗震设计规范》GB 50011中框架结构的适用高度因考虑石化厂房的需要而定得较高。实际工程中，不宜设计较高的框架结构，其原因如下：

1. 震害表明，框架结构侧向刚度弱、主体和附属构件破坏严重、修复代价大、有现浇板的框架结构难以实现“强柱弱梁”的延性框架耗能机制、破坏大多呈柱铰机制、防线单一、易于倒塌。因此，若框架结构建得过高既不安全也不经济。

2. 研究表明，按现行规范设计的6、7度区的框架结构抗倒塌能力低于8、9度的框架结构。

3. 由于地震预测预报的严重不确定性，使地震动参数区划图中的6、7度区建筑更容易遭受其对应的罕遇地震甚至巨震的破坏，因此，6、7度区框架结构应更加严格控制其适用高度。

对较高建筑宜优先采用双重或多重抗力结构体系，如框架-剪力墙结构、框架-支撑结构等。对医院、学校、养老院、剧场、体育馆等人流集中，震害社会影响大的甲、乙类建筑，应优先采用减隔震技术、双重或多重抗力结构体系。

当采用减隔震设计时，上述结构高度可适当增加。

5.2.2 对抗震设防类别为甲、乙类的框架结构和建于设防烈度8、9度地区的框架结构宜优先采用隔震或消能减震技术，减小地震作用或改善耗能机制。

5.2.3 框架结构应设计成双向梁柱刚架体系；框架结构的梁、柱中心线宜重合，否则应计入偏心的影响，并应复核梁柱节点核心区受剪承载力。不满足要求时，应采取水平加腋等加强措施。

5.2.4 甲、乙类建筑以及高度大于15m的丙类建筑，不应采用单跨框架结构；高度不大于15m的丙类建筑不宜采用单跨框架结构。当使用或工艺无法避免时，可设置支撑、柱翼墙或少量剪力墙，并宜按抗震性能化设计方法进行设计分析和论证。

【条文说明】单跨框架结构是指整栋建筑全部或绝大部分采用单跨框架的结构，不包括仅局部为单跨框架的框架结构。所谓局部单跨框架是指在规定水平力作用下结构底部单跨框架部分承受的地震倾覆力矩与结构总地震倾覆力矩的比值不大于30%。其他情况应根据具体情形进行分析判断。当使用或工艺无法避免单跨框架时，宜按抗震性能化设计方法进行专门分析论证和设计。

5.2.5 高层混凝土结构应设计成双向抗侧力体系；多层建筑采用排架等单向抗侧体系时，应参照《建筑抗震设计规范》GB 50011第9章“单层钢筋混凝土柱厂房”与第10章“空旷房屋和大跨屋盖建筑”抗震的有关规定和抗震措施执行。

5.2.6 框架柱竖向荷载组合轴力设计值的轴压比不宜大于0.8。

【条文说明】考虑1.3恒+1.5活的组合下，在活荷载较大情况时，竖向荷载组合轴力设计值的轴压比可能会大于1.0，这对抗震极为不利，也会增大柱用钢量。因此，提出竖向荷载组合轴力设计值的轴压比限值。

5.2.7 层数较少梁跨较大的框架结构宜从严控制轴压比，限值宜比规范要求降低0.05，且柱箍筋加密区最小配箍特征值λ_v宜按规范数值增大0.02采用。对梁跨特别大的框架结构，应对柱的抗弯承载力进行加强，并进行“强剪弱弯”复核。

【条文说明】考虑这类结构梁截面较高柱截面往往较小，难以形成强柱弱梁，应提高柱的抗弯、抗剪承载力和延性要求。

5.2.8 框架结构平面布置宜减少梁柱节点区的梁交汇数量，且应考虑节点混凝土施工质量的可靠性和梁纵向钢筋锚固的有效性对结构安全的影响，以及梁有效高度的减小对梁配筋的影响。节点区主受力梁纵向钢筋放在外侧，必要时可采取改变梁平面布置、增大柱截面尺寸、增设柱帽、纵向钢筋通长设置、加设环梁等措施确保安全。

5.2.9 框架结构中，不应采用部分由砌体墙承重的结构。楼电梯间及局部出屋顶的楼梯间、电梯机房、水箱间等，应采用框架梁柱承重，不应采用砌体墙承重。

5.2.10 框架结构的填充墙或隔墙宜优先选用轻质墙板。砌体填充墙布置应避免出现上下层刚度变化过大、短柱、刚度偏心过大等情况；否则，应考虑其不利影响，并采取针对性措施。对于多层底商住宅，不宜采用框架结构。

5.2.11 框架结构的楼梯设置应尽量减小其对平面规则性的影响，梯梁柱应有足够的抗震能力。梯板宜设计成下端可滑动支座，减小其对主体框架结构的影响，此时梯柱截面不应小于200mm×300mm，配筋按计算确定，且纵筋不应少于6Φ14，箍筋沿全高不应小于Φ10@100。梯板未采用滑动支座时，设计中应考虑其可能对主体结构产生的不利影响，并采取针对性措施，对楼梯构件进行抗震承载力验算。梯板配筋宜双层双向。所有受力钢筋应有足够的抗震锚固长度。

【条文说明】考虑梯板的影响，可能会使楼梯梯梁柱和相邻主体框架的地震作用增大，而其余框架的地震作用相对减小；梯板破坏后，则反之。设计者应按有、无梯板进行包络设计，设计工作量较大，且不易准确反映实际受力状况。因此，要求采用滑动支座的构造措施处理，同时还应对楼梯梯梁、梯柱和相邻主体框架适当加强，以应对滑动面可能出现的阻力而附加的地震剪力。对高大楼梯间的梯柱，应采取特别加强措施。

5.2.12 框架所用材料应符合下列要求：

1. 混凝土的强度等级不应低于C30。

2. 抗震等级为一、二、三级的框架和斜撑构件（含梯段），其纵向受力钢筋采用普通钢筋时，钢筋抗拉强度实测值与屈服强度实测值的比值不应小于1.25。钢筋屈服强度实测值与屈服强度标准值的比值不应大于1.3，且钢筋在最大拉力下的总伸长率实测值不应小于9%。

【条文说明】当楼梯梯段采用可滑动构造时，梯段纵筋可不按上述要求。

5.2.13 当需要以强度等级较高的钢筋替代原设计中的纵向受力钢筋时，应按照钢筋受拉承载力设计值相等的原则换算，并应满足最小配筋率及正常使用极限状态要求。

5.2.14 框架结构整体计算中，宜考虑梁柱节点区刚域的影响，梁端可取刚域端或柱边截面弯矩进行配筋计算。

【条文说明】框架梁的端弯矩一般取至刚域端，但鉴于梁铰远少于柱铰的实际震害现状，为实现“强柱弱梁”目标，框架梁的端弯矩也可取至柱边，此时梁端配筋应满足正常使用极限状态要求。

5.2.15 框架结构在竖向荷载作用下，可考虑梁端塑性发展引起的内力重分布，对梁端负弯矩进行调幅，调幅系数现浇框架可取0.8～0.9、装配整体框架可取0.7～0.8，并应符合下列规定：

1. 框架梁的梁端负弯矩调幅后，梁跨中弯矩应按平衡条件相应增大。

2. 对竖向荷载作用下框架梁的弯矩调幅后，与水平作用产生的框架梁弯矩进行组合。

3. 截面设计时，框架梁跨中截面正弯矩设计值不应小于竖向荷载作用下按简支梁计算的跨中弯矩设计值的50%。

5.2.16 框架柱的截面尺寸宜符合下列要求：

1. 截面的宽度和高度，四级或不超过2层时不宜小于300mm，一、二、三级且超过2层时不宜小于400mm；圆柱的直径，四级或不超过2层时不宜小于350mm，一、二、三级且超过2层时不宜小于450mm。柱剪跨比宜大于2。

2. 柱截面长边与短边的边长比不宜大于3。

3. 异形柱的截面形状可以为L形、T形、Z字形和十字形，截面各肢的高厚比不应大于4，肢厚不应小于200mm，肢高不应小于450mm。异形柱的设计应符合相关规范的规定。

5.2.17 框架柱特别是关键部位的框架柱，其配筋值宜适当增加。框架梁梁端纵向钢筋的计算配筋值不应随意增大。

【条文说明】框架柱是结构的重要承重、抗倒塌构件，其配筋宜适当增加。为形成

“强柱弱梁”的屈服机制，梁支座两侧计算负筋不等时，不宜随意拉通，伸出充分利用截面外的钢筋宜下弯锚固，弯锚进柱内的水平锚固段长度不小于 $0.4l_{abE}$，或弯锚至梁内的水平锚固段长度不小于 $0.6l_{abE}$；梁跨中正钢筋不宜全部锚入柱中，锚入柱中钢筋量不宜大于梁支座下部计算量，否则应复核是否满足“强柱弱梁”要求，跨中多余钢筋量宜在柱外截断，并满足跨中充分利用点的锚固要求。

5.2.18 框架结构可通过提高节点区混凝土强度等级、加大节点区箍筋配置、增强框架梁对梁柱节点区的约束等措施提高梁柱节点核心区受剪承载力。

【条文说明】加大框架梁是增强梁柱节点的约束最有效措施，可直接加大框架梁的截面宽度或在框架梁的端部设置水平加腋。梁柱节点核心区的实际受剪承载力与规范要求相差较小时，可加大节点区箍筋配置、提高节点区混凝土强度等级。梁柱节点核心区的实际受剪承载力与规范要求相差较多或梁柱中线偏心大于柱截面该方向宽度的1/4时，应采取水平加腋措施满足规范对框架梁柱节点核心区的受剪承载力验算要求。此时，计算分析中仍需考虑偏心对梁柱、节点的不利影响。

5.2.19 框架顶层梁截面不宜过小，梁上部纵向钢筋的面积配筋率应不大于 $0.35f_c/f_y$，以防止顶层端节点发生斜压破坏。其中，f_c 为混凝土轴心抗压设计强度设计值；f_y 为钢筋抗拉强度设计值。

【条文说明】对C30混凝土，梁上部纵向钢筋的面积配筋率限值为1.39%（HRB400）、1.22%（HRB500），很容易超限，设计者应特别注意。

5.2.20 剪跨比不大于2但不小于1.5的短柱，纵向钢筋间距不宜大于200mm，柱单侧纵向钢筋配筋率不宜大于1.2%，箍筋直径不宜小于12mm，间距不应大于100mm，体积配箍率不应小于1.2%，并宜设置芯柱；剪跨比不大于1.5的极短柱，纵向钢筋间距不宜大于150mm，箍筋直径不宜小于14mm，间距不应大于100mm，体积配箍率不应小于1.5%，并应设置芯柱或型钢柱。9度时，其体积配箍率最小值尚宜增大0.5%。

跨高比不大于2.5的框架梁，其支座加密区箍筋直径应比规范最小直径加大2mm；跨高比大于2.5但不大于5的框架梁，其支座加密区箍筋直径宜比规范最小直径加大2mm。此时，与框架梁相连的框架柱的箍筋直径应不小于相应框架梁箍筋直径。

【条文说明】设计者应尽量采取措施避免出现短柱特别是极短柱，如增大层高、减小梁高、增设剪力墙或支撑减小柱所受剪力、采用高强混凝土减小截面尺寸等；若不能避免，应特别加强同层长短柱中的短柱和由填充墙所形成的短柱。

跨高比较小的框架梁其受力特性类似于连梁，相对其他框架梁其线刚度较大，对剪切变形较敏感，为防止脆性的剪切破坏，对这类框架有必要增强其延性，因此，对其梁、柱加密区的箍筋提高了抗震构造措施。

5.2.21 当截面边长大于800mm的柱采用复合箍时，中间宜采用小箍、拉筋间隔组合方式，拉筋宜紧靠纵向钢筋并勾住封闭大箍或同时勾住大箍和纵向钢筋，减小大箍的无支承长度。

5.2.22 框架梁柱的纵向钢筋和箍筋除端头外均不应焊接预埋件或连接件，以防钢筋脆断，影响构件延性。

5.2.23 9度框架和一级框架的框架梁纵向钢筋直径不宜大于其在中柱中穿过长度的1/25，其他框架梁纵向钢筋直径不宜大于其在中柱中穿过长度的1/20，以防止锚固滑移破坏。

5.2.24 梁下部纵向钢筋通长穿过梁柱节点后，不应在梁端箍筋加密区内搭接连接。

5.2.25 现浇钢筋混凝土框架梁、柱纵向受力钢筋的连接，应符合下列规定：

1. 框架柱：一、二级全高范围及三、四级的底层，宜采用机械连接接头；三、四级的其他部位，也可采用绑扎搭接或焊接接头；

2. 框支梁、框支柱：应采用机械连接接头；

3. 框架梁：一、二级宜采用机械连接接头，三、四级也可采用绑扎搭接或焊接接头。

5.2.26 顶层框架边角柱宜采用《混凝土结构施工图平面整体表示方法制图规则和构造详图》16G101-1中柱截面不变伸出屋面的构造大样，以加强顶层柱纵向钢筋的锚固。

5.3 剪力墙结构

5.3.1 钢筋混凝土剪力墙结构的最大适用高度宜符合现行行业标准《高层建筑混凝土结构技术规程》JGJ 3的有关要求。超过规程中A级高度限值和有较多短肢墙的剪力墙结构限值时，应进行抗震设防专项设计。

【条文说明】现行行业标准《高层建筑混凝土结构技术规程》JGJ 3中给出的剪力墙最大适用高度是指以剪力墙及相连连梁组成的结构的最大适用高度，其变形特点为弯曲型变形。设计中存在由绝大部分墙肢截面高厚比刚大于8的剪力墙和跨高比较大的框架梁连接剪力墙而形成的结构，这类结构其剪力墙虽多，但当房屋较高时，受力和变形特性接近有较多短肢墙的剪力墙结构或壁式框架结构。当结构高度接近限值时，结构布置宜适当增大墙长尽量避免出现这类结构。若不能避免时，宜按有较多短肢墙的剪力墙结构限值确定其最大适用高度。有部分由跨高比较大的框架梁连接剪力墙而形成的结构，应加强底部加强部位及中部墙体受弯、受剪承载力和延性。此类结构在低烈度地区较易出现，应引起设计者的重视。

对于平面长宽比较大的剪力墙房屋，由于建筑功能的制约，横向结构体系的构成全是剪力墙与连梁，而纵向是部分正常的剪力墙和较多小墙肢或端柱与框架梁，横向变形特征为剪力墙结构，纵向变形则偏于框架或框架-剪力墙结构。对这类建筑，纵向小墙肢应按柱输入的框架-剪力墙结构（框架剪力调整、增强纵向剪力墙的强度和延性）设计，在规定的水平力作用下，结构底层纵向墙肢承受的地震剪力应大于结构总地震剪力的50%，并与原结构包络设计，结构的两个模型静动力特性应接近。这类房屋若再加上高宽比较大，小墙肢拉应力情况突出，则应采取更严格的抗震措施。

5.3.2 剪力墙结构应具有适宜的侧向刚度，其布置应符合下列规定：

1. 平面布置应遵循对齐、均匀、分散、对称、周边的原则，必要时可利用房间窗台设置高连梁以加强刚度。各墙段侧向刚度不宜相差过大。宜沿两个主轴方向或其他方向双向布置，两个方向的侧向刚度不宜相差过大。不应采用仅单向有墙的结构布置。

【条文说明】在结构单元中剪力墙应均匀布置，避免个别墙肢为长墙，其余均为短墙。当个别墙肢较长而其余墙肢较短时，长墙肢承担总地震作用的比例较大，其在超过设防地震的作用下首先发生破坏时，其余墙肢不能起到第二道抗震防线的作用，可能因个别长墙已破坏而其余构件尚未屈服导致结构发生安全问题。对称、周边布置有利于减小结构的扭转影响。应特别注意，当利用房间窗台设置高连梁以增大结构刚度时，应符合"强墙弱梁"的抗震原则，避免过强连梁的出现，导致耗能机制从连梁铰机制变成墙破坏机制，外墙肢短小时应特别注意。

2. 宜自下到上连续布置，避免刚度突变。门窗洞口宜上下对齐、成列布置，形成明确的墙肢和连梁；宜避免造成墙肢宽度相差悬殊的洞口设置；一、二、三级剪力墙的底部加强部位不宜采用上下洞口不对齐的错洞墙，全高均不宜采用洞口局部重叠的叠合错洞墙。

【条文说明】各级剪力墙的底部加强部位均不宜采用上下洞口不对齐的错洞墙，如无法避免错洞墙，应控制错洞墙洞口间的水平距离不小于2m，并在设计时对结构局部进行更细致的补充计算分析，在洞门周边采取有效构造措施。全高均不宜采用洞口局部重叠的叠合错洞墙。当无法避免叠合错洞布置时，应按有限元方法对结构局部进行补充计算分析，并在洞口周边采取加强措施，或在洞口不规则部位采用其他轻质材料填充，将叠合洞门转化为规则洞口。

3. 宜将结构两个方向的剪力墙通过连梁或框架梁连成整体，形成贯穿整个结构宽度或长度的抗震结构，避免独立墙肢或半框架墙肢出现。

【条文说明】这有利于增加结构的整体侧向刚度，从而以较少的剪力墙布置量形成较大侧向刚度，提高结构效能和经济性。

4. 在布置剪力墙时，宜考虑剪力墙连续转折及小墙垛布置对边缘构件的影响，宜多布置L形、T形、十字形墙肢，少布置复杂形状弯折墙肢。不宜采用全部一字形墙的结构。

【条文说明】弯折墙肢易出现多个暗柱，少布置复杂形状转折可减少暗柱数量，避免设置不必要的大暗柱。剪力墙双向对称布置可使结构双向的动力特性相近，截面简单规则、剪力墙拉通对直可提高结构效能和经济性，洞口对齐可使结构受力直接，剪力墙连续布置可避免结构刚度突变，刚度适中可保证结构的经济性。设计剪力墙墙肢时宜按"强墙弱梁"的抗震原则，考虑楼板和上下窗台板的不利影响。由于现行规范和计算软件尚未规定和计入其影响，设计者宜适当增强墙肢的受剪、受弯承载力，以增加结构安全性。在满足刚度的情况下，可将连梁截面高度降低或做成多连梁，连梁宜按墙开洞方式输入，跨高比大于5的梁按框架梁输入。对底部加强部位，重点是加强其受剪承载力，不宜盲目增大受弯承载力，否则将导致剪力墙塑性铰区上移至非约束区段，造成安全隐患。

5. 应避免沿竖向连续多层无楼板约束的单片剪力墙。当无法避免时，应满足现行行业标准《高层建筑混凝土结构技术规程》JGJ 3对墙体稳定验算的规定。

6. 较长的剪力墙宜开设洞口，将其分成侧向刚度较为均匀的若干墙段，墙段之间宜采用连梁连接。每个独立墙段的总高度与长度之比不宜小于3，每个墙段宜设计成有连梁连接的双肢墙或多肢墙，以保证剪力墙的延性。一、二级剪力墙的洞口连梁，跨高比不宜大于5，且梁截面高度不宜小于400mm；实体墙或小开口的墙段，其墙段长度不宜大于 8m。

【条文说明】墙段之间连接连梁的刚度大小，应根据整体结构的刚度需求以及墙段在平面布置中的均匀性确定。当整体刚度较大、该墙段在平面中的相对刚度也较大时，可采用对墙约束弯矩较小的弱连梁连接；否则，不宜采用弱连梁连接。弱连梁的跨高比一般大于 6。

5.3.3 多遇地震下应避免墙肢受拉，设防地震下若出现小偏拉情况，应按本措施第 3 章进行设计。抗震超限结构应按特一级采取抗震构造措施；非抗震超限结构应按提高一级采取抗震构造措施。

5.3.4 短肢剪力墙的设计应符合下列要求：

1. 较长墙肢的截面高度与厚度之比大于 8 的剪力墙，应按普通钢筋混凝土剪力墙进行设计。

2. 截面厚度不大于 300mm 且各肢截面高度与厚度之比的最大值大于 4 但不大于 8 的剪力墙，应按短肢剪力墙进行设计。

【条文说明】当截面高度与厚度之比大于 4 但不大于 8 的墙肢一端与较强的连梁（连梁净跨与连梁截面高度之比 $L_b/h_b \leqslant 2.5$，且连梁高度 $h_b \geqslant 400$mm）相连时，可不作为短肢剪力墙，而认为是联肢墙；对于 L 形、T 形和十字形等形状的剪力墙，只有当每个方向的墙肢截面高度与其厚度之比均为 5～8 时，才视为短肢剪力墙。当墙肢厚度不小于 300mm 时，由于其抗震性能相对较好，即使墙肢截面高度与厚度之比在 5～8 之间，也不应判定为短肢剪力墙。在规定的水平地震作用下，短肢剪力墙承担的倾覆力矩不小于结构底部总倾覆力矩的 30%时，称为具有较多短肢剪力墙的剪力墙结构。

3. 墙肢的截面高度与厚度之比不大于 4 的剪力墙，宜按框架柱进行截面设计。

5.3.5 剪力墙沿竖向截面尺寸和混凝土强度等级宜逐渐减小，截面尺寸和混凝土强度等级不宜在同一层改变，也不宜在同一层改变所有墙的截面尺寸，宜相隔 1～2 层。墙肢长度沿墙高不宜有突变；墙的厚度每次宜减少 50mm～100mm；混凝土强度等级每次只宜减小一至二级。

5.3.6 剪力墙结构中，跨高比小于 5 的连梁的抗震等级应与其所连接的剪力墙相同。跨高比不小于 5 的连梁宜按框架梁设计，不宜按连梁进行刚度折减。

【条文说明】剪力墙结构中，两端与剪力墙在平面内相连的梁，或一端与剪力墙在平面内相连、一端与剪力墙平面外相连的梁可定义为连梁。跨高比小于 5 的连梁的混凝土强度等级宜与剪力墙相同。跨高比不小于 5 的连梁，在平法施工图中应按 LLK 对其编号，以提示施工单位按剪力墙抗震等级施工。跨高比不小于 5 的连梁的混凝土强度等级可根据受力需要、计算设定和施工便利性取为与剪力墙相同或与楼板相同。特别提请注意，当模型中连梁是由墙开洞形成时，连梁的混凝土强度等级应与剪力墙一致，在设计图中应明确规定。

5.3.7 较大跨度的楼、屋面梁不宜支撑在剪力墙连梁上，无法避免时应采取有效措施，保证罕遇地震时该连梁不发生剪切破坏，必要时可在连梁内设置型钢或采取有效的配筋构造做法等。

5.3.8 各墙肢轴压比宜接近，以避免通过连梁或框架梁调整各墙肢的竖向变形差。

【条文说明】各墙肢轴压比相差较多也会增大连梁配筋量或连梁截面，且增加剪力墙的数量及结构自重，因而增加地震力。使每一道剪力墙直接发挥其竖向承载的作用，即可避免通过连梁弯曲剪切变形来调整竖向构件压缩变形差异、使竖向力发生重分布，从而经济有效地保证结构安全。高层建筑重力荷载作用下，结构竖向构件的压缩变形及其徐变变形都与初始压应力成正比，结构竖向构件长期差异变形累积与竖向构件短期弹性压应力水平差异也成正比，控制重力荷载下结构竖向构件短期弹性压应力水平均匀一致，减小竖向构件差异变形，对减小结构构件内耗、长期差异变形和压缩徐变变形，具有重要作用。

5.3.9 当剪力墙混凝土强度等级为C50～C60且墙较长，或顶层外墙等温度应力影响区域较大时，为减少混凝土收缩及温度应力引起的裂缝，应加密加大水平分布钢筋的配置量。

【条文说明】对于高层建筑的顶部、底部剪力墙，加密钢筋间距对限制裂缝宽度有效，建议采用细而密的钢筋布置，钢筋间距不宜超过100mm。当底部层高较高（层高≥5m）时，宜在较长的墙体半层高处增设构造暗梁，以控制墙体裂缝开展。

5.3.10 剪力墙结构计算模型宜与实际结构相符，应综合评估小墙垛在模型中建立与否的得失。

【条文说明】小墙垛超筋或配筋较大的问题普遍存在，给截面配筋设计带来较大困难，此时应判断模型与实际受力是否相符。若较大跨度或较大刚度梁确实在小墙垛中产生较大弯矩，设计中宜增加小墙垛截面并应按计算值配筋。只有小墙垛对受力和配筋几乎不产生影响时方可简化掉；否则，模型中不建小墙垛；其实质是采用与实际受力情况不符的计算模型，掩盖小墙垛实际需要较大配筋甚至于超筋的问题。

5.3.11 高层建筑结构不应全部采用短肢剪力墙；B级高度高层建筑以及抗震设防烈度为9度的A级高度高层建筑，不宜布置短肢剪力墙，不应采用具有较多短肢剪力墙的剪力墙结构。当采用具有较多短肢剪力墙的剪力墙结构时，应符合下列规定：

1. 在规定的水平地震作用下，短肢剪力墙承担的底部倾覆力矩不宜大于结构底部总地震倾覆力矩的50％。

2. 房屋适用高度应比剪力墙结构的最大适用高度适当降低，7度不宜超过100m，8度不宜超过60m，9度不应采用。

3. 各层短肢剪力墙在重力荷载代表值作用下的轴压比，抗震等级为一、二、三、四级时分别不宜大于0.45、0.5、0.55和0.6；对于无翼缘或端柱的一字形短肢剪力墙轴压比限值相应降低0.1。

4. 除底部加强区应按有关规定调整剪力设计值外，其他各层短肢剪力墙的剪力设计值，抗震等级为一、二、三、四级时应分别乘以增大系数1.4、1.2、1.1和1.1。

5. 7度和8度抗震设计时，短肢剪力墙宜设置翼缘。一字形短肢剪力墙平面外不应布置与之单侧相交的楼面梁。

【条文说明】不能避免时，应设置端柱或翼墙并验算剪力墙平面外受弯承载力。

5.3.12 剪力墙底部加强部位的范围，应符合下列规定：

1. 底部加强部位的高度，应从地下室顶板算起。

【条文说明】底部加强部位的高度，宜从接近地坪处算起：有地下室从地下室顶板算起，无地下室从地基梁顶算起，无地基梁则从计算嵌固面算起。底部加强部位的边缘构件宜至少从嵌固端向下延伸一层。

2. 房屋高度不大于24m时，底部加强部位的高度可取底部一层。

【条文说明】对于一般多层剪力墙结构的剪力墙，如果沿用高层剪力墙结构底部加强部位的高度不低于地上二层，会造成剪力墙底部加强部位高度相对偏大，因此底部加强部位可以取至首层顶。

3. 房屋高度大于24m时，底部加强部位的高度可取底部两层和墙体总高度的1/10两者的较大值。

4. 部分框支剪力墙结构底部加强部位的高度宜取至转换层以上两层，且不宜小于房屋高度的1/10。

5. 当结构计算嵌固端位于地下一层底板或以下时，底部加强部位应延伸到计算嵌固端。

6. 对于塔楼中与裙房相连的外围剪力墙，裙房屋面上、下各一层剪力墙宜设置约束边缘构件。

7. 高层建筑体型收进部位上、下各一层的塔楼剪力墙宜设置约束边缘构件。

8. 当以边缘构件代替剪力墙时，边缘构件水平筋应为剪力墙计算水平筋与边缘构件约束箍筋之和（30%可以共用），竖向筋应为结构分析时输入的竖向分布筋配筋率计算得出的面积与各个边缘构件竖筋之和。

【条文说明】一片剪力墙划分边缘构件后，剩下的剪力墙长度太小，合成一个边缘构件画图。此时不应只关注边缘构件计算的水平筋与箍筋，忘记剪力墙自己需要的水平与竖向钢筋。

5.3.13 剪力墙结构中的独立小墙肢，其截面高度不宜小于截面厚度的4倍；其重力荷载代表值作用下的轴压比限值应比短肢剪力墙降低0.05；其底部加强部位纵向钢筋的配筋率不应小于1.2%，一般部位不应小于1.0%，箍筋宜沿墙肢全高加密。当剪力墙结构中仅有个别此类构件时，对此类构件应予加强，但结构最大适用高度等可不降低。独立小墙肢支承的梁，下部纵向钢筋应通长连续配置，不应在小墙肢处截断锚固。必要时考虑小墙肢破坏，相关的楼面梁或连梁仍能承受竖向荷载。

【条文说明】独立小墙肢是指由跨高比大于5的梁连接墙的一端或两端形成的独立短肢剪力墙，其截面高厚比不大于4时，应按异形框架柱进行截面设计。独立小墙肢（包括异形柱）设计轴力宜取其从属面积的重力荷载代表值，设计弯矩宜取设计轴力与此墙肢所在楼层层间位移限值的乘积，并按此弯矩计算墙肢的剪力设计值。当结构中仅有极少数截面高厚比小于4倍墙肢时，宜按异形柱相关要求进行截面设计。应避免将较大跨度的梁支承在独立小墙肢上。应重视小墙肢的“强墙弱梁”的抗震原则。

5.3.14 剪力墙两端和洞口两侧应设置边缘构件，并应符合下列要求：

1. 一、二、三级剪力墙底部加强部位墙肢底截面的轴压比大于行业标准《高层建筑混凝土结构技术规程》JGJ 3—2010表7.2.14的规定值时，以及部分框支剪力墙结构的剪力墙，应设置约束边缘构件，约束边缘构件的高度不应小于底部加强部位及其以上一层的总高度。

2. 一、二、三级剪力墙底层墙肢底截面的轴压比不大于行业标准《高层建筑混凝土结构技术规程》JGJ 3—2010表7.2.14的规定值时，以及四级剪力墙，可按规程规定设置构造边缘构件。

3. 6、7、8、9度区高度分别不低于70、60、50、30m的剪力墙，宜在约束边缘构件层与构造边缘构件层之间设置1～2层过渡层，过渡层边缘构件的箍筋配置要求可低于约束边缘构件的要求，但应高于构造边缘构件的要求。

4. 约束边缘构件应满足相关规范的配筋率、纵向钢筋最小直径和根数的要求。

【条文说明】根据行业标准《高层建筑混凝土结构技术规程》JGJ 3—2010编制组于2015年11月在给四川省土木建筑学会建筑结构学术委员会就现行规范若干问题回复的函件：对于《高层建筑混凝土结构技术规程》JGJ 3—2010第7.2.15条所规定的阴影区最小纵向钢筋，一般包含面积和直径两重含义，其中面积是首要的，直径不是绝对的，可以小一些但不应小于12mm及墙竖向分布筋直径。

5.3.15　剪力墙竖向和水平分布钢筋的配筋率，一、二、三级均不应小于0.25%，四级不应小于0.20%。剪力墙竖向分布钢筋直径不宜小于10mm。

【条文说明】竖向分布筋的配筋率尚不应小于计算输入的配筋率。

5.3.16　连梁的截面设计应满足剪压比要求，不满足时可采取下列措施使其符合要求：

1. 减小连梁截面高度，或在连梁中加水平缝形成双连梁或多连梁，也可适当调整墙肢以加大连梁跨度。

2. 当连梁弯曲裂缝对正常使用无明显影响时，可对部分连梁的刚度进行折减，该部分连梁刚度折减系数不宜小于0.5，但结构底部总剪力不宜降低；且连梁刚度折减后的抗剪设计应满足未折减模型的要求。其余构件按折减后的模型进行设计。连梁折减后的承载能力尚应满足非地震工况组合的内力要求。

3. 连梁除配置箍筋外，尚宜另配置斜向交叉钢筋、对角斜筋或对角斜撑，提高截面剪压比限值。

4. 也可采取在钢筋混凝土连梁中设置型钢或钢板、或直接采用钢连梁等措施。

5.3.17　对跨高比不大于2.5的连梁，除普通箍筋外宜配置斜向交叉钢筋、对角斜筋或对角斜撑。其计算和构造应符合国家标准《混凝土结构设计规范》GB 50010—2010第11.7.10条、第11.7.11条的相关规定。

【条文说明】连梁作为主要的耗能构件，其耗能能力和延性是设计者应当考虑的重要问题。跨高比不大于2.5的普通配箍连梁耗能能力和延性较差，易发生剪压或斜压破坏。此时连梁配置斜向交叉钢筋或对角斜撑，可使其耗能能力和延性大为提高，而采用对角斜撑，其耗能能力和延性更优于前两者。

5.3.18　连梁顶面及底面单侧纵向钢筋的最小、最大配筋率宜符合表5.3.18的规定。

连梁最小、最大配筋率　　**表5.3.18**

<table>
<tr><th>连梁跨高比 L/h_b</th><th>最小配筋率(采用较大值)</th><th>最大配筋率</th></tr>
<tr><td>$L/h_b \leq 0.5$</td><td>0.20，$45f_t/f_y$</td><td>0.6</td></tr>
<tr><td>$0.5 < L/h_b \leq 1.0$</td><td>0.25，$55f_t/f_y$</td><td>0.6</td></tr>
<tr><td>$1.0 < L/h_b \leq 1.5$</td><td>0.25，$55f_t/f_y$</td><td>1.2</td></tr>
<tr><td>$1.5 < L/h_b \leq 2.0$</td><td rowspan="3">0.25，$55f_t/f_y$(三级)
0.30，$65f_t/f_y$(二级)
0.40，$80f_t/f_y$(一级)</td><td>1.2</td></tr>
<tr><td>$2.0 < L/h_b \leq 2.5$</td><td>1.5</td></tr>
<tr><td>$2.5 < L/h_b$</td><td>2.5</td></tr>
</table>

5.3.19 连梁的配筋构造应符合下列规定：

1. 连梁顶面、底面纵向水平钢筋伸入墙肢的长度不应小于 l_{aE}，且不应小于 600mm。

2. 沿连梁全长箍筋的构造应符合框架梁梁端箍筋加密区的箍筋构造要求。

3. 顶层连梁纵向水平钢筋伸入墙肢的长度范围内应配置箍筋，其间距不应大于 150mm，直径应与该连梁的箍筋直径相同。

4. 连梁高度范围内的墙肢水平分布钢筋应在连梁内拉通作为连梁的腰筋。连梁截面高度大于 700mm 时，其两侧面腰筋的直径不应小于 8mm，间距不应大于 200mm；跨高比不大于 2.5 的连梁，其两侧腰筋的总面积配筋率不应小于 0.3%。

5.3.20 B 级高度及 9 度设防的高层剪力墙结构不应在外墙角部的剪力墙上开设转角窗。6、7、8 度时，高层剪力墙结构不宜在外墙角部开设角窗，必须设置时应采取以下加强措施：

1. 洞口应上下对齐，洞口宽度不宜过大，洞边宜设置上下贯通端柱，连梁高度不宜过小，转角梁高度可取上下窗间高度，加厚上下窗台板，组成[形梁，使其与端柱形成一个通过梁抗扭刚度来传递弯矩及剪力的抗侧力结构，并应加强角窗窗台转角连梁的配筋构造，转角连梁的纵向钢筋及腰筋应通长配置。

2. 洞口附近应避免采用短肢剪力墙和单片剪力墙，宜在窗端设置与窗台同宽的端柱，或采用 T 形、L 形、⊏形等带翼墙的墙体，墙厚宜适当加大，应沿墙全高设置约束边缘构件。

3. 结构分析时，应考虑扭转耦联影响，转角梁的负弯矩调幅系数、扭矩折减系数均应取 1.0。

4. 宜提高角窗两侧墙肢的抗震等级，并按提高后的抗震等级控制轴压比。

5. 转角处楼板宜加厚，配筋宜适当加大，并配置双向双层的通长受力钢筋，转角处板内宜设置连接两侧墙体的暗梁。

5.4 框架-剪力墙结构

5.4.1 框架-剪力墙结构的结构布置、计算分析、截面设计及构造要求除应符合本节规定外，尚应符合本措施第 5.1、5.2 和 5.3 节的有关规定。

5.4.2 框架-剪力墙结构应设计成双向抗侧力体系，应沿两主轴方向布置剪力墙。

5.4.3 框架-剪力墙结构中剪力墙的布置宜符合下列要求：

1. 剪力墙宜均匀布置在建筑物的周边附近、楼梯间、电梯间、平面形状变化及恒载较大的部位。剪力墙间距宜符合现行行业标准《高层建筑混凝土结构技术规程》JGJ 3 的有关规定；当剪力墙间距超过要求时，宜将墙间框架柱的抗震等级适当提高。

2. 平面形状凹凸较大时，宜在凸出部分的端部附近布置剪力墙。

3. 纵、横剪力墙宜组成 L 形、T 形和⊏形等形式。

4. 单片剪力墙底部承担的水平剪力不应超过结构底部总水平剪力的 30%。

5. 剪力墙宜贯通建筑物的全高，避免刚度突变；剪力墙开洞时，洞口宜上下对齐。

6. 楼、电梯间等竖井宜尽量与靠近的抗侧力结构结合布置。

7. 剪力墙的布置宜使结构各主轴方向的侧向刚度接近。

5.4.4 少墙框架-剪力墙结构设计应符合下列规定：

1. 少墙框架-剪力墙结构的最大适用高度宜按框架结构采用。

【条文说明】此时，去除剪力墙后结构应满足规范对纯框架结构的位移角限值要求；否则，房屋高度还应适当降低。

2. 少墙框架-剪力墙结构应分别按框架结构和框架-剪力墙结构的计算模型进行分析；框架结构宜分别按有墙、无墙两个模型计算地震剪力，取两者较大值按包络设计配置配筋。

3. 框架部分的抗震等级和轴压比限值应按框架结构采用，剪力墙部分的抗震等级和轴压比限值应按框架-剪力墙结构中抗震墙的要求采用。

【条文说明】《建筑抗震设计规范》GB 50011—2010 第 6.1.3 条第 1 款规定：对少墙框架抗震墙的抗震等级可与其框架的相同；《高层建筑混凝土结构技术规程》JGJ 3—2010 第 8.1.3 条条文说明少墙框架中剪力墙的抗震等级、轴压比按框架-剪力墙结构的规定采用。两本规范略有不同，本措施建议按《建筑抗震设计规范》GB 50011—2010 框架-剪力墙结构中抗震墙的抗震等级和轴压比限值采用，以便多层少墙框架-剪力墙结构考虑剪力墙的不同抗震等级。

4. 少墙框架-剪力墙结构的位移角限值应按框架-剪力墙结构采用，不满足时应进行结构抗震性能分析和论证。

【条文说明】当钢筋混凝土框架结构设置少量钢支撑（含 BRB）时，也宜参照上述对框架的要求进行设计，多遇地震时结构的位移角限值宜按 1/550 采用，罕遇地震时结构的位移角限值宜按 1/50 采用。应考虑钢支撑破坏退出工作后的内力重分布影响，框架应按框架结构和支撑框架结构两种模型地震作用效应的较大值进行设计，对与支撑直接相连的框架梁、柱及连接尚应考虑罕遇地震作用下的极限承载力验算。

5.4.5 框架-剪力墙结构，应根据各层框架部分承受的地震剪力与结构总地震剪力的比值，确定相应的框架剪力调整方法和抗震措施：

1. 比值小于 20%时，按现行规范进行设计。

2. 比值不小于 20%时，宜进行结构罕遇地震弹塑性时程分析，以判断结构抗震性能。

3. 比值不小于 20%时，其框架柱的轴压比限值三、四级不应大于 0.85，二级不应大于 0.8，一级不应大于 0.7；柱箍筋加密区最小配箍特征值 λ_v 应按《建筑抗震设计规范》GB 50011—2010 表 6.3.9 的数值增大 0.02 采用。

4. 比值大于 35%时，框架柱除轴压比和箍筋加密区最小配箍特征值按第 3 款外，抗震等级宜提高一级采用。

【条文说明】存在于纯框架结构和纯剪力墙结构之间的框架-剪力墙结构，在《高层建筑混凝土结构技术规程》JGJ 3—2010 第 8.1.3 条及其条文说明中，根据在规定的水平力作用下结构底层框架部分承受的地震倾覆力矩与结构总地震倾覆力矩的比值确定设计方法，见表 5.4.5-1。按抗规或高规方法计算的底部倾覆力矩比值，应当看成是按层高加权平均的楼层剪力比值，其实质是各层剪力分担的平均比值，用其作为框架、框架-剪力墙结构属性的判断是一种采用统计平均的整体概念判断。而在控制二道防线的框架剪力调整时，是在单一楼层层面上控制各楼层的框架分担的剪力比例。应直接用地震作用标准值下各层框架总剪力与底层结构总剪力的比值。当层高较为均匀时，力矩比值能较好地反映剪力比值。但当层高变化较大时，两种比值的差异变大。其实，将这个所谓底部倾覆力矩比值称为框架平均剪力比值更符合实际，况且它与力学意义上的倾覆力矩概念相去甚远，容易产生误解。

在规定水平力作用下底层框架柱倾覆力矩与结构总倾覆力矩的比值下的各类结构设计要求

表 5.4.5-1

比值		≤10%	>10%~≤50%	>50%~≤80%	>80%
结构类型		少柱剪力墙结构	框架-剪力墙结构	有墙框架结构	少墙框架结构
框架柱平均剪力与平均总剪力的比值		≤10%	>10%~≤50%	>50%~≤80%	>80%
高规规定的适用高度		按框-剪结构	按框-剪结构	可比框架结构适当提高	宜按框架结构
高规规定的计算模型		按框-剪结构	按框-剪结构	按框-剪结构	按框-剪结构
高规规定的抗震等级和轴压比	框架	按框-剪结构	按框-剪结构	宜按框架结构	应按框架结构
	剪力墙	按剪力墙结构	按框-剪结构	按框-剪结构	按框-剪结构
高规规定的位移控制标准		按剪力墙结构	按框-剪结构	按框-剪结构	按框-剪结构

《高层建筑混凝土结构技术规程》JGJ 3—2010 第 8.1.4 条仅对 $V_f<0.2V_0$ 的部分框架-剪力墙结构中的各层框架总剪力进行调整，$V_f\geqslant0.2V_0$ 的部分框架-剪力墙结构中的各层框架总剪力不进行调整。由于框架-剪力墙结构中的框架是按双重抗侧力体系设计，考虑其处于第二道防线，框架的抗震等级是降低要求的，若不调整框架剪力，对以框架-剪力墙结构作为计算模型，$V_f\geqslant0.2V_0$ 框架-剪力墙结构、有墙框架结构和少墙框架结构可能不是安全的。

双重抗侧力体系的特点是由两种受力和变形性能不同的超静定抗侧力结构组成，每种抗侧力结构都应有足够的刚度和承载力，都能承受一定比例的水平地震作用，并通过楼板连接共同抵抗外力。当其中一部分损伤时，另一部分有足够的刚度和承载力能够承受内力重分布后增加的地震作用，损伤部分可以与未损伤部分共同完成抗震设防，起到多道防线的作用。双重抗侧力体系的两种抗侧力结构的承载力和刚度应均匀，避免采用一种过强、一种过弱的结构组成。有专家学者认为：剪力墙的数量不必太多，以满足规范的侧移限制为好。剪力墙数量是否恰当，还可通过计算剪力墙分配到的总剪力是多少来检验，分配到总剪力的 50%～85%之间较好。换而言之，框架-剪力墙结构中框架分配到总剪力的 50%～15%之间较好。

《高层建筑钢-混凝土混合结构设计规程》CECS 230：2008 第 4.1.3 条规定：多遇地震时，高层建筑混合结构框架-剪力墙和框架-核心筒中框架部分的最小地震层剪力标准值应满足式（5.4.5）的要求，式中框架部分层剪力分担率 β 的最小值应按表 5.4.5-2 取值；框架部分的最小地震层剪力也不应小于按结构整体分析得到的框架部分的地震层剪力。

$$V_{f,i}\geqslant\beta\cdot V_i \tag{5.4.5}$$

式中：$V_{f,i}$——第 i 楼层框架部分的地震层剪力；

V_i——第 i 楼层的总地震层剪力；

β——框架部分的地震层剪力分担率。

当框架部分的地震层剪力按式（5.4.5）调整时，由地震作用产生的该楼层各构件的剪力、弯矩和轴力标准值均应进行相应调整。

框架部分层剪力分担率 β 的最小值 **表 5.4.5-2**

结构体系	设防烈度	β 的最小值
双重抗侧力体系	8 度,9 度	18%
	7 度(0.15g)	15%
非双重抗侧力体系	7 度(0.1g)及以下	10%

钢筋混凝土框架的抗剪刚度往往大于钢框架的抗剪刚度，钢筋混凝土框架-剪力墙或框架-核心筒结构要形成双重抗侧力体系，钢筋混凝土框架承受的楼层剪力也应达到一定比例。

框架-剪力墙结构在水平地震作用下，墙体是第一道防线，在设防地震或罕遇地震时将先于框架破坏。由于塑性内力重分布，框架按侧向刚度分配的剪力将会比多遇地震作用时增加，为保证框架作为第二道防线的有效性，必须对框架承担的剪力加以适当放大。按前述框架层剪力分担率 β 的最小值和较好的剪力墙数量布置的框架-剪力墙结构，其框架承担的地震剪力大多数大于 $0.2V_0$。

另一方面，低烈度地区的框架-剪力墙结构，设置不多的剪力墙就能满足现行规范、标准的各项设计指标要求。此类框架-剪力墙结构中，框架承担的底部地震总剪力往往超过 $0.2V_0$，若仅按规定“应按 $0.2V_0$ 和 $1.5V_{f,max}$ 两者的较小值采用”设计，通常这类框架-剪力墙结构中框架承担的楼层地震剪力均不需调整。但如此设计，不能充分体现二道防线及多道设防的抗震概念。在罕遇地震下，这类框架-剪力墙结构的抗侧力构件可能被各个击破。而且在这类框架-剪力墙结构设计时存在下述悖论：“剪力墙越少，剪力墙作为第一道防线越容易破坏，此时，框架承担底部剪力越多，框架承担的剪力越不调整”。实际上，这类框架-剪力墙结构在墙体先破坏后，原承担底部地震总剪力超过 $0.2V_0$ 的框架，其承担的剪力也因塑性内力重分布而增大，因此必须对框架柱承担的地震作用进行放大调整。此外，6、7 度区罕遇地震加速度峰值比多遇地震的大 6～7 倍以上，结构弹塑性动力时程分析表明，罕遇地震时因剪力墙连梁和墙体耗能增加、阻尼增大、周期变长等因素影响，大多数结构，罕遇地震作用下弹塑性时程分析得到的各楼层总剪力，约为弹性时程分析相应楼层总剪力的 80%～50%（减少量依各层构件塑性发展程度而定，意味着罕遇地震下结构刚度相应地减少到多遇地震时的 60%～20%以下），此时框架承担的地震作用远大于多遇地震时框架承担的地震作用。要保证“大震不倒”，有必要对框架柱承担的地震作用进行放大调整，框架柱的极限承载力应满足罕遇地震时受力要求。

关于剪力调整的系数的大小范围，可以根据在多遇、罕遇地震时双重结构各自承担的层剪力比例，罕遇地震时不同的塑性损伤下框架柱承担剪力与多遇地震时承担剪力的比值关系，估算大小震剪力比值的大致范围。由于多遇地震设计值与罕遇地震极限承载力比值，不仅与考虑材料极限强度、作用效应标准值与各自设计值的比值有关，而且与按抗震等级进行的地震效应调整系数有关。因此考虑折减系数 η_u 即：

$$\text{调整系数}=\eta_u\frac{V_{fi}^{大}}{V_{fi}^{小}}=\eta_u\frac{\beta_{fi}^{大}}{\beta_{fi}^{小}}\times\frac{V_0^{大}}{V_0^{小}}=\eta_u\frac{\beta_{fi}^{大}}{\beta_{fi}^{小}}\times(0.8\sim0.5)\times\frac{\alpha_{max}^{大}}{\alpha_{max}^{小}}$$

式中：$V_{fi}^{大}$、$V_{fi}^{小}$——罕遇、多遇地震时框架楼层剪力；

$\beta_{\text{fi}}^{\text{大}}$、$\beta_{\text{fi}}^{\text{小}}$——罕遇、多遇地震时框架楼层剪力分担率；$\dfrac{\beta_{\text{fi}}^{\text{大}}}{\beta_{\text{fi}}^{\text{小}}}$的大小表示框架剪力的重分布程度，也表示了框架和剪力墙之间相对塑性发展程度。

$V_0^{\text{大}}$、$V_0^{\text{小}}$——罕遇、多遇地震时结构楼层总剪力；

$\alpha_{\max}^{\text{大}}$、$\alpha_{\max}^{\text{小}}$、——罕遇、多遇地震时水平地震影响系数最大值。

双重抗侧力结构中框架剪力调整系数取值范围如表 5.4.5-3 所示。

双重抗侧力结构中框架剪力调整系数取值范围（η_u=0.5）　　表 5.4.5-3

多遇地震时框架与剪力墙剪力承担比例	罕遇地震时框架与剪力墙剪力承担比例	设防烈度 / 罕遇地震时刚度减至约	6	7	7.5	8	8.5	9
20%∶80%（10%∶90%）	80%∶20%（40%∶60%）	60%	11.2	10	9.6	9	8	7
		20%	7	6.25	6	5.625	5	4.375
	60%∶40%（30%∶70%）	60%	8.4	7.5	7.2	6.75	6	5.25
		20%	5.25	4.69	4.5	4.22	3.75	3.28
	40%∶60%（20%∶80%）	60%	5.6	5	4.8	4.5	4	3.5
		20%	3.5	3.13	3	2.81	2.5	2.19
	30%∶70%（15%∶85%）	60%	4.2	3.75	3.6	3.38	3	2.63
		20%	2.625	2.34	2.25	2.11	1.875	1.64
40%∶60%	80%∶20%	60%	5.6	5	4.8	4.5	4	3.5
		20%	3.5	3.13	3	2.81	2.5	2.19
	60%∶40%	60%	4.2	3.75	3.6	3.38	3	2.63
		20%	2.625	2.34	2.25	2.11	1.875	1.64
60%∶40%	80%∶20%	60%	3.73	3.33	3.2	3	2.67	2.33
		20%	2.33	2.08	2	1.875	1.67	1.46
80%∶20%	90%∶10%	60%	3.15	2.81	2.7	2.53	2.25	1.97
		20%	1.97	1.76	1.69	1.58	1.41	1.23
80%∶20%	80%∶20%	60%	2.8	2.5	2.4	2.25	2	1.45
		20%	1.75	1.56	1.5	1.41	1.25	1.09

从表 5.4.3-3 可见：不论楼层剪力 $V_{\mathrm{f},i}$ 与 $0.2V_0$ 的大小关系如何，双重抗侧力结构均应调整二道防线框架的楼层地震剪力，才能保证罕遇地震下框架的极限承载力满足要求，调整系数可能大于规范规定。罕遇地震时结构总刚度降低比例越大，所需的剪力调整系数越小；罕遇地震时框架承担的剪力比例越大，所需的剪力调整系数越大；多遇地震时框架承担的剪力比例越小，所需的剪力调整系数越大。不同设防烈度的框架剪力调整系数也是不同的，设防烈度越低调整系数越大。

调整系数的具体取值，宜根据实际工程各层剪力墙和框架在罕遇地震时的塑性发展程度不同而采用不同的数值。例如，对罕遇地震时剪力墙整体塑性损伤较大的结构层取较大值，对罕遇地震时剪力墙整体塑性损伤较小的结构层取较小值；对底部加强部位、裙楼屋面上一二层宜取相对大值，剪力墙损伤较小的楼层可取相对较小值。因此，宜进行罕遇地震弹塑性时程和小震弹性时程分析，将其各层框架总剪力与多遇地震弹性时程相应框架楼层总剪力比值乘以 η_u 作为框架剪力调整系数；罕遇地震弹塑性时程分析得到的各层框架总剪力，基本能反映剪力墙墙身、连梁和框架柱、梁彼此塑性发展后的内力重分布影响，接近框架的实际受力状况。若能通过工程经验积累，提前得到耗能构件的刚度折减系数及结构等效阻尼比，等效计算各层框架总剪力分布，也可进行结构罕遇地震等效反应谱计算，将其各层框架总剪力与多遇地震反应谱相应框架楼层总剪力比值乘以 η_u 作为框架剪力调整系数。为了简化计算，按等效反应谱法，计算罕遇地震和多遇地震各层框架总剪力的比值，例如，罕遇地震时连梁刚度折减系数 0.1～0.3，结构等效阻尼比 0.06～0.07；多遇地震时时连梁刚度折减系数 1.0～0.7，结构阻尼比 0.05。η_u 为考虑材料极限强度、作用效应标准值与各自设计值的差异，以及按抗震等级进行的地震效应调整系数的影响后，采用的折减系数：一级可取 0.375，二级可取 0.435，三、四级可取 0.505。选波原则和计算结果应符合现行《建筑抗震设计规范》GB 50011 的要求。

折减系数 η_u 分别由材料极限强度产生的折减系数 η_m、效应设计值分项系数产生的折减系数 η_γ 和内力调整系数产生的折减系数 η_λ 三部分组成。其中，折减系数 η_m：对于对称配筋框架柱常用混凝土 C40～C60，钢筋 HRB400、HRB500 范围内，抗弯时 η_m 范围为 0.5877～0.5278、抗剪时 η_m 范围为 0.7248～0.6790；折减系数 η_γ：抗弯时 η_γ 为 0.89286、抗剪时 η_γ 为 0.84034；折减系数 η_λ：抗弯时：一级 0.7143、二级 0.8333、三四级 0.9090，抗剪时：一级 0.5102、二级 0.6944、三四级 0.8264。综合上述三部分折减系数并偏安全地取其中较大值后，得到折减系数 η_u 一级可取 0.375、二级可取 0.435、三四级可取 0.505。

对超限高层建筑，有专家要求对框架柱按 $0.2V_0$ 和 $1.5V_{f,max}$ 二者的较大值调整，对框架梁按 $0.2V_0$ 和 $1.5V_{f,max}$ 二者的较小值调整（包括梁柱剪力及弯矩）。也有建议按弹性反应谱方法，将连梁刚度折减系数取 0.1 后计算的框架剪力与连梁刚度折减系数取 1.0 后计算的框架剪力之比，作为框架地震剪力放大系数。

要做到大震不倒，充分发挥构件的极限承载力，就需要构件具有良好的延性保证。本条 3、4 款按框架总剪力占比不同逐次提高了延性构造要求。第 3 款主要针对延性仅部分提高了柱的抗震构造措施，第 4 款按抗震等级提高一级提高了柱的抗震措施。从结构总体布局看，若条件允许，更宜适当增加剪力墙数量，降低框架总剪力占比。

关于各层框架所承担的地震总剪力调整后，对框架梁柱弯矩剪力的调整问题，《高层建筑混凝土结构技术规程》JGJ 3—2010 第 8.1.4 条第 3 款要求“应按调整前、后总剪力的比值调整每根框架柱和与之相连框架梁的剪力及端部弯矩标准值，框架柱的轴力标准值可不予调整”；有专家和地方标准要求“应按调整前、后总剪力的比值调整每根框架柱的剪力及端部弯矩，框架柱的轴力及与之相连框架梁端弯矩、剪力可不调整”，条文说明主要理由是“满足强柱弱梁的抗震设计要求”。国内外现浇钢筋混凝土框架实际震害也表明，梁端出铰远少于柱端，为达成强柱弱梁的防倒塌机制，按现行设计方法宜增强框架柱的抗弯抗剪承载力。因此，$V_f < 0.2V_0$ 时，按现行规范进行设计；$V_f \geq 0.2V_0$ 时，应按调整前、后总剪力的比值调整每根框架柱端部剪力、弯矩和与之相连框架梁的剪力；与之相连框架梁的端部弯矩、框架柱的轴力可不予调整。

关于$V_{f,max}$的取值问题，现行国家标准《建筑抗震设计规范》GB 50011 规定各层框架承担的地震总剪力中的最大值，现行行业标准《高层建筑混凝土结构技术规程》JGJ 3可按分段中的最大值采用。有专家认为，框架部分承担的地震剪力并不像柱承担的竖向荷载那样上小下大，且规范是采用$0.2V_0$和$1.5V_{f,max}$二者的较小值来调整框架剪力，若带裙房底部一二层被分为一段，由框架-剪力墙结构中剪力墙和框架各自承受剪力的规律可知，分段$V_{f,max}$值将很小，对框架剪力的调整势必也会很小，但实际情况是剪力墙在底部出现塑性破坏后框架所受剪力将会明显增加。这类情况按分段中的最大值取值不尽合理。因此，建议按现行国家标准《建筑抗震设计规范》GB 50011 的规定采用。

5.4.6 框架-剪力墙结构中，位于剪力墙底部加强部位及以上一至二层的剪力墙、与框架平面重合的剪力墙、有较大梁相交的剪力墙，宜设置与同层框架柱相同的端柱（边框柱），并应满足框架柱的要求，紧靠剪力墙洞口的端柱和剪力墙底部加强部位的端柱应按框架柱箍筋加密要求沿柱全高加密箍筋。同时，宜在剪力墙的楼层处设置暗梁，梁高可取墙厚的1～2倍，且不宜小于400mm，其配筋应满足同层框架梁相应抗震等级的最小配筋率要求。对甲乙类抗震设防建筑，其底部加强部位及以上一至二层暗梁配筋宜同时满足承受本层竖向荷载要求。剪力墙水平筋应全部锚入端柱内，并满足抗震锚固要求。

5.4.7 框架-剪力墙结构中，跨高比小于5的连梁应按剪力墙结构连梁的有关规定设计。

【条文说明】在框架-剪力墙结构中，两端与剪力墙在平面内相连的梁，或一端与剪力墙在平面内相连一端与框架柱或剪力墙平面外相连的梁可定义为连梁。跨高比小于5两端与剪力墙在平面内相连的连梁的抗震等级应与剪力墙相同，混凝土强度等级宜与剪力墙相同，跨高比不小于5的连梁的混凝土强度等级可根据受力需要、计算设定和施工便利性取为与剪力墙相同或与框架梁相同。特别提请注意，当模型中连梁是由墙开洞形成时，连梁的混凝土强度等级应与剪力墙一致，在设计图中应明确规定。

5.4.8 框架-剪力墙结构中，剪力墙的竖向、横向分布钢筋的配筋率均不应小于0.25%，并应至少双排布置。各排分布筋之间应设置拉筋，拉筋直径不应小于6mm，间距不应大于600mm。

5.5 筒体结构

5.5.1 筒体结构包括框架-核心筒结构、筒中筒结构以及斜撑框架-筒体结构、巨型斜撑框架-筒体结构、成束筒结构，钢-混组合筒结构等，本节规定适用于框架-核芯筒和筒中筒结构，其他筒体结构也可参照执行。筒体结构各种构件的截面设计和构造措施除应遵守本节规定外，尚应符合本措施5.1～5.4节的相关规定。

【条文说明】本节以下条款中关于筒体结构的规定适用于框架-核心筒结构和筒中筒结构，否则将明确指出仅适用于框架-核心筒结构或仅适用于筒中筒结构。

5.5.2 筒体结构中剪力墙、外框筒梁、内筒连梁、楼盖等的设计和构造措施除应遵守本措施的规定外，尚应符合现行行业标准《高层建筑混凝土结构设技术规程》JGJ 3的有关规定。

5.5.3 筒体结构高宽比宜大于 4，不宜小于 3。筒中筒结构适用于高度不低于 80m 的高层建筑。高度不超过 60m 的框架-核心筒结构，可按框架-剪力墙结构设计。50m～60m 的框架-核心筒结构按框架-剪力墙结构设计时，核心筒剪力墙抗震构造措施宜满足框架-核心筒结构的要求。

5.5.4 筒体结构的抗震等级应符合表 5.5.4-1～表 5.5.4-3 要求。

A 级高度框架-核心筒结构抗震等级 **表 5.5.4-1**

建筑类别	场地类别	构件（设防烈度(加速度)）	6 度	7 度		8 度		9 度
			0.05g	0.10g	0.15g	0.20g	0.30g	0.40g
丙类建筑	Ⅱ类	框架	三	二	二	一	一	一
		核心筒	二	二	二	一	一	一
	Ⅲ、Ⅳ类	框架	三	二	二*	一	一*	一*
		核心筒	二	二	二*	一	一*	一*
乙类建筑	Ⅱ类	框架	二	一	一	一	一*	特一
		核心筒	二	一	一	一	一*	特一
	Ⅲ、Ⅳ类	框架	二	一	一	一*	特一	特一
		核心筒	二	一	一	一*	特一	特一

B 级高度框架-核心筒结构抗震等级 **表 5.5.4-2**

建筑类别	场地类别	构件（设防烈度(加速度)）	6 度	7 度		8 度	
			0.05g	0.10g	0.15g	0.20g	0.30g
丙类建筑	Ⅱ类	框架	二	一	一	一	一
		核心筒	二	一	一	特一	特一
	Ⅲ、Ⅳ类	框架	二	一	一	一*	特一
		核心筒	二	一	一*	特一	特一
乙类建筑	Ⅱ类	框架	一	一	一*	特一	特一
		核心筒	一	特一	特一	特一	特一
	Ⅲ、Ⅳ类	框架	一	一*	特一	特一	特一
		核心筒	一*	特一	特一	特一	特一

A、B 级高度筒中筒结构抗震等级 **表 5.5.4-3**

高度类别	建筑类别	场地类别	构件（设防烈度(加速度)）	6 度	7 度		8 度		9 度
				0.05g	0.10g	0.15g	0.20g	0.30g	0.40g
A 级高度	丙类建筑	Ⅱ类	内外筒	三	二	二	一	一	一
		Ⅲ、Ⅳ类		三	二	二*	一	一*	特一
	乙类建筑	Ⅱ类		二	一	一	一	一	特一
		Ⅲ、Ⅳ类		二	一	一*	特一	特一	特一

续表

高度类别	建筑类别	场地类别 \ 构件 \ 设防烈度(加速度)		6度	7度		8度		9度
				0.05g	0.10g	0.15g	0.20g	0.30g	0.40g
B级高度	丙类建筑	Ⅱ类	内外筒	二	一	一	特一	特一	专门研究
		Ⅲ、Ⅳ类		二	一	一*	特一	特一	
	乙类建筑	Ⅱ类	内外筒	一	特一	特一	特一	特一	专门研究
		Ⅲ、Ⅳ类		一*	特一	特一	特一	特一	

注：表5.5.4-1～表5.5.4-3中：
1. Ⅲ、Ⅳ类场地宜满足平面和竖向规则性要求，并加强基础结构的整体性；
2. Ⅰ类场地时，7、8、9度区可按表内Ⅱ类场地的降低一度所对应的抗震等级采取抗震构造措施，但相应的计算要求不应降低；
3. 接近或等于高度分界时应结合房屋不规则程度及场地、地基条件适当确定抗震等级；
4. 一*、二*级其抗震计算措施分别同一、二级，但其抗震构造措施应分别同特一、一级。

5.5.5 筒体结构的平面形状宜选用圆形、正多边形、椭圆形或矩形，以圆形和正多边形为最有利的平面形状，内筒宜居中。采用矩形平面时，其平面尺寸应尽量接近于正方形，长宽比不宜大于1.5。不宜选择三角形平面，无法避免时应切去角部，或在角部设置刚度较大的角柱或角筒，以避免角部应力过分集中，有利于控制结构的整体扭转。外筒的切角长度不宜小于相应边长的1/8，内筒的切角长度不宜小于相应边长的1/10，切角处的筒壁宜适当加厚。角柱截面面积可取边柱的1倍～2倍。

5.5.6 筒体结构的核心筒或内筒布置应符合下列规定：

1. 框架-核心筒结构中核心筒边长不宜小于外框架相应边长的1/3，且不宜小于筒体高度的1/12。筒中筒结构中内筒边长不宜小于外筒相应边长的1/4，且不宜小于筒体高度的1/15。

2. 核心筒或内筒的周边宜闭合，楼梯、电梯间可适当布置混凝土内墙。

3. 外墙设置洞口位置宜均匀、对称，相邻洞口间的墙体尺寸不宜小于1500mm；不宜在墙体角部附近开洞，当无法避免时，洞口宽度宜不大于1200mm，洞口高度宜小于层高的2/3，且框架-核心筒洞口至内墙角尺寸不应小于1200mm和墙厚两者的较大值，筒中筒结构内筒洞口至内墙角尺寸不应小于500mm和墙厚两者的较大值。不宜同时在筒体角部平面两侧开洞。

4. 核心筒或内筒宜贯通建筑物全高，竖向刚度宜均匀变化。

5. 核心筒或内筒平面布置时，应尽量提高核心筒周边剪力墙的刚度，减小核心筒内墙厚度。

5.5.7 筒中筒结构的外框筒及内筒的外圈在底部加强部位及以上两层范围内的墙厚宜保持不变或平缓变化，框架-核心筒剪力墙底部加强部位及相邻上一层的墙厚应保持不变，且其配筋也不宜有过大变化。筒体结构上部的墙厚及核心筒内部的墙体数量可根据内力的变化及功能要求合理调整，其侧向刚度应符合竖向规则性的要求。

【条文说明】由于在罕遇地震作用下剪力墙底部加强部位多会产生塑性变形，为使其破坏较为均匀地分布在底部加强部位的范围内，当侧向刚度无突变时不宜改变墙体厚度，以避免塑性破坏集中于变厚度的相对薄弱范围。

5.5.8 进深梁跨度不宜大于 12m。超过时，可采用密肋梁、预应力梁板等多构件分担楼面荷载。

5.5.9 筒体结构竖向构件的布置宜规则、均匀，结构沿竖向的刚度变化不宜过大，上、下层刚度相差不宜大于 30%。结构应避免有过大的外挑或内收，一般除顶层外，立面收进部分的水平向尺寸不宜大于该方向相邻下一层的 25%。

5.5.10 筒体结构的楼盖应采用现浇钢筋混凝土板，可采用钢筋混凝土普通梁板（单向梁布置）、扁梁肋形板或密肋板、钢筋混凝土平板。跨度大于 10m 的平板宜采用后张预应力楼板。当采用梁板结构时，角部楼板梁的布置宜使角柱承受较大的竖向荷载，应避免或尽量减少角柱出现拉力。可采用图 5.5.10 所示的集中布置方式：

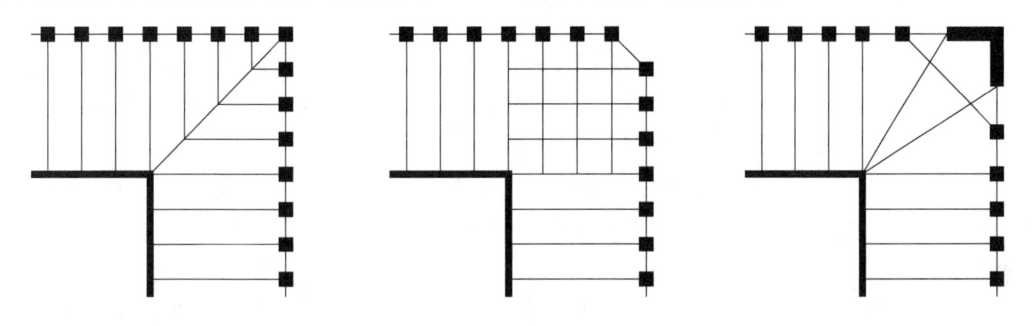

图 5.5.10 转角楼盖布置示意

【条文说明】筒体结构的楼盖内宜布置单向进深主次梁，使竖向荷载尽可能直接传给墙柱。也可以不布置大梁，而采用密肋梁板、空心楼板或预应力平板等。布置大梁可使翼缘框架中间柱的轴力加大，从而充分发挥周边框架柱的作用；不布置大梁时，虽然结构也具有一定的空间作用，但翼缘框架柱承受的轴力较小。因此，只要层高允许，应尽可能在内筒外框间设置单向进深主次梁。

5.5.11 筒体结构楼盖主梁不宜重叠支承在核心筒或内筒的转角处墙上，宜适当分开以利于锚固和施工，也不宜支承在洞口连梁上。无法避免时，宜采取可靠措施保证梁支座处的施工可能性和受力有效性。

【条文说明】连梁是耗能构件，承担过大的竖向荷载影响耗能，同时耗能后自身竖向承载力也难以保证，因此主梁不宜支承在连梁上。无法避免时，可采取设置钢板或型钢连梁按罕遇地震作用下抗剪不屈服进行性能化设计，也可采用分段式连梁设计措施，保证罕遇地震时竖向力的有效传递。

5.5.12 框架-核心筒结构的侧向刚度不能满足要求时，宜优先增加外围结构侧向刚度或增加核心筒外周墙体厚度，也可沿竖向利用建筑避难层、设备层空间设置加强层。加强层宜采用刚度适宜的伸臂桁架，必要时可设置周边水平环带构件。设计中应避免采用刚度极大的加强层。加强层的位置、数量应根据具体结构分析优化确定。

【条文说明】刚度极大的加强层可能造成结构刚度突变，设计中应选择适度的刚度以避免下部相邻层竖向构件的破坏。框架-核心筒结构采用加强层增加侧向刚度时，应慎重比较多方案利弊后确定。筒中筒结构的侧向刚度不能满足要求时，宜直接加强外筒，不宜在内外筒间设置伸臂加强。

当布置一个加强层时，位置可设在0.6H附近，H为建筑物高度；当布置两个加强层时，位置可设在$\frac{1}{3}H$和$\frac{2}{3}H$附近；当布置多个加强层时，按照位置效率高低，通常为0.6H、H、0.5H、0.3H等，并视具体项目进行敏感性分析。

5.5.13 框架-核心筒结构加强层的水平伸臂应贯通核心筒，其上、下层各构件及其节点的刚度和配筋应适当加强。在施工程序及构造上应采取措施减小结构竖向温度变形及轴向压缩对加强层的影响。

5.5.14 框架-核心筒结构的周边柱间应设置框架梁。梁、柱的中心线宜重合，无法实现时，计算应计入偏心力的影响；节点核心区抗剪验算不满足要求时，宜在梁端水平加腋。

【条文说明】少数楼层个别框架梁缺失时，应视其位置、数量、附近楼层的加强措施以及对整体结构受力的影响决定是否可行，当不可行时可按框架-剪力墙和框架-核心筒结构包络设计，其最大适用高度按框架-剪力墙结构确定。

5.5.15 框架-核心筒结构的核心筒外墙上的较大门洞（洞口宽度大于1200mm）连梁，跨高比不宜大于4，且其高度不宜小于600mm，以使核心筒具有较强的抗弯能力和整体刚度。

【条文说明】框架-核心筒结构的整体空间工作区别于框架-剪力墙结构，为满足外墙连梁跨高比要求，需洞口较小。

5.5.16 筒中筒结构中的外框筒的柱距不宜大于4m，洞口面积不宜大于墙面面积的60%。当矩形框筒的长宽比不大于2和墙面开洞率不大于50%时，外框筒的柱距可以适当放宽。

5.5.17 筒中筒结构外框筒采用矩形或T形柱时，柱长边宜沿筒壁方向布置。

5.5.18 外框筒的裙梁截面高度不宜小于柱净距的1/4及600mm。裙梁箍筋直径不应小于10mm。箍筋间距沿梁长不变，且不应大于100mm。

5.5.19 带加强层高层建筑结构应符合下列构造要求：

1. 加强层及其相邻层的框架柱、核心筒剪力墙的抗震等级应提高一级采用，已为特一级时，允许不再提高。

2. 加强层及其相邻层的框架柱，箍筋应全柱段加密，轴压比限值应按其他楼层框架柱减小0.05采用。

3. 加强层及其相邻层核心筒剪力墙应设置约束边缘构件。

5.5.20 外框柱转换的筒体结构，竖向的结构布置应符合以下要求：

1. 在竖向结构变化处应设置具有足够强度和刚度的转换梁等构件，转换梁的高度不宜小于跨度的1/8；转换梁在托柱处应设置双向的楼面梁或框架梁，以承担柱另一方向的弯矩和剪力。

2. 框架-核心筒和筒中筒结构的内筒应贯通建筑物全高，且转换层下部的筒壁应加厚。

3. 转换层下部框架柱的总剪力不小于上部框架柱总剪力的1.2倍。

4. 转换层上下各两层范围内核心筒按底部加强部位的要求采取抗震措施。

5.5.21 筒体结构的计算分析应符合现行行业标准《高层建筑混凝土结构技术规程》

JGJ 3 的有关规定，采用三维空间分析方法进行内力分析。对规程中规定的 B 级高度或体型复杂的筒体结构，应采用两个或两个以上不同力学模型的空间分析程序进行内力分析和比较，并宜考虑双向水平地震下的扭转地震作用效应。

5.5.22　筒体结构，应根据各层框架部分承受的地震剪力与结构总地震剪力的比值，确定相应的框架剪力调整方法和抗震措施：

1. 比值小于 20%时，按现行规范进行设计。

2. 比值不小于 20%时，宜进行结构罕遇地震弹塑性时程分析，以判断结构抗震性能。

3. 比值不小于 20%时，其框架柱的轴压比限值三、四级不应大于 0.85，二级不应大于 0.8，一级不应大于 0.7；柱箍筋加密区最小配箍特征值 λ_v 应按《建筑抗震设计规范》GB 50011—2010 表 6.3.9 的数值增大 0.02 采用。

4. 比值大于 35%时，框架柱除轴压比和箍筋加密区最小配箍特征值按第 3 款外，抗震等级宜提高一级采用。

【条文说明】筒体结构中框架剪力调整和抗震构造措施的加强理由可参见第 5.4.5 条文说明。

5.5.23　筒体结构的楼盖外角宜设置双层双向钢筋，单层单向配筋率不宜小于 0.3%，钢筋的直径不应小于 8mm，间距不应大于 150mm，配筋范围不宜小于外框架（或外筒）至内筒外墙中距的 1/3 和 3m。

5.5.24　筒体结构外框筒梁、内筒连梁和核心筒连梁的构造配筋均应符合下列要求：

1. 箍筋直径不应小于 10mm，间距不应大于 100mm，且沿梁长不变，当有暗撑时，间距不应大于 200mm。

2. 梁上下纵向钢筋的直径均不应小于 16mm，腰筋的直径不应小于 10mm，腰筋间距不应大于 200mm。

3. 跨高比不大于 2 的框筒梁和内筒连梁宜采用对角斜筋或交叉暗撑，跨高比不大于 1 的框筒梁和内筒连梁应采用交叉暗撑；对角斜筋或交叉暗撑应承受全部剪力，且单向对角斜筋宜不少于 2 根直径 14mm 钢筋。当梁内设置交叉暗撑时，梁宽不宜小于 400mm，暗撑箍筋直径不应小于 8mm，间距不应大于 150mm。梁纵向、斜向钢筋伸入竖向构件的长度均不应小于 L_{aE}，且不应小于 600mm。

5.5.25　框架-核心筒结构的核心筒墙体设计应符合下列要求：

1. 底部加强部位主要墙体的水平和竖向分布钢筋的配筋率均不宜小于 0.3%（二、三级）、0.4%（一级、特一级）。

2. 底部加强部位四外角墙体约束边缘构件沿墙肢的长度宜取墙肢截面高度的 1/4。

3. 约束边缘构件范围内应采用箍筋与拉筋结合且拉筋应 180°弯钩钩住大箍和主筋。

4. 底部加强部位以上宜按相关规定设置约束边缘构件。

【条文说明】加强区四外角约束边缘构件墙肢长度宜取内筒边的 1/4，当遇较大洞口时（洞口宽度大于 1200mm），可截于洞口边。

5.5.26　框架-核心筒结构中框架的混凝土强度等级不宜低于 C30，框架节点核心区的混凝土强度等级不宜低于柱的混凝土强度等级，且应进行核心区斜截面承载力验算。

5.5.27 框架-核心筒结构的核心筒周边剪力墙的截面厚度，对一、二级抗震设计的底部加强部位不宜小于层高的 1/16 及 300mm，对其余情况不宜小于层高的 1/20 及 200mm；当满足承载力以及轴压比限值时，核心筒内墙厚度可适当减薄。当筒体周边墙厚不满足进深梁纵向钢筋水平段锚固长度时，宜在筒体周边增设边框梁（梁宽＞$0.6l_{abE}-0.2t$，t 为上部墙厚)，保证梁纵筋的锚固效能。

5.5.28 框架-核心筒结构宜尽量减少在核心筒外周楼板开洞，无法避免时应采取可靠的加强措施。

5.6 带转换层的高层建筑结构

5.6.1 高层结构上部楼层部分的竖向构件（剪力墙、框架柱）不能直接连续贯通落地时，应设置结构转换层，在结构转换层布置梁、桁架、箱形结构、搭接柱、斜墙、斜撑等转换构件，形成带转换层的高层建筑结构。

【条文说明】本节措施的规定主要针对框支-剪力墙和框架梁抬柱两种转换结构。其他形式的转换结构有其自身的特点，本措施未涉及，相关内容仅供参考。

5.6.2 当在同一楼层有多处转换或结构中有多层转换使结构多处不规则时，属于结构的整体转换；当结构中仅有个别构件进行转换，且转换层上、下结构竖向刚度变化不大时，属于结构的局部转换。

【条文说明】当结构整个楼层进行转换，转换结构的受荷面积占楼层面积的比例很大或大部分的水平地震剪力需通过楼板传递到其他抗侧构件，造成结构质量、侧向刚度、承载能力突变，影响结构整体性能时，应按结构整体转换进行设计；当结构有多处转换，造成结构多处不规则时，建议按结构整体转换进行设计；仅有小范围转换，仅需局部设置少数转换构件，可按结构局部转换进行设计。

剪力墙转换和柱转换在结构受力上虽然都存在相似的缺点，但在程度上有很大不同，由于剪力墙承担的地震剪力远大于框架柱，因此其水平力传递路径更长更远，在地震作用下易形成结构下部变形过大的软弱层，进而发展成为承载力不足的薄弱层，抗震性能差，在罕遇地震时易倒塌。

5.6.3 结构整体转换时，房屋的最大适用高度、转换结构在地面以上的大空间层数、结构的平面和竖向布置、结构的楼盖选型、结构的抗震等级、剪力墙底部加强部位等均可参考部分框支剪力墙结构有关规定。结构的局部转换时，上述要求可根据工程实际情况适当放宽，但由于转换部位受力复杂，对局部转换部位的转换及相关构件的抗震措施应参照前述要求加强。

5.6.4 为保证底部带转换层的高层建筑结构有合适的刚度、强度、延性和抗震能力，应控制转换层上下刚度比、承载能力比满足现行行业标准《高层建筑混凝土结构技术规程》JGJ 3 的规定，同时宜控制上下层间位移角接近。

【条文说明】研究表明，同时控制结构转换层上下刚度比和承载能力比能有效减小应力集中，降低结构的薄弱程度。

5.6.5 转换层应当按薄弱层设计，即转换层的地震剪力应乘以 1.25 的增大系数，转换层的转换构件、框支柱、楼板等均应在内力调整或抗震构造上予以加强。

【条文说明】研究表明，转换层上一层竖向构件也可能形成薄弱层，设计者应注意分析并采取相应加强措施。

5.6.6　对于满足在地下室顶板嵌固条件的高层建筑，当地下室有框支转换时，可不作为带转换层的复杂高层建筑考虑，但转换构件仍应按带转换复杂高层建筑相关规定进行设计。

【条文说明】现行地方标准《四川省抗震设防超限高层建筑工程界定标准》DB 51/T 5058 条文说明规定，当上部竖向构件在地下室的嵌固层由水平构件转换时，若被转换的竖向构件的截面面积小于该层竖向构件总截面面积的 20%时，可不视为竖向构件不连续的超限，但地下室的框支结构构件的设计应符合规范规程的相关要求。其他省、直辖市宜按其具体规定执行。

5.6.7　带转换层的高层建筑，结构布置应符合下列要求：

1. 平面布置应力求简单、规则、均衡对称，尽可能使结构的质量中心与结构刚度中心接近，减小扭转的不利影响。

2. 不应在角部剪力墙的底部开设转角大洞形成悬挑框支转换，也不应在结构底部抽去角柱，形成悬挑托柱转换。

3. 底部大空间的带转换层建筑不应采用纯框架结构，且应设置上下贯通的落地剪力墙或落地筒体，落地纵横剪力墙宜成组布置。

4. 宜采用主梁转换，尽量少用次梁转换。梁上托柱转换时，梁上柱底应双向设梁。

5. 转换梁上一层墙体内不宜设置边门洞，不宜在框支中柱上方设置门洞。

6. 带转换层结构的落地剪力墙和筒体外周围的楼板不宜开洞，框支梁周围楼板不应错层布置。

7. 多塔结构转换层不宜设置在大底盘上面层的塔楼内。

5.6.8　部分框支剪力墙结构属于竖向不规则结构，其结构布置应符合下列规定：

1. 部分框支剪力墙结构布置除符合本节规定外，尚应符合剪力墙结构、框架-剪力墙结构布置的一般要求。

2. 落地剪力墙和筒体底部墙体应加厚，落地剪力墙和筒体的洞口宜布置在墙体的中部。

3. 落地剪力墙的间距，当底部框支层为 1～2 层时，不宜大于 $2B$ 和 24m，B 为落地剪力墙之间楼盖的平均宽度；当底部框支层为 3 层及以上时，不宜大于 $1.5B$ 和 20m。框支柱与相邻落地剪力墙的距离，1～2 层框支层时不宜大于 12m，3 层及 3 层以上框支层时不宜大于 10m。

4. 转换层上部的竖向抗侧力构件宜直接落在转换层的主梁上，当结构竖向布置复杂，框支主梁承托剪力墙并承托转换次梁及其上剪力墙时，应进行应力分析。B 级高度的转换层不宜采用框支主、次梁方案；墙宜居转换梁中线布置，否则应考虑墙对梁的偏心影响和钢筋的有效锚固。

5. 落地剪力墙和筒体外周围的楼板不宜开洞。

6. 底部加强部位墙体两端宜设置翼墙或端柱，尚应按照现行行业标准《高层建筑混凝土结构技术规程》JGJ 3 的规定设置约束边缘构件。

5.6.9　框支剪力墙结构高层建筑适用最大高度应符合表 5.6.9 的要求。

框支剪力墙结构最大适用高度（m） **表 5.6.9**

房屋高度分级	A级建筑					B级建筑			
设防烈度	6度	7度	8度		9度	6度	7度	8度	
			0.20g	0.30g				0.20g	0.30g
最大适用高度	120	100	80	50	不应采用	140	120	100	80

5.6.10 框支剪力墙结构在地面以上设置转换层的位置，8 度时不宜超过 3 层，7 度时不宜超过 5 层，6 度时其层数可适当提高。

【条文说明】转换层位置较高时，转换层下部的框支结构易开裂和屈服，转换层上部几层墙体易破坏。转换层位置较高的高层建筑不利于抗震，宜避免高位转换，如确需高位转换时，应进行专门分析并采取有效措施。

5.6.11 部分框支剪力墙结构剪力墙底部加强部位的高度应从地下室顶板算起，宜取至转换层以上两层且不小于房屋总高度的 1/10。

5.6.12 部分框支剪力墙结构的抗震等级应符合表 5.6.12 的要求。

部分框支剪力墙结构的抗震等级 **表 5.6.12**

	房屋高度分级	A级					B级		
建筑类别	结构部位 / 设防烈度	6度		7度		8度	6度	7度	8度
	房屋高度（m）	≤80	>80	≤80	>80	<80(0.2g) <50(0.3g)	≤140	≤120	≤100(0.2g) ≤80(0.3g)
丙类建筑	非底部加强部位剪力墙	四	三	三	二	二	二	一	一
	底部加强部位剪力墙	三	二	二	一	一	一	一	特一
	框支层框架	二		二	一	一	一	特一	特一
乙类建筑	非底部加强部位剪力墙	三	二	二	一	一*	一	一*	特一
	底部加强部位剪力墙	二	一	一	一*	特一	一*	特一	特一
	框支层框架	二	一	一	特一	特一	特一	特一	特一

注：1. 表中乙类建筑的抗震等级已按规范相关条文提高，表中为Ⅱ类场地上建筑的抗震等级。
2. 当转换层的位置设置在 3 层及 3 层以上时，框支柱、剪力墙底部加强部位的抗震等级宜按表中提高一级采用，已为特一级时可不提高。
3. Ⅰ类场地时，7、8 度区可按表内Ⅱ类场地的降低一度所对应的抗震等级采取抗震构造措施，但相应的计算要求不应降低。
4. 接近或等于高度分界时应结合房屋不规则程度及场地、地基条件适当确定抗震等级。
5. 一*、二*级其抗震计算措施分别同一、二级，但其抗震构造措施应分别同特一、一级。
6. Ⅲ、Ⅳ类场地宜满足平面和竖向规则性要求，并加强基础结构的整体性，对设计基本地震加速度为 0.15g 和 0.30g 的地区，宜分别按抗震设防烈度 8 度（0.20g）和 9 度（0.40g）时各类建筑的要求采取抗震构造措施。
7. 甲、乙类建筑按要求提高一度确定抗震措施时，或Ⅲ、Ⅳ类场地且设计基本地震加速度为 0.15g 和 0.30g 的丙类建筑按相关规定提高一度确定抗震构造措施时，如果房屋高度超过提高一度后对应的房屋最大适用高度，则应采取比对应抗震等级更有效的抗震构造措施。

5.6.13 转换结构计算分析宜符合下列要求：

1. 结构整体分析时，一般梁、柱（含框支柱、转换梁）可采用空间杆单元模型；剪力墙、框支剪力墙宜采用墙元（壳元）模型。

2. 局部分析时，转换层框支梁、柱的有限元单元划分宜选用高精度单元。

3. 转换层及相邻楼层均应考虑楼板的弹性变形，按弹性楼板假定计算结构的内力和变形。

【条文说明】超大梁转换结构一般占有一层的高度，按梁（杆单元）分析有时会造成梁刚度偏大，在局部产生较大的应力集中而使梁配筋计算超限。分析模型与构件的配筋模型难以统一，所以在整体模型中宜采用两种不同模型分别计算：（1）梁所在的楼层仍按一层结构输入，大梁按剪力墙定义，此时可以正确分析整体结构及构件内力，除转换大梁（用剪力墙输入）的配筋不能采用以外，其余构件的配筋均可参考采用；（2）把大梁及其下一层合并为一层输入，转换大梁按梁定义，层高为两层之和，该计算模型仅用于考察、计算大梁受力和配筋。

5.6.14　框支转换结构的截面设计除应满足剪力墙结构、框架结构、框架-剪力墙结构的要求外，尚应满足下列要求：

1. 框支层的落地剪力墙、框支柱、框支梁构件，内力应按表 5.6.14 增大。

落地剪力墙、框支柱、框支梁构件内力增大系数　　　　表 5.6.14

分项	内力增大系数
框支柱承受的地震剪力标准值	每层框支柱的数目多于 10 根时，且底部框支层为 1～2 层时，每层框支柱所受剪力之和应取基底剪力的 20%；框支层为 3 层及 3 层以上时，每层框支柱所受剪力之和应至少取基底剪力的 30%；框支柱不多于 10 根时，框支层为 1～2 层时，每根框支柱所受剪力应至少取基底剪力的 2%；当底部框支层为 3 层及 3 层以上时，每根柱所受的剪力应至少取基底剪力的 3%
框支柱柱端弯矩设计值	底层柱下端弯矩及与转换构件相连的柱上端弯矩 特一级　1.8（角柱 1.98） 一级　1.5（角柱 1.65） 二级　1.3（角柱 1.43） 三级　1.2（角柱 1.32）
	其他层框支柱柱端弯矩 特一级　1.68（角柱 1.85） 一级　1.4（角柱 1.54） 二级　1.2（角柱 1.32） 三级　1.1（角柱 1.21）
框支柱由地震产生的轴力（框支柱剪力调整后，此项可不调整）	特一级　1.8 一级　1.5 二级　1.3 三级　1.1
框支柱的剪力设计值	底层柱及与转换构件相连的柱 特一级　3.02（角柱 3.32） 一级　2.10（角柱 2.31） 二级　1.56（角柱 1.72） 三级　1.32（角柱 1.45）
	其他层框支柱 特一级　2.82（角柱 3.10） 一级　1.96（角柱 2.16） 二级　1.44（角柱 1.58） 三级　1.21（角柱 1.33）

续表

分项	内力增大系数
框支梁由地震作用产生的内力	特一级 1.9 一级 1.6 二级 1.3 三级 1.2
框支层一般梁的剪力	特一级 1.56 一级 1.3 二级 1.2 三级 1.1
落地剪力墙底部加强部位有地震作用组合的弯矩	特一级 1.8 一级 1.5 二级 1.3 三级 1.1

注：转换构件尚应按本措施第5.1节的要求考虑竖向地震作用。

2. 转换梁、柱截面组合的剪力设计值应符合下列规定：

持久、短暂设计状况

$$V \leqslant 0.2\beta_c f_c b h_0$$

地震设计状况

$$V \leqslant \frac{1}{\gamma_{RE}}(0.15\beta_c f_c b h_0)$$

3. 矩形平面建筑框支转换层楼板，其截面剪力设计值应符合下列要求：

$$V_f \leqslant \frac{1}{\gamma_{RE}}(0.1\beta_c f_c b_f h_f)$$

$$V_f \leqslant \frac{1}{\gamma_{RE}}(f_y A_{fs})$$

式中：b_f、h_f——分别为框支转换层楼板的验算宽度、厚度。

5.6.15 转换结构构造宜符合下列要求：

1. 转换柱的选型应使柱有足够的承载能力和较好的延性，一般可选型钢混凝土柱、钢管混凝土柱、增设芯柱的钢筋混凝土柱等。当抗震等级为特一级时，框支柱宜采用型钢混凝土柱或钢管混凝土柱。

2. 转换楼层应采用现浇式楼盖，楼板宜适当加厚，以加强转换层楼盖的刚度和承载力；与转换层相邻楼层的楼盖也应适当加强。

3. 当建筑物上部楼层仅部分柱不连续时，可仅加强转换部位楼盖，加强范围不宜小于转换构件向外延伸2跨，且宜超过转换构件邻近落地柱不少于一跨。

4. 当仅有少量剪力墙不连续，需转换的剪力墙面积不大于剪力墙总面积的8%时，可仅加大水平力转换路径范围内的板厚，加厚范围不宜小于转换构件向外延伸2跨，且宜超过转换构件邻近落地剪力墙不少于一跨；应同时加强此部分板的配筋，并提高转换结构的抗震等级。

5.6.16 框支转换构件的构造应符合下列要求：

1. 框支梁、框支柱、转换层楼板混凝土强度等级不应低于C30；框支梁上的墙体不应低于C30；落地剪力墙在转换层以下的墙体不应低于C40。

2. 转换柱截面宽度不应小于650mm；柱截面高度不宜小于框支梁跨度的1/6；柱净高与截面长边尺寸之比宜大于4。当柱的抗震等级为特一级时，宜采用型钢混凝土柱或钢管混凝土柱。框支柱的轴压比一级不宜大于0.6，二级不宜大于0.7。

3. 转换梁截面宽度不宜大于框支柱相应方向的截面宽度，不宜小于其上部墙厚的2倍，且不宜小于400mm；梁截面高度不宜小于计算跨度的1/8；框支梁可采用加腋梁。

4. 转换柱纵向钢筋采用HRB500（HRB400）时最小配筋率特一级、一级和二级抗震等级分别为1.6%（1.65%），1.1%（1.15%）和0.9%（0.95%），当柱的混凝土强度等级高于C60时，上述最小配筋率应分别增加0.1%，且纵向钢筋配筋率不宜大于4%，不应大于5%。纵向钢筋间距不宜大于200mm，均不应小于80mm。

5. 转换柱在上部墙体范围内的纵向钢筋应伸入上部墙体内不少于一层，其余柱筋应锚入梁内或板内。

6. 转换柱箍筋特一级和一、二级加密区的配箍特征值应比现行行业标准《高层建筑混凝土结构技术规程》JGJ 3规定的数值分别增加0.03和0.02、0.02，且体积配箍率分别不应小于1.6%和1.5%、1.5%。

7. 箍筋应采用复合螺旋箍或井字复合箍，直径不应小于10mm，间距不应大于100mm和6倍纵向钢筋直径的较小值，并应沿柱全高加密。

8. 转换梁上、下部纵向钢筋的最小配筋率，特一、一、二级分别不应小于0.60%、0.50%和0.40%。

9. 框支梁主筋不宜有接头，无法避免时，应采用机械连接的接头，同一截面内接头钢筋截面面积不应超过全部主筋截面面积的50%；接头位置应避开上部墙体开洞部位、梁上托柱部位及受力较大部位；其支座上部纵向钢筋至少应有50%沿梁全长贯通，下部纵向钢筋应全部直通到柱内；沿梁高应配置间距不大于200mm、直径不小于16mm的腰筋，且每侧的截面面积不应小于腹板截面积的0.4%，并按受拉锚固。

10. 转换梁支座处、托柱（墙）处离柱（墙）边2倍梁高范围内箍筋应加密，直径不应小于10mm，间距不应大于100mm，最小面积配箍率特一、一、二级分别不应小于$1.3f_t/f_{yv}$、$1.2f_t/f_{yv}$和$1.1f_t/f_{yv}$；跨中非加密区范围箍筋直径同加密区，间距不大于200mm。

11. 转换梁、柱的节点核心区应进行抗震验算，节点应符合构造措施要求，转换梁、柱的节点核心区应根据现行行业标准《高层建筑混凝土结构技术规程》JGJ 3的规定设置水平箍筋。

12. 落地剪力墙底部加强部位墙体的水平和竖向分布钢筋最小配筋率不应小于0.4%，钢筋间距不应大于200mm，直径不应小于10mm。

13. 转换层楼板应根据楼板应力分析结果进行配筋，并采取构造加强措施。厚度不宜小于180mm，应双层双向配筋，且每层每方向的配筋率不宜小于0.25%，楼板钢筋应锚固在边梁或墙体内；楼板边缘和较大洞口周边应设置边梁，其宽度不宜小于板厚的2倍，边梁全截面纵向钢筋配筋率不应小于1.0%。

14. 转换层上、下层楼板也应根据楼板应力分析结果进行配筋，并采取构造加强措施。厚度不宜小于120mm，在主要水平面力传递路径部位宜双层双向配筋，且每层每方向的配筋率不宜小于0.25%。

5.7 错层结构

5.7.1 结构沿竖向宜避免错层布置。当房屋不同部位因功能不同而使楼层错层时，宜采用防震缝划分为独立的结构单元，不能分开时，错层两侧宜采用结构布置和侧向刚度相近的结构体系。

5.7.2 存在错层时，错开的楼层不应归并为一刚性楼板，计算模型应能反映各错层的影响。

5.7.3 错层处框架柱应符合下列要求：

1. 截面高度不应小于600mm；混凝土强度等级不应低于C30；箍筋应全柱段加密。
2. 抗震等级应提高一级采用，已为特一级时，允许不再提高。
3. 宜采用复合箍筋，其体积配箍率不应小于1.3%，9度时不应小于1.6%。
4. 错层处框架柱的截面承载力宜符合抗剪中震弹性，抗弯中震不屈服的要求。

5.7.4 错层处平面外受力的剪力墙应符合下列要求：

1. 截面厚度不应小于250mm，并均应设置与之垂直的墙肢或扶壁柱。
2. 其抗震等级应提高一级采用。
3. 错层处剪力墙的混凝土强度等级不应低于C30，水平和竖向分布钢筋的配筋率不应小于0.5%。

5.8 连体结构

5.8.1 连体结构各独立部分宜有相同或相近的体型、平面布置和刚度；宜采用双轴对称的平面形式。

5.8.2 7度（0.15g）和8度抗震设计时，连体结构的连接体应考虑竖向地震的影响。6度和7度（0.10g）抗震设计时，连体结构的连接体宜考虑竖向地震的影响。

5.8.3 连体结构各独立部分有相近的体型和刚度时，连接体结构与主体结构可采用刚性连接。刚性连接时，连接体结构的主要结构构件应至少伸入主体结构一跨并可靠连接；必要时可延伸至主体部分的内筒，并与内筒可靠连接。应注意使连体楼盖部分的水平抗剪强度及连体与塔楼的连接强度满足要求。

5.8.4 连体结构各独立部分层数和刚度相差悬殊时，不宜采用刚性连接，连接体结构与主体结构可采用有阻尼的滑动支座。滑动连接支座滑移量应能满足两个主体结构在罕遇地震作用下的位移值，并应采取防坠落、撞击措施。计算罕遇地震作用下的位移时，应采用弹塑性时程分析方法进行复核计算。

5.8.5 刚性连接体结构可设置钢梁、钢桁架、型钢混凝土梁，型钢应伸入主体结构至少一跨并可靠锚固。连接体结构的边梁截面宜加大；楼板厚度不宜小于150mm，宜采用双层双向钢筋网，每层每方向钢筋网的配筋率不宜小于0.25%。当楼板宽度较窄时，尚宜在楼板平面内设置水平钢支撑。连接体结构包含多个楼层时，应特别加强其最下面一个楼层及顶层的构造设计。

5.8.6 连接体及与连接体相连的构件应根据其重要性按中震不屈服、中震弹性等进行性能化设计，其抗震等级应提高一级采用，已为特一级时，允许不再提高。在连接体高度范围及其上、下层，与连接体相连的框架柱，箍筋应全长加密，轴压比限值应比其他楼层减小 0.05，与连接体相连的剪力墙应设置约束边缘构件。结构应按连体与分塔的最不利者进行设计。

5.8.7 刚性连接的连接体楼板应按本措施第 5.6.14 条第 2、3 款进行受剪截面和承载力验算。

5.9 多塔结构、竖向体型收进、悬挑结构

5.9.1 多塔楼结构以及体型收进、悬挑程度超过现行行业标准《高层建筑混凝土结构技术规程》JGJ 3 限值的竖向不规则高层建筑结构应遵守本节的规定。

【条文说明】《高层建筑混凝土结构技术规程》JGJ 3—2010 条文说明中指出，规程所指的悬挑结构，一般是指悬挑结构中有竖向承重结构构件的情况。工程中，悬挑结构使上部结构楼层质量大于下部结构，上部外挑结构的质量更多地分布在外围，会使结构整体产生较大的扭转效应，扭转周期较难控制，结构对竖向地震作用较为敏感，结构倾覆力矩增大，单侧悬挑结构更为不利。因此，设计者对其上有、无竖向承重结构构件的悬挑结构均宜考虑其不利影响，适当加强周边框架的抗扭转刚度。

5.9.2 多塔楼结构以及体型收进、悬挑结构等竖向体型突变部位或楼层质量突变部位的楼板宜加强，楼板厚度不宜小于 150mm，宜双层双向配筋，每层每方向的配筋率不宜小于 0.25%。其相邻上、下层的楼板也宜相应加强。

5.9.3 多塔楼高层建筑结构各塔楼的层数、平面和刚度宜接近；塔楼对底盘宜对称布置。上部塔楼结构的综合质心与底盘结构质心的距离不宜大于底盘相应边长的 20%；为减小塔楼和底盘上下刚度偏心差距，可利用裙楼电梯间设置剪力墙。

【条文说明】裙楼增设剪力墙的设置既要考虑侧向刚度在平面分布的均匀适应性，又要考虑侧向刚度沿竖向分布的均匀适应性，宜少不宜多，宜短不宜长。

5.9.4 多塔楼高层建筑结构转换层不宜设置在底盘屋面的上层塔楼内；无法避免时，应专门研究并采取有效的抗震措施。

5.9.5 多塔楼高层建筑结构塔楼中与裙房连接体相连的外围柱、剪力墙，从固定端至裙房屋面上一层的高度范围内，柱纵向钢筋的最小配筋率宜适当提高，柱箍筋宜在裙楼屋面上、下层的范围内全高加密，剪力墙宜设置约束边缘构件；当塔楼结构相对于底盘结构偏心收进时，应加强底盘周边竖向构件的配筋构造措施。

5.9.6 大底盘多塔楼结构，宜按整体和分塔楼计算模型分别验算，整体模型主要计算多塔楼对大底盘结构的影响，分塔模型主要分析各塔楼的变形和受力。配筋宜取二者的较大值。

5.9.7 悬挑结构中悬挑部位应采取降低结构自重的措施，并宜采用冗余度较高的结构形式。

【条文说明】悬挑结构一般竖向刚度较差、结构的冗余度不高，因此需要采取措施降低结构自重、增加结构冗余度，并考虑竖向地震的影响，同时应提高悬挑关键构件的承载力和抗震措施，防止相关部位在竖向地震作用下破坏引起结构的倒塌。

5.9.8 悬挑结构内力和位移计算中，悬挑部位的楼层应考虑楼板平面内的变形，结构分析模型应能反映水平地震对悬挑部位可能产生的竖向振动效应。

【条文说明】悬挑结构上下层楼板承受较大的面内作用，在结构分析时应考虑楼板面内的变形，分析模型应包括竖向振动的质量，保证分析结果能反映结构的竖向振动反应。必要时尚应考虑活荷载不利布置的影响。

5.9.9 7（0.15g）、8、9 度抗震设计时，悬挑结构应考虑竖向地震的影响；6、7（0.10g）度抗震设计时，悬挑结构宜考虑竖向地震的影响。竖向地震应采用时程法或竖向反应谱法进行分析，并应考虑竖向地震为主的荷载组合。

5.9.10 悬挑结构的关键构件以及与之相邻的主体结构关键构件的抗震等级宜提高一级采用，已为特一级时，允许不再提高。

5.9.11 在预估的罕遇地震作用下，悬挑结构关键构件的承载力宜符合不屈服的要求。

5.9.12 体型收进高层建筑结构、底盘高度超过房屋高度 20%的多塔楼结构的设计应符合下列要求：

1. 体型收进处宜采取措施减小结构刚度变化，上部收进结构的底部楼层层间位移角不宜大于相邻下部区段最大层间位移角的 1.15 倍。

2. 体型收进部位上、下各 2 层塔楼周边竖向结构构件的抗震等级宜提高一级采用，当收进部位的高度超过房屋高度的 50%时，应提高一级采用，已为特一级时，允许不再提高。

3. 结构偏心收进时，应加强下部 2 层结构周边竖向构件的配筋构造措施。

5.10 异形柱结构

5.10.1 异形柱结构指竖向承重柱以异形柱为主的结构。结构形式可采用框架结构或框架-剪力墙结构。

5.10.2 异形柱指几何形状为 L、T、十、Z 字形截面的柱，其肢厚不小于 200mm，肢高与肢厚之比不大于 4，肢长不应小于 450mm。对 Z 形柱，其腹板净高不应小于 200mm。

5.10.3 异形柱结构房屋适用的最大高度应符合现行行业标准《混凝土异形柱结构技术规程》JGJ 149 的规定。

5.10.4 异形柱结构平面布置宜简单规则、均匀对称，竖向刚度宜沿高度均匀变化，避免错层、过大的外挑或内收。异形柱截面肢厚中心线宜与框架梁及剪力墙中心线对齐。

5.10.5 异形柱框架结构柱网应双向布置并宜对齐拉通。不应采用单跨异形柱框架结构。

5.10.6 异形柱框架-剪力墙结构的剪力墙间距应符合现行行业标准《混凝土异形柱结构技术规程》JGJ 149 的规定。设计中应根据规定水平力作用下结构底层框架部分承受的倾覆力矩与结构总地震倾覆力矩的比值，确定相应设计方法。

5.10.7 异形柱结构应进行多方向地震作用计算（从 0°起，每间隔 15°，到 90°止，即 2+5 方向）并包络配筋。水平地震作用计算应计入双向水平地震作用下的扭转影响。

异形柱应按双偏压构件计算其正截面承载力。

5.10.8 异形柱结构设计时，可采取下列措施提高节点承载力：

1. 加大柱截面，减小柱轴压比。

2. 建筑允许的前提下加宽梁截面、梁端加水平腋或将节点区改为矩形截面，增加节点约束。

3. 采用纤维混凝土节点或钢纤维混凝土节点，提高节点承载力。

5.10.9 异形柱结构梁柱配筋设计时，应注意钢筋排放，尤其是梁柱节点区。钢筋接头应避开节点区，确保钢筋净距和节点区浇筑质量满足要求。

5.11 混合结构

5.11.1 本节规定的混合结构，指由外围钢框架或型钢混凝土、钢管混凝土框架与钢筋混凝土核心筒所组成的框架-核心筒结构，以及由外围钢框筒或型钢混凝土、钢管混凝土框筒与钢筋混凝土核心筒所组成的筒中筒结构。

5.11.2 抗震设防类别乙、丙类混合结构高层建筑适用的最大高度应符合表5.11.2的规定。

混合结构高层建筑适用的最大高度（m） **表5.11.2**

结构体系		抗震设防烈度				
		6度	7度	8度		9度
				0.2g	0.3g	
框架-核心筒	钢框架-钢筋混凝土核心筒	200	160	120	100	70
	型钢(钢管)混凝土框架-钢筋混凝土核心筒	220	190	150	130	70
筒中筒	外钢筒-钢筋混凝土核心筒	260	210	160	140	80
	型钢(钢管)混凝土外筒-钢筋混凝土核心筒	280	230	170	150	90

注：平面和竖向均不规则的结构，最大适用高度应适当降低。

5.11.3 混合结构高层建筑的高宽比不宜大于表5.11.3的规定。

混合结构高层建筑适用的最大高宽比 **表5.11.3**

结构体系	抗震设防烈度		
	6度、7度	8度	9度
框架-核心筒	7	6	4
筒中筒	8	7	5

5.11.4 混合结构房屋应根据设防类别、烈度、结构类型和房屋高度采用不同的抗震等级，并应符合相应的计算和构造措施要求。丙类建筑混合结构的抗震等级应按表5.11.4确定。钢结构构件抗震等级，抗震设防烈度为6、7、8、9度时应分别取四、三、二、一级。

5.11.5 混合结构在风荷载及多遇地震作用下按弹性方法计算的最大层间位移与层高的比值，在罕遇地震作用下结构的弹塑性层间位移，均应符合现行行业标准《高层建筑混凝土结构技术规程》JGJ 3的有关规定。

钢-混凝土混合结构抗震等级　　表 5.11.4

结构类型		抗震设防烈度						
		6 度		7 度		8 度		9 度
房屋高度(m)		≤150	>150	≤130	>130	≤100	>100	≤70
钢框架-钢筋混凝土核心筒	钢筋混凝土核心筒	二	一	一	特一	一	特一	特一
型钢(钢管)混凝土框架-钢筋混凝土核心筒	钢筋混凝土核心筒	二	二	二	一	一	特一	特一
	型钢(钢管)混凝土框架	三	二	二	一	一	一	一
房屋高度(m)		≤180	>180	≤150	>150	≤120	>120	≤90
钢外筒-钢筋混凝土核心筒	钢筋混凝土核心筒	二	一	一	特一	一	特一	特一
型钢(钢管)混凝土外筒-钢筋混凝土核心筒	钢筋混凝土核心筒	二	二	二	一	一	特一	特一
	型钢(钢管)混凝土外筒	三	二	二	一	一	一	一

注：1. 表中为Ⅱ类场地上建筑的抗震等级。
2. 当房屋高度超过混合结构适用高度时，其抗震等级应另行研究确定。

5.11.6　混合结构框架所承担的地震剪力及抗震措施应符合第 5.5.22 条的规定。

5.11.7　地震设计状况下，型钢（钢管）混凝土构件和钢构件的承载力抗震调整系数 γ_{RE} 可分别按表 5.11.7-1 和表 5.11.7-2 采用。

型钢（钢管）混凝土构件承载力抗震调整系数 γ_{RE}　　表 5.11.7-1

正截面承载力计算				斜截面承载力计算
型钢混凝土梁	型钢混凝土柱及钢管混凝土柱	剪力墙	支撑	各类构件及节点
0.75	0.8	0.85	0.8	0.85

钢构件承载力抗震调整系数 γ_{RE}　　表 5.11.7-2

强度破坏(梁、柱、支撑、节点板件、螺栓、焊缝)	屈曲稳定(柱、支撑)
0.75	0.8

5.11.8　混合结构的钢构件、节点及连接设计应满足本措施第 6 章的相关要求。

5.11.9　混合结构的平面布置应符合下列要求：

1. 平面宜简单、规则、对称、具有足够的整体抗扭刚度，平面宜采用方形、矩形、多边形、圆形、椭圆形等规则平面，建筑的开间、进深宜统一。

2. 筒中筒结构体系中，当外围钢框架柱采用 H 形截面柱时，宜将柱截面强轴方向布置在外围筒体平面内；角柱宜采用十字形、方形或圆形截面。

3. 楼盖主梁不宜支承于核心筒或内筒的连梁上，不能避免时，连梁宜按罕遇地震作用下抗剪不屈服验算，或采用设置型钢梁等有效措施。

5.11.10　混合结构的竖向布置应符合下列规定：

1. 结构的侧向刚度和承载力沿竖向宜均匀变化、无突变，构件截面宜由下至上逐渐减小。

2. 混合结构的外围框架柱沿高度宜采用同类结构构件；当采用不同类型结构构件时，应设置过渡层，且单柱的抗弯刚度变化不宜超过 30%。

3. 对于刚度变化较大的楼层，应采取可靠的过渡加强措施。

4. 钢框架部分采用支撑时，宜采用偏心支撑和耗能支撑，支撑宜双向连续布置；框架支撑宜延伸至基础。

5.11.11 8、9度抗震设计时，应在混凝土筒体四角墙内设置型钢柱；6、7度抗震设计且房屋高度分别大于150m、130m时，宜在混凝土筒体四角墙内设置型钢柱。

5.11.12 混合结构中，外围框架平面内梁与柱应采用刚性连接；进深梁与钢筋混凝土筒体宜铰接，与框架柱宜刚接，当整体抗侧刚度较大且进深梁为钢梁时与框架柱可铰接。

5.11.13 楼盖体系应具有良好的水平刚度和整体性，确保整个抗侧力结构在任意方向水平荷载作用下能协同工作，其布置宜符合下列要求：

1. 楼面宜采用压型钢板现浇混凝土组合楼板、现浇混凝土楼板，楼板与钢梁应可靠连接。

2. 机房设备层、避难层及外伸臂桁架上下弦杆所在楼层的楼板应采用钢筋混凝土楼板，并应采取加强措施。

3. 对于建筑物楼面有较大开洞或为转换楼层时，应采用现浇混凝土楼板；对楼板大开洞部位宜在计算分析的基础上采取适当的加强措施。

5.11.14 当侧向刚度不足时，混合结构可设置刚度适宜的加强层。加强层宜采用伸臂桁架，必要时可配合布置周边带状桁架。加强层设计应符合下列规定：

1. 伸臂桁架和周边带状桁架宜采用钢桁架。

2. 伸臂桁架应与核心筒墙体刚接，上、下弦杆均应延伸至墙体内且贯通，墙体内宜设置斜腹杆；外伸臂桁架与外围框架柱宜采用铰接或半刚接，周边带状桁架与外框架柱的连接宜采用刚性连接。

3. 核心筒墙体与伸臂桁架连接处宜设置构造型钢柱，型钢柱宜至少延伸至伸臂桁架高度范围以外上、下各一层。

4. 当布置有外伸臂桁架加强层时，应采取有效措施减少由于外框柱与混凝土筒体竖向变形差异引起的桁架杆件次内力。

5.11.15 弹性分析时，宜考虑钢梁与现浇混凝土楼板的共同作用，梁的刚度可取钢梁刚度的1.5～2.0倍，但应保证钢梁与楼板有可靠连接。弹塑性分析时，可不考虑楼板与梁的共同作用。

5.11.16 竖向荷载作用计算时，宜考虑钢柱、型钢混凝土（钢管混凝土）柱与钢筋混凝土核心筒竖向变形差异引起的结构附加内力，计算竖向变形差异时宜考虑混凝土收缩、徐变、沉降及施工调整等因素的影响。

5.11.17 当混凝土筒体先于外围框架结构施工时，应要求施工单位根据施工方案分析施工阶段混凝土筒体在风力及其他荷载作用下的受力状态，验算在浇筑混凝土之前外围型钢结构在施工荷载及可能的风荷载用下的承载力、稳定及变形，据此确定钢结构安装与浇筑楼层混凝土的间隔层数。

5.11.18 混合结构在多遇地震作用下的阻尼比可取为0.04；房屋高度超过200m时，阻尼比可取为0.03；当楼盖梁是钢筋混凝土梁时，相应结构阻尼比可增大0.01。风荷载作用下楼层位移验算和构件设计时，阻尼比可取为0.02～0.04；风荷载作用下的舒适度验算时，阻尼比可取为0.01～0.015。

5.11.19 结构内力和位移计算时，设置伸臂桁架的楼层以及楼板开大洞的楼层应考虑楼板平面内变形的不利影响。型钢混凝土柱的上、下延伸段计算模型应按钢筋混凝土构件输入，不应按型钢混凝土构件输入。

5.11.20 型钢混凝土梁、柱、墙中的钢骨应符合下列要求：

1. 型钢混凝土梁、柱、型钢混凝土剪力墙端最小含钢率：抗震等级特一级不宜小于6%，一、二、三级不宜小于4%，四级不宜小于3%；型钢混凝土剪力墙暗柱最小含钢率：抗震等级特一、一、二级不宜小于4%，三、四级不宜小于3%。型钢混凝土梁、柱、墙端柱暗柱含钢率最大含钢率不宜大于15%。

2. 型钢混凝土剪力墙应在楼层处设置暗梁。抗震等级为特一级、一级和二级底部加强部位，暗梁内应配置钢骨，抗震等级二级非底部加强部位和三级底部加强部位，暗梁内宜配置钢骨，与暗柱内钢骨组成框架；其他情况可设置钢筋混凝土暗梁。

3. 钢骨的混凝土保护层厚度，梁不宜小于120mm，墙不宜小于150mm，柱不宜小于200mm。

4. 型钢混凝土构件中钢板件的宽厚比应符合现行行业标准《组合结构设计规范》JGJ 138的有关规定。

5. 型钢框架梁、转换梁、悬挑梁中型钢上翼缘应设置栓钉；房屋的底层、顶层，嵌固端、加强层和转换层及其上下各一层，型钢混凝土与钢筋混凝土或钢转换层的型钢混凝土柱、墙应设置栓钉；埋入式柱脚及其上一层的型钢混凝土柱、墙也应设置栓钉；剪力墙洞口连梁中配置的型钢腹板或钢板两侧应设置栓钉；钢板混凝土剪力墙的钢板两侧和端部型钢翼缘应设置栓钉；带钢斜撑混凝土剪力墙中钢斜撑全长范围和横梁端1/5跨度范围的型钢翼缘部位应设置栓钉。

6. 型钢框架梁、转换梁、悬挑梁和型钢柱、墙的抗剪栓钉的直径规格宜选用19mm和22mm，其长度不宜小于4倍栓钉直径，水平和竖向间距不宜小于6倍栓钉直径且不宜大于200mm。栓钉中心至型钢翼缘边缘距离不应小于50mm，栓钉顶面的混凝土保护层厚度不宜小于15mm。

7. 型钢柱的翼缘与竖向腹板间连接焊缝宜采用坡口全熔透焊缝或部分熔透焊缝。在型钢梁柱节点区及梁翼缘上下各500mm范围内应采用一级坡口全熔透焊缝；在高层建筑底部加强区全高范围应采用一级坡口全熔透焊缝。对钢结构的加工深化图的连接构造也宜进行相应的检查。

8. 型钢梁受拉轴力时，连接螺栓应考虑竖向和水平的组合力，垫板应选用整体式。

9. 叠合柱对特一级框架，钢管混凝土的套箍指标不宜小于0.6，含管率不宜小于4%；对一、二级框架，钢管混凝土的套箍指标不宜小于0.5，含管率不宜小于3%。

【条文说明】按混合结构设计的型钢混凝土构件，由于其结构适用高度、构件构造措施等均不同于钢筋混凝土结构，应满足其最小含钢率的要求；按钢筋混凝土结构、构造设计的构件仅作为构造措施配置的型钢可不受此限制。当含钢率大于15%时，应增加箍筋、纵向钢筋的配筋量，并宜通过试验进行专门研究，确定其作为组合构件的承载力、变形和延性。

为保证施工的可行性，对于以改善构件抗震性能为主要目的的型钢混凝土构件，宜适当增大其混凝土保护层厚度，采用的板件宽厚比也宜适当减小。对楼层剪力不均匀变化的楼层柱、墙均宜设置栓钉。

5.11.21　当楼面梁为钢梁时，次梁宜按组合梁设计，按计算设置栓钉。当不考虑次梁和框架梁为组合梁时，在楼板与钢梁接触面处仍应设置构造栓钉。

5.11.22　组合型钢次梁栓钉直径可根据板跨按表5.11.22选用。但其间距不应大于混凝土翼板厚度 h_c 的3倍，且不大于300mm，栓钉外侧与钢梁翼板边之间的距离不应小于20mm。如图5.11.22（*a*）、（*b*）、（*c*）所示。栓钉顶面的混凝土保护层厚度不应小于15mm。栓钉外侧与混凝土翼板边之间的距离不应小于100mm。

栓钉直径与板跨关系表　　**表5.11.22**

板跨(m)	<3.0	3.0～6.0	>6.0
栓钉直径(mm)	13～16	16～19	19

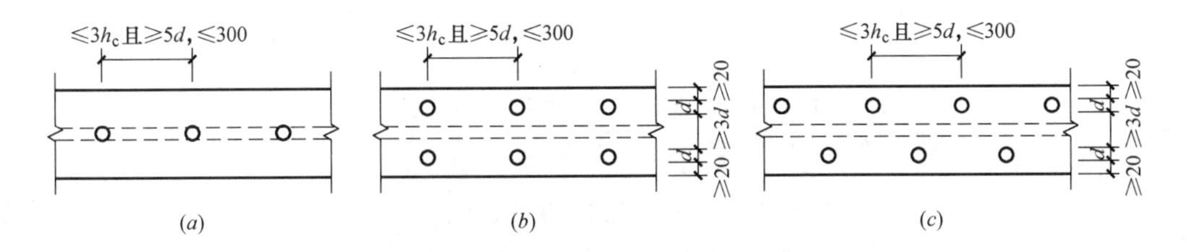

图5.11.22　梁翼缘上栓钉的排列

（*a*）单排栓钉；（*b*）双排栓钉对称布置；（*c*）双排栓钉错位布置

5.11.23　钢筋桁架楼承板的选用应进行施工和使用两阶段设计。单向连续板的支座负筋、简支或连续双向板垂直于钢筋桁架方向的板底钢筋及双向支座负筋均应按计算确定。组合楼盖的设计应符合现行国家标准《混凝土结构设计规范》GB 50010和其他相关标准的规定，其混凝土强度等级不宜低于C25。

5.11.24　楼板开大洞、狭长板带，整体计算中应考虑楼板变形的内力和位移计算，并对楼板进行应力分析，必要时采取设置刚性水平支撑等加强措施，有效地传递水平力。

5.11.25　型钢混凝土柱SRC与钢筋混凝土柱RC的过渡层宜采用下列措施：

1. 过渡层宜不少于两层，可采用型钢壁厚减薄、增加钢筋芯柱加焊接封闭箍筋等措施。型钢延伸段长度不宜小于一层层高。

2. 钢筋混凝土柱的首层应设置芯柱，且应沿柱全长加密型钢混凝土柱箍筋或在型钢混凝土部分设置X形交叉钢筋等。

【条文说明】SRC-RC竖向混合结构过渡柱是从SRC柱到RC柱的转换构件，地震中容易成为整个混合结构的薄弱环节，并导致薄弱层出现，其受力性能直接影响建筑结构的抗震安全。由于型钢的局部存在，转换柱容易产生RC短柱的剪切破坏，破坏主要集中在RC部分。为保证转换柱具有良好的抗震性能，应采取构造措施控制剪切裂缝的发展，避免剪切破坏，提高构件的变形能力。

3. 柱过渡层底部一定范围内型钢的翼缘也可狗骨式削减，或将型钢腹板延伸至柱顶部，也可二者兼有之，如图5.11.25-1所示。

【条文说明】为了避免剪切破坏，提高抗震延性，削弱翼缘促使构件发生弯曲破坏。此外将型钢腹板延伸至柱顶部，腹板能够承担大部分剪力，可以延缓剪切裂缝的出现和发展，保证混凝土的整体性，提升截面的转动能力。

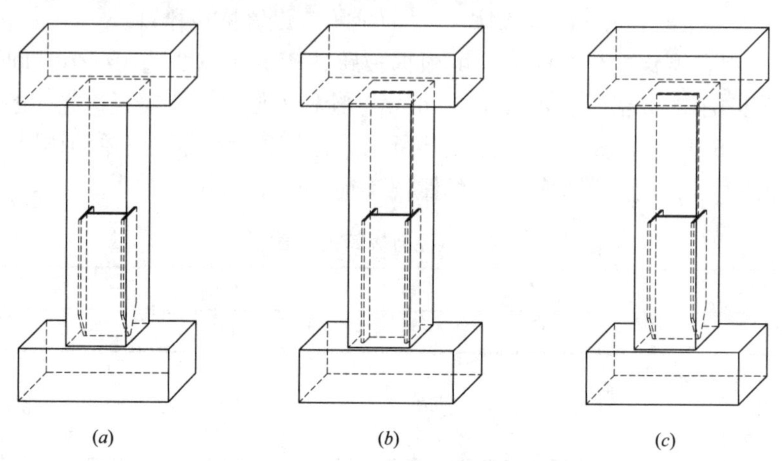

图 5.11.25-1　型钢混凝土柱与钢筋混凝土柱的过渡
（*a*）形式一；（*b*）形式二；（*c*）形式三

4. 部分过渡层的中柱可采用中间过渡法；边柱、角柱因为在地震作用下可能受到较大的反复拉、压作用，宜采用整层过渡法，以实现强度和刚度的均匀过渡及合理分配，也可采用先收中柱最后收角柱的混合过渡法。如图 5.11.25-2 所示。

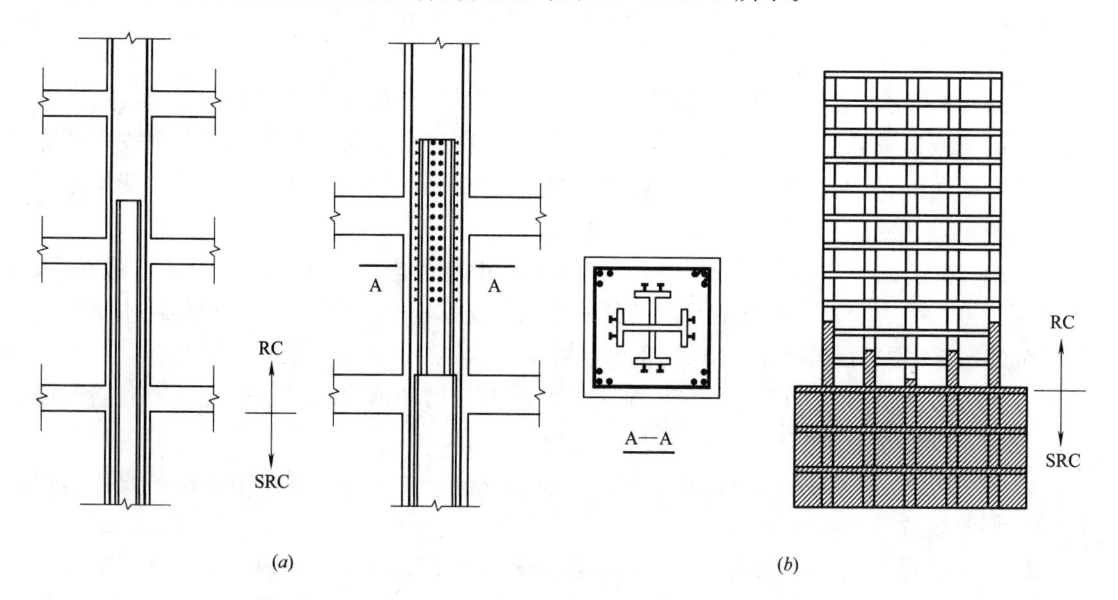

图 5.11.25-2　中间过渡法与混合过渡法
（*a*）型钢柱过渡方法；（*b*）混合过渡法示意图

5.11.26　型钢梁、柱中的型钢、纵向钢筋、箍筋等的构造应符合现行行业标准《高层建筑混凝土结构技术规程》JGJ 3 和《组合结构设计规范》JGJ 138 的有关规定。梁柱纵向钢筋的直径和位置应预先考虑型钢的影响，宜将 2/3 以上的纵向钢筋直接绕过型钢，少于1/3纵向钢筋需与钢构件连接时，可采用连接板或可焊接机械连接套筒。可焊接机械连接套筒的抗拉强度不应小于连接钢筋抗拉强度标准值的1.1倍，可焊接机械连接套筒与钢构件应采用等强焊接并在工厂完成。连接板与钢构件、钢筋的连接也应采用等强连接。

5.11.27　可焊接机械连接套筒与钢构件的焊接应采用熔透焊缝与角焊缝的组合焊缝（图5.11.27），组合焊缝的焊缝高度应按计算确定，角焊缝高度不小于坡口深度加1mm。当在钢构件上焊接多个可焊接机械连接套筒时，其净距不应小于30mm，且不应小于连接器外直径。

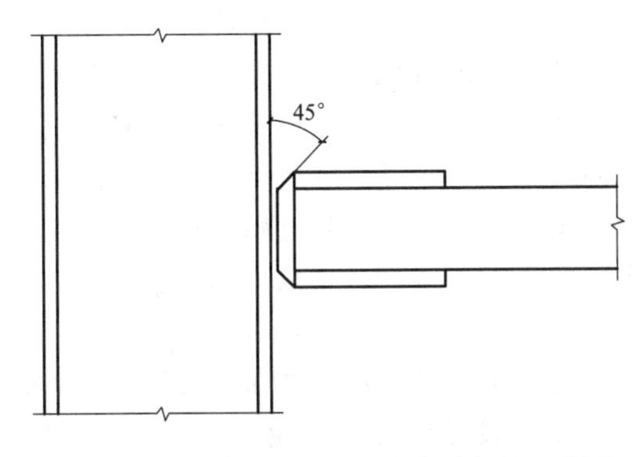

图5.11.27　可焊接机械连接套筒焊接示意图

5.11.28　混合结构柱脚设计应符合下列要求：

1. 柱脚应采用刚性柱脚，且宜优先采用埋入式柱脚。当只有一层地下室时，柱内型钢宜埋入基础。

2. 柱脚应进行受压、受弯、受剪和局部承压承载力计算。钢柱、型钢混凝土柱和钢管混凝土柱柱脚的计算和构造要求宜按现行行业标准《组合结构设计规范》JGJ 138执行，且采用埋入式柱脚的钢柱、型钢混凝土柱和矩形钢管混凝土柱，柱脚的埋入深度不应小于H型钢截面高度的2倍，箱形截面高度的2.5倍，采用埋入式柱脚的圆形钢管混凝土柱，柱脚的埋入深度不应小于钢管直径的3倍。

3. 型钢混凝土柱和钢管混凝土柱采用埋入式柱脚时，型钢、钢管与底板的连接焊缝宜采用坡口全熔透焊缝，焊缝等级不低于二级。

5.12　预应力混凝土结构

5.12.1　预应力混凝土结构应根据预应力混凝土构件的受力特点，选择合理的设计方法和施工工艺。

【条文说明】在预应力混凝土构件设计前，应首先明确采用预应力设计的目的，然后根据不同的目的确定合理的设计方法和施工工艺，如：先张法、后张法；有粘结预应力、无粘结预应力；部分预应力、全预应力；体内预应力、体外预应力等。在工厂里面预先制作的预制构件，如路桥中的预制梁，为便于规模化、标准化、工业化，一般采用先张法张拉工艺。超长的体育场馆、机场、会展等建筑中，为了抵抗混凝土收缩和徐变以及温度变化的影响在楼板中施加预应力时，由于楼板构件较薄，一般采用无粘结张拉工艺。在环境类别为三类及更恶劣条件下的腐蚀性环境中，如要求构件受拉边缘不出现拉应力，可采用全预应力的预应力设计方法。为了提高已有构件的承载力，减小构件在正常使用中的变形和裂缝宽度，可采用体外预应力进行加固。

5.12.2 预应力钢筋线形布置宜与结构受力一致。当预应力筋通过或锚固在柱、墙中时，墙柱竖向钢筋宜尽量避让预应力筋，预应力筋宜避让水平构件（次梁、框架梁）钢筋。

【条文说明】预应力筋合理的线形布置是一个综合性问题，应考虑的内容包括：结构的受力特点，预应力损失情况；一端还是两端的张拉方式，是否有采用两端张拉的操作空间；是否分段张拉，由于分段张拉就可能多用锚具，分段张拉是否经济等。一跨内预应力筋线形可以布成直线、曲线等，如受均布荷载的简支梁可布置成抛物线形，承受负弯矩的梁预应力筋可以布置成四段抛物线形。多跨连续梁应考虑远离张拉端的跨内预应力损失不宜过大，可以采用不同曲率的线形组合。后张有粘结预应力混凝土构件中，如在框架柱支座处，上部非预应力钢筋一般为两个方向，预应力波纹管一般应置于这两个方向钢筋的下方，若支座处为预应力钢筋的张拉端和锚固端，还应考虑预应力筋锚垫板的位置以及放置预应力钢筋的间接钢筋（如螺旋筋）的空间，并在配筋图或大样图中明确表示。

5.12.3 预应力混凝土结构设计应计入预应力作用效应，超静定结构中相应的次弯矩、次剪力及次轴力等应参与组合计算，并应符合下列规定：

1. 对承载能力极限状态，当预应力作用效应对结构有利时，预应力作用分项系数 γ_P 应取≤1.0，不利时 γ_P 应取 1.3；

2. 结构重要性系数 γ_0 在持久设计状况和短暂设计状况下，对安全等级为一级的结构构件不应小于 1.1；对安全等级为二级的结构构件不应小于 1.0；对安全等级为三级的结构构件不应小于 0.9。对地震设计状况下应取 1.0。

【条文说明】超静定预应力结构应充分考虑次内力（次弯矩、次剪力、次轴力及次扭矩）的影响，其计算模型应采用空间整体有限元计算模型，不宜采用单榀简化模型，以真实反映结构各构件（柱、墙、梁、板）的冗余约束，计算对预应力结构产生的次内力。对与预应力构件相连接的非预应力构件也需考虑次内力的影响。

5.12.4 预应力混凝土结构设计中，应考虑预应力施加顺序与结构施工顺序的关系及其对结构的影响，并应符合以下规定：

1. 应确保预加力能有效地施加到预应力结构构件中，必要时应采取设置后浇带等措施减少竖向构件或相邻结构对预加力的阻碍作用，并尽量避免对非预应力构件的不利影响。

2. 对于超静定结构，应考虑预应力次内力的影响。

3. 应结合结构施工顺序进行施工阶段验算。

4. 应进行正常使用极限状态验算。

【条文说明】参照《全国民用建筑设计技术措施—结构（混凝土结构）(2009)》，预应力混凝土超静定结构设计计中，应考虑施工现场情况（如后浇带外的结构单元在施工阶段可能对施工预应力结构单元的影响）、施工顺序（如后施加预加力的结构单元可能对先施加的结构单元产生次内力等）等影响。

5.12.5 预应力混凝土构件的混凝土等级不应低于 C40。

【条文说明】现行国家标准《混凝土结构设计规范》GB 50010 规定预应力混凝土等级不宜低于 C40，且不应低于 C30；四川省工程建设地方标准《预应力结构设计与施工技术规程》DBJ 51/T 031—2014 明确要求后张混凝土等级不应小于 C40。

5.12.6 后张法现浇混凝土梁中预留孔道净间距在竖直方向不应小于孔道外径，水平方向不宜小于 1.5 倍孔道外径，且不应小于粗骨料粒径的 1.25 倍；从孔道外壁至构件边缘的净间距，梁底不宜小于 50mm，梁侧不宜小于 40mm，裂缝控制等级为三级的梁，梁底、梁侧分别不宜小于 60mm 和 50mm。

5.12.7 现浇预应力结构计算时应考虑楼板的翼缘作用，翼缘宽度可以按现行国家标准《混凝土结构设计规范》GB 50010 的有关规定取值。

【条文说明】在施工阶段和正常使用状态验算时，预应力结构基本上处在弹性状态上，应考虑楼板翼缘的作用。

5.12.8 抵抗地震作用的构件、大跨构件、长悬臂梁、腐蚀环境构件，应采用有粘结预应力筋；仅抵抗温度作用时，可采用无粘结预应力筋。

5.12.9 后张有粘接预应力混凝土框架的抗震构造，除应符合钢筋混凝土的要求外，尚应符合以下规定：

1. 预应力混凝土框架梁端截面，计入纵向受压钢筋的混凝土受压区高度应符合下列要求，且按普通钢筋受拉强度设计值换算的全部纵向受拉钢筋配筋率不宜大于 2.5%。

一级抗震等级　　$x \leqslant 0.25h_0$

二、三级抗震等级　　$x \leqslant 0.35h_0$

2. 在预应力混凝土框架梁中，应采用预应力筋和非预应力筋混合配筋的方式，梁端截面配筋宜符合下列要求：

$$A_s \geqslant \alpha \left(\frac{f_{py} h_p}{f_y h_s}\right) A_p \tag{5.12.9-1}$$

式中：α——框架梁端普通钢筋配筋系数，应按表 5.12.9 取值；

h_p——纵向受拉预应力钢筋合力点至构件截面受压边缘的距离；

h_s——纵向受拉非预应力钢筋合力点至构件截面受压边缘的距离。

框架梁端普通钢筋配筋系数　　**表 5.12.9**

结构类型＼抗震等级	一级	二、三级
框架结构	2/3	1/3
框-剪(或核心筒)结构中的框架	3/7	1/4

3. 预应力混凝土框架梁端截面的底部和顶部纵向非预应力钢筋截面面积的比值，除满足计算要求外，一级抗震等级不应小于 0.5/(1−λ)，二、三级抗震等级不应小于 0.3/(1−λ)，且框架梁端底面纵向普通钢筋配筋率不应小于 0.2%。λ 为预应力强度比，按下式计算：

$$\lambda = \frac{f_{py} A_p h_p}{f_{py} A_p h_p + f_y A_s h_s} \tag{5.12.9-2}$$

4. 当计算预应力混凝土框架柱的轴压比时，轴向压力设计值应取柱组合的轴向压力设计值加上预应力筋有效预加力的设计值。

5. 预应力混凝土框架柱的箍筋宜全高加密。在恒载作用下的大偏心受压构件可采用非对称配筋方式，在截面受拉较大的一侧配置预应力筋和普通钢筋的混合配筋，另一侧仅配置普通钢筋。

6. 后张预应力筋的锚具、连接器不宜设置在梁柱节点核心区和梁塑性铰区内。

【条文说明】以上两条引自国家标准《混凝土结构设计规范》GB 50010—2010。在四川省工程建设地方标准《预应力结构设计与施工技术规程》DBJ51/T 031—2014 中规定，地震区框架结构中不宜采用全预应力柱。

5.12.10 有粘结预应力混凝土裂缝宽度计算时，受拉区纵向钢筋的等效应力按如下公式计算：

1. 轴心受拉构件

$$\sigma_{sk}=\frac{N_k+N_2-N_{p0}}{A_p+A_s} \tag{5.12.10-1}$$

2. 受弯构件

$$\sigma_{sk}=\frac{M_k\pm M_2-N_{p0}(z-e_p)+N_2\left(z-\frac{h}{2}+a\right)}{(A_p+A_s)z} \tag{5.12.10-2}$$

$$z=\left[0.87-0.12(1-\gamma_f')\left(\frac{h_0}{e}\right)^2\right]h_0 \tag{5.12.10-3}$$

$$e=\frac{M_k\pm M_2+N_{p0}e_p+N_2\left(\frac{h}{2}-a\right)}{N_{p0}+N_2} \tag{5.12.10-4}$$

$$\gamma_f'=\frac{(b_f'-b)h_f'}{bh_0} \tag{5.12.10-5}$$

式中：A_s——受拉区纵向普通钢筋截面面积：对轴心受拉构件，取全部纵向普通钢筋截面面积；对偏心受拉构件，取受拉较大边的纵向普通钢筋截面面积；对受弯构件，取受拉区纵向普通钢筋截面面积；

A_p——受拉区纵向预应力钢筋截面面积：对轴心受拉构件，取全部纵向预应力钢筋截面面积；对受弯构件，取受拉区纵向预应力钢筋截面面积；

N_{p0}——计算截面上混凝土法向预应力等于零时预应力筋及普通钢筋的合力；

M_k——按荷载标准组合计算的弯矩值；

N_k——按荷载标准组合计算的轴向力值；

M_2——由预加力在预应力混凝土超静定结构中产生的次弯矩，与 M_k 的作用方向相同时取加号；

N_2——由预加力在预应力混凝土超静定结构中产生的次轴力，与 N_{p0} 的作用方向相反时取加号；

z——受拉区纵向普通钢筋和预应力钢筋合力点至截面受压区合力点的距离；

e——轴向压力作用点至纵向受拉钢筋合力点的距离；

e_p——计算截面上混凝土法向预应力等于零时的预加力 N_{p0} 的作用点至受拉区纵向预应力筋和普通钢筋合力点的距离；

γ'_f——受压截面面积与腹板有效截面面积的比值；

b'_f、h'_f——受压翼缘的宽度、高度，当 $h'_f > 0.2h_0$ 时，取 $h'_f = 0.2h_0$。

【条文说明】公式（5.12.10-1）、（5.12.10-2）引自国家标准《预应力混凝土结构设计规范》JGJ 369—2016，国家标准《混凝土结构设计规范》GB 50010—2010 关于预应力混凝土构件受拉区纵向钢筋的等效应力计算适用于静定构件，但对于超静定构件，公式（5.12.10-1）、（5.12.10-2）更合理。在部分预应力混凝土结构构件设计中，对于正常使用状态下允许出现裂缝的构件，需验算在标准荷载组合作用下的裂缝宽度。目前对部分预应力混凝土构件的裂缝宽度估算，常用的方法主要有：1）利用规范公式，直接验算裂缝宽度；2）计算构件边缘的名义拉应力，间接验算裂缝宽度；3）简化计算受拉区纵向钢筋等效应力，间接验算裂缝宽度。名义拉应力计算简便，很受工程设计人员欢迎，但受非预应力筋配筋率、混凝土强度等级、钢筋直径、预应力度、截面高度等因素的影响，还没有形成统一的指标标准。

四川省工程建设地方标准《预应力结构设计与施工技术规程》DBJ 51/T 031—2014 中关于简化计算受拉区纵向钢筋等效应力法有如下规定：有粘结预应力混凝土结构构件，当最大裂缝宽度限值 $\omega_{max}=0.2mm$，且有粘结预应力受弯构件中受拉区纵向钢筋的等效应力 σ_{sk} 不大于 180MPa 时，可不进行裂缝宽度验算。σ_{sk} 可按下式计算：

$$\sigma_{sk}=\frac{M_k-0.75M_{cr}}{0.87h_0(A_p+A_s)} \tag{5.12.10-6}$$

$$M_{cr}=(\sigma_{pc}+\gamma f_{tk})W \tag{5.12.10-7}$$

式中：M_{cr}——受弯构件正截面的开裂弯矩值；

σ_{pc}——扣除全部预应力损失后，由预加力在开裂验算边缘产生的混凝土预压应力；

γ——预应力混凝土构件的截面抵抗矩塑性影响系数，应按现行国家标准《混凝土结构设计规范》GB 50010 的有关规定执行；

M_k——标准组合下截面弯矩；

W——毛截面抵抗矩。

5.12.11　预应力非框架梁下部钢筋在支座处应按受拉要求进行构造和锚固。

【条文说明】预应力梁一般在施工阶段，在综合弯矩作用下，支座底部会受拉，所以支座底部钢筋按受拉构造施工。

5.12.12　对有粘结预应力筋，一端张拉的距离宜控制在 20m～35m 且跨数不超过 2 跨范围内，两端张拉的距离宜控制在 35m～50m 范围内，且跨数不超过 4 跨。无粘结预应力筋一端张拉的长度宜不大于 40m。当结构张拉段长度超过时宜采用分段张拉方式。分段张拉预应力筋的连接方法可采用对接法、搭接法和分离法。

5.12.13　超长预应力结构后浇带的设置间距，宜结合预应力筋的布筋和张拉方式综合考虑，宜按照 20m～50m 的分段长度设置后浇带。

5.12.14　在超长预应力结构中，当预应力筋张拉端设在后浇带位置时，后浇带的宽度不宜小于 3m，且应满足钢筋分批搭接的长度要求。

5.12.15　预应力混凝土结构设计施工图中除应表示构件的形状、尺寸、材料等内容外，尚应明确下列事项：

1. 预应力筋的粘结类型及张拉方式；
2. 预应力钢筋品种、规格及质量标准；
3. 张拉锚固体系、锚具规格、质量标准；
4. 预应力筋张拉力或张拉控制应力；
5. 张拉时混凝土强度；
6. 设计时采用的孔道摩阻系数；
7. 预应力筋的张拉顺序；
8. 模板及支撑拆除顺序；
9. 其他应明确的事项。

【条文说明】重要构件宜对第一批预应力损失后的预应力钢筋的有效应力值进行测试。

5.12.16 无粘结预应力混凝土结构设计施工图中除应表示构件的形状、尺寸、材料等内容以及施工要求外，尚应根据构件的耐火等级确定构件混凝土保护层的厚度，以满足防火要求。

6　多高层钢结构

6.1　一般规定

6.1.1　钢材的选用应综合考虑结构的重要性和荷载特征、结构形式和连接方法、受力状态和工作环境、钢材品种和厚度等因素，合理地选用钢材牌号、质量等级及其性能要求，并应在设计文件中完整地注明对钢材的技术要求（如所采用钢材的牌号、等级和对Z向性能的附加要求等）。

6.1.2　多高层钢结构建筑承重构件的钢材宜采用Q355、Q355GJ、Q390、Q420质量等级为B、C、D、E等级的低合金高强度结构钢。其质量标准应分别符合现行国家标准《低合金高强度结构钢》GB/T 1591和《建筑结构用钢板》GB/T 19879的规定。

6.1.3　多高层民用钢结构建筑中的框架梁、柱和抗侧力支撑等主要抗侧力构件，其钢材性能要求尚应符合下列规定：

1. 钢材应有明显的屈服台阶，且伸长率不应小于20%；
2. 钢材的屈服强度实测值与抗拉强度实测值的比值不应大于0.85；
3. 抗震等级为三级及以上的高层民用建筑钢结构，其主要抗侧力构件所用钢材应具有与其工作温度相应的冲击韧性合格保证。

6.1.4　结构的平面宜简单规整对称，使各层的侧向刚度中心与水平作用的合力中心重合或接近，竖向各层刚度中心在同一直线上或接近同一直线，宜避免采用不规则的建筑结构方案。钢结构设计应符合下列各项要求：

1. 结构应满足强柱弱梁、强焊缝弱板件的要求。
2. 应避免塑性铰出现在节点区域内。
3. 当某个部位各构件的承载力均满足2倍地震作用组合下的内力要求时，7～9度地区的构件抗震等级应允许按降低地震烈度一度确定。
4. 高层民用建筑的填充隔墙等非结构构件优先选用轻质板材，并应与主体结构可靠连接。

6.1.5　焊接节点区T形、十字形焊接等形式接头中的钢板，当沿板厚方向承受较大拉力作用（含较高焊接约束拉应力作用）时，该部分钢板应具有厚度方向抗撕裂性能（Z向性能）的合格保证。其沿板厚方向的断面收缩率不应小于现行国家标准《厚度方向性能钢板》GB/T 5313规定的Z15级允许限值。

6.1.6　当所用板材厚度不小于40mm及设计计算需要抗撕裂Z向性能要求时，在设计文件中应注明所选钢材的牌号、等级及Z向性能等级及碳当量要求。沿厚度方向（Z向）性能级别分为Z15、Z25、Z35的钢板，其厚度方向断面收缩率（Ψ_z）分别不应小于15%、25%、35%。

6.1.7 防止层状撕裂的措施：

1. 采用合理的节点构造设计及焊接工艺，以避免或减小板材层状撕裂；

2. 控制钢材的含硫量，各级别Z向性能钢板含硫量应符合表6.1.7的要求；

3. 采用对称多道次施焊、适当小的热输入多道焊接或提高预热温度施焊等合理的焊接工艺。

Z向性能钢板含硫量要求 **表6.1.7**

Z向性能级别	Z15	Z25	Z35
含硫量(%)	＜0.01	＜0.007	＜0.005

6.1.8 当多高层钢结构中的复杂节点不能用一般的板件焊接成形时，可采用铸钢节点。设计时应通过有限元分析控制铸钢节点的应力在较低水平，并合理设计几何造型以避免应力集中。设计文件对铸钢应提出下列要求：

1. 铸钢的屈服强度实测值与抗拉强度实测值的比值不应大于0.85；

2. 铸钢的伸长率不应小于20%；

3. 铸钢应有良好的焊接性和合格的冲击韧性。

6.1.9 在条件许可的情况下，钢结构设计宜尽可能采用高强螺栓连接。

6.1.10 高层民用建筑钢结构承重构件应采用高强度螺栓摩擦型连接。考虑罕遇地震时连接滑移，螺栓杆与孔壁接触，极限承载力按承压型连接计算。

6.1.11 钢结构构件设计应考虑运输及安装的要求。

1. 结构构件的最大轮廓尺寸应不超过铁路或公路运输许可的限界尺寸。通过公路运输时，其外形尺寸应考虑公路沿线的路面至桥涵和隧道的净空尺寸。

2. 构件的重量应根据起重及运输设备所承担的能力确定。

【条文说明】一般情况下，桥涵隧道净空尺寸为：一、二级公路5.0m；三、四级公路4.5m。构件的重量不宜超过15t，最大构件的重量也不宜超过40t。

6.2 结构选型

6.2.1 多高层建筑的钢结构设计，应根据所设计房屋的高度和抗震设防烈度，综合考虑其特点和使用功能、荷载性质、材料供应、制作安装、施工条件等因素，选用抗震和抗风性能好且又经济合理的结构体系。

【条文说明】本章规定同样适用于混合结构的钢结构部分。

6.2.2 多高层钢结构房屋结构形式有框架结构（包括巨型框架结构）、框架—支撑结构（包括框架—中心支撑、框架—偏心支撑和框架—屈曲约束支撑结构）、框架—延性墙板结构、筒体结构等结构体系。

6.2.3 抗震设防烈度为6度至9度的乙类和丙类高层民用建筑钢结构适用的最大高度应符合表6.2.3的规定。

高层民用建筑钢结构最大适用高度（m） **表 6.2.3**

序号	结构体系	抗震设防烈度				
		6度、7度(0.1g)	7度(0.15g)	8度		9度(0.40g)
				(0.20g)	(0.30g)	
1	框架	110	90	90	70	50
2	框架-中心支撑	220	200	180	150	120
3	框架-偏心支撑体系 框架-屈曲约束支撑 框架-延性墙板	240	220	200	180	160
4	筒体(框筒、筒中筒、桁架筒、束筒) 巨型框架	300	280	260	240	180

注：1. 房屋高度指室外地面到主要屋面板板顶的高度（不包括局部突出屋顶部分）；
2. 超过表内高度的房屋，应进行专门研究和论证，采取有效的加强措施；
3. 表内筒体不包括混凝土筒，框架柱包括全钢柱和钢管混凝土柱；
4. 甲类建筑，6、7、8 度时宜按本地区抗震设防烈度提高 1 度后采用本表，9 度时应专门研究。

6.2.4 钢结构民用建筑的高宽比不宜超过表 6.2.4 的规定。

高层钢结构民用建筑适用的最大高宽比 **表 6.2.4**

抗震设防烈度	6、7	8	9
最大高宽比	6.5	6.0	5.5

注：当塔形建筑的底部有大底盘时，高宽比采用的高度可从大底盘的顶部算起。

6.2.5 钢结构建筑应根据设防分类、烈度和建筑高度采用不同的抗震等级，并应符合相应的计算和构造措施要求。丙类建筑的抗震等级按表 6.2.5 确定。对甲类建筑和建筑高度超过 50m，及 9 度地区的乙类建筑应采取更有效的抗震措施。

钢结构房屋的抗震等级 **表 6.2.5**

房屋高度(m)	烈度			
	6	7	8	9
≤50		四	三	二
>50	四	三	二	一

注：1. 一般情况下，构件的抗震等级应与结构相同；当某个部位各构件的承载力均满足 2 倍地震作用组合下的内力要求时，7、8、9 度的构件抗震等级应允许按降低一度确定。
2. 对于复杂、大跨钢结构框架柱，确定其板件宽厚比限值时，抗震等级宜提高 1～2 级，一级时不再提高。
【条文说明】稳定是钢结构的突出问题，其中柱的失稳对结构破坏更加严重，故建议对于复杂、大跨钢结构的框架柱板件宽厚比限值宜达到或接近相连框架梁板件宽厚比的限值要求。

6.2.6 钢结构房屋需要设置防震缝时，框架结构缝宽应不小于钢筋混凝土框架结构缝宽的 2.0 倍，其他结构缝宽应不小于钢筋混凝土框架结构缝宽的 1.5 倍。

【条文说明】1. 防震缝应根据抗震设防烈度、结构类型、结构单元的高度和高差以及可能的地震扭转效应的情况，留有足够的宽度，其两侧的上部结构应完全分开，应满足设防地震作用下不发生碰撞或减轻碰撞引起的局部损坏。

2. 现行国家标准《高层民用建筑钢结构技术规程》JGJ 99 的规定：防震缝的宽度不应小于钢筋混凝土框架结构缝宽的 1.5 倍。根据汶川地震中钢结构建筑位移较大的实际情况，对钢框架结构设置防震缝提出了高于《高层民用建筑钢结构技术规程》JGJ 99 的缝宽要求。

6.2.7 采用框架结构时，甲、乙类建筑和高层的丙类建筑不应采用单跨框架，多层的丙类建筑不宜采用单跨框架。

6.2.8 在正常使用条件下，多高层钢结构房屋应具有足够的刚度，其位移应满足下列要求：

1. 在风荷载或多遇地震标准值作用下，按弹性方法计算的楼层层间最大水平位移与层高的比值不宜大于 1/300；

2. 结构薄弱层或薄弱部位弹塑性层间位移不应大于层高的 1/50。

【条文说明】汶川地震中成都地区高层钢结构建筑摇晃厉害，房屋内的人员无法站立，引起心理恐慌，因此对层间位移角限制提出了比现行规范更高的要求。

6.2.9 钢结构房屋的楼盖应符合下列要求：

1. 宜采用压型钢板、钢筋桁架现浇钢筋混凝土组合楼板，并应与钢梁有可靠连接。

2. 对转换层楼盖、楼板开大洞口及平面不规则薄弱部位等可设置水平支撑。

6.2.10 简支梁上整浇钢筋混凝土楼板时可采用组合梁，应按组合梁计算梁上栓钉数量并满足构造要求。

6.2.11 钢结构房屋的地下室设置应符合下列要求：

1. 设置地下室时，框架-支撑（抗震墙板）结构中竖向连续布置的支撑（抗震墙板）应延伸至基础。

2. 房屋高度超过 50m 的钢结构房屋应设置地下室。其基础埋置深度，当采用天然地基时不宜小于房屋总高度的 1/15；当采用桩基时，桩承台埋深不宜小于房屋总高度的 1/20。

6.2.12 多层钢结构框架应在两向采用刚接连接。6 度设防地区的多层钢框架结构，个别跨间梁柱之间可采用铰接。

6.2.13 抗震等级为一、二级的钢结构房屋，宜设置屈曲约束支撑、带竖缝钢筋混凝土抗震墙板、内藏钢支撑钢筋混凝土墙板、筒体、偏心支撑及设置消能减震措施。

6.2.14 采用框架-支撑结构的钢结构房屋应符合下列规定：

1. 支撑框架在两个方向的布置宜基本对称，支撑框架之间楼盖的长宽比不宜大于 3。

2. 中心支撑框架宜采用交叉支撑［图 6.2.14-1（*a*）］，也可采用人字支撑［图 6.2.14-1（*b*）］或单斜杆支撑［图 6.2.14-1（*c*）］，不宜采用 K 形支撑［图 6.2.14-1（*d*）］；支撑的轴线宜交汇于梁柱构件轴线的交点，偏离交点时的偏心距不应超过支撑杆件宽度的 1/2，并应计入由此产生的附加弯矩。

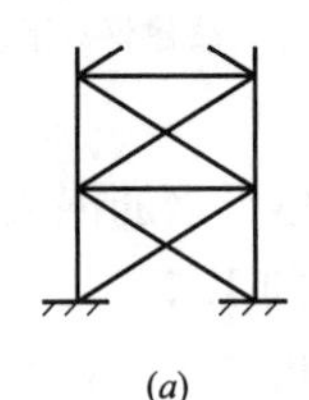
(*a*)

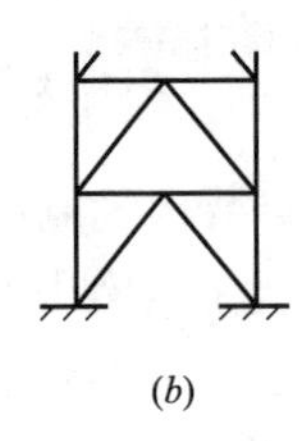
(*b*)

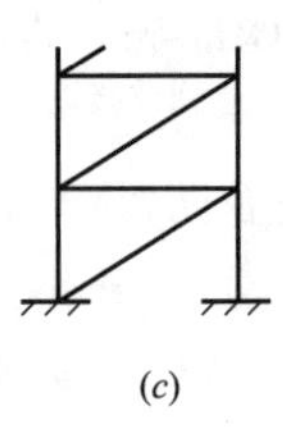
(*c*)

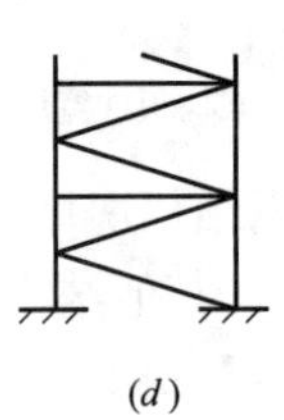
(*d*)

图 6.2.14-1 中心支撑示意图

（*a*）交叉支撑；（*b*）人字形支撑；（*c*）单斜杆支撑；（*d*）K 形支撑

3. 当中心支撑采用只能受拉的单斜杆体系时，应同时设置不同倾斜方向的两组斜杆

(图 6.2.14-2)，且每组中不同方向单斜杆的截面面积在水平方向的投影面积之差不应大于 10%。

4. 采用屈曲约束支撑时，宜采用人字支撑、成对布置的单斜杆支撑等形式，不应采用 K 形或 X 形，支撑与柱的夹角宜在 35°～55°之间。

6.2.15 支撑框架沿结构竖向应连续布置，以使层间刚度变化均匀。

6.2.16 垂直支撑可在地下室顶板处与钢筋混凝土剪力墙连接，其两侧的钢柱与型钢混凝土柱相连后应过渡至基础，垂直支撑处的顶板及梁应考虑拉力的影响。

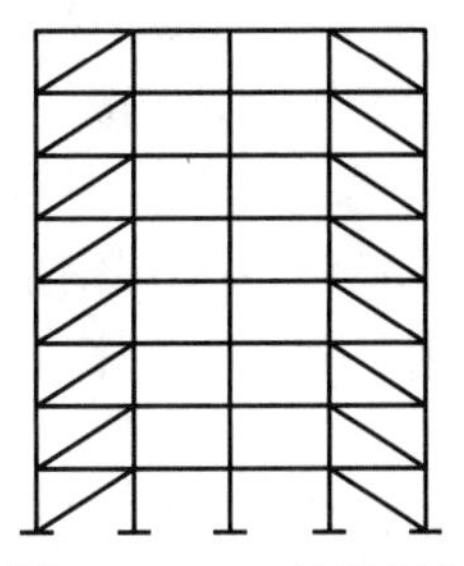

图 6.2.14-2 单斜杆支撑布置示意图

6.2.17 框架梁宜采用热轧窄翼缘 H 型钢或焊接工字型钢；承受扭矩的梁宜采用焊接箱形截面。

6.2.18 支撑斜杆宜采用焊接 H 型钢、轧制 H 型钢或焊接箱形截面。

6.2.19 框架-支撑体系中的支撑可用延性剪力墙板代替，构成框架-剪力墙板结构体系，剪力墙承受水平荷载。延性墙板有以下几种类型：

1. 带纵、横肋的钢板；
2. 内埋人字形钢板支撑的钢筋混凝土墙板；
3. 带竖缝的钢板剪力墙。

6.3 连接节点

6.3.1 高层民用建筑钢结构，构件按多遇地震作用下内力组合设计值选择截面；连接按弹塑性设计，其极限承载力应大于构件的全塑性承载力，且应符合构造措施要求。

6.3.2 高层房屋钢结构构件的连接和节点，除应按地震作用组合进行验算外，尚应进行节点最大承载力的验算。构件及节点计算时所采用的承载力抗震调整系数见表 6.3.2。

承载力抗震调整系数 γ_{RE} 表 6.3.2

构件或节点 / γ_{RE}	梁	支撑、柱	节点及连接螺栓	连接焊缝
层数不超过 12 层的高层房屋	0.75	0.80	0.85	0.90
层数等于或大于 12 层的高层房屋	0.75	0.85	0.90	0.95

【条文说明】1. 仅考虑地震作用竖向效应组合时，其承载力抗震调整系数均取 1.0。

2. 考虑到节点及连接的重要性，同时对大于 12 层的高层房屋，均适当增大了抗震调整系数。

6.3.3 框架梁与柱的连接宜采用翼缘焊接和腹板高强度螺栓连接的形式，也可采用全焊接连接。一、二级时梁与柱宜采用加强型连接或骨式连接。

6.3.4 框架梁与 H 形柱（绕强轴）刚性连接以及梁与箱形柱或圆管柱刚性连接时，弯矩由梁翼缘和腹板受弯区的连接承担，剪力由腹板受剪区的连接承担。

6.3.5 当梁中存在轴力时，该梁应按柱进行设计复核，考虑平面内、外的稳定性，梁柱连接（焊缝、螺栓）的设计中，应考虑轴力的影响。

【条文说明】当与斜柱相交时，梁中存在轴力。连接设计应考虑，保证安全。

6.3.6 多高层钢结构中，当采用带悬臂梁段的刚性连接时，H形悬臂梁段在工厂采用翼缘全熔透坡口焊，腹板采用双面贴角焊与柱相连；箱形梁全部采用全熔透坡口焊与柱相连。

6.3.7 悬臂梁段与中间区段梁的连接，通常翼缘采用坡口全熔透焊，腹板采用高强度螺栓摩擦型连接的方式，有轴力时应考虑轴力的影响；梁的拼接点应避开塑性区，放在距柱边1/10跨长或2倍梁高范围之外，尚应考虑运输的因素。

【条文说明】1.《高层民用建筑钢结构设计技术规程》JGJ 99—2015第8.5.3条规定：抗震设计时，梁的拼接采用考虑轴力的影响。

2. 当梁上设置栓钉与钢筋混凝土楼板或组合楼板有可靠连接时，柱带悬臂梁段的梁拼接设计一般不考虑梁的轴力影响；腹板拼接板及每侧的高强度螺栓，按拼接处的弯矩和剪力设计值计算。实用上当梁高不大于600mm时，腹板拼接板及连接螺栓可不考虑弯矩影响，腹板拼接板及每侧的高强度螺栓按拼接处的1.2倍剪力设计值计算；梁高大于600mm时，腹板拼接板及每侧的高强度螺栓承受拼接截面的全部剪力及按刚度分配到腹板上的弯矩计算。

3. 罕遇地震时通常距梁端不远处将进入塑性区，其对接焊缝的轴向承载力不能满足需大于梁翼缘板的轴向承载力要求，因此梁工地拼装点应避开塑性区，将拼接点放在距1/10跨长或两倍梁高范围之外。

6.3.8 框架梁与柱刚性连接时，应在梁上下翼缘处设置强度不低于梁翼缘的水平隔板，隔板厚度不得小于相连梁中较厚翼缘的厚度加2mm，其外侧应与梁翼缘外侧对齐。水平加劲肋与柱腹板的焊接采用坡口全熔透焊缝时，一般情况下可不进行焊缝强度验算。

6.3.9 箱形截面柱或圆形柱工地接头应全部采用焊接（图6.3.9）。下柱上端应设置隔板，与柱口齐平，厚度不宜小于16mm，其边缘应与柱口截面一齐刨平，使上柱口的焊接垫板与下柱有一个良好的接触面。上柱一般距柱底200mm处设横隔板，厚度通常为10mm，以防止运输和焊接时变形，当柱内需要浇灌混凝土时，盖板及横隔板应开设洞口。

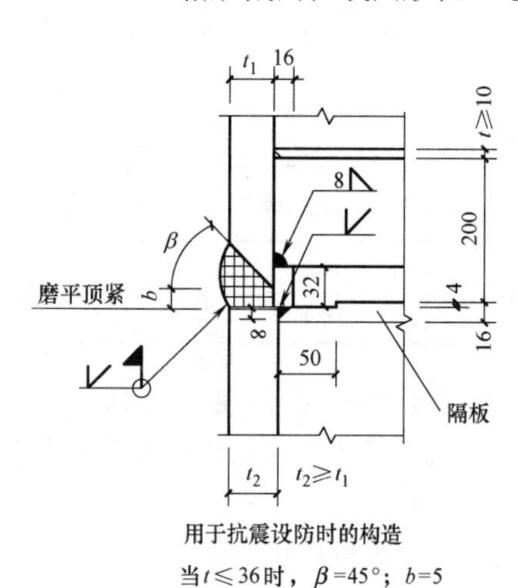

图6.3.9 箱形柱工地拼接焊缝

6.3.10 梁与H形柱双向刚性连接时，弱轴方向加劲肋应伸至柱翼缘以外75mm，并以变宽形式伸至梁翼缘，与梁翼缘用全熔透对接焊缝连接。加劲肋应两面设置，翼缘加劲肋不应小于梁翼缘厚度加2mm，无梁外侧加劲肋厚度可取翼缘厚度。梁腹板与柱连接板用高强螺栓连接。

6.3.11 当框架梁采用带悬臂梁段与箱形柱或圆形柱刚性连接时，可采用弧形外隔板方式。外隔

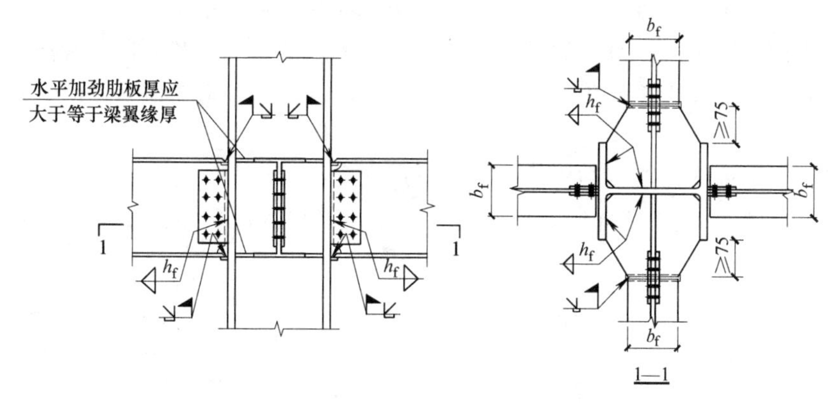

图 6.3.10 梁与 H 形柱刚性连接

板与梁相交处圆滑过渡，外隔板最小宽度 b_S 不应小于梁翼缘宽度的 0.7 倍，当钢管柱应力值较大时宜采用有限元分析补充确定；外隔板上下翼缘之间宜设加劲肋，加劲肋厚度不宜小于 8mm。

1. 梁与箱形柱刚性连接如图 6.3.11-1 所示。

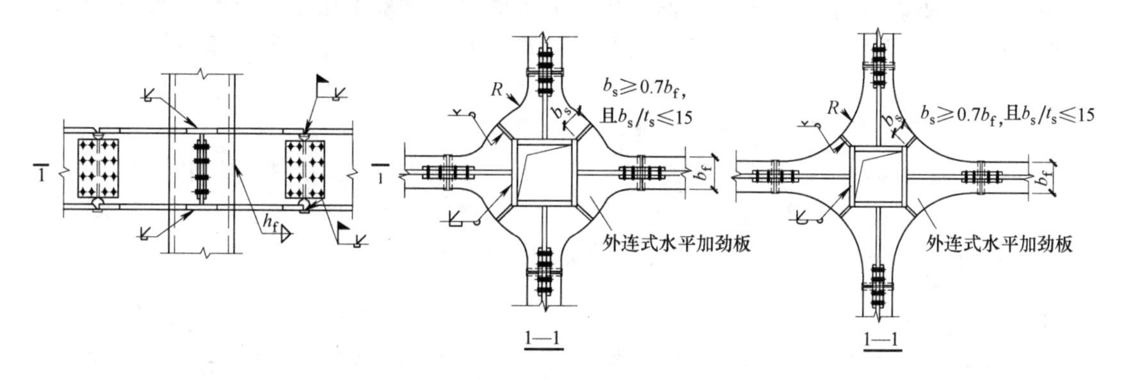

图 6.3.11-1 梁与箱形柱刚性连接

2. 梁与圆形柱刚性连接如图 6.3.11-2 所示。

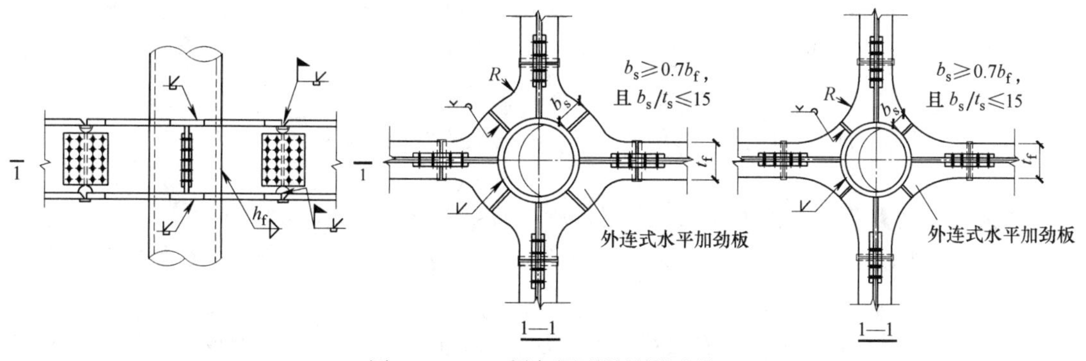

图 6.3.11-2 梁与圆形柱刚性连接

【条文说明】王立维等在《圆钢管框架柱与 H 形钢梁连接的节点构造研究》中指出：外环板的形状最好采用平滑过渡的弧形环板，避免采用圆形和菱形环板，圆形和菱形环板在拐点处将产生较大的应力集中。在设计弧形外环板节点时应充分考虑钢管柱的壁厚、环板宽度及柱上应力对节点应力的影响，当钢管柱应力值较小时可参考日本《钢管构造设计施工指针同解说》中关于环板宽度的计算公式进行计算。但当钢管柱应力值较大时应采用有限元分析确定。

6.3.12 高强度螺栓连接的构造应符合下列规定：

1. 高强度螺栓孔径应按表 6.3.12 匹配，高强度螺栓承压型连接孔径不应大于螺栓公称直径 2mm。

高强度螺栓连接的孔径匹配（mm） **表 6.3.12**

螺栓公称直径				M12	M16	M20	M22	M24	M27	M30
孔型	标准圆孔	直径		13.5	17.5	22	24	26	30	33
	大圆孔	直径		16	20	24	28	30	35	38
	槽孔	长度	短向	13.5	17.5	22	24	26	30	33
			长向	22	30	37	40	45	50	55

2. 不得在同一连接摩擦面的盖板和芯板同时采用扩大孔型（大圆孔、槽孔）。

3. 当盖板按大圆孔、槽孔制孔时，应增大垫圈厚度或采用孔径与标准垫圈相同的连续型垫板。M24 及以下规格的高强度螺栓连接副，垫圈或连续垫板厚度不宜小于 8mm，M24 以上规格的高强度螺栓连接副，垫圈或连续垫板厚度不宜小于 10mm。

6.3.13 框架梁与顶层柱柱顶连接时，应采取合理的连接节点设计，避免采用易产生过大约束应力和层状撕裂的连接形式［图 6.3.13（*a*）］，优先采用能避免层状撕裂的连接形式［图 6.3.13（*d*）］，可采用可减轻层状撕裂的连接形式［图 6.3.13（*c*）、（*b*）］。同时还应避免出现工地仰焊的焊接方法，便于制作安装。

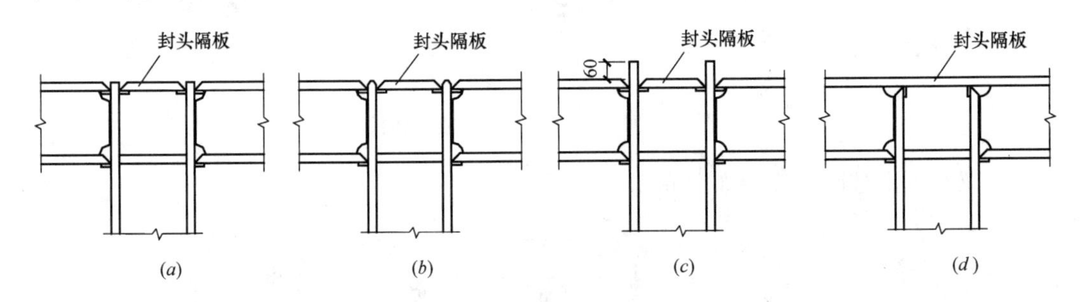

图 6.3.13 刚性连接顶节点

（*a*）易产生层状撕裂；（*b*）、（*c*）可减轻层状撕裂；（*d*）可避免层状撕裂

【条文说明】推荐采用图 6.3.13（*d*）所示的避免层状撕裂的构造形式，在工厂焊接悬臂梁段，现场进行梁的拼装，不但可避免层状撕裂，也方便压型钢板的铺设，便于施工。

6.3.14 当框架梁采用带悬臂梁段与顶层柱柱顶刚性连接时，上隔板可采用盖板的构造形式。

1. 梁与顶层 H 形柱刚性连接如图 6.3.14-1 所示。

2. 梁与顶层箱形柱刚性连接如图 6.3.14-2 所示。

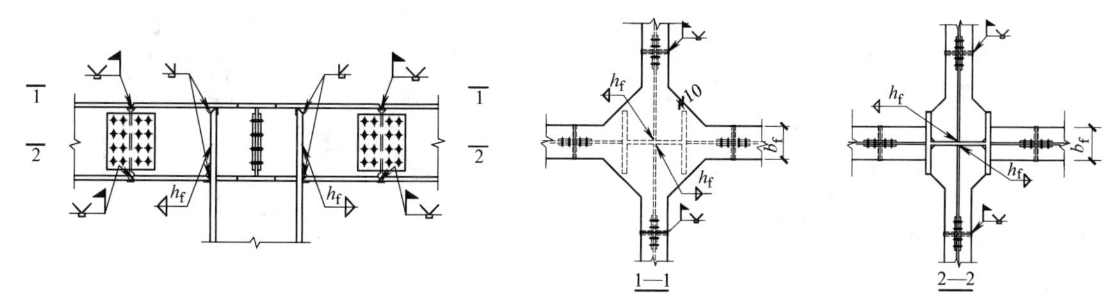

图 6.3.14-1 梁与工字形柱柱顶采用盖板刚性连接

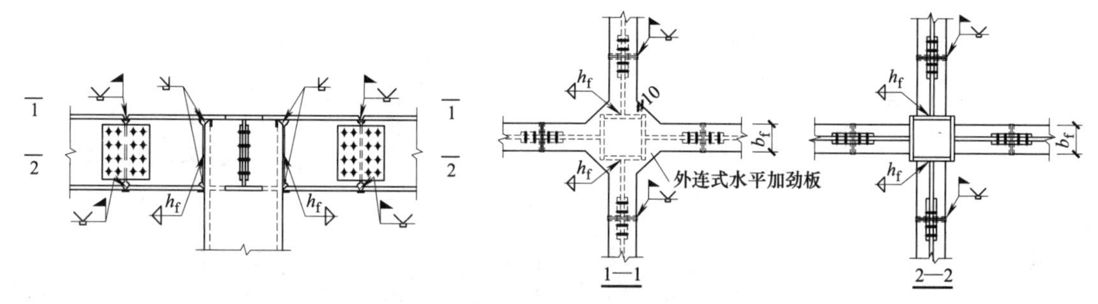

图 6.3.14-2 梁与箱形柱柱顶采用盖板刚性连接

3. 梁与顶层圆柱刚性连接如图 6.3.14-3 所示。

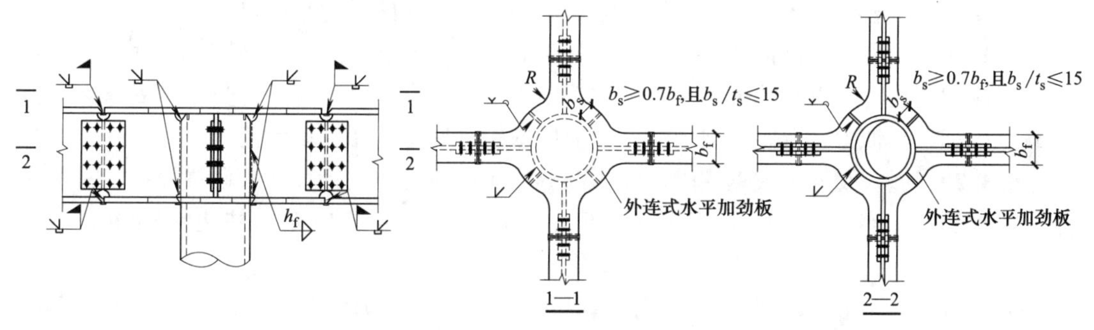

图 6.3.14-3 梁与圆形柱柱顶采用盖板刚性连接

6.3.15 次梁与主梁的连接宜采用简支连接，必要时也可采用刚性连接。

【条文说明】当主梁支承悬挑的次梁时，悬挑梁及与之相连的内跨次梁与主梁采用刚性连接。

6.3.16 无特殊要求时，次梁与主梁通常采用高强度螺栓摩擦型铰接连接，当连接板为单板时，连接板厚度不应小于次梁腹板的厚度；当连接板为双板时，连接板厚度宜取次梁腹板厚度的 0.7 倍。次梁与主梁铰接连接一般分为两种形式：将次梁腹板直接与主梁的加劲板相连［图 6.3.16（*a*）］，用连接板与主梁的加劲肋相连［图 6.3.16（*b*）］，当主梁仅一侧连接次梁时，主梁腹板对称侧也应设置加劲肋。为减小偏心所产生的附加弯矩，推荐采用第一种连接形式且螺栓尽量靠近腹板。

6.3.17 框架柱的拼接处至梁面的距离宜为 1.2m～1.3m 或柱净高的一半，取二者的较小值。框架柱的拼接应采用坡口全熔透焊缝。

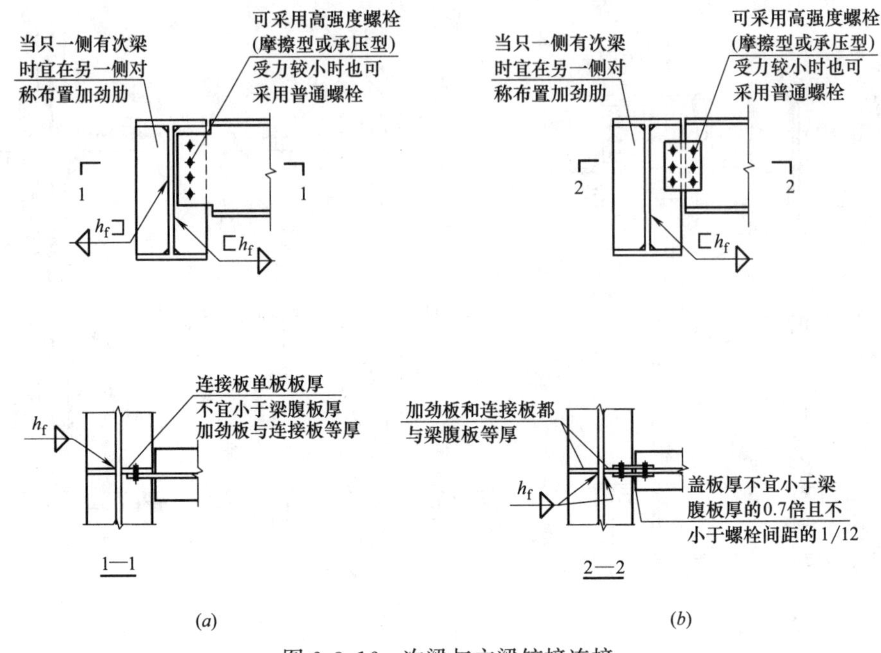

图 6.3.16 次梁与主梁铰接连接

（a）次梁与主梁连接板单面相连；（b）次梁与主梁通过双盖板相连

6.3.18 应尽量减少框架柱工地拼接数量，一般情况下柱可三层为一安装单元，对于较重的柱，其安装单元还应考虑起重、运输、吊装等机械的能力来确定。

6.3.19 钢柱柱脚包括外露式柱脚、外包式柱脚和埋入式柱脚。宜优先采用埋入式，外包式柱脚可在有地下室的多高层民用建筑中采用。各类柱脚均应进行受压、受弯、受剪承载力计算，其轴力、弯矩、剪力的设计值应取钢柱底部的相应设计值。

6.3.20 埋入及外包式钢柱脚，埋入部分柱表面应按相关计算要求设置栓钉（一般采用 ϕ19 栓钉），栓钉的间距和列距一般不大于 200mm，且栓钉至钢柱边缘的距离不大于 100mm。

6.3.21 工字形及 H 型钢截面钢梁，当穿管道需要在钢梁腹板开洞时，腹板洞口周围应补强。补强原则可考虑梁腹板开洞处截面上的作用弯矩仅由翼缘承担，剪力由洞口截面的腹板和补强板共同承担，并符合下列要求：

1. 钢梁开洞部位腹板和补强板的截面面积之和应大于原腹板的截面面积，同时补强板应采用与母材同等强度等级的板材。

2. 应避免在梁端 1/10 跨度范围内、梁端梁高范围内及隅撑范围内开洞。

3. 洞口高度（或直径）一般不得大于梁高的 1/2，洞口边缘至梁翼缘外皮的距离不得小于梁高的 1/4。当洞口较大、受力复杂时，应采用有限元补充分析。

4. 相邻圆形洞口的净距不得小于梁高。矩形洞口与相邻洞口的净距不得小于梁高或矩形洞口长边中较大值。

5. 圆形洞口可用环形加劲肋加强［图 6.3.21（a）］，也可用套管［图 6.3.21（b）］或环形补强板［图 6.3.21（c）］补强。加劲肋截面不宜小于 100mm×10mm，加劲肋边缘距洞边的距离不宜大于 12mm。用套管补强时，其厚度不宜小于梁腹板厚度。环形板宜在梁腹板两侧设置，环形板的厚度不得小于 0.7 倍梁腹板厚度，其宽度可取 75mm～125mm。

6. 矩形洞口长度不得大于 750mm，洞高不得大于梁高的 1/2，其边缘应采用纵向和横向加劲肋加强。矩形洞口上下边缘的水平加劲肋端部伸出洞边的长度不应小于洞高并不应小于 300mm，加劲肋每侧的宽度为梁翼缘的外伸宽度，厚度不宜小于梁腹板的厚度，且加劲肋截面不宜小于 125mm×18mm。当矩形洞口长度大于梁高时，其竖向加劲肋应沿梁全高设置。加劲肋边缘距洞边的距离不宜大于 12mm［图 6.3.21（*d*）］。当洞口长度大于 500mm 时，应在梁腹板两侧设置加劲肋。

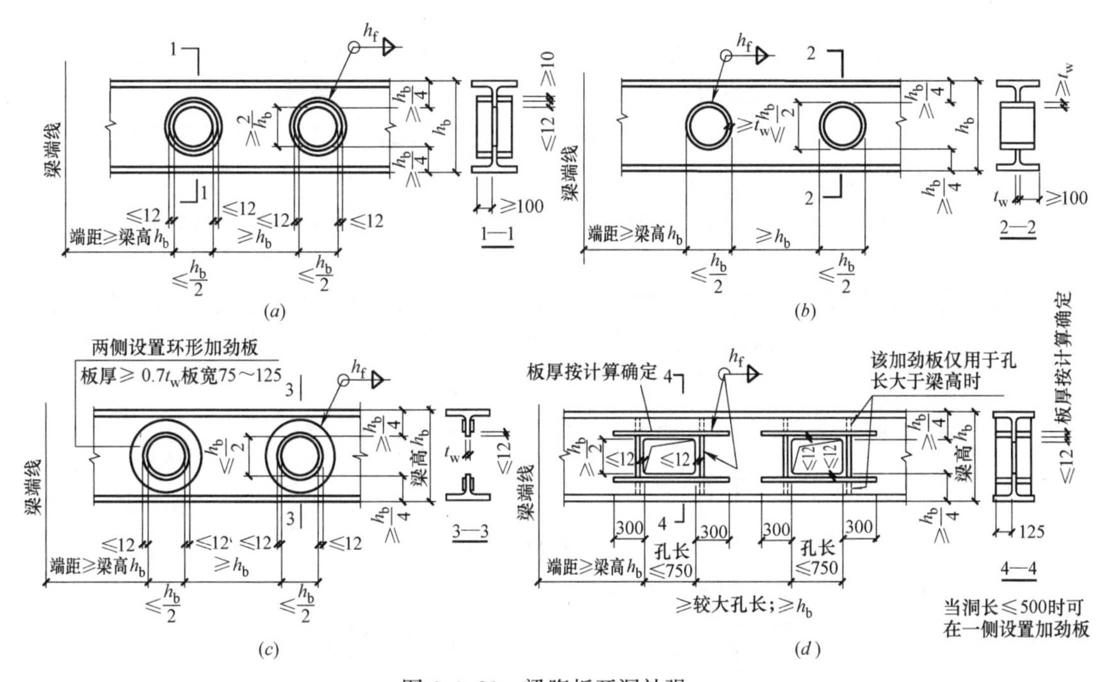

图 6.3.21 梁腹板开洞补强

6.3.22 钢结构设计施工图中应明确规定下列焊接技术要求：

1. 构件采用钢材的牌号和焊接材料的型号、性能要求及相应的国家现行标准；

2. 施工图中标识的焊缝符号应符合现行国家标准《焊缝符号表示法》GB/T 324 和《建筑结构制图标准》GB/T 50105 的有关规定；

3. 钢结构构件相交节点的焊接部位、有效焊缝长度、焊脚尺寸、部分焊透焊缝的焊透深度；

4. 焊缝质量等级，有无损伤检测要求时应标明无损伤检测的方法和检查比例；

5. 工厂制作单元及构件拼装节点的允许范围，并根据工程需要提出结构设计应力图。

6.3.23 焊缝质量等级应根据钢结构的重要性、荷载特性、焊缝形式、工作环境以及应力状态等情况，按《钢结构焊接规范》GB 50661 规定的原则选用。

6.3.24 焊接材料厂应出具产品质量证明书或检验报告，其化学成分、力学性能和其他质量要求应符合国家现行有关标准的规定；应提供熔敷金属化学成分、性能鉴定资料及指导性焊接工艺参数。

6.3.25 在T形、十字形及角接熔透焊接头设计中，当翼缘板厚度不小于20mm时，应避免或减少母材板厚度方向承受较大的焊接收缩应力，宜采用现行国家标准《钢结构焊接规范》GB 50661中推荐的焊接节点构造。

6.3.26 施工单位首次采用的钢材、焊接材料、焊接方法、接头形式、焊接位置、焊后热处理制度以及焊接工艺参数、预热和后热措施等各种参数的组合条件，应在钢结构构件制作及安装施工之前进行焊接工艺评定。

6.3.27 为适应施工及安装误差，尤其是钢梁与混凝土构件连接时，梁端连接板可采用加大连接板尺寸的方法（图6.3.27-1），也可采用水平向槽孔制孔的方法（图6.3.27-2）。

1. 当采用在制作时加大连接板尺寸的方法（一般将顺梁轴线方向靠锚板侧加长）时，连接板和芯板均采用标准孔制孔。现场对连接板进行切割、打磨等加工后，再与锚板焊接连接。当现场尺寸偏离较大时，尚应根据受力点变化情况，通过计算确定连接板厚度。

2. 当采用连接板水平向槽孔制孔时，芯板（钢梁腹板）应采用标准圆孔，并应增设孔径与标准垫圈相同的连续垫板。当梁中同时存在剪力和轴力时，采用双向连续整片式连续垫板。

高强螺栓的受剪承载力按下列规定计算：当荷载方向与槽孔方向垂直时，折减系数（孔型系数）取0.7；当荷载方向与槽孔方向平行时，折减系数（孔型系数）取0.6；当同时具有两个方向荷载时，折减系数（孔型系数）取0.6。

3. 预埋件设计时除考虑剪力外尚应考虑螺栓连接产生的弯矩。

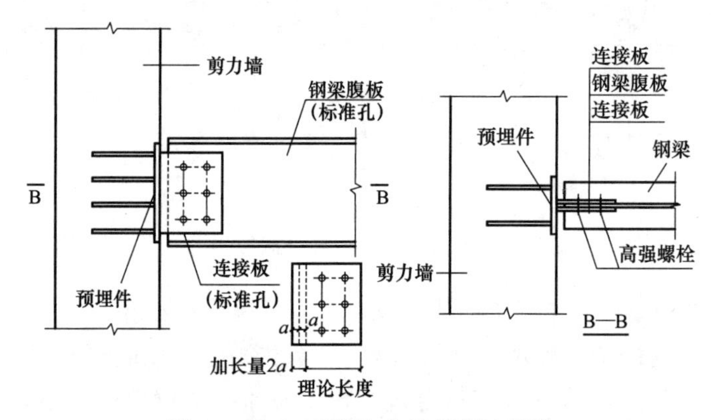

图6.3.27-1 采用加大连接板法示意

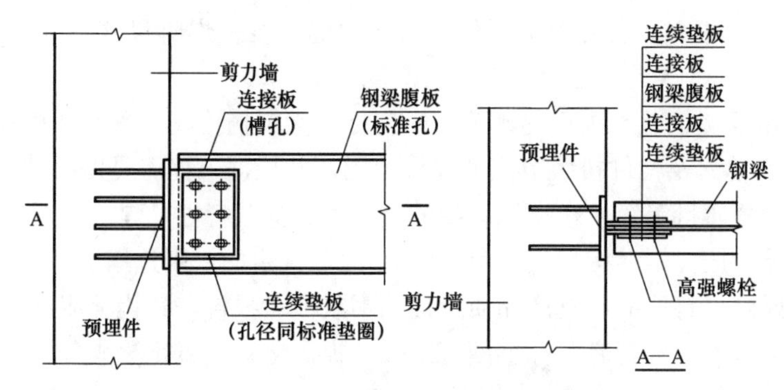

图6.3.27-2 采用水平向槽孔法示意

【条文说明】目前行业内，由于混凝土部分的施工精度要求较低，不能满足钢结构较高精度的要求，例如在钢框架—核心筒等混合结构中，钢框架梁与钢筋混凝土核心筒连接设计，优先选用加大连接板尺寸以适应施工及安装误差的方法，加长量 $2a$ 按现场实测尺寸确定。当按施工验收规范允许的施工误差估计时，a 值一般取 25mm。当采用连接板上设置水平向槽孔的方法时，为保证连接板与垫板（圈）的接触面和力的传递，需要采用加厚的连续垫板。当有双向力作用时，采用双向连续整片式垫板。

6.3.28 螺栓孔应在工厂加工好，当需要在现场局部增开螺栓孔时，严禁采用火焰切割，应采用磁力钻机械开孔。

6.3.29 杆轴方向受拉的螺栓连接中的端板（法兰板），应适当加大其刚度（如加设加劲肋），以减少撬力对螺栓抗拉承载力的不利影响。

7 空间结构

7.1 一般规定

7.1.1 本章相关规定适用于以钢或铝作为主要受力材料的空间结构，其他材料可参照执行。

7.1.2 空间结构设计，应结合建筑功能、造型需求，充分考虑工程所处地域、使用环境、材料供应、制作条件、安装方法、投资限额等综合因素，合理选用结构体系、构造措施，使所设计结构满足安全适用、经济合理、技术先进、绿色环保、确保质量的要求。

7.1.3 空间结构钢构件一般采用Q355、Q390钢材，也可采用Q420、Q460等高强钢材。质量等级一般可采用B级，根据使用环境不同，也可采用C、D级。

【条文说明】当部分构件受力较大时，可采用高强钢材，以减小构件截面。

7.1.4 空间结构杆件接长拼接焊缝、支座节点焊缝、焊接空心节点拼接成形焊缝、关键及重要杆件的连接焊缝质量等级应为一级，其余全熔透焊缝质量等级为二级，角焊缝质量等级为三级，外观质量符合二级。

7.1.5 空间结构中所用型材，可采用无缝钢管、直缝焊管以及其他轧制或焊接型材，设计中应注意其截面分类差别，分别取用不同的稳定系数。

7.1.6 空间结构体系宜具有内力重分布机制，不宜采用满应力设计。对关键部位的杆件应降低应力水平。

【条文说明】关键杆件定义详见第7.1.13条条文说明。

7.1.7 抗震设防烈度7度及以上时，大跨空间结构均应进行水平和竖向抗震验算。

【条文说明】汶川地震、芦山地震有关网架等空间结构的震害调查发现，原设防烈度7度区的网架，尽管跨度不大，普遍出现了邻近支座杆件压屈、支座移位、节点破坏等震害现象，因此把空间结构抗震计算范围扩大到7度设防区。

7.1.8 空间结构应至少取两个主轴方向同时计算水平地震作用，对于有两个以上主轴和质量、刚度明显不对称的空间结构，还应适当增加水平地震作用计算方向。

【条文说明】空间结构通常难以明确划分沿某个方向的抗侧力构件，所以需要沿两个主轴方向同时计算地震作用。对可能存在两个以上主轴方向的空间屋盖结构，需根据实际情况增加地震作用计算方向。另外，当屋盖结构、支承条件或下部结构布置明显不对称时，也应增加水平地震作用计算方向。

7.1.9 当屋盖面积较大或体型复杂时，应考虑风致积雪漂移可能产生的积雪堆积荷载，同时宜考虑积雪融化后可能产生的积冰荷载；当存在下凹曲面或可能发生较大挠曲变形时，应考虑可能排水不畅导致的积水荷载。

【条文说明】气流经过地面建筑物或构筑物时会出现扰流、再附现象，在风力作用下，雪颗粒将发生复杂的漂移堆积运动，从而导致大跨屋盖积雪分布不均，可能引起大跨屋盖倒塌事故。目前国内哈尔滨工业大学与同济大学有过风致积雪漂移堆积方面的相关研究，工程需要时可查阅相关研究文献。

7.1.10　对荷载不均匀性敏感的结构，应考虑荷载不均匀分布（如局部活荷载，不均匀积雪）的不利影响。

7.1.11　金属材料空间结构对温度作用比较敏感，除应按现行《建筑结构荷载规范》GB 50009规定的基本气温及荷载分项系数进行温度作用计算外，尚宜按年极端最高气温与年极端最低气温，并取分项系数为1.0进行校核计算。使用阶段温度作用取值时应考虑结构所处大气温度、围护结构热工性能、室内空调方式、太阳辐射等实际工作环境影响；接受辐射的构件和施工阶段围护结构未完成前的温度作用取值应考虑太阳辐射的影响。

【条文说明】我国现行《建筑结构荷载规范》GB 50009规定的基本气温是50年重现期的月平均最高气温和月平均最低气温，其主要适用于热传导速率比较慢的混凝土结构或砌体结构，对于热传导速率较快的金属结构，其对温度变化比较敏感，结构的温度更接近于年最高气温与年最低气温。所以对金属结构材料空间结构，计算基本气温除按荷载规范要求取值并考虑相应分项系数进行计算外，尚宜按极端气温，不考虑分项系数进行校核计算。因为极端气温是指设计基准期内的最高及最低气温，结构使用寿命期内不可能超越，故采用极端气温进行校核计算时，荷载分项系数可取1.0。根据天津大学刘红波团队对全国大量地区的统计研究结果，进行钢结构温度作用计算时，可在荷载规范规定的基本最低气温基础上减去10.65℃作为钢结构计算基本最低气温；在荷载规范规定的基本最高气温基础上加上6.70℃作为钢结构计算基本最高气温。

太阳辐射非均匀温度作用对空间结构内力分布有着显著影响，在某些工程中可能起控制作用。所以对使用阶段或施工阶段直接接受辐射的构件，应考虑太阳辐射的影响。钢结构表面涂层颜色是影响太阳辐射非均匀温度时空分布的主要因素，颜色越深，辐射吸收系数越大，太阳辐射引起的钢结构表面温升越大。太阳辐射引起的钢结构表面温升值可参考《开合屋盖结构技术标准》JGJ/T 442中的相关规定计算，估算阶段，可按10℃～20℃考虑，浅色取小值，深色取大值。

7.1.12　空间结构的计算模型，应符合屋盖杆件间及与支承结构的连接构造。空间结构计算时自重应考虑节点附加重量。节点自重增大系数估算时一般可取：螺栓球节点1.3，焊接球节点1.2～1.3，相贯节点1.0；恒荷载重量应按建筑实际构造计算，活荷载和雪荷载取大值。

【条文说明】空间结构对杆件连接构造及支承约束条件较为敏感，计算分析采用的节点约束假定必须与杆件连接及支座的实际构造相符，否则可能得出错误甚至相反的结论，会严重影响结构安全。焊接球节点当大量采用内加劲肋板时，节点自重会增加，单肋可取1.25，双肋可取1.3；相贯焊节点当采用加劲板时，也应适当增加节点自重。恒荷载重量应按建筑实际构造计算，但在进行荷载组合时当恒荷载有利时，应对恒荷载乘以小于1.0的折减系数；活荷载和雪荷载取大值。

7.1.13　大跨度空间结构杆件应力比应符合下列规定：

1. 在最不利工况下关键杆件宜不大于0.75；重要杆件宜不大于0.80；其他杆件应满足规范要求，宜不大于0.90。

2. 设防地震作用下关键构件不大于0.9，重要构件不大于0.95，其他构件不大于1.0；

3. 罕遇地震作用下，关键、重要构件不屈服。

【条文说明】空间结构杆件数量和种类众多，仅采用关键构件和一般构件两类划分重要性，尚不能够安全、合理地控制空间结构设计，因此采用关键、重要、一般三类构件划分，并以应力比作为控制指标。关键构件是指该构件失效可能引起结构的连续破坏或危及生命安全的严重破坏的构件，例如邻支座杆件、转换桁架等，邻支座杆件指邻支座2个区（网）格内的弦、腹杆与邻支座1/10跨度范围内的弦、腹杆，两者取较小的范围。对于单向传力体系，关键杆件指与支座直接相连节间的弦杆和腹杆。关键节点为与关键杆件连接的节点。重要杆件是指介于关键构件和一般构件之间对整个结构有重要影响、在结构中起主要受力或位于重要部位的杆件，例如：多点支承连续跨的柱上板带、复杂曲面、悬挑等结构的弦杆以及设计者自己认为重要受力部位的杆件。

《建筑结构可靠性设计统一标准》GB 50068—2018规定：对安全等级分别为一、二、三级时，重要性系数分别不应小于1.1、1.0、0.9。本措施中涉及的大跨度钢结构主要为大跨度屋盖建筑，考虑屋盖结构的重要性，屋盖钢结构一般采用一级即重要性系数为1.1。根据我院实际工程经验和习惯，重要性系数应在计算荷载组合的效应设计值（或荷载）中考虑，即线性结构为重要性系数1.1×效应组合；非线性结构为重要性系数1.1×荷载。

结合汶川地震震害，对各类杆件的应力比进行了相应的控制。

对施工条件较差的高空安装焊缝，应按《钢结构设计标准》GB 50017—2017中第4.4.5条，将强度设计值乘以折减系数0.9。设计时应根据施工条件应予以考虑。

7.1.14 空间结构设计应考虑加工制作与现场施工安装方法的影响，以确保结构安全。

【条文说明】刚柔杂交结构中索结构受刚性结构安装制作方法、成形方式以及拉索施工张拉工艺等影响较大，在设计阶段应充分考虑施工方式的影响，在施工阶段设计应配合施工单位进行施工安装过程中的结构分析，确保结构安全。

7.1.15 空间结构必要时应进行整体稳定分析，稳定分析要求见本措施第7.3节。

7.1.16 大跨空间结构作为楼盖或上人屋面结构时，应进行舒适度验算。

7.1.17 空间结构计算时，应计入上部空间结构与下部支承结构的协同工作，按整体结构模型进行设计。

7.1.18 对重要、复杂空间结构，应避免关键构件失效导致结构垮塌，必要时应进行抗连续倒塌验算。

7.1.19 大跨度钢结构上铺设混凝土楼板时，其与相邻钢筋混凝土结构楼板连接处宜设缝断开或采取防裂加强措施。

【条文说明】当大跨度钢结构与相邻混凝土结构竖向刚度相差较大时，相交处容易出现裂缝，此时楼板宜设缝断开。当不允许设缝时，建议设置后浇带并采取防裂加强措施。

7.1.20 当建筑的屋面形状与结构屋面形状相差较大或吊顶面远离屋盖结构，需设置其他的支承系统来实现建筑屋面形状和吊顶时，应对支承系统进行验算，以保证其安全。

7.1.21 网架与桁架类空间结构施工时可预先起拱，其起拱值可取不大于短向跨度的1/300或取自重和一定比例恒荷载作用下的计算挠度值。

7.1.22 大跨空结构构件用型材厚度、直缝焊管的壁厚原则上不允许出现负公差，当施工无法满足时，其负公差最大限值取－0.3mm与3%t（t为型材厚度或管材壁厚）两者的小值。

【条文说明】目前结构中常用的低合金高强度结构钢，其厚度偏差如不特别指明，均按现行国家标准《热轧钢板和钢带的尺寸、外形、重量及允许偏差》GB/T 709—2006 中 N 类偏差规定执行，N 类偏差对于薄钢板的负公差较大，比如 8mm 厚的负偏差最大达到 9.4%，5mm 厚的负偏差最大达到 13%。因此本条参照《建筑结构用钢板》GB/T 19879—2015 中第 5.1 条大跨空间结构用型材厚度偏差应不低于 B 类偏差的规定并综合 N 类偏差薄钢板的偏差限值，将空间结构用型材厚度负公差最大限值取为 0.3mm 与 3%t 两者的较小值。空间结构用直缝焊管的壁厚负偏差应主要由所选用钢板偏差决定，所以取值与型材相同。现行《钢结构设计标准》GB 50017—2017 第 4.1.1 条文说明中有“当前钢结构材料市场厚度负偏差现象普遍，调研发现在厚度小于 16mm 时尤其严重。因此必要时设计可附加要求，限定厚度负偏差”等相关表述，鉴于空间结构的重要性，在设计中对负偏差做出一定限制，是有必要的。

对轧制管材，如《结构用无缝钢管》GB/T 8162—2018 中，当钢管外径不大于 102mm 时，负公差为 12.5%与－0.4mm 二者较大值，当外径大于 102mm 时，根据厚径比不同，负公差在 10%～15%之间；《结构用方形和矩形热轧无缝钢管》GB/T 34201—2017 中，当壁厚在 3～20mm 时，壁厚负公差普通级（尺寸精度等级）管材为 12.5%，高级管材为 10%，壁厚大于 20mm 时，普通级管材为 10%与 5mm 两者小值，高级管材为 8%与 4mm 两者小值，设计中应特别注意。

7.2　结构体系及选型原则

7.2.1　空间结构体系分为刚性体系、柔性体系和刚柔杂交体系。

7.2.2　空间结构刚性体系一般包括网架、网壳、空间桁架等结构；柔性体系一般包括悬索、索穹顶等结构；刚柔杂交体系一般包括索承网格、张弦桁架等结构。

7.2.3　空间结构选型原则：

1. 结合建筑形态，提高几何形效；
2. 弯曲应力最小化：通过体系或形式改变，减小弯曲应力；
3. 截面轻量化：通过优化截面形式、选用高强轻质材料等方法，减轻自重；
4. 选用对温度、支座沉陷、地震等作用不敏感的结构型式；
5. 考虑施工条件、加工工艺、施工安装方式对结构性能的影响；
6. 综合考虑结构安全和经济、建筑功能和美观、建造和使用中的绿色环保等因素。

7.3　稳定性分析

7.3.1　空间结构的稳定性分析均宜同时考虑几何非线性和材料非线性。

7.3.2　空间结构稳定承载力分析可考虑以下荷载工况：

1. 自重＋恒荷载＋活荷载（或雪荷载）
2. 自重＋恒荷载＋不均匀分布活荷载（或雪荷载）

【条文说明】根据《空间网格结构技术规程》JGJ 7—2010 的相关要求，空间结构稳定承载力分析取恒荷载和活荷载的标准组合来衡量，对某些结构，应考虑活荷载半跨布置的影响。恒荷载中的自重应考虑节点附加重量（节点重量如果计算软件已考虑的，不另计）；附加恒荷载重量应按建筑实际构造计算，活荷载和雪荷载取大值。不均匀活荷载（或雪荷载）应考虑各种不利布置及不对称布置。

7.3.3 空间结构考虑初始缺陷的稳定分析可采用结构的最低阶整体屈曲模态，对复杂空间结构，应考虑不同整体屈曲模态的影响。最低阶屈曲模态应能反映出结构最易发生失稳破坏的整体模态。对个别局部失稳的低阶屈曲模态，不应作为考虑缺陷的稳定分析依据。结构缺陷最大计算值可按结构跨度的 1/300 取值。

【条文说明】进行网壳稳定性分析的前提，是在强度设计阶段网壳所有杆件都已经过强度和杆件稳定验算，与杆件有关的缺陷对网壳总体稳定性（包括局部壳面失稳问题）的影响已被限制在一定范围内，而且在相当程度上可以由网壳初始几何缺陷（节点位置偏差）的限值来覆盖。

大量空间结构的整体屈曲一般出现在最低阶模态，但对部分复杂空间结构，整体屈曲模态有可能出现在高阶模态，进行考虑初始缺陷的稳定分析时，应充分分析，找到最早出现的整体屈曲模态。

7.3.4 支座附近的压杆长细比不应大于 120，其余杆件长细比可按行业标准《空间网格结构技术规程》JGJ 7—2010 表 5.1.3 取值，确定杆件计算长细比时应综合考虑施工安装过程中杆件内力变号的可能。构件计算长度系数可按规程表 5.1.2 取值，必要时，计算长度系数可根据特征屈曲时的临界荷载，采用欧拉临界荷载公式反算确定。

【条文说明】空间结构构件的稳定主要由构件的计算长度系数和整体稳定应力控制。行业标准《空间网格结构技术规程》JGJ 7—2010 表 5.1.2 中立体桁架的计算长度系数的使用应有一定的前提，即立体桁架整体作为一个受弯构件或压弯构件不发生整体失稳。立体桁架自身有宽度，若屋盖结构体系中没有合理布置的连系桁架或屋盖水平支撑为其提供面外支撑作用，当长宽比或桁架高宽比（类似于受压构件的长细比或受弯构件的平面无支撑长度）超过一定限值，立体桁架本身就会发生整体失稳。发生整体失稳时，构件的稳定应力计算低于设计强度，该计算长度系数可按屋盖整体屈曲分析计算求出。实际应用中，宜采取有效措施控制立体桁架的整体失稳，如间隔一定距离即布置连系桁架或系杆，或布置足够多的屋盖平面支撑。

7.3.5 平面桁架应设置平面外的稳定支撑体系，桁架弦杆平面外的计算长度取侧向支承点间的距离。

【条文说明】平面桁架的面外稳定性可通过可靠的水平支撑系统及其他边界措施保证。平面桁架结构平面外计算长度系数应按照实际布置的平面外支撑间距采用，对于没有布置平面外支撑的区段且不是全长受压时，计算长度系数可根据特征屈曲时的临界荷载，采用欧拉临界荷载公式反算确定。设计时应注意某些计算软件对于桁架弦杆平面外的计算长度不能自动识别，需要手动指定。

7.4 空间网格结构

7.4.1 空间网格结构是按一定规律布置的杆件、构件通过节点连接而构成的空间结构，包括网架、单层网壳、双层网壳及桁架等，具有空间受力的特性，一般为超静定结构。

7.4.2 网架结构为受整体弯曲内力的双层或多层空间杆系结构。

【条文说明】网架结构适用于各种建筑平面，常用的平面形式有方形、矩形、多边形、圆形，也可用于不规则的建筑平面。其特点是用钢量省、刚度大、抗震性能好、施工安装方便、产品可标准化生产。

7.4.3 网壳结构为以薄膜内力为主的杆件沿曲面有规律排列而成的结构。

【条文说明】网壳结构以薄膜内力为主，其内力随矢跨比的变化而变化。相比网架，在同样结构厚度下可跨越更大跨度，结构效率高，材料用量省。但网壳结构对边界依赖大，对支承结构刚度要求高，支承结构受力大。

7.4.4 桁架结构为连续的上、下弦杆与腹杆形成的结构。当杆件在同一面内时为平面桁架结构，不在同一面内形成空间受力体时为空间桁架结构。

【条文说明】桁架适用于单向受力平面，其上、下弦节间通常为直线，也可以是曲线。计算模型中腹杆与弦杆间可视其尺度关系和连接方式，简化为铰接或刚接，一般情况下强度计算可按刚接，变形计算可按铰接考虑。

7.4.5 网架可采用上弦或下弦支承，当采用下弦支承时，应在支座边形成边桁架。两向正交正放网架，由于抗扭刚度差，周边应设置水平支撑。

【条文说明】大跨度网架宜采用下弦支承，以保证网架结构的抗剪能力。

7.4.6 空间网格结构的网格平面尺寸和网格厚度应根据结构跨度、支承条件、柱网尺寸、荷载大小、网格形式、构造要求及建筑功能等因素综合确定，尚应符合下列规定：

1. 网架高跨比一般可取1/10～1/18；圆柱面双层网壳厚度可取宽度的1/20～1/40；双层双曲抛物面及椭圆抛物面网壳厚度可取短向跨度的1/30～1/50；双层球面网壳的厚度可取跨度（平面直径）的1/30～1/60。

2. 网壳相邻杆件间的夹角宜大于30°。

7.4.7 空间网格结构分析时，应根据结构形式、支座形式和数量确定计算模型的支座约束条件。网壳结构的支座应能保证抵抗水平位移的约束条件，网架结构可根据水平力的大小选用水平有限刚度支座或滑动支座。

【条文说明】本条强调支座形式应与计算模型假定条件相符。例如大跨网架计算按固定铰支座，而实际采用平板支座，因平板支座转动能力不足会导致支座杆件附加内力增大，与计算结果不符，偏于不安全。

网壳结构对边界依赖性很大，全约束边界对网壳的稳定及效率发挥有很好的作用，所以网壳结构的支座应能保证抵抗水平位移的约束条件；温度应力对网架特别是大跨度网架的应力影响很大，采用水平有限刚度支座或滑动支座可有效释放温度内力，所以网架结构可根据水平力的大小选用水平有限刚度或滑动支座。

7.4.8 空间网格结构的计算要点：

1. 空间网格结构的外荷载可按静力等效原则将节点负荷范围内的荷载集中作用于节点上。计算分析时，网架和双层网壳的节点宜按铰接，杆件宜采用杆单元，只承受轴向力；单层网壳应假定节点为刚接，杆件应采用梁单元，承受轴力、弯矩、剪力。

【条文说明】当单层网壳节点不能完全达到刚接时，计算中应考虑对节点刚度进行折减。

2. 当网格结构杆件上作用有局部荷载时（局部的马道、天沟、吊挂荷载等），杆件应按拉弯或压弯构件进行验算。

3. 桁架结构一般将弦杆按梁单元计算。

4. 组合网架的上弦杆应采用梁单元，节点为刚接；下弦杆及腹杆可采用杆单元，下弦节点假定为铰接；腹杆与上弦的连接为铰接。

5. 空间结构中常用的空间弧形杆件，在计算中可采用多段直线梁单元模拟杆件的圆弧段，段长应满足弯弧矢高 δ 小于 $l/1000$（l 为直段长度），并应按杆件实际弧长调整各分段的计算长度系数。对重要杆件宜按实体有限元进行验算。

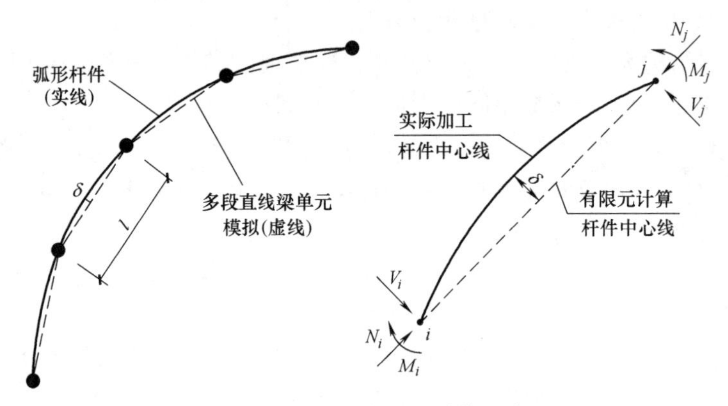

图 7.4.8　弧形构件模拟计算示意图

【条文说明】分段的数量应保证偏心距导致的结构内力计算误差在5%以内，一般情况下，直段单元与弯弧杆件之间的矢高小于 $l/1000$（l 为该直段的长度）可满足要求，但须依据实际情况复核验证。

6. 屋面檩条与屋盖结构一般采用滑动连接以释放温度应力。当需要檩条对屋盖结构提供刚度时，应将檩条带入屋盖整体分析，并进行檩条与屋盖主体的连接设计。

7. 网格结构直接承受工作级别为 A3 及以上的悬挂吊车荷载（应力变化的循环次数等于或大于 10^5 次）或其他振动荷载，应进行疲劳计算，其容许应力幅及构造应经过专门的试验确定。

7.5　组合网架结构

7.5.1　组合网架是利用钢筋混凝土楼屋盖与上弦杆形成组合截面或直接利用楼板替代钢网架上弦杆的网架结构。组合网架适用于需要设置混凝土板、舒适度要求高、荷载较大的中、小跨度的楼屋盖。由于组合网架自重大，较大跨度的楼屋盖不建议采用。

【条文说明】目前在大跨度楼屋盖设计过程中，通常 18m～30m 跨度的楼屋盖采用预应力梁或者型钢梁为受力结构，当楼屋盖跨度大于 30m 较多时，采用网架为受力结构的经济性好于前者。采用单一的钢结构网架或桁架结构，当结构高度受限时，普遍会遇到刚度计算（自振频率、挠度）难以满足设计要求的问题，此时，利用混凝土楼板受压参与楼屋盖整体受力，形成组合网架可充分发挥混凝土板受压强度及刚度优势，对结构自振频率和挠度的提高作用十分明显。在相同自振频率要求下，相对于普通钢网架而言组合网架可节省钢材，但设计施工难度均较大。由于组合网架自重较大，跨度大于60m的楼屋盖不建议使用。

7.5.2 组合网架适用于跨度不大于40m的楼盖和上人屋盖及跨度不大于60m的不上人屋盖。组合网架宜采用四角锥网架、抽空四角锥网架、正交正放网架和抽空三角锥网架。

7.5.3 组合网架的上弦宜采用钢矩管或工字型钢设栓钉与混凝土板相连，上弦节点需要连接弦杆、腹杆和钢筋混凝土板（平板或带肋板），受力复杂，一般选用焊接削冠空心球节点或圆筒节点，如图7.5.3所示，其特点为：

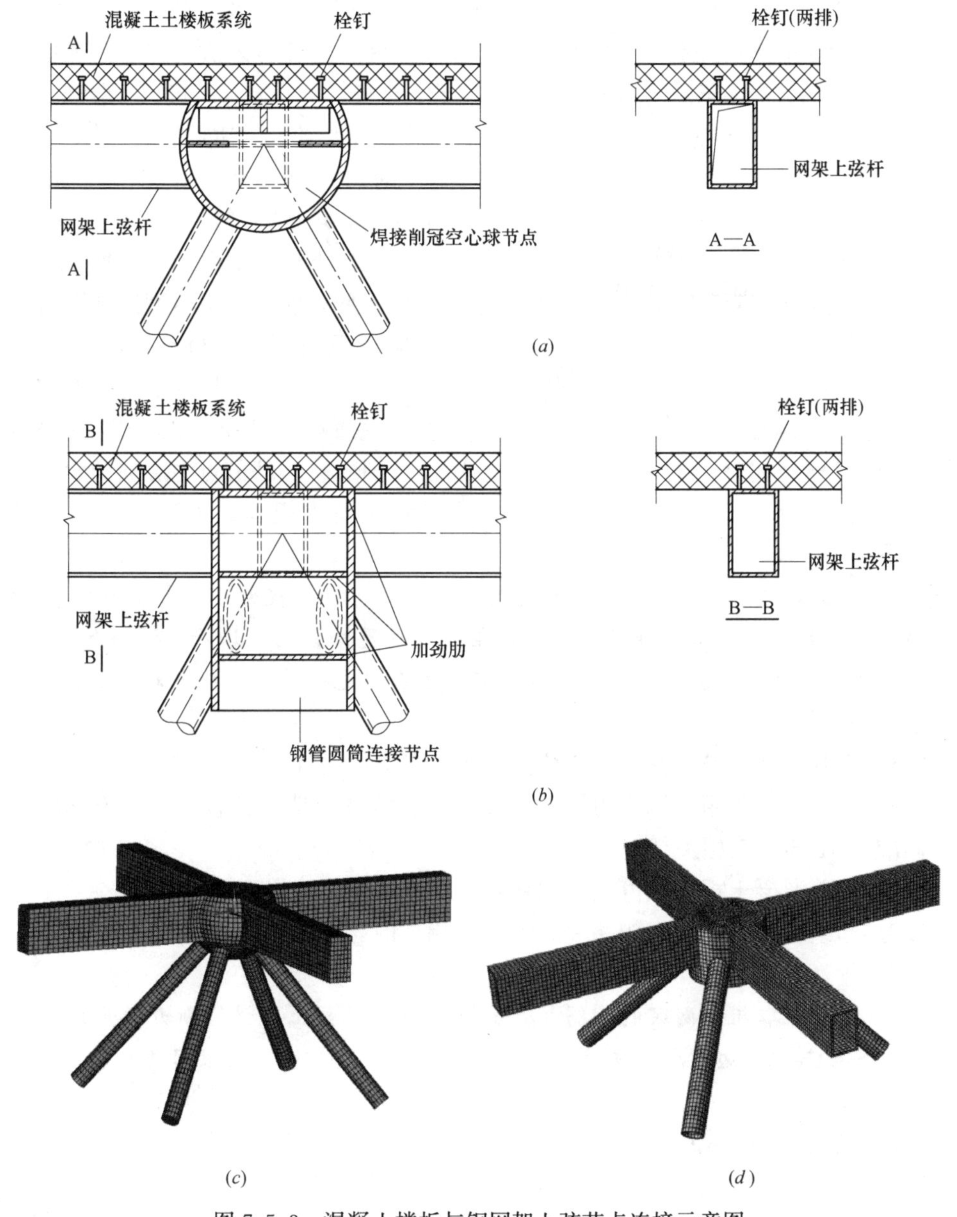

图7.5.3 混凝土楼板与钢网架上弦节点连接示意图

（a）削冠空心球节点；（b）圆筒节点；（c）焊接削冠空心球节点三维示意；（d）圆筒节点三维示意

1. 矩管和工字型钢上弦适合于与混凝土板连接，可在上弦铺设钢筋桁架楼承板或压型钢板浇筑混凝土形成组合构件。

2. 削冠空心球面或圆筒适于与各方向的杆件连接，节点刚度大，构造简单，节点顶平面适合于与混凝土板连接。

3. 焊接削冠空心球节点或圆筒节点的强度和稳定性应采用有限元软件进行计算，必要时可采用试验验证。

【条文说明】国内对普通焊接空心球节点的研究较多，而且已有成熟规范用于指导设计，然而对于焊接削冠空心球节点和圆筒节点的研究和工程应用较少。同时，行业标准《空间网格结构技术规程》JGJ 7 也仅给出了承受轴力作用的圆钢管焊接球节点的设计公式，对矩形钢管的焊接空心球节点研究较少，缺少可供工程设计的实用计算方法。为了保证结构的安全，应对焊接削冠空心球节点或圆筒节点进行有限元分析，必要时可采用试验验证。

7.5.4 焊接削冠空心球节点构造应符合现行行业标准《空间网格结构技术规程》JGJ 7 对焊接空心球节点的相关构造要求。当削冠空心球的顶圆板直径 d_g 大于 250mm 时，宜在板下设置加劲肋以增加顶圆板的刚度。板下加劲肋的肋板厚度同顶圆板，高度可取顶圆板直径的 1/4～1/6 且不宜小于 60mm，以不碰撞球中心加劲肋为宜，肋板长度可取顶圆板直径减 20mm，如图 7.5.4 所示。削冠空心球节点中心加劲肋按《空间网格结构技术规程》JGJ 7—2010 第 5.2.8 条要求设置。

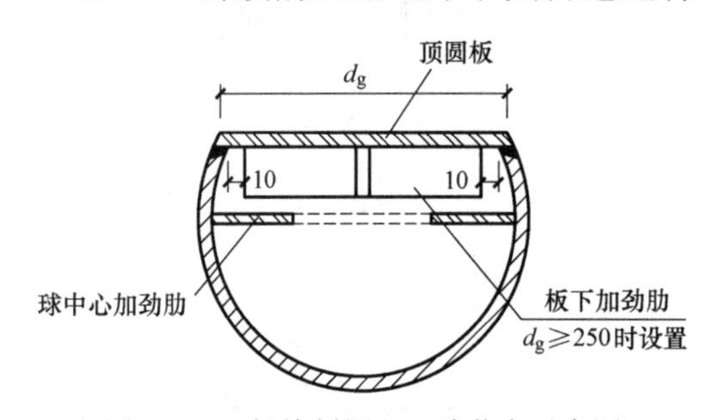

图 7.5.4　焊接削冠空心球节点示意图

【条文说明】焊接削冠空心球顶圆板受力复杂，同时具有较大的轴力和面外弯矩作用，容易失稳屈曲，故当顶圆板直径较大时，宜在板下设置加劲肋以增加顶圆板的面外刚度。本条建议的加劲肋尺寸为构造要求，设计时应通过有限元计算确认；当计算不满足时，可设置多条加劲肋。

7.5.5 上弦杆及钢筋混凝土板应按压弯或拉弯构件设计。

7.5.6 组合弦杆采用栓钉作为抗剪连接件时，栓钉设计应符合现行国家标准《钢结构设计标准》GB 50017 相关规定。

7.5.7 楼盖混凝土板厚取值应考虑强度、舒适度及经济合理性。

7.5.8 当组合网架楼盖与相邻混凝土楼盖相连时，宜在两部分混凝土板间设置后浇带或设缝断开。

【条文说明】采取组合网架的钢筋混凝土板与周边混凝土板设缝断开的形式，主要是因为组合网架楼盖比周边楼板结构跨度大，支座转角大，相连处楼板容易开裂，因此宜设置后浇带或设缝断开。

7.5.9 混凝土板宜采用钢筋桁架楼承板。

7.5.10 组合网架应分别进行使用阶段和施工阶段设计。

【条文说明】组合网架在施工阶段与使用阶段，因组合楼板施工顺序造成上弦杆存在二次受力问题，与常规杆件受力特点不同，应根据施工阶段和使用阶段受力特点的不同进行相应阶段的计算分析。

7.6 悬索、索承网格、索穹顶结构

7.6.1 悬索结构指作为主要承重构件的悬挂拉索按一定规律布置而成的结构体系，包括单层索系（单索、索网）、双层索系及横向加劲索系；索承网格结构指由上弦刚性结构或构件与下弦拉索及撑杆组成的结构体系；索穹顶指由脊索、谷索、下环索、斜索、撑杆及刚性内环组成并支承在刚性周边构件上的结构体系。

7.6.2 构件材料选用：

1. 常用受拉索可选用带PE护套的钢丝束、锌-5%铝-混合稀土合金镀层钢丝绳、密封钢丝绳等，钢丝绳的极限抗拉强度可选用1570MPa、1670MPa、1770MPa、1870MPa或1960MPa。

【条文说明】1. 设计时应注意钢丝绳材料强度取值与钢丝绳直径相关。

2. 建筑用密封钢丝绳强度目前市场上尚未有超过1570MPa的取值应注意。

2. 常用受拉杆可采用合金钢拉杆，拉杆分等强拉杆与不等强拉杆两种，拉杆强度等级为235MPa、355MPa、460MPa、550MPa、650MPa。

【条文说明】等强拉杆与不等强拉杆，主要区别在于拉杆的薄弱部位是否在端部螺纹处。

3. 索节点主要为铸钢节点。铸钢节点设计可按现行行业标准《铸钢结构技术规程》JGJ/T 395执行。

4. 屋面覆盖材料可选用膜材（PTFE、PVC等）、金属板、玻璃板、阳光板、混凝土板等。

7.6.3 悬索结构选型：

1. 悬索结构包括单层索系（又分单向索、双向索，见图7.6.3-1、图7.6.3-2）、双层索系（图7.6.3-3）及横向加劲索系（图7.6.3-4）。

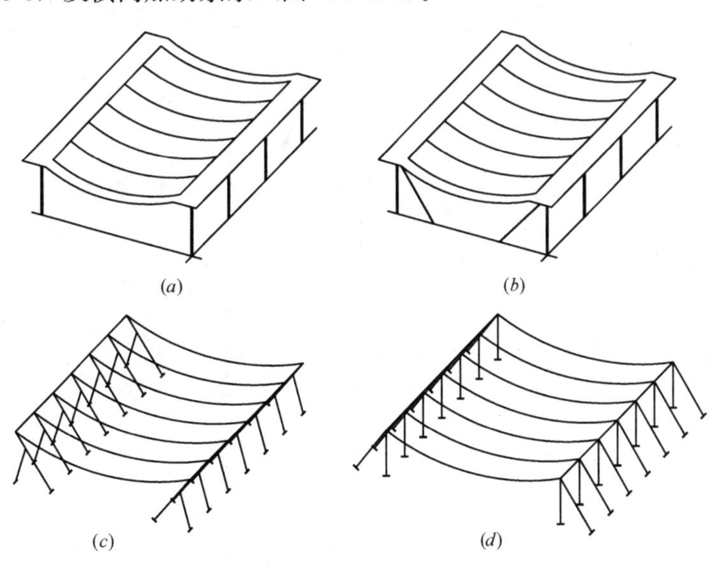

图7.6.3-1 单层单向悬索结构

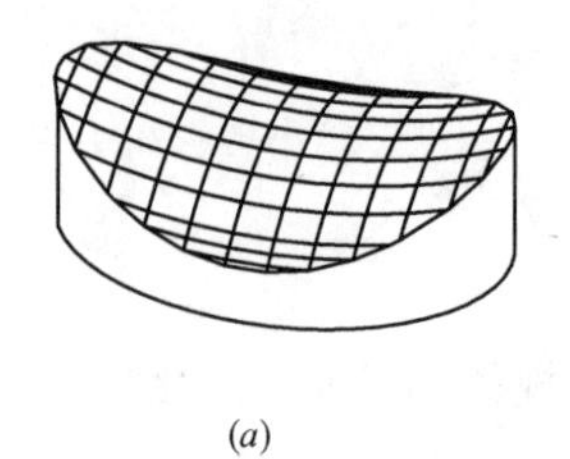

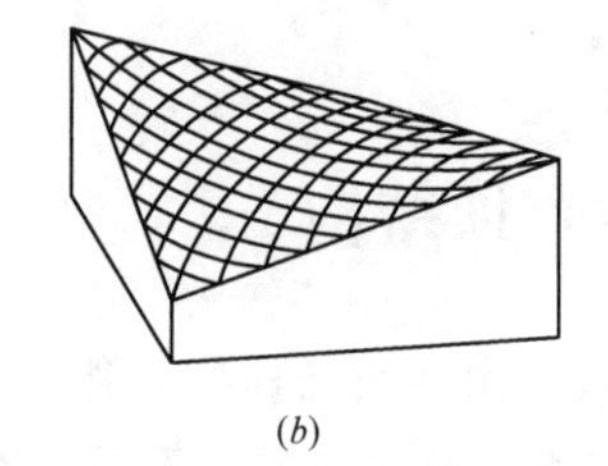

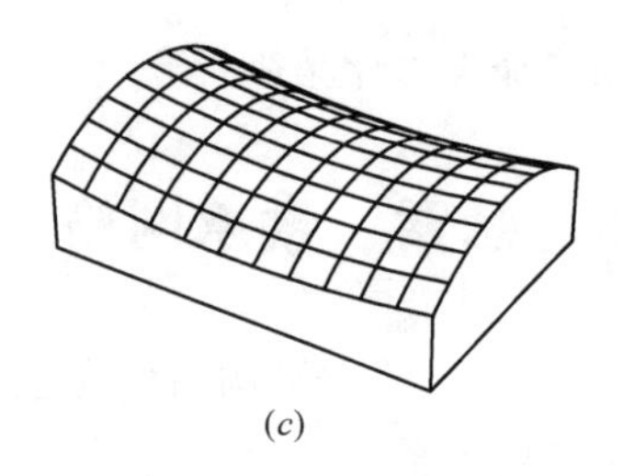

图 7.6.3-2　单层双向悬索结构

（*a*）椭圆平面；（*b*）菱形平面；（*c*）矩形平面

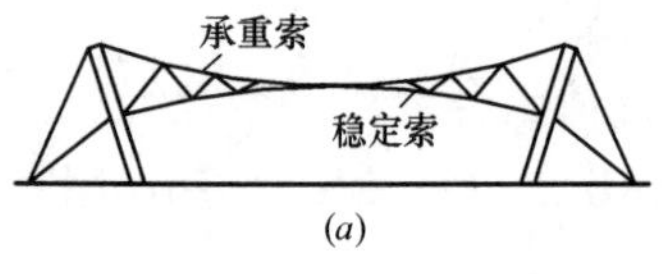

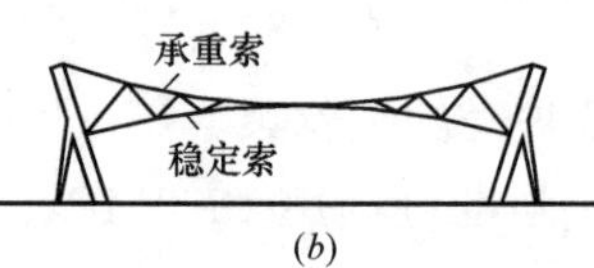

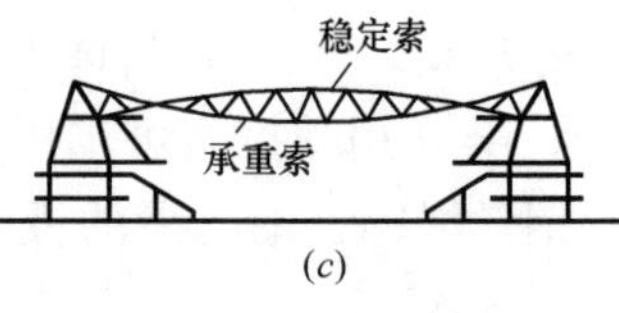

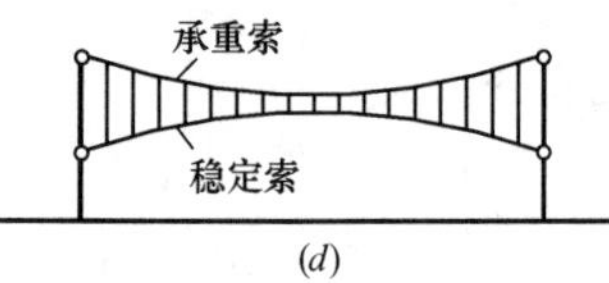

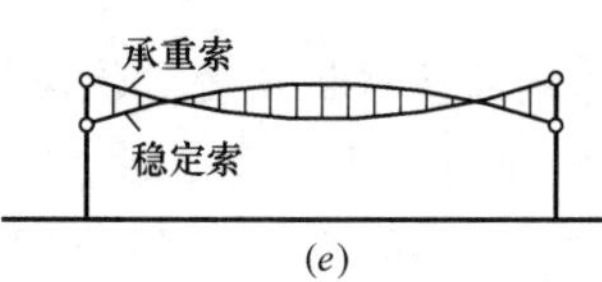

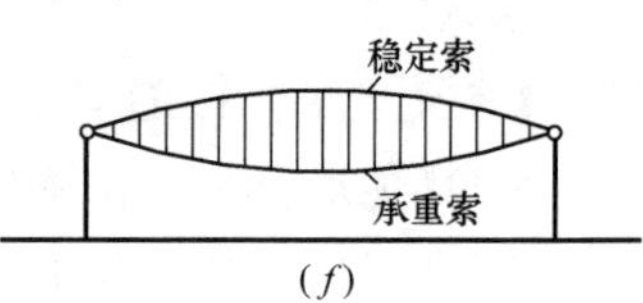

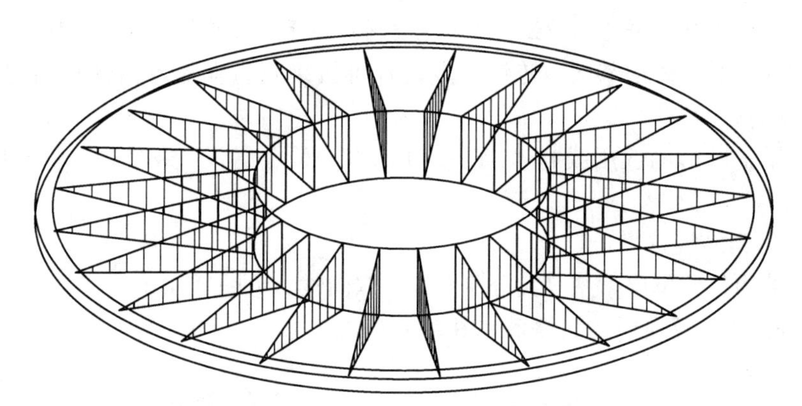

图 7.6.3-3　双层悬索结构

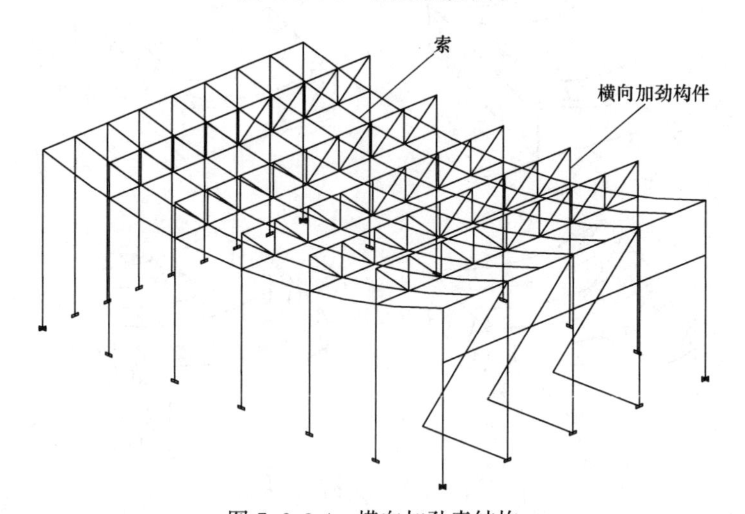

图 7.6.3 4　横向加劲索结构

2. 单层单向索一般为下凹型曲面，宜采用重型屋面（如混凝土板）以抵抗风荷载，并兼顾横向稳定的作用；单层双向索为负高斯曲率曲面（如马鞍型曲面），宜采用轻型屋面。

3. 双层悬索结构两层索之间应采用受压撑杆或拉索相连系。

4. 悬索结构的垂跨比和拱跨比取值范围可参考现行行业标准《索结构技术规程》JGJ 257。通常情况下，单层悬索结构，承重索垂跨比宜取跨度的 1/10～1/20，稳定索拱跨比宜取跨度 1/15～1/30；双层悬索结构，承重索垂跨比宜取跨度的 1/15～1/20，稳定索拱跨比宜取跨度 1/15～1/25。

7.6.4 索承网格结构选型：

1. 索承网格结构适用于封闭屋盖或中部开口屋盖，其刚性上弦多为单层或双层网格结构。上弦网格可采用多种构形，以椭圆形为例，常见网格构形有：肋环型、凯威特型，联方型以及凯威特-联方混合型、中部大开口肋环型以及中部大开口联方型，见图 7.6.4。

【条文说明】索承网格封闭屋盖一般指体育馆、商业中庭等建筑屋盖；索承网格中部大开口屋盖一般指体育场、网球中心等中部开口屋盖。一般小型屋盖可采用肋环型。因肋环型抗扭刚度较差，联方型中心区域网格过密，大型屋盖一般不采用，宜采用混合型。

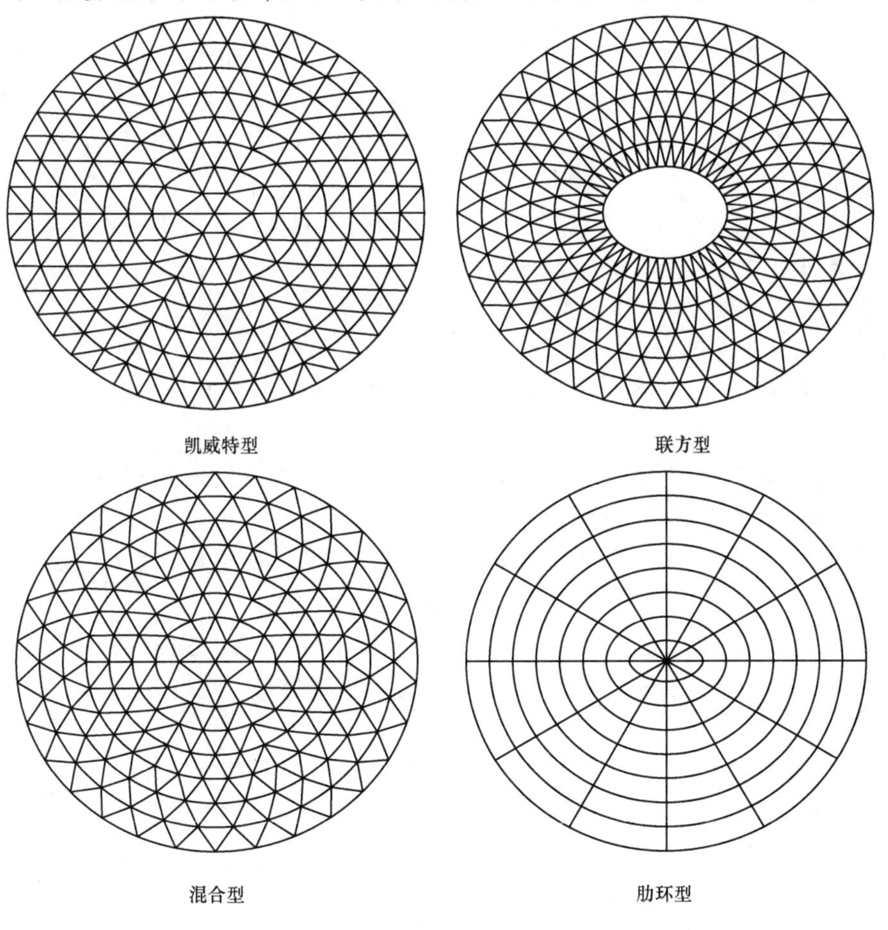

图 7.6.4　常见椭圆形网格构形（一）

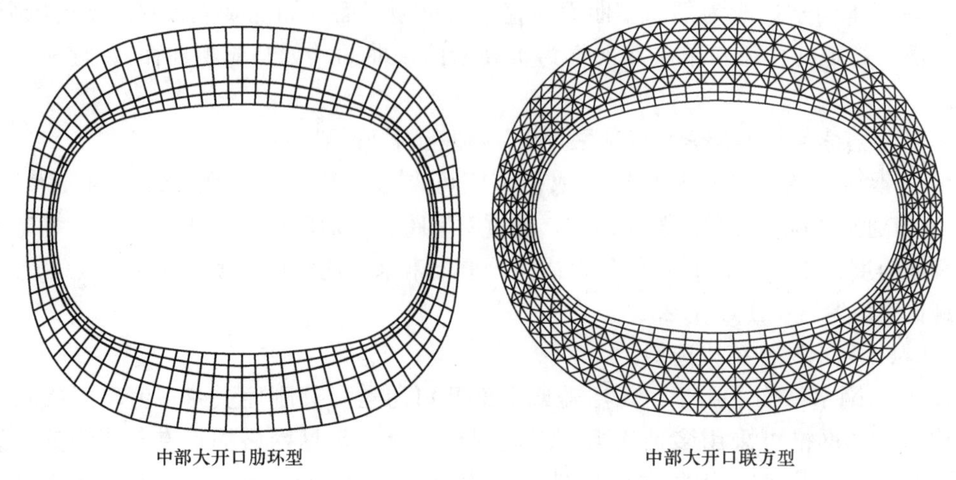

图 7.6.4 常见椭圆形网格构形（二）

2. 封闭索承网格结构的矢高不宜小于跨度的 1/10。网格大小根据跨度、屋面覆盖材料进行选取，一般 4m～6m 为宜。

3. 索承网格结构的环索数量和撑杆长度的确定应综合考虑施工张拉量、经济性及室内美观等因素。

4. 中部大开口型索承网格结构的结构布置优化原则：较大的斜索夹角；尽可能接近圆形的环索平面形状；减小外周环梁的高差；合理的刚性网格矢高；带有斜杆的刚性网格。

5. 索承网格的预应力取值原则：在预应力与恒荷载（含自重）作用下，索承网格结构的支座水平反力应尽量小，宜为零。

【条文说明】索承网格结构的稳定性能一般较好，失稳区域一般发生在顶部 1/3 区域范围内，设计可以通过人为增大失稳区域杆件截面，用较小的材料增加提供较大的稳定承载能力。索承网格结构的破坏多为支座附近的杆件率先进入屈服破坏。

索承网格结构一般有多道环索，通过加大靠近顶部环索的预应力，可提高整体稳定计算承载力；通过加大下部环索的预应力，可显著降低支座的水平力。合理的预应力是基本消除恒荷载下的支座水平力。

索承网格结构在风吸力情况下会使索拉力减小甚至退出工作，因此应控制索最小拉应力。

7.6.5 索穹顶结构选型：

1. 索穹顶结构形式主要有肋环型、葵花型、凯威特型、混合布置型等，见图 7.6.5。

2. 索穹顶的矢跨比不宜小于 1/8，斜索与水平面的夹角宜大于 20°。

3. 索穹顶环索道数过多造成材料用量大和施工工作量增大，过少导致撑杆过长，影响建筑功能和美观，合理数量宜结合结构受力、屋面覆盖材料、建筑功能、美观及经济性等因素综合确定。

4. 当屋面材料采用膜材时，由于膜材的预张力，使得索穹顶具有较好的抗扭刚度；当采用金属屋面材料时由于无法提供这样的预张力，则应采用抗扭刚度较好的索穹顶网格形式。

【条文说明】具有较好抗扭性能的索穹顶网格形式（如葵花型、凯威特型等），采用刚性（金属）、柔性（膜材）屋面对结构的性能影响不明显；抗扭性能较差的索穹顶结构形式（如肋环型），若采用刚性（金属）屋面，由于缺少了膜材张力对平面外的约束，容易

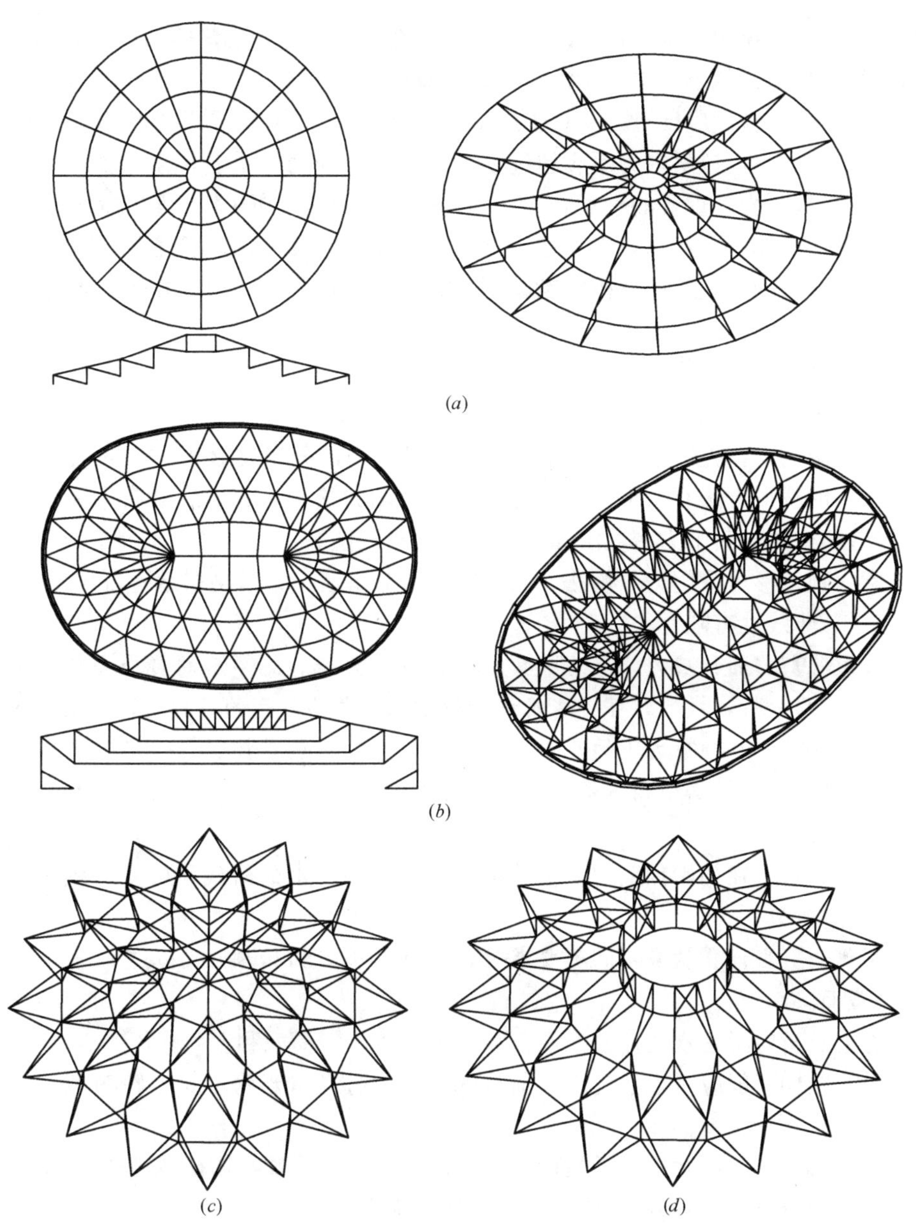

(*a*)

(*b*)

(*c*) (*d*)

图 7.6.5 索穹顶布置形式

(*a*) 肋环型；(*b*) 葵花型；(*c*) 凯威特型；(*d*) 混合布置型

产生平面外的失稳破坏，应采取加设支撑等措施加强结构的抗扭转能力。

5. 采用金属屋面时，径向索间距不宜过大。

7.6.6 结构分析与设计：

1. 设计基本规定：

1）带索结构应分别进行初始预拉力及荷载作用下的计算分析，分析均应考虑几何非线性的影响。带索结构均宜进行找形分析，当索承网格结构上弦刚度较大时可不进行找形分析。

2）初始预应力状态为带索结构在预应力施加完毕后的状态，即 1.0 自重+1.0 预拉力工况下的结构状态；荷载状态分析应在初始预应力状态上考虑永久荷载、活荷载、雪荷载、风荷载、地震作用、温度作用的组合，并应考虑施工过程的影响；初始几何态（零应力状态）为下料加工状态，由初始预应力态反算得到。

3）带索结构的挠度应自初始预应力状态之后起算，最大挠度与跨度之比不宜大于1/250。

4）一般情况下，拉索内力不应超过0.5倍拉索破断力，重要拉索（如环索）不应超过0.4倍拉索破断力。重要的悬索结构应结合抗连续倒塌分析确定拉索的内力控制指标。

5）各种工况作用下，承重索和稳定索不应松弛，拉索内应力不宜小于30MPa。

6）带索结构的地震效应分析应考虑下部结构的协同作用，宜采用上部与下部结构整体模型分析。

7）带索结构均应进行施工过程张拉分析。

2. 找形方法：

1）带索结构需首先通过结构找形确定初始预拉力的分布及形态。

2）常用的找形方法有力平衡法、力密度法、动力松弛法、非线性有限元法（小弹性模量）等数值方法，其中力密度法和动力松弛法收敛性好，非线性有限元法收敛性较差。

3）索穹顶找形可采用力平衡法、二次奇异值分解法；索承网格结构可采用力密度法、动力松弛法、非线性有限元法。

【条文说明】初始预应力状态为带索结构在预应力施加完毕后的自平衡状态。带索结构均应进行找形分析，找形时可将建筑设计轮廓状态作为找形的目标态，一般考虑1.0自重+1.0恒荷载+1.0预应力下的几何形状与目标态轮廓误差控制在一定范围内为基准进行找形，找形方法可根据结构体系的不同选用不同的方法。

3. 静力分析：

1）静力分析应在初始预应力状态的基础上对结构的永久荷载和可变荷载组合作用下的内力位移进行分析。

【条文说明】当计算结果不满足要求时，应重新确定初始预应力状态或者调整结构布置或构件截面。

2）静力分析应考虑永久荷载、活荷载、风荷载、雪荷载和温度作用等。

3）带索结构一般应考虑活（雪）荷载的不均匀分布（半跨或1/4跨荷载）产生的不利影响。

4）一般形体的风荷载体型系数可按现行国家标准《建筑结构荷载规范》GB 50009的规定取值，复杂形体的体型系数应通过风洞实验确定。

4. 地震效应分析：

1）7度及以上地区的体型较规则的中小跨度带索结构，可采用振型分解反应谱法进行地震效应计算；其他情况，应考虑索结构几何非线性，补充进行单维或多维时程分析。

2）地震分析时，计算模型仅含有索单元的结构阻尼比宜取0.01，当含有其他结构单元时，阻尼比可按现行行业标准《索结构技术规程》JGJ 257相关规定进行调整。

5. 施工张拉分析：

1）悬索结构施工张拉可采用重力加载（图7.6.6）、张拉径向索或环索、顶升撑杆、原长安装等方式。

2）索承网格结构与索穹顶结构施工张拉一般采用环索张拉、径索张拉和撑杆顶升等方式，对于中心对称的穹顶，宜采用径索张拉的方案。

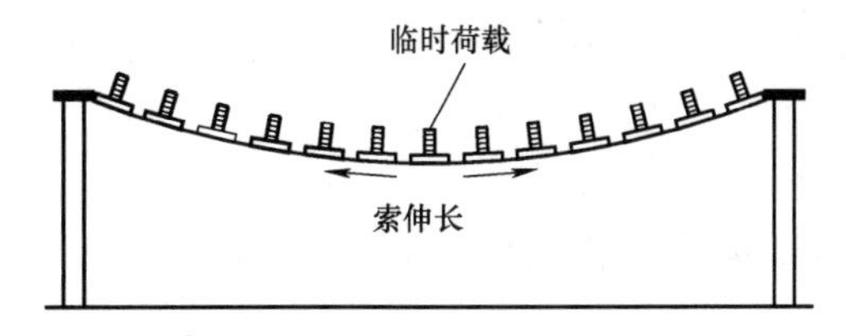

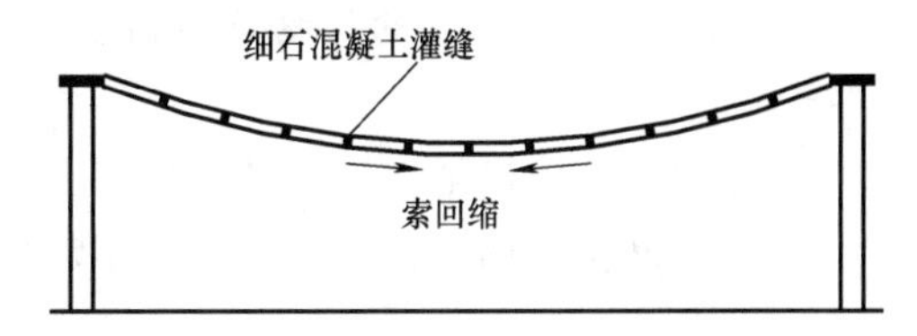

图 7.6.6 重力加载

7.6.7 节点设计与构造应符合下列规定：

1. 承重索与稳定索、环索与径索、索与撑杆间的连接节点，一般采用铸钢索夹节点。撑杆宜采用关节轴承节点，参见图 7.6.7-1、图 7.6.7-2。

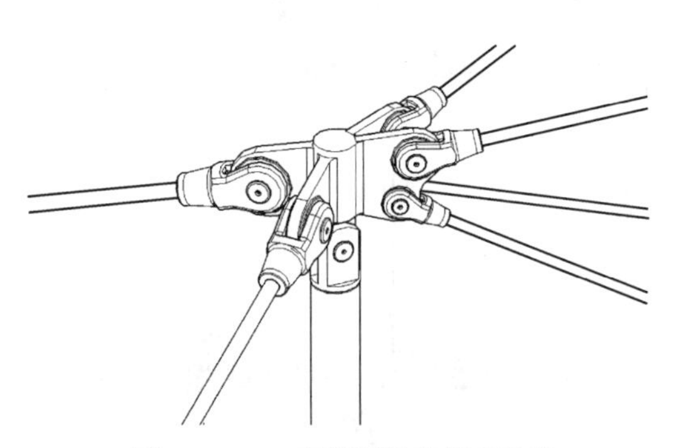

图 7.6.7-1 索穹顶脊索节点示意

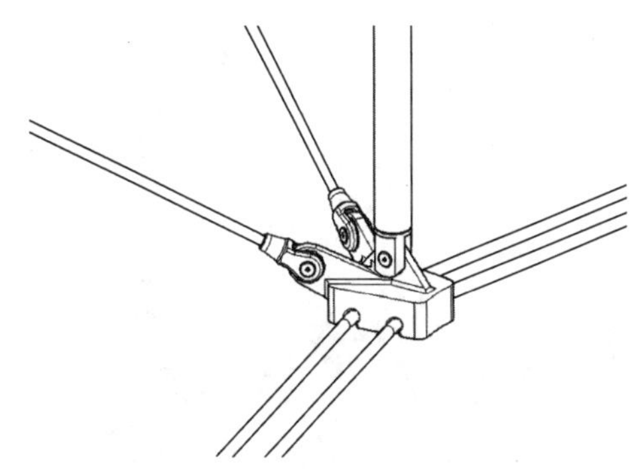

图 7.6.7-2 索穹顶环索节点示意

2. 节点承载力应不小于最不利设计内力的 1.25 ～1.5 倍，铸钢节点极限承载力应不小于最不利设计内力的 2.5～3.0 倍。

3. 节点应满足结构变形协调、施工张拉方式的需要。节点的构造应考虑施加预应力、安装偏差、二次张拉、换索的可能性。

4. 索的锚固节点宜优先采用焊接节点，节点形式复杂时可采用铸钢节点，参见图 7.6.7-3。

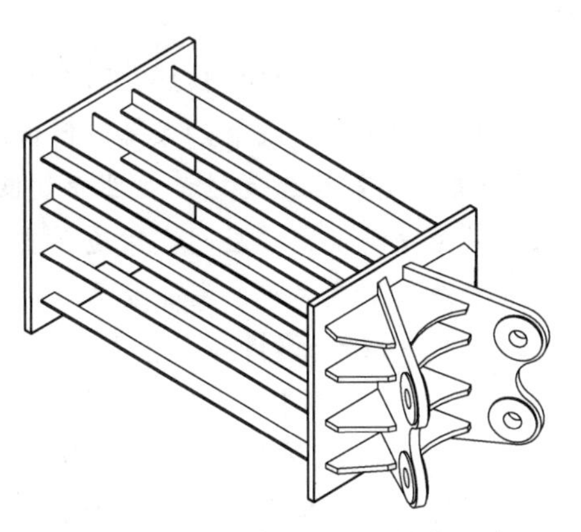

图 7.6.7-3 索穹顶锚固节点示意

5. 受拉节点的焊缝质量等级应为一级，其他焊缝的质量等级不应低于二级。

7.6.8 安装及验收应符合下列规定：

1. 拉索出厂前应进行预张拉，预张拉力值可取破断力的 50%～55%，持荷时间不应小于 1h，预张拉次数不应少于 2 次。

【条文说明】拉索出厂前预张拉主要为消除拉索的非弹性变形影响，同时检查拉索的质量。

2. 张拉应采用同批、同步、多级（每级宜不超过 25%）、索力逐步到位的张拉方式。张拉过程中应检测并复核拉力、实际伸长量，每级张拉时间不应少于 0.5h，并做好记录。

【条文说明】建议每级张拉，不包括测量和稳定的时间的千斤顶工作时间不少于 0.5h。

3. 张拉宜以索力控制为主，结构位移控制为辅。索力偏差不宜超过 5%，不应超过 10%，位移偏差不宜超过 10%～15%。

【条文说明】本条中的结构位移指整体结构中关键控制点的位移，如结构跨中、悬挑端部等。

4. 考虑到应力松弛作用，拉索可超张拉3%～5%。

5. 索承网格结构张拉过程应采取措施保证上部构件稳定，防止构件局部变形。

7.7 铝合金单层网壳结构

7.7.1 铝合金单层网壳一般是以H形或箱形铝型材通过板式节点全装配连接而成的单层网壳结构，见图7.7.1。

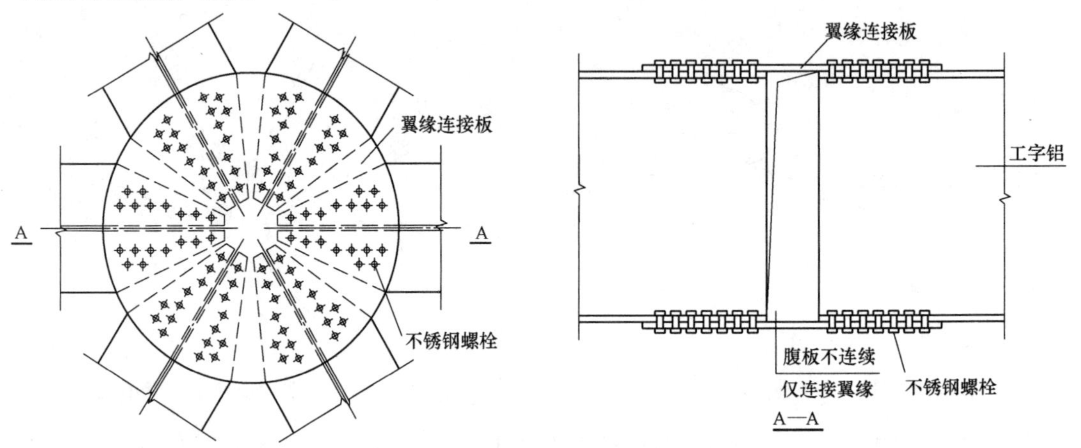

图7.7.1 典型工字铝连接节点

7.7.2 铝合金及其连接材料（不锈钢螺栓）应符合现行国家标准《铝合金结构设计规范》GB 50429及其他相关规范规程的规定，当采用进口材料时应进行专门的分析或试验研究。

7.7.3 铝合金单层网壳的结构形状自身应具有较大的几何刚度和良好的周边支承条件。在恒、活荷载作用下，大部分杆件应以轴向受力为主。

【条文说明】铝合金材料弹性模量低于钢材，单层结构竖向变形较大，需要通过几何形状提供竖向刚度。单层网壳对边界支座依赖性大，需支承结构提供足够刚度。设计时宜考虑下部结构刚度对单层网壳受力性能的影响。

7.7.4 分析与设计应符合下列要求：

1. 铝合金单层网壳应进行上下部结构整体模型分析。

2. 铝合金单层网壳应进行整体稳定性分析。计算时应考虑节点刚度的影响，按弹塑性全过程分析，安全系数不应小于2.5。

【条文说明】铝材弹性模量远低于钢材，在材料强度未充分利用的情况下亦可能发生较大变形，某些形状的网壳，考虑几何单非线性与考虑几何材料双非线性计算得到的K值相差不大。

3. 确定杆件长细比时，其计算长度l_0对壳体面内取$0.9l$，壳体面外取$1.6l$，其中l为杆件几何长度（节点中心间距离）。必要时可按稳定分析计算确定l_0。

4. 铝合金单层网壳结构的变形限值：跨中变形为跨度的1/400；在不影响使用的条件

下，悬挑端变形为悬挑长度的 1/200。

7.7.5 节点设计与构造应符合下列规定：

1. 铝合金单层网壳一般采用板式节点体系。节点的螺栓排布应在满足规范螺栓最小间距的情况下尽量紧密，使得节点板尺寸尽量小，以增加节点刚度。节点板最小厚度不应小于相连杆件的翼缘厚度且不小于 8mm。螺栓的大小、个数应满足相连构件受拉等强的原则。应对所设计的节点进行有限元分析，节点强度不应小于相连构件强度，节点转动刚度应大于 2.5 倍构件刚度。

【条文说明】单层网壳中大多数杆件以轴向受力为主，板式节点腹板不连接，仅翼缘连接，故要求节点连接满足相连构件受拉等强的原则。

2. 铝合金单层网壳杆件长度应综合考虑面板尺寸确定，一般以 3m～5m 为宜。为保证节点设计及制作，构件之间夹角宜控制在 30°～90°之间。

【条文说明】由于目前绝大多数铝合金网壳构件采用 H 形截面，应控制构件长度，避免因为控制构件弱轴稳定性导致构件截面过大。铝合金单层网壳结构一般不另外设置屋面体系，玻璃或金属面板均与主体结构构件一体化，确定构件长度时还应综合考虑面板适宜尺度及安装要求。

3. 对支座部位受力较大的杆件，当采用铝型材截面不满足要求或为避免铝构件与钢支座连接不便时，可采用钢构件。此时节点构造应采取措施保证铝合金与钢材不发生电化学反应。

【条文说明】由于铝合金可焊性较差，铝合金单层网壳均为栓接节点的装配式结构，构件多采用同高度 H 形截面。一些支座部位杆件受力较大，采用同截面高度的 H 型铝不能满足受力要求，可采用高强度 H 型钢代替铝型材。铝合金单层网壳的支座一般仍采用钢构件，为方便支座节点安装，与支座相连的杆件也可采用钢型材代替铝型材。钢型材与铝型材连接部位一般需增加可阻止二者发生电化学反应的隔离材料。

4. 受压力较大的 H 形截面铝合金杆件的平面外轴心受压不满足稳定性要求时，可采用在杆件中部增设角铝支撑减小构件平面外计算长度，也可采用矩形截面铝合金构件。

【条文说明】目前已研发出螺栓连接的矩形截面铝合金构件，但制作加工费用相对较高。

7.7.6 铝合金结构应根据建筑物的耐火等级来确定耐火极限，可采用有效的水喷淋系统进行防护或消防部门认可的适用于铝合金材料的防火喷涂材料。

【条文说明】铝合金结构的防火措施，目前通常采用有效的水喷淋系统进行防护，防火涂料对铝合金材料影响较大，铝合金材料容易与其他材料发生电化腐蚀，一般较少采用。

7.7.7 当铝合金结构的表面长期受辐射热达 80℃以上时，应加隔热层或采用其他有效的防护措施。

【条文说明】铝合金结构在受辐射热温度达到 80℃时，铝合金材料的强度开始下降，超过 100℃时，铝合金材料的强度明显下降，故要控制热辐射的温度。

7.7.8 铝合金结构施工时铝合金材料宜单独堆放保存。当与其他不同材质的材料一起存放时，应采取有效隔离措施。

7.8 节点设计

7.8.1 节点连接件的钢材强度等级和质量等级不应低于与其相连的杆件，节点承载力不应低于杆件承载力。

7.8.2 设计应对应力较大的复杂节点或杆件进行有限元分析。

7.8.3 当弦杆、腹杆采用H型钢时，相交节点处弦杆翼缘内应设置加劲肋，加劲肋的厚度不小于腹杆翼缘厚度。腹杆翼缘与弦杆可采用剖口焊焊接。

7.8.4 螺栓球节点主要应用于网架和网壳结构，由钢球、高强度螺栓及套筒、紧固螺钉、锥头（封板）等零部件组成。设计时除应满足规范相关要求外，尚应满足下列要求：

1. 与螺栓球节点相连的最小杆件夹角宜不小于30°。

2. 螺栓球节点球径不宜大于300mm。

3. 螺栓球节点的钢球通常采用45号钢，可焊性较差，屋面檩条、马道及吊挂的连接应在工厂开工艺螺栓孔，采用螺栓连接。

【条文说明】螺栓球节点的传力路径：

当杆件受拉时：拉力→钢管→锥头或封板→高强螺栓→钢球；

当杆件受压时：压力→钢管→锥头或封板→套筒→钢球。

螺栓球节点网架适用于跨度小、屋面重量轻且建筑使用功能较简单的屋盖结构。对于屋盖跨度超过45m，屋面采用钢筋混凝土楼板等较重型的屋面，或机场、车站、会展中心等重要性较高、人员比较密集的建筑屋面，宜采用焊接球节点网架。

螺栓球节点不属于薄壁型节点，其直径不宜超过300mm；常用的最大螺栓规格为M64。当球的放样直径超过300mm，或需要的螺栓规格更大时，应将该节点设计为焊接球节点。

7.8.5 焊接空心球节点主要应用于网架和网壳结构，也可应用于管桁架结构中多杆相交节点、支座节点等。设计时除满足规范相关要求外，尚应满足下列要求：

1. 当球外径大于300mm且连接杆件受力较大时可在空心球内加肋以提高节点的承载能力；当球外径大于或等于500mm时，应在球内增设单向肋，球外径大于600mm时设置十字肋。肋板应设在轴力较大杆件的轴线平面内，且其厚度不应小于球壁厚度；当单向轴力很大时，可沿杆件方向设置单向平行肋。

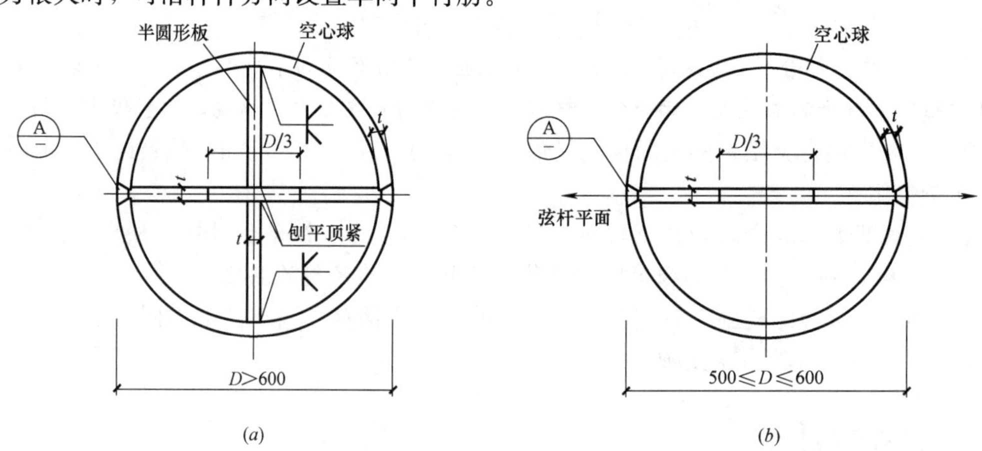

图7.8.5-1 焊接球节点加肋方式示意（十字肋，单向肋，单向平行肋）（一）

(a) 十字肋；(b) 单向肋

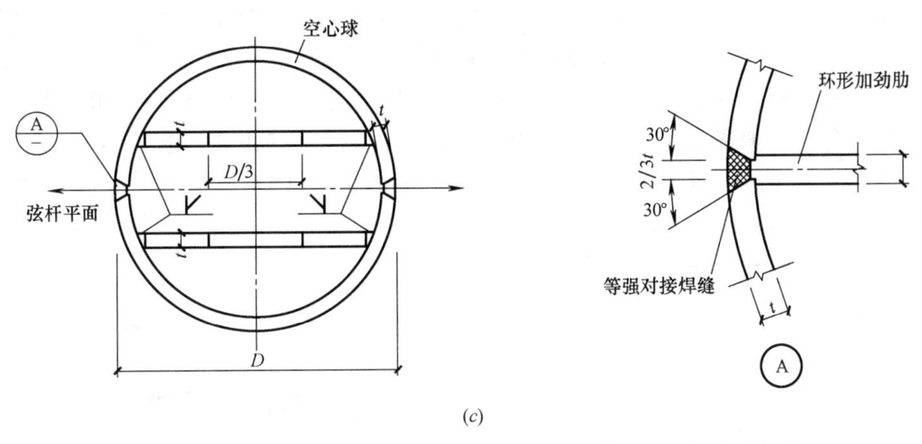

(c)

图 7.8.5-1 焊接球节点加肋方式示意（十字肋，单向肋，单向平行肋）（二）
（c）单向平行肋

2. 与焊接空心球节点相连的最小杆件夹角宜不小于 30°，相邻杆件之间的净距不宜小于 10mm，当杆件应力较小时，净距可取为 0。

3. 钢管杆件与空心球的连接应加设内衬管。壁厚大于或等于 6mm 应设坡口，小于 6mm 时可不设坡口。

4. 应避免小管用大球。

【条文说明】焊接球节点弹性分析时一般可按刚接节点计算，当空间结构按不屈服抗震性能目标进行强度设计时，焊接球节点可考虑因杆件端部焊缝局部破坏引起部分转动，此时焊接空心球节点建议按铰接节点计算。

焊接球内是否加肋或加肋的多少，原则上是根据球及相连杆件的受力情况确定的。目的是保证球的强度和变形满足要求。实际应用中，当球外径 500mm～600mm 时，可设单向肋；当球外径大于 600mm 时，可设十字肋；当球径大于 900mm 时，应对球节点进行专门验算或改用其他构造方式。

当球节点上的相邻杆件夹角很小时，如严格按照杆件连接焊缝不交叉的原则进行放样，空心球的直径会很大，为减小球径，对应力不大的杆件，可考虑杆件间的间隙为零或两管相交的构造方式。如图 7.8.5-2 所示。

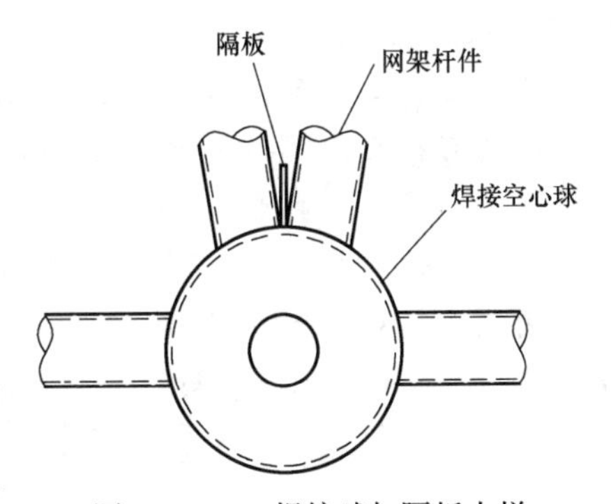

图 7.8.5-2 焊接球加隔板大样

7.8.6 上下削冠的焊接空心球鼓形节点主要用于单层网壳结构或建筑有特殊要求的结构，节点内宜设置加劲肋保证鼓形面板的稳定性，节点承载力计算应采用有限元分析。

7.8.7 相贯节点主要应用于管桁架结构和跨度较小的单层网壳结构。设计时除应满足规范相关要求外，尚应满足下列要求：

1. 钢管相贯节点，主管的壁厚应不小于支管的壁厚，主管与支管的连接焊缝应沿全周连续焊并平滑过渡。相贯线焊缝分为三个区域：A 区（趾部）、B 区（侧部）及 C 区（根部），如图 7.8.7-1 所示，A 区、B 区切割出完整的坡口，B 到 C 的过渡区切割出过渡坡口，C区当支管与主管夹角小于45°时不切坡口。A区、B区焊缝为全熔透坡口焊缝；B到C的过渡区为部分熔透焊缝（即部分坡口）；C区为角焊缝，角焊缝有效高度 $h_e \geqslant 1.25t$（t 为支管壁厚，详见图7.8.7-2大样）。全熔透焊缝、部分熔透焊缝和角焊缝的形状和尺寸应符合现行国家标准《钢结构焊接规范》GB 50661的相关要求。

全熔透焊缝的质量等级应不低于二级、支座附近杆件及关键杆件应为一级；相贯线的部分熔透焊缝和角焊缝应为三级焊缝，但外观质量符合二级。对相贯线焊缝B到C区部分熔透焊缝均应进行外观缺陷和几何尺寸检查。

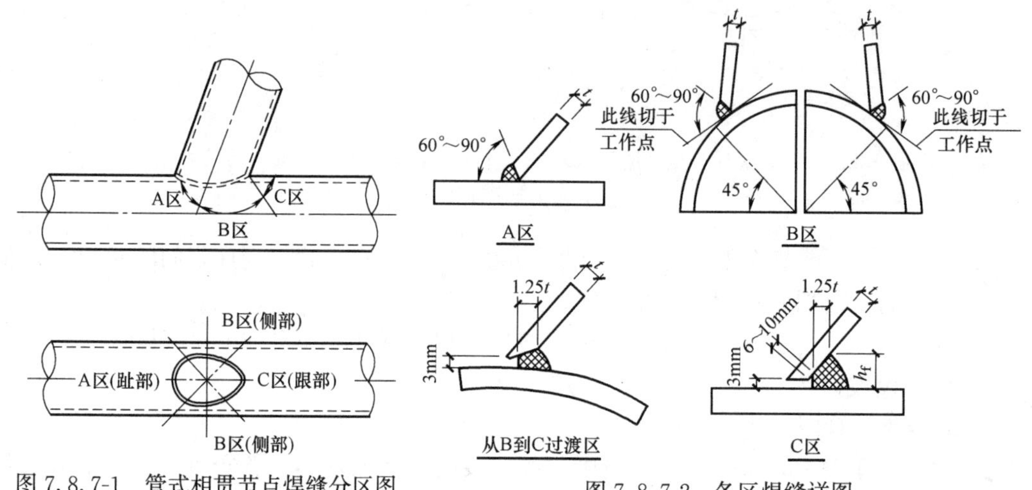

图7.8.7-1　管式相贯节点焊缝分区图

图7.8.7-2　各区焊缝详图

【条文说明】关于相贯焊节点刚度，针对矩管和圆管不同的连接形式（X形、T形、K形、KK形、TX形等），已有一些实验研究和理论分析研究。多数研究结论认为，相贯焊节点刚度主要与三个因素有关，一是 β（对矩管为支管与主管的宽度比，对圆管为支管与主管的直径比），其他条件不变时，节点抗弯刚度随 β 增大而增大；二是 γ（对矩管为主管宽度与腹板厚度之比，对圆管为主管径厚比），其他条件不变时，节点刚度随 γ 增加而减小；三是 τ（为腹杆壁厚与弦杆壁厚之比），其他条件不变时，节点刚度随 τ 的增大而稍有减小。对单层网壳，相贯节点刚度对结构挠度、自振频率、整体稳定等计算均有显著影响，结构设计时应进行节点刚度分析，使其尽可能达到刚接条件，如不满足，可通过增大节点域主管直径、壁厚或增设环向加劲肋等措施，加强节点刚度。

圆形钢管采用相贯节点连接，施焊时钢管内无法加内衬板，因此相贯线的趾部（全熔透区）和侧部（部分熔透区）的等强焊缝难以保证质量，宜加补强贴脚焊予以补强，贴脚焊缝的高度可取 $0.6h$，如图7.8.7-3所示。

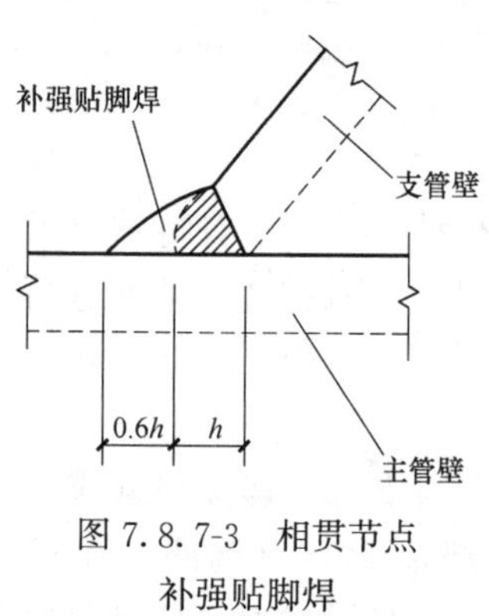

图7.8.7-3　相贯节点补强贴脚焊

2. 管桁架结构的弦杆一般按照等直径、变壁厚的原则进行设计，其变壁厚的位置应避开相贯节点的节点区，见图7.8.7-4～图7.8.7-6；当支管的直径大、或相贯节点的杆件内力大，节点承载力难以满足要求时，可采用加厚主管壁厚、增大外径或加内隔板等措施。对已下料加工成形的节点可采用外贴钢板进行补强，见图7.8.7-7。

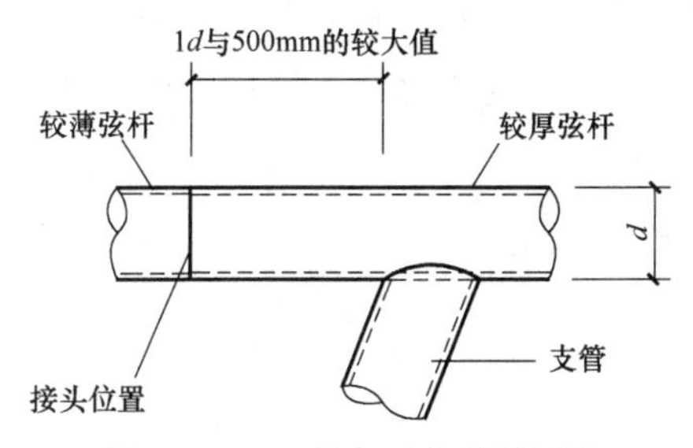

图 7.8.7-4 节点区变壁厚杆件

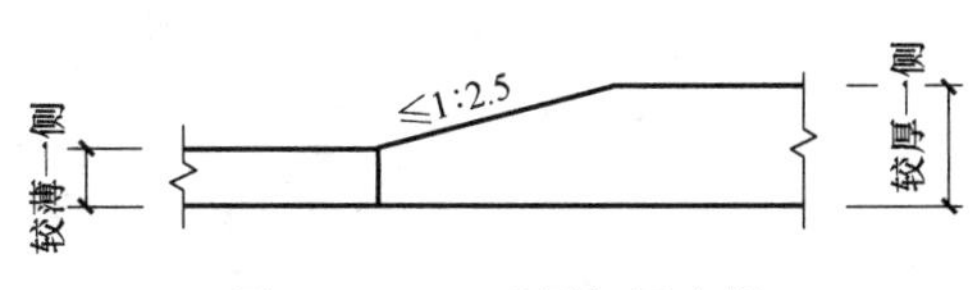

图 7.8.7-5 壁厚加厚大样

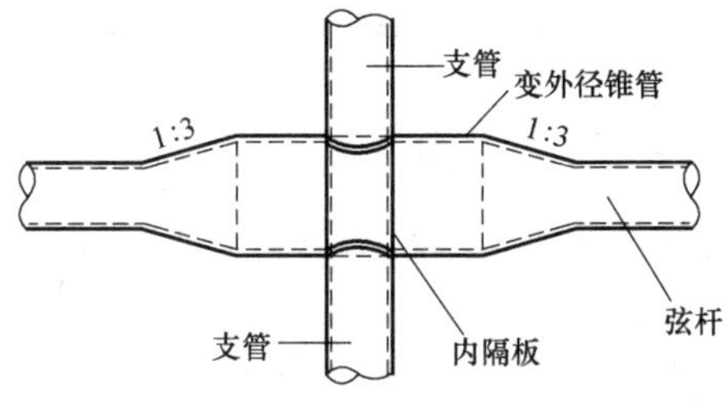

图 7.8.7-6 弦杆变外径锥管大样

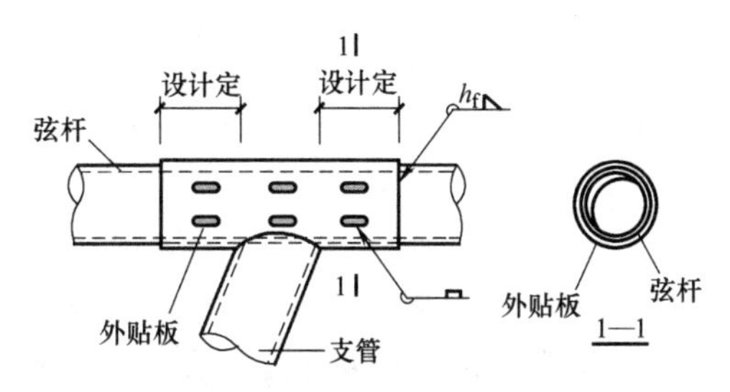

图 7.8.7-7 采用外贴板加厚主管大样

注：塞焊孔尺寸和间距根据受力特点和大小确定。

3. 节点构造应满足下列要求：

1）相贯节点中腹杆间的相贯关系应根据壁厚、管径、应力、受力状态等因素综合确定。支管端部应按相贯线切割后直接焊在主管外壁上，不宜将支管插入主管，各管间夹角不宜小于 30°，两支管趾距不宜小于两支管壁厚之和，见图 7.8.7-8。

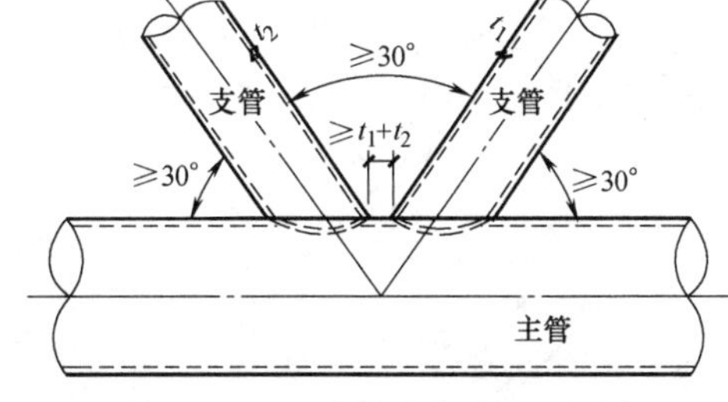

图 7.8.7-8 支管夹角及趾距示意

【条文说明】相贯节点中腹杆需要搭接时，支管搭接尺寸应符合现行国家标准《钢结构设计标准》GB 50017 相关规定。节点相贯原则：薄壁管贯厚壁管，应力比较小的管贯应力比较高的管，小管径贯大管径，压杆贯拉杆。

2）管节点应尽量避免偏心，如两支管中心交点对主管中心有偏离时，支管侧的偏心距宜在主管中心外 0.05 倍的主管截面高之内，在主管外侧的偏心距不宜大于 1/4 主管截面高，在此偏心范围内，受拉主管可不计偏心影响，受压时则应计入偏心弯矩，见图 7.8.7-9。当偏心距超过时，应对节点及杆件进行实体有限元分析。

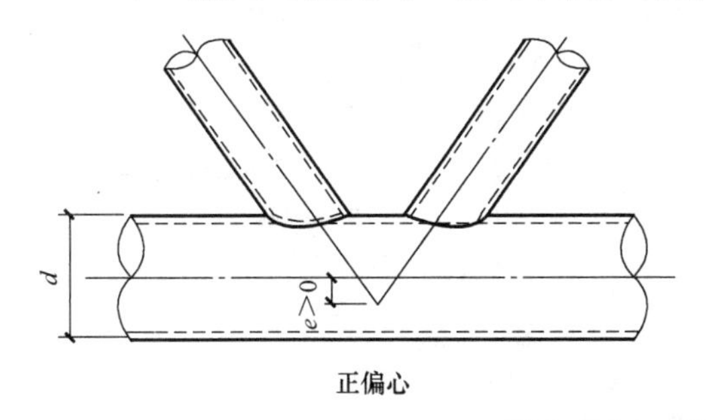

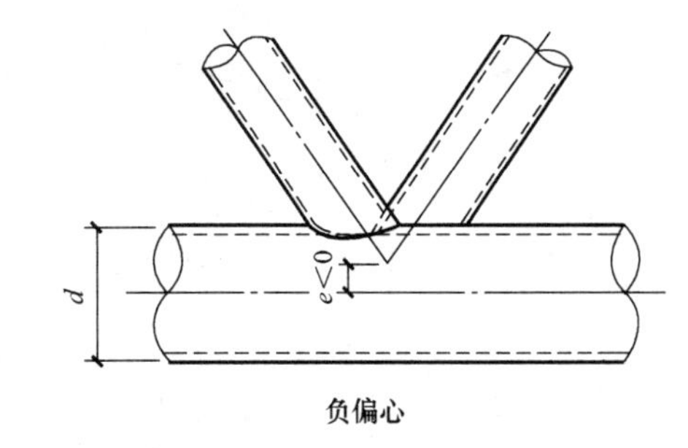

图 7.8.7-9 节点偏心范围示意

3）桁架采用矩形钢管杆件时，腹杆的宽度应不大于主管宽度。腹杆直接焊接在弦杆的翼缘板上时，应按钢材的屈服强度验算翼缘板的局部受力，且应在弦杆的翼缘增设加劲肋，如图 7.8.7-10、图 7.8.7-11 所示。

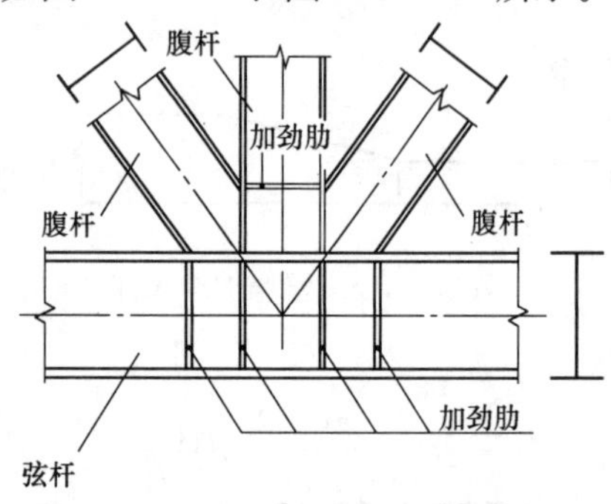

图 7.8.7-10　开口截面加劲板示意

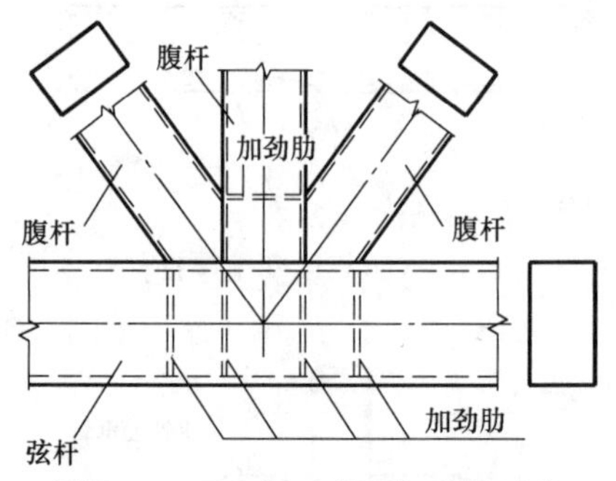

图 7.8.7-11　闭口截面加劲板示意

【条文说明】小直径的闭口型截面，或成品轧制闭口截面无法设置内加劲板，可采用局部加厚的方式补强节点，并验算节点承载力。

4）杆件中部有横向荷载作用时应按压弯或拉弯杆件验算其强度和局部变形。

5）杆件应避免开孔，无法避免时应进行受力分析并采取补强措施。

7.8.8　圆柱分叉节点主要用于圆柱的分叉处，如“Y”形柱分叉处，可形成树枝状结构。节点处各圆管采用相贯接头时，相交于节点的各圆管宜采用相同的直径，使相邻圆管相交的相贯线位于同一平面内，以便在相贯线管内设置加劲肋，同时作为相贯线焊缝的内衬板，利于圆管转折处的传力。当圆管为变直径管时，在节点区域宜采用等直径圆管。见图 7.8.8 所示。

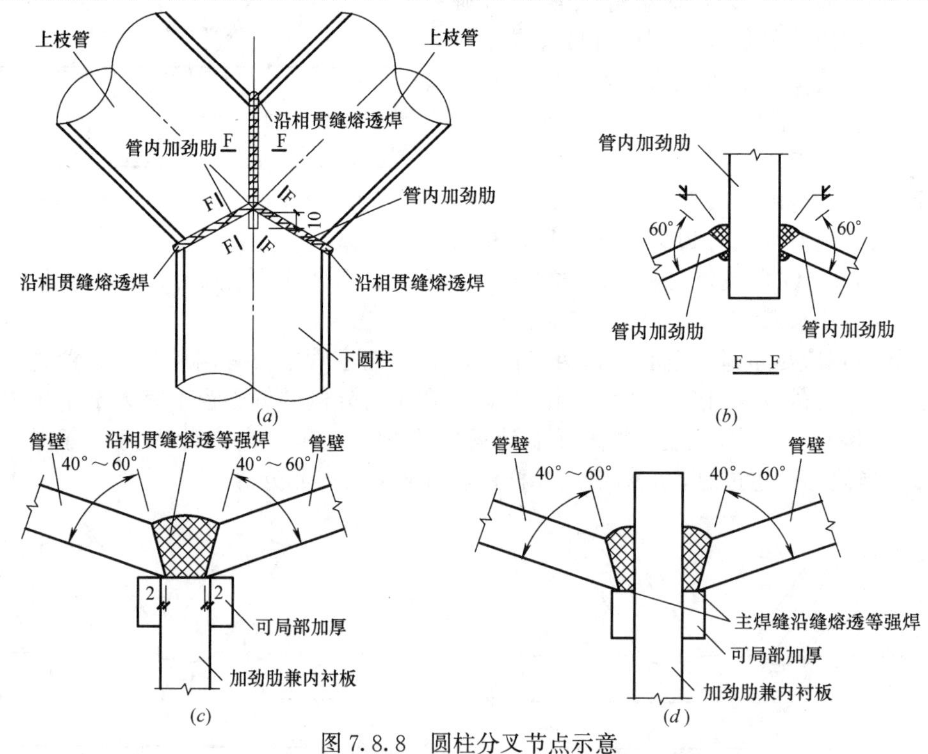

图 7.8.8　圆柱分叉节点示意

(*a*) 圆管带内衬板 Y 形相贯节点图；(*b*) 管内加劲肋之间的焊缝图；
(*c*) F-F 相贯熔透坡口焊缝一；(*d*) F-F 相贯熔透坡口焊缝二

7.8.9　铸钢节点适用于节点复杂、杆件汇交多、有特殊外观要求的节点，不直接承受动力荷载。

1. 铸钢节点不应出现尖角，应圆滑过渡，避免应力集中。见图 7.8.9-1。

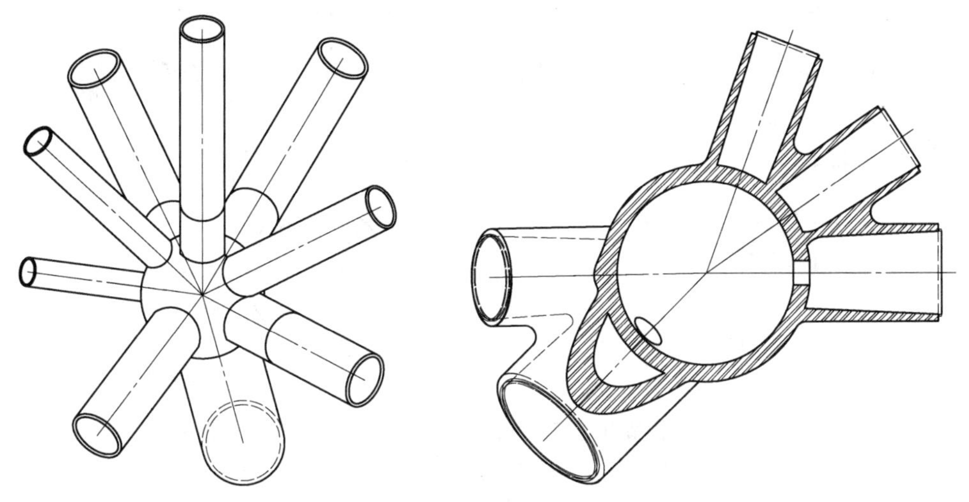

图 7.8.9-1　铸钢节点圆滑过渡示意

2. 节点应进行实体弹塑性有限元分析，分析所得极限承载力不小于荷载设计值的 2.5 倍。

【条文说明】协会标准《铸钢节点应用技术规程》CECS 235：2008 第 4.2.5 条规定，除圆管相贯铸钢节点和焊接空心球铸钢节点外，铸钢节点试验的破坏承载力不小于荷载设计值的 2 倍（非足尺试验需再提高 15%），弹塑性有限元分析所得的极限承载力不小于荷载设计值的 3 倍。行业标准《铸钢结构技术规程》JGJ/T 395—2017 第 5.4.6 条规定，除圆管相贯铸钢节点和焊接空心球铸钢节点外，铸钢节点试验的破坏承载力不小于荷载设计值的 2 倍（非足尺试验需再提高 15%），弹塑性有限元分析所得的极限承载力不小于荷载设计值的 2 倍。鉴于目前铸钢材料质量参差不齐，本措施取为 2.5 倍，具体工程设计过程中，设计人员应根据节点的复杂程度、重要性和分析（试验）的可靠性确定极限承载力。

3. 铸钢件与钢杆件等强焊接时，应采取措施保证连接满足受力要求。

【条文说明】当铸钢件与钢杆件屈服强度相同时，其设计强度一般低于钢杆件，当二者焊接连接时，焊接材料性能按较低强度杆件选用，故即使杆件管材壁厚范围内全熔透，也做不到连接焊缝与钢杆件等强，需采取加强措施。加强措施有三种，一种是增设过渡段，过渡段钢件壁厚同铸钢件壁厚，见图 7.8.9-2（a）；第二种，增设内衬管，内衬管壁厚与杆件壁厚之和等于铸钢件壁厚，钢杆件壁厚不宜小于铸钢件壁厚的 2/3，内衬管与钢管采用塞焊连接，见图 7.8.9-2（b）；第三种，当钢杆件应力较小，采用与铸钢等强度的焊缝连接也能满足受力要求时，可采用设垫板的熔透焊缝连接，见图 7.8.9-2（c）。

7.8.10　销轴节点广泛应用于各类空间结构中，是理想的单向铰节点，使用销轴节点时应注意实际构造与计算假定相吻合，见图 7.8.10。销轴材料应采用符合现行国家标准《优质碳素结构钢》GB/T 699 的 45 号钢及符合现行国家标准《合金结构钢》GB/T 3077 的 40Cr、35CrMo、42CrMo 等钢材，并进行必要的热处理。

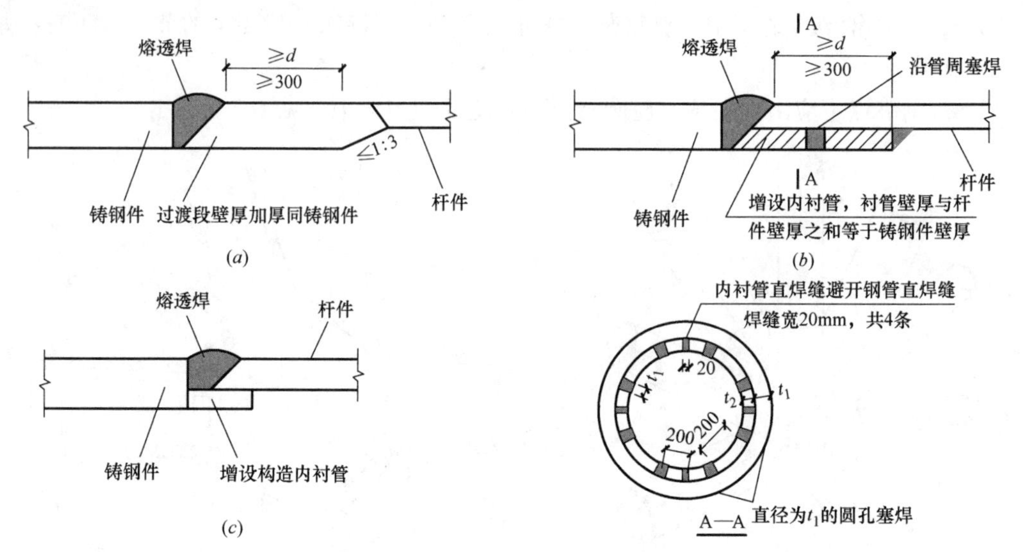

图 7.8.9-2　铸钢节点与相连杆件连接焊缝（图中 d 为杆件直径）

（a）增加过渡段；（b）增设内衬管；（c）杆件应力比较低时（校核低强度等级焊缝满足设计要求）

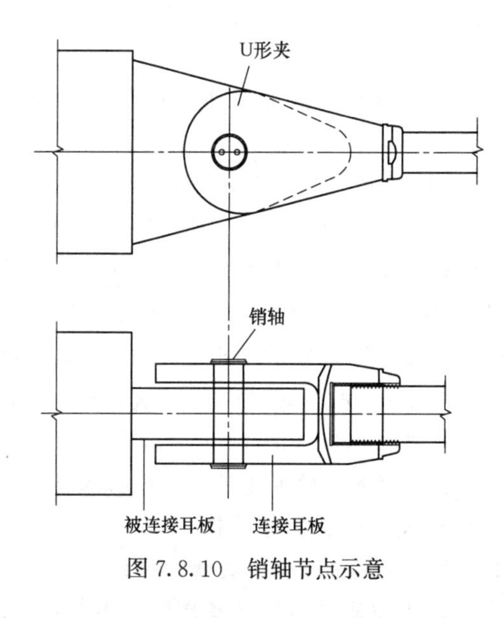

图 7.8.10　销轴节点示意

【条文说明】销轴连接节点为接触型节点，耳板和销轴、耳板和耳板之间都有空隙存在。这样的构造可以确保节点的转动能力，同时也造成节点在销轴平面外同样具有一定的转动能力。因此，当双向铰节点满足一个方向的转角较大、另一个方面的转角较小的条件时，可采用销轴节点连接，此时销轴平面外的剪力通过连接件和被连接件的耳板承压传递，应验算耳板的平面外抗剪能力。

7.8.11　销轴节点连接应进行销轴抗弯、抗剪和承压计算、耳板抗拉及抗剪验算，必要时采用有限元模拟接触单元进行受力分析。

【条文说明】当节点内力较大时，宜通过增加耳板厚度提高节点的承载力，连接计算按现行国家标准《钢结构设计标准》GB 50017 进行。

7.8.12　关节轴承在能提供平面内转动的同时也能提供适量的平面外转动，一般用于对面外转动有需求的销轴节点。

7.8.13　节点有限元分析可采用下列两种方法：

1. 独立节点分析：将节点从整体结构中取出独立建模，提取整体模型中与节点相连杆件内力、施加与节点变形相符的约束条件进行节点分析。

2. 多尺度分析：在整体模型中把需要分析的节点用实体单元或者壳单元建模，其余部分用杆系单元建模，通过整体模型原位计算分析。

7.8.14　节点有限元分析应满足下列要求：

1. 复杂、重要、典型节点应采用实体单元进行弹塑性分析。单元划分时，构件交汇处、节点内外拐角处等易产生应力集中的部位，单元的最大边长不应大于该处最薄壁厚，单元尺寸变化宜平缓。

2. 节点有限元模型中，节点约束条件应与实际情况相符，作用在节点上的外荷载和约束力应满足平衡条件。

3. 节点承受多种荷载工况时，应分别取各杆件最大应力（拉、压分别计算）对应的工况组合值进行节点有限元分析。

【条文说明】当受拉应力大于受压应力时，可仅计算最大受拉应力对应工况；当受压应力大于受拉应力时，因受压应力包括杆件受压稳定系数的增大，受压实际应力可能小于受拉应力，则需补充受拉应力对应工况进行节点分析。

4. 进行弹塑性有限元分析时，应考虑材料非线性和几何非线性，材料的应力-应变曲线宜采用具有一定强化刚度的二折线模型。复杂应力状态下的强度准则应采用 von Mises 屈服准则。

5. 节点的极限承载力可按弹塑性有限元分析得出的荷载-位移全过程曲线确定，节点极限承载力不应小于设计值的 2 倍，同时应结合节点应力水平（von Mises）和应变值判断。

6. 对特殊、重要节点宜进行节点试验，验证有限元分析结果的正确性。

7.9 支座设计

7.9.1 支座作为承受上部结构荷载并将其传递至下部结构或基础的关键构件，必须具有足够的强度和刚度。节点构造除需传力直接、连接简单、满足自身承载力和变形要求外，还应与计算模型选用的约束条件相符。

7.9.2 支座按下列原则设置：

1. 弹性支座不宜集中布置于结构平面某一侧或某一区域。

2. 角部支座水平刚度不宜过小。

3. 摇摆柱宜布置在结构中部。

4. 考虑温度应力时，结构两端的支座水平约束刚度宜较小。

【条文说明】超长大跨度空间结构受温度影响较大，一般会采用有一定水平刚度的弹性支座来释放结构温度应力，设计时弹性支座不宜集中设置于结构平面某一区域，造成结构刚度分布不均，出现扭转。摇摆柱如布置于结构周边，也会削弱结构的抗扭刚度。

5. 支座支承构件设计时应避免支座间产生沉降差，不可避免时，应考虑支座不均匀沉降产生的附加内力对结构的影响。

6. 大跨空间结构支座节点不宜直接采用相贯焊接节点。

7.9.3 空间结构一般可采用球形钢支座，球形钢支座在提供转动的同时，可提供单向或双向水平弹性刚度，如图 7.9.3 所示。球形钢支座宜选择成品支座，设计文件中需向制作厂家提供支座竖向拉力、压力、水平剪力、水平刚度、各向水平位移限值、支座转角等参数。必要时设计应按厂家提供的各项参数对结构内力和变形进行复核。

7.9.4 设计销轴支座时应仅考虑耳板平面内的转动。采用关节轴承时，除考虑平面内的转动外，尚可考虑平面外的有限转动，见图 7.9.4（*a*）、（*b*）。

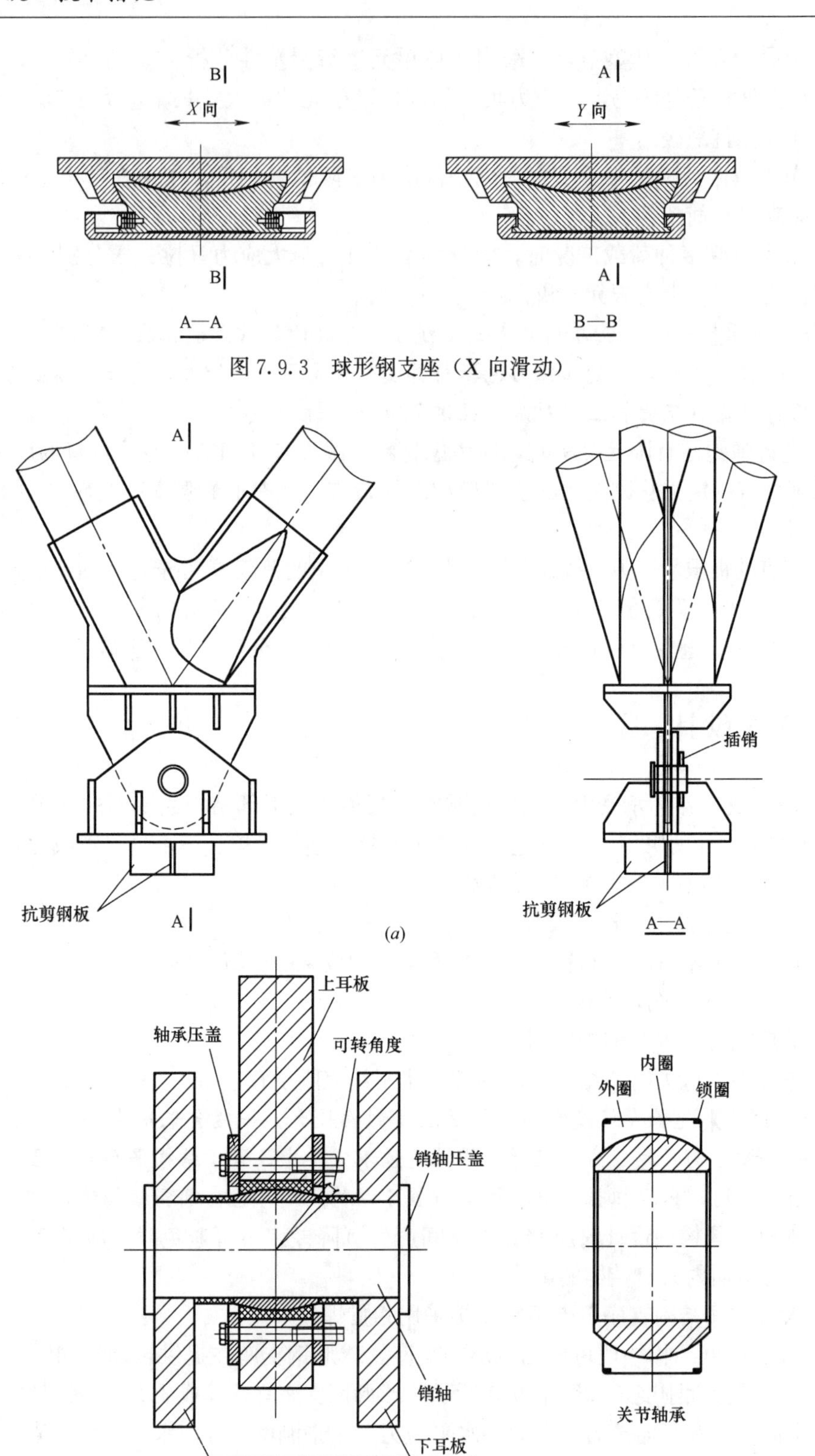

图 7.9.3 球形钢支座（X 向滑动）

图 7.9.4 销轴支座设计

(*a*) 销轴支座；(*b*) 带关节轴承的销轴支座

7.9.5 板式橡胶支座（图 7.9.5）一般适用于有一定转动需求的小跨度空间结构。

【条文说明】板式橡胶支座的转动是由橡胶的竖向不均匀压缩变形提供，当需要较大转动时，橡胶层应有足够厚度；当有较大水平力时，应设置限位装置。

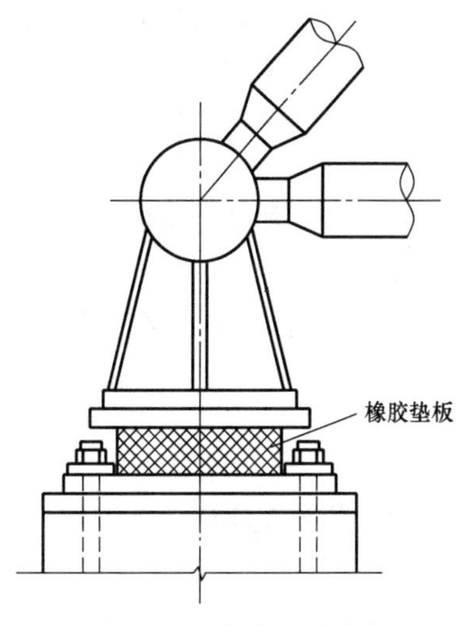

图 7.9.5 板式橡胶支座

7.9.6 平板支座（图 7.9.6）适用于小跨度空间结构，计算模型应与其不能转动的特点相符。设计时可通过支座板上开椭圆孔等方式适应一定的水平位移量，一般释放跨度方向，约束垂直跨度方向。

7.9.7 支座计算分析：

1. 支座底板：

支座底板支承条件根据加劲肋布置，分别按两边支承、三边支承或四边支承板设计。压力支座按底板下均布荷载计算，拉力支座按底板螺栓受拉计算。底板不宜太薄，一般不小于 16mm。

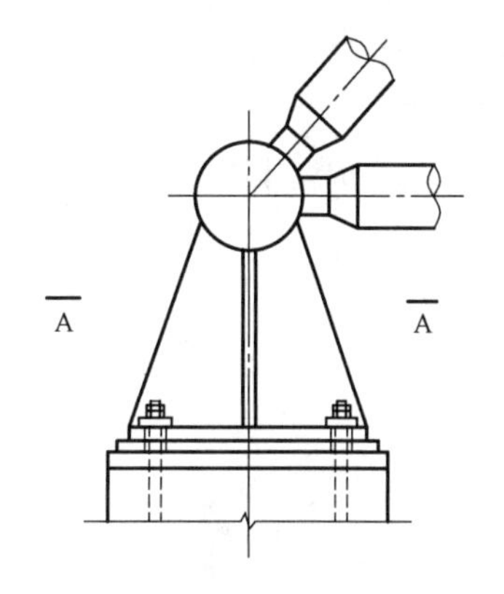

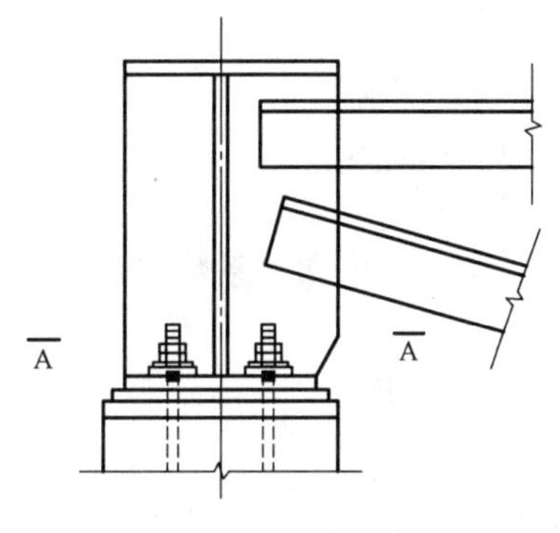

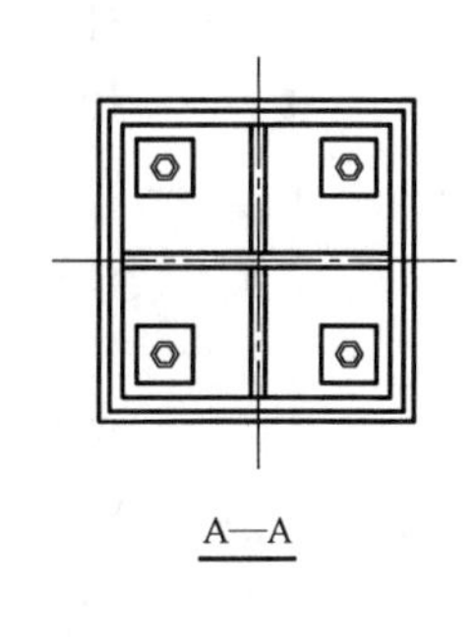

图 7.9.6 平板支座

支座底板厚度按下式确定：

$$t \geqslant \sqrt{\frac{6M_{\max}}{f}} \tag{7.9.7-1}$$

式中：$M_{\max}$——支座底板最大设计弯矩；

f——底板的抗拉强度设计值。

2. 支座加劲肋：

支座底板上设置的垂直加劲肋厚度可取底板厚度的 0.7～1.0 倍，按悬臂梁进行强度验算。

$$\sigma = \frac{6M}{th^2} \leqslant f \tag{7.9.7-2}$$

$$\tau = \frac{1.5V}{th} \leqslant f_{\mathrm{v}} \tag{7.9.7-3}$$

式中：M——加劲肋板计算截面的弯矩设计值；

V——加劲肋板计算截面的剪力设计值；

f——加劲肋板的抗拉强度设计值；

f_v——加劲肋板的抗剪强度设计值；

t——加劲肋板的厚度；

h——加劲肋板的高度。

3. 焊缝尺寸：

1）加劲肋与支座竖杆的连接角焊缝按下式计算（见图7.9.7-1）：

$$\sqrt{\left(\frac{M_w}{\beta_f W_w}\right)^2+\left(\frac{V_y}{A_{wv}}\right)^2}\leqslant f_f^w \tag{7.9.7-4}$$

加劲肋与支座底板的连接角焊缝按下式计算（见图7.9.7-1）：

$$\frac{V_x}{0.7nh_f l_w}\leqslant f_f^w \tag{7.9.7-5}$$

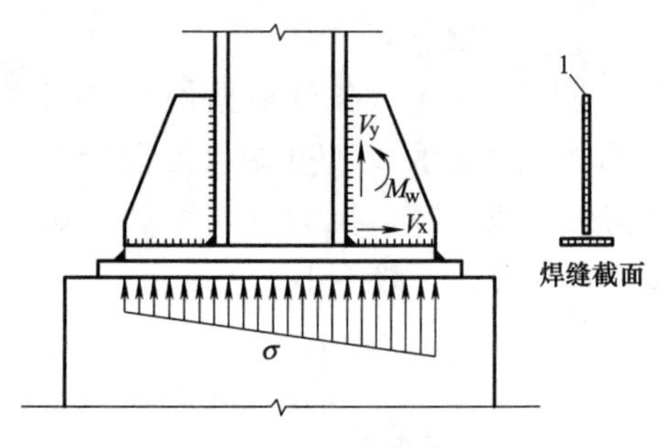

图7.9.7-1　焊缝计算1

式中：M_w——焊缝承受的弯矩设计值；

V_x、V_y——焊缝承受的水平和竖向剪力设计值；

W_w——焊缝对点1的截面抵抗矩；

A_{wv}——竖向焊缝的截面面积；

n——计算焊缝数量；

β_f——正面角焊缝强度设计值增大系数；

h_f——角焊缝高度；

l_w——V_x向角焊缝计算长度；

f_f^w——角焊缝强度设计值。

2）支座底板与预埋板的焊缝可按下式计算（见图7.9.7-2）：

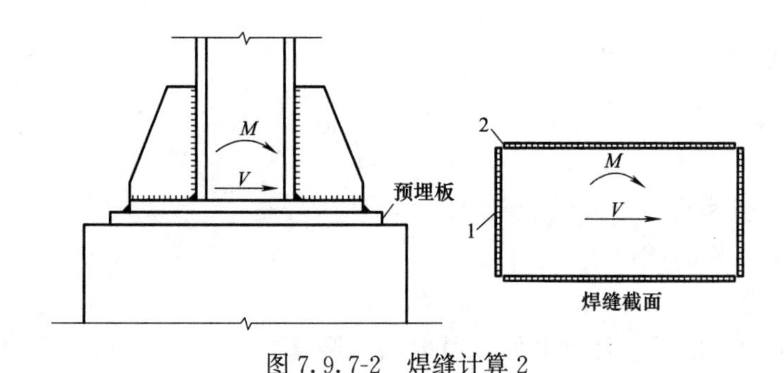

图7.9.7-2　焊缝计算2

$$\frac{M}{\beta_f W_1}\leqslant f_f^w \tag{7.9.7-6}$$

$$\sqrt{\left(\frac{M}{\beta_f W_2}\right)^2+\left(\frac{V}{A_w}\right)^2}\leqslant f_f^w \tag{7.9.7-7}$$

$$\frac{1.2V}{A_w} \leqslant f_f^w \tag{7.9.7-8}$$

式中：M——底板承受的弯矩设计值；

V——底板承受的剪力设计值；

W_1——焊缝截面对点 1 的截面抵抗矩；

W_2——焊缝截面对点 2 的截面抵抗矩；

A_w——顺剪力方向焊缝有效面积；

f_f^w——角焊缝强度设计值。

【条文说明】受剪时剪应力在截面上的分布是不均匀的，根据材料力学，剪应力按下式计算：

$$\tau = \frac{VS}{It} \tag{7.9.7-9}$$

式中：S——计算剪应力处以上（或以下）截面对中和轴 x-x 的面积矩；

I——截面惯性矩；

t——腹板厚度。

箱形截面受剪时剪应力分布如图 7.9.7-3 所示。

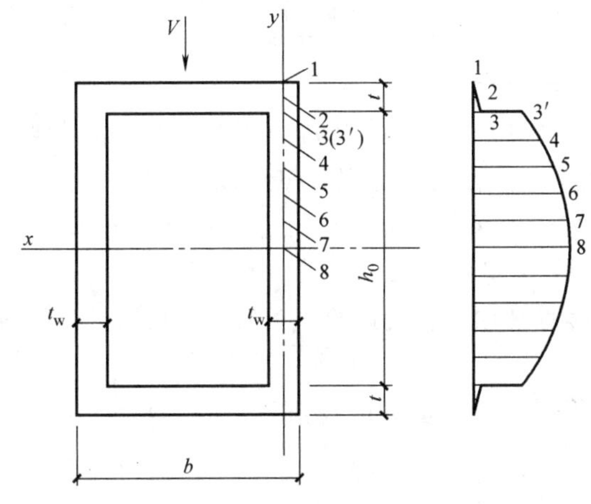

图 7.9.7-3　箱形截面剪应力分布

最大剪应力发生在腹板（顺剪力方向的壁板）中点处（点 8），此处剪应力的近似算法有以下三种：

$$\tau = V/A_w \tag{7.9.7-10}$$

$$\tau = 1.2V/A_w \tag{7.9.7-11}$$

$$\tau = 1.5V/A_w \tag{7.9.7-12}$$

式（7.9.7-10）忽略翼缘的抗剪作用，用腹板承受的平均剪应力作为最大剪应力，偏于不安全；式（7.9.7-12）忽略翼缘的抗剪作用，根据矩形截面最大剪应力为平均剪应力的 1.5 倍而得，一般比实际值偏大较多。式（7.9.7-11）计算结果与式（7.9.7-9）算得的实际剪应力一般情况下较为吻合，表 7.9.7-1 为部分截面的计算结果比较（剪力 V=1000kN）。

箱型截面腹板各点处的剪应力（N/mm^2） 表 7.9.7-1

b(mm)	300	300	300	500	500	500	800	800	800
h_0(mm)	600	600	600	800	800	800	1000	1000	1000
t(mm)	14	14	14	20	20	20	30	30	30
t_w(mm)	9	11	14	13	17	20	20	25	30
I_x(mm^4)	1.12×10^9	1.19×10^9	1.30×10^9	4.47×10^9	4.81×10^9	5.07×10^9	1.61×10^9	1.69×10^9	1.77×10^9
A_w/A_f	2.571	3.143	4.000	2.080	2.720	3.200	1.667	2.083	2.500
1	0	0	0	0	0	0	0	0	0
2	1.95	1.83	1.68	0.93	0.86	0.82	0.49	0.46	0.44
3	3.85	3.62	3.32	1.83	1.70	1.62	0.96	0.91	0.87
3′	64.20	49.34	35.54	35.26	25.05	20.22	19.23	14.63	11.62
4	78.72	62.98	48.04	41.70	31.04	25.90	22.03	17.29	14.15
5	90.01	73.59	57.76	46.71	35.69	30.32	24.21	19.36	16.13
6	98.07	81.16	64.71	50.29	39.01	33.48	25.77	20.84	17.54
7	102.91	85.71	68.87	52.44	41.01	35.37	26.70	21.73	18.38
8	104.53	87.23	70.26	53.15	41.67	36.00	27.01	22.02	18.66
$1.2V/A_w$	111.11	90.91	71.43	57.69	44.12	37.50	30.00	24.00	20.00
误差	1.06	1.04	1.02	1.09	1.06	1.04	1.11	1.09	1.07

表中点1～8为按式（7.9.7-9）计算的剪应力，可以看出，由于翼缘的抗剪作用，腹板点3（3′）处剪应力有突变。腹板与翼缘的面积比 A_w/A_f 越大（翼缘抗剪贡献越小），式（7.9.7-11）的结果越接近式（7.9.7-9）。进一步计算可知，当 A_w/A_f 大于4.5后，用式（7.9.7-11）确定的最大剪应力比实际小。在柱脚底板的设计中，一般来说底板长宽比不会太大，且周边焊缝厚度相同，因此用式（7.9.7-11）计算腹板的最大剪应力是偏安全的。

4. 销轴支座按下列公式计算，必要时应进行有限元验算。

1）销轴承压计算

$$\sigma_c=\frac{N}{dt}\leqslant f_c^b \tag{7.9.7-13}$$

2）销轴抗剪计算（图7.9.7-4）

销轴大小应满足下式要求：

$$\tau_b=\frac{N}{n_v A}\leqslant f_v^b \tag{7.9.7-14}$$

3）销轴抗弯计算（图7.9.7-5）

$$\sigma_b=\frac{M}{1.5\,\frac{\pi d^3}{32}}\leqslant f^b \tag{7.9.7-15}$$

$$M=\frac{N}{4}(t+2c+t_2) \tag{7.9.7-16}$$

4）销轴同时受弯受剪时组合强度验算

$$\sqrt{\left(\frac{\sigma_{\mathrm{b}}}{f^{\mathrm{b}}}\right)^{2}+\left(\frac{\tau_{\mathrm{b}}}{f_{\mathrm{v}}^{\mathrm{b}}}\right)^{2}}\leqslant 1 \tag{7.9.7-17}$$

式中：N——杆件轴向拉（压）力设计值；

M——销轴承受的弯矩设计值；

t——销轴承压处耳板厚度；

n_{v}——销轴抗剪面数目（双剪 $n_{\mathrm{v}}=2$，四剪 $n_{\mathrm{v}}=4\cdots$）；

A——销轴横截面积；

d——销轴直径；

$f_{\mathrm{c}}^{\mathrm{b}}$——销轴连接中的耳板承压强度设计值（建议按C级螺栓取值）；

f——销轴连接中耳板的抗压强度设计值；

$f_{\mathrm{v}}^{\mathrm{b}}$——销轴抗剪强度设计值；

f^{b}——销轴抗弯强度设计值。

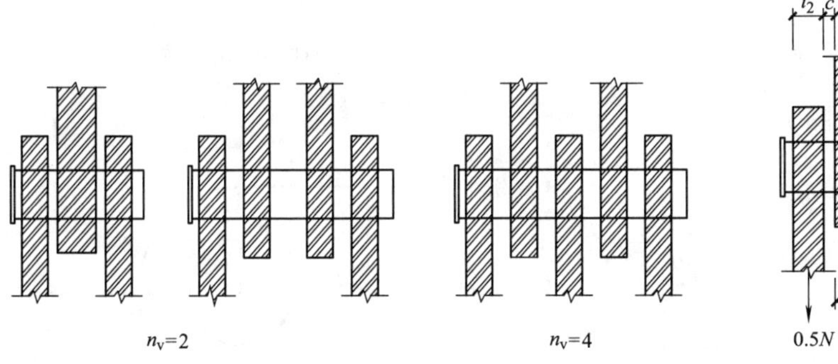

图 7.9.7-4　销轴抗剪计算简图

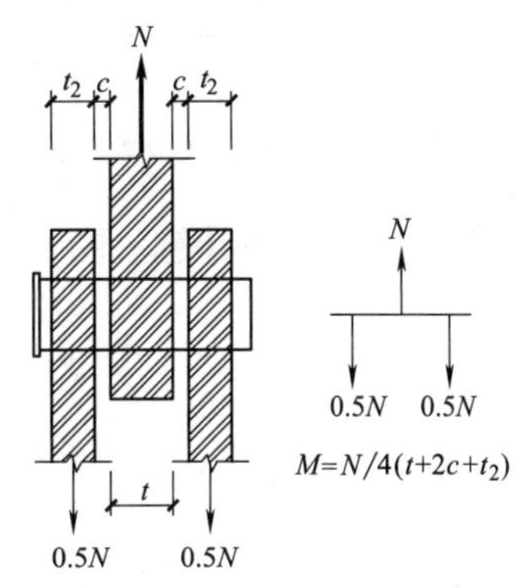

图 7.9.7-5　销轴抗弯计算简图

5）销轴刚度控制

当销轴的计算长度与其直径的比值较大时，尚需验算销轴的刚度，应满足下式：

$$\Delta/L\leqslant 1/400 \tag{7.9.7-18}$$

$$\Delta=\frac{NL^{3}}{48EI}$$

式中：Δ——销轴的计算挠度；

L——销轴的计算跨度，$L=t+t_{2}+2c$；

E——销轴材料的弹性模量。

6）耳板孔净截面处受拉计算（图 7.9.7-6）

$$\sigma=\frac{N}{2tb_{1}}\leqslant f \tag{7.9.7-19}$$

$$b_{1}=\min\left(2t+16,b-\frac{d_{0}}{3}\right) \tag{7.9.7-20}$$

7）耳板端部截面抗拉（劈开）强度计算（图 7.9.7-6）

$$\sigma=\frac{N}{2t\left(a-\frac{2d_{0}}{3}\right)}\leqslant f \tag{7.9.7-21}$$

8）耳板接触应力计算（图 7.9.4-7）

销轴与耳板接触面为弧形，接触面上的应力分布不均匀，耳板的接触应力应满足：

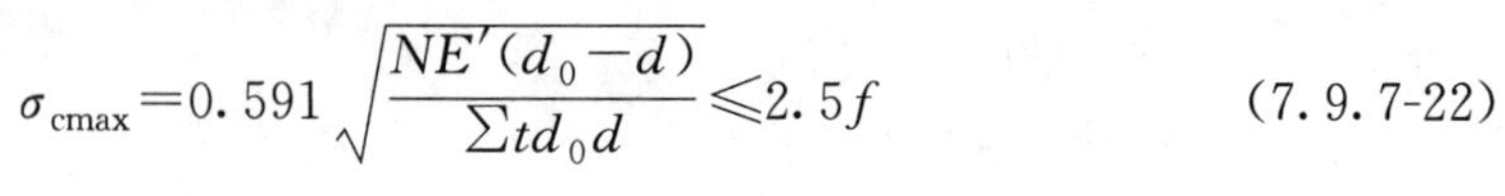

$$\sigma_{\mathrm{cmax}}=0.591\sqrt{\frac{NE'(d_0-d)}{\sum td_0d}}\leqslant 2.5f \tag{7.9.7-22}$$

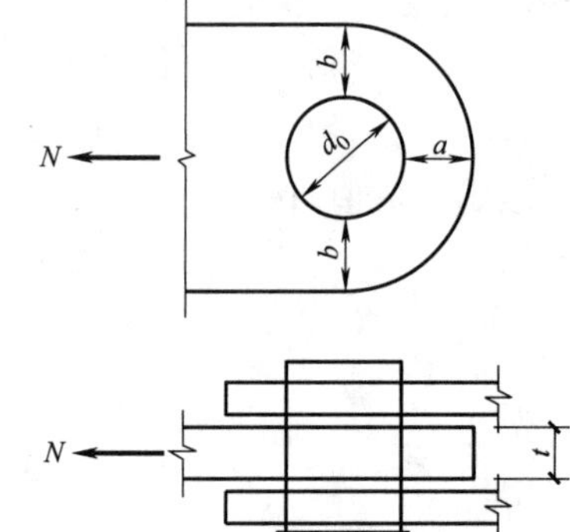

图 7.9.7-6　销轴耳板计算简图

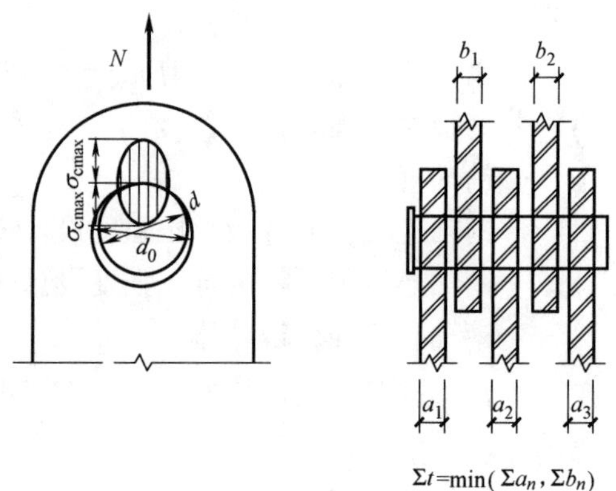

图 7.9.7-7　销轴耳板承压计算简图

9）耳板抗剪计算（图 7.9.7-8）

$$\tau=\frac{N}{2tZ}\leqslant f_{\mathrm{v}} \tag{7.9.7-23}$$

$$Z=\sqrt{\left(a+\frac{d_0}{2}\right)^2-\left(\frac{d_0}{2}\right)^2} \tag{7.9.7-24}$$

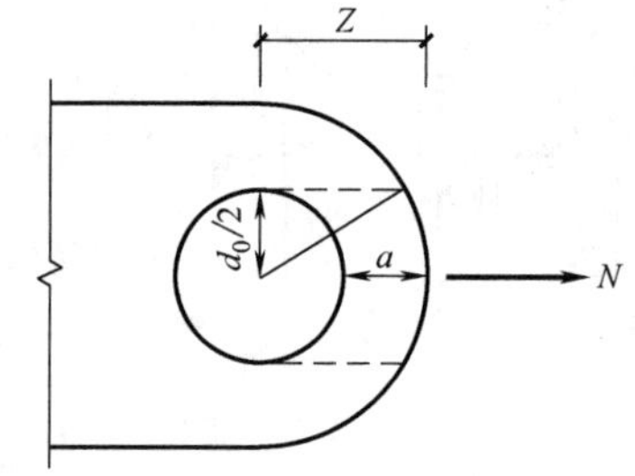

图 7.9.7-8　销轴耳板抗剪面示意图

式中：N——杆件轴向拉（压）力设计值；

σ_{cmax}——耳板接触面最大应力；

E'——销轴与耳板材料的综合弹性模量，若销轴弹性模量为 E_1，耳板弹性模量为 E_2，则 $E'=2E_1E_2/(E_1+E_2)$；

d——销轴直径；

d_0——销轴孔直径；

t——耳板厚度（mm）；

$\sum t$——销轴承压面的较小总宽度，取耳板的较小总厚度；

f——耳板抗拉强度设计值；

f_{v}——耳板抗剪强度设计值。

【条文说明】1. 销轴承压计算公式（7.9.7-13）与普通螺栓承压计算公式相同，但《钢结构设计标准》GB 50017—2017 中未明确承压强度 $f_{\mathrm{c}}^{\mathrm{b}}$ 的取值。对于普通螺栓连接，根据加工精度的不同，分为精制螺栓（A、B 级）和粗制螺栓（C 级）。C 级螺栓加工简单，只要求Ⅱ类孔，孔径比螺栓直径大 1.0mm～1.5mm；A、B 级螺栓需要机械加工，精度较高，要求Ⅰ类孔，螺杆与螺孔的间隙仅为 0.3mm 左右。间隙的大小也造成了 A、B 级和 C 级螺栓承压强度 $f_{\mathrm{c}}^{\mathrm{b}}$ 的取值不同。《钢结构设计标准》GB 50017—2017 规定销轴孔径与直径相差不应大于 1mm，但在实际工程中因为制作误差可能会更大。此外，螺栓连接中钢板会受到螺栓的紧固力作用，这个面外压力能提高钢板的 f_c^b。而销轴连接的耳板之间留有间隙，耳板不受面外压力，因此耳板承压强度 f_c^b 的取值建议按《钢结构设计标准》GB 50017—2017 表 4.4.6 中 C 级螺栓的指标。

欧洲标准 EN 1993-1-8：2005 中销轴的承压验算公式为

$$\sigma_c = \frac{N}{1.5dt} \leqslant f$$

式（7.9.7-13）中 f_c^b 的值按 C 级螺栓取，对 Q345～Q460，f_c^b 与 f 的比值约为 1.2～1.4，对比上式分母中 1.5 的系数，可见按式（7.9.7-13）计算耳板厚度 t 偏安全。此系数在英国规范 BS 5950 中为 1.2，在美国规范 AISC-LRFD 中为 1.4。

2. 销轴与耳板孔壁的承压作用是圆柱体与凹圆柱面的接触受力，一般可以采用赫兹接触理论计算两者之间的最大接触应力 σ_{cmax} 和相应的接触面宽度 l，如下两式所示：

$$\sigma_{cmax} = \sqrt{\frac{2N\left(\frac{1}{d} - \frac{1}{d_0}\right)}{\pi t\left(\frac{1-\mu_1^2}{E_1} + \frac{1-\mu_2^2}{E_2}\right)}}$$

$$l = \sqrt{\frac{8N\left(\frac{1-\mu_1^2}{E_1} + \frac{1-\mu_2^2}{E_2}\right)}{\pi t\left(\frac{1}{d} - \frac{1}{d_0}\right)}}$$

式中：N——杆件轴向拉（压）力设计值；

d——销轴直径；

d_0——销轴孔直径；

t——耳板厚度（mm）；

E_1、E_2——销轴与耳板材料的弹性模量（N/mm^2）；

μ_1、μ_2——销轴与耳板材料的泊松比；

当 $E_1 = E_2 = E$，$\mu_1 = \mu_2 = 0.3$ 时，以上两式化为：

$$\sigma_{cmax} = 0.591\sqrt{\frac{NE(d_0 - d)}{td_0 d}}$$

$$l = 2.15\sqrt{\frac{Nd_0 d}{tE(d_0 - d)}}$$

取 $d_0 = d$，即为欧洲标准 EN 1993-1-8：2005 中的接触应力公式。

按赫兹理论计算常见销轴节点中销轴与耳板的接触应力，其中耳板材质为 Q345，销轴采用 35CrMo（屈服强度 $f_y = 835$MPa），计算结果如表 7.9.7-2 所示。

销轴接触应力和名义承压应力 **表 7.9.7-2**

荷载 N(kN)	耳板厚度 t(mm)	销轴直径 d(mm)	销孔直径 d_0(mm)	接触宽度 l(mm)	l/d	接触应力 σ_{cmax}(MPa)	名义承压应力 σ_c(MPa)	σ_{cmax}/σ_c
300	24	36	37	19.3	0.54	822	347	2.37
400	28	42	43	24.1	0.57	754	340	2.22

续表

荷载 N(kN)	耳板厚度 t(mm)	销轴直径 d(mm)	销孔直径 d_0(mm)	接触宽度 l(mm)	l/d	接触应力 σ_{cmax}(MPa)	名义承压应力 σ_c(MPa)	σ_{cmax}/σ_c
500	32	48	49	28.7	0.60	691	326	2.12
600	36	54	55	33.3	0.62	635	309	2.06
700	40	56	57	35.4	0.63	628	313	2.01
800	42	60	61	39.6	0.66	612	317	1.93
900	45	63	64	42.5	0.68	597	317	1.88
1000	48	65	66	44.8	0.69	591	321	1.84

表中名义承压应力即式（7.9.7-13）左边的σ_c。如果是完全弹性材料，由l/d的值可以看出，销轴与孔壁接触的圆心角约为60°～90°，而接触应力约为名义承压应力的1.8～2.4倍，最大可达822MPa。

接触应力属于局部应力问题，一般不与物体内部的应力同时考虑，但销轴节点的实际接触面宽度与销轴直径之比超过0.5，与销轴尺寸在同一数量级，因此接触应力实际为销轴内部应力的一部分，面对如此高的局部应力，单纯控制名义承压应力是远远不够的。

应该指出的是，赫兹接触理论假定材料处于弹性阶段，接触变形为小变形，接触尺寸远小于物体尺寸，接触面光滑，因此销轴与耳板这种有限长物体的接触问题并不满足赫兹理论的假设，按赫兹理论公式计算的接触应力会大大高估。实际上，直接接触部位进入塑性后，接触应力增大不多，而接触宽度会增大，欧洲标准EN 1993-1-8：2005采用将耳板抗压强度乘以2.5，从而用弹性计算的结果进行控制。

3. 销轴抗弯计算一般是将销轴简化为简支梁，耳板作为简支梁的支座。销轴弯矩有两种计算方法，一是按集中荷载考虑，并假定集中荷载作用在耳板厚度中线上；二是按均布荷载考虑，假定销轴与耳板接触面上应力均匀分布。如图7.9.7-9所示。

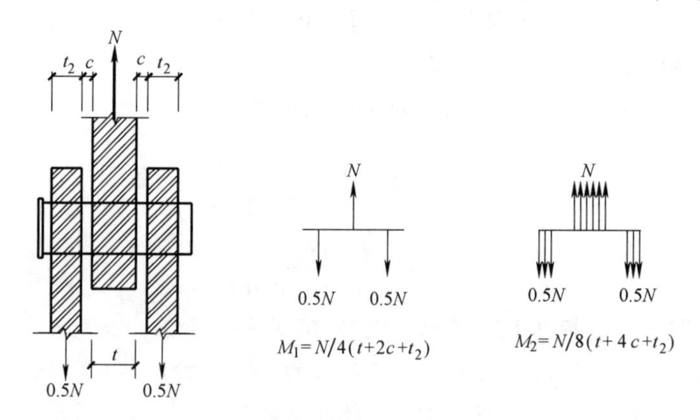

图7.9.7-9 销轴抗弯计算

《公路钢结构桥梁设计规范》JTG D64—2015第6.3.11条规定，“当销子的长度大于直径的两倍时，对承受挠曲的销子可按简支梁进行计算，并假定各集中力作用在与销子相接触的各板条的轴线上”，即弯矩按M_1。而当销轴的计算跨径不大于直径的两倍时，规范未提供计算方法。根据销轴抗弯的多种计算方法比较，按M_1计算是偏于保守的。一般情况下，弯矩 M_1 是 M_2 的 1.4 倍左右，由此确定的销轴直径 d_1 约为 d_2 的 1.1 倍。考虑到工程应用中适当的富余度以及式（7.9.7-15）中分母 1.5 的调整系数，偏安全采用 M_1 进行销轴抗弯计算。

4. 销轴设计中除了需要验算销轴抗弯强度外，还需考虑销轴的抗弯刚度，以使销轴在极限荷载作用下不会发生永久性的弯曲变形，从而保证后期维修中容易拆卸。另外，销轴抗弯刚度不够，会给耳板带来不均匀的挤压荷载，影响其抗拉、抗剪强度。

由式（7.9.7-15）和式（7.9.7-18）两式可知，销轴计算长度与直径之比（长径比）小于 $E/(100f^{\mathrm{b}})$ 时，为强度控制，大于 $E/(100f^{\mathrm{b}})$ 时，为刚度控制。

5. 参照欧标 BS EN1993-1-8：2005 的规定，销轴尺寸可按图 7.9.7-10 确定，此时耳板厚度 t 应满足：

$$t \geqslant 0.7\sqrt{N/f_{\mathrm{y}}}$$

$$t \geqslant 0.4d_0$$

按以上两式确定的耳板厚度 t 满足式（7.9.7-19）和（7.9.7-21）的要求，但尚需进行其余验算。

6. 销轴耳板间隙 c 越小对销轴受力越有利，实际工程中需考虑安装误差需求，一般取 2mm，但当采用关节轴承时，间隙大小要满足面外变形需要。

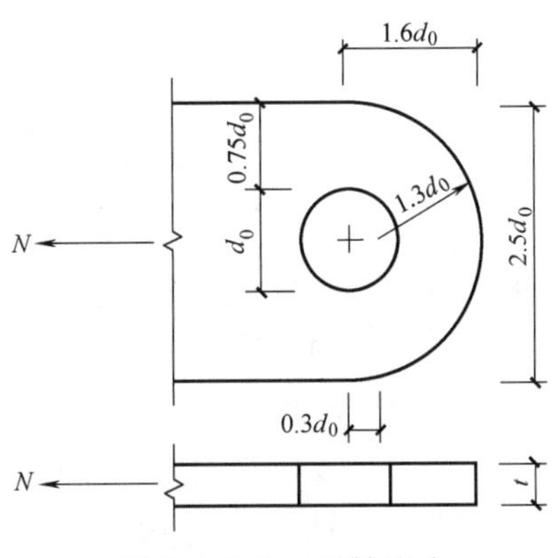

图 7.9.7-10 销轴尺寸

5. 锚栓计算：

1）受压支座中的锚栓可以按构造设置。

2）单向偏心受压支座中的受拉锚栓因计算假定的不同，有多种计算方法，宜按下述方法进行计算。假定支座底板下混凝土应力分布为三角形，最大应力为 $\sigma_{\max}$（$\sigma_{\max}=N/A\pm M/W\leqslant f_{\mathrm{c}}$，$f_{\mathrm{c}}$ 为混凝土抗压强度设计值），如图 7.9.7-11 所示，由竖向力和力矩平衡条件，可得：

$$\frac{1}{2}\sigma_{\max}bx\left(h_0-\frac{x}{3}\right)=M+N\left(\frac{h}{2}-c\right) \tag{7.9.7-25}$$

$$P=\frac{1}{2}\sigma_{\max}bx=N+T \tag{7.9.7-26}$$

$$A_{\mathrm{n}}=\frac{T}{nf_{\mathrm{t}}} \tag{7.9.7-27}$$

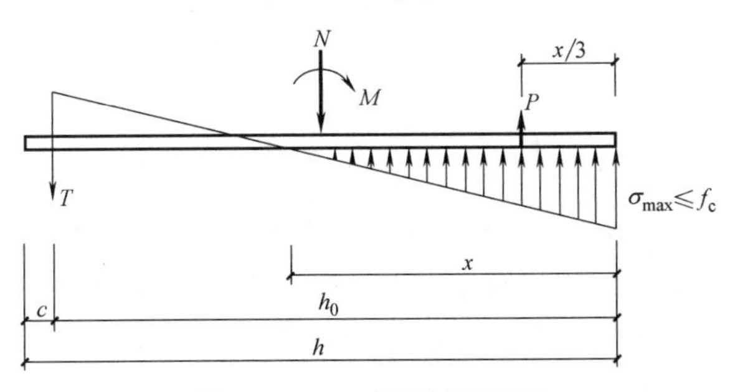

图 7.9.7-11 锚栓计算简图

由二次方程解出支座受压区高度 x，代入力的平衡方程即可求出锚栓拉力 T。

式中：A_n——一个锚栓的净截面积（mm^2）；

T——支座拉力设计值（N）；

n——锚栓个数；

f_t——锚栓的抗拉强度设计值。

3）双向偏心受压支座中的锚栓计算可按下述方法（图 7.9.7-12）。

将 M_x 和 M_y 乘以放大系数 K_x 和 K_y，分别对两个方向按内力（N，K_xM_x）和（N，K_yM_y）进行单偏压计算，得到单个锚栓面积，实配时可取两个方向锚栓面积的较大值，也可按计算值分别设置锚栓。

$$K_x=\sqrt[\alpha]{1+(\mu m)^{\alpha}} \tag{7.9.7-28}$$

$$K_y=\sqrt[\alpha]{1+1/(\mu m)^{\alpha}} \tag{7.9.7-29}$$

$$\mu=\frac{A_{sy}(b-2a_{sx})}{A_{sx}(h-2a_{sy})} \tag{7.9.7-30}$$

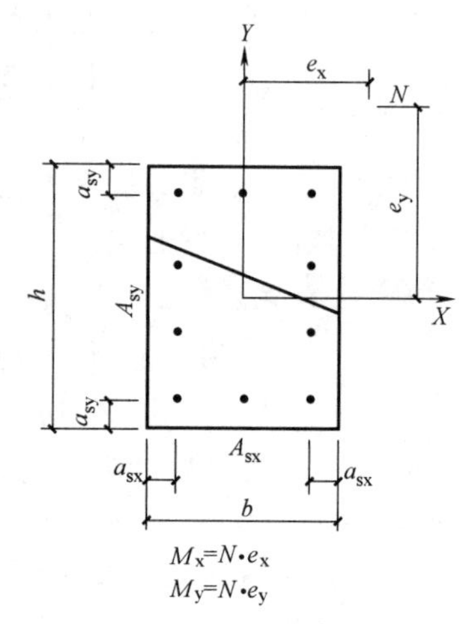

图 7.9.7-12　双向偏心受压截面

式中：μ——支座截面两个方向的抗弯承载力（$N=0$ 时）之比；

A_{sx}、A_{sy}——支座截面单边锚栓面积；

m——支座截面两个方向的设计弯矩之比，$m=M_y/M_x$；

M_x、M_y——轴力 N 作用下截面的双向偏心破坏弯矩 M 在 x、y 轴方向上的分量；

α——按表 7.9.7-3 取值。

锚栓简化计算中的 α 值　　**表 7.9.7-3**

轴压比 n	0.0	0.1	0.2	0.3	0.4	0.5	0.6	0.7	0.8	0.9	1.0
α	1.8	1.6	1.5	1.4	1.3	1.3	1.4	1.5	1.6	1.8	2.0

【条文说明】对双向受压支座中的锚栓计算，可参照钢筋混凝土双向偏心受压构件的情况进行分析和简化近似计算。

对式（7.9.7-25）取无量纲形式，令

$$\widetilde{N}=\frac{N}{\sigma_{max}bh_0},\widetilde{M}=\frac{M}{\sigma_{max}bh_0^2},\lambda=\rho\frac{f_y}{\sigma_{max}}$$

可得

$$\widetilde{M}=\frac{\widetilde{N}}{2}\left(\frac{h}{h_0}-\frac{8\lambda}{3}\right)-\frac{2}{3}\widetilde{N}^2+\lambda\left(1-\frac{2}{3}\lambda\right)$$

可见，$\widetilde{M}$ 与 $\widetilde{N}$ 为二次抛物线关系，与钢筋混凝土大偏压构件的关系类似。

钢筋混凝土双向偏心受压构件的破坏曲面如图 7.9.7-13 所示，其等轴力线近似为一内凹的椭圆，即曲线方程的指数小于 2（椭圆方程指数为 2），一般可表示为下面的无量纲的形式：

$$\left(\frac{M_x}{M_{nx}}\right)^{\alpha}+\left(\frac{M_y}{M_{ny}}\right)^{\alpha}=1$$

式中，$\alpha \leqslant 2.0$。

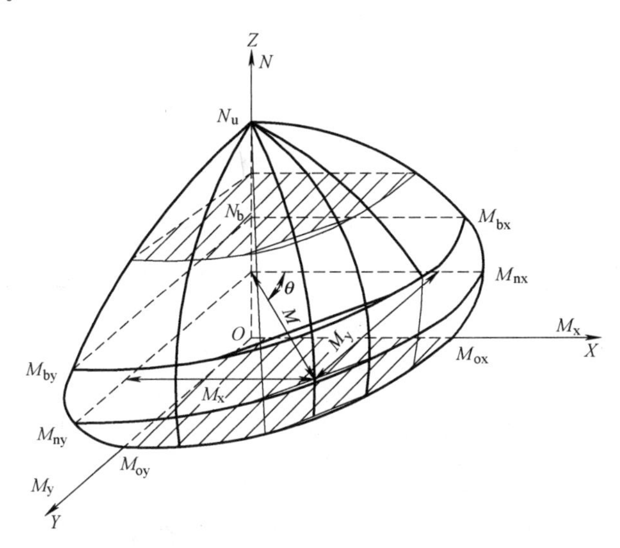

图 7.9.7-13　双向偏心受压破坏曲面

欧洲规范 EN 1992：2004 规定：对于圆形和椭圆形截面 $\alpha=2.0$，对于矩形截面根据轴压比按表 7.9.7-4 取值。

EN 1992：2004 矩形截面的 α 值　　　　**表 7.9.7-4**

轴压比	0.1	0.7	1.0
α	1.0	1.5	2.0

其余轴压比情况可按表 7.9.7-4 进行插值或按下式确定：

$$\alpha=0.926n^2+0.093n+0.981$$

许多学者对 α 的取值进行了深入研究。藤智明认为，周边均匀配筋的环形或圆形截面，其等轴力线为圆，但对称配筋的方形截面，其等轴力线是比圆凹进一些的曲线。当轴力作用在截面的对角线上时，与圆的偏离最大。同样，矩形截面双向偏心受压构件 N-M 相关曲面的等轴力线也不是椭圆，当轴力作用于对角线上时，它与椭圆曲线的偏离最大。当轴压力为 0 时，等轴力线与椭圆的偏离很小，即 α 接近 2.0。随着轴压力的增大，等轴力线与椭圆的偏离逐渐增大，当 $N=N_b$，即界限破坏时，等轴力线与椭圆的偏离达到最大值。当轴压力趋近于轴心受压的轴力 N_u 时，偏离逐渐消失。

麻志刚等以《混凝土结构设计规范》GB 50010—2010 附录 E 的方法为标准，通过数值计算，回归拟合出 α 与轴压比 n 的关系，其结果基本相似，如图 7.9.7-14、图 7.9.7-15 所示。

图 7.9.7-14 对应的拟合曲线函数为：

$$\alpha=2-3n+3n^2$$

图 7.9.7-15 对应的拟合曲线函数为：

$$\alpha=1.74-2.91n+7.33n^2-7.57n^3+3.59n^4$$

可以看出：α 的最小值在大小偏压界线点附近取得；在小偏压阶段与欧洲规范 EN 1992：2004 相似；但在大偏压阶段，曲线相差较大。这种大偏压下的偏离现象在 Shin、

Fossetti 及 Bajaj 等的文献中也有出现。

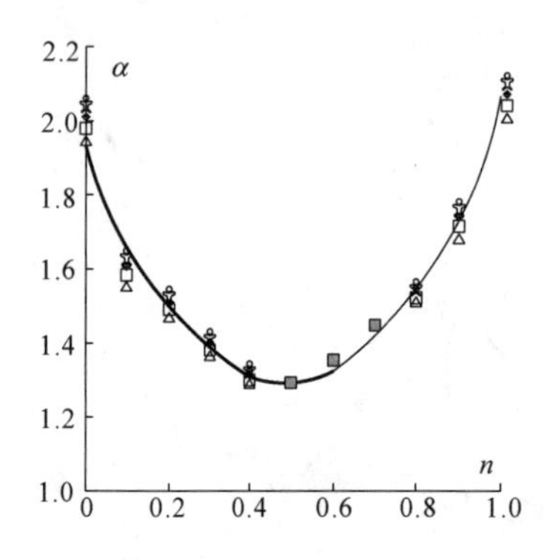

图 7.9.7-14 α-n 数据点及拟合曲线

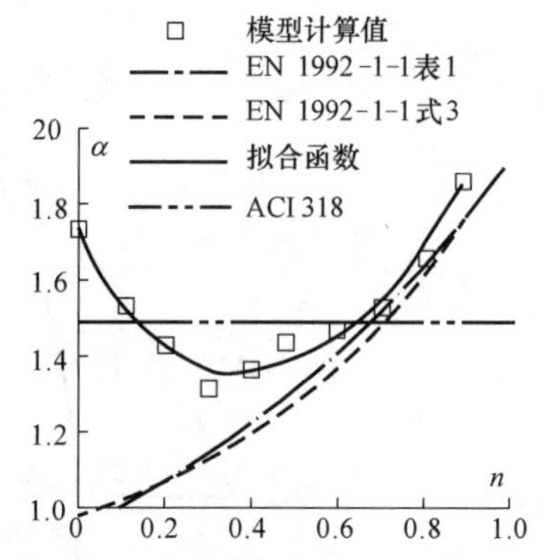

图 7.9.7-15 α 拟合曲线及对比结果

综上，在锚栓近似计算中建议 α 按表 7.9.7-3 取值。

单偏压破坏曲线上轴向力为 N 时的截面抗弯承载力 M_{nx} 或 M_{ny} 按下列公式计算：

当 $N \leqslant \xi_b f_c b h_0$ 时，

$$M_n = f_y A_s (h_0 - a_s) + 0.5Nh(1 - N/f_c bh)$$

当 $N > \xi_b f_c b h_0$ 时，

$$M_n = f_y A_s (h_0 - a_s) + \xi(1 - 0.5\xi) f_c b h_0^2 - N(0.5h - a_s)$$

$$\xi = \frac{(\xi_b - 0.8)N - \xi_b f_y A_s}{(\xi_b - 0.8) f_c b h_0 - f_y A_s}$$

式中：ξ_b——相对界限受压区高度。

在锚栓设计中，当 $N > 0.5 f_c b h_0$ 时，锚栓将受压，按构造设置即可。一般 $\xi_b > 0.5$，因此 M_{nx} 或 M_{ny} 的计算采用前一式。

在锚栓面积未知时无法求得截面抗弯承载力 M_{nx} 或 M_{ny}，此时可采用如下方法对 μ 进行简便计算。等轴力线在 OXY 平面的投影近似为相似的曲线，即 M_{nx}/M_{ny} 的值基本不变，可以用轴向压力 $N=0$ 时双向受弯构件的抗弯承载力比值 M_{ox}/M_{oy} 近似，即

$$\mu = \frac{M_{nx}}{M_{ny}} = \frac{f_y A_{sy}(b_0 - a_{sx}) + 0.5Nb\left(1 - \dfrac{N}{f_c bh}\right)}{f_y A_{sx}(h_0 - a_{sy}) + 0.5Nh\left(1 - \dfrac{N}{f_c bh}\right)}$$

$$= \frac{(f_y A_{sy} + \gamma_b N)}{(f_y A_{sx} + \gamma_h N)} \cdot \frac{(b - 2a_{sx})}{(h - 2a_{sy})}$$

$$\approx \frac{f_y A_{sy}(b - 2a_{sx})}{f_y A_{sx}(h - 2a_{sy})} = \frac{A_{sy}(b - 2a_{sx})}{A_{sx}(h - 2a_{sy})} = \frac{M_{0x}}{M_{0y}}$$

式中，

$$\gamma_b = 0.5\left(1 - \frac{N}{f_c bh}\right)\frac{b}{b - 2a_{sx}}$$

$$\gamma_h = 0.5\left(1 - \frac{N}{f_c bh}\right)\frac{h}{h - 2a_{sy}}$$

当 b 与 h 相差不大时，$\gamma_b \approx \gamma_h$。

计算时先假定锚栓取相同规格，根据支座每边的锚栓数量即可按上式求得 μ 值。考虑到计算比值 μ 时分子分母舍了相同的项 $\gamma_b N(\gamma_h N)$，为使 μ 值计算相对更准确，当 $n_y < n_x$ 时，取 1.1μ；当 $n_y > n_x$ 时，取 0.9μ。

为了将双向受压转化为单向受压以便于计算，可将双向受压的弯矩 M 分别投影到 OXZ 和 OYZ 平面，再将 M_x 和 M_y 乘以适当的放大系数 K_x 和 K_y，将弯矩放大至单偏压破坏曲线上的 $M_n x$ 和 $M_n y$，分别对两个方向按内力（N，$K_x M_x$）和（N，$K_y M_y$）进行单偏压计算，最后对两个方向的锚栓面积取大值（也可按计算值分别设置锚栓）。

令 $m = M_y / M_x$，可以推出：

$$K_x = \sqrt[\alpha]{1 + (\mu m)^\alpha}$$

$$K_y = \sqrt[\alpha]{1 + 1/(\mu m)^\alpha}$$

6. 抗剪键计算（图 7.9.7-16）

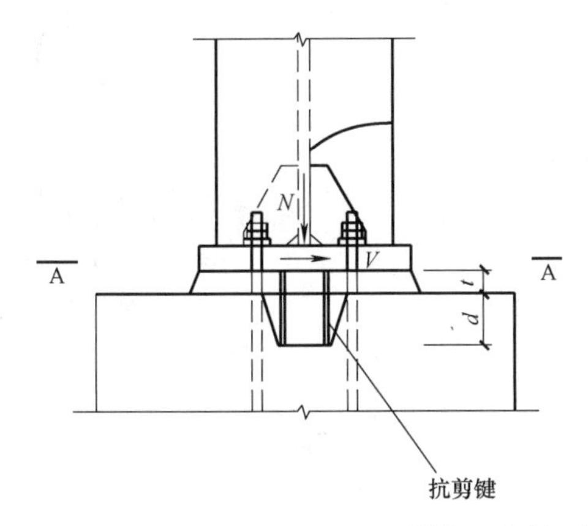

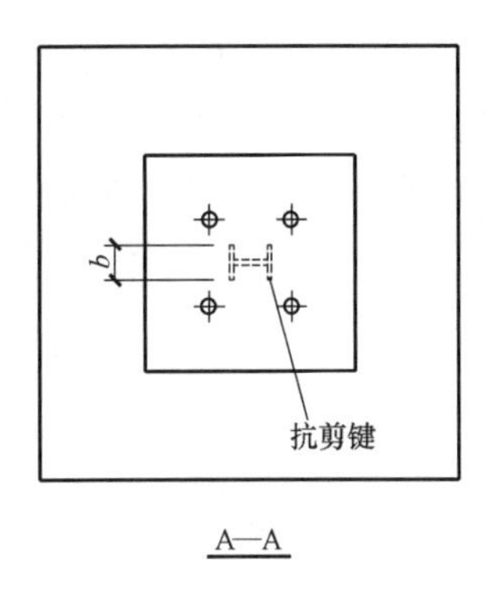

图 7.9.7-16　抗剪键的设置

当支座承受水平力时，应采用抗剪键抵抗剪力，不得利用锚栓传递剪力。抗剪键的有效埋置深度 d 可按下式计算：

$$d = \left(\sqrt{2 + \frac{4 f_c bt}{V}} + 1\right)\frac{V}{f_c b} \tag{7.9.7-31}$$

也可按以下近似公式计算：

$$d = 2.5\frac{V}{f_c b} + t \qquad \left(\frac{f_c bt}{V} < 2.25\right) \tag{7.9.7-32}$$

$$d = 4.0\frac{V}{f_c b} + \frac{1}{3}t \qquad \left(\frac{f_c bt}{V} \geqslant 2.25\right) \tag{7.9.7-33}$$

式中：V——抗剪键承受的剪力设计值，可扣除柱底摩擦力 $0.4N$；

f_c——混凝土轴心抗压强度设计值；

b——抗剪键宽度；

t——柱脚底板底与埋件顶的距离。

抗剪键承受的弯矩最大值 M 按下式计算：

$$M = V\left(t + \frac{1}{2}\frac{V}{f_c b}\right) \tag{7.9.7-34}$$

也可按以下近似公式计算：

$$M=0.2Vd+0.8Vt \qquad \left(\frac{f_c bt}{V}<2.25\right) \tag{7.9.7-35}$$

$$M=0.125Vd+0.96Vt \qquad \left(\frac{f_c bt}{V}\geqslant 2.25\right) \tag{7.9.7-36}$$

偏安全按内力（M，V）对抗剪键进行截面和焊缝验算。

【条文说明】抗剪键的计算有多种方法，因为采取的假定和简化模型不同，结果也有较大差异。

《钢结构设计标准》GB 50017—2017 中第 12.7.9 条埋入式柱脚的计算公式为：

$$\frac{V}{b_f d}+\frac{2M}{b_f d^2}+\frac{1}{2}\sqrt{\left(\frac{2V}{b_f d}+\frac{4M}{b_f d^2}\right)^2+\frac{4V^2}{b_f^2 d^2}}\leqslant f_c$$

此公式的计算简图见图 7.9.7-17，参照的是日本秋山宏著《铁骨柱脚的耐震设计》，是日本目前采用的计算公式。

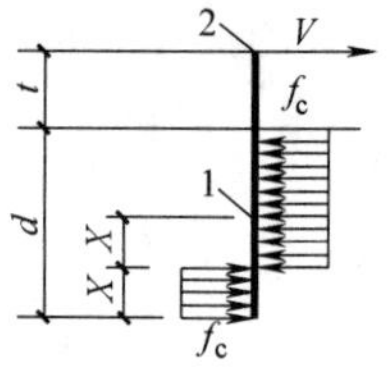

根据力的平衡条件可得以下两式：

$$f_c b(d-x)-f_c bx=V$$

$$f_c bx(d-x)-V\left(t+\frac{d}{2}\right)=0$$

图 7.9.7-17 埋入式柱脚计算简图

可解得
$$d=\left(\sqrt{2+\frac{4f_c bt}{V}}+1\right)\frac{V}{f_c b} \tag{7.9.7-37}$$

当 $\frac{f_c bt}{V}<2.25$ 时，$\sqrt{2+\frac{4f_c bt}{V}}+1\approx 2.5+\frac{f_c bt}{V}$，$0\leqslant$误差$<10\%$；

当 $\frac{f_c bt}{V}\geqslant 2.25$ 时，$\sqrt{2+\frac{4f_c bt}{V}}+1\approx 4.0+\frac{1}{3}\frac{f_c bt}{V}$，$-2.5\%<$误差$<10\%$

抗剪键的最大弯矩在点“1”处，此处剪力为 0。

$$\begin{aligned}M&=f_c bx^2=V\left(t+\frac{d-2x}{2}\right)\\&=V\left(t+\frac{1}{2}\frac{V}{f_c b}\right)\end{aligned} \tag{7.9.7-38}$$

由式（7.9.7-37）求得 $V/f_c b$ 代入上式可求得 M。

抗剪键与柱脚底板的交点“2”处的弯矩为 V_t（小于点“1”处的弯矩），剪力为 V。

7.9.8 支座节点的设计和构造应符合下列规定：

1. 支座竖向中心线应与竖向力 N 作用线重合，并与相连杆件汇交于一点，应尽量减小支座高度。

【条文说明】设计时应控制支座高度，以减小支座水平力产生的附加弯矩。

2. 支座竖向支承板应保证其自由边不发生侧向屈曲，其厚度不宜小于 12mm。

3. 支座底板宜设置透气孔，较大底板宜设灌浆孔。

【条文说明】支座剪力一般由支座底板与混凝土摩擦和底板下剪力键承担，设计一般考虑由剪力键全部承担。底板下与混凝土若有空隙，在安装完成时，须采用不低于底板下混凝土等级的灌浆料填实，注意底板设计时宜设有灌浆孔。

4. 支座底板的锚栓孔孔径应比锚栓直径大 10mm 以上。

5. 受拉支座锚栓的锚固长度宜按照现行国家标准《混凝土结构设计规范》GB 50010 中钢筋锚固长度的计算公式确定，并考虑抗震等级修正系数，一般不小于 25 倍锚栓直径，并应设置双螺母。

6. 支座构造应能适应安装过程中标高调整的需要。

7. 支座底板上的连接钢板、节点板、加劲肋等不应超出最外排锚筋的连线范围（图 7.9.8-1）。

8. 支座预埋件应采取有效措施防止施工中偏位，并应在设计图中明确要求。

9. 支座处的混凝土构件应进行局部承压等验算，并采取增设钢筋网片、加密锚筋范围内箍筋等构造，见图 7.9.8-2。支座水平力应全部由附加箍筋承担。

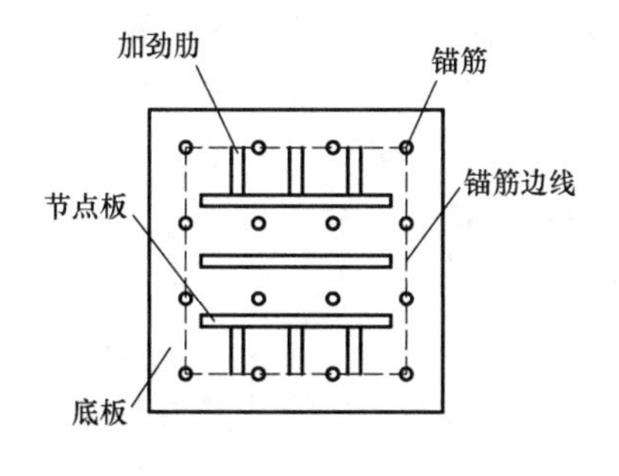

图 7.9.8-1 支座底板上的钢板布置

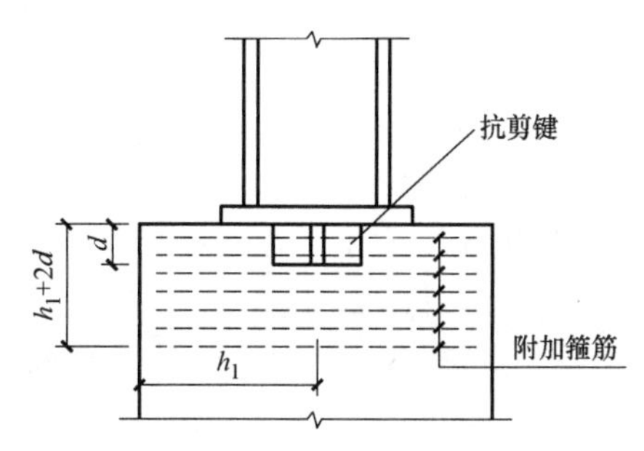

图 7.9.8-2 附加箍筋布置

7.10 抗震设计要点

7.10.1 大跨空间结构可采用振型分解反应谱法或时程分析法计算结构的地震响应。当采用时程分析法时应在初始态完成之后进行，初始态为重力荷载代表值下的结构响应。初始态计算时，对于具有明显几何非线性的结构应计入几何非线性的影响。

【条文说明】振型分解反应谱法为线性分析，而具有强几何非线性的带索结构如索承网格结构、张弦梁、索穹顶等结构应计入索的几何刚度影响。在 Midas/Gen 中可采用如下步骤进行振型分解反应谱分析：

1. 将预应力加入结构中，对带索结构进行找形找力。

2. 静力模型非线性分析完成后得到 1.0 恒＋0.5 活工况即重力荷载代表值下的单元内力，作为初始单元内力，为抗震分析模型提供初始几何刚度。

3. 索单元应等代为桁架单元，并在荷载＞初始荷载＞小位移＞初始单元内力中代入上步所得单元内力。

4. 将 1.0 索的初拉力荷载当作预应力的静力工况加入抗震分析模型，按本措施第 7.10.7 条进行地震作用效应和其他荷载效应的组合。

7.10.2 采用振型分解反应谱法时应确保足够振型数。

7.10.3 屋盖钢结构抗震分析时阻尼比取值如下：

1. 在进行结构地震效应分析时，对于周边落地或下部支承结构为钢结构的空间网格结构，阻尼比值可取 0.02。

2. 索结构的阻尼比值可取0.01。

3. 对于周边落地的铝合金空间网格结构，阻尼比值可取0.02。

4. 当上部空间结构与下部混凝土结构整体计算时，可按各自材料阻尼根据位能等效原则采用振型阻尼比法或统一阻尼比法进行计算。

【条文说明】在罕遇地震作用下，网格结构也仅有少量构件能进入塑性屈服状态，所以阻尼比仍建议与多遇地震下的结构阻尼比取值相同。

7.10.4 当采用屋盖分部单体模型校核时，时程分析的时程波应采用整体模型分析得到的支座顶部的加速度时程。

7.10.5 屋盖长度超过300m时应考虑行波效应进行多点和多方向地震输入分析，行波效应系数可分区域归并取值。

【条文说明】结构在进行考虑行波效应的多点多向抗震设计时，将多点输入计算结果和一致输入的计算结果相除，获得各构件的比值。多点分析主要考察结构内力响应，同一构件弯矩、轴力、剪力、扭矩应各自有一个比值。同时各构件的比值不同，可分区域或分组采用一个统一的放大系数。此放大系数例如：弯矩放大系数、轴力放大系数、剪力放大系数、扭矩放大系数，乘以一致输入下反应谱法计算结果，即得到考虑行波效应的计算结果。

7.10.6 空间结构地震作用效应组合，除满足常规结构要求外，尚应补充以下荷载效应组合：

1. 设防烈度7度及以上时，应增加以竖向地震为主的地震作用效应组合。

2. 应进行三向地震作用效应组合。三向地震作用峰值加速度比例按1（水平向1）∶0.85（水平向2）∶0.65（竖向）或1（竖向）∶0.85（水平向1）∶0.65（水平2）确定。

3. 应进行重力荷载与地震、风和温度效应的适当组合。风荷载组合系数取0.2，温度作用组合系数取0.6（小震、中震），0.2（大震）。

4. 关键构件及节点应按罕遇地震作用（性能目标可根据实际情况考虑大震弹性或大震不屈服）与重力荷载、风荷载、温度作用组合后进行设计。

【条文说明】空间结构一般是大跨度结构，竖向地震影响不容忽视，基于7.1.7条同样的原因，本条将竖向地震计算范围扩大到7度设防区，并增加了以竖向地震为主的地震组合。除单向传力的空间结构外，一般空间结构难以沿某方向划分抗侧力构件，即构件的地震效应往往包含三向地震作用的结果，因此在构件验算时，应考虑三向（两个水平向和竖向）地震作用效应组合，其组合系数取值应按现行国家标准《建筑抗震设计规范》GB 50011确定。

空间钢结构往往由温度作用产生的内力效应起控制作用，同时大跨度空间结构一般还是风敏感结构，由风荷载产生的内力不容忽视。因而，在设计中应考虑地震、风和温度作用的适当组合。荷载组合是一个复杂的概率问题，考虑到结构使用过程中两个或两个以上可变荷载同时以标准值出现的概率很小，因此，地震、风和温度作用以标准值组合是很保守的，应选取适当的组合系数。关于地震作用组合时温度作用的组合系数，现行国家标准《建筑抗震设计规范》GB 50011—2010中，对风荷载的组合系数有明确规定（一般结构取0.0，风荷载起控制作用的建筑应采用0.2），这里所谓风荷载起控制作用，指风荷载和地震作用产生的总剪力和倾覆力矩相当的情况。考虑到风荷载持续时间较短，温度作用持续时间较长，因此，建议地震作用组合中，温度作用组合系数可比风荷载略大。现行国家标准《建筑结构荷载规范》GB 50009—2010 规定，基本气温为当地50年一遇的月平均最高气温 T_{max} 和月平均最低气温 T_{min}，温度作用的分项系数应取1.4，组合值系数、频遇值系数以及准永久值系数分别为0.6、0.5和0.4。考虑到空间钢结构整体地震作用内力占比相对不大，中震下一般均不会进入屈服，所以中震下温度作用组合系数取与小震相同，也取0.6，大震下部分杆件进入屈服后，温度作用效应减小较多，所以温度作用组合系数可取0.2。

7.10.7 空间结构中的支座区域常常会因刚度变化出现应力集中，设计时应综合考虑支承结构的规则性、整体性及地震烈度的影响合理布置杆件，减少应力峰值，且应对关键部位（支座及某些传力重要）及拉力小于50kN的拉杆均按受压杆件控制长细比。

7.10.8 弦杆中相邻杆件截面面积之比不宜超过1.8倍，避免刚度突变。

7.10.9 大跨空间结构下部支承结构侧向刚度尽量均匀，必要时可以采用弹性支座改善下部支承的侧向刚度不均匀性。

7.10.10 下部主体结构整体布局应均匀对称，避免因平面布置的不规则及支承结构侧向刚度不均匀形成薄弱部位。

【条文说明】平面不规则造成的结构扭转反应会加剧空间结构的支座各点位移输入不一致，这种类似多点地震激励的效应加剧了支座及其相连杆件的内力。以汶川地震某建筑屋盖网架震害为例，该建筑跨度28m，柱距12m，二层楼面为钢筋混凝土板，屋盖为网架+混凝土板，网架上沿长向设有天窗架。网架及下部混凝土结构沿长向由一条防震缝分为两个独立的结构单元：一段垮塌，一段只有个别杆件屈曲。垮塌段靠缝一侧边跨二层楼板开有大洞，且开洞部位的整体性比其他部位更差，结构平面布置的不规则，导致支承结构抗侧刚度不均匀，形成薄弱部位，造成该区域屋盖杆件首先破坏，进而其余部分杆件相继破坏直至网架整体垮塌；同时这种平面不规则造成的结构扭转反应也会加剧网架支座各点位移输入不一致，这种类似多点地震激励的效应加大了支座及其相连杆件的内力，导致支座螺栓剪断、支座脱落、杆件拉断或压屈等，这是造成其垮塌的重要原因之一。

7.10.11 大跨度空间结构应增加以竖向地震为主的工况组合，并对关键部位进行防连续倒塌设计。

【条文说明】大跨度空间结构，竖向地震影响不容忽视，需增加以竖向地震为主的工况组合。对竖向地震效应敏感的结构，竖向地震影响系数取水平地震影响系数的100%，并对关键部位进行防连续倒塌设计，增强结构冗余度以确保部分构件失效也不至整体倒塌。

8 砌体结构

8.1 一般规定

8.1.1 砌体房屋设计应根据工程情况，通过结构方案设计，包括砌体结构类型、结构布置、传力途径、结构及构件的构造、连接措施、耐久性及施工要求等，使其不仅满足建筑功能和正常使用条件下的结构功能要求，而且在偶然荷载作用下具有避免因局部破坏引发结构连续倒塌的能力。

8.1.2 砌体结构承重墙体可采用烧结（页岩或煤矸石、粉煤灰）实心砖或多孔砖、蒸压（灰砂和粉煤灰）实心砖以及混凝土小型空心砌块砌筑；不得采用蒸压类空心砖或多孔砖，以及除KP1型和M型外的其他多孔砖型。应根据建筑所处的环境条件、建筑功能要求及当地材料供应情况，选择适合的砌体材料、砌体结构构件的耐久性等级及相应的耐久性措施。

8.1.3 室外地面以下与水、土接触的墙体或基础不应采用烧结空心砖，不宜采用烧结多孔砖及混凝土小型空心砌块。如果必须采用时，应采取相应措施，保证结构安全。

【条文说明】多孔砖和孔洞率达50%左右的混凝土小型空心砌块砌体用于室外地面以下，由于湿度变化、水的化学侵蚀，以及自然风化等因素影响，可能对多孔砖的孔壁造成损坏，进而影响结构安全。因此从结构安全的角度考虑，基础部分不宜采用多孔砖砌体和混凝土小型空心砌块。如果必须采用多孔砖或混凝土小型空心砌块砌筑地下基础部分时，根据现行行业标准《混凝土小型空心砌块建筑技术规程》JGJ/T 14的相关规定，多孔砖砌体孔洞应采用水泥砂浆灌实；混凝土小型空心砌块砌体应采用普通硅酸盐水泥、粗集料（直径5mm～10mm的碎、卵石）、细集料和掺和料以及外加剂等配制成灌孔用的混凝土灌实，灌孔的混凝土应具有高流动度、低收缩性能，且不应低于C20。

8.1.4 腐蚀性等级为强腐蚀、中等腐蚀时，不应采用多孔砖和混凝土空心砌块，且不应采用独立砖柱。

8.1.5 同一结构单元中的承重墙体不得采用两种及两种以上不同材料制作的砌块（如页岩砖和灰砂砖并用）或不同类型的砌块（如实心砖和多孔砖并用）。

【条文说明】多层砌体房屋中的承重墙体作为抗震构件应当上下连续且由同一种材料砌成。房屋在计算分析时其质量和刚度应沿高度均匀分布。如果砌体材料种类不同，将破坏结构的连续性，造成上下层的刚度突变。同时，采用不同砌体材料建造的房屋在温度变形、材料收缩、结构受力诸方面都存在不协调，因而造成房屋较早损坏，地震中则可能会出现严重的破坏甚至倒塌，故此种做法应当禁止。

8.1.6 结构材料性能指标要求如下：

1. 普通砌体结构的砌体材料：

1）普通砖和多孔砖的强度等级不应低于MU10；砌筑砂浆可采用普通水泥砂浆或混

合砂浆，强度等级不应低于 M5。

2）蒸压灰砂普通砖、蒸压粉煤灰普通砖、混凝土砖的强度等级不应低于 MU15；其砌筑砂浆强度等级不应低于 Ms5 或 Mb5。

3）混凝土砌块的强度等级不应低于 MU7.5；其砌筑砂浆应采用专用砂浆，强度等级不应低于 Mb7.5。

4）约束砖砌体墙，其砌筑砂浆强度等级不应低于 M10 或 Mb10。

5）配筋砌块砌体抗震墙，其混凝土空心砌块的强度等级不应低于 MU10；砌筑砂浆强度等级不应低于 Mb10。

2. 处于腐蚀环境的砌体结构的承重墙，砖强度等级不宜低于 MU20；砂浆宜采用水泥砂浆，强度等级不应低于 M10。

3. 设计使用年限为 50 年时，对地面以下或防潮层以下的砌体，以及潮湿房间的砌体，所用材料的强度等级应满足《砌体结构设计规范》GB 50003—2011 表 4.3.5 的规定。当安全等级为一级或设计使用年限大于 50 年时，所用材料的强度等级应比表中要求至少提高一级。

4. 底部框架-抗震墙砌体结构的砌体材料：

1）普通砖和多孔砖的强度等级不应低于 MU10；其砌筑砂浆强度等级，过渡层及底层约束砌体抗震墙不应低于 M10，其他部位不应低于 M5。

2）小砌块的强度等级，过渡层及底层约束砌体抗震墙不应低于 MU10，其他部位不应低于 MU7.5；其砌筑砂浆强度等级，过渡层及底层约束砌体抗震墙不应低于 Mb10，其他部位不应低于 Mb7.5。

5. 混凝土材料：

1）托梁的混凝土强度等级不应低于 C30。

2）底部框架-抗震墙砌体房屋中的框架梁、框架柱、节点核芯区、混凝土墙和过渡层底板，其混凝土强度等级不应低于 C30。按现行行业标准《底部框架-抗震墙砌体房屋抗震技术规程》JGJ 248—2012 设计的房屋，混凝土强度等级不应超过 C50。

3）部分框支配筋砌块砌体抗震墙结构中的框支梁和框支柱等转换构件、节点核芯区、落地混凝土墙和转换层楼板，其混凝土强度等级不应低于 C30。

4）构造柱、芯柱、圈梁、水平现浇钢筋混凝土带及其他各类构件，其混凝土强度等级不应低于 C20 或 Cb20；当采用强度等级 400MPa 及以上的钢筋时，混凝土强度等级不应低于 C25 或 Cb25。

6. 钢筋材料：

1）宜选用 HRB400 级钢筋，小直径钢筋（6mm～14mm）也可采用 HRB335、HPB300 级钢筋。

2）托梁、框架梁、框架柱等混凝土构件和落地混凝土墙，其普通受力钢筋宜优先选用 HRB400 级钢筋。

3）底部框架-抗震墙砌体房屋中的框架和斜撑构件（含楼梯踏步段），其纵向受力钢筋采用普通钢筋时，钢筋的抗拉强度实测值与屈服强度实测值之比不应小于 1.25；钢筋的屈服强度实测值与屈服强度标准值的比值不应大于 1.3，且钢筋在最大拉力下的总伸长率实测值不应小于 9%。

4）砌体灰缝钢筋网片，可采用冷拔低碳钢丝、冷轧带肋钢筋制作，其性能应符合相关规程的规定。

8.1.7 砌体块材的龄期和相对含水率应满足下列要求：

1. 蒸压灰砂砖、蒸压粉煤灰砖：出釜后宜放置10d后方可出厂，吸水率不应大于20%，干燥收缩率不应大于0.5mm/m（0.05%）。

2. 混凝土砌块、混凝土多孔砖：生产龄期达到28d后方可砌筑，吸水率应符合表8.1.7-1的要求，干燥收缩率不应大于0.5mm/m（0.05%）。其相对含水率最大值应符合表8.1.7-2的要求。

混凝土砌块、多孔砖的吸水率最大值 **表8.1.7-1**

混凝土干表观密度(kg/m^3)	吸水率最大值(%)
＜1680	20
1680～2000	14
＞2000	10

混凝土砌块、多孔砖的相对含水率最大值 **表8.1.7-2**

干燥收缩率(%)	相对含水率最大值(%)
＜0.03	40
0.03～0.04	35
＞0.04且≤0.05	30

注：相对含水率＝含水率/吸水率。

3. 蒸压加气混凝土砌块：生产龄期达到28d后方可砌筑，砌筑时的相对含水率不宜大于15%，干燥收缩率宜控制在0.235mm/m～0.425mm/m（0.0235%～0.0425%）。

8.1.8 砖砌围墙当仅在一侧设置壁柱时，壁柱应向人流较多的一侧凸出。

【条文说明】汶川地震及芦山地震两次灾害调查表明，仅在一侧设置壁柱的围墙易向壁柱未凸出的一侧倒塌而造成较多的人员伤亡，故要求围墙的壁柱应凸向人流较多一侧。

8.1.9 砌体结构施工质量控制等级应不低于B级。

8.2 结构方案及布置

8.2.1 房屋的静力计算，应根据房屋的空间工作性能，按表8.2.1确定静力计算方案。有条件时，设计宜优先采用刚性方案。

房屋的静力计算方案 **表8.2.1**

屋盖或楼盖类别		刚性方案	刚弹性方案	弹性方案
1	整体式、装配整体式、装配式无檩体系钢筋混凝土屋盖或钢筋混凝土楼盖	$s<32$	$32\leqslant s\leqslant 72$	$s>72$
2	装配式有檩体系钢筋混凝土屋盖、轻钢屋盖和有密铺望板的木屋盖或木楼盖	$s<20$	$20\leqslant s\leqslant 48$	$s>48$
3	瓦材屋面的木屋盖和轻钢屋盖	$s<16$	$16\leqslant s\leqslant 36$	$s>36$

注：表中s为横墙间距，单位为m。

8.2.2 采用刚性或刚弹性方案时，房屋的纵横墙应符合下列要求：

1. 承重横墙中开有洞口时，洞口的水平截面面积不应超过横墙总截面面积的25%；对承重纵墙不应大于总截面面积的50%；横墙和内纵墙上的洞口宽度不宜大于1.5m，外纵墙上的洞口宽度不宜大于1.8m或开间尺寸的一半。

2. 承重墙体的最小厚度不宜小于240mm，采用标准砖砌筑的承重墙体厚度不应小于240mm。

3. 单层房屋的横墙长度不宜小于其高度，多层房屋的横墙长度不宜小于$H/2$（H为横墙总高度）。

4. 当横墙不能同时满足上述要求时，应对横墙的刚度进行验算；若最大水平位移值$\leqslant H/4000$时，仍可视作刚性或刚弹性方案房屋的横墙。凡符合此要求的一段横墙或其他结构构件，也可视作刚性或刚弹性方案房屋的横墙。

8.2.3 多层砌体房屋的建筑布置和结构体系，应符合下列要求：

1. 应优先采用横墙承重或纵横墙共同承重的结构体系。

【条文说明】多层砌体结构中的主要抗震构件是承重的墙体，不论纵墙或横墙都将承担与之平行的地震作用。在以纵墙为承重墙的结构布置方案中，一般横墙数量较少，相隔间距相对较大（尽管满足了抗震横墙最大间距的要求），这将直接影响多层砌体结构的整体抗震能力，不利于房屋抗震。其次，由于纵墙较长，其侧向刚度也相对较大，地震作用时将比横墙更早出现裂缝、损坏甚至倒塌，造成整个结构的较早破坏。因此多层砌体房屋应尽量布置成横墙承重或纵横墙承重的方案，即使是局部纵横墙共同承重布置也是对抗震有利的。

2. 结构布置应力求体型简单、受力明确、传力直接、减小扭转效应。结构体系在满足建筑功能要求的同时，应具有足够的承载力、较好的整体刚度和稳定性。

3. 应避免采用房屋宽度较窄、只有两道纵墙的外廊式建筑。在9度区不应采用外廊式多层建筑。

4. 房屋各层的结构布置宜均匀一致，墙体在竖向应连续，门窗洞口宜贯通对齐。不应在房屋转角处设置转角窗。

5. 应避免采用室内错层方案，无法避免时应采取加强措施。

6. 纵横墙砌体抗震墙的布置应符合下列要求：

1）平面布置宜均匀对称，各方向砌体抗震墙平面内宜对齐贯通，沿竖向应上下连续；纵、横向墙体的数量不宜相差过大。

【条文说明】多层砌体房屋一般采用少筋或无筋砌体。由于砌体材料都属于脆性材料，能够承受的变形很小，而刚度很大，这就决定了这类结构的抗震能力较弱，即变形能力和延性都较小。作为多层砌体中的纵向和横向墙体，不论是承重的或自承重的墙体，在水平地震作用下，都将承担一定比例的地震作用力，因此，纵墙和横墙都宜在建筑平面内均匀、对称地布置。均匀是为了避免地震作用下因刚度突变而出现应力集中，对称是为了避免扭转。

所谓砌体抗震墙平面内对齐贯通，不应简单理解为必须轴线和轴线完全对齐。实际上墙体作为抗侧力构件承担水平地震作用时，需要通过水平楼（屋）盖的传递，才逐层到达基础。因此，墙体的对齐贯通与否还与楼盖的结构形式有关。试验和震害调查表明，在现浇楼盖中，两段横向墙体相对错位在500mm以内时，可以认为是连续贯通的；在预制楼盖中，相对错位在300mm以内时，也可认为是连续贯通的。上述情况下，为了增强楼盖的局部传递水平荷载的能力，应在稍有错位的两个横墙段之间的楼板内增设暗梁。纵墙一般较长，要求连续对齐贯通较为困难，可将纵墙设计成均匀分段的若干墙段，使各段墙体均衡承担纵向地震作用，避免各墙段由于刚度相差过大，受力不均，被各个击破。

2）平面轮廓凹凸尺寸不应超过典型尺寸的50%；当超过典型尺寸的25%时，房屋转角处应采取加强措施。

3）楼板局部大洞口的尺寸不宜超过楼板宽度的30%，且不应在墙体两侧同时开洞。

4）同一轴线上的窗间墙宽度宜均匀；墙面洞口的面积，6、7度时不宜大于墙面总面积的55%，8、9度时不宜大于50%。

7. 当用钢筋混凝土梁抬承重墙时，抬墙梁的两端应直接与柱相连，不应采用次梁上抬承重墙的间接传力方案。

8. 房屋有下列情况之一时宜设置防震缝，缝两侧均应设置墙体，缝宽应根据烈度和房屋高度确定，且不小于100mm：

1）房屋立面高差大于6m；

2）房屋有错层，且楼板高差大于层高的1/4；

3）各部分结构刚度、质量截然不同；

4）房屋平面凹凸较大。

9. 楼梯的设计应符合下列要求：

1）楼梯间不宜设置在房屋的尽端或转角处。

【条文说明】大量震害调查发现，凡设在房屋尽端的楼梯间，地震中均发生局部倒塌；同时，在一些L形或门字形平面的建筑中，凡楼梯间设在拐角处的也破坏较重。结构的整体动力分析表明，设在转角处的楼梯间是结构应力比较集中的部位，端部楼梯间也与结构"边端效应"有关。从结构布置上说，楼梯间没有各层楼板的支承，墙体处于休息平台板、斜跑梯板的局部支承下，顶层楼梯间上方墙体有一层半高度处于无侧边支承的状态，因此楼梯间墙体易较早破坏。当必须在房屋尽端或转角处设置楼梯间时，应采取加强措施，如在楼梯间四周墙体内沿全高每隔500mm（6、7度时）或300mm（8度时）设置一道水平配筋或钢筋混凝土水平加强带；加大楼梯间墙体在楼板标高处的圈梁尺寸；加大楼梯间墙体四角处的构造柱截面和配筋。

2）不得采用悬挑式楼梯踏步或砌入墙体的预制楼梯踏步。

3）各层楼梯间墙体应在休息平台或楼层半高处设置60mm厚，纵向钢筋不小于2ϕ10的钢筋混凝土带；或设置不少于3皮，每皮配筋不小于2ϕ6或钢筋网片，砂浆强度等级不低于M7.5且不低于同层墙体砂浆强度等级的配筋砖带。

4）楼梯间及门厅内墙阳角处大梁支承长度不应小于500mm，并应与圈梁连接。

5）装配式楼梯段应与平台板的梁可靠连接。

8.2.4 多层砌体结构房屋楼（屋）盖设计应符合下列要求。

1. 圈梁设置应符合下列要求：

1）当采用装配式钢筋混凝土楼（屋）盖或木楼（屋）盖时，横墙承重应按表8.2.4的要求设置圈梁；纵墙承重每层均宜设置圈梁，且抗震横墙上的圈梁间距应比现行国家标准《建筑抗震设计规范》GB 50011 的要求适当加密。

【条文说明】1. 现浇钢筋混凝土圈梁能增强房屋的整体性，提高抗震能力。

2. 当采用无整浇层的装配式钢筋混凝土楼板或屋面板时，应符合工程所在地区建设行政主管部门的规定，目前有的地方已禁止使用此类楼（屋）盖结构。

2）当采用现浇或装配整体式钢筋混凝土楼（屋）盖时，应保证其与墙体有可靠连接，现浇楼（屋）盖宜设圈梁、装配整体式及叠合式钢筋混凝土楼（屋）盖应设置圈梁。当现浇楼（屋）盖不另设圈梁时，应沿墙体周边配置加强钢筋，并应与墙中相应的构造柱钢筋可靠连接。

3）楼（屋）盖层的圈梁宜与预制板设在同一标高处或紧靠板底。

4）对横墙间距较大或所设置的圈梁间距内无横墙时，应利用楼面梁或在拉开的板缝内配置钢筋代替圈梁，其配筋应与墙中的构造柱可靠连接。

多层砌体房屋圈梁设置要求 **表 8.2.4**

<table>
<tr><th>墙类别</th><th>外墙和内纵墙</th><th>内横墙</th></tr>
<tr><td>6、7 度</td><td rowspan="3">屋盖处及
每层楼盖处</td><td>屋盖处(间距不应大于 4.5m)；楼盖处(间距不应大于 7.2m)；
构造柱对应部位</td></tr>
<tr><td>8 度</td><td>屋盖处及每层楼盖处(间距均不应大于 4.5m)；
构造柱对应部位</td></tr>
<tr><td>9 度</td><td>各层所有横墙</td></tr>
</table>

2. 横墙较少、跨度较大的房屋，宜采用现浇钢筋混凝土楼（屋）盖。

3. 现浇钢筋混凝土楼（屋）面板伸进纵横墙内的长度均不应小于 120mm。

4. 装配式钢筋混凝土楼（屋）面板，当圈梁未设在板的同一标高时，板端伸进外墙的长度不应小于 120mm，伸进内墙的长度不应小于 100mm，在梁上不应小于 80mm。当支承长度不足时，应采取有效的锚固措施（如采用硬架支模）。

【条文说明】硬架支模的施工方法：先架设梁或圈梁的模板，再将预制楼板支承在具有一定刚度的硬支架上，然后浇筑梁或圈梁、现浇叠合层等的混凝土。

5. 当板的跨度大于 4.8m 并与外墙平行时，靠外墙的预制板侧边应与墙或圈梁拉结，且圈梁顶应与板顶平齐。

6. 当圈梁设在楼（屋）盖板底时，钢筋混凝土预制板应相互拉结，并应与梁、墙或圈梁拉结。

7. 楼（屋）盖的钢筋混凝土梁或屋架应与墙、柱（包括构造柱）或圈梁可靠连接，梁与组合砖柱或配筋砌块柱的连接不应削弱柱截面，各层独立的组合砖柱或配筋砌块柱顶部应在两个方向均有可靠连接。

8. 有错层的房屋，也应在错层处设置圈梁。

8.2.5 底部框架-抗震墙砌体房屋的结构布置，应符合下列要求：

1. 上部砌体墙与底部框架梁或抗震墙，除楼梯间附近个别墙段外均应对齐。

【条文说明】根据《成都市施工图审查要点》（2004 年版）规定，在成都地区当上部砌体墙与底部框架梁或抗震墙达到 75%对齐时（按延米计算，不扣除门洞宽度），可认为基本对齐。应控制只有少量的上部砖抗震墙段布置在一级次梁（两端均由框架梁支承的次梁）上，不允许做二级次梁（至少一端由次梁支承的梁）转换。

2. 房屋的底部，应沿纵、横两个方向设置一定数量的抗震墙，并应均匀对称布置。

【条文说明】柔性框架对抵抗侧力的能力较弱，底框结构必须设置一定数量的抗震墙，以抵抗水平地震作用。底部抗震墙的间距除应满足现行国家标准《建筑抗震设计规范》GB 50011 规定的最大间距限值外，还应考虑此类结构的特点，底部抗震墙应能承担100%的地震作用，同时，要求框架也应能承担20%的地震作用，作为底部框架-抗震墙砌体房屋的第二道抗震防线。

3. 抗震墙的材料应符合下列要求：

1）6、7度时应采用钢筋混凝土抗震墙或配筋小砌块砌体抗震墙。

2）6度且总层数不超过四层时，可采用嵌砌于框架之间的约束普通砖砌体或小砌块砌体的砌体抗震墙，但同一方向不应同时采用钢筋混凝土抗震墙和约束砌体抗震墙。

3）8度时应采用钢筋混凝土抗震墙。

4. 抗震墙的厚度和数量，应由房屋的竖向刚度分布来确定。过渡层（底框上部砌体结构的第一层）纵、横两个方向，计入构造柱影响的侧向刚度与底部框架的侧向刚度应符合表 8.2.5 的要求。

过渡层与底框的侧向刚度比值 **表 8.2.5**

房屋类别	楼层关系（上层/下层）	烈度		刚度比最小值
		6、7度	8度	
底部一层框架	2层 /1层	≤2.5	≤2.0	≥1.0
底部两层框架	3层 / 2层	≤2.0	≤1.5	≥1.0
	2层 / 1层	≈1.0	≈1.0	≈1.0

【条文说明】基于概念设计的要求，底部抗震墙的设置应使上下各层的侧向刚度趋于一致或沿高度均匀变化，不使任何层的侧向刚度过强或过弱，因此底部抗震墙并非数量越多越好，侧向刚度越强越好。工程设计中，由于底部大多采用钢筋混凝土抗震墙，其刚度远比上层砌体的刚度大，所以在设计中须协调好上下层的刚度比，特别要避免底部的刚度比过大，以免造成底部承担过大的地震剪力，使过渡层遭到破坏。为了降低底部抗震墙的侧移刚度，可以在抗震墙上开设结构洞口或设置带缝的剪力墙，即墙内的钢筋仍连续设置，但在浇筑混凝土墙时留置一道垂直向的缝隙，宽度在10mm～20mm，可用聚苯板嵌缝。

底框结构的底框层有条件时应适当加大结构的侧向刚度，以接近但不超过上部砌体结构的侧向刚度，减少层刚度的突变，避免薄弱层和软弱层同时出现。

8.2.6 各种仓库、书库等建筑形式，当楼面活荷载大于等于 10.0kN/m^2 时，不得采用砖柱承重。

8.2.7 砌体结构房屋设计中，不应采用下列砌体：

1. 用标准砖砌筑的 180mm 厚承重砖墙；

2. 120mm 厚的外墙；

3. 出屋面高度≥0.5m 且无构造配筋的女儿墙；

4. 无锚固措施的砖砌栏杆；

5. 截面尺寸不大于 370mm×370mm 的独立砖柱。

8.2.8 在墙、柱砌体中预留洞槽及埋设管道时，应符合下列规定：

1. 应在图中注明相关位置、标高、尺寸及施工要求，避免事后凿洞剔槽。

2. 墙体中应尽量避免纵向穿行管线或预留水平沟槽，确有需要时应按偏心砌体核算墙体强度。

3. 管道应避免横穿墙垛、壁柱，确有需要时应事先留出（如采用带孔混凝土块）。

4. 当小墙垛或柱内有竖向管道穿行时，应考虑施工中预先留槽后安装管道的可能性，必要时应验算小墙垛或柱的强度和稳定性。

5. 当有较大的预留洞口时，应设钢筋混凝土边框。

8.2.9 为利用地形，当房屋设有钢筋混凝土天桥与高一阶台地连接时，天桥在房屋一端固接或铰接（并设梁垫）；在挡土墙一端应做成滚动或滑动支承，不应与挡土墙固接（图 8.2.9）。

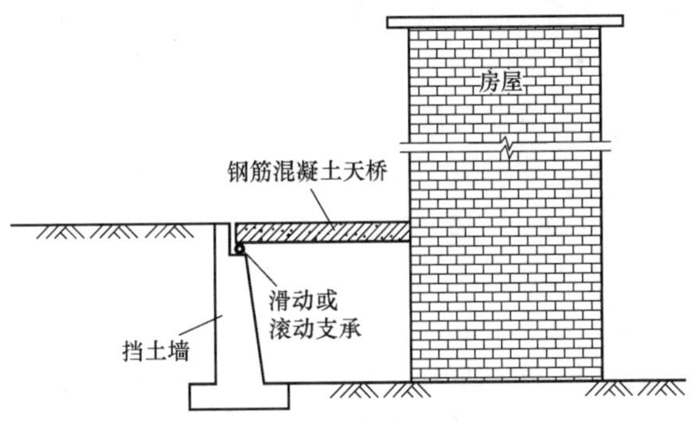

图 8.2.9 房屋与挡土墙连接示意图

8.3 砌体结构的防裂措施

8.3.1 导致砌体结构开裂的主要原因有：温度影响、砌体干缩、地基的不均匀沉降、强震时由于结构不规则而产生的震害等。应综合考虑这些因素，选择合适有效的结构裂缝控制措施。

8.3.2 为防止或减轻房屋受温度影响引起的开裂，应根据砌体房屋墙体材料、建筑体型及屋面构造选择适合的温度伸缩区段。砌体房屋的伸缩缝最大间距可按表 8.3.2 采用。

砌体房屋伸缩缝的最大间距（m） **表 8.3.2**

屋盖或楼盖类别		间距
整体式或装配整体式钢筋混凝土结构	有保温层或隔热层的屋盖、楼盖	50(40)[65]
	无保温层或隔热层的屋盖	40(32)[52]
装配式无檩体系钢筋混凝土结构	有保温层或隔热层的屋盖、楼盖	60(48)[78]
	无保温层或隔热层的屋盖	50(40)[65]
装配式有檩体系钢筋混凝土结构	有保温层或隔热层的屋盖	75(60)[97]
	无保温层或隔热层的屋盖	60(48)[78]
瓦材屋盖、木屋盖或楼盖、轻钢屋盖		100(80)[130]

注：1. 对烧结普通砖、多孔砖、配筋砌块砌体房屋，取表中数值；
2. 对石砌体、蒸压灰砂普通砖、蒸压粉煤灰普通砖、混凝土砌块、混凝土普通砖和混凝土多孔砖房屋，取表中圆括号“( )”内数值，但当墙体有可靠外保温措施时，可取表中数值；
3. 层高大于 5m 的烧结普通砖、烧结多孔砖、配筋砌块砌体结构的单层房屋，取表中方括号“[ ]”内的数值；
4. 在钢筋混凝土屋面上挂瓦的屋盖，应按钢筋混凝土屋盖采用；
5. 温差较大且变化频繁地区和严寒地区不采暖的房屋以及构筑物墙体的伸缩缝的最大间距，应按表中数值予以适当减小。

8.3.3 房屋为防止或减轻由于地基不均匀沉降引起的开裂，应满足下列要求：

1. 当房屋建于膨胀性黏土地基上时，应注意防止地表水及下水管道渗漏的不利影响，房屋四周混凝土散水宽度不宜小于1.5m。

2. 当房屋以两种不同地基土作为持力层时，应设置沉降缝将上部结构及基础断开。

3. 除岩石地基外，房屋高度差或荷载相差较大时宜设置沉降缝；无法设置沉降缝时应进行不均匀沉降计算并采取相应的构造措施。

4. 沉降缝应与温度伸缩缝、抗震缝合并设置。

8.3.4 房屋顶层墙体，宜采取下列措施：

1. 屋面应设置保温、隔热层。

2. 房屋顶层两端第一开间的纵墙及山墙范围内，宜间隔3～5皮砖的灰缝中通长配置焊接钢筋网片或2ϕ6钢筋。

3. 女儿墙应设置构造柱，构造柱应伸至女儿墙顶并与现浇钢筋混凝土压顶整浇在一起。

8.3.5 房屋底层墙体，宜采取下列措施：

1. 增大基础圈梁的刚度。

2. 在底层窗台下墙体灰缝内设置3道焊接钢筋网片或2ϕ6钢筋，并应伸入两边窗间墙内不小于600mm。

8.3.6 在一些裂缝敏感的部位，宜采取下列措施：

1. 适当加大过梁的支承长度。

2. 在每层门、窗过梁上方水平灰缝内及窗台下第一、第二道水平灰缝内，宜设置焊接钢筋网片或2ϕ6钢筋，且应伸入两边窗间墙内不小于600mm。

3. 当墙长大于5m时，宜在每层墙高度中部设置2～3道焊接钢筋网片或3ϕ6的通长水平钢筋，其竖向间距为500mm。

4. 在房屋两端和底层第一、第二开间门窗洞口处，可采取下列措施：

1）在门窗洞口两边墙体的水平灰缝中，沿竖向设置长度不小于900mm、竖向间距为400mm的2ϕ4的焊接钢筋网片。

2）在顶层和底层设置通长钢筋混凝土窗台梁，梁高宜为块材高度的模数，梁内纵向钢筋不小于2ϕ10；箍筋不小于ϕ6@200；混凝土强度等级不低于C20。

8.4 砌体结构的基础设计

8.4.1 多层砌体房屋应优先选用条形基础并应设置基础圈梁。

8.4.2 底部框架-抗震墙砌体结构房屋的抗震墙应采用条形基础、筏形基础等整体性好的基础。

8.4.3 同一结构单元，宜采用同一类型的基础，底面宜埋置在同一标高上，否则宜在基础顶面增设基础圈梁，并应按1∶2的台阶逐步放坡。

8.4.4 当地基持力层为不易风化的岩石且露出地表时，墙、柱可不设基础而直接砌筑于基岩上，但应注意：

1. 墙、柱应同时落在基岩上，若局部基岩埋置较深，可采取在基岩上设置支墩加抬梁的方案。

2. 应仔细考虑基岩面、基槽及裂隙的疏排水措施。

8.4.5 当房屋建于膨胀性黏土地基上时，基础埋深均不宜小于大气急剧影响深度；基底压力宜大于土的膨胀力，但不得超过地基承载力。

8.4.6 在山区及丘陵地区，房屋纵向宜沿等高线布置，宜避免将挡土墙作为上部结构墙体基础。当采用人工地基时，地基处理深度应至稳定的天然土层。

8.4.7 位于严寒及寒冷地区的房屋基础设计应按现行行业标准《冻土地区建筑地基基础设计规范》JGJ 118 有关规定采取减小或消除冻胀力危害的措施。

8.4.8 基础构造按以下要求：

1. 毛石混凝土基础厚度不宜小于 400mm，掺入的毛石体积应控制在 20%～30%，毛石最大尺寸不宜超过 300mm。

2. 钢筋混凝土条形基础的宽度不宜小于 600mm。在 T 字形与十字形交接处的钢筋，沿一个主要受力方向通长放置，另一方向可搭接基础宽度的 1/4；在拐角处钢筋应沿两个方向通长放置（图 8.4.8）。

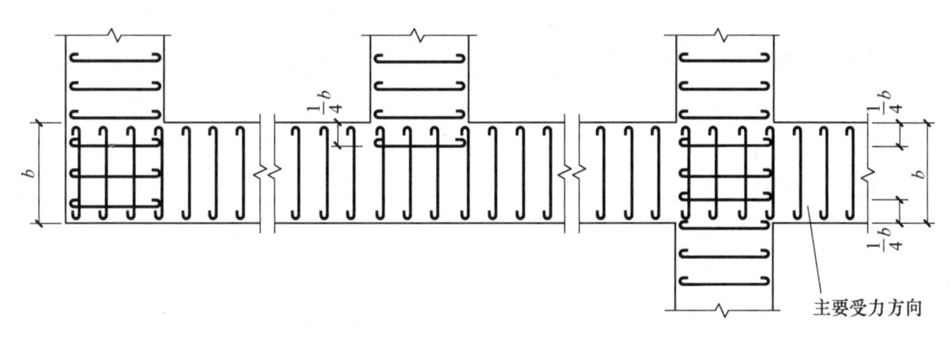

图 8.4.8 墙下条形基础底板受力钢筋布置

8.5 砌体结构抗震设计一般规定

8.5.1 砌体结构房屋抗震设计的内容应包括概念设计、抗震验算和抗震构造措施。

8.5.2 甲类设防建筑不应采用砌体结构。乙类设防建筑不宜采用砌体结构，当确有需要时，应进行专门研究并采取有效的抗震加强措施。

8.5.3 砌体结构房屋抗侧力构件的平面布置宜均匀、对称，结构在两个主轴方向的动力特性宜相近，侧向刚度沿竖向宜均匀变化，避免侧向刚度和承载力突变。

8.5.4 砌体结构房屋应注重强竖向弱水平的概念设计，基于“强竖向（窗间墙）、弱水平（窗台墙）”的延性屈服机制，应控制受剪承载能力-需求比，保证竖向墙体有足够的承压能力、抗剪能力和延性，避免出现小墙段和矮墙，并采取措施使其在遭遇地震作用时窗下墙先于窗间墙破坏。

【条文说明】大量多层砌体房屋的震害表明，开有较多窗洞的外纵墙竖向窗间墙体受窗下墙约束形成事实上的矮墙，在遭遇地震作用时破坏严重，破坏形态类似于框架结构的短柱，因此在砌体房屋设计时应注意采取措施提高其抗震性能，力求实现“强竖向（窗间墙）、弱水平（窗下墙）”的延性屈服机制。通常情况以控制窗间墙宽度（不应过小）及窗下墙高度（不宜过高）等几何尺寸为主。当建筑布置限制了窗间墙及窗下墙几何尺寸时，可通过增加钢筋混凝土构造柱、洞边设置构造柱或边框、加大构造柱纵向钢筋、在窗间墙中加设水平钢筋等方式提高窗间墙的抗震能力，使窗下墙先于窗间墙破坏并耗能。

8.5.5 砌体结构的抗震验算和抗震构造措施，应符合现行国家标准规定。

8.5.6 以下部位的墙体易出现震害，应采取适当的加强措施：

1. 垂直压应力较小的墙体；
2. 被门、窗洞口或其他设备洞口削弱较多的墙体；
3. 承担地震作用较大的墙体。

8.6 多层砌体房屋抗震设计

8.6.1 多层砌体房屋的层数、总高度、高宽比、抗震横墙间距以及房屋的局部尺寸，应符合现行国家标准《建筑抗震设计规范》GB 50011 的有关规定。

8.6.2 多层砌体房屋局部有上部砌体墙不能连续贯通落地时，托梁、柱的抗震等级，6、7、8 度时应分别按三、二、一级采用。

8.6.3 多层砌体房屋中部分墙段抗剪强度不能满足要求时，可采用以下方法加强：

1. 增加墙厚；
2. 提高砌体强度；
3. 采用配筋砌体；
4. 增设构造柱或芯柱；
5. 采用配筋混凝土小型空心砌体。

8.6.4 现浇钢筋混凝土构造柱或芯柱的设置是一项可有效提高多层砌体房屋整体性和延性的重要的抗震构造措施。构造柱或芯柱的设置应满足下列要求：

1. 一般情况下，多层砌体房屋构造柱设置部位应符合表 8.6.4 的要求。

2. 对横墙较少的房屋按照增加一层的层数，当各层横墙很少时按照增加二层的层数，按表 8.6.4 要求设置构造柱。

3. 外廊式和单面走廊式房屋，应按照房屋增加一层的层数，按表 8.6.4 要求设置构造柱，且单面走廊两侧的纵墙均按外墙处理；当外廊式和单面走廊式房屋的横墙较少，且房屋的层数 6 度不超过四层、7 度不超过三层和 8 度不超过二层时，按增加二层的层数，按表 8.6.4 要求设置构造柱。

4. 采用混凝土小砌块砌筑的芯柱，应符合现行国家标准《建筑抗震设计规范》GB 50011 的有关规定。

【条文说明】设置构造柱能够使多层砌体房屋避免或减轻突然倒塌的危险，是保证多层砌体房屋大震不倒的重要抗震构造措施，一般而言各层均应连续设置。构造柱不是一般意义上的柱，而是作为墙体的约束构件，成为砌体墙的一个组成部分（不必设置柱基础），其作用主要是约束在地震中开裂破坏的墙体，使之不进一步倒塌。构造柱虽不能阻止墙体一般裂缝的发展，但当墙体沿对角线的剪切裂缝开展较大并贯通整个墙面时，构造柱能够防止墙体的倒塌。基于上述原理，构造柱不增强房屋的抗剪能力，不能作为解决房屋超高或超层的手段。

多层砌体房屋构造柱设置部位 表 8.6.4

<table>
<tr><th colspan="4">房屋层数</th><th colspan="2" rowspan="2">设置部位</th></tr>
<tr><th>6 度</th><th>7 度</th><th>8 度</th><th>9 度</th></tr>
<tr><td>四、五</td><td>三、四</td><td>二、三</td><td></td><td rowspan="3">楼、电梯间四角，楼梯梯板上下端对应的墙体处；
外墙四角和对应转角；
错层部位横墙与外纵墙交接处；
较大洞口两侧；
较大跨的楼面梁支承处</td><td>隔 12m 或单元横墙与外纵墙交接处；
开间不小于 12m 的纵墙中部；
楼梯间对应的另一侧内横墙与外纵墙交接处</td></tr>
<tr><td>六</td><td>五</td><td>四</td><td>二</td><td>隔开间横墙(轴线)与外墙交接处；
开间不小于 9m 的纵墙中部；
山墙与内纵墙交接处</td></tr>
<tr><td>七</td><td>≥六</td><td>≥五</td><td>≥三</td><td>内墙(轴线)与外墙交接处；
开间不小于 6m 的纵墙中部；
内横墙的局部较小墙垛处；
内纵墙与横墙(轴线)交接处</td></tr>
</table>

注：较大洞口指宽度不小于 2.1m 的洞口。当外墙上的较小墙段在内外墙交接处已设置构造柱时，洞口两侧可不再加设构造柱，但洞口两侧墙体应加强，如通长设置拉结网片或拉结筋，并加密间距。

8.6.5 构造柱应符合下列构造要求：

1. 构造柱截面不应小于 180mm×墙厚；柱纵向钢筋宜采用 4ϕ12，箍筋宜采用 ϕ6@250，且在柱两端适当加密；房屋四角构造柱应适当加大截面及配筋。

2. 墙体与构造柱连接处应砌成马牙槎。

3. 构造柱的纵向钢筋应在圈梁纵向钢筋内侧穿过，保证柱纵向钢筋上下贯通。

4. 当 6、7 度时超过六层、8 度时超过五层和 9 度时，构造柱纵向钢筋宜采用 4ϕ14，箍筋宜采用 ϕ6@200。

5. 构造柱间距应符合下列要求：

1）横墙内的构造柱间距不宜大于层高的 2 倍；下部 1/3 楼层的构造柱间距宜适当减小。

2）内纵墙的构造柱间距不宜大于 4.2m；当外纵墙开间大于 3.9m 时，应另设加强措施。

8.6.6 圈梁应符合下列构造要求：

1. 圈梁的截面宽度可采用 240mm（墙厚 240mm 时）、250mm 及 370mm（墙厚 370mm 时），高度不应小于 120mm；基础圈梁及屋盖圈梁的高度不应小于 180mm；圈梁配筋应符合表 8.6.6 的要求。当圈梁兼作门窗过梁或走廊梁时，应按计算要求确定截面及配筋。

多层砌体房屋圈梁配筋要求 表 8.6.6

<table>
<tr><th rowspan="2">配筋</th><th colspan="3">普通圈梁</th><th rowspan="2">基础圈梁</th></tr>
<tr><th>6、7 度</th><th>8 度</th><th>9 度</th></tr>
<tr><td>最小纵向钢筋</td><td>4ϕ10</td><td>4ϕ12</td><td>4ϕ14</td><td>4ϕ12</td></tr>
<tr><td>最小箍筋</td><td>ϕ6@250</td><td>ϕ6@200</td><td>ϕ6@150</td><td>ϕ6@200</td></tr>
</table>

2. 圈梁应闭合，遇有洞口被打断时，应在洞口上部增设附加圈梁搭接（参见图 8.6.6）。圈梁宜与楼板设在同一标高或紧靠板底。当圈梁被钢筋混凝土梁或其他构件所隔断时，可与梁或其他构件同时现浇，也可在梁或其他构件中预埋搭接钢筋进行连接。

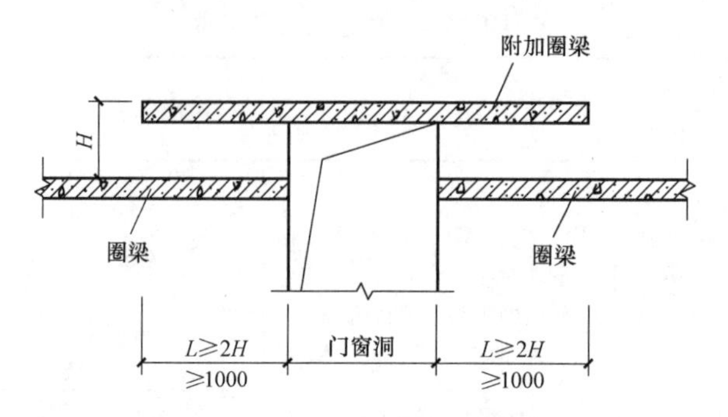

图 8.6.6 圈梁通过门窗洞口的构造措施

8.6.7 多层砌体房屋各部位连接措施应符合下列要求：

1. 楼、屋盖梁或屋架的连接要求：

1）楼、屋盖的钢筋混凝土梁或屋架应与墙、柱（不得采用独立砖柱）、构造柱、圈梁可靠连接。

2）梁的高跨比宜控制在 1/10 以上。

3）跨度小于 6m 的大梁，可搁置在厚度为 240mm 及以上的墙上。

4）跨度不小于 6m 大梁的支承构件应采用组合砌体等加强措施，并满足承载力要求。梁垫应采取以下构造措施，保证梁、柱铰接：

① 梁垫（刚性垫块）尺寸应能满足压力在砌体上的分布要求。梁垫高度 t_b 不应小于 180mm，自梁边算起的垫块挑出尺寸不应大于梁垫高度。

② 梁垫设置应使下部砌体受到的偏心作用最小。

③ 当梁垫与大梁整体浇筑时，垫块可在梁高范围内设置。

④ 8、9 度设防时，除顶层外的各层及柱上有较大压重时，均宜以梁与带壁柱刚接验算带壁柱的强度。

【条文说明】梁或屋架作为集中荷载支承在墙或柱上时，其连接十分重要。地震作用也是靠它们之间的可靠连接来传递的，所以在连接构造上除了能满足竖向荷载对支承面积的要求，也必须能适应水平力传递的要求。

2. 墙体拉结要求：沿墙高设 2ϕ6@500 水平钢筋与构造柱可靠拉结，拉结筋应沿墙体水平通长设置，当通长筋与防裂钢筋重合时，通长筋可兼作防裂钢筋。

3. 烟道、风道、垃圾道等不宜削弱墙体；当墙体被削弱时，应有加强措施。

4. 不应采用无锚固的钢筋混凝土预制挑檐。

8.7 底部框架-抗震墙砌体房屋抗震设计

8.7.1 底部框架-抗震墙砌体房屋的抗震设计应符合现行行业标准《底部框架-抗震墙砌体房屋抗震技术规程》JGJ 248 的有关规定。8 度（0.30g）、9 度或乙类设防时不应采用底部框架-抗震墙砌体结构。

8.7.2 底部框架-抗震墙砌体房屋的底部楼层的层高不应超过 4.5m，当底层采用约束砌体抗震墙时，底层层高不应超过 4.2m；上部砌体房屋部分的层高不应超过 3.6m。

8.7.3 底部框架-抗震墙砌体房屋的底部钢筋混凝土结构的抗震等级应按表 8.7.3 采用。

底部框架-抗震墙砌体房屋底部混凝土结构构件的抗震等级 **表 8.7.3**

类别	6 度	7 度	8 度
混凝土框架	三级	二级	一级
混凝土抗震墙	三级	三级	二级

8.7.4 底部框架-抗震墙砌体房屋，过渡层上部各层同多层砌体结构相应规定。

8.7.5 底部框架-抗震墙砌体房屋应特别增强过渡层的抗震措施。过渡层应采取下列措施：

1. 当过渡层内的砌体承重墙未能与底部框架梁或抗震墙对齐时，应在底部框架内设置托墙转换梁（次梁），并应对转换梁及过渡层的砌体墙采取加强措施。

2. 过渡层的楼盖（底层框架-抗震墙砌体房屋的底层和底部两层框架-抗震墙砌体房屋第二层的顶板）必须采用现浇钢筋混凝土楼板，板厚不应小于 120mm。板上应少开洞或开小洞，当洞口尺寸大于 800mm 时应加设边梁，边梁宽度不应小于 2 倍板厚，以保证过渡层楼盖有较大的水平刚度。

3. 过渡层内的构造柱间距不大于层高，芯柱的间距不大于 1.0m；构造柱纵向钢筋不小于 4ϕ16（6、7 度时）或 4ϕ18（8 度时），芯柱纵向钢筋不小于每孔 1ϕ16（6、7 度时）或 1ϕ18（8 度时）。构造柱纵向钢筋应插入下层框架梁、框架柱或混凝土墙中 45 倍钢筋直径。

4. 过渡层内墙体，在相邻构造柱间均应设通长拉结钢筋。砖砌体墙中应沿墙高设 2ϕ6@360 通长水平钢筋和 ϕ5 分布短筋点焊拉结网片或 ϕ5@360 点焊钢筋网片，两端锚入构造柱内；小砌块砌体墙中应沿墙高设 ϕ5@400 通长水平点焊钢筋网片。墙体砌筑砂浆的强度等级不应低于 M7.5。

5. 过渡层内的砌体墙中，当开有宽度大于 1.2m 的门洞和 1.8m 的窗洞时，应在洞口两边增设截面不小于 120mm×墙厚的构造柱或芯柱。

【条文说明】对于底部框架-抗震墙房屋，下层为混凝土结构，上层为各类砌体结构，其第一层砌体房屋即为过渡层。过渡层是材料和刚度变化的交接处，应使过渡层的刚度介于底部混凝土结构和上部砌体结构之间，以形成一个刚度渐变的过程。对不能落在底层框架梁或墙上的砌体承重墙，应在过渡层设置次梁转换。在次梁设计中，应考虑竖向抗侧力构件不连续的影响，对次梁构件的两端支座适当加强，支座上部纵向钢筋按框支梁的要求锚固，沿梁高设置不小于 2ϕ14@150 的腰筋，并按受拉锚固要求锚固在柱内；对传递给水平转换构件的地震作用乘以 1.25～1.50 的增大系数；此外，还应对过渡层墙体在构造上予以加强，如对过渡层支承在次梁上的墙段配置水平钢筋，以增强该墙的刚度，减少墙体开裂的可能。

8.7.6 钢筋混凝土抗震墙应符合下列构造要求：

1. 抗震墙墙板厚度不宜小于 160mm，且不应小于墙板净高的 1/20。

2. 抗震墙的水平和竖向分布钢筋配筋率，均不应小于 0.30%，钢筋直径不宜小于 10mm、不宜大于墙厚的 1/10，间距不宜大于 200mm，且应采用双排布置；两排分布筋之间的拉结筋不应小于 ϕ6@600。

3. 抗震墙两端和洞口两侧应设置构造边缘构件，边缘构件的范围可按图 8.7.6 采用；其配筋除应满足受弯承载力要求外，尚宜符合表 8.7.6 的要求。

钢筋混凝土抗震墙构造边缘构件的配筋要求 **表 8.7.6**

抗震等级	纵向钢筋最小量（取较大值）	箍筋或拉筋	
		最小直径(mm)	沿竖向最大间距(mm)
二级	$0.006A_c$，6ϕ12	8	200
三级	$0.005A_c$，4ϕ12	6	200

注：1. A_c 为边缘构件的截面面积；
2. 拉筋水平间距不应大于纵向钢筋间距的 2 倍；转角处宜采用箍筋；
3. 当端柱为框架柱或承受集中荷载时，其纵向钢筋、箍筋直径和间距应满足柱的相关要求。

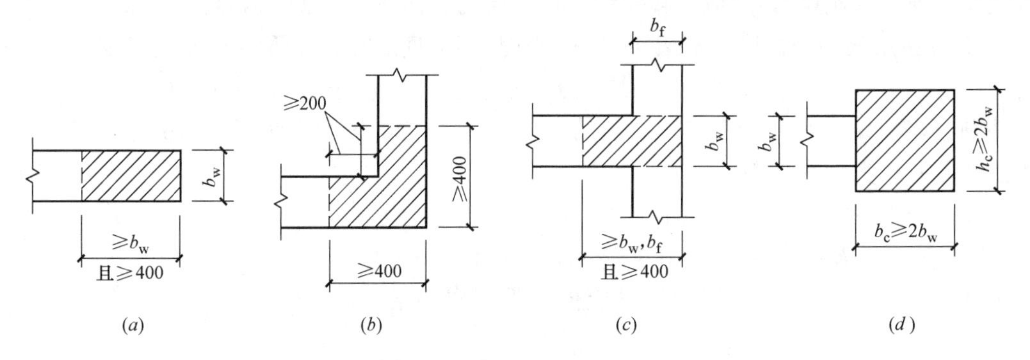

图 8.7.6 钢筋混凝土抗震墙的构造边缘构件范围
（a）暗柱；（b）翼柱；（c）翼柱；（d）端柱

4. 开竖缝的钢筋混凝土抗震墙，应符合下列规定：

1）竖缝宽度一般可取 20mm～50mm；

2）墙体水平钢筋在竖缝处断开，竖缝两侧墙板的高宽比应大于 1.5；

3）竖缝两侧应设暗柱，暗柱的截面范围为 1.5 倍墙体厚度；暗柱纵向钢筋不宜少于 4ϕ16，箍筋不宜小于 ϕ8@200。

5. 跨高比较小的高连梁，可设置水平缝形成双连梁、多连梁，或采取其他加强受剪承载力的构造。

6. 楼面梁与抗震墙平面外连接时，不宜支承在洞口连梁上；沿梁轴线方向宜设置与梁连接的抗震墙，梁的纵向钢筋应锚固在墙内；也可在支承梁的位置设置扶壁柱或暗柱，并应按计算确定其截面尺寸及配筋。

8.7.7 底部框架-抗震墙砌体房屋中，框架柱的构造措施：

1. 柱的最小截面，方柱不小于 500mm×500mm，圆柱直径不小于 600mm。

2. 柱轴压比不宜超过表 8.7.7-1 的规定。

3. 柱纵向钢筋最小配筋率应符合表 8.7.7-2 的要求。

4. 柱箍筋在一级时不应小于 ϕ12@100，二、三级时不应小于 ϕ10@100。

5. 柱的最上端和最下端组合的弯矩设计值应乘以增大系数，一级、二级和三级时分别按 1.5、1.25 和 1.15 采用。

底部框架-抗震墙砌体房屋框架柱轴压比限值 **表 8.7.7-1**

抗震等级	一级	二级	三级
轴压比限值	0.60	0.70	0.80

注：1. 轴压比计算中采用的柱组合轴压力设计值，应包括倾覆力矩对柱产生的轴力；
2. 表内限值适用于剪跨比大于 2 的柱；剪跨比不大于 2 的柱，轴压比限值应降低 0.05。

部框架-抗震墙砌体房屋框架柱纵向钢筋的最小总配筋率（%） **表 8.7.7-2**

类别	一级			二、三级		
	＜400MPa	400MPa	＞400MPa	＜400MPa	400MPa	＞400MPa
中柱	1.2	1.15	1.1	1.1	1.05	1.0
边柱、角柱、抗震墙端柱	1.3	1.25	1.2	1.15	1.10	1.05

8.7.8 底部框架-抗震墙砌体房屋中托墙梁具有转换功能，一般为连续梁布置，其构造应满足下列要求：

1. 梁高不应小于跨度的 1/10，梁宽不应小于 300mm。

2. 梁的纵向钢筋和腰筋应按受拉钢筋锚固要求伸入框架柱内，特别是支座上部纵向钢筋在柱内的锚固长度应符合框支梁的要求。

3. 梁的腰筋不应小于 2ϕ14，间距不应大于 200mm。

4. 梁的箍筋不应小于 ϕ10@200（一级）或 ϕ8@200（二、三级），且在下列部位箍筋应加密，间距不应大于 100mm：

1）距梁端 2 倍（一级）或 1.5 倍（二、三级）梁高及不小于 1/5 梁净跨范围内；

2）上部墙体的洞口处和洞口两侧各 500mm 且不小于梁高的范围内。

8.7.9 结构薄弱楼层判别及弹塑性变形验算：

1. 罕遇地震作用下，底层框架-抗震墙砌体房屋的底层屈服强度系数，可按下列各式计算：

$$\xi_y(1)=V_R(1)/V_e(1) \tag{8.7.9-1}$$

式中：$\xi_y(1)$——底层屈服强度系数；

$V_R(1)$——底层的极限受剪承载力（N），按式（8.7.9-2）计算；

$$V_R(1)=V_{cy}+\gamma_1\sum V_{my}+\gamma_2\sum V_{wy} \tag{8.7.9-2}$$

$V_e(1)$——罕遇地震作用下，按弹性分析的底层地震剪力（N）；

V_{cy}——底层框架的极限受剪承载力（N）；

V_{my}、V_{wy}——分别为底层一片约束普通砖或小砌块抗震墙和混凝土抗震墙的极限受剪承载力（N）；

γ_1、γ_2——分别为约束普通砖或小砌块抗震墙和混凝土抗震墙的极限受剪承载力的折减系数；对于约束普通砖或小砌块抗震墙，γ_1 可取 0.70；对于高宽比不大于 1 的整体混凝土墙，γ_2 可取 0.75；对于高宽比大于 1.0 整体混凝土墙 γ_2 可取 0.80，对于开竖缝带边框的混凝土抗震墙，γ_2 可取 0.90。

2. 罕遇地震作用下，底部两层框架-抗震墙砌体房屋的底部两层屈服强度系数，可采用下列各式计算：

$$\xi_y(i)=V_R(i)/V_e(i) \tag{8.7.9-3}$$

式中：$\xi_y(i)$——底层或第二层的屈服强度系数；

$V_R(i)$——底层或第二层的极限受剪承载力（N），采用式（8.7.9-4）计算；

$$V_R(i)=V_{cy}(i)+\gamma_1\Sigma V_{my}(i)+\gamma_2\Sigma V_{wy}(i) \tag{8.7.9-4}$$

$V_e(i)$——罕遇地震作用下，按弹性分析的底层或第二层的地震剪力（N）；

$V_{cy}(i)$——底层或第二层框架的极限受剪承载力（N）；

$V_{my}(i)$、$V_{wy}(i)$——分别为底层或第二层一片约束普通砖或小砌块抗震墙和混凝土抗震墙的极限受剪承载力（N）；

γ_3——底部两层混凝土抗震墙的极限受剪承载力折减系数，γ_3 可取 0.80。

3. 罕遇地震作用下底部框架-抗震墙砌体房屋中上部砌体房屋部分的层间极限剪力系数，可按下式计算：

$$\xi_R(i)=V_R(i)/V_e(i) \tag{8.7.9-5}$$

式中：$\xi_R(i)$——上部砌体部分第 i 层的层间极限剪力系数；

$V_R(i)$——上部砌体部分第 i 层的层间极限受剪承载力（N）；

$V_e(i)$——罕遇地震作用下，按弹性分析的第 i 层的地震剪力（N）。

4. 底层框架-抗震墙砌体房屋薄弱楼层的判别，可采用下列方法：

1）当 $\xi_y(1)<0.8\xi_R(2)$时，底层为薄弱楼层。

2）当 $\xi_y(1)>0.9\xi_R(2)$时，过渡层为相对薄弱楼层。

3）当 $0.8\xi_R(2)\leqslant\xi_y(1)\leqslant0.9\xi_R(2)$时，房屋较为均匀。

5. 底部两层框架-抗震墙砌体房屋薄弱楼层的判别，可采用下列方法：

1）结构薄弱楼层处于底部或上部的判别，可按下列情况确定：

a. 当 $\xi_y(2)<0.8\xi_R(3)$时，薄弱楼层在底部两层中 $\xi_y(i)$ 相对较小的楼层。

b. 当 $\xi_y(2)>0.9\xi_R(3)$时，第三层或上部砌体房屋中的某一楼层为相对薄弱楼层。

c. 当 $0.8\xi_R(3)\leqslant\xi_y(2)\leqslant0.9\xi_R(3)$时，房屋较为均匀。

2）当薄弱楼层处于底部时，尚应判断薄弱楼层处于底层或第二层：

a. 当 $\xi_y(2)<\xi_y(1)$时，薄弱楼层在第二层。

b. 当 $\xi_y(2)>\xi_y(1)$时，薄弱楼层在底层。

6. 底部框架-抗震墙砌体房屋在罕遇地震作用下结构薄弱楼层的弹塑性变形验算，可采用下列方法：

1）静力弹塑性分析方法或弹塑性时程分析法，应采用空间结构模型。

2）本条第 7、8 款给出的简化计算方法。

7. 底部框架-抗震墙砌体房屋结构薄弱楼层弹塑性层间位移的简化计算，宜符合下列要求：

1）结构薄弱楼层的位置在底部框架-抗震墙部分，且薄弱楼层的屈服强度系数不大于 0.5。

2）结构薄弱楼层的弹塑性层间位移可按下列公式计算：

$$\Delta u_p=\eta_p\Delta u_e \tag{8.7.9-6}$$

或

$$\Delta u_{p}=\mu\Delta u_{y}=\frac{\eta_{p}}{\xi_{y}}\Delta u_{y} \tag{8.7.9-7}$$

式中：Δu_{p}——弹塑性层间位移（mm）；

Δu_{y}——层间屈服位移（mm）；

μ——楼层延性系数；

Δu_{e}——罕遇地震作用下按弹性分析的层间位移（mm）；

η_{p}——弹塑性层间位移增大系数，可按表 8.7.9 采用（可采用内插法取值）；

ξ_{y}——楼层屈服强度系数。

弹塑性层间位移增大系数 η_{p}　　表 8.7.9

房屋总层数	ξ_{y}		
	0.5	0.4	0.3
2～4	1.30	1.40	1.60
5～7	1.50	1.65	1.80

8. 结构薄弱楼层弹塑性层间位移应符合下式要求：

$$\Delta u_{p}\leqslant[\theta_{p}]h \tag{8.7.9-8}$$

式中：$[\theta_{p}]$——弹塑性层间位移角限值，对底部框架-抗震墙部分可取 1/100；

h——薄弱层楼层高度（mm）。

9 木 结 构

9.1 一般规定

9.1.1 本章适用于方木原木结构、胶合木结构、轻型木结构和木混合结构的设计。木结构的设计基准期应为50年。

9.1.2 木结构建筑的防火设计、防火构造应符合现行国家标准《建筑防火设计规范》GB 50016、《木结构设计标准》GB 50005和《多高层木结构建筑技术标准》GB/T 51226的相关规定。

【条文说明】现行国家标准《建筑设计防火规范》GB 50016对木结构建筑的防火设计规定有专门的章节，《多高层木结构建筑技术标准》GB/T 51226对不同使用功能木结构建筑的防火最高层数做出了规定。木结构建筑的防火性能是决定木结构建筑安全性的主要因素之一，因此，控制木结构建筑的应用范围、总体高度、最大层数和防火分区大小，是提高其安全性能的重要手段。

9.1.3 结构用木材可选用原木、方木、板材、规格材、胶合木、结构复合木材和木基结构板。

9.1.4 现代木结构可按结构构件采用的材料类型分为以下四类：

1. 方木原木结构：承重构件采用方木或原木制作的建筑结构。

2. 轻型木结构：采用规格材与木基结构板材制作成木构架墙、木楼盖和木屋盖系统组成的结构。

3. 胶合木结构：承重构件采用层板胶合木制作的建筑结构，也称层板胶合木结构。

4. 木混合结构：木结构与其他材料的结构类型组合而成的结构。木混合结构可分为上下混合木结构和水平混合的混凝土核心筒木结构。

【条文说明】方木原木结构主要包括穿斗式结构、抬梁式结构、井干式结构、木框架剪力墙结构、梁柱式结构以及作为楼（屋）盖在其他材料结构中（混凝土结构、砌体结构、钢结构）组合使用的混合结构等结构形式。

轻型木结构是一种将小尺寸木构件（通常称为规格材）按不大于600mm的中心间距密置而成的结构形式，采用的基本材料包括规格材、木基结构板材、工字形搁栅、结构复合材和金属连接件。轻型木结构的承载力、刚度和整体性是通过主要结构构件（骨架构件）和次要结构构件（墙面板，楼面板和屋面板）共同作用得以实现的，其特点是施工简便、材料成本低、抗震性能好。

胶合木结构主要包括梁柱式结构、空间桁架、拱、门架和空间网壳等结构形式，以及直线梁、变截面梁和曲线梁等构件类型，结构的各种连接节点均采用钢板、螺栓或销钉连接，连接节点应通过计算设计。胶合木结构是目前应用较广的结构形式，随着木结构技术的发展，新的结构复合材也不断涌现，如正交层板胶合木（CLT）、旋切板胶合木

(LVL)、层叠木片胶合木（LSL）和平行木片胶合木（PSL）等结构复合材已被广泛应用于胶合木结构中。

木混合结构主要是木结构与钢结构、钢筋混凝土结构或砌体结构进行组合。上下混合时，下部结构通常采用钢筋混凝土结构或钢结构，上部建筑采用纯木结构，包括既有建筑平改坡的屋面系统和钢筋混凝土结构中采用的木骨架组合墙体系统。水平混合时，通常采用钢筋混凝土核心筒与木框架结构、木框架支撑结构和正交胶合木剪力墙结构进行水平组合，这种结构形式称为混凝土核心筒木结构，主要适用于建造10层以上的木结构建筑。

9.1.5 方木原木结构主要适用于单层或多层木结构建筑。当采用胶合原木构件代替方木原木构件时，胶合原木构件的强度设计值可采用相同树种方木原木材料的强度设计值。

【条文说明】方木原木结构建筑的主要承重构件采用天然林木材制作的方木或原木，其应用受天然林木材资源状况和供应量的影响很大，建筑规模通常较小，结构构件截面尺寸也较小，构件通常还存在很多自然缺陷产生的不利影响。针对大直径的天然林木材资源越来越少的现状，为充分利用木材资源，通常采用胶合原木构件来代替方木原木构件。胶合原木是指采用厚度大于30mm、层数不大于4层的锯材沿顺纹方向胶合而成的木制品。《木结构设计标准》GB 50005—2017将胶合原木结构归类为方木原木结构。由于胶合原木构件采用的胶合层板层数均不大于4层，相关国家标准没有规定相应的材料强度设计值，一般采用相同树种的方木原木的材料强度设计值进行设计。

9.1.6 轻型木结构适用于单层及多层居住建筑和房屋空间要求不大的公共建筑。轻型木结构建筑应符合下列要求：

1. 房屋空间分隔不宜过大，且房间四周宜设置承重的墙体；
2. 每层层高不宜大于3.9m；
3. 楼面搁栅的跨度不宜大于6.0m；
4. 当屋面采用轻型木桁架系统时，其跨度不宜大于18.0m。

【条文说明】轻型木结构建筑的结构形式决定了其适用范围主要是居住建筑和部分公共建筑。由于轻型木结构墙体具有较好的抵抗水平作用的能力，在许多胶合木梁柱结构中也采用轻型木结构墙体嵌于梁柱框架内，增强其侧向刚度。

轻型木结构设计应符合现行国家标准的相关规定，尽量采用工业化生产的标准木构件和木产品。在现场条件和运输条件允许时，轻型木结构的构件应尽量采用在工厂生产制作，现场组装的方式。

9.1.7 胶合木结构适用于单层及多层的民用建筑、公共建筑和丁、戊类工业建筑。下列情况宜优先采用胶合木结构或胶合木构件：

1. 木结构居住建筑中跨度大于6.0m的大梁或过梁；
2. 使用功能需要大空间、大跨度的木结构建筑；
3. 外观设计独特、变化复杂的木结构建筑；
4. 建筑空间布置要求灵活多样的木结构建筑；
5. 防火要求较高的木结构建筑。

【条文说明】胶合木结构是现代木结构建筑的主要结构形式，适用范围相对广泛。其特点是能够合理使用木材，可满足建筑设计中各种不同类型的功能要求，结构形式多种多样且可建造大型建筑，构件制作能采用工业化生产，制作过程中便于保证构件的产品质量，能大幅度减少建筑工程现场的工作量。

9.1.8 胶合木构件或胶合木结构宜符合下列要求：

1. 直线梁、单坡和双坡变截面梁宜用于跨度不大于 30m 的简支梁或多跨连续梁（图 9.1.8-1）。

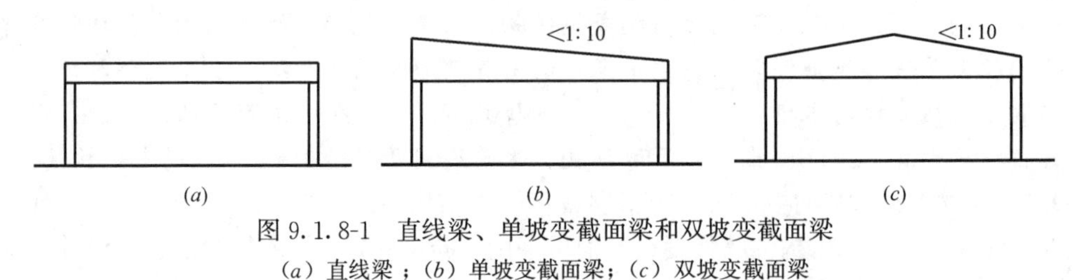

图 9.1.8-1 直线梁、单坡变截面梁和双坡变截面梁

（a）直线梁；（b）单坡变截面梁；（c）双坡变截面梁

2. 胶合木拱适用于跨度为 20m～80m 的结构。

3. 斜坡弓形梁宜用于跨度不大于 20m、顶部坡度小于 10°的简支梁，且底部弯曲应尽可能浅（图 9.1.8-2）。

4. 钢木桁架宜用于跨度不大于 75m 的屋盖体系，受拉杆宜采用高强度钢拉杆，受压杆应采用胶合木构件（图 9.1.8-3）。

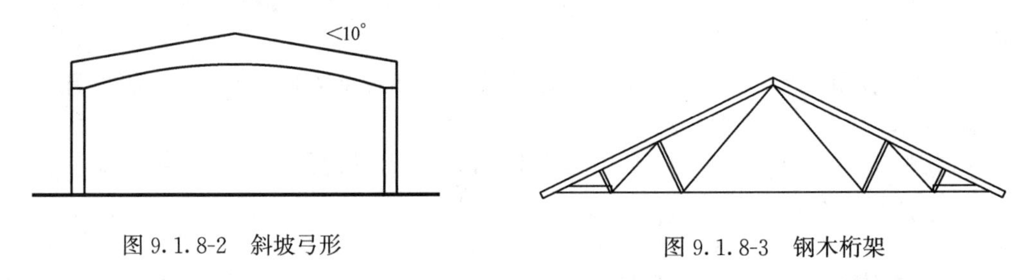

图 9.1.8-2 斜坡弓形　　图 9.1.8-3 钢木桁架

5. 两铰和三铰拱宜用于跨度不大于 60m 的结构（图 9.1.8-4）。

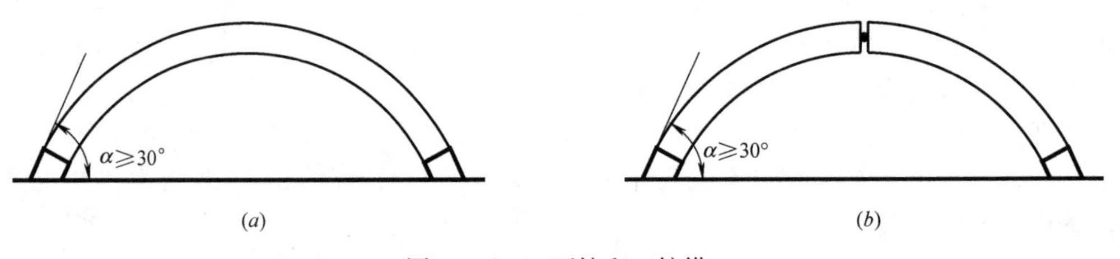

图 9.1.8-4 两铰和三铰拱

（a）两铰拱；（b）三铰拱

6. 弧形加腋门架宜用于跨度不大于 50m、顶部斜面坡度大于 14°的结构。当斜面坡度小于 14°时，应在拱腰处设置调整腋，以降低胶合木门架的造价（图 9.1.8-5）。

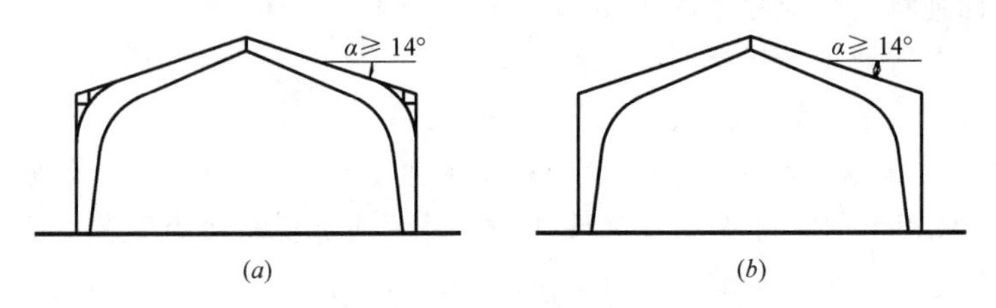

图 9.1.8-5 弧形加腋门架

7. 指接门架宜用于跨度不大于 24m、顶部斜面坡度大于 14°的结构。在门架转角接口处，应采用特殊的指接技术（图 9.1.8-6）。

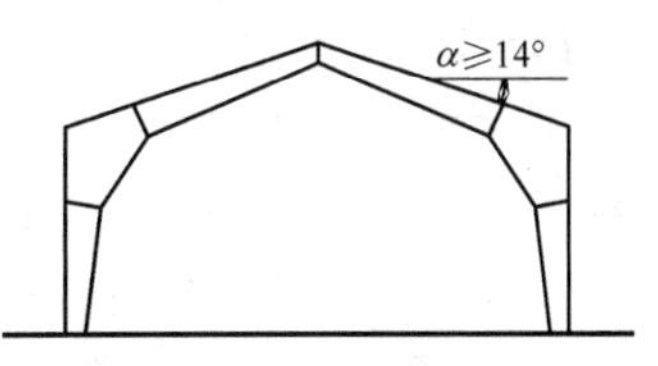

图 9.1.8-6 指接门架

8. 胶合木空间网壳结构可用于大跨度空间结构建筑。

9.1.9 木混合结构宜根据实际需要选用上下组合或水平组合形式。

【条文说明】木结构建筑与其他材料的结构类型组合，目的是充分发挥不同建筑材料的特点，满足不同的使用功能。当下部建筑需要较大空间时，应采用上下组合形式的木结构组合建筑。水平组合的结构中，组合建筑应在两种不同材料的结合部位设置防火墙分隔。木结构建筑与其他材料的结构接触处应采取可靠的防腐措施。

9.1.10 多高层木结构可分为纯木结构和木混合结构，结构设计时其结构类型、最大适用高度及层数应符合表 9.1.10-1 的规定。当采用上下混合木结构时，下部结构应采用钢筋混凝土结构或钢结构，下部结构的最大适用层数应符合表 9.1.10-2 的规定。

多高层木结构建筑的适用结构类型、最大适用高度及层数　　表 9.1.10-1

<table>
<tr><th colspan="2" rowspan="4">结构体系</th><th rowspan="4">木结构类型</th><th colspan="10">抗震设防烈度</th></tr>
<tr><th colspan="2" rowspan="2">6 度</th><th colspan="2" rowspan="2">7 度</th><th colspan="4">8 度</th><th colspan="2" rowspan="2">9 度</th></tr>
<tr><th colspan="2">0.20g</th><th colspan="2">0.30g</th></tr>
<tr><th>高度(m)</th><th>层数</th><th>高度(m)</th><th>层数</th><th>高度(m)</th><th>层数</th><th>高度(m)</th><th>层数</th><th>高度(m)</th><th>层数</th></tr>
<tr><td colspan="2" rowspan="4">纯木结构</td><td>轻型木结构</td><td>20</td><td>6</td><td>20</td><td>6</td><td>17</td><td>5</td><td>17</td><td>5</td><td>13</td><td>4</td></tr>
<tr><td>木框架支撑结构</td><td>20</td><td>6</td><td>17</td><td>5</td><td>15</td><td>5</td><td>13</td><td>4</td><td>10</td><td>3</td></tr>
<tr><td>木框架剪力墙结构</td><td>32</td><td>10</td><td>28</td><td>8</td><td>25</td><td>7</td><td>20</td><td>6</td><td>20</td><td>6</td></tr>
<tr><td>正交胶合木剪力墙结构</td><td>40</td><td>12</td><td>32</td><td>10</td><td>30</td><td>9</td><td>28</td><td>8</td><td>28</td><td>8</td></tr>
<tr><td rowspan="7">木混合结构</td><td rowspan="4">上下混合木结构</td><td>上部轻型木结构</td><td>23</td><td>7</td><td>23</td><td>7</td><td>20</td><td>6</td><td>20</td><td>6</td><td>16</td><td>5</td></tr>
<tr><td>上部木框架支撑结构</td><td>23</td><td>7</td><td>20</td><td>6</td><td>18</td><td>6</td><td>17</td><td>5</td><td>13</td><td>4</td></tr>
<tr><td>上部木框架剪力墙结构</td><td>35</td><td>11</td><td>31</td><td>9</td><td>28</td><td>8</td><td>23</td><td>7</td><td>23</td><td>7</td></tr>
<tr><td>上部正交胶合木剪力墙结构</td><td>43</td><td>13</td><td>35</td><td>11</td><td>33</td><td>10</td><td>31</td><td>9</td><td>31</td><td>9</td></tr>
<tr><td rowspan="3">混凝土核心筒木结构</td><td>纯木框架结构</td><td rowspan="3">56</td><td rowspan="3">18</td><td rowspan="3">50</td><td rowspan="3">16</td><td rowspan="3">48</td><td rowspan="3">15</td><td rowspan="3">46</td><td rowspan="3">14</td><td rowspan="3">40</td><td rowspan="3">12</td></tr>
<tr><td>木框架支撑结构</td></tr>
<tr><td>正交胶合木剪力墙结构</td></tr>
</table>

注：1. 木混合结构高度与层数是指建筑的总高度和总层数；
2. 总高度指室外地面到主要屋面板板面的高度，不包括局部突出屋顶部分；
3. 超过表内高度的房屋，应进行专门研究和论证，并应采取有效的加强措施。

上下混合木结构的下部结构的最大适用层数　　表 9.1.10-2

底部结构	抗震设防烈度				
	6 度	7 度	8 度		9 度
			0.20g	0.30g	
混凝土框架、钢框架	2	2	2	1	1
混凝土剪力墙	2	2	2	2	2

【条文说明】本条木结构建筑的层数和高度的限值仅是针对结构设计的要求，对于不同使用功能的建筑，尚应符合现行国家标准《建筑防火设计规范》GB 50016、《木结构设计标准》GB 50005 和《多高层木结构建筑技术标准》GB/T 51226 的相关规定。

9.1.11 木结构构件应严格控制木材的含水率，木材的含水率应符合以下规定：

1. 现场制作的方木或原木构件不应大于 25%；
2. 板材、规格材和工厂加工的方木不应大于 19%；
3. 方木原木受拉构件的连接板不应大于 18%；
4. 木制连接件不应大于 15%；
5. 胶合木层板和正交胶合木层板应为 8%～15%，同一构件各层木板的含水率差别不应大于 5%，且构件的出厂含水率均不应大于建筑使用环境的平衡含水率；
6. 井干式木结构构件采用原木制作时不应大于 25%，采用方木制作时不应大于 20%，采用胶合原木制作时不应大于 18%。

【条文说明】平衡含水率应根据建筑使用环境温度和湿度，参照现行国家标准《胶合木结构技术规范》GB/T 50708 确定。

9.1.12 木构件材质等级和强度等级的选用应符合现行国家标准《木结构设计标准》GB 50005 的相关规定。

【条文说明】承重木结构用原木、锯材（方木、板材、规格材）和胶合材都应按相关规范规定材质标准选择用材。木材含有天然缺陷，不同构件的强度有较大的变异性，设计中应针对构件各种不同受力状况、木材资源供给条件，合理选择构件用材的材质和强度等级。在实际工程中，如施工制作木构件时选择用材与设计要求不一致，则可能导致木结构的安全性不满足要求，甚至会造成事故。因此，设计施工必须严格控制木构件的材质等级和强度等级。

9.1.13 木结构的设计方案应使结构整体性好、受力明确，节点连接可靠、构造简洁。木构件宜用作结构的受压或受弯构件。对于受力复杂的部位，可局部采用钢构件替换。

【条文说明】木材强度具有各向异性的特点，顺纹抗压、抗弯强度高，横纹抗拉强度低。结构设计时，应充分发挥木材的材料特性，避免横纹受拉。

9.1.14 木结构采用的梁、柱、板式组件和空间组件等应符合下列规定：

1. 满足建筑使用功能、结构安全的要求；
2. 满足制作、运输、堆放和安装对尺寸、形状的要求；
3. 满足质量控制的要求；
4. 满足重复使用、组合多样的要求。

【条文说明】木结构采用的木组件分为三类：梁柱构件、板式组件和空间组件。梁柱构件是在工厂制作、现场安装的预制构件。板式组件是在工厂加工制作完成的墙体、楼（屋）盖等预制板式单元，包括开放式组件和封闭式组件。空间组件是在工厂加工制作完成的由墙体、楼（屋）盖等共同构成具有一定建筑功能的预制空间单元。

9.1.15 木结构建筑中钢结构部分应按现行国家标准《钢结构设计标准》GB 500017 的相关规定设计。

9.1.16 木结构建筑应符合建筑全寿命期的可持续性原则，并宜符合标准化设计、工厂化制作、装配化施工、一体化装修、信息化管理和智能化应用的要求。

9.2 计算要点

9.2.1 结构用木材强度设计值和弹性模量的取值应根据不同树种和强度等级按现行国家标准《木结构设计标准》GB 50005 的相关规定确定，并按规定乘以相应的强度调整系数。

9.2.2 验算木材的横纹承压强度时，应根据承压位置、承压面积等情况，采用不同的横纹承压强度值。

9.2.3 建筑平面布置宜规则、对称；宜选用风荷载作用效应较小的平面形状；楼面宜连续，不宜有较大凹入或开洞。多高层木结构建筑的结构平面不规则和竖向不规则划分应符合现行国家标准《建筑抗震设计规范》GB 50011 的规定。

9.2.4 结构分析模型应根据结构实际情况确定，采用的分析模型应准确反映结构构件的实际受力状态，连接的假定应符合结构实际采用的连接形式。对结构分析软件的计算结果应进行分析判断，确认其合理后方可作为工程设计依据。当无可靠的理论和依据时，宜采用试验分析方法确定结构分析模型。

9.2.5 抗震验算时，平面规则的木结构建筑，水平地震作用可采用底部剪力法计算，水平地震影响系数 α 可取水平地震影响系数最大值；平面不规则的木结构建筑，水平地震作用应采用振型分解反应谱法计算。在多遇地震验算时结构的阻尼比可取 0.03，在罕遇地震验算时结构的阻尼比可取 0.05；对于木混合结构，可按位能等效原则计算结构阻尼比。

9.2.6 对建筑高度大于 20m 的木结构建筑进行承载力极限状态设计时，基本风压值应乘以 1.1 倍的增大系数。木结构建筑在风荷载和多遇地震作用下的弹性层间位移角以及在罕遇地震作用下的弹塑性层间位移角，应符合表 9.2.6 的规定。

多高层木结构建筑层间位移角限值 **表 9.2.6**

结构体系		弹性层间位移角	弹塑性层间位移角
纯木结构	轻型木结构	≤1/250	≤1/50
	其他纯木结构	≤1/350	
上下混合木结构	上部纯木结构	按纯木结构采用	≤1/50
	下部混凝土框架	≤1/550	
	下部钢框架	≤1/350	
	下部混凝土框架剪力墙	≤1/800	≤1/100
混凝土核心筒木结构		≤1/800	≤1/100

9.2.7 木结构建筑抗侧力构件承受的剪力，可按面积分配法或刚度分配法进行分配。对于柔性楼盖、屋盖，抗侧力构件承受的剪力宜按面积分配法进行分配；对于刚性楼盖、屋盖，抗侧力构件承受的剪力宜按抗侧力构件等效刚度的比例进行分配。

9.2.8 木结构建筑进行构件抗震验算时，应符合下列规定：

1. 对于支承上部楼层不连续竖向构件的梁、柱或楼盖，其地震组合作用效应应乘以不小于 1.15 的增大系数。

2. 对于具有薄弱层的木结构，薄弱层剪力应乘以不小于 1.15 的增大系数。

9.2.9 木结构构件与砌体结构、钢筋混凝土结构或钢结构等结构构件连接时，应将连接点的水平力和上拔力乘以 1.2 的放大系数。

【条文说明】木材与其他材料构件连接时，连接处是薄弱部位，应保证连接的可靠性。例如梁、柱、剪力墙、屋盖等木构件与砌体结构、钢筋混凝土结构或钢结构等结构连接时，应将连接点的力适当放大。

9.2.10 梁、柱构件设计应符合下列规定：

1. 方木原木结构、胶合木结构的梁两端由墙或梁支撑时，应按两端简支受弯构件计算；柱应根据端部连接方式确定其支承状况，通常可按铰接构件计算。

2. 轻型木结构的主梁、搁栅、椽条、檩条、过梁应按两端简支受弯构件计算。

3. 墙骨柱和间柱应根据端部连接方式确定其支承状况；当墙骨柱和间柱采用钉连接时，按两端铰接的受压构件计算。

4. 组合柱采用钉连接或其他可能产生转动的连接方式时，则应按铰接计算；当组合柱采用的连接方式不可能转动时，则可按固定端计算。

【条文说明】轻型木结构中墙骨柱或木框架剪力墙结构中间柱是指木结构的墙体中按一定间隔布置的竖向承重骨架构件。

9.2.11 墙体设计应符合下列规定：

1. 轻型木结构的剪力墙设计应包括墙面板受剪承载力验算、剪力墙两端边界杆件抗倾覆验算、剪力墙与楼盖、屋盖或基础的连接设计。

2. 对于楼盖表面未设置连续的混凝土面层，或有厚度不大于 35mm 的混凝土面层的轻型木结构建筑，楼层水平作用应按抗侧力构件从属面积重力代表值的比例分配，此时水平剪力的分配可不考虑扭转影响。对较长的墙体，分配后的水平作用宜乘以 1.05～1.10 的放大系数。

9.2.12 楼盖、屋盖设计应按现行国家标准《木结构设计标准》GB 50005 的规定验算下列承载力：

1. 与荷载垂直的边界杆件的受弯承载力。

2. 与荷载平行的边界杆件的受剪承载力。

3. 与剪力墙的连接的承载力。

9.2.13 轻型木结构可按工程设计法或构造设计法进行设计，并应符合下列规定：

1. 当采用工程设计法时，应按计算确定结构构件的尺寸、布置以及构件之间的连接设计强度。

2. 当采用构造设计法时，应符合现行国家标准《木结构设计标准》GB 50005 的相关规定。

【条文说明】构造设计法是基于经验的一种设计方法，适用于设计使用年限 50 年，安全等级为二、三级的轻型木结构、木框架剪力墙结构和上下组合的木结构组合建筑的抗侧力设计。对于满足上述条件的房屋，可以不做抗侧力分析，只需进行部分结构构件的竖向承载力分析验算，根据构造要求即可施工，即按《木结构设计标准》GB 50005—2017 第 9 章的相关要求进行设计。

9.2.14 轻型木结构建筑中主梁、搁栅、椽条、檩条、过梁等受弯或复合受弯构件以及墙骨柱和组合柱等受压或复合受压构件可采用规格材。当结构承受较大的荷载或跨度较大时，宜采用结构复合材和工字形木搁栅。

9.2.15 轻型木结构建筑中主梁、桁架、搁栅、椽条、檩条、过梁设计，应符合下列规定：

1. 当单根规格材不能达到设计要求时，可采用工程木材或由多根规格材通过有效连接形成的组合构件。

2. 当相同的轻型木桁架数量不小于 3 榀、桁架之间的间距不大于 610mm，且所有桁架均与楼面板或屋面板有可靠连接时，桁架弦杆的抗弯强度设计值 f_{m} 可乘以 1.15 的共同作用系数。

9.2.16 轻型木结构建筑中墙骨柱和组合柱设计，应符合下列规定：

1. 墙骨柱应按受压构件或压弯构件进行计算，低烈度区的内墙墙骨柱宜按受压构件设计，外墙墙骨柱可按压弯构件设计。

2. 当内墙墙骨柱按偏心受压构件设计时，初始偏心距可取 $0.05h$，其中 h 为墙骨柱截面的高度。

3. 组合柱应由 2 根或 2 根以上的规格材组成，可采用钉连接或螺栓连接。组合柱的计算方法与单根墙骨柱的计算方法相同。

4. 组合柱的抗压强度设计值应按下列规定取值：

1）当组合柱采用钉连接时，抗压强度设计值应取相同截面面积的方木柱的抗压强度设计值的 60%；

2）当组合柱采用直径≥6.5mm 的螺栓连接时，抗压强度设计值应取相同截面面积的方木柱的抗压强度设计值的 75%。

【条文说明】对于轻型木结构建筑中的墙骨柱，考虑到可能出现的安装误差和材料自身的缺陷产生的偏心，为保证结构安全，在设计时应考虑 $0.05h$ 的初始偏心距，并按偏心受压构件进行设计。

9.2.17 木框架剪力墙结构中剪力墙设计，应符合现行国家标准《木结构设计标准》GB 50005 的相关规定。

9.2.18 原木构件沿长度方向的直径变化率，按每米 9mm 或当地经验数值采用。挠度和稳定验算时，可取构件的中间截面；强度验算时，可取弯矩最大处截面。

9.2.19 弧形胶合木构件应考虑由层板弯曲而引起的抗弯强度、顺纹抗拉强度及顺纹抗压强度的降低。

9.2.20 当正交胶合木构件采用指接进行构件的接长时，指接节点处的强度应按下列规定确定：

1. 当按国家相关试验标准进行构件指接节点处的强度验证试验时，节点的抗弯强度标准值不应低于设计要求的指接构件抗弯强度标准值。

2. 当不进行构件指接节点处的强度验证试验时，构件指接节点处的抗弯强度和抗拉强度设计值可按无指接构件的 67%取值，抗压强度设计值与无指接构件相同。

9.2.21 设计大跨度或大平面的木结构时，可不考虑温度作用的影响。当不能有效控制木结构使用环境的湿度时，应考虑木材因含水率变化引起的收缩或膨胀对结构的不利影响，并应采取保证木结构安全可靠的构造措施。

9.3 连接

9.3.1 木结构连接设计除应符合现行国家标准《木结构设计标准》GB 50005 规定外，尚应符合下列规定：

1. 连接节点的构造应使结构受力简单、传力明确，且便于制作和安装；

2. 在同一连接计算中，不应同时采用直接传力或间接传力两种传力方式，不应计入两种及以上不同方法连接的共同作用；

3. 木构件的节点应具有可靠性，不应在被连接的木构件破坏之前失效或破坏；

4. 节点连接处的木构件不应出现横纹受拉破坏；

5. 同一连接节点中不宜采用不同种类的紧固件；

6. 木结构构件和连接件的排列宜设计成对称连接，连接件的设计和制造均应保证能承担按比例分配的应力；

7. 当木构件在连接处需采用外包钢板连接件时，应在钢板上适当位置留孔以利于木材的防潮防腐；

8. 装配式木结构的连接应满足结构设计和结构整体性要求，连接节点应便于标准化制作。

9.3.2 销轴类紧固件连接的受剪承载力可按下列步骤进行验算：

1. 按不同破坏模式计算每个剪面的受剪承载力参考设计值，取其中最小值作为连接的受剪承载力参考值；

2. 根据销轴类紧固件的排列方式确定组合作用系数、含水率调整系数、温度调整系数，计算每个剪面的受剪承载力设计值；

3. 根据构件连接方式验算连接的承载力。

9.3.3 对于剪面个数大于等于 4 的多剪面销轴类连接（图 9.3.3），其受剪承载力可按下列步骤确定：

1. 按单剪连接的计算方法，依次确定每个剪面的承载力，取承载力最小的剪面作为单个剪面的承载力参考值；

2. 将单个剪面承载力参考值乘以剪面总个数，得到多剪面销连接承载力参考值；

3. 当连接节点同时采用多个销轴类紧固件时，应根据固件的排列方式确定组合作用系数、含水率调整系数和温度调整系数，确定多剪面销轴类连接的受剪承载力设计值。

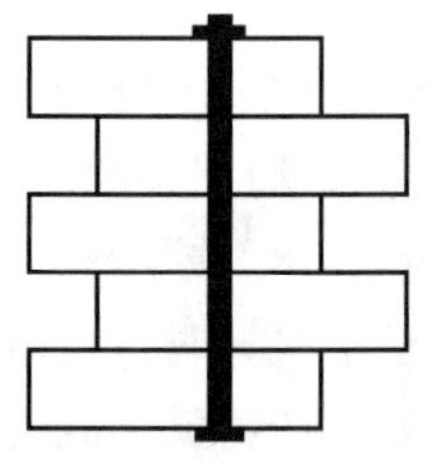

图 9.3.3 多剪面销轴类连接

9.3.4 非对称双剪销轴类连接承载力应以销槽承压长度较小侧的构件按对称双剪连接计算。

9.3.5 销轴类紧固件的直径 d 不宜大于 25mm。除钉连接以外，销轴类紧固件的直径 d 不应小于 6mm。销轴类紧固件布置时的端距、边距、间距和行距的最小尺寸应符合现行国家标准《木结构设计标准》GB 50005 的相关规定。

【条文说明】国外对于销轴类连接的研究结果及长期的实践经验表明，为了防止螺栓直径过大造成木材劈裂，应限制销轴类紧固件的最大直径。

9.3.6 连接设计时应选择合适的计算模型。当无法确定计算模型时，应提供试验验证或工程验证的技术文件。

9.3.7 木构件与混凝土结构的连接锚栓和轻型木结构地梁板与基础的连接锚栓应进行防腐处理或采用不锈钢。连接锚栓应能承担由侧向力产生的全部剪力。

9.4 构造要求

9.4.1 方木原木结构应符合以下构造规定：

1. 受弯构件的受拉侧不应打孔或开设缺口。

2. 对于在干燥过程中容易翘裂的树种木材，用于制作桁架时，宜采用钢下弦；当采用木下弦时，对于原木其跨度不宜大于 15m，对于方木其跨度不应大于 12m，且应采取防止开裂的有效措施。

3. 木屋盖宜采用外排水，若确需采用内排水时，不应采用木质天沟。

4. 应合理地减少构件截面的规格，以符合工业化生产要求。

5. 应保证木构件，特别是钢木桁架在运输和安装过程中的强度、稳定性，并应在施工图中提出注意事项。

9.4.2 井干式木结构应符合以下构造规定：

1. 应采取有效的措施减小木材收缩导致墙体沉降对结构的影响。

2. 应在墙体长度方向上设置通高的并可调节松紧的拉结螺栓，拉结螺栓与墙体转角的距离不应大于 800mm，拉结螺栓之间的间距不应大于 2.0m，直径不应小于 12mm。

3. 山墙或长度大于 6m 的墙宜在中间位置设置方木加强件进行加强。

4. 除山墙外，墙体高度不宜大于 3.6m，墙体水平构件上下之间应采用木楔或其他连接方式连接，连接的间距不应大于 1.2m。

5. 在墙体转角和交叉处，相交的水平构件应采用凹凸榫相互搭接，搭接位置距构件端部的尺寸应不小于木墙体的厚度。在搭接节点端部应采用墙体通高的加固螺栓加固，加固螺栓直径不应小于 14mm。

6. 承重的立柱应设置能调节高度的措施。屋顶构件与墙体结构之间应有可靠的连接，且连接应具有调节滑动的功能。

9.4.3 胶合木结构应符合以下构造规定：

1. 构件连接应避免出现横纹受拉现象，多个紧固件宜梅花形布置，不宜沿顺纹方向单排布置。

2. 当胶合木梁上有悬挂荷载时，荷载作用点的位置应在梁顶或在梁中和轴以上。

3. 胶合木矩形、工字形截面构件作为梁时，截面的高宽比不宜大于 6；作为直线形受压或压弯构件时，高宽比不宜大于 5；当为弧形构件时，高宽比不宜大于 4。超过上述规定时，应设置侧向支撑满足侧向稳定要求。

4. 胶合木桁架在制作时应按其跨度的 1/200 起拱。对于较大跨度的胶合木屋面梁，起拱高度应为恒载作用下计算挠度的 1.5 倍。

5. 胶合木梁与砌体或混凝土结构连接时，应避免采用切口连接。

6. 当胶合木梁端支座处采用角钢作为侧向支撑时，角钢不应与胶合木梁连接。

9.4.4 轻型木结构应符合以下构造规定：

1. 墙骨柱间距不应大于600mm。

2. 墙骨柱在墙体转角和交接处应加强，转角处的墙骨柱面积应大于墙转角面积，且数量不得少于3根。

3. 开洞宽度大于墙骨柱间距的墙体，洞口两侧的墙骨柱应采用双柱；洞口位于墙骨柱之间且宽度小于或等于墙骨柱间净距的墙体，洞口两侧可用单根墙骨柱。

4. 当组合梁由4根以上规格材组成时，不应采用钉连接。

5. 过梁的厚度应与墙骨柱的厚度相同，以保证墙面板与墙体骨架有效连接。

6. 墙面板采用木基结构板材作面板，当最大墙骨柱间距为400mm时，板材的最小厚度不应小于9mm；当最大墙骨柱间距为600mm时，板材的最小厚度不应小于11mm。墙面板采用石膏板作面板，当最大墙骨柱间距为400mm时，板材的最小厚度不应小于9mm；当最大墙骨柱间距为600mm时，板材的最小厚度不应小于12mm。

9.4.5 木结构建筑节点构造应考虑木材干缩湿胀的特性，采取避免木构件受潮的防潮隔离措施。节点处应避免产生横纹拉应力及可能导致节点失效的应力集中。

9.4.6 木结构建筑主梁与次梁的连接应符合下列规定：

1. 当胶合木主梁仅单侧与次梁连接时，宜采用侧固式连接件连接（图9.4.6-1）。

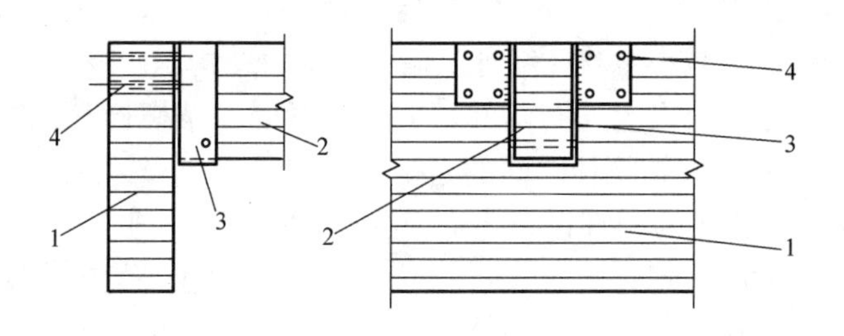

图9.4.6-1 次梁与主梁采用侧固定式连接示意图

1—主梁；2—次梁；3—金属侧固定式连接件；4—螺栓

2. 当胶合木主梁两侧均与次梁连接时，应符合下列规定：

1）安装次梁梁托时不应在主梁梁顶开槽口。

2）当采用外露连接件时［图9.4.6-2（*a*）］，梁托附加扁钢上的紧固件应安装在预留椭圆形槽孔内。也可采用在梁顶部附加通长扁钢代替梁托两侧带槽孔的扁钢。

3）当采用半隐藏式连接件时［图9.4.6-2（*b*）］，应在次梁截面中间开槽安装梁托加劲肋，加劲肋应采用螺栓或六角头木螺钉与次梁连接。当荷载不大时，梁托底部可嵌入次梁内与次梁底面齐平。

4）当次梁承受的荷载较小或次梁截面尺寸较小时，主梁与次梁之间可采用角钢连接件连接［图9.4.6-2（*c*）］，次梁应按高度为h_e的切口梁计算。角钢连接件上的螺栓间距不应小于$5d$，d为螺栓直径。

9.4.7 木结构的墙体应支承在混凝土基础或砌体基础顶面的混凝土圈梁上，混凝土基础或圈梁顶面砂浆应平整，倾斜度不应大于2‰。底梁板的底标高应高于室内外地坪。

9.4.8 双坡屋面的椽条在屋脊处应相互连接牢固。

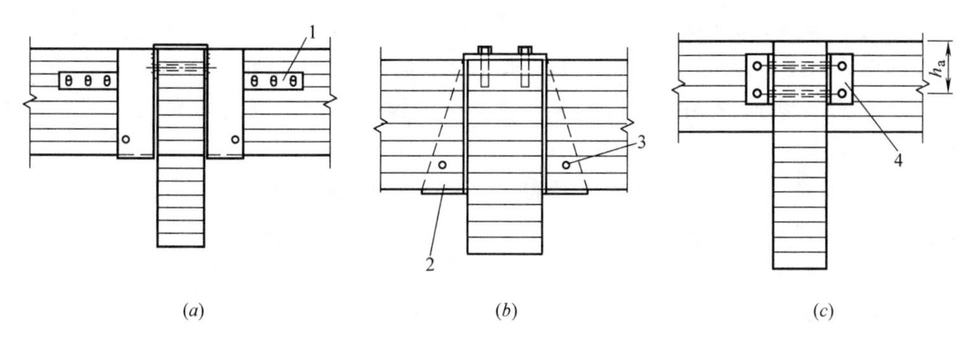

图 9.4.6-2　次梁与主梁的连接示意图

（a）外露连接件；（b）半隐藏连接件；（c）角钢连接件

1—附加扁钢；2—梁托加劲肋；3—螺栓或螺钉；4—角钢连接件

9.4.9　当木桁架采用木檩条时，桁架间距不宜大于 4m。

9.4.10　檩条的锚固可根据房屋跨度、支撑方式及使用条件，选用螺栓、卡板、暗销或其他可靠方法（图 9.4.10）。上弦横向支撑的斜杆应采用螺栓与桁架上弦锚固。

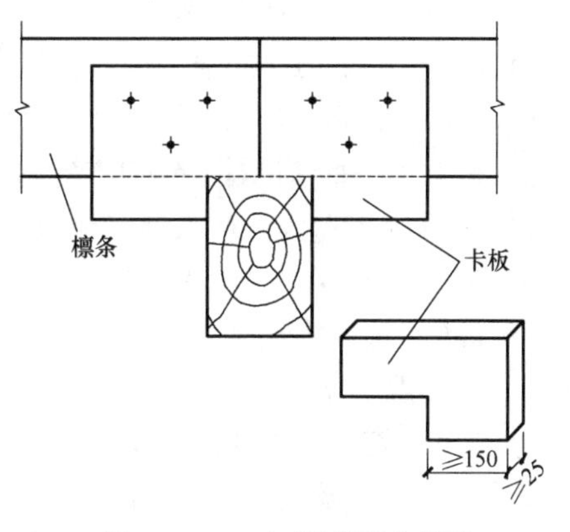

图 9.4.10　卡板锚固示意图

9.4.11　当梁柱的截面宽度不同时，梁柱连接处可采用 U 形连接件和附加木垫块的连接构造。

9.4.12　木柱与混凝土基础连接时，应设置金属底座，木柱底应至少高于室外地面 300mm。对于木柱易受撞击破坏的部位，应采取防护措施。

9.4.13　大跨度胶合木结构中的构件尺寸应满足运输安装的要求。

9.5　防火

9.5.1　木结构的防火设计可采用防火计算法或构造措施设计法，设计时应根据其结构形式，选用符合防火性能要求的防火设计方法。

【条文说明】防火计算法是根据构件耐火极限的要求，并考虑碳化层的影响，计算确定构件在规定的耐火时限内能够保证结构安全的最小耐火截面尺寸。构造措施设计法是利用防火材料（石膏板，防火漆等）和防火构造设计，对木构件采用防火技术措施进行防火保护。

9.5.2　木结构建筑构件防火设计和验算时，荷载组合采用标准组合，材料强度值应采用强度标准值并乘以相关规范规定的强度调整系数。

【条文说明】木构件按防火计算法进行防火验算时，首先应验算木构件是否满足耐火极限的要求，其次应考虑木构件的燃烧性能。采用木质材料制作的木构件其燃烧性能是可燃性，当规范标准要求木构件燃烧性能为难燃性时，通常可采用下列方法使木构件到达难燃性要求：1）采用符合防火要求的防火涂料对木构件表面进行处理；2）采用难燃材料将木构件表面完全覆盖；3）在木构件防火验算满足耐火极限要求的前提下，增加木构件每个曝火面的截面尺寸。例如，满足耐火极限1h、燃烧性能为可燃性的木构件，当截面尺寸在每个曝火面各增加36mm的木材厚度时，该木构件就到达满足耐火极限1h、燃烧性能为难燃性。

9.5.3 木结构连接的耐火极限不应低于所连接构件的耐火极限。

9.5.4 当木结构构件连接处直接外露的金属连接件不能满足防火要求时，可采用外包石膏板或防火涂料覆盖的方法保护，或将金属连接件嵌入木构件内。当采用销钉连接时，销钉孔宜采用木塞封堵，构件连接处的缝隙宜填充防火膨胀条。

9.6 防护

9.6.1 木结构建筑应根据当地气候条件、白蚁危害程度及建筑物特征采取有效的防水、防潮和防白蚁措施，保证结构和构件在设计使用年限内正常使用。

9.6.2 木结构应加强屋面、楼地面、外墙和特殊部位的防水设计。

9.6.3 木结构建筑应从构造上采取通风防潮措施，不应将木构件密封于潮湿环境中。

9.6.4 直接与混凝土或砌体结构接触的木构件应进行防腐处理，并应在接触面设置防潮层。不应将木构件埋入混凝土或砌体中，当木构件被封闭在混凝土或砌体中时，木构件四周应设置宽度不小于10mm的通风间隙。

9.6.5 对于特殊建筑物，当通过设计或构造措施不能满足木构件耐久性要求时，应采用天然耐腐或防腐剂处理的木材。

9.6.6 胶合木构件的防腐处理方法可根据使用树种、采用药剂的不同，分为先胶合层板后处理构件或先处理层板后胶合构件两种方法。当使用水溶性防腐剂时，不应采用先胶合后处理的方式。

9.6.7 木构件应在防腐防虫药剂处理前进行机械加工。木构件经防腐防虫处理后，应避免重新切割或钻孔。由于技术上的原因，确需作局部修整时，应对木材暴露的表面涂刷足够的同品牌、同品种药剂。

9.6.8 当金属连接件、齿板及螺钉应采用热浸镀锌或不锈钢产品，当金属连接件、齿板及螺钉与含铜防腐剂处理的木材接触时，应采取措施避免防腐剂引起的腐蚀。

9.6.9 木结构的防腐、防虫采用药剂加压处理时，该药剂在木材中的保持量和透入度应达到设计文件规定的要求。设计未作规定时，则应符合现行国家标准《木结构工程施工质量验收规范》GB 50206的相关规定。

9.6.10 木结构建筑受生物危害区域根据白蚁和腐朽的危害程度划分为四个区域等级，各区域等级包括的地区应按现行国家标准《木结构设计标准》GB 50005的规定确定。

9.6.11 当木结构建筑施工现场位于白蚁危害区域时，木结构建筑的施工应符合下列规定：

1. 施工前应对场地周围的树木和土壤进行白蚁检查和灭蚁工作；
2. 应清除地基土中已有的白蚁巢穴和潜在的白蚁栖息地；
3. 地基开挖时应彻底清除树桩、树根和其他埋在土壤中的木材；
4. 所有施工时产生的木模板、废木材、纸质品及其他有机垃圾，应在建造过程中或完工后及时清理干净；

5. 所有进入现场的木材、其他林产品、土壤和绿化用树木，均应进行白蚁检疫，施工时不应采用任何受白蚁感染的材料；

6. 应按设计要求做好防治白蚁的其他各项措施。

9.6.12 木结构建筑与室外连接的设备管道穿孔处应使用防虫网、树脂或符合设计要求的其他封堵材料进行封闭。基础或底层建筑围护结构上的孔、洞、透气装置应采取防虫措施。

9.6.13 在白蚁危害地区，应对新建、改建、扩建、装饰装修等房屋的白蚁预防和对原有房屋的白蚁检查与灭治进行防治管理，并建立与建筑设计相关的整体白蚁管理控制系统。

10 超长混凝土框架结构

10.1 一般规定

10.1.1 对于结构单元长度超过规范限值较多，且受房屋使用功能限制无法设置结构伸缩缝的混凝土框架结构，宜按本章要求进行结构设计。

【条文说明】超长混凝土结构是指长度超过现行国家标准《混凝土结构设计规范》GB 50010所规定的钢筋混凝土结构伸缩缝最大间距而未设置永久变形缝的结构。本章主要适用于大（中）型机场候机楼（厅）、大（中）型体育场（馆）、大型商场等地上未设置伸缩缝的超长混凝土框架结构。对于变形受到的约束较强（如设置有剪力墙、支撑等），导致在荷载和混凝土收缩、徐变、温差等作用下构件受力超过限值的结构，也可参照本章设计。对于地面有多座塔楼的超长地下室，塔楼对其的约束作用复杂，宜根据工程特点和重要性，参照本章内容采取有效的措施。

混凝土结构设置伸缩缝，是减小结构收缩温度应力、控制工程造价的有效方法，条件许可时宜按有关规范要求设置结构伸缩缝。

10.1.2 超长混凝土框架结构（本章中以下简称“超长结构”）应考虑混凝土收缩和温度应力对结构的不利影响，根据超长程度、建筑体形、外部约束、工程所在地的环境温差、干湿度等具体情况结合工程经验采取有效的措施。

【条文说明】混凝土具有热胀冷缩和湿胀干缩的变形特征。超长结构收缩裂缝主要是指温度冷缩和混凝土干缩产生的裂缝。超长结构收缩造成其结构中部梁板拉力和端部梁柱弯矩剪力较大。当混凝土热胀和湿胀作用显著时宜考虑其影响。

10.1.3 当房屋平面尺寸大于300m时，宜进行多点多维时程分析，考察地震作用行波效应对超长结构的影响。

10.1.4 在设计文件中，应注明各类材料的质量要求、混凝土总收缩应变限值、后浇带浇筑后剩余收缩应变限值、混凝土弹性模量限值、补偿收缩混凝土的限制膨胀率和限制干缩率、混凝土入模温度、后浇带浇筑时间等要求。对超长结构的浇筑、养护施工也应提出专门要求。

10.1.5 裂缝控制应考虑以下因素的影响：

1. 环境湿度、温差；
2. 外部约束条件；
3. 建筑体形和结构布置；
4. 结构承受的外荷载、构件的内力裂缝及其控制标准；
5. 结构长度；
6. 混凝土干缩性能、徐变特性、弹性模量、线膨胀系数、极限抗拉强度（或混凝土极限拉应变）等；

7. 施工因素：配合比、一次浇筑长度、入模温度、混凝土内外温差、养护条件等。

【条文说明】建筑物的长度不是裂缝控制的唯一影响因素，在长度影响因素不利的情况下，从材料、设计和施工等方面共同采取措施，控制和改善其他影响因素，是超长结构裂缝控制的主要手段。例如，对施工或使用中对外露部分加强保温措施，可防止，改善或一定程度上控制超长结构的裂缝开展。

10.1.6 计算温度作用时，应考虑早期水化热与外部环境温差、季节温差的影响。当后浇带能有效释放早期水化热与外部环境温差产生的应力时，可仅考虑季节温差的影响。

【条文说明】钢筋混凝土结构温度作用可分为：早期水化热与外部环境温差、骤降温差、日照温差、使用冷热源温差和季节温差五种类型。骤降温差、日照温差、使用冷热源温差一般可通过加强保温或隔热措施解决，当措施不力时应考虑其对结构的影响。

10.1.7 温度作用的季节温差，应根据结构合拢或形成约束时的结构环境月平均温度 $T_{0,max}$ 与最冷月平均温度 $T_{s,min}$ 之差确定。即：降温 $\Delta T_k = T_{s,min} - T_{0,max}$。

地下室顶板的室内部分和有覆土的室外部分的计算温度可适当折减（成都地区折减系数可取 0.5）。

10.1.8 地基基础选型和布置宜符合下列要求：

1. 宜选择黏土或砂土作为基础持力层。当为岩石地基时，宜设置砂垫层和砖侧模减小地基对基础或底板的约束。

2. 宜选用抗转动刚度相对较小的基础类型，以利于释放上部结构收缩应力和温度效应。

3. 应根据上部结构的超长情况，采取合适的基础布置及基础平面形状。当上部结构在一个方向超长时，宜沿短向布置梁筏，沿长向仅设基础系梁；桩基宜采用一柱一桩，多桩基础布置应适当减小沿结构长向的约束刚度，且宜采用长矩形承台。

4. 为减小温度应力，宜将基础平面划分为若干单元，在对应上部结构设置后浇带的跨内不宜设基础梁。在满足受力要求前提下，应尽量减小基础梁的截面面积。

【条文说明】超长结构的收缩应力与结构或构件所受到的外部约束力大小密切相关，减小外部约束力是减小结构伸缩应力的重要措施之一。基础梁的设置将显著提高独基和桩基的侧向刚度和抗转动刚度，增大上部结构的收缩应力。

10.1.9 结构平面布置宜符合下列要求：

1. 结构平面宜简单规则，避免在中部开洞或凹陷，当无法避免时应采取有效措施。结构布置宜将侧向刚度大的竖向构件尽量布置在中部，减小对梁板构件的约束。

2. 当结构平面接近方形时，框架结构宜采用方形柱网，次梁宜采用十字或井字双向梁布置。框架梁在满足受力的前提下宜尽量减小梁截面面积，不宜采用宽扁梁；柱截面宜为方形或圆形，使两个方向的侧向刚度均接近较小值。

3. 当结构平面为单向超长时，框架结构宜采用方形或矩形柱网。柱截面宜为长方形，其短边沿长方向布置，以减小长方向的侧向刚度。

4. 柱截面由轴压比控制时，宜采用提高柱混凝土强度等级的方式满足轴压比要求，以减小柱约束刚度。

5. 柱截面面积相同时，宜采用圆形截面。仅单向超长需释放伸缩应力时，宜采用矩形截面。

【条文说明】柱网、梁、柱截面形式和大小对超长结构收缩、温度应力影响较大。结构平面宜平缓，避免在中部急剧凹陷或开洞；超长结构收缩、温度应力是由于梁板的收缩和温度变形在竖向构件的侧向刚度约束下不能自由释放而产生的，竖向构件对梁伸缩的约束刚度与竖向构件长细比（即层高/截面高度）的三次方成反比，层高对侧向刚度和伸缩应力的影响很大。结构设计时应综合分析多种因素的影响，采用合适的结构布置和构件尺寸，尽量减小结构侧向刚度，以降低伸缩应力。

10.2 材料

10.2.1 普通梁板的混凝土强度等级不宜大于C30，预应力梁板的混凝土强度等级不宜大于C40。宜优先选择水化热低的水泥，不宜采用早强水泥。混凝土各外加剂的采用应有利于提高混凝土的抗裂性能。

【条文说明】超长结构中，采用的材料质量和混凝土性能对伸缩应力影响较大，设计者应提出兴利避害的质量性能要求。

10.2.2 为控制混凝土收缩应力，材料应符合下列要求：

1. 梁板用混凝土应严格控制拌合用水量和水泥用量，单方用水量不宜大于155kg，不应大于160kg；水胶比不宜大于0.45，不应大于0.5；单方水泥用量不宜大于280kg，不应大于300kg。

2. 混凝土骨料应采用碎石，不应采用卵石。粗骨料宜采用机制石灰岩碎石，不宜采用机制砂岩碎石。骨料应采用连续级配，其粒径不宜大于31.5mm，其抗压强度不应小于70MPa，针片状颗粒含量不应大于5%，且不应混入风化颗粒，含泥量不应大于1%，泥块含量不应大于0.5%。碎石质量尚应符合现行国家标准《普通混凝土用砂、石质量及检验方法标准》JGJ 52的规定。

3. 砂的细度模数不应小于2.6，含泥量不应大于3%，泥块含量不应大于1%。砂的质量尚应符合现行国家标准《普通混凝土用砂、石质量及检验方法标准》JGJ 52的规定。

4. 混凝土坍落度不宜过大。

5. 在保证混凝土强度和耐久性要求的前提下，应尽量提高掺合料及骨料含量，降低水泥用量。粉煤灰、硅粉或磨细矿渣粉等掺合料性能应符合现行有关标准的规定，其掺量应通过试验确定。

6. 混凝土总收缩率宜控制在0.0004以下。

7. 按现行国家标准《混凝土力学性能试验方法标准》GB/T 50081测量的混凝土弹性模量实测值与规范标准值的比值宜在0.95～1.10之间。

8. 应根据结构所需强度等级、原材料性能和设计要求，进行配合比设计和系统配合比试验。配合比设计和试验除应满足强度要求外，尚应符合混凝土总收缩应变限值、后浇带浇筑后剩余收缩应变限值、混凝土弹性模量限值、补偿收缩混凝土的限制膨胀率和限制干缩率要求。

【条文说明】混凝土收缩主要包括自生收缩、塑性收缩和干燥收缩。自生收缩和塑性收缩主要发生在混凝土施工阶段，混凝土硬化后的收缩主要是干燥收缩。自生收缩、塑性收缩可通过优选材料、优化混凝土配合比和改善施工工艺流程等措施进行控制。应力裂缝控制应考虑干燥收缩影响。骨料为碎石的混凝土极限拉伸应变高；碎石机制石灰岩碎石吸水率低、热胀系数低、重度高宜优先选用；机制砂岩碎石吸水率高、热胀系数高、重度低不宜采用。混凝土泵送剂、减水剂等外加剂的使用应有利于混凝土的膨胀，但应经试验验证后方可采用。混凝土坍落度满足泵送要求即可，不宜过大。混凝土收缩是随时间逐渐变化的，早期收缩大，后期收缩增长缓慢（10～20 年），通常 15 天可完成约 15%～30%，90 天可完成约 30%～70%，365 天可完成约 60%～80%。

10.3 计算要点

10.3.1 超长结构温度伸缩和混凝土干缩产生的应力，可采用现有的结构软件（如 PMSAP、SAP、ANSYS 等）由折算当量温度作用按应变等效节点力法进行温度应力的简化内力分析。

10.3.2 温度及混凝土收缩工况可仅与永久荷载、可变荷载和风荷载组合，而不与偶然荷载和地震作用组合。等效温度作用的组合值系数、频遇值系数和准永久值系数可分别取 0.6、0.5、0.4。

10.3.3 结构计算模型应能如实反映结构实际刚度和约束状态，宜包括地下室的梁、板、墙、柱及地基梁等。

10.3.4 收缩应力计算时，对于负一层以下结构，可不考虑大气温度变化的影响，但需考虑混凝土干缩的影响；由于混凝土向侧向刚度中心收缩，可不考虑周围岩石或土体对地下室外墙的约束。

10.3.5 普通骨料混凝土在温度升降时热胀冷缩线膨胀系数 α_c 通常取为 10×10^{-6}/℃。当粗骨料为石灰岩时，混凝土线膨胀系数可取 9.0×10^{-6}/℃；当粗骨料为石英岩和硅质岩时，混凝土线膨胀系数可取 10.8×10^{-6}/℃。

10.3.6 若考虑柱在梁伸缩时开裂，刚度 EI 可用偏心受压构件的短期开裂刚度 $B_s=0.85EI/[\omega+(1-\omega)\kappa_{cr}]$ 代替。相关计算和参数详见《混凝土结构设计规范》GB 50010—2010 第 7.2.3 条。

10.3.7 考虑混凝土开裂、徐变影响，混凝土收缩可按公式（10.3.7）折算成当量温度 T_{CS}。

$$T_{CS}=-0.7\psi(t_1,\infty)\times[1-\eta(t_1)]\times\varepsilon_{cs}(\infty)/\alpha_T \tag{10.3.7}$$

式中：T_{CS}——混凝土收缩折算成的当量温度，负数表示降温；

$\psi(t_1,\infty)$——由于徐变而引起的应力折减系数，$\psi(t_1,\infty)=1/[1+\varphi(t_1,\infty)]$；

$\varphi(t_1,\infty)$——后浇带在浇筑完成 t_1 天封闭往后若干年的徐变系数，可根据表 10.3.7-1 取值；

$\eta(t_1)$——后浇带在浇筑完成 t_1 天封闭时混凝土已完成的收缩应变占最终总收缩应变值的比例，可根据表 10.3.7-2 取值；

$\varepsilon_{cs}(\infty)$——混凝土的最终总收缩应变值，可根据表 10.3.7-2 取混凝土 10 年的总收缩应变值；

α_T——混凝土线膨胀系数。

后浇带不同封闭时间的混凝土徐变系数　　表 10.3.7-1

混凝土后浇带封闭时间 t_1(d)	理论厚度 $2A/u$	30	45	60	90
后浇带封闭半年后混凝土徐变系数 $\varphi(t_1,180)$	200	1.40	1.32	1.26	1.20
	300	1.27	1.19	1.15	1.09
	≥500	1.11	1.04	1.00	0.95
后浇带封闭十年后混凝土徐变系数 $\varphi(t_1,\infty)$	200	1.98	1.84	1.74	1.61
	300	1.88	1.74	1.65	1.52
	≥500	1.75	1.62	1.54	1.42

不同混凝土龄期下混凝土收缩应变及占总收缩的比例　　表 10.3.7-2

混凝土龄期(d)	理论厚度 $2A/u$	15	30	45	60	90	180	365	3650
混凝土收缩应变值(10^{-4})	200	0.55	0.91	1.20	1.42	1.77	2.37	2.87	3.54
占总收缩应变比例 $\eta(t_1)$		15%	26%	34%	40%	50%	67%	81%	100%
混凝土收缩应变值(10^{-4})	300	0.40	0.62	0.81	0.96	1.21	1.71	2.23	3.11
占总收缩应变比例 $\eta(t_1)$		13%	20%	26%	31%	39%	55%	72%	100%
混凝土收缩应变值(10^{-4})	≥500	0.31	0.45	0.56	0.65	0.81	1.16	1.62	2.79
占总收缩应变比例 $\eta(t_1)$		11%	16%	20%	23%	29%	42%	58%	100%

【条文说明】表中 A 为构件截面面积，u 为该截面与大气接触的周边长度；当构件为变截面时，A 和 u 均可取其平均值。表 10.3.7-1、表 10.3.7-2 系按照混凝土强度等级 C35，年平均相对湿度 70%编制，可适用于混凝土强度等级 C30～C40，年平均相对湿度 60%～80%的情况。要正确分析收缩徐变对混凝土结构的影响，选择合适的收缩徐变模型非常重要，本条仅列出一种收缩徐变模型。设计和分析时要根据实际情况合理选择收缩徐变模型，并宜通过收集同类混凝土的试验资料来进行修正，有条件时也可采用实测数据来进行修正。

10.3.8 考虑混凝土徐变造成的应力松弛后，结构降温温差 ΔT 降可按公式 (10.3.8) 折算成当量温度 T 降。

$$T_{降}=0.7\psi(t_1,180)\times\Delta T_{降} \tag{10.3.8}$$

式中：$\psi(t_1,180)$——由于徐变而引起的应力折减系数，$\psi(t_1,180)=1/[1+\varphi(t_1,180)]$；

$\varphi(t_1,180)$——后浇带在浇筑完成 t_1 天封闭往后半年的徐变系数，可根据表 10.3.7-1 取值；

$\Delta T_{降}$——结构降温温差，负数表示降温，按第 10.1.6、10.1.7 条确定温度作用取值。

10.3.9 综合考虑混凝土开裂、徐变的影响，超长结构收缩和降温温差的折算当量温度作用可按下式计算：

$$\Delta T=T_{CS}+T_{降}$$

【条文说明】上述折算当量温度作用已考虑混凝土开裂、徐变影响，在使用软件计算温度应力时，不宜再重复考虑软件中的折算系数。

10.3.10　超长结构应设置后浇带，以释放混凝土水化热和早期收缩产生的应力。在设置后浇带的结构中，实际伸缩应力是后浇带封闭前后的应力之和。若后浇带封闭前，结构能较好地释放伸缩应力，则可仅计算后浇带封闭后混凝土结构干缩和温度作用产生的应力。

10.3.11　后浇带宜每隔 20m～30m 设置一道，其中部间距宜取小值，两侧间距可取大值。后浇带划分出的结构单元宜为偶数跨。后浇带留置时间应根据释放较多早期应变原则，按混凝土浇筑季节不同，宜不少于 3 个月。计算时尚应考虑施工提前的可能性，采用 30d～90d 计算。混凝土浇筑季节和后浇带留置时间与混凝土胀缩的关系可参考图 10.3.11。

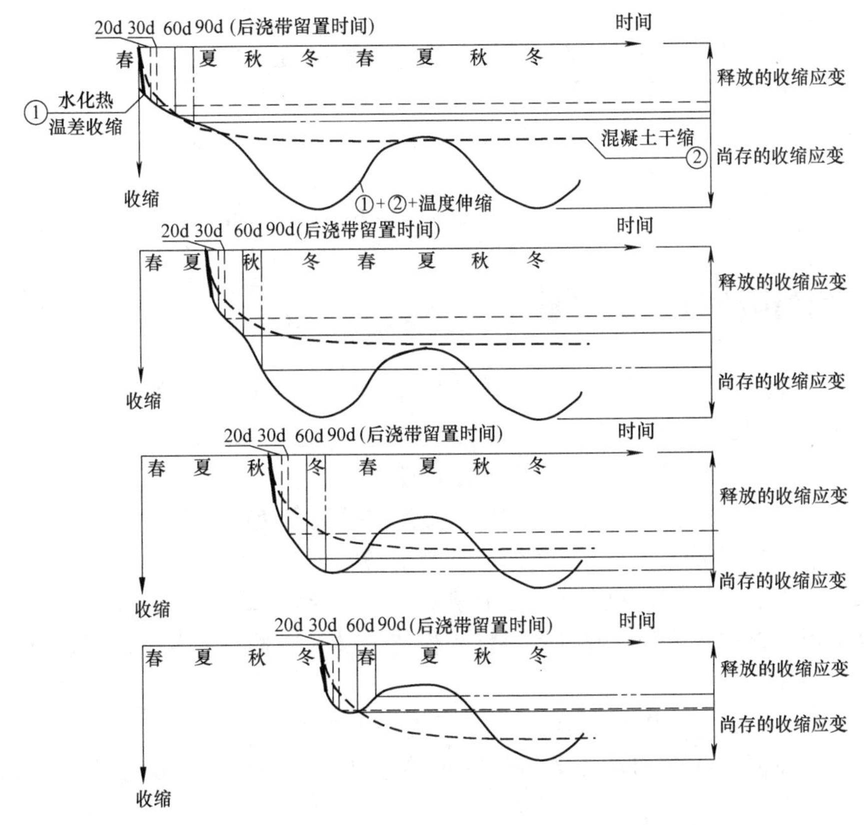

图 10.3.11　后浇带留置时间与混凝土胀缩的关系图

10.3.12　超长结构构件的裂缝控制等级和最大裂缝宽度限值可按表 10.3.12 采用。

结构构件的裂缝控制等级及最大裂缝宽度限值（mm）　　　**表 10.3.12**

<table>
<tr><th rowspan="2">环境类别</th><th colspan="3">钢筋混凝土结构</th><th colspan="3">有粘结部分预应力混凝土结构</th></tr>
<tr><th>裂缝控制等级</th><th>无温度组合 $w_{\lim}$</th><th>温度组合 $w_{\lim}$</th><th>裂缝控制等级</th><th>无温度组合 $w_{\lim}$</th><th>温度组合 $w_{\lim}$</th></tr>
<tr><td>一</td><td rowspan="4">三级</td><td>0.3(0.4)</td><td>0.4(0.5)</td><td rowspan="2">三级</td><td>0.2</td><td>0.3(0.4)</td></tr>
<tr><td>二 a</td><td rowspan="3">0.2</td><td rowspan="3">0.3</td><td>0.1</td><td>0.2</td></tr>
<tr><td>二 b</td><td>二级</td><td>—</td><td>—</td></tr>
<tr><td>三 a、三 b</td><td>一级</td><td>—</td><td>—</td></tr>
</table>

【条文说明】对处于年平均相对湿度小于60％地区一级环境下的受弯构件，其最大裂缝宽度限值可采用括号内的数值。

10.3.13 其他抗裂措施：

1. 应加大混凝土中掺合料的掺加量。粉煤灰、矿粉、硅粉等掺合料能有效降低混凝土早期水化热，减少拌合用水量，改善混凝土性能。大掺量矿物掺合料混凝土的性能、配合比设计、施工除满足设计要求外，尚应符合有关规范规定。

2. 宜在混凝土中掺加合成纤维提高混凝土的抗裂性能。纤维混凝土的性能、配合比设计、施工除满足设计要求外，尚应符合现行行业标准《纤维混凝土应用技术规程》JGJ/T 221的有关规定。

3. 可在混凝土中掺加膨胀剂。制备的补偿收缩混凝土限制膨胀率宜为0.025％～0.035％。补偿收缩混凝土的性能、配合比设计、施工验收除满足设计要求外，尚应符合现行行业标准《补偿收缩混凝土应用技术规程》JGJ/T 178的有关规定。

4. 当温度和混凝土收缩应力较高时，可采用施加预压应力的方法提高结构的抗裂性能。设计应根据需要和可能，对梁、板等施加有粘接或无粘接的预应力。

10.4 设计构造与施工要求

10.4.1 超长结构中宜配置抗裂钢筋以控制裂缝扩展、减小裂缝宽度。抗裂钢筋配置原则是直径细、间距密。板中钢筋直径宜为8mm～10mm，间距不宜大于150mm。

10.4.2 梁板钢筋的锚固和接头应符合下列要求：

1. 凡作为抵抗温度应力的钢筋，均应满足受拉搭接和受拉锚固的要求。

2. 梁腹板高度范围内每侧面纵向构造纵向钢筋配筋率均应大于0.20％，间距不宜大于150mm，且其在梁端部最小锚固长度宜满足受拉锚固要求。

3. 梁、板受力钢筋接头均应按受拉接头构造。梁的通长负筋及下部纵向钢筋应优先采用定尺加工钢筋。

10.4.3 后浇带、膨胀加强带的构造应符合下列要求：

1. 地下室底板、外墙和楼板的后浇带钢筋宜断开，采取分二次接头的方式搭接或焊接。

2. 梁后浇带处的中、上部钢筋宜断开，下部钢筋不应断开。断开钢筋可采取分二次接头的方式搭接。

3. 后浇带的宽度宜满足断开钢筋分二次搭接或焊接接头的间距要求。

4. 宜选择气温相对较低时封闭后浇带，并采取措施降低梁、板的混凝土温度。

5. 后浇带混凝土宜采用比原混凝土强度等级提高5MPa、水中养护14d的限制膨胀率提高0.005％、水中养护14d后空气中28d的限制干缩率减少0.005％的补偿收缩混凝土。

6. 当后浇带划分的结构单元长度大于30m时，宜在结构单元中部设置膨胀加强带。膨胀加强带宽度宜不小于3m。膨胀加强带混凝土宜采用比设计强度等级提高5MPa、水中养护14d的限制膨胀率提高0.005％、水中养护14d后空气中28d的限制干缩率减少0.005％的微膨胀混凝土。

10.4.4 设计说明中应对施工提出要求：

1. 施工现场质量管理应有专门的施工技术标准、健全的质量管理体系、施工质量控制和质量检验制度。

2. 施工单位组织制定的施工技术方案中，混凝土配合比应满足设计要求并应经业主、监理、设计同意后，方可实施。

10.4.5 混凝土的拌送应符合下列要求：

1. 制备混凝土时应采取冷水掺冰屑拌合、预冷混凝土骨料等措施，控制混凝土的浇筑入模温度不大于20℃。

2. 膨胀剂和合成纤维应与混凝土其他原材料一起投入搅拌机，拌合时间应延长60s。

3. 搅拌完毕的混凝土应及时运到浇筑地点，运输过程中严禁向混凝土中加水。可掺加高效减水剂、泵送剂以满足泵送施工要求。

10.4.6 混凝土的浇筑应符合下列要求：

1. 同层的柱、梁、板混凝土应同时浇筑，施工缝应设置在柱底处。

2. 宜从中部向两侧连续浇筑混凝土，且不应中断。

3. 振捣混凝土不应漏振、欠振或过振。

10.4.7 混凝土浇筑后，应采用抹面机械或人工抹平压实，混凝土初凝前，应进行多次抹压收光，消除混凝土的早期塑性裂缝。

10.4.8 混凝土养护应符合下列要求：

1. 对梁板混凝土，表面抹压后用塑料薄膜覆盖，混凝土表面硬化后，应采用蓄水或潮湿覆盖养护。

2. 对墙体混凝土，应在顶部设置多孔喷洒水管。混凝土达到脱模强度后，可松动对拉螺栓，使墙体与模板之间有2mm～3mm缝隙，确保水能进入模板与墙之间。墙体拆模后，宜采用薄膜覆盖，防止水分蒸发。

3. 地下室外墙应及时施工外防水层，并及时回填土，使混凝土处于潮湿状态。

4. 混凝土养护时间：一般部位不宜少于14d；后浇带部位不宜少于21d。

10.4.9 后浇带施工应符合下列要求：

1. 后浇带浇筑前支架模板应保证钢筋混凝土结构（特别是单排柱）的稳定和安全。

2. 施工时应将后浇带两侧的构件妥善支撑，以保证结构的稳定。

3. 后浇带封浇前应将两侧的浆膜清理干净，不密实的混凝土应打掉，且将带内的浮渣与杂物清除干净；用水冲洗并湿润24h后，混凝土表面应采用纯水泥浆接浆。

4. 混凝土应采用机械振捣，并应振捣密实。

11　既有建筑加固改造设计

11.1　一般规定

11.1.1　建筑结构应具备足够的强度、刚度、延性及稳定性，以满足安全性、耐久性和适用性的要求。加固改造主要是针对设计、施工、使用不当，功能改变及提升、耐久性降低、自然灾害和偶然事故等造成的房屋损害进行修缮处理，以提高结构的安全度，减少隐患，保证正常功能使用，延长结构的使用寿命。

11.1.2　鉴定是加固设计的重要依据，加固设计的说明中应写明所依据的鉴定报告。

11.1.3　改造加固设计前，应按照现行《民用建筑可靠性鉴定标准》GB 50292、《工业建筑可靠性鉴定标准》GB 50144 的要求，对建筑物进行可靠性鉴定。

1. 在下列情况下，应进行可靠性鉴定：

1）建筑物大修；

2）建筑物改造或增容、改建或扩建；

3）建筑物改变用途或使用环境；

4）建筑物达到设计使用年限拟继续使用时；

5）遭受灾害或事故时；

6）存在较严重的质量缺陷或出现较严重的腐蚀、损伤、变形时。

2. 在下列情况下，可仅进行安全性检查或鉴定：

1）各种应急鉴定；

2）国家法规规定的房屋安全性统一检查；

3）临时性房屋需延长使用期限；

4）使用性鉴定中发现安全问题。

3. 在下列情况下，可仅进行使用性检查或鉴定：

1）建筑物使用维护的常规检查；

2）建筑物有较高舒适度要求。

4. 在下列情况下，应进行专项鉴定：

1）结构的维修改造有专门要求时；

2）结构存在耐久性损伤影响其耐久年限时；

3）结构存在明显的振动影响时；

4）结构需进行长期监测时。

【条文说明】改变用途或使用环境是指如超载使用、结构开洞、改变使用功能、使用环境恶化，可参照现行国家标准《混凝土结构设计规范》GB 50010 的相关规定。

11.1.4　现有建筑在下列情况下，还应进行抗震鉴定：

1. 接近或超过设计使用年限需要继续使用时。

2. 原设计未考虑抗震设防或抗震设防要求提高时。

【条文说明】现有建筑指除古建筑、新建建筑、危险建筑以外，迄今仍在使用并满 2 年以上的现有建筑。这里的抗震设防要求提高有三种情况：第一种是在设计使用年限内设防烈度不变，但原规定的抗震设防类别提高了；第二种是抗震设防类别未变，所在地的设防烈度提高了；第三种是设防类别和设防烈度都提高。

3. 需要改变建筑的用途和使用环境时。

4. 其他有必要进行抗震鉴定时。

【条文说明】主要指使用中发现的质量问题对其抗震承载力有较大影响、建筑材料强度严重降低的房屋以及结构改造时抗侧力构件发生变化等影响建筑物抗震性能的各种情况。

11.1.5 现有建筑应根据实际需要和可能，按下列规定选择其后续使用年限：

1. 在 20 世纪 70 年代及以前建造经耐久性鉴定可继续使用的现有建筑，其后续使用年限不应少于 30 年；在 20 世纪 80 年代建造的现有建筑，宜采用 40 年或更长，且不得少于 30 年。

2. 在 20 世纪 90 年代（按当时施行的抗震设计系列规范设计）建造的现有建筑，后续使用年限不宜少于 40 年，条件许可时应采用 50 年。

3. 在 2001 年以后（按当时施行的抗震设计系列规范设计）建造的现有建筑，后续使用年限宜采用 50 年。

11.1.6 不同后续使用年限的现有建筑，其抗震鉴定方法应符合下列要求：

1. 后续使用年限为 30 年时，采用《建筑抗震鉴定标准》GB 50023—2009 中 A 类建筑的相关要求，也可采用 1995 年版鉴定标准。

2. 后续使用年限为 40 年时，采用《建筑抗震鉴定标准》GB 50023—2009 中 B 类建筑的相关要求，也可采用 1989 年版抗震规范。

3. 后续使用年限为 50 年时，采用现行国家标准《建筑抗震设计规范》GB 50011 的要求进行抗震鉴定。

4. 对 2001 年以后，按《建筑抗震设计规范》GB 50011—2001 及其 2008、2010 年版进行设计、建造的现有建筑，也可结合业主要求和房屋使用状况，仍按《建筑抗震设计规范》GB 50011—2001 及其 2008、2010 年版进行抗震鉴定，原建筑的设计使用年限不变。

【条文说明】因《建筑抗震设计规范》GB 50011 在 2001 年后改版多次，《建筑抗震设计规范》GB 50011—2001 中有些抗震措施不能满足其要求，但完全按照现行规范进行鉴定、加固，加固的范围和数量增加较多，某些加固项目还会遇到可操作性较差的问题。

5.《建筑抗震鉴定标准》不得用于新建工程的抗震设计和施工质量的评定，也不适用于古建筑和行业有特殊要求的建筑。

11.1.7 加固方案应根据鉴定结果和改造要求综合分析后确定，步骤如下：

1. 查阅原有设计文件，对其结构、各个构件的承载能力和变形能力做出评估；

2. 查询结构施工质量以及房屋的使用情况；

3. 现场踏勘，核对设计文件与实际建筑情况；

4. 根据改造内容，对结构进行初步整体分析，查看各项性能指标是否满足要求。

11.1.8 加固改造设计应做到安全、合理、实用、经济，力求技术可靠、施工简单，鼓励应用新技术、新材料。加固改造设计原则如下：

1. 在保证安全性和耐久性前提下，尽量保留、利用原有的结构和构件，避免不必要的拆改。

2. 优先考虑通过减小使用荷载、改变使用环境或用途，从而达到不加固或少加固。在保证结构安全的前提下，可通过改变结构传力途径、合理利用结构、构件的实际冗余度，实现集中加固，减少结构、构件的加固面。

3. 当原结构体系明显不合理时，若条件许可，可采用改变结构体系或增设抗震构件予以调整改善，如将原框架结构通过新增剪力墙，改变为框架-剪力墙结构，既增加了结构的二道防线，又减少了原框架的加固量和加固难度。

【条文说明】框架结构由丙类建筑提高为乙类时，当框架的加固量较大时，一般可通过新增抗震墙改变为框剪结构；当原砌体结构超高或超层时，可新增板墙改变为剪力墙结构体系。

4. 当采用性能化设计方法时，可根据实际需要和可能，分别选定针对整个结构、结构的局部部位或关键部位、结构的关键部件、重要构件、次要构件等的性能目标，按照《建筑抗震设计规范》GB 50011 的规定，选取对应的构造抗震等级。

5. 当抗震加固量较大时，可采用消能减震技术，增加附加阻尼比，或采用基础隔震。

6. 因耐久性、变形等原因造成的结构损坏，与抗震加固一并考虑。

7. 加固或新增构件的布置，应避免局部加强导致结构刚度、强度突变。

8. 新增构件与原有构件之间应有可靠连接，构造合理，保证协同受力。

9. 选择或置换轻质材料，控制上部荷载，减少对地基基础的加固工程量。地基承载力稍有不足时，可考虑地基长期压密后承载力提高效应，同时也应采取加强上部结构抵抗不均匀沉降能力等措施。

10. 对风貌改造有要求时，遵循“修旧如旧”的原则。

11.1.9 对不同后续使用年限下地震影响系数可进行折减，可参照现行团体标准《建筑消能减震加固技术规程》T/CECS 547。

11.1.10 风荷载、活荷载也可根据后续使用年限，按照鉴定标准规定进行折减。

11.1.11 原设计混凝土标号与混凝土强度等级之间应进行换算。对于常见的 150 号、200 号、250 号、300 号混凝土换算强度等级分别为 C13、C18、C23、C28。

11.1.12 原结构材料强度取值，可根据图纸注明的型号规格按照鉴定标准附录规定选用，或由专业机构进行实测确定。当原图纸资料不全又难以检测时，可考虑通过试验确定。

11.1.13 应采取措施对原结构进行卸载以减小应力滞后对加固效果的影响，否则应按照叠合构件设计。

11.1.14 对加固构件，根据建筑耐火等级确定耐火极限，并采用水泥砂浆或其他防火材料进行防护。

11.1.15 对同一构件不宜进行两次以上的加固。不可避免时，应考虑必要的安全余量。

11.2 多层砌体房屋

11.2.1 砌体常用加固方法如下：

1. 墙体承载力不足时，可采取钢筋混凝土面层加固法、钢筋网水泥砂浆面层加固法；砖柱承载力不足时，采取围套加固法、外包型钢加固法。

2. 圈梁-构造柱体系不完善时，应增设外加构造柱及圈梁，圈梁应交圈。

3. 窗间墙宽度不满足时，可采取增设混凝土窗框法、钢筋网砂浆面层法。

4. 支承大梁的墙段尺寸构造、承载力不满足要求时，可采取组合柱钢筋网砂浆面层法、新增板墙加固法。

5. 女儿墙超过适用高度时，可采取拆除法、增设型钢支撑件法。

11.2.2 砌体墙体裂缝，可采取填缝法、压力灌浆法、外加网片法进行加固；开裂严重时可采取置换法。

11.2.3 对外立面历史风貌保留有要求的建筑，且外立面砌体材料强度不满足要求时可在外立面内侧通过另设受力体系的方式进行加固。

11.3 多层及高层钢筋混凝土房屋

11.3.1 混凝土结构常用加固方法如下：

1. 增大截面加固法、外包型钢加固法、粘贴钢板加固法、粘贴纤维复合材加固法、钢丝绳网-聚合物改性水泥砂浆面层法均可用于混凝土梁、柱、墙、基础的加固。

2. 框架柱轴压比不满足要求时，可采用增大截面加固法等加固。

3. 钢筋混凝土抗震墙配筋不满足要求时，可加厚原有墙体或增设端柱、墙体等。

4. 房屋刚度较弱、明显不均匀或有明显的扭转效应时，可增设钢筋混凝土抗震墙或翼墙加固，也可设置支撑加固。

5. 当混凝土板不满足要求时，可采用增大截面加固法、粘贴钢板加固法、粘贴纤维复合材加固法、钢丝绳网-聚合物改性水泥砂浆面层法。

6. 楼盖结构采用预制板时，可通过增设角钢等方式增加预制板支承长度进行抗震加固。

7. 预制楼盖的水平刚度不满足传递水平力要求时，可通过新增面层法或板下另设水平钢支撑法进行加固。

8. 钢筋混凝土构件有局部损伤时，可采用细石混凝土修复；出现裂缝时，可灌注水泥基灌浆料等补强。

11.3.2 当采用增大截面加固法进行加固时，新增截面厚度较小时宜采用灌浆料或细石混凝土；当混凝土强度远低于设计要求时，宜通过置换混凝土方式进行加固。采用粘贴碳纤维片材或钢板进行抗弯加固时，抗弯承载力提高不应超过40%，且不适用于潮湿环境。

11.4 震后加固

11.4.1 现有结构受损后，对经一般修复即可恢复原性能的受损结构构件，进行整体计算分析时，对受损构件可按照完好对待。构件承载力设计时，应结合损伤情况及修复加固方案，参照现行《建筑震后应急评估和修复技术规程》JGJ/T 415中相关规定，对承载力进行折减。

11.4.2 对震损结构进行强剪弱弯验算时，应以加固后的截面实际抗弯承载力验算抗剪承载力。

11.4.3 框架柱震后加固设计原则：

1. 短柱震损后，不宜采用增大截面法进行加固设计。

2. 当柱外包角钢延伸至加固层的上一层板底时，若上层柱强剪弱弯难以实现时，加固角钢可在加固层上板面进行锚固后不再延伸。如图 11.4.3 所示。

【条文说明】《混凝土结构加固设计规范》GB 50367—2013 规定：“对柱的加固，角钢上端应伸至加固层的上一层楼板底或屋面板底。”若采用该构造方式，加固楼层上一层柱实际受弯承载力增加，应按照实际配筋复核其抗剪承载力，加固工作量较大，经济性较差。

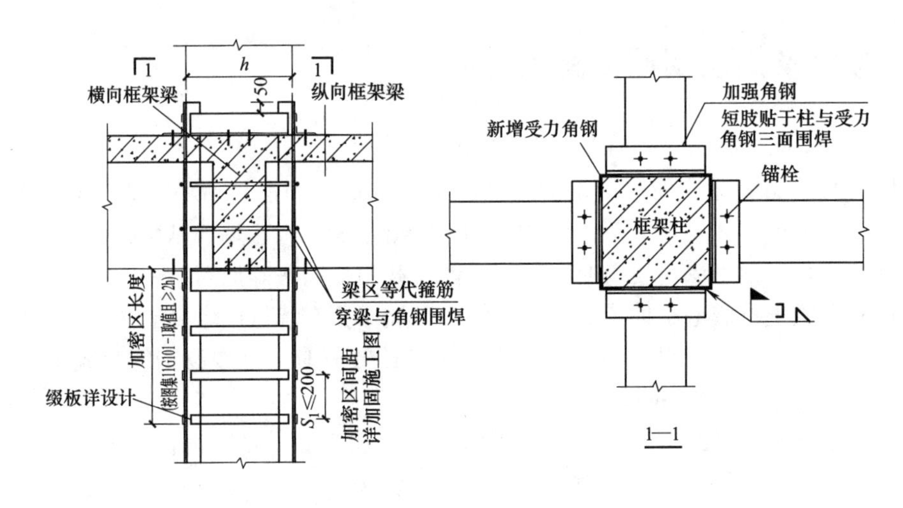

图 11.4.3　柱外包角钢加固构造

11.4.4 底部加强区的抗震墙，其加固后抗弯承载力应与弯矩设计值接近。

【条文说明】若加固后底部加强区抗震墙抗弯承载力超强过多，其上部非加强区墙体可能先发生破坏，与我国规范的抗震理念不符。

11.4.5 因其他因素导致结构受损后，可参照震后结构修复的相关规程及本节规定进行修复或加固。

11.5 施工要求

11.5.1 施工前应充分卸载，无法充分卸载时应及时反馈。同时应采取有效措施，避免施工时发生倾斜、失稳、开裂和坍塌等现象，防止发生安全事故。

11.5.2 发现原结构或相关工程隐蔽部位的构造有严重缺陷时，应会同鉴定单位、设计单位采取有效处理措施后方可继续施工。

11.5.3 拆除应按照从上到下进行，采用可靠措施避免剔除梁、板混凝土时产生的过大震动对原结构造成损伤；留用钢筋应进行保护。

11.5.4 支承需改造（包括拆除部分）加固部位及受其影响的相邻部位，并应复核支承架、梁板施工阶段的承载力。

11.5.5 加固顺序应按照从下到上：基础→墙柱→主梁→次梁→楼板。先加固钢筋混凝土结构，后安装钢结构的顺序进行。

11.5.6 加固用混凝土采用无收缩混凝土，强度等级除图中注明外不低于C35，浇筑困难时宜采用细石混凝土或高强灌浆料，粗骨料最大粒径不宜大于20mm，水胶比不大于0.4。

11.5.7 除经设计许可外，加固材料强度应100%达到设计强度后方可进行下一步施工。

11.6 加固节点大样

11.6.1 在砌体结构中，需对既有洞口进行封堵时，采用与原砌体同类型砌块，强度应满足受力要求；当新旧砖高度不匹配时，可通过现浇混凝土带进行过渡连接，见图11.6.1。

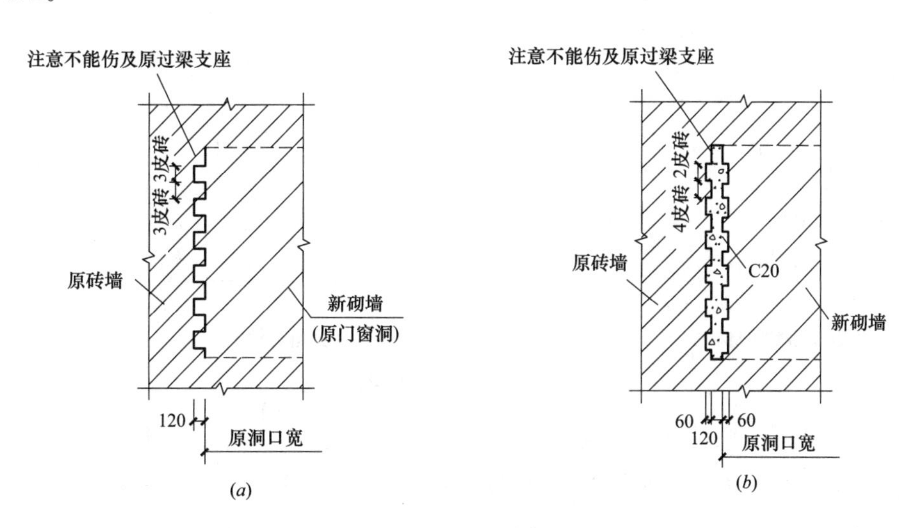

图11.6.1 洞口封堵构造

（*a*）洞口封堵构造一当新旧砖等高时；（*b*）洞口封堵构造二当新旧砖不等高时

注：1. 堵砌用砖强度等级≥MU10，砂浆强度等级应高于原砌筑砂浆一级，且≥M5。

2. 新旧砌体接缝及孔洞处须用砂浆灌严。

11.6.2 在砌体结构中需新增门洞时，新增洞口过梁及边框配筋应通过计算确定，不能直接选用填充墙用过梁，开洞构造详见图11.6.2。

11.6.3 对墙体裂缝，应结合裂缝开展情况、范围、部位等多方面因素，分析判断裂缝成因，并针对成因进行处理。裂缝数量少且轻微时，可通过钢板网法修复，对风貌有要求时也可采用置换法修复，构造详见图11.6.3。

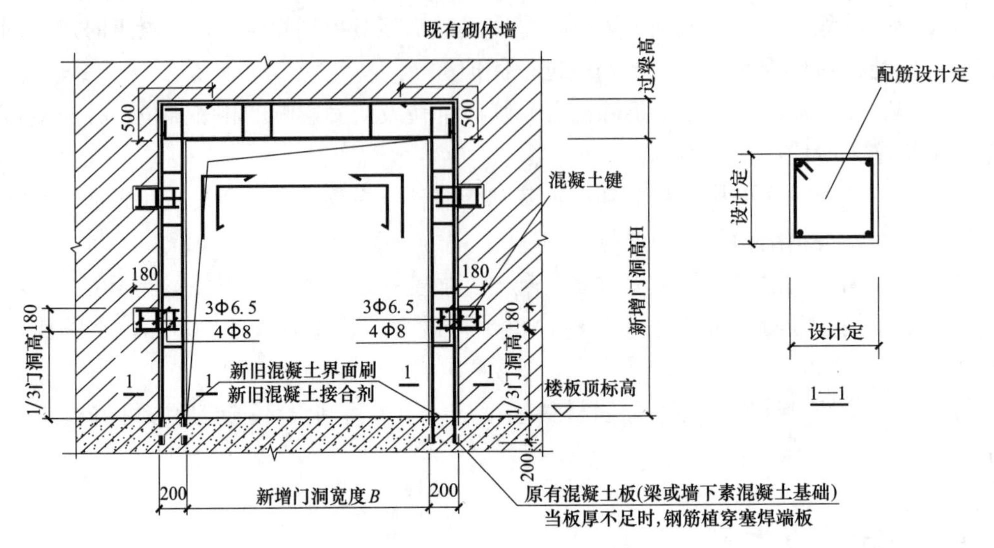

图 11.6.2 新增门洞改造

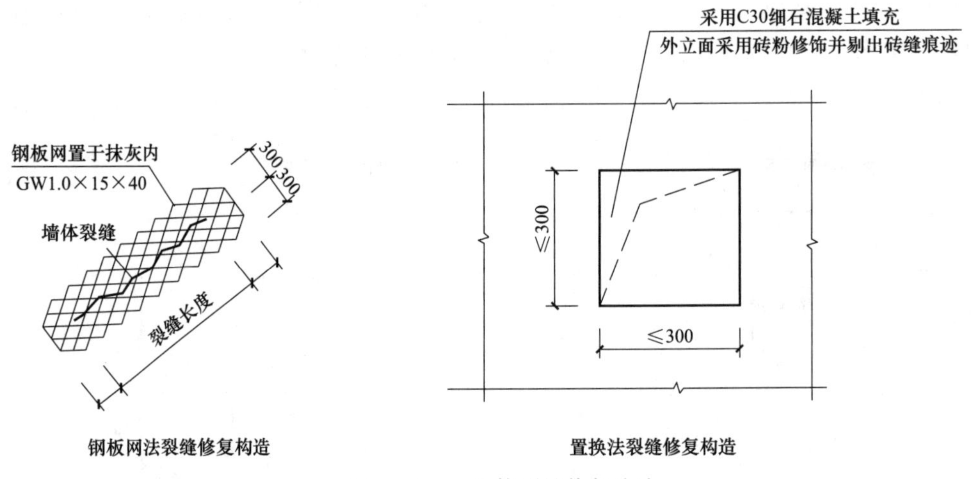

图 11.6.3 砌体裂缝修复改造

11.6.4 当需对楼板进行开洞时，应综合考虑楼板及洞口的宽度尺寸、荷载情况，并对因开洞引起楼板受力边界条件的变化对周边结构的影响进行分析，必要时还应对周边结构进行加固。一般情况下，开洞构造详见图 11.6.4。

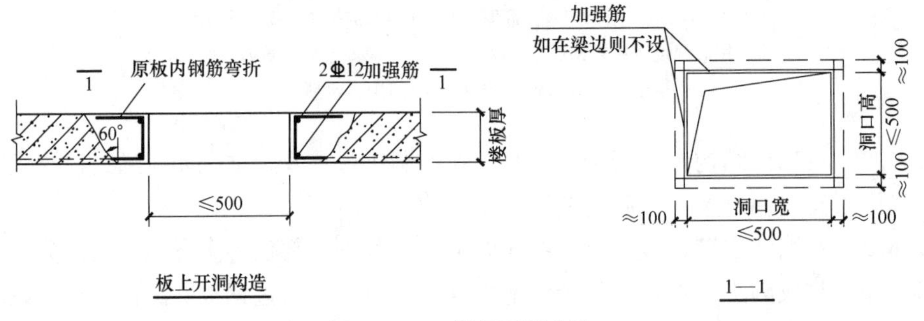

图 11.6.4 楼板开洞改造

11.6.5 当需在原混凝土墙上开洞时，应综合考虑洞口的宽度尺寸、荷载情况、周边结构传力关系，进行准确计算。一般情况下，开洞构造详见图 11.6.5。

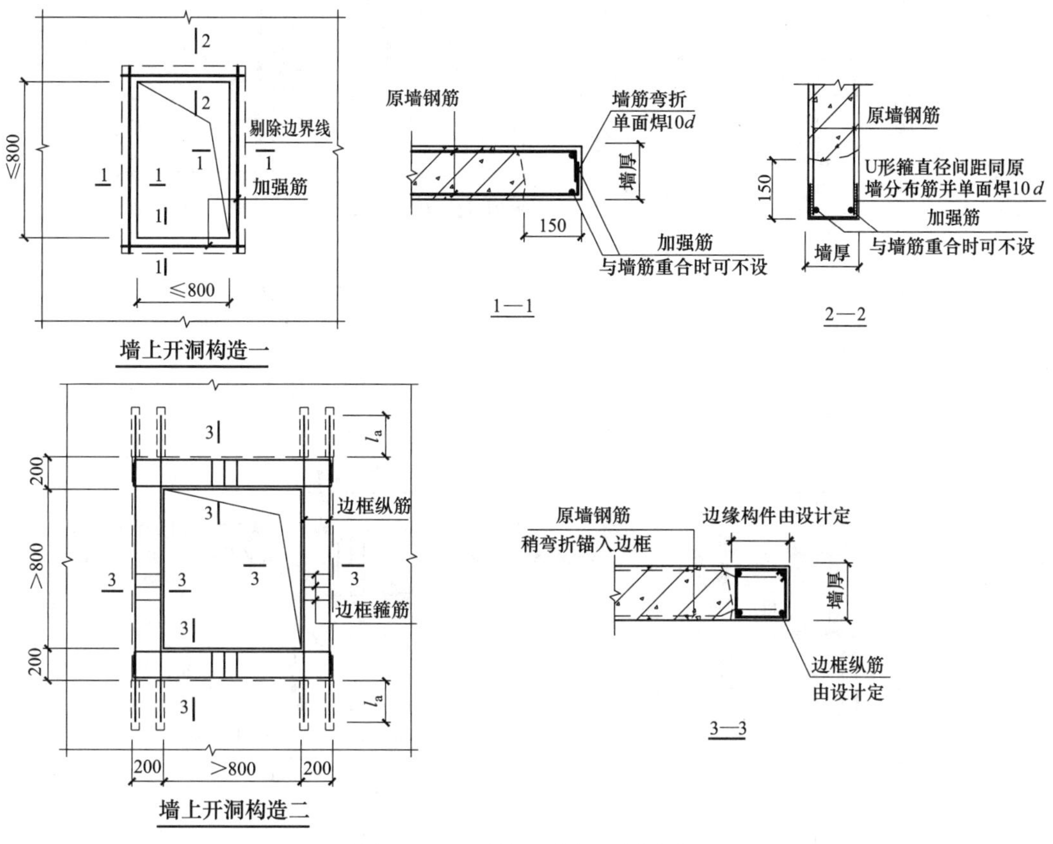

图 11.6.5 混凝土墙体开洞改造

11.6.6 当需在既有柱顶接柱时，新增柱底可根据受力情况采用铰接或刚接节点。柱根采用铰接节点，一般用于设备支架类结构立柱。铰接柱脚构造一，是通过在原柱顶植入短钢筋进行抗剪连接，钢筋根数不宜过多，直径则需通过计算确定。当采用刚接柱脚时，新增柱与原柱截面相同时，通过原柱钢筋焊接连接。构造详见图 11.6.6（l_{stmin} 为受拉植筋锚固最小长度）。

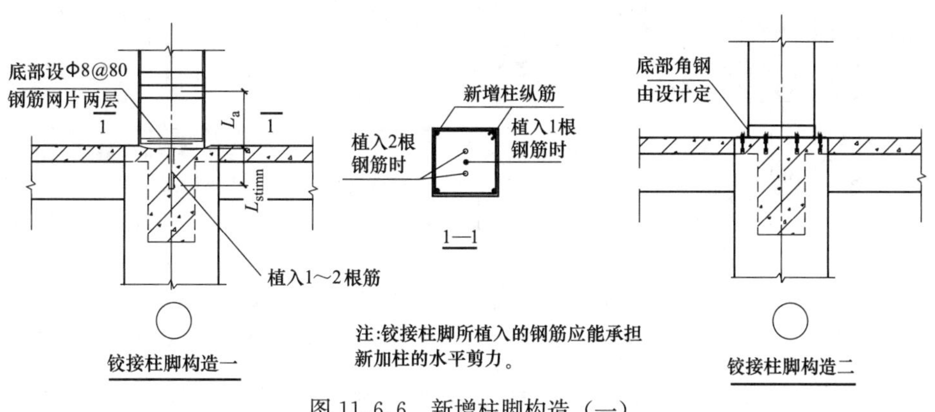

图 11.6.6 新增柱脚构造（一）

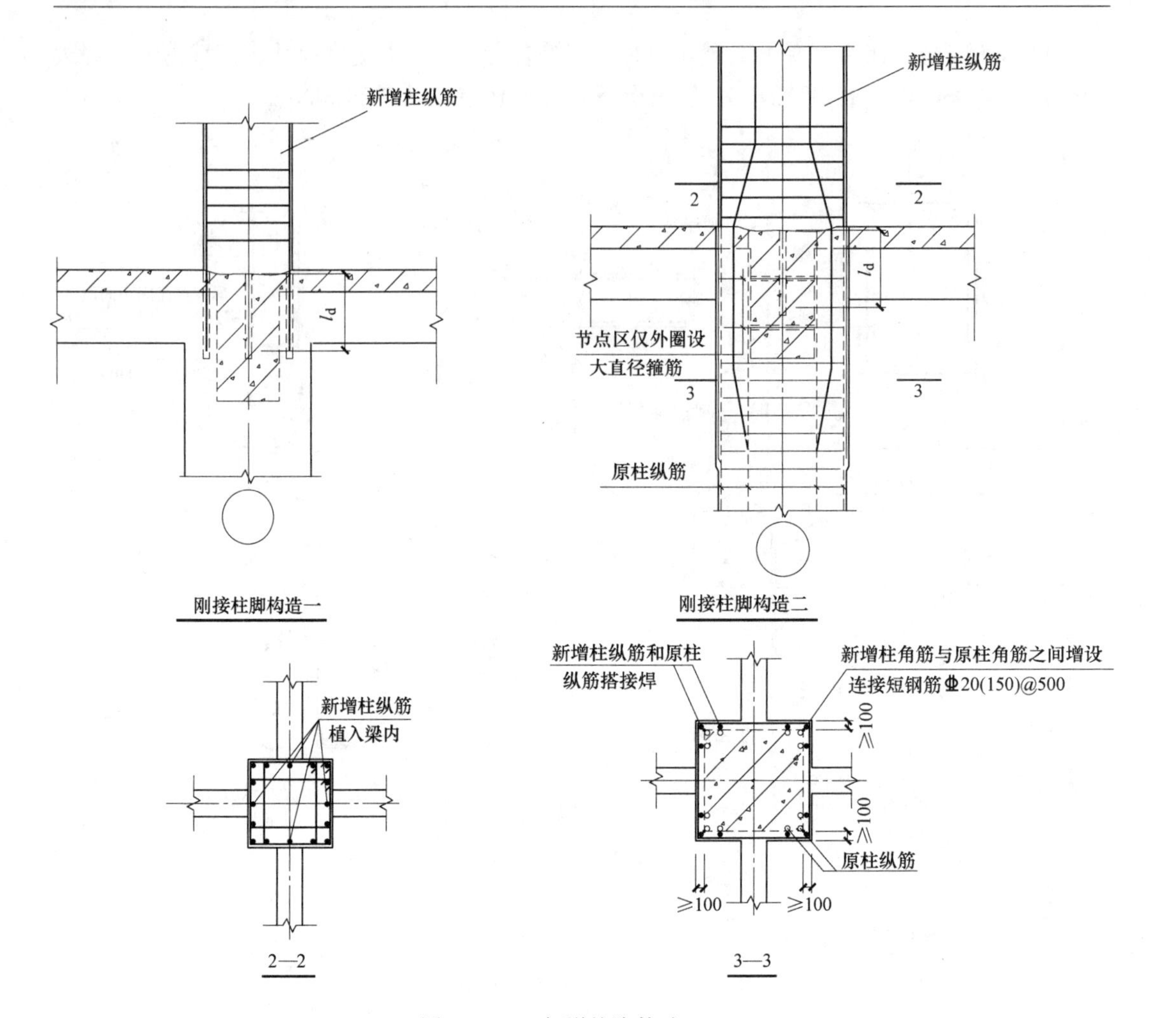

图 11.6.6　新增柱脚构造（二）

11.6.7　新增剪力墙的水平筋及竖向筋与原结构进行连接时，为避免过密的植筋孔对原结构的损伤，新增墙筋在连接部位采用较大间距（约 600mm）的等代钢筋进行连接，等代钢筋按照面积等效原则并留有余量。构造详见图 11.6.7。

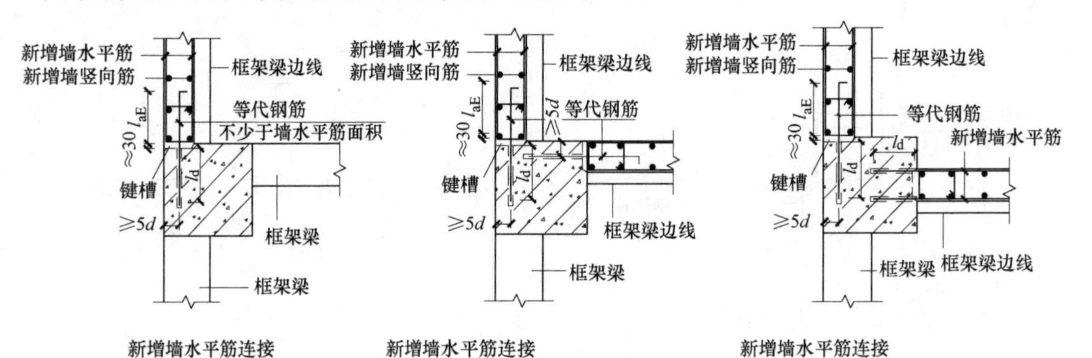

注：为避免植筋孔对原结构的破坏，采用等代钢筋进行连接，等代钢筋间距一般按照600排布，等代按照面积等效原则。

图 11.6.7　新增墙筋连接构造（一）

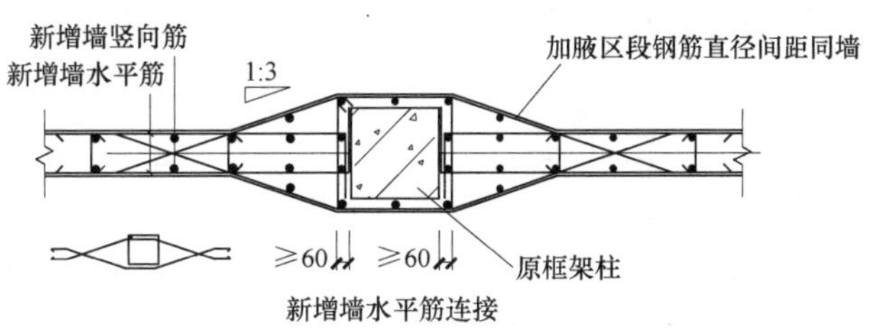

注：适用于原柱截面较小或不宜植筋的情况。

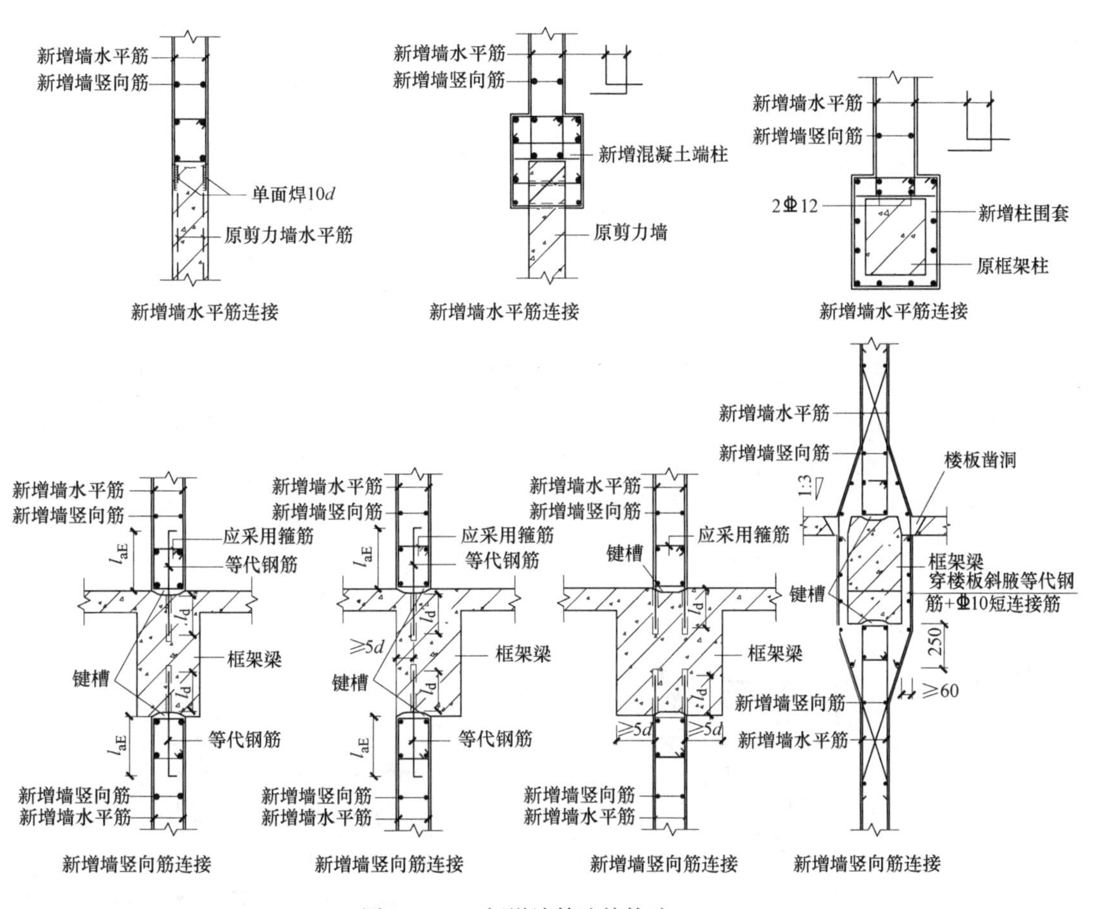

图 11.6.7　新增墙筋连接构造（二）

11.6.8　新增次梁在端部一般考虑为铰接节点，新增梁上部筋直接埋入原梁顶，下部筋植入原梁内，并沿高度设抗剪短筋，构造详见图 11.6.8。

11.6.9　采用梁顶粘贴钢板加固时，新增钢板可粘贴在紧邻柱侧面的板面。一般情况下，构造详见图 11.6.9。

11.6.10　采用增高法加固既有梁

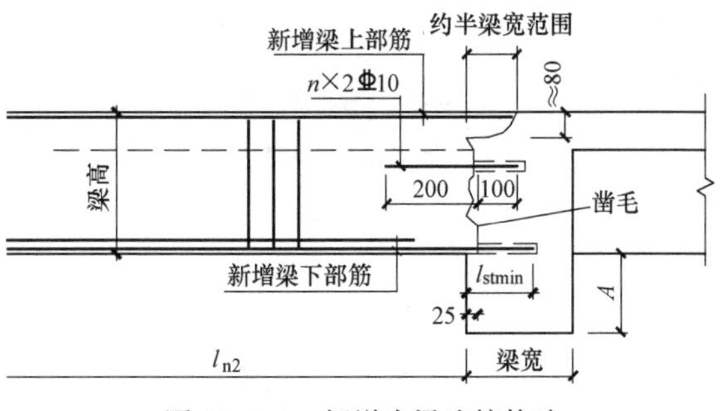

图 11.6.8　新增次梁连接构造

截面时，箍筋通过焊接连接，一般情况下，构造详见图 11.6.10。

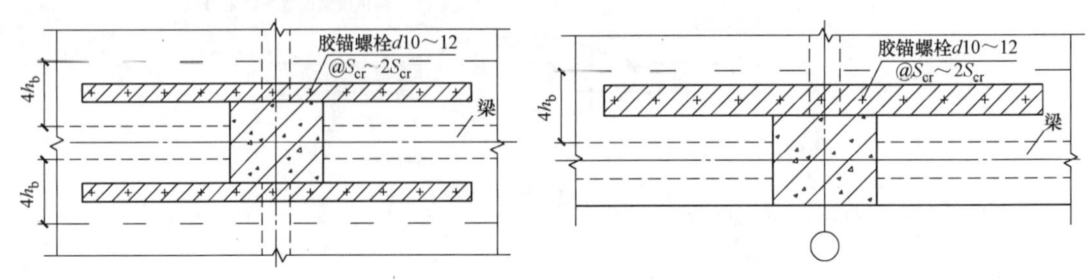

图 11.6.9　粘贴钢板构造

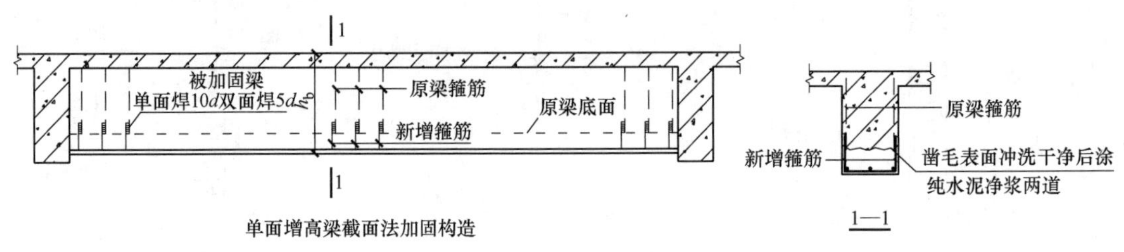

图 11.6.10　单面增高梁截面法加固构造

11.6.11　采用外包角钢加固结构柱在基础应通过外包混凝土方式进行锚固。外包混凝土在根部，柱筋应可靠锚入原基础内；外包混凝土的顶部标高应高出地坪，并满足对钢结构防腐蚀保护的相关要求。构造详见图 11.6.11。

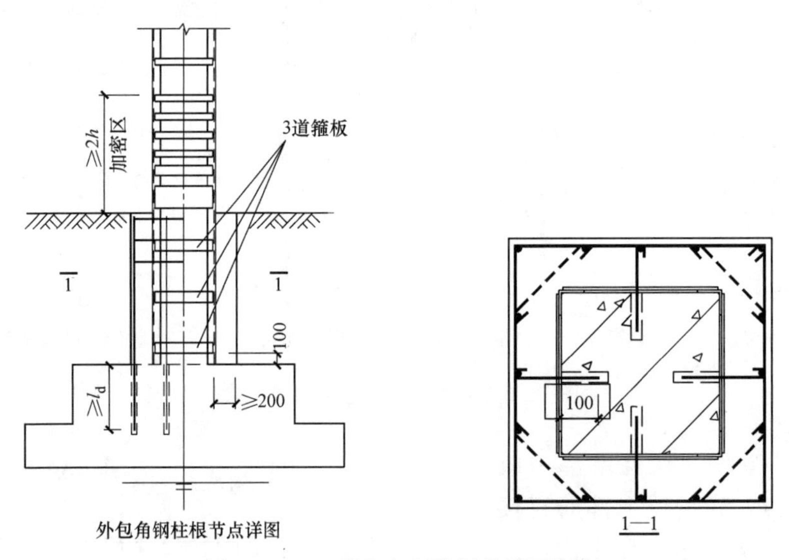

图 11.6.11　外包角钢柱根处锚固构造

12 建筑工业化与装配整体式混凝土结构

12.1 基本规定

12.1.1 本章适用于抗震设防烈度为6度、7度地区乙类及乙类以下和8度地区丙类装配式混凝土结构的设计、生产、运输、施工安装和质量验收。

【条文说明】本章未包括甲类建筑以及8度乙类、9度抗震设计的装配式结构，如需采用，应进行专门论证。装配式混凝土结构是由预制混凝土构件通过可靠的连接方式装配而成的混凝土结构，包括装配整体式混凝土结构、全装配混凝土结构等。装配整体式混凝土结构是由预制混凝土构件通过可靠的方式进行连接并与现场后浇混凝土、水泥基灌浆料形成整体的装配式混凝土结构。全装配混凝土结构是由工厂预制混凝土构件，现场通过干式连接形成整体的装配式混凝土结构。常用的装配整体式混凝土结构体系有装配整体式框架结构、装配整体式框架-现浇剪力墙结构、装配整体式框架-现浇核心筒结构、装配整体式剪力墙结构、装配整体式部分框支剪力墙结构。

12.1.2 装配整体式混凝土结构的房屋最大适用高度应符合现行国家标准《装配式混凝土建筑技术标准》GB/T 51231、行业标准《装配式混凝土结构技术规程》JGJ 1的相关规定，如表12.1.2所示。

装配整体式混凝土结构房屋的最大适用高度（m） **表12.1.2**

结构类型	抗震设防烈度			
	6度	7度	8度(0.20g)	8度(0.30g)
装配整体式框架结构	60	50	40	30
装配整体式框架-现浇剪力墙结构	130	120	100	80
装配整体式框架-现浇核心筒结构	150	130	100	90
装配整体式剪力墙结构	130(120)	110(100)	90(80)	70(60)
装配整体式部分框支剪力墙结构	110(100)	90(80)	70(60)	40(30)

注：1. 房屋高度指室外地面到主要屋面的高度，不包括局部凸出屋顶的部分。
2. 当预制剪力墙构件底部承担的总剪力大于该层总剪力的80%时，最大适用高度应取表中括号内的数值。
3. 装配整体式剪力墙结构和装配整体式部分框支剪力墙结构，当剪力墙边缘构件竖向钢筋采用浆锚搭接连接时，房屋最大适用高度应比表中数值降低10m。
4. 部分框支剪力墙结构指地面以上有部分框支剪力墙的剪力墙结构，不包括仅个别框支墙的情况。
5. 在计算预制剪力墙构件底部承担的总剪力与该层总剪力比值时，可选取结构竖向构件主要采用预制剪力墙的作为起始层。
6. 乙类装配整体式结构应按本地区抗震设防烈度提高一度的要求选用本表。当房屋高度超过本表数值时，结构设计应有可靠依据，并采取有效的加强措施。

12.1.3 装配整体式混凝土结构构件的抗震设计，应根据设防类别、烈度、结构类型和房屋高度采用不同的抗震等级，并应符合相应的计算和构造措施要求。丙类装配整体式混凝土结构的抗震等级应按表 12.1.3 确定。其他抗震设防类别和特殊场地类别下的建筑应符合国家现行标准《建筑抗震设计规范》GB 50011、《装配式混凝土结构技术规程》JGJ 1、《高层建筑混凝土结构技术规程》JGJ 3 中对抗震措施进行调整的规定。

丙类建筑装配整体式混凝土结构的抗震等级　　表 12.1.3

<table>
<tr><th colspan="2" rowspan="2">结构类型</th><th colspan="8">抗震设防烈度</th></tr>
<tr><th colspan="2">6 度</th><th colspan="3">7 度</th><th colspan="3">8 度</th></tr>
<tr><td rowspan="3">装配整体式框架结构</td><td>高度(m)</td><td>≤24</td><td>>24</td><td colspan="2">≤24</td><td>>24</td><td colspan="2">≤24</td><td>>24</td></tr>
<tr><td>框架</td><td>四</td><td>三</td><td colspan="2">三</td><td>二</td><td colspan="2">二</td><td>一</td></tr>
<tr><td>大跨度框架</td><td colspan="2">三</td><td colspan="3">二</td><td colspan="3">一</td></tr>
<tr><td rowspan="3">装配整体式框架-现浇剪力墙结构</td><td>高度(m)</td><td>≤60</td><td>>60</td><td>≤24</td><td>>24 且≤60</td><td>>60</td><td>≤24</td><td>>24 且≤60</td><td>>60</td></tr>
<tr><td>框架</td><td>四</td><td>三</td><td>四</td><td>三</td><td>二</td><td>三</td><td>二</td><td>一</td></tr>
<tr><td>剪力墙</td><td>三</td><td>三</td><td>三</td><td>二</td><td>二</td><td>二</td><td>一</td><td>一</td></tr>
<tr><td rowspan="2">装配整体式框架-现浇核心筒结构</td><td>框架</td><td colspan="2">三</td><td colspan="3">二</td><td colspan="3">一</td></tr>
<tr><td>核心筒</td><td colspan="2">二</td><td colspan="3">二</td><td colspan="3">一</td></tr>
<tr><td rowspan="2">装配整体式剪力墙结构</td><td>高度(m)</td><td>≤70</td><td>>70</td><td>≤24</td><td>>24 且≤70</td><td>>70</td><td>≤24</td><td>>24 且≤70</td><td>>70</td></tr>
<tr><td>剪力墙</td><td>四</td><td>三</td><td>四</td><td>三</td><td>二</td><td>三</td><td>二</td><td>一</td></tr>
<tr><td rowspan="4">装配整体式部分框支剪力墙结构</td><td>高度(m)</td><td>≤70</td><td>>70</td><td>≤24</td><td>>24 且≤70</td><td>>70</td><td>≤24</td><td>>24 且≤70</td><td rowspan="4"></td></tr>
<tr><td>现浇框支框架</td><td>二</td><td>二</td><td>二</td><td>二</td><td>一</td><td>一</td><td>一</td></tr>
<tr><td>底部加强部位剪力墙</td><td>三</td><td>二</td><td>三</td><td>二</td><td>一</td><td>二</td><td>一</td></tr>
<tr><td>其他区域剪力墙</td><td>四</td><td>三</td><td>四</td><td>三</td><td>二</td><td>三</td><td>二</td></tr>
</table>

注：1. 大跨度框架指跨度不小于 18m 的框架；

2. 高度不超过 60m 的装配整体式框架-现浇核心筒结构按装配整体式框架-现浇剪力墙的要求设计时，应按表中装配整体式框架-现浇剪力墙结构的规定确定其抗震等级。

12.1.4 高层装配整体式混凝土结构的高宽比不宜超过表 12.1.4 的数值。

高层装配整体式混凝土结构适用的最大高宽比　　表 12.1.4

结构类型	抗震设防烈度	
	6 度、7 度	8 度
装配整体式框架结构	4	3
装配整体式框架-现浇剪力墙结构	6	5
装配整体式剪力墙结构	6	5
装配整体式框架-现浇核心筒结构	7	6

12.1.5 装配整体式混凝土结构在平面和竖向不应具有明显的薄弱部位，且宜避免结构和构件出现较大的扭转效应。

【条文说明】装配式结构的平面布置宜简单、规则、对称，质量、刚度分布宜均匀；不应采用严重不规则的平面布置；装配式结构的竖向布置应连续、均匀，应避免抗侧力结构的侧向刚度和承载力沿竖向突变，均应符合现行国家标准《建筑抗震设计规范》GB

50011 的有关规定。

12.1.6　带转换层的装配整体式结构应符合下列规定：

1. 当采用部分框支剪力墙结构时，底部框支层不宜超过 2 层，且框支层及相邻上一层应采用现浇结构；

2. 部分框支剪力墙以外的结构中，转换梁、转换柱宜现浇。

12.1.7　高层结构装配整体式结构应符合下列规定：

1. 宜设置地下室，地下室宜采用现浇混凝土。

2. 剪力墙结构底部加强部位的剪力墙宜采用现浇混凝土。

3. 框架结构首层柱宜采用现浇混凝土，顶层宜采用现浇楼盖结构。

4. 高层装配整体式剪力墙结构中的电梯井筒宜采用现浇混凝土结构。

12.1.8　装配整体式剪力墙结构，当底部加强区以上外墙采用装配式剪力墙时，宜全部采用预制剪力墙。

【条文说明】1. 外墙采用全预制方案集成度高、施工便利，为防护架提供支撑作业面。2. 预制外墙包括预制剪力墙和预制非承重外墙，预制非承重外墙虽能为施工防护架提供有效的支撑，但应考虑该墙对结构整体和局部刚度的影响，目前对该部分的相关研究较少，设计时宜尽量避免。

12.1.9　装配整体式结构的楼盖可采用叠合楼盖。结构转换层、平面复杂或开洞较大的楼层、作为上部结构嵌固部位的地下室楼层宜采用现浇楼盖。

12.1.10　叠合板的设计应考虑机电设备预留预埋管线，制作和安装施工用预埋件、预留孔洞等应统筹设置，对构件结构性能造成削弱的应采取加强措施。

12.1.11　预制构件与后浇混凝土、灌浆料、坐浆材料的结合面应设置粗糙面、键槽，并应符合下列规定：

1. 预制板与后浇混凝土叠合层之间的结合面应设置粗糙面。

2. 预制梁与后浇混凝土叠合层之间的结合面应设置粗糙面；预制梁端面应设置键槽且宜设置粗糙面。键槽的深度 t 不宜小于 30mm，宽度 w 不宜小于深度的 3 倍且不宜大于深度的 10 倍；键槽可贯通截面，当不贯通时槽口距离截面边缘不宜小于 50mm；键槽间距宜等于键槽宽度；键槽端部斜面倾角不宜大于 30°。

3. 预制剪力墙的顶部和底部与后浇混凝土的结合面应设置粗糙面；侧面与后浇混凝土的结合面应设置粗糙面，也可设置键槽；键槽深度 t 不宜小于 20mm，宽度 w 不宜小

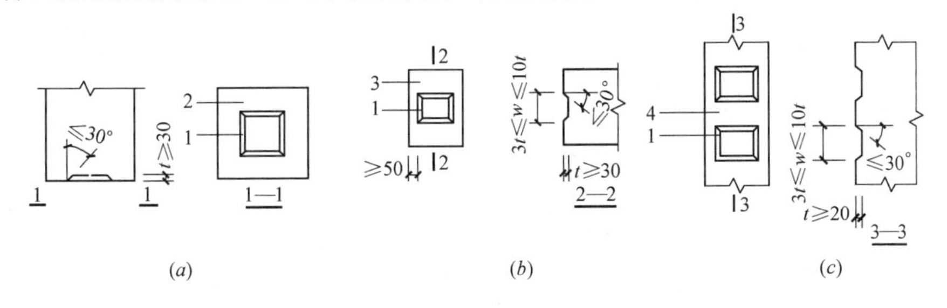

图 12.1.11　柱端、梁端、剪力墙端键槽构造示意

（a）柱端键槽；（b）梁端键槽；（c）剪力墙端键槽

1—键槽；2—柱端面；3—梁端面；4—剪力墙端面

于深度的3倍且不宜大于深度的10倍，键槽间距宜等于键槽宽度；键槽端部斜面倾角不宜大于30°。

4. 预制柱的底部应设置键槽且宜设置粗糙面，键槽应均匀布置，键槽深度不宜小于30mm，键槽端部斜角倾角不宜大于30°。柱顶应设置粗糙面。

5. 粗糙面的面积不宜小于结合面的80%，预制板的粗糙面凹凸深度不应小于4mm，预制梁端、预制柱端、预制墙端的粗糙面凹凸深度不应小于6mm。

12.1.12 在装配式建筑方案设计阶段，应充分考虑设计标准化、生产工厂化、施工装配化、装修一体化以及过程信息化；对预制构件的尺寸、形状以及节点构造在制作、运输、安装和施工全过程中的可行性、合理性及经济性进行评估和预测。

【条文说明】装配式建筑与全现浇混凝土建筑的设计和施工过程是有一定区别的。对装配式建筑，建设、设计、施工、制作各单位在方案阶段宜进行协同工作，对应用预制构件的技术可行性和经济性进行论证，共同对建筑平面和立面根据标准化原则进行优化，共同进行整体策划，提出最佳方案。与此同时，建筑、结构、设备、装修等各专业也应密切配合，对预制构件的尺寸和形状、节点构造等提出具体技术要求，并对制作、运输、安装和施工全过程的可行性以及造价等做出预测。此项工作对建筑功能和结构布置的合理性，以及对工程造价等都会产生较大的影响，是十分重要的。

12.1.13 装配式建筑设计应遵循少规格、多组合的原则。

【条文说明】装配式结构的建筑设计，应在满足建筑功能的前提下实现基本单元的标准化定型，以提高定型的标准化建筑构配件的重复使用率，这将非常有利于降低造价。

12.1.14 装配式结构的连接节点、接缝应受力明确、构造可靠，应满足承载力、延性和耐久性的要求；预制构件的连接部位宜设置在施工操作方便、施工质量可控且结构受力较小的部位。

12.1.15 拆分后的预制构件，应同时满足制作、运输、堆放、便于施工和进行质量控制等要求。

【条文说明】预制构件的设计应考虑运输、安装等条件对预制构件的限制，包括：重量应考虑人行道和桥的等级，高度应考虑桥、隧道和地下通道的净高，长度应考虑车辆的机动性和相关法律，宽度应考虑许可、护航要求和相关法律；起重机的能力；场地存放的条件。

12.1.16 竖向预制构件内作为防雷接地的钢筋，应在构件连接外，作可靠的电气连接。

12.1.17 装配式建筑施工图设计深度应满足国家及地方相关规定，设计总说明中尚应有装配式建筑设计专项说明。

12.2 材料

12.2.1 混凝土、钢筋和钢材的力学性能和耐久性要求满足现行国家标准《混凝土结构设计规范》GB 50010和《钢结构设计标准》GB 50017的规定，预制构件的混凝土强度等级不宜低于C30；预应力混凝土预制构件的混凝土强度等级不宜低于C40，且不应低于C30；现浇混凝土的强度等级不应低于C25。普通钢筋采用套筒灌浆连接和浆锚搭接连接时，钢筋应采用热轧带肋钢筋。钢筋焊接网应符合现行行业标准《钢筋焊接网混凝土结构技术规程》JGJ 114 的规定。

【条文说明】装配式混凝土结构的材料宜采用高强混凝土，构件的混凝土强度等级建议在 C40 及以上。钢筋的选用应符合现行国家标准《混凝土结构设计规范》GB 50010 的规定。当采用套筒灌浆连接和浆锚搭接连接时，钢筋应采用热轧带肋钢筋，钢筋上的肋可以使钢筋与灌浆料之间产生足够的摩擦力，有效地传递应力，从而形成可靠的连接接头。

在预制混凝土构件中，尤其是墙板、楼板等板类构件中，推荐使用钢筋焊接网，以提高生产效率。

12.2.2 预制构件节点及接缝处后浇混凝土强度等级不应低于预制构件的混凝土强度等级；多层剪力墙结构中墙板水平接缝用坐浆材料时，其强度等级应大于被连接构件的混凝土强度等级。

12.2.3 预制构件的吊环应采用未经冷加工的 HPB300 级钢筋制作；专用吊件及预埋件应符合国家相关标准。

【条文说明】为了节约材料、方便施工、吊装可靠的目的，预制构件的吊装方式宜优先采用内埋式螺母、内埋式吊杆或预留吊装孔。吊装用内埋式螺母、吊杆、吊钉等应根据相应的产品标准和应用技术规程选用，其材料应符合国家现行相关标准的规定。

12.2.4 套筒灌浆连接接头应满足强度和变形性能要求。钢筋套筒灌浆连接接头的抗拉强度不应小于连接钢筋抗拉强度标准值。

【条文说明】套筒灌浆接头应符合现行《钢筋套筒灌浆连接应用技术规程》JGJ 355 中的要求，所使用的套筒一般由碳素结构钢、合金结构钢或球墨铸铁等铸造而成，国内外已有很多种形式的套筒灌浆接头，其形状大多为圆柱形或纺锤形。套筒的材料应符合现行建筑工业产品标准《钢筋连接用灌浆套筒》JG/T 398 的要求。钢筋套筒灌浆连接接头中采用的灌浆料，应具有高强、早强、无收缩和微膨胀等基本特性，以使其能与套筒、被连接钢筋更有效地结合在一起共同工作，同时满足装配式结构快速施工的要求。

12.2.5 钢筋套筒灌浆连接接头采用的灌浆材料应满足现行行业标准《钢筋连接用套筒灌浆料》JG/T 408 和《钢筋套筒灌浆连接应用技术规程》JGJ 355 的规定。

12.2.6 钢筋套筒灌浆连接接头采用的套筒应满足现行行业标准《钢筋连接用灌浆套筒》JG/T 398 和《钢筋套筒灌浆连接应用技术规程》JGJ 355 的规定。灌浆套筒灌浆段最小内径与连接钢筋公称直径的差值不宜小于表 12.2.6 规定的数值，用于钢筋锚固的深度不应小于插入钢筋公称直径的 8 倍。

灌浆套筒灌浆段最小内径尺寸要求 **表 12.2.6**

钢筋直径(mm)	套筒灌浆段最小内径与连接钢筋公称直径差最小值(mm)
12～25	10
28～40	15

12.2.7 钢筋锚固板的材料应符合现行行业标准《钢筋锚固板应用技术规程》JGJ 256 的规定。受力预埋件的锚固及锚筋材料应符合现行国家标准《混凝土结构设计规范》GB 50010 的有关规定。

12.2.8 连接用焊接材料，螺栓、锚栓和铆钉等紧固件的材料应符合国家现行标准

《钢结构设计标准》GB 50017、《钢结构焊接规范》GB 50661 和《钢筋焊接及验收规程》JGJ 18 等的规定。

12.2.9 预制夹心内外叶墙板的拉结件由专业厂家深化设计完成；应具有良好的承载力、变形和耐久性性能，并应经过试验验证；尚应满足保温节能设计要求。

12.2.10 非承重外墙的下部填充材料可采用水泥砂浆。

12.3 结构分析基本规定

12.3.1 装配整体式混凝土结构抗震设计时尚宜符合下列要求：

1. 当同一层内既有预制又有现浇抗侧力构件时，地震设计状况下宜对现浇抗侧力构件在水平地震作用下的弯矩和剪力进行适当放大；增大系数不宜小于 1.1。

2. 楼面梁的刚度可计入叠合楼盖翼缘作用予以增大。对无现浇面层的装配式楼盖，不应考虑楼面梁的刚度放大系数，且不应考虑扭矩折减。

12.3.2 装配式混凝土结构弹性分析时，节点和接缝的模拟应符合下列规定：

1. 当预制构件之间采用后浇带连接且接缝构造及承载力满足现行国家标准《装配式混凝土建筑技术标准》GB/T 51231 中的相应要求时，可按现浇混凝土结构进行模拟；

2. 对于《装配式混凝土建筑技术标准》GB/T 51231 中未包含的连接节点及接缝形式，应按照实际情况模拟。

12.3.3 进行抗震性能化设计时，结构在设防地震及罕遇地震作用下的内力及变形分析，可根据结构受力状态采用弹性分析方法或弹塑性分析方法。弹塑性分析时，应根据节点和接缝在受力全过程中的特性进行节点和接缝的模拟。节点和接缝的非线性行为应根据试验研究确定，材料的非线性行为可根据现行国家标准《混凝土结构设计规范》GB 50010 确定。

12.3.4 构件及节点的承载力抗震调整系数 γ_{RE} 应按表 12.3.4 采用；当仅考虑竖向地震作用组合时，承载力抗震调整系数 γ_{RE} 应取 1.0。预埋件锚筋截面计算的承载力抗震调整系数 γ_{RE} 应取为 1.0。

构件及节点承载力抗震调整系数 γ_{RE} **表 12.3.4**

结构构件类别	承载力计算					斜截面承载力计算	受冲切承载力计算	接缝受剪承载力计算
	受弯构件	偏心受压柱		偏心受拉构件	剪力墙	各类构件及框架节点		
		轴压比小于 0.15	轴压比不小于 0.15					
γ_{RE}	0.75	0.75	0.8	0.85	0.85	0.85	0.85	0.9

12.3.5 装配式结构设计中的作用及作用组合应根据国家现行标准确定；预制构件应进行脱模、翻转、吊装、运输、堆放、安装、设备附着等短暂设计状况下的施工验算。

【条文说明】装配式结构设计过程中，作用与作用组合与其他类型结构是一致的。需要注意的是短暂设计状况下的构件及连接节点验算：包括构件脱模翻身、吊运、安装阶段的承载力及裂缝的验算；构件安装阶段的临时支撑、临时连接预埋件验算等。

12.3.6 内力和变形计算时，应计入填充墙对结构刚度的影响。采用轻质墙板填充墙时，可采用周期折减的方法考虑其对结构刚度的影响，对装配整体式框架结构的周期折减系数可取0.70～0.90，对装配整体式剪力墙结构的周期折减系数可取0.80～1.0。

12.3.7 按弹性方法计算的风荷载或多遇地震标准值作用下的楼层层间最大位移Δ_u与层高h之比的限值宜按表12.3.7采用。

楼层层间最大位移与层高之比的限值 **表12.3.7**

结构类型	Δ_u/h限值
装配整体式框架结构	1/550
装配整体式框架-现浇剪力墙结构	1/800
装配整体式剪力墙结构、装配整体式部分框支剪力墙结构	1/1000
多层装配式剪力墙结构	1/1200

【条文说明】装配整体式框架结构和剪力墙结构的层间位移角限值均与现浇结构相同。对多层装配式剪力墙结构，当按现浇结构计算而未考虑墙板间接缝的影响时，计算得到的层间位移会偏小，因此加严其层间位移角限值。

12.4 楼盖设计

12.4.1 叠合板除应按照现行国家标准进行设计外，还应符合下列规定：

1. 单向板四周及接缝宜按双向板构造；
2. 叠合板的预制板厚度不宜小于60mm，后浇混凝土叠合层厚度不应小于60mm；
3. 跨度大于3m的叠合板，宜采用桁架钢筋混凝土叠合板；
4. 跨度大于6m的叠合板，宜采用预应力混凝土预制板；
5. 板厚大于180mm的叠合板，宜采用混凝土空心板，板端空腔应封堵。

【条文说明】1. 在叠合板区域尽量取消次梁，采用大开间楼板。

2. 在叠合板区域若有设备管线埋入后浇区域时，后浇混凝土叠合层的厚度不宜小于80mm，不应小于70mm。

3. 在叠合板区域应采用双向板连接构造，否则应采取有效的措施保证水平力在楼盖平面内的传递。

12.4.2 叠合板支座处的纵向钢筋应符合下列规定：

1. 板端支座处，预制板内的纵向受力钢筋宜从板端伸出并锚入支承梁或墙的后浇混凝土中，锚固长度不应小于5d（d为纵向受力钢筋直径），且宜伸过支座中心线[图12.4.2（a）]。

2. 当桁架钢筋混凝土叠合板的后浇混凝土叠合层厚度不小于100mm且不小于预制板厚度的1.5倍时，支承端预制板内纵向受力钢筋可采用间接搭接方式锚入支承梁或墙的后浇混凝土中[图12.4.2（b）]，并应符合下列规定：

1）附加钢筋的面积应通过计算确定，且不应少于受力方向跨中板底钢筋面积的1/3；

2）附加钢筋直径不宜小于8mm，间距不宜大于250mm；

3）当附加钢筋为构造钢筋时，伸入楼板的长度不应小于与板底钢筋的受压搭接长度，

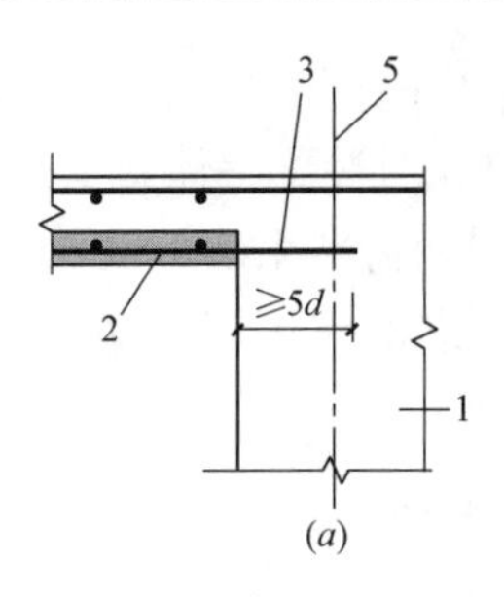

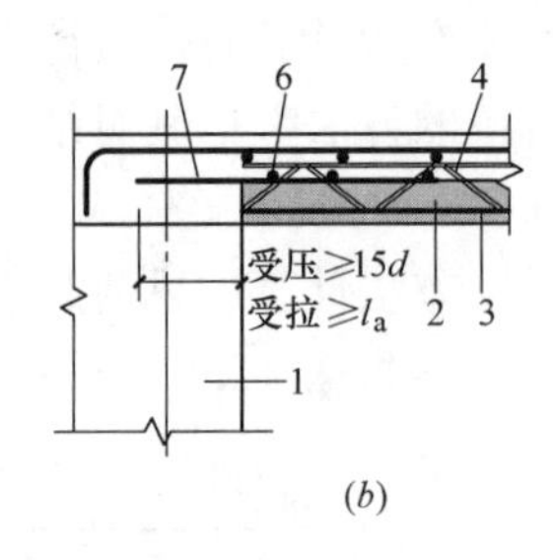

图 12.4.2　叠合板端及板侧支座构造示意

1—支承梁或墙；2—预制板；3—纵向受力钢筋；
4—附加钢筋；5—支座中心线；6—附加钢筋；7—横向分布钢筋

伸入支座的长度不应小于 15d（d 为附加钢筋直径）且宜伸过支座中心线；当附加钢筋承受拉力时，伸入楼板的长度不应小于与板底钢筋的受拉搭接长度，伸入支座的长度不应小于受拉钢筋锚固长度；

4）垂直于附加钢筋的方向应布置横向分布钢筋，在搭接范围内不宜少于 3 根，且钢筋直径不宜小于 6mm，间距不宜大于 250mm。

12.4.3　叠合板板间的整体式接缝宜设置在叠合板的次要受力方向上且宜避开最大弯矩截面。接缝可采用后浇带形式（图 12.4.3），并应符合下列规定：

1. 后浇带宽不宜小于 200mm。

2. 后浇带两侧板底纵向受力钢筋可在后浇带中焊接、搭接连接。

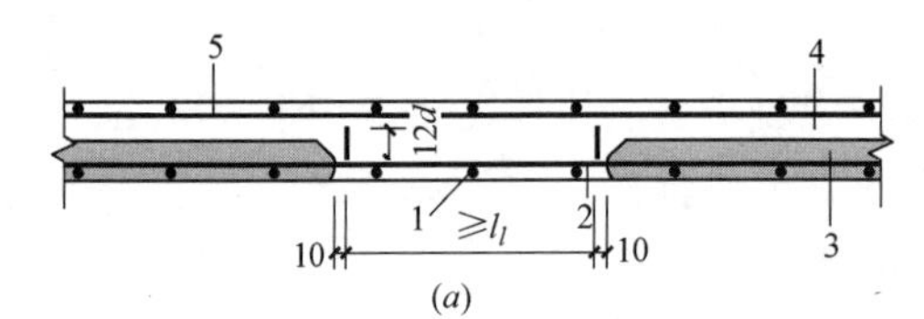

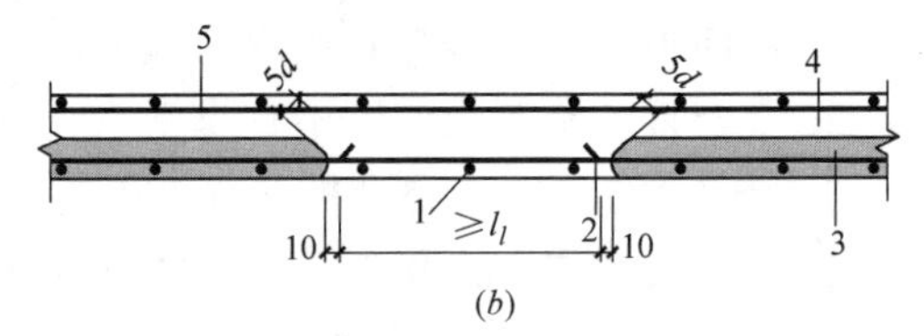

图 12.4.3　叠合板整体式拼缝构造示意

（a）板底纵筋末端带 90°弯钩搭接；（b）板底纵筋末端带 135°弯钩搭接

1—另一方向纵向钢筋；2—纵向受力钢筋；3—预制板；4—后浇混凝土叠合层；5—后浇层内钢筋

12.5　框架结构设计

12.5.1　装配整体式框架结构应符合下列要求：

1. 框架柱截面尺寸及配筋相关要求：矩形柱截面边长不宜小于 400mm，圆形截面柱直径不宜小于 450mm，且不宜小于同方向梁宽的 1.5 倍。柱纵向受力钢筋直径不宜小于 20mm，纵向受力钢筋的间距不宜大于 200mm，且不应大于 400mm。柱的纵向受力钢筋可集中于四角配置且宜对称布置。柱中可设置纵向辅助钢筋且直径不宜小于 12mm，纵向辅助钢筋可不伸入框架节点。

2. 框架梁截面尺寸及配筋相关要求：框架梁截面宽度应充分考虑下部钢筋在节点区的间距，其间距宜满足现行国家标准《混凝土结构设计规范》GB 50010 的相关要求。梁宽宜≥300mm。不同方向的框架梁宜采用不同的梁截面高度，梁的截面高差宜大于

50mm，同一方向的梁，计算及构造需要的梁下部钢筋应交错布置锚入节点区（图12.5.1）。

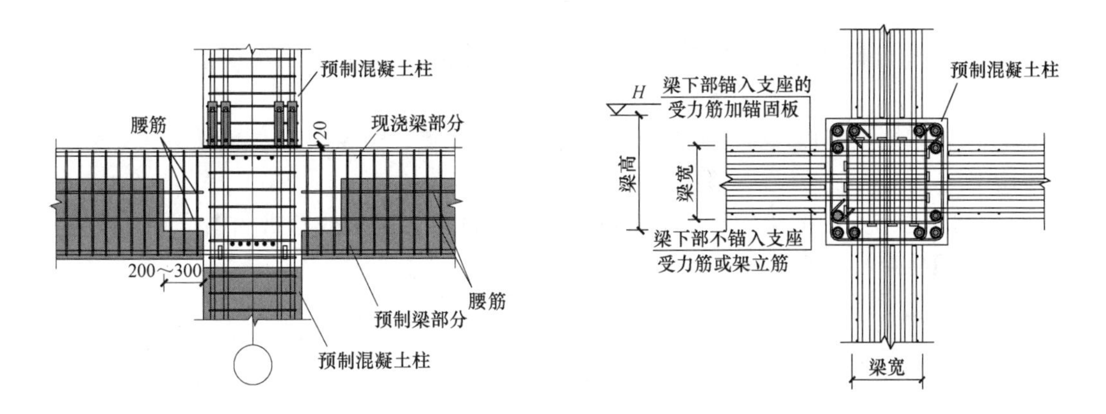

图12.5.1　框架梁下部钢筋在节点区避让示意

3. 次梁布置相关要求：次梁宜单向布置，次梁与主梁可采用铰接或刚接连接。当次梁不直接承受动力荷载且跨度不大于9m时，可采用钢企口，其上部配筋不小于2根12mm。当采用刚接连接时，主梁上宜预留连接钢筋或内螺母与次梁下部钢筋受压搭接，并应符合现行行业标准《装配式混凝土结构技术规程》JGJ 1的有关规定。

4. 框架结构楼板跨度较大时可采用空心叠合板、预应力双T板。空心叠合板可设计为单向或双向板，预应力双T板应设计为单向板。

【条文说明】框架柱截面除满足强度及刚度要求外，应充分考虑梁柱节点施工的便利性，框架柱在梁宽范围不宜设置纵向受力钢筋。框架柱配筋率不宜过大，灌浆套筒连接时不应采用双排钢筋或并筋。框架梁受扭的钢筋、梁角部钢筋，应伸入节点后浇区内锚固。

12.5.2　预制柱的设计应符合国家现行标准的要求，当采用套筒灌浆连接时，柱箍筋加密区不应小于钢筋连接区域并延伸500mm，且不应小于国家现行标准中的有关规定；套筒上端第一个箍筋距离套筒顶部不应大于50mm。

12.5.3　装配整体式框架结构中，预制柱水平接缝处不宜出现名义拉应力。采用预制柱及叠合梁的装配整体式混凝土框架结构，柱的拼接缝宜设置在楼面标高处，接缝应符合下列规定：

1. 后浇节点区混凝土上表面应设置粗糙面。

2. 柱纵向受力钢筋应贯穿后浇节点区。

3. 柱底接缝厚度宜为20mm，并应采用灌浆料填实。

12.5.4　在地震设计状况下，应按《装配式混凝土结构设计规程》JGJ 1计算预制柱底水平接缝的受剪承载力。

12.5.5　楼梯间位置预制柱应考虑半层楼梯平台梁钢筋的连接预埋。

12.5.6　叠合梁应按《装配式混凝土结构设计规程》JGJ 1计算梁端接缝受剪承载力。

12.5.7　叠合梁的箍筋配置应符合下列规定：

1. 叠合框架梁应采用整体封闭箍筋，箍筋弯钩设置于梁下部。叠合次梁不受扭时，箍筋可采用开口箍筋。

2. 框架梁箍筋加密区的肢距、间距均应满足现行《建筑抗震设计规范》GB 50011 的相关要求。

3. 次梁采用开口箍时，相关要求应满足现行《装配式混凝土建筑技术标准》GB/T 51231 的规定。

12.5.8 采用预制柱及叠合梁的装配整体式框架节点，梁纵向受力钢筋应伸入后浇节点区内锚固。

1. 中间层中节点：框架梁下部钢筋在节点区域设置锚固板或弯折锚固，此时应进行梁柱钢筋碰撞检查，避免安装困难。

2. 顶层梁柱边节点：可参考图 12.5.8-1 的连接方式。

3. 顶层梁柱中节点，柱纵向钢筋在节点区内的锚固宜采用端焊锚板或螺栓锚头的机械锚固方式，钢筋应伸至梁顶且满足锚固长度要求，节点构造见图 12.5.8-2。

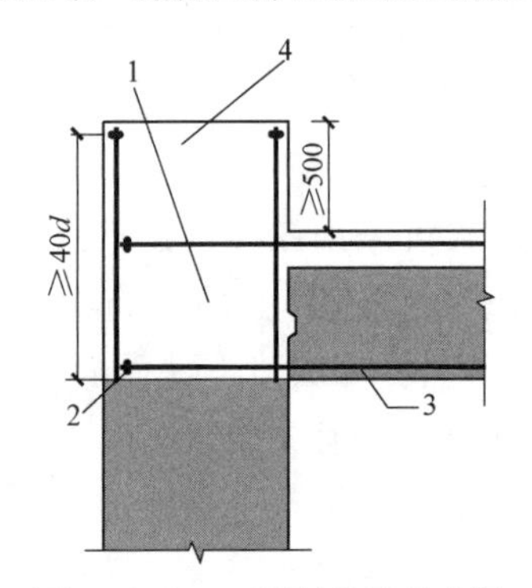

图 12.5.8-1 预制柱及叠合梁框架顶层边节点构造示意

1—后浇区；2—梁下部纵向受力钢筋锚固；3—预制梁；4—柱延伸段

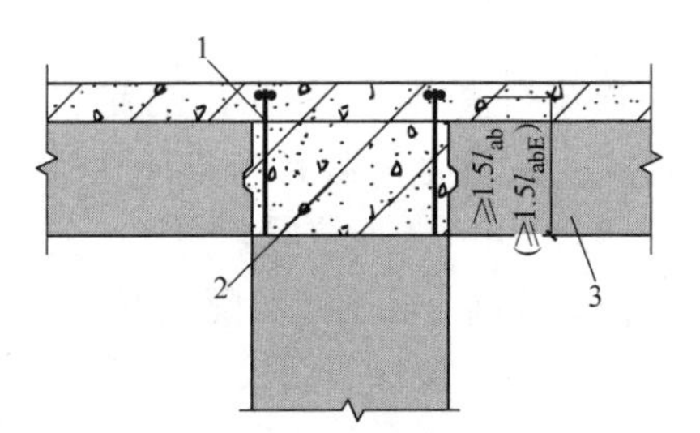

图 12.5.8-2 预制柱及叠合梁框架顶层中节点构造示意

1—柱纵向钢筋；2—现浇节点；3—预制梁

12.5.9 预制主次梁连接，采用预留钢筋，刚接连接时在连接节点处可参考图 12.5.9 的连接方式。

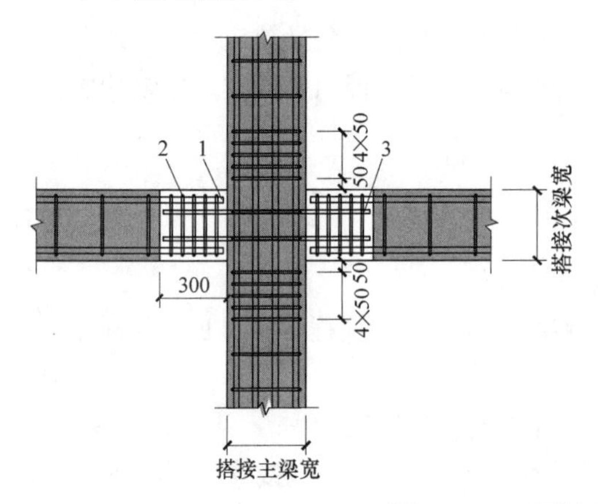

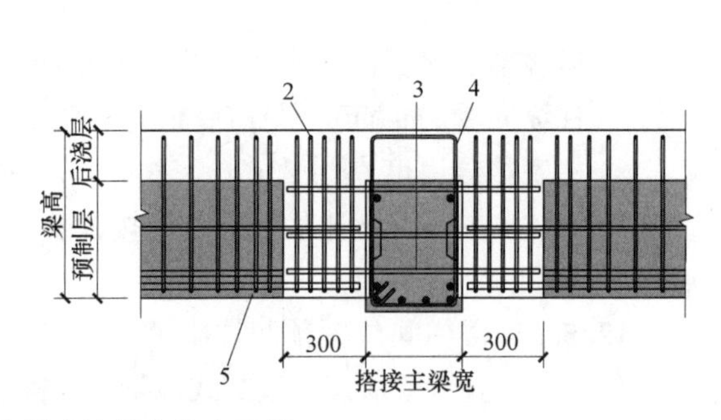

图 12.5.9 预制主次梁连接节点构造示意

1—梁下部纵向受力钢筋；2—现浇节点区箍筋；3—预制主梁预留连接插筋；4—叠合梁封闭箍筋；5—预制次梁

【条文说明】主梁预留连接钢筋也可改成预埋连接套筒，套筒加附加钢筋与次梁钢筋搭接的连接方式。该节点构造具有以下优点：1. 主梁两侧不再伸出胡子筋，可以使主梁的模具简单化，而且便于脱模。2. 主梁不再被打断，便于运输、吊装，大大提高了施工效率，且施工质量更容易得到保障。

12.5.10 次梁与主梁采用钢企口连接（图 12.5.10-1），应符合下列规定：

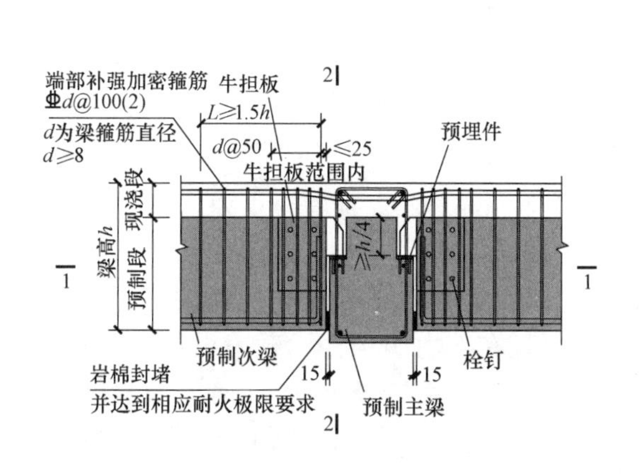

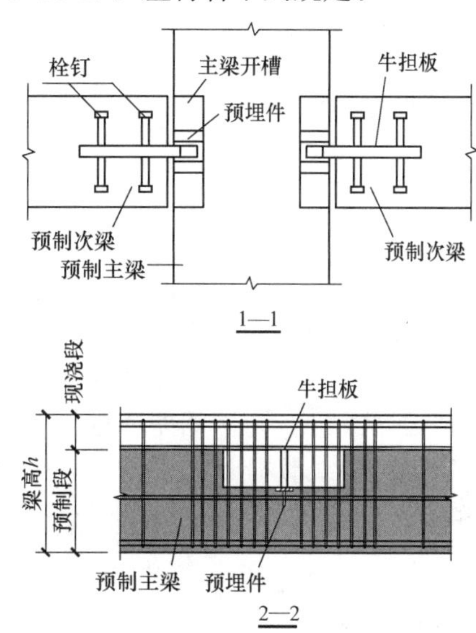

图 12.5.10-1　钢企口接头示意

1. 受扭时不应采用钢企口连接形式。

2. 主梁的开槽宽度同次梁梁宽，开槽深度 h 按抗剪确定，且不小于 1/4 梁高。

3. 牛担板（图 12.5.10-2）应与预制主梁中的埋件焊接，焊脚尺寸 $h_f \geqslant 6$mm。

4. 其他详见《装配式混凝土建筑技术标准》GB/T 51231—2016。

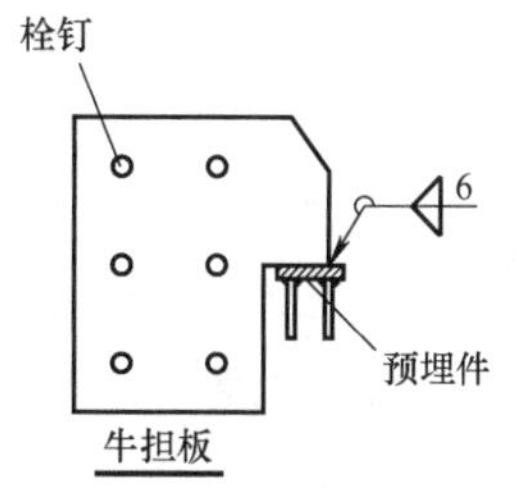

图 12.5.10-2　牛担板示意

12.6　剪力墙结构设计

12.6.1　预制夹心外墙板外叶墙板的厚度可采用 60mm，配筋 ϕ6@150×150 单层钢筋网，采用拉结件将内外叶墙连接。

12.6.2　预制剪力墙的水平分布筋应在套筒底部至套筒顶部并向上延伸 300mm 范围内加密，加密区水平分布筋的最大间距和最小直径应符合表 12.6.2 的规定，套筒上端第一道水平分布钢筋距离套筒顶部不应大于 50mm。

加密区水平钢筋的要求　　**表 12.6.2**

抗震等级	最大间距(mm)	最小直径(mm)
一、二级	100	8
三、四级	150	8

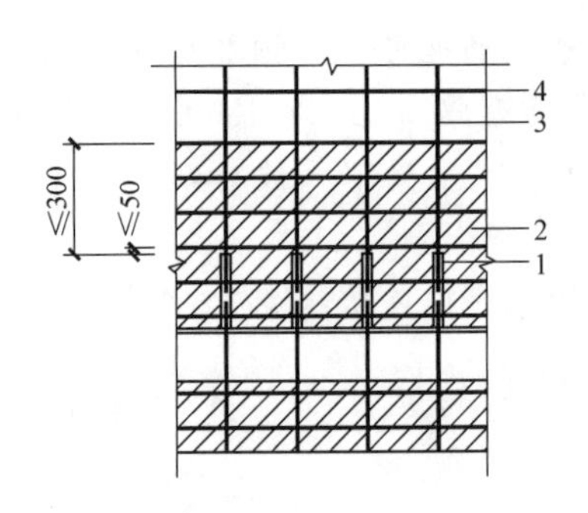

图 12.6.2　竖向钢筋连接区域水平筋加强构造

1—竖向钢筋连接；2—水平钢筋加密区域；3—竖向钢筋；4—水平钢筋

12.6.3　上下层预制剪力墙竖向分布钢筋套筒灌浆连接，应符合下列规定：

竖向分布钢筋当采用“梅花形”布置（图 12.6.3）时，连接部位钢筋的强度、配筋率均应满足现行国家标准《建筑抗震设计规范》GB 50011 的相关规定。连接钢筋的直径不应小于 12mm，同侧间距不应大于 400mm，且在剪力墙构件承载力设计和分布钢筋配筋率计算中不得计入未连接的分布钢筋；未连接的竖向分布钢筋直径不应小于 6mm。

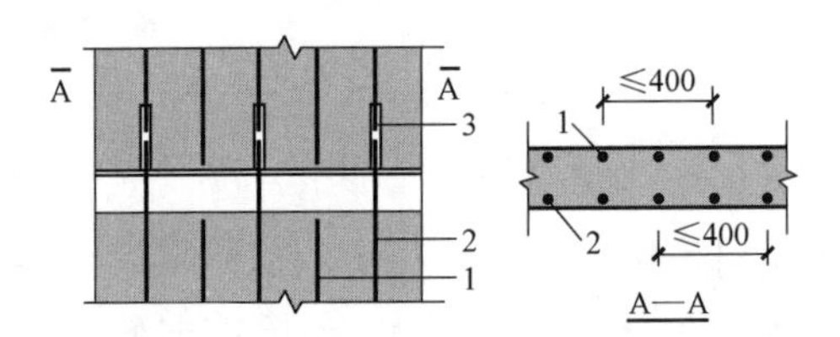

图 12.6.3　竖向分布钢筋“梅花形”套筒灌浆连接构造示意

1—未连接的竖向分布钢筋；2—连接的竖向分布钢筋；3—灌浆套筒

12.6.4　经充分考虑施工工艺后，预制剪力墙竖向钢筋可采用环形钢筋搭接连接（图 12.6.4）。

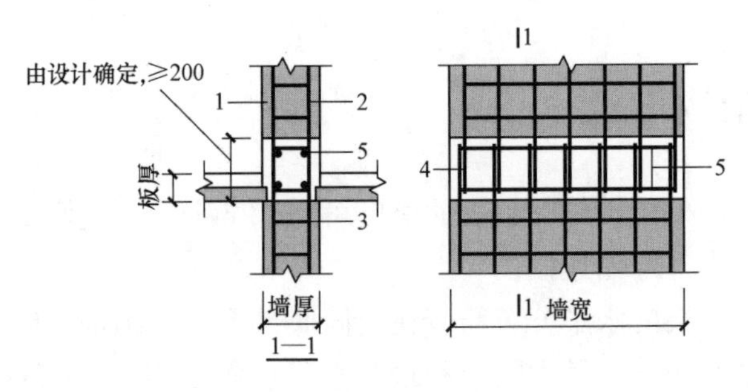

图 12.6.4　环形钢筋搭接连接

1—预制剪力墙；2—竖向钢筋；3—水平钢筋；4—U 形环筋；5—附加筋≥4ϕ12

12.6.5　预制剪力墙连接节点构造如下：

1. 墙身连接见图 12.6.5-1～图 12.6.5-4。

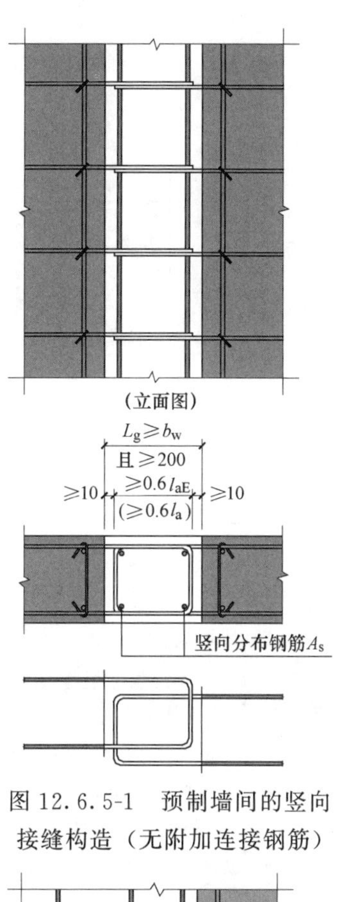

图 12.6.5-1 预制墙间的竖向接缝构造（无附加连接钢筋）

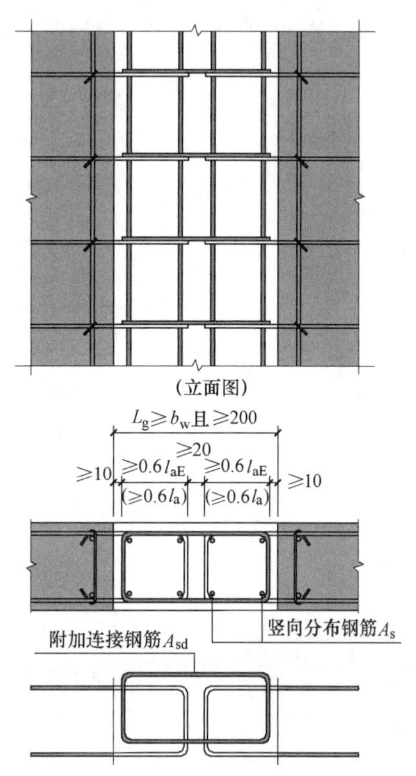

图 12.6.5-2 预制墙间的竖向接缝构造（有附加连接钢筋）

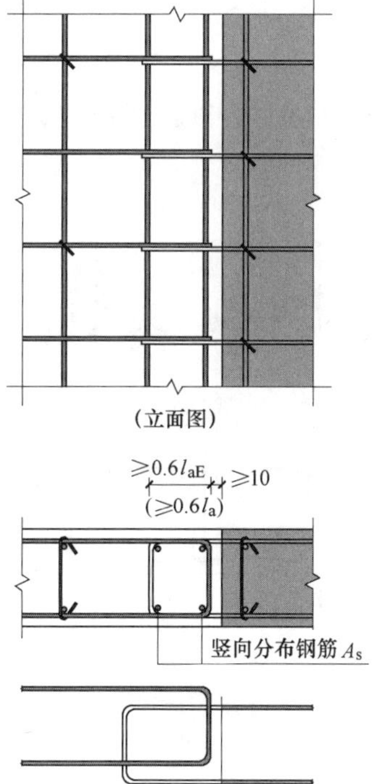

图 12.6.5-3 预制墙与现浇墙间的竖向接缝构造

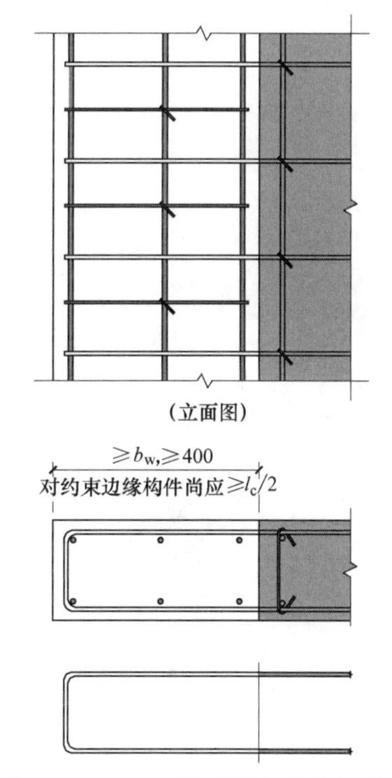

图 12.6.5-4 预制墙与后浇边缘暗柱间的竖向接缝构造

2. 边缘构件连接见图 12.6.5-5～图 12.6.5-10。

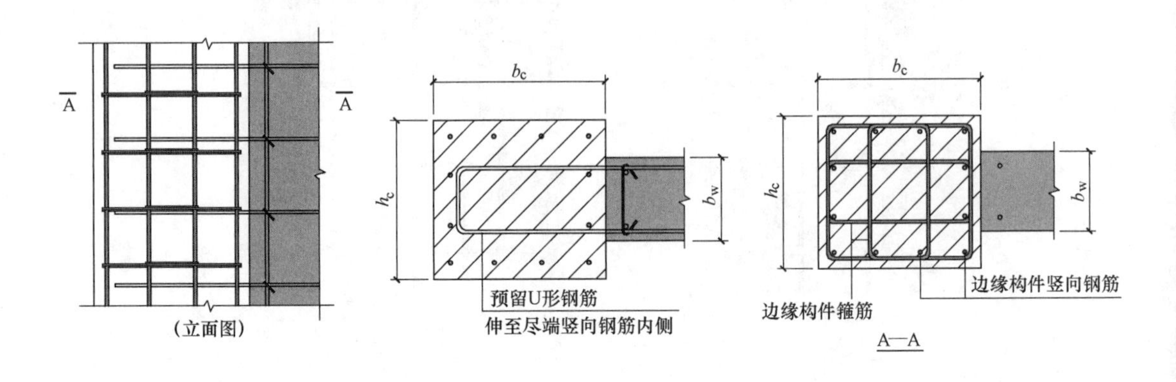

图 12.6.5-5 预制墙与后浇端柱间的竖向接缝构造（构造边缘端柱）

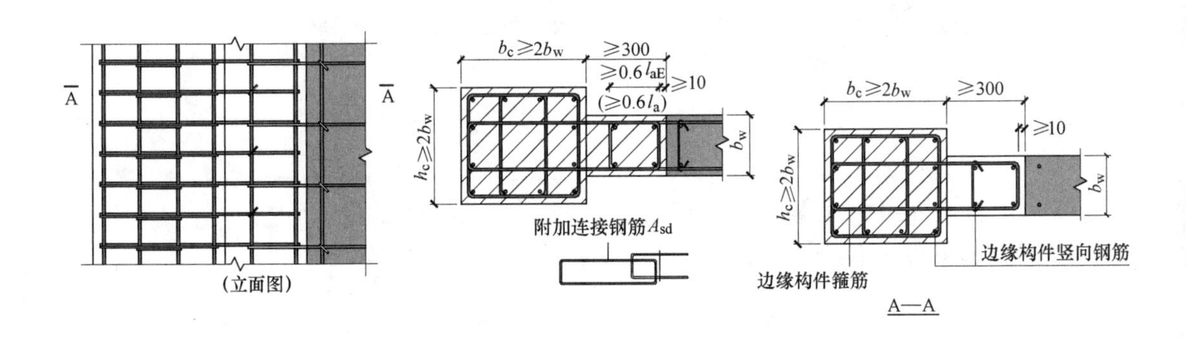

图 12.6.5-6 预制墙与后浇端柱间的竖向接缝构造（约束边缘端柱）

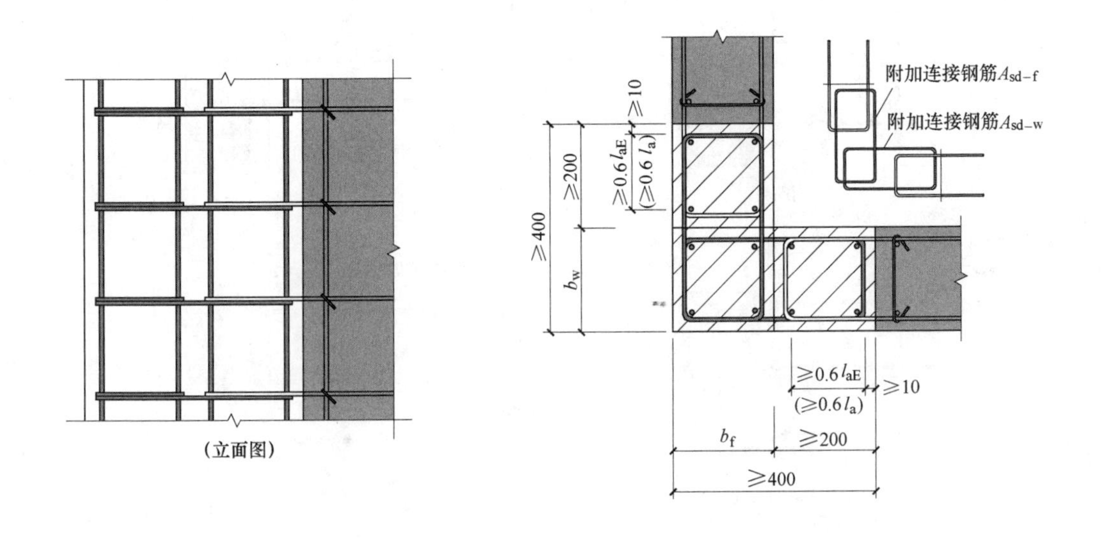

图 12.6.5-7 预制墙在转角墙处的竖向接缝构造（构造边缘转角墙）

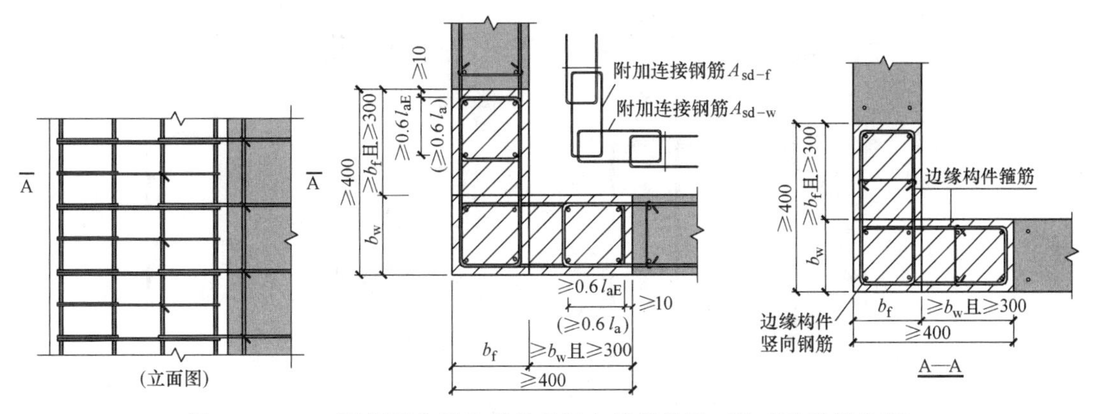

图 12.6.5-8 预制墙在转角墙处的竖向接缝构造（约束边缘转角墙）

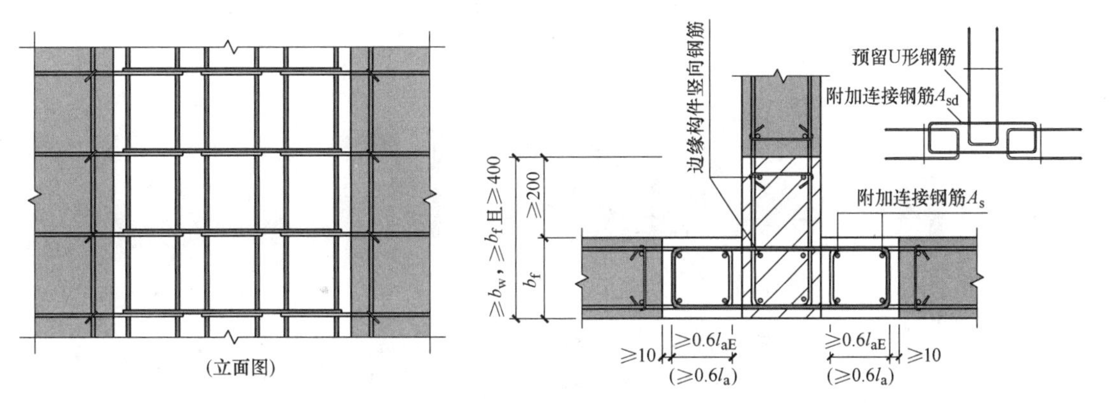

图 12.6.5-9 预制墙在有翼墙处的竖向接缝构造（构造边缘翼墙）

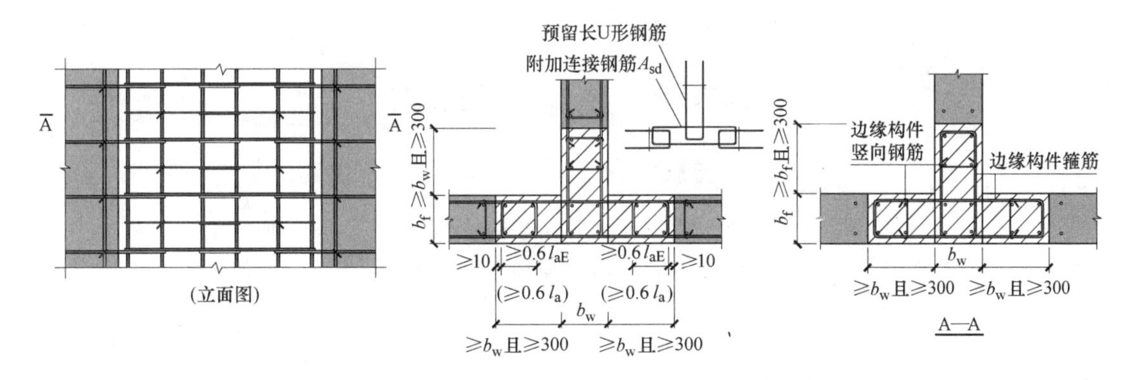

图 12.6.5-10 预制墙在有翼墙处的竖向接缝构造（约束边缘翼墙）

3. 竖向钢筋顶部构造见图 12.6.5-11。

12.6.6 屋面以及立面收进的楼层，应在预制剪力墙顶部设置封闭的后浇钢筋混凝土圈梁（图 12.6.6），构造要求须满足现行行业标准《装配式混凝土结构设计规程》JGJ 1 中的规定。

12.6.7 各层楼面位置，预制剪力墙顶部无后浇圈梁时，应设置连续的水平后浇带（图 12.6.7），构造要求须满足现行行业标准《装配式混凝土结构设计规程》JGJ 1 中的规定。

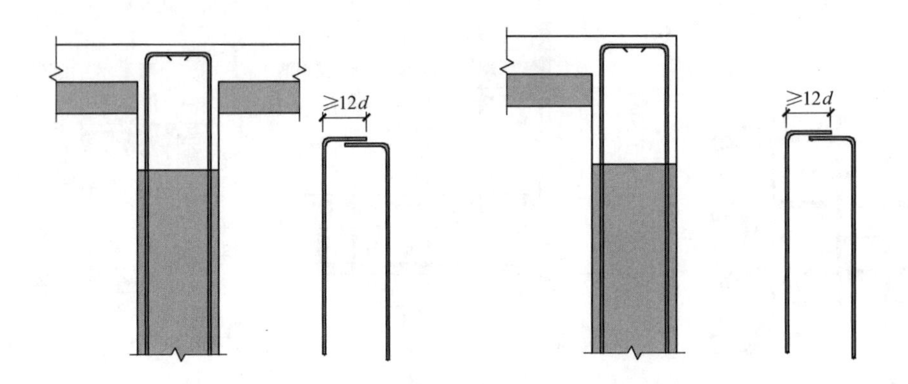

图 12.6.5-11　预制墙竖向钢筋顶部构造

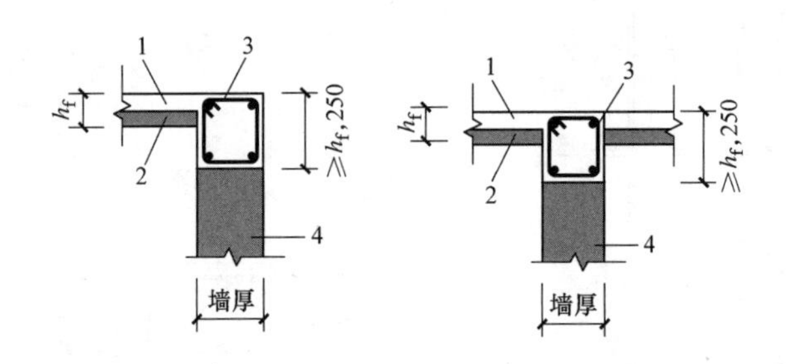

图 12.6.6　后浇钢筋混凝土圈梁构造示意

1—后浇混凝土叠合层；2—预制板；3—后浇圈梁；4—预制剪力墙

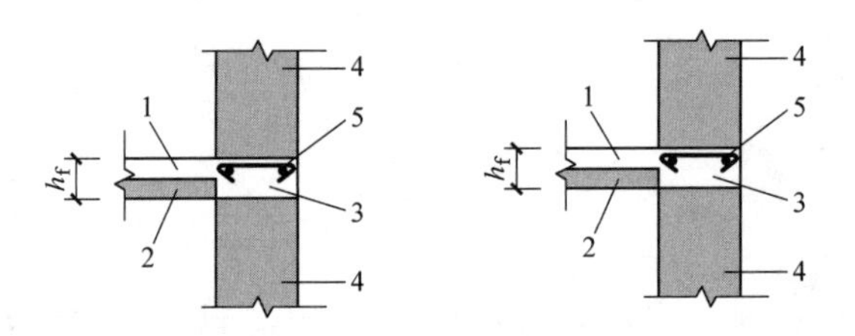

图 12.6.7　水平后浇带构造示意

1—后浇混凝土叠合层；2—预制板；3—后浇圈梁；4—预制剪力墙；5—纵向钢筋

12.7　其他构件设计

12.7.1　预制楼梯连接节点做法可参照《预制钢筋混凝土板式楼梯》15G367-1；对于可滑动楼梯，仍需满足现行行业标准《装配式混凝土结构设计规程》JGJ 1 中的规定。

12.7.2　阳台可做全预制或半预制，注意保证阳台钢筋锚固长度满足规范设计要求。

12.7.3　预制混凝土外墙挂板与主体结构的连接应采用柔性连接构造，保证外挂墙板在地震时能够适应主体结构的最大层间位移角。

12.8 加工及验收

12.8.1 构件加工制作前应根据施工图设计要求和制作、运输、安装方案进行深化设计包括生产计划和生产工艺、生产质量控制措施、成品保护措施、出厂检验要求、资料移交方案等内容。

12.8.2 装配式结构施工、验收应符合国家现行标准《装配式混凝土结构技术规程》JGJ 1、《装配式混凝土建筑技术标准》GB/T 51231 和《混凝土结构工程施工质量验收规范》GB 50204 的相关规定。

13 山地建筑结构

13.1 一般规定

13.1.1 底部竖向构件的约束部位不在同一水平面上且不能简化为同一水平面上的结构，称为“山地建筑结构”，按接地方式的不同，通常分为吊脚结构及掉层结构等（图13.1.1）。山地建筑应结合地形、地质条件、岩土边坡条件、水文条件及建筑功能等因素，合理采用吊脚结构、掉层结构等形式。

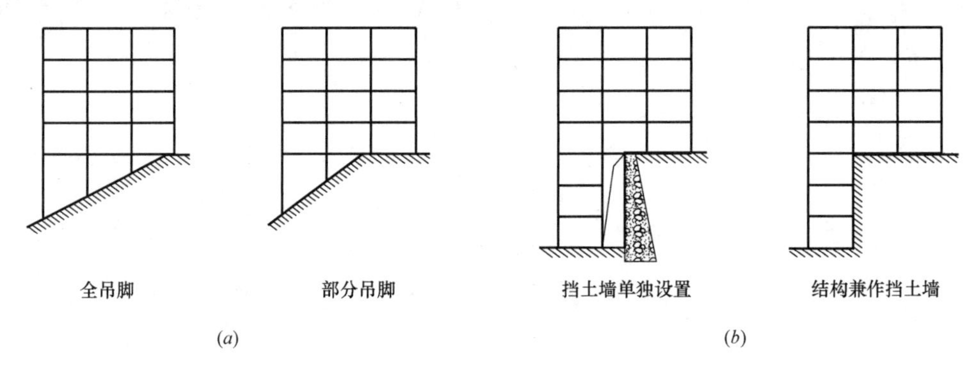

图 13.1.1 山地建筑结构形式

(a) 吊脚结构；(b) 掉层结构

【条文说明】山地建筑常见结构形式有：掉层结构、吊脚结构、附崖结构、连崖结构，由于“附崖结构”及“连崖结构”应用较少，故本章不作叙述。

13.1.2 山地建筑结构中的掉层结构，是指在同一结构单元内有两个及以上不在同一水平面的嵌固端，且上接地端以下利用坡地高差设置楼层的结构体系；吊脚结构，是指顺着坡地采用长短不同的竖向构件形成的具有不等高约束的结构体系。

上接地端：指掉层结构（吊脚结构）中位于高处的嵌固端；下接地端：指掉层结构（吊脚结构）中位于低处的嵌固端。

上接地层：指掉层结构上接地端所约束及连接的结构整体楼层或吊脚结构底部第一结构楼层。

掉层：指具有两个及以上嵌固端的结构单元中位于上接地端以下的所有楼层。

上接地端楼盖：指掉层结构中连接掉层部分与上接地竖向构件的楼盖。

上接地层楼盖：指掉层结构中上接地端以上第一层的顶楼盖。

山地建筑结构的吊脚结构、掉层结构相关术语见图 13.1.2。

13.1.3 山地建筑应充分考虑场地稳定性、水文地质条件、山地建筑结构形式、环境边坡等因素对结构安全的影响。

【条文说明】山区地质条件复杂，建设场地高差大、岩土工程特性差异大，不良地质

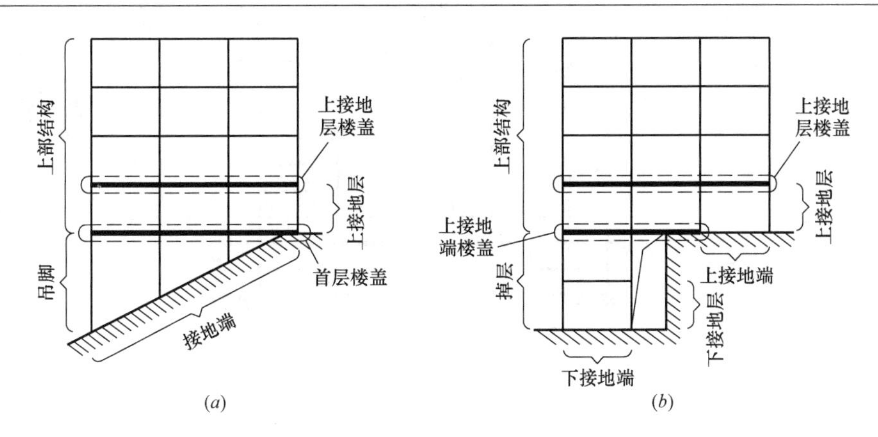

图 13.1.2　山地建筑结构术语解释

(a) 吊脚结构；(b) 掉层结构

现象普遍，地表水汇集和地下水的影响，这些都对结构安全有影响，设计应充分考虑不利因素影响并采取针对性措施。

13.1.4　山地建筑场地勘察应有场地稳定性评价、边坡稳定性评价和防治方案建议，以及工程建设中、建成后引发地质灾害的可能性评价和预防治理措施，应根据地质、地形条件和使用要求，设置符合抗震设防要求的边坡工程。

【条文说明】《建筑抗震设计规范》GB 50011—2010 第 3.3.5 条规定，山地建筑地质勘察，除了按建筑勘察要求提出技术指标外，场地稳定性评价是地勘的一项重要内容，对环境边坡及基坑开挖要逐段进行评价和方案建议。

13.1.5　当在条状突出的山嘴、高耸孤立的山丘、山坡、非岩质的陡坡、河岸和边坡边沿等不利地段建造丙类及以上建筑时，除保证其在地震作用下的稳定性外，尚应估计不利地段对设计地震动参数可能产生的放大作用，其水平地震影响系数最大值应乘以增大系数，其值可在 1.1～1.6 范围内采用。

【条文说明】根据不利地段的具体情况，地震影响系数的增大系数按《建筑抗震设计规范》GB 50011—2010 第 4.1.8 条及其条文说明取值。汶川、芦山地震中山坡上的建筑震损相比其他的建筑更严重，说明地震对坡地上建筑结构作用的放大效应不可忽视。

13.1.6　作为山地建筑结构嵌固端的边坡应保证嵌固条件的有效性，嵌固层标高处的土体水平尺寸 a 应大于 1.0 倍从嵌固层算起的地下室高度 H（$a>1.0H$），地下室底板标高处的土体水平尺寸 b 应大于 1.5 倍从嵌固层算起的地下室高度（$b>1.5H$）。无论采用自然放坡或支挡边坡，边坡结构均应保证稳定性及在罕遇地震作用下不至破坏的性能要求（图 13.1.6）。

【条文说明】地下室四周土体本质上是为结构提供了很大的附加阻尼，当边坡的有限土体接近本条规定时，可考虑在边坡一侧的地下室内设置一定数量垂直于边坡的钢筋混凝土墙，以增大该方向的地下室刚度。

应加强嵌固层下塔楼相关范围内地下室刚度，嵌固层下一层与上一层侧向刚度比不应小于 2。

当边坡外侧地面标高低于地下室底面标高时，应从严要求，例如：要求 $a>1.5H$，$b>2.0H$（b 为地下室底面处外墙距边坡的水平距离）。

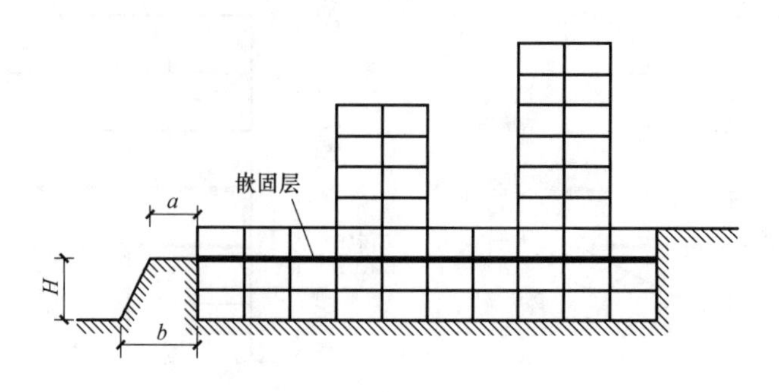

图 13.1.6　有限土体满足嵌固条件示意

13.1.7　Ⅳ类场地及抗震设防 7、8 度Ⅲ类建筑场地不宜采用掉层、吊脚结构。抗震设防 9 度建设场地不应采用掉层、吊脚结构，无法避免时应进行专门研究和论证。

【条文说明】高层山地建筑结构的抗震性能研究和积累经验不多，应从严控制。

13.1.8　山地建筑结构需支挡不平衡土压力时，宜优先考虑单独设置永久性支挡结构，用滑动支座盖板与室外连接（图 13.1.8），预留间隙宽度应满足大震下主体结构在该标高处的位移要求，盖板的支承长度应保证大震下盖板不脱落的要求。当主体结构兼作支挡结构时，应考虑主体结构与岩土的共同作用及其地震效应，还应充分考虑不平衡土压力对结构的影响。

【条文说明】《建筑抗震设计规范》GB 50011—2010 第 6.1.14 条条文说明指出："在山（坡）地建筑中出现地下室各边埋填深度差异较大时，宜单独设置支挡结构"。条件允许时都宜按该条执行。

13.1.9　对于山地高层建筑，宜优先考虑调整建筑总图布置，或者对高层建筑范围内的场地进行平整处理，尽量避免采用掉层、吊脚结构（图 13.1.9-1）。应尽量通过对局部场地调整以保证塔楼范围的基底位于同一水平面上（图 13.1.9-2）。

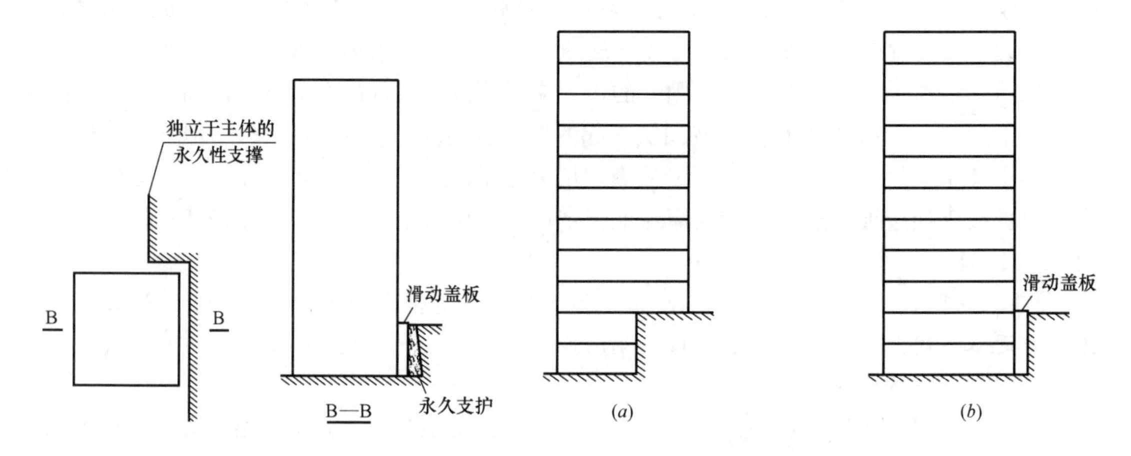

图 13.1.8　建筑与边坡关系

图 13.1.9-1　山地高层建筑场地平整处理方案
（a）建筑原方案；（b）建议调整方案

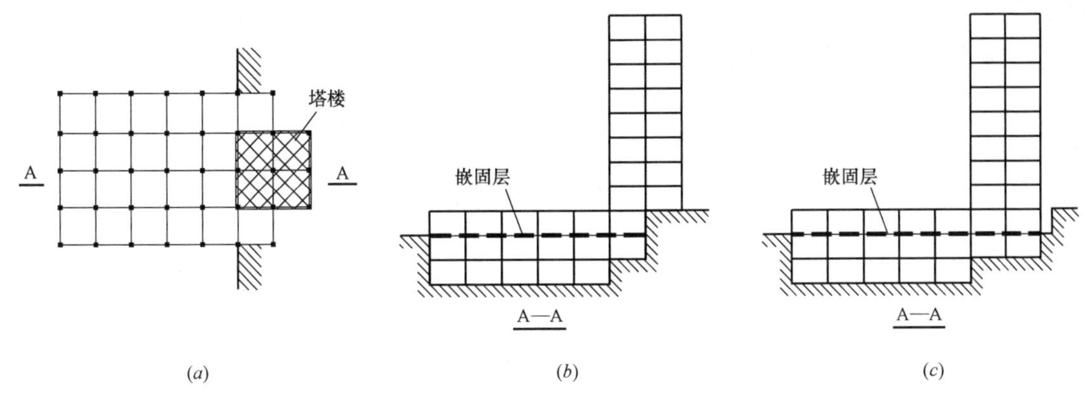

图 13.1.9-2 通过场地平整保证塔楼基底位于同一水平面
(a) 建筑平面图；(b) 建筑原方案剖面图；(c) 建议调整方案剖面图

【条文说明】对于高层建筑尤其是塔楼形式的高层建筑，在塔楼内出现掉层或吊脚对结构整体性能很不利。在工程实践中，往往可以通过与业主及建筑专业沟通，调整建筑总图布置，或对塔楼部分的场地进行平整，避免出现掉层或吊脚结构。

13.1.10 大底盘地下室三面有土体约束一面临空，但其中垂直临空面的两边未能全长覆土，当覆土长度不小于该边地下室边长的 2/3（即 $B \geqslant 2/3L$）且塔楼位于地下室的三面全覆土（即 B 长度）范围时，可不考虑塔楼综合质心与大底盘质心偏心的影响，塔楼建筑高度以上面的地坪起算。

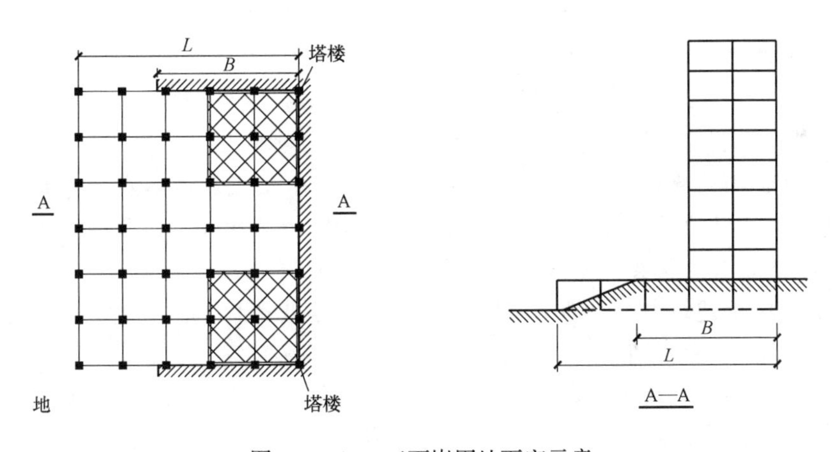

图 13.1.10 三面嵌固地下室示意

【条文说明】在山地建筑中，三面填土一面临空的地下室上布置有单塔或多塔楼的形式比较常见，控制“塔楼与大底盘的质心偏心距占底盘相应边长的百分比”的目的是考虑偏心产生的扭转对结构的不利影响。对这种三面填土的地下室，其地下室顶板的扭转已经被“约束”（在临空面双向宜适当布置抗侧力剪力墙），因此可不考虑塔楼综合质心与大底盘质心偏心的影响。

13.1.11 山地建筑应充分考虑场地开挖后的场地对建筑结构的影响，其建设原则一般是先治坡后建房。

13.1.12 边坡附近的建筑基础应进行抗震稳定性设计。建筑基础与土质、强风化岩质边坡的边缘应留有足够的距离（图 13.1.12），其值应根据设防烈度的高低确定，并采取措施避免地震时地基基础破坏。

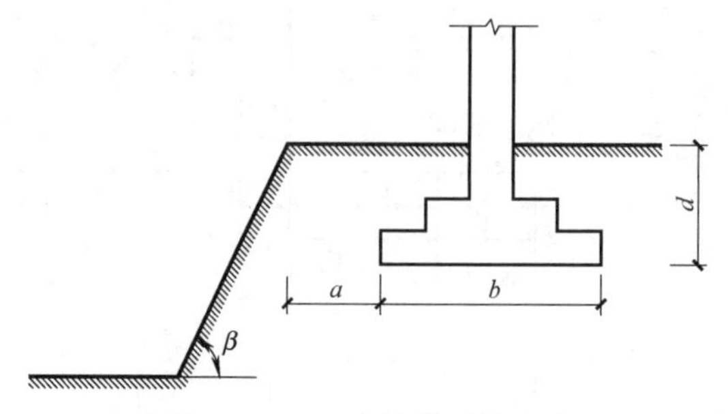

图 13.1.12　边坡附近的基础

【条文说明】有关山区建筑距边坡的距离，当参照《建筑地基基础设计规范》GB 50007—20011 第 5.4.1、5.4.2 条计算时，其边坡坡角 β 需按地震烈度的高低减去地震角（地震角应按表 13.1.12 取值）进行修正，滑动力矩需计入水平地震和竖向地震产生的效应。

地震角取值　　**表 13.1.12**

类别	7 度		8 度		9 度
	0.1g	0.15g	0.2g	0.3g	0.4g
水上	1.5°	2.3°	3.0°	4.5°	6.0°
水下	2.5°	3.8°	5.0°	7.5°	10.0°

13.1.13　山地建筑地下室结构设计，当地基为不透水层或弱透水层时，应充分考虑环境地表水及地下裂隙水流入基坑肥槽对地下室结构的影响。

【条文说明】山地建筑地下室全部或部分嵌入不透水层或弱透水层时，如勘察期间未发现有地下水，设计地下室时往往没有考虑抗浮设计，但在大雨后环境地表水可能对地下室产生水盆效应，应重视其对地下室的影响，采取设计措施。

13.1.14　山地建筑由于场地平整导致地下室下有回填土，应充分考虑环境地表水及地下裂隙水造成回填土固结下沉对地下室底板及基础的影响。

【条文说明】由于场地平整，地下室底板下一般有新回填土层，当填土范围较大且深厚时，下渗的地表水可能使新填土下沉造成底板脱空，对于桩基则可能使桩顶一定长度内桩周无土体约束形成高桩，设计时对此不利情形应有预判及预防措施，例如将底板设计为结构板并将其荷载全部传给基础，基础设计应考虑该部分荷载；对桩基则除应考虑负摩阻力影响外，尚宜加大桩身配筋或按高桩验算等。

13.1.15　山地建筑结构房屋高度应按下列规定取值：

1. 掉层结构当大多数竖向抗侧力构件嵌固于上接地端时（上接地部分结构侧向刚度不小于本层结构总侧向刚度的 80%），取上接地端至房屋主要屋面的高度，否则取下接地端至房屋主要屋面的高度［图 13.1.15（a）］。

2. 部分吊脚结构当大多数竖向抗侧力构件嵌固于上接地端时（上接地部分结构侧向刚度不小于本层结构总侧向刚度的 80%），取上接地端至房屋主要屋面的高度，否则取吊脚竖向构件最低地面至房屋主要屋面的高度［图 13.1.15（b）］。

3. 全吊脚结构取竖向构件最低地面至房屋主要屋面的高度［图 13.1.15（c）］。

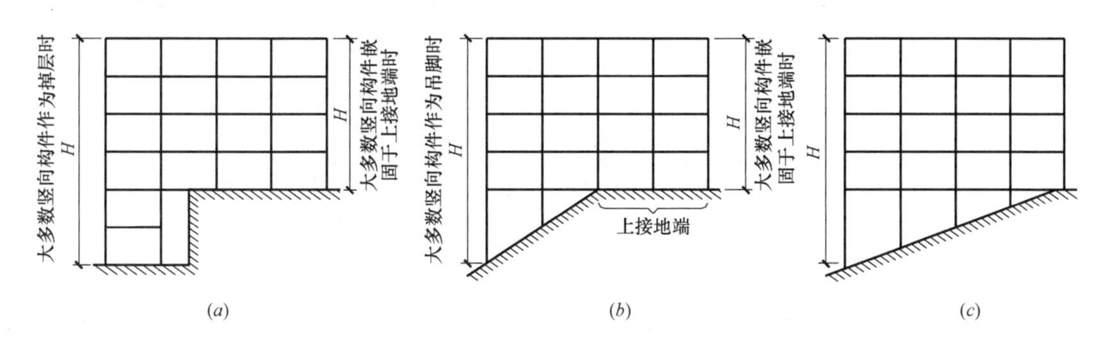

图 13.1.15　山地建筑结构计算高度示意图

（a）掉层结构；（b）部分吊脚结构；（c）全吊脚结构

【条文说明】为方便计算，整体分析模型柱脚均取为上接地端标高，侧向刚度比可取接地构件剪力之和与整体模型分析的底层剪力之和的比值。

13.2　结构计算分析

13.2.1　山地建筑结构根据不同接地端的实际约束条件，采用合适的分析软件建立合理的与实际受力相符合的整体分析模型，应考虑双向地震作用下的扭转影响，并应对计算结果进行合理性判断。

13.2.2　山地建筑结构整体计算分析应采用考虑扭转耦联振动影响的振型分解反应谱法。对于掉层结构，计算振型应使各振型参与质量之和不小于总质量的 95%；对于高层山地建筑结构，应补充多遇地震下的时程分析计算，并与反应谱计算取包络设计。

13.2.3　山地建筑结构扭转位移比限值按现行国家标准《建筑抗震设计规范》GB 50011 及现行行业标准《高层建筑混凝土结构技术规程》JGJ 3 取值，上接地层可仅以楼层水平位移计算位移比。

13.2.4　山地建筑结构的侧向刚度应满足下列要求：

1. 吊脚结构的吊脚部分侧向刚度不宜小于上层相对应结构部分的侧向刚度［图 13.2.4（a）］，上接地端以上楼层的侧向刚度按现行国家规范相关要求验算层刚度比。

2. 掉层结构的掉层部分和上接地层中对应掉层范围内的结构侧向刚度不宜小于上一层侧向刚度［图 13.2.4（b）］，上接地端以上楼层的侧向刚度要求按现行国家规范相关要求验算层刚度比。

【条文说明】为便于计算，相对应部分的侧向刚度比可采用等效剪切刚度比，按《高层建筑混凝土结构技术规程》JGJ 3—2010 附录 E.0.1 条公式计算。

13.2.5　吊脚结构的吊脚部分层间受剪承载力不宜小于其上层相对应部位竖向构件的受剪承载力之和的 1.1 倍；掉层结构的掉层层间受剪承载力不宜小于其上层相对应部位竖

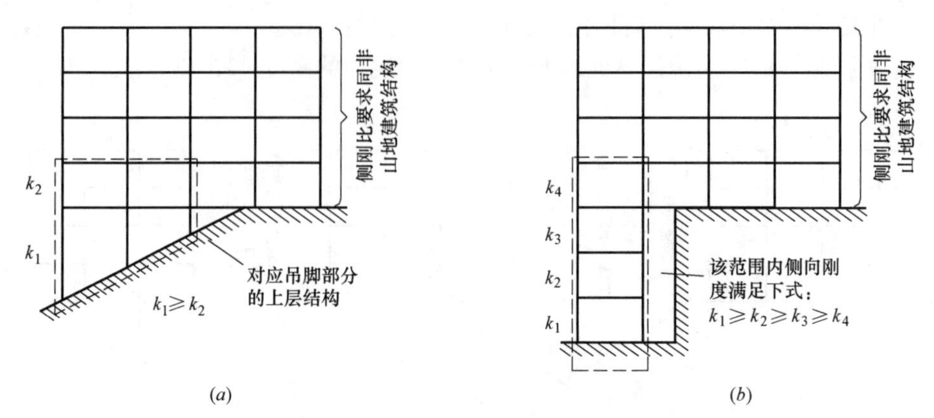

图 13.2.4　山地建筑结构抗侧刚度要求示意图

(a) 吊脚结构侧刚比要求；(b) 掉层结构侧刚比要求

向构件的受剪承载力之和的 1.1 倍。

13.2.6　楼盖应采用考虑楼板面内弹性变形的计算模型进行内力分析。吊脚结构首层楼盖、掉层结构上接地端楼盖和上接地层楼盖的框架梁应补充偏拉（压）受力计算，构件取包络值设计。

13.3　钢筋混凝土结构房屋设计及构造要求

13.3.1　掉层、吊脚钢筋混凝土结构房屋的最大适用高度应符合表 13.3.1 的规定。

掉层、吊脚钢筋混凝土结构房屋最大适用高度（m）　　表 13.3.1

结构类型		抗震设防烈度				
		6 度	7 度		8 度	
			0.10g	0.15g	0.20g	0.30g
框架		21	18	18	15	15
异形柱框架		18	15	15	12	—
框架-剪力墙		110	100	100	85	65
异形柱框架-剪力墙		45	40	30	25	15
剪力墙	全部落地剪力墙	120	100	100	85	65
	部分框支剪力墙	100	85	85	65	40
筒体	框架-核心筒	130	110	110	85	75
	筒中筒	150	130	130	100	85
板柱-剪力墙		70	60	60	45	30

注：1. 房屋高度根据本章第 13.1.15 条确定；

2. 对于 7、8 度地区建于土质边坡的房屋，最大适用高度适当降低。

【条文说明】2008 年汶川地震中，山地建筑框架结构破坏比较严重，故建议比国家现行标准更严的高度限值。

13.3.2　多遇地震水平地震作用计算时，吊脚、掉层结构各楼层和基底对应于地震作用标准值的剪力应符合下列要求：

1. 所有接地部位基底剪力之和应符合下式要求：

$$V_{\mathrm{Ek0}}>\lambda G_{\mathrm{E}}$$

2. 各楼层的水平地震剪力应符合下式要求：

$$V_{\mathrm{Ek}i}>\lambda\sum_{j=i}^{n}G_j$$

式中：V_{Ek0}——所有接地构件对应于水平地震作用标准值的基底剪力之和；

G_{E}——结构的总重力荷载代表值；

$V_{\mathrm{Ek}i}$——第 i 层对应水平地震作用标准值的剪力；

λ——水平地震剪力系数；

G_j——第 j 层的重力荷载代表值；计算掉层结构掉层部分的楼层剪力时，G_j 只考虑掉层部分竖向对应部位的重力荷载代表值；

n——结构计算总层数。

13.3.3 高层吊脚结构上接地层及以下部位、高层掉层结构上接地层及以下掉层结构的抗震等级应提高一级，特一级时不再提高。

13.3.4 掉层结构上接地端楼盖框架梁宜与上接地端基础梁相连接。

13.3.5 吊脚结构首层楼盖应采用现浇梁板体系。多层吊脚结构首层楼盖板厚度不宜小于120mm，高层吊脚结构不宜小于150mm，楼板钢筋采用双层双向通长布置，单层单向配筋率不小于0.25%。

13.3.6 掉层结构上接地端楼盖和上接地层楼盖应采用现浇梁板式体系，多层掉层结构上接地端楼盖的楼板厚度不宜小于120mm，高层掉层结构上接地端楼盖的楼板厚度不宜小于150mm。楼板钢筋采用双层双向通长布置，单层单向配筋率不小于0.25%。

13.3.7 吊脚、掉层结构各接地柱箍筋应全柱段加密，体积配箍率可比现行国家标准要求适当加大10%，箍筋最大间距及最小直径满足表13.3.7要求。

柱箍筋加密的箍筋最大间距和最小直径 **表13.3.7**

抗震等级	箍筋最大间距(mm)	箍筋最小直径(mm)
一级	6d、100的较小值	10
二、三	8d、100的较小值	8
四级	8d、150(柱根100)的较小值	8

注：1. d 为纵向钢筋直径；
2. 柱根指接地柱下端箍筋加密区。

13.3.8 吊脚结构首层框架梁、掉层结构上接地端及上接地层框架梁，应沿梁全长顶面和底面配置通长钢筋，钢筋面积不应小于梁两端顶面或底面纵向钢筋较大面积的1/4，且不少于两根，直径不应小于16mm，且顶面和底面的通长钢筋最小配筋百分率取0.35和 $55f_t/f_y$ 的较大值。沿梁腹板高度应配置间距不大于200mm，直径不小于14mm的腰筋，并满足现行国家标准最小配筋率要求。

14 填 充 墙

14.1 一般规定

14.1.1 填充墙包括砌体填充墙、钢骨架墙、轻质条板墙、现浇少筋开竖缝混凝土墙等。常用的砌体填充墙的砌筑材料包括：加气混凝土砌块、页岩多孔砖、页岩空心砖、混凝土空心砌块等。钢骨架墙包括以轻钢龙骨、薄壁型钢、普通型钢为骨架，外贴面板的墙体。轻质条板包括空心条板、实心条板、复合夹心条板，如加气混凝土条形板、泰柏板、GRC板、水泥泡沫夹心板等。

【条文说明】1. 采用配置少量钢筋的开竖缝混凝土墙，可使墙体具有更好的整体性，防止地震时墙体倒塌。在墙体中开竖缝，能够降低墙体的刚度，通过合理构造，可使其先于主体结构发生损伤和破坏，成为整体结构抗震设防的第一道防线，显著提高整体结构的抗倒塌能力。该混凝土墙应采用二次浇筑（后浇）。

2. 现行行业标准《建筑轻质条板隔墙技术规程》JGJ/T 157 规定，轻质条板隔墙适用于抗震设防烈度8度及以下地区。四川省内的建筑工程，可根据所采用墙板的类型，选用《四川省混凝土结构预制内隔墙板连接构造图集》（川 2019G140—TY）或《四川省钢结构预制内隔墙板连接构造图集》（川 2019G141—TY）中相应的构造。当9度区需要采用轻质条板隔墙时，应专门研究、论证。

14.1.2 填充墙类型及其与主体结构的连接方式应满足主体结构的变形要求。

14.1.3 6、7度时砌体填充墙与主体结构宜采用柔性连接；8、9度时除剪力墙结构的居住建筑外，砌体填充墙与主体结构之间应采用柔性连接。

14.1.4 高层建筑屋顶女儿墙、阳台栏板及人流密集场所的栏板不应采用砌体墙体，宜采用现浇墙体。

14.1.5 钢结构建筑中宜优先采用钢骨架墙、轻质条板墙等轻质隔墙，若采用砌体填充墙时，填充墙应与主体结构采用柔性连接。

14.1.6 当砌体填充墙与主体结构采用刚性连接时，应符合下列规定：

1. 填充墙在平面和竖向布置宜均匀对称，避免加剧结构的扭转效应或形成薄弱层。当无法避免时，应对填充墙布置对结构性能的影响进行评价。当填充墙竖向布置明显不规则时，填充墙数量较少楼层按薄弱层考虑，其竖向结构构件的地震作用效应应乘以不小于1.15的增大系数。

【条文说明】有针对汶川地震中某实际工程抗震性能的研究结果表明，考虑与不考虑填充墙刚度影响的首层与二层刚度比分别为0.53与1.45。考虑填充墙影响的弹塑性分析结果与实际震害均表明，填充墙竖向明显不均匀布置将导致软弱层和薄弱层的存在，需考虑地震作用效应增大系数。

2. 填充墙宜布置在框架平面以外。当布置在框架平面内时，宜整层布置，避免形成短柱。

3. 应避免设备管线的集中设置对填充墙的削弱。无法避免时，应采取抗震加强措施。

14.1.7 砌体填充墙采用的砂浆强度等级不应低于 M5，砌块的强度等级不宜低于 MU2.5（实心块体）或 MU3.5（空心块体）。

14.1.8 砌体填充墙与主体结构间的连接用钢卡件采用 Q355B 钢材制作。钢卡件应在工厂进行防腐处理。当采用热浸镀锌防腐时，热浸镀锌层不宜小于 $175g/m^2$。

14.1.9 钢卡件与混凝土结构构件采用锚栓连接。锚栓采用碳素钢或合金钢制作，性能等级为 4.6 级。

14.1.10 钢卡件与钢结构构件采用螺栓或射钉连接。螺栓采用普通螺栓，性能等级为 4.6 级；射钉采用 60 号优质碳素结构钢制作，钉体镀锌层厚度不小于 0.005mm。

14.1.11 砌体填充墙与主体结构为柔性连接时，隔墙与主体结构之间的嵌缝材料宜采用满足防火、防水、变形、抗老化等性能要求的柔性材料。

14.1.12 钢结构主体的防腐涂层应在工厂完成。与砌体连接部位的防火涂层宜待砌体砌筑完成后实施。有困难时，应对防火涂层的损伤部位进行补涂。

14.2 砌体填充墙的稳定性设计

14.2.1 砌体填充墙的稳定应符合现行国家标准《砌体结构设计规范》GB 50003、《建筑抗震设计规范》GB 50011 及现行行业标准《多孔砖砌体结构技术规范》JGJ 137 中相应条文的规定。

在选用西南地区建筑标准设计通用图集 15G701 或国家建筑标准设计图集《砌体填充墙结构构造》12G614-1 的构造时，需满足相应图集规定的适用条件。当墙体厚度不同，或需考虑设置构造柱对墙体稳定的有利影响时，墙体稳定按下式进行验算：

$$H_0 \leqslant \mu_1 \mu_2 \mu_c [\beta] h$$

式中：H_0——墙的计算高度；

h——墙厚；

μ_1——自承重墙允许高厚比的修正系数；

μ_2——有门窗洞口墙允许高厚比的修正系数；

μ_c——设置构造柱对墙允许高厚比的修正系数；

$[\beta]$——墙、柱的允许高厚比，应按《砌体结构设计规范》GB 50003 相关规定采用。

仅有上、下两端支承的砌体填充墙最大允许高度见表 14.2.1-1。门窗洞口对填充墙允许高度的修正系数见表 14.2.1-2，设置构造柱对填充墙允许高度的修正系数见表 14.2.1-3。

常用无洞砌体填充墙最大允许高度 $[H_0]$（mm） **表 14.2.1-1**

加气混凝土砌块砌体		轻集料混凝土空心砌块砌体		烧结空心砖砌体		烧结多孔砖砌体	
墙厚 h	$[H_0]$	墙厚 h	$[H_0]$	墙厚 h	$[H_0]$	墙厚 h	$[H_0]$
100	2600	90	3200	90	2600	90	3200
150	3900	140	4500	140	3900	140	4700

续表

加气混凝土砌块砌体		轻集料混凝土空心砌块砌体		烧结空心砖砌体		烧结多孔砖砌体	
墙厚 h	$[H_0]$	墙厚 h	$[H_0]$	墙厚 h	$[H_0]$	墙厚 h	$[H_0]$
200	5200	190	5400	190	5200	190	5900
250	6500	240	5700	240	6500	240	6900

注：1. 表中数值未考虑带壁柱、构造柱等情况；砌筑砂浆强度等级为 Mb5 或 M5。
2. 设防烈度 8、9 度区的砌体填充墙最大允许高度应比表中数值适当降低。
3. 上端为自由端的墙体且墙长与墙高之比大于 1.5 时应视为悬臂墙，表中最大允许高度应乘以 0.65 的折减系数。

门窗洞口对填充墙最大允许高度的修正系数 μ_2 **表 14.2.1-2**

b_s/s	0.10	0.20	0.30	0.40	0.50	0.60	0.70	≥0.75
μ_2	0.96	0.92	0.88	0.84	0.80	0.76	0.72	0.70

注：1. 本表适用于洞口高度与墙高之比大于 1/5 且小于 4/5 的情况。当 b_s/s 为非表列值时，μ_2 可线性内插取值；
2. 当洞口高度与墙高之比等于或小于 1/5 时，μ_2 取 1.0；
3. 当洞口高度与墙高之比大于或等于 4/5 时，洞间墙按独立墙段考虑；
4. s 为相邻横墙或壁柱之间的距离，b_s 为 s 宽度范围内的洞口总宽度。

设置构造柱对填充墙最大允许高度的修正系数 μ_c **表 14.2.1-3**

b_c/l	<0.05	0.05	0.067	0.08	0.10	0.15	0.20	≥0.25
μ_c	1.000	1.075	1.100	1.120	1.150	1.225	1.300	1.375

注：1. 本表适用于构造柱截面宽度不小于墙厚的情况；
2. 本表不适用于混凝土砌块及混凝土多孔砖砌体，以及粗、细料石及毛石砌体的情况；
3. 当 b_c/l 为非表列值时，μ_c 可线性内插取值；
4. l 为构造柱的间距，b_c 为构造柱沿墙长度方向的宽度；
5. 施工阶段应要求施工单位采取相应措施，确保构造柱未浇筑前砌体墙的稳定和施工安全。

14.3 填充墙抗震计算

14.3.1 填充墙抗震承载力计算采用等效侧力法时，水平地震作用标准值可按下列公式计算：

$$F=\gamma\eta\zeta_1\zeta_2\alpha_{\max}G$$

式中：F——沿最不利方向施加于非结构构件重心处的水平地震作用标准值；

γ——非结构构件功能系数，取决于建筑抗震设防类别和使用要求，对一、二、三级功能级别，分别取 1.4、1.0、0.6；

η——非结构构件类别系数，按表 14.3.1 采用；

ζ_1——状态系数，对预制建筑构件、悬臂类构件和柔性体系宜取 2.0，其余情况取 1.0；

ζ_2——位置系数，建筑的顶点宜取 2.0，底部宜取 1.0，沿高度线性分布；

$\alpha_{\max}$——水平地震影响系数最大值；

G——非结构构件的重力，包括附加在墙体上附着物的重量。

非承重墙的类别系数和功能级别　　表 14.3.1

构件、部件名称		类别系数 η	功能级别		
			甲类建筑	乙类建筑	丙类建筑
非承重外墙	围护墙	1.0	一级	一级	二级
非承重内墙	楼梯间隔墙	1.2	一级	一级	一级
	电梯间隔墙	1.2	一级	二级	三级
	天井隔墙	1.2	一级	二级	二级
	到顶防火隔墙	0.9	一级	二级	二级
	其他隔墙	0.6	二级	三级	三级
连接	墙体连接件	1.2	一级	一级	二级
附属构件	女儿墙、小烟囱等	1.2	一级	二级	三级

注：1. 闹市区丙类建筑临街面的围护墙等，其功能级别应提高一级，一级时不再提高；
2. 平时无人地段的乙、丙类建筑的外墙及其连接件，其功能级别可降低一级，三级时不再降低；
3. 房屋总高度超过 12m 的乙类框架结构的楼电梯间隔墙、天井隔墙，其功能级别应提高一级，一级时不再提高；
4. 丙类建筑内有易燃气体时，其天井隔墙的功能级别宜提高一级；
5. 避难场所、人流密集处商场和门厅的顶棚，其功能级别应提高一级。

14.3.2　填充墙抗震承载力计算采用楼面反应谱法时，水平地震作用标准值可按下列公式计算：

$$F=\gamma\eta\beta_s G$$

式中：β_s——非结构构件的楼面反应谱值。

【条文说明】详见《非结构构件抗震设计规范》JGJ 339—2015 第 3.2 节“地震作用计算”。

14.4　填充墙抗震构造

14.4.1　填充墙构造柱间距最大值应符合表 14.4.1 的规定。

填充墙构造柱间距最大值（m）　　表 14.4.1

填充墙类别	设防烈度	结构形式	
		框架结构、框-剪结构、筒体结构	剪力墙结构
砌体填充墙	6 度、7 度(0.10g、0.15g)	不宜大于 3m,不应大于 4m	不应大于 4m
	8 度(0.20g、0.30g)、9 度	不宜大于 2.5m,不应大于 3m	不应大于 3m
轻质条板墙	6 度、7 度、8 度	不应大于 6m	

14.4.2　砌体填充墙下列部位应设置构造柱：

1. 纵横墙相交处；
2. 当墙段两端均有洞口，且墙长大于 3m 时，墙段中部增设构造柱；
3. 带形窗的窗下墙，间距不大于 2m；
4. 窗洞宽度≥2.4m 的窗下墙中部，间距不大于 2m；
5. 门、窗洞口宽度≥0.9m 时，两侧应设置构造柱，洞宽＜0.9m 时可设置边框；
6. 两相邻门、窗洞口间墙长≥0.6m 时，两侧应设置构造柱或边框；墙长＜0.6m 时，洞间墙可采用 C25 混凝土浇筑，构造配筋为：纵筋 2ϕ 10@200，箍筋 ϕ6@200；

7. 一字形隔墙端头应设置构造柱或边框；

8. 砌体电梯井道墙体转角处、纵横墙相交处及门洞两侧。

14.4.3 砌体填充墙与圆柱或非正放矩形柱相交时，应增设构造柱，如图 14.4.3 所示。

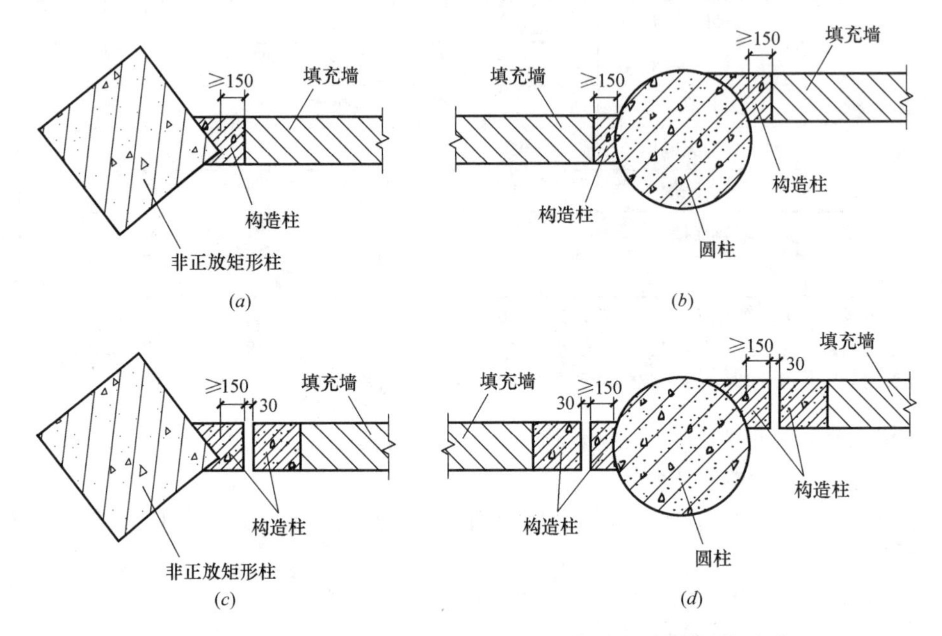

图 14.4.3 填充墙与圆柱或非正放矩形柱相交时增设构造柱

(*a*) 填充墙与非正放矩形柱相交（用于刚性连接）；(*b*) 填充墙与圆柱相交（用于刚性连接）

(*c*) 填充墙与非正放矩形柱相交（用于柔性连接）；(*d*) 填充墙与圆柱相交（用于柔性连接）

【条文说明】大量震害表明，按目前一般标准设置构造柱的房屋，砌体填充墙仍出现了大量的破坏，许多房屋主体结构完好，但因填充墙破坏严重导致不能正常使用或不能尽快修复恢复使用，由此造成的损失巨大。设置构造柱或边框是减轻震害降低损失的重要且有效措施之一。

14.4.4 人流通道和楼梯间周边砌体填充墙内构造柱间距不宜大于 2m。

14.4.5 屋面砌体女儿墙上构造柱间距不应大于 1.5m。

14.4.6 构造柱应采用 C25 混凝土浇筑，沿墙长方向柱宽度不小于 100mm，纵筋 4ϕ10、ϕ6@200 箍筋，纵筋应与柱上、下两端结构构件可靠连接。

14.4.7 弧形砌体填充墙应加密设置构造柱，且应沿墙高@2000 设置钢筋混凝土现浇带或腰梁，以防止墙体在平面外受弯破坏。

14.4.8 当砌体填充墙高度超过 4m（设防类别为甲乙类建筑、人流通道和楼梯间的墙高超过 3m）时，应在墙体半高处或门、窗上口设置与框架柱、剪力墙或构造柱连接且沿墙全长贯通的钢筋混凝土现浇带，其竖向间距不宜大于 2m；当填充墙高度超过 5m 时，应在墙高的 1/3 和 2/3 处，分别设置通长钢筋混凝土现浇带，其竖向间距不宜大于 2m；当填充墙高度超过 6m 时，应沿墙高每 2m 设置通长钢筋混凝土现浇带。

14.4.9 外墙窗的窗台上沿，应设置与框架柱、剪力墙或构造柱连接的通长钢筋混凝土现浇带。

14.4.10 现浇带应采用C25混凝土浇筑，现浇带高度100mm，纵筋2ϕ10、ϕ6@250拉结筋，纵筋应锚入墙两端框架柱、剪力墙、构造柱或现浇过梁内 l_a。

14.4.11 应沿砌体填充墙全高设置2ϕ 6@500～600拉结筋，6度、7度时宜沿墙全长贯通，8度、9度时应沿墙全长贯通，拉结筋两端与框架柱、剪力墙或构造柱可靠连接。

14.4.12 钢结构柱旁应设构造柱。

14.4.13 拉结筋与结构构件的连接方法宜优先采用预留法，也可采用预埋件法或植筋法。植筋应满足现行行业标准《混凝土结构后锚固技术规程》JGJ 145的要求。

14.5 砌体填充墙刚性连接

14.5.1 抗震设防烈度6、7度的混凝土结构，以及8、9度的剪力墙结构居住建筑，填充墙顶可采用刚性连接方式，墙顶应与梁、板紧密结合，如图14.5.1所示。

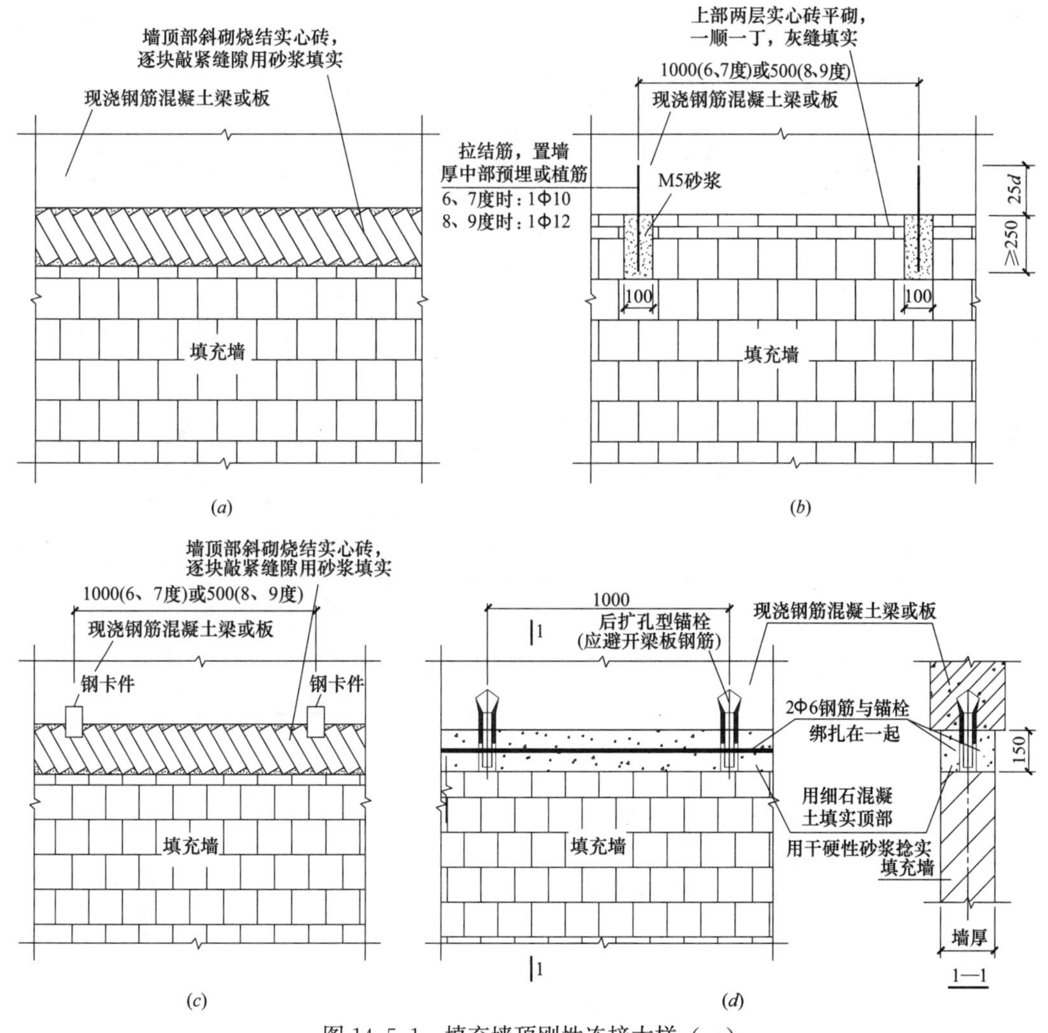

图14.5.1 填充墙顶刚性连接大样（一）

(*a*) 6、7度且墙长不大于5m时墙体顶部斜砌实心砖做法；(*b*) 6、7度且墙长大于5m及8、9度时墙体顶部设置拉结筋大样；(*c*) 6、7度且墙长大于5m及8、9度时墙体顶部设置钢卡件大样；(*d*) 6、7度且墙长大于5m及8、9度时墙体顶部锚栓拉接大样

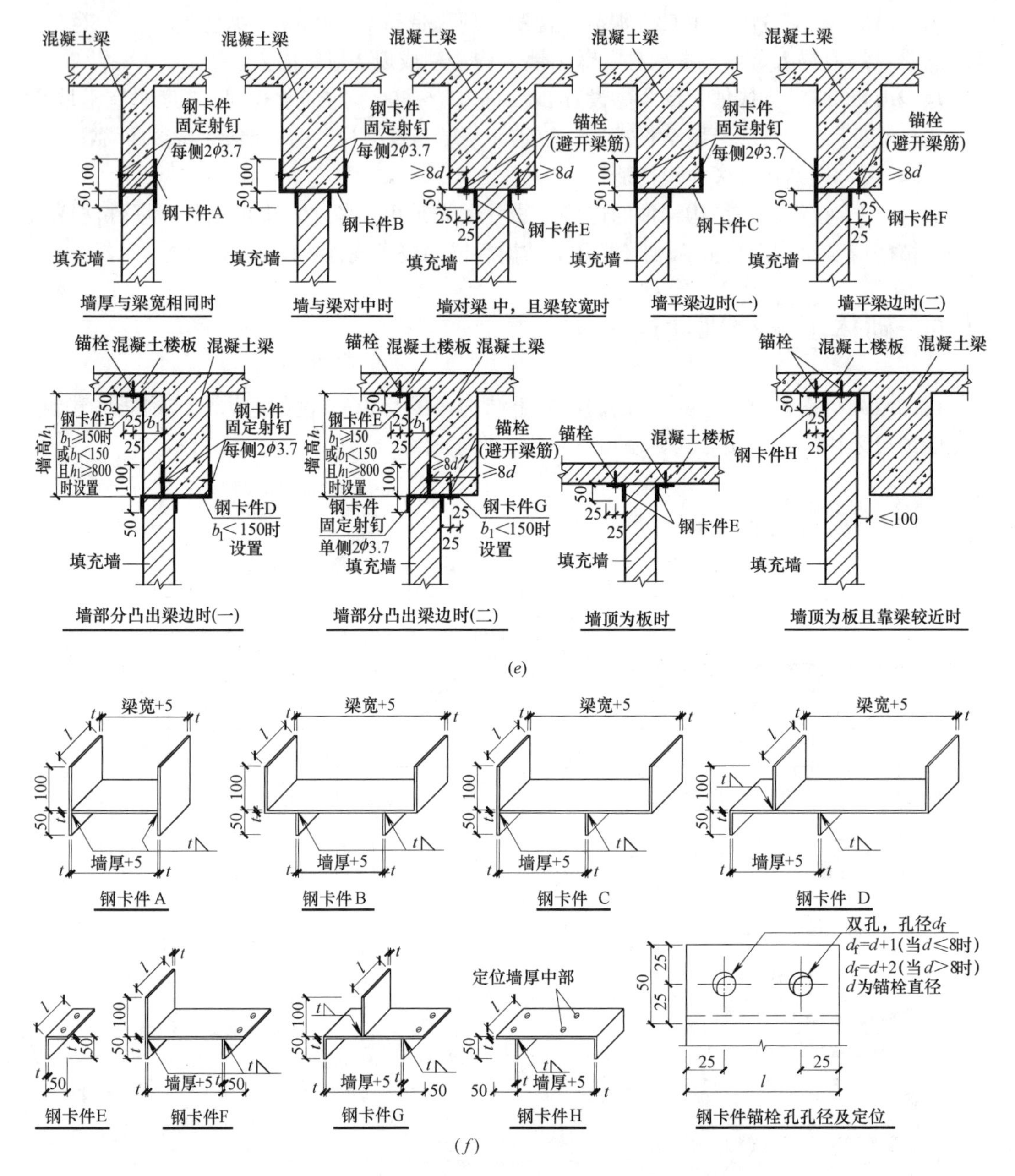

图 14.5.1 填充墙顶刚性连接大样（二）

（e）填充墙顶钢卡件形式；（f）各类钢卡件大样

14.5.2 当填充墙顶部刚性连接采用加设钢卡件的方式时，每延米墙长范围钢卡件及锚栓（仅用于采用钢卡件 E、F 时）可按表 14.5.2-1～表 14.5.2-6 选用。墙体高度超出表中范围的墙顶连接措施应专门研究。

【条文说明】根据《非结构构件抗震设计规范》JGJ 339—2015 表 4.1.2 及《建筑抗震设计规范》GB 50011—2010 表 M.2.2，本措施的表 14.5.2-1～表 14.5.2-6 及表 14.6.4-1～表 14.6.4-6 计算参数取值为：墙体连接件的类别系数 $\eta=1.2$，状态系数 $\zeta_1=$

1.0（刚性连接）或 2.0（柔性连接），位置系数 $\zeta_2=2.0$（统一按顶部考虑），功能系数 $\gamma=1.4$（乙类建筑，功能级别一级）或 1.0（丙类建筑，功能级别二级），承载力抗震调整系数 $\gamma_{RE}=0.75$。

设防烈度 6 度填充墙刚性连接钢卡件及锚栓选用表　　　　表 14.5.2-1

设防类别	砌块类别	墙厚 h(m)	墙高 H(m)	钢卡件			锚栓	
				只数	t (mm)	l (mm)	只数	规格
丙类	加气混凝土砌块	0.20	$H\leqslant5.2$	1	3	100	2	M6
		0.25	$H\leqslant6.5$	1	3	100	2	M6
	烧结空心砖	0.19	$H\leqslant5.2$	1	3	100	2	M6
	烧结多孔砖	0.09	$H\leqslant3.2$	1	3	100	2	M6
		0.19	$H\leqslant5.9$	1	3	100	2	M6
乙类	加气混凝土砌块	0.20	$H\leqslant5.2$	1	3	100	2	M6
		0.25	$H\leqslant6.5$	1	3	100	2	M6
	烧结空心砖	0.19	$H\leqslant5.2$	1	3	100	2	M6
	烧结多孔砖	0.09	$H\leqslant3.2$	1	3	100	2	M6
		0.19	$H\leqslant5.9$	1	3	100	2	M6

注：1. 表中钢卡件为每延米墙长范围的设置要求；
2. 表中锚栓为每只钢卡件上的设置要求（单侧）；
3. 加气混凝土砌块砌体墙重度按 $8.8kN/m^3$ 计，烧结空心砖砌体墙重度按 $12kN/m^3$ 计，烧结多孔砖砌体墙重度按 $19kN/m^3$ 计；
4. 本表已考虑墙体双面各 20mm 厚砂浆抹面荷载。

设防烈度 7 度（0.10g）填充墙刚性连接钢卡件及锚栓选用表　　　　表 14.5.2-2

设防类别	砌块类别	墙厚 h(m)	墙高 H(m)	钢卡件			锚栓	
				只数	t (mm)	l (mm)	只数	规格
丙类	加气混凝土砌块	0.20	$H\leqslant5.2$	1	3	100	2	M6
		0.25	$H\leqslant6.5$	1	3	100	2	M6
	烧结空心砖	0.19	$H\leqslant5.2$	1	3	100	2	M6
	烧结多孔砖	0.09	$H\leqslant3.2$	1	3	100	2	M6
		0.19	$H\leqslant4.5$	1	3	100	2	M6
			$4.5<H\leqslant5.9$	1	4	100	2	M6
乙类	加气混凝土砌块	0.20	$H\leqslant5.2$	1	3	100	2	M6
		0.25	$H\leqslant4.5$	1	3	100	2	M6
			$4.5<H\leqslant6.5$	1	4	100	2	M6
	烧结空心砖	0.19	$H\leqslant4.5$	1	3	100	2	M6
			$4.5<H\leqslant5.2$	1	4	100	2	M6
	烧结多孔砖	0.09	$H\leqslant3.2$	1	3	100	2	M6
		0.19	$H\leqslant3.0$	1	3	100	2	M6
			$3.0<H\leqslant5.9$	1	4	100	2	M6

设防烈度7度（0.15g）填充墙刚性连接钢卡件及锚栓选用表　　表14.5.2-3

设防类别	砌块类别	墙厚h(m)	墙高H(m)	钢卡件			锚栓	
				只数	t (mm)	l (mm)	只数	规格
丙类	加气混凝土砌块	0.20	$H\leqslant5.2$	1	3	100	2	M6
		0.25	$H\leqslant4.5$	1	3	100	2	M6
			$4.5<H\leqslant6.5$	1	4	100	2	M6
	烧结空心砖	0.19	$H\leqslant4.5$	1	3	100	2	M6
			$4.5<H\leqslant5.2$	1	4	100	2	M6
	烧结多孔砖	0.09	$H\leqslant3.2$	1	3	100	2	M6
		0.19	$H\leqslant3.0$	1	3	100	2	M6
			$3.0<H\leqslant5.0$	1	4	100	2	M6
			$5.0<H\leqslant5.9$	1	5	100	2	M6
乙类	加气混凝土砌块	0.20	$H\leqslant3.5$	1	3	100	2	M6
			$3.5<H\leqslant5.2$	1	4	100	2	M6
		0.25	$H\leqslant3.0$	1	3	100	2	M6
			$3.0<H\leqslant5.5$	1	4	100	2	M6
			$5.5<H\leqslant6.5$	1	5	100	2	M6
	烧结空心砖	0.19	$H\leqslant3.0$	1	3	100	2	M6
			$3.0<H\leqslant5.0$	1	4	100	2	M6
			$3.5<H\leqslant5.2$	1	5	100	2	M6
	烧结多孔砖	0.09	$H\leqslant3.2$	1	3	100	2	M6
		0.19	$H\leqslant3.5$	1	4	100	2	M6
			$3.5<H\leqslant5.9$	1	5	100	2	M8

设防烈度8度（0.20g）填充墙刚性连接钢卡件及锚栓选用表　　表14.5.2-4

设防类别	砌块类别	墙厚h(m)	墙高H(m)	钢卡件			锚栓	
				只数	t (mm)	l (mm)	只数	规格
丙类	加气混凝土砌块	0.20	$H\leqslant5.2$	2	3	100	2	M6
		0.25	$H\leqslant6.5$	2	3	100	2	M6
	烧结空心砖	0.19	$H\leqslant5.2$	2	3	100	2	M6
	烧结多孔砖	0.09	$H\leqslant3.2$	2	3	100	2	M6
		0.19	$H\leqslant4.5$	2	3	100	2	M6
			$4.5<H\leqslant5.9$	2	4	100	2	M6
乙类	加气混凝土砌块	0.20	$H\leqslant5.2$	2	3	100	2	M6
		0.25	$H\leqslant4.5$	2	3	100	2	M6
			$4.5<H\leqslant6.5$	2	4	100	2	M6
	烧结空心砖	0.19	$H\leqslant4.5$	2	3	100	2	M6
			$4.5<H\leqslant5.2$	2	4	100	2	M6
	烧结多孔砖	0.09	$H\leqslant3.2$	2	3	100	2	M6
		0.19	$H\leqslant3.0$	2	3	100	2	M6
			$3.0<H\leqslant5.9$	2	4	100	2	M6

设防烈度8度（0.30g）填充墙刚性连接钢卡件及锚栓选用表　　表14.5.2-5

设防类别	砌块类别	墙厚 h(m)	墙高 H(m)	钢卡件			锚栓	
				只数	t (mm)	l (mm)	只数	规格
丙类	加气混凝土砌块	0.20	$H\leqslant5.0$	2	3	100	2	M6
		0.25	$H\leqslant4.5$	2	3	100	2	M6
			$4.5<H\leqslant6.0$	2	4	100	2	M6
	烧结空心砖	0.19	$H\leqslant4.5$	2	3	100	2	M6
			$4.5<H\leqslant5.0$	2	4	100	2	M6
	烧结多孔砖	0.09	$H\leqslant3.0$	2	3	100	2	M6
		0.19	$H\leqslant3.0$	2	3	100	2	M6
			$3.0<H\leqslant5.0$	2	4	100	2	M6
			$5.0<H\leqslant5.5$	2	5	100	2	M6
乙类	加气混凝土砌块	0.20	$H\leqslant3.5$	2	3	100	2	M6
			$3.5<H\leqslant5.0$	2	4	100	2	M6
		0.25	$H\leqslant3.0$	2	3	100	2	M6
			$3.0<H\leqslant5.0$	2	4	100	2	M6
			$5.0<H\leqslant6.0$	2	5	100	2	M6
	烧结空心砖	0.19	$H\leqslant3.0$	2	3	100	2	M6
			$3.0<H\leqslant5.0$	2	4	100	2	M6
	烧结多孔砖	0.09	$H\leqslant3.0$	2	4	100	2	M6
		0.19	$H\leqslant3.5$	2	4	100	2	M6
			$3.5<H\leqslant5.5$	2	5	100	2	M8

设防烈度9度填充墙刚性连接钢卡件及锚栓选用表　　表14.5.2-6

设防类别	砌块类别	墙厚 h(m)	墙高 H(m)	钢卡件			锚栓	
				只数	t (mm)	l (mm)	只数	规格
丙类	加气混凝土砌块	0.20	$H\leqslant4.0$	2	3	100	2	M6
			$4.0<H\leqslant5.0$	2	4	100	2	M6
		0.25	$H\leqslant3.0$	2	3	100	2	M6
			$3.0<H\leqslant5.0$	2	4	100	2	M6
	烧结空心砖	0.19	$H\leqslant3.0$	2	3	100	2	M6
			$3.0<H\leqslant5.0$	2	4	100	2	M6
	烧结多孔砖	0.09	$H\leqslant3.0$	2	3	100	2	M6
		0.19	$H\leqslant4.0$	2	4	100	2	M6
			$4.0<H\leqslant5.0$	2	5	100	2	M8
乙类	加气混凝土砌块	0.20	$H\leqslant5.0$	2	4	100	2	M6
		0.25	$H\leqslant4.0$	2	4	100	2	M6
			$4.0<H\leqslant5.0$	2	5	100	2	M6
	烧结空心砖	0.19	$H\leqslant4.0$	2	4	100	2	M6
			$4.0<H\leqslant5.0$	2	5	100	2	M6
	烧结多孔砖	0.09	$H\leqslant3.0$	2	4	100	2	M6
		0.19	$H\leqslant4.0$	2	5	100	2	M8
			$4.0<H\leqslant5.0$	2	6	100	2	M8

14.6 砌体填充墙柔性连接

14.6.1 砌体填充墙端部应设置构造柱或边框。其余部位构造柱或边框设置应符合本措施第 14.4 节的规定。

14.6.2 砌体填充墙顶部应设置通长钢筋混凝土现浇带（卧梁），其余部位现浇带设置应符合本措施第 14.4 节的规定。

【条文说明】砌体填充墙与主体结构柔性连接构造可参照国家建筑标准设计图集《砌体填充墙构造详图（二）（与主体结构柔性连接）》10SG614-2 及西南地区建筑标准设计通用图集 15G701-1、2、3 系列。

14.6.3 砌体填充墙端部及顶部与主体结构间缝隙应采用符合隔声、防火、防水要求的柔性材料填充密实。墙顶缝宽 20mm，墙端缝宽 30mm，见图 14.6.3-1、图 14.6.3-2。

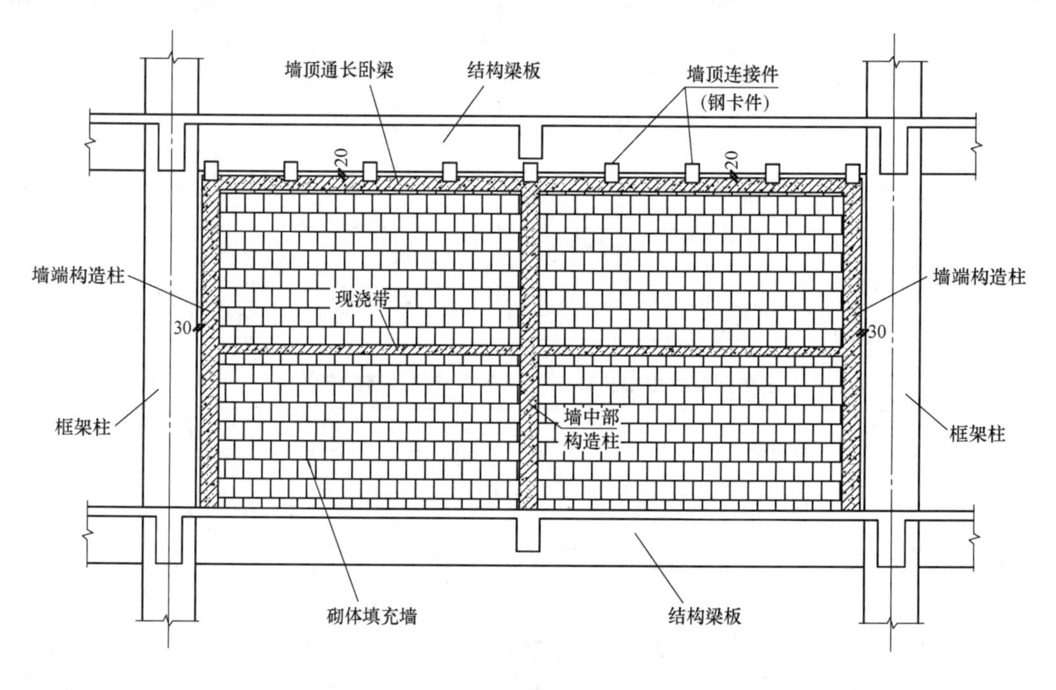

图 14.6.3-1 柔性连接砌体填充墙示意一

14.6.4 砌体填充墙顶部应在墙体卧梁与顶部主体结构之间设置钢卡件等连接件保证墙体稳定性（图 14.6.4-1、图 14.6.4-2）；常用的各类墙体每延米墙长范围的钢卡件、锚栓（用于墙顶与混凝土梁、板连接的钢卡件 E、F、G、H）、螺栓（用于墙顶与钢梁连接的钢卡件 J、K、L）或射钉可根据设防烈度、砌体材料、墙体高度等条件按表 14.6.4-1～表 14.6.4-6 选用，钢卡件与刚性连接时的大样相同。墙体高度超出表中范围的墙顶连接措施应专门研究。钢梁下翼缘与钢卡件采用螺栓连接时，应于梁翼缘预成孔，且宜考虑螺栓孔对钢梁下翼缘截面削弱的影响。

采用射钉时，射钉的间距不得小于射钉直径的 4.5 倍，且其中距不得小于 20mm，到基材的端部和边缘的距离不得小于 15mm。

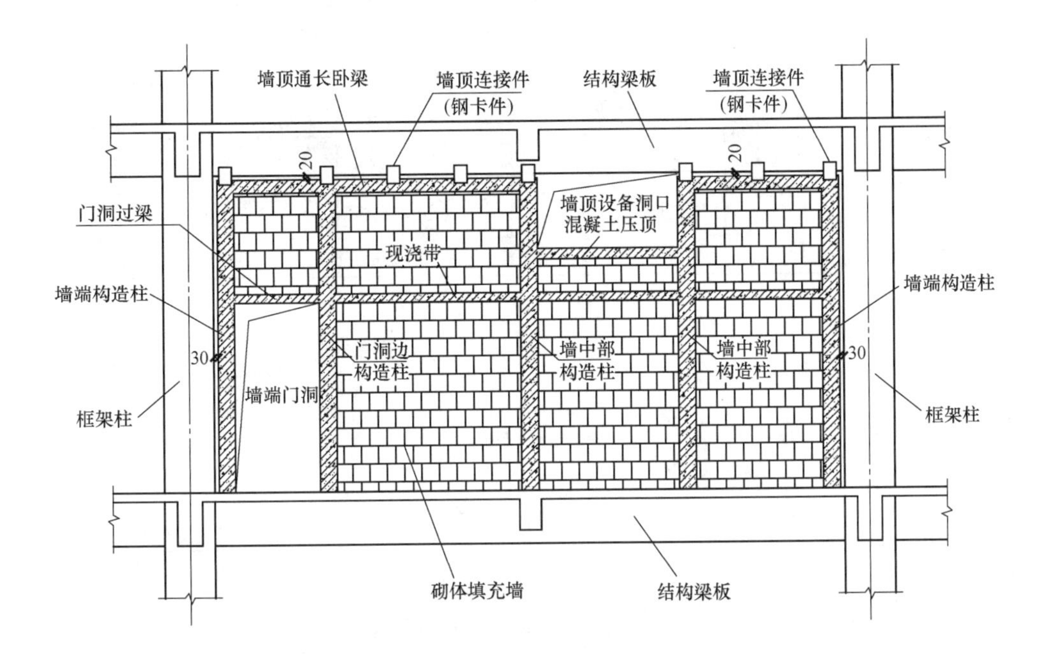

图 14.6.3-2　柔性连接砌体填充墙示意二

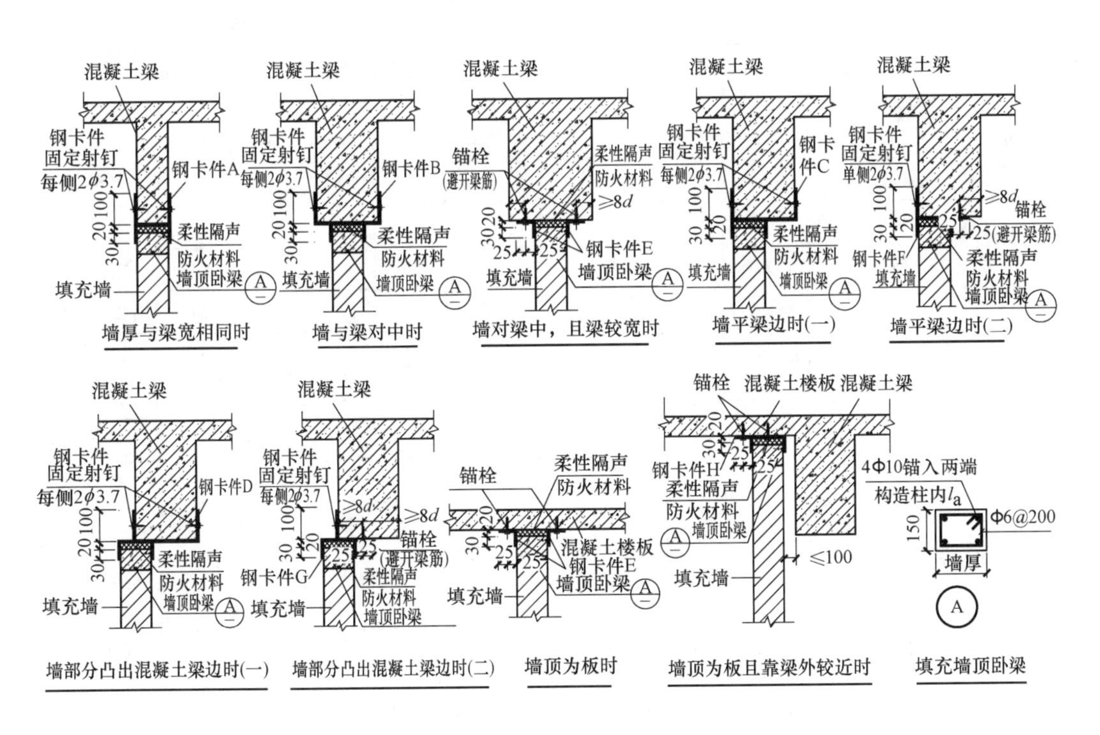

图 14.6.4-1　填充墙顶与混凝土梁板柔性连接大样

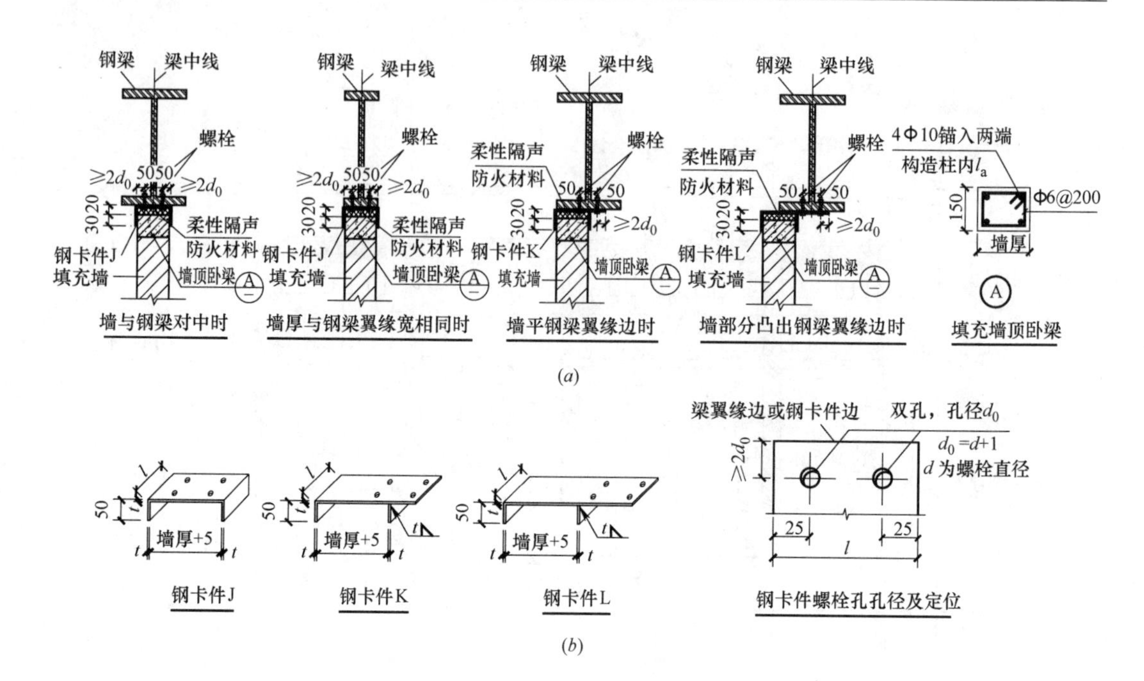

图 14.6.4-2　填充墙顶与 H 型钢梁翼缘柔性连接大样

（a）填充墙顶钢卡件形式；（b）各类钢卡件大样

设防烈度 6 度填充墙柔性连接钢卡件、锚栓及螺栓或射钉选用表　　表 14.6.4-1

设防类别	砌块类别	墙厚 h(m)	墙高 H(m)	钢卡件			锚栓		螺栓		射钉	
				只数	t(mm)	l(mm)	只数	规格	个数	规格	只数	规格
丙类	加气混凝土砌块	0.20	$H\leqslant5.2$	1	3	150	2	M6	2	M6	2	$\phi3.7$
		0.25	$H\leqslant6.5$	1	3	150	2	M6	2	M6	2	$\phi3.7$
	烧结空心砖	0.19	$H\leqslant5.2$	1	3	150	2	M6	2	M6	2	$\phi3.7$
	烧结多孔砖	0.09	$H\leqslant3.2$	1	3	150	2	M6	2	M6	2	$\phi3.7$
		0.19	$H\leqslant4.5$	1	3	150	2	M6	2	M6	2	$\phi3.7$
			$4.5<H\leqslant5.9$	1	4	150	2	M6	2	M6	2	$\phi3.7$
乙类	加气混凝土砌块	0.20	$H\leqslant5.2$	1	3	150	2	M6	2	M6	2	$\phi3.7$
		0.25	$H\leqslant5.0$	1	3	150	2	M6	2	M6	2	$\phi3.7$
			$5.0<H\leqslant6.5$	1	4	150	2	M6	2	M6	2	$\phi3.7$
	烧结空心砖	0.19	$H\leqslant5.2$	1	3	150	2	M6	2	M6	2	$\phi3.7$
	烧结多孔砖	0.09	$H\leqslant3.2$	1	3	150	2	M6	2	M6	2	$\phi3.7$
		0.19	$H\leqslant3.5$	1	3	150	2	M6	2	M6	2	$\phi3.7$
			$3.5<H\leqslant5.9$	1	4	150	2	M6	2	M6	2	$\phi3.7$

注：1. 表中钢卡件为每延米墙长范围的设置要求；
2. 表中锚栓、螺栓、射钉均为每只钢卡件上的设置要求（单侧）；
3. 加气混凝土砌块砌体墙重度按 8.8kN/m^3 计，烧结空心砖砌体墙重度按 12kN/m^3 计，烧结多孔砖砌体墙重度按 19kN/m^3 计；
4. 本表已考虑墙体双面各 20mm 厚砂浆抹面荷载。

设防烈度7度（0.10g）填充墙柔性连接钢卡件、锚栓及螺栓或射钉选用表

表14.6.4-2

设防类别	砌块类别	墙厚h(m)	墙高H(m)	钢卡件			锚栓		螺栓		射钉	
				只数	t(mm)	l(mm)	只数	规格	个数	规格	只数	规格
丙类	加气混凝土砌块	0.20	$H\leqslant4.0$	1	3	150	2	M6	2	M6	2	$\phi3.7$
			$4.0<H\leqslant5.2$	1	4	150	2	M6	2	M6	2	$\phi3.7$
		0.25	$H\leqslant3.5$	1	3	150	2	M6	2	M6	2	$\phi3.7$
			$3.5<H\leqslant6.5$	1	4	150	2	M6	2	M6	2	$\phi3.7$
	烧结空心砖	0.19	$H\leqslant3.5$	1	3	150	2	M6	2	M6	2	$\phi3.7$
			$3.5<H\leqslant5.2$	1	4	150	2	M6	2	M6	2	$\phi3.7$
	烧结多孔砖	0.09	$H\leqslant3.2$	1	3	150	2	M6	2	M6	2	$\phi3.7$
		0.19	$H\leqslant4.0$	1	4	150	2	M6	2	M6	2	$\phi3.7$
			$4.0<H\leqslant5.9$	1	5	150	2	M8	2	M6	3	$\phi3.7$
乙类	加气混凝土砌块	0.20	$H\leqslant3.0$	1	3	150	2	M6	2	M6	2	$\phi3.7$
			$3.0<H\leqslant5.2$	1	4	150	2	M6	2	M6	2	$\phi3.7$
		0.25	$H\leqslant4.5$	1	4	150	2	M6	2	M6	2	$\phi3.7$
			$4.5<H\leqslant6.5$	1	5	150	2	M8	2	M6	3	$\phi3.7$
	烧结空心砖	0.19	$H\leqslant4.5$	1	4	150	2	M6	2	M6	2	$\phi3.7$
			$4.5<H\leqslant5.2$	1	5	150	2	M8	2	M6	3	$\phi3.7$
	烧结多孔砖	0.09	$H\leqslant3.2$	1	4	150	2	M6	2	M6	2	$\phi3.7$
		0.19	$H\leqslant3.0$	1	4	150	2	M6	2	M6	2	$\phi3.7$
			$3.0<H\leqslant4.5$	1	5	150	2	M8	2	M6	3	$\phi3.7$
			$4.5<H\leqslant5.9$	1	6	150	2	M8	2	M6	4	$\phi3.7$

设防烈度7度（0.15g）填充墙柔性连接钢卡件、锚栓及螺栓或射钉选用表

表14.6.4-3

设防类别	砌块类别	墙厚h(m)	墙高H(m)	钢卡件			锚栓		螺栓		射钉	
				只数	t(mm)	l(mm)	只数	规格	个数	规格	只数	规格
丙类	加气混凝土砌块	0.20	$H\leqslant4.0$	2	3	150	2	M6	2	M6	2	$\phi3.7$
			$4.0<H\leqslant5.2$	2	4	150	2	M6	2	M6	2	$\phi3.7$
		0.25	$H\leqslant4.5$	2	3	150	2	M6	2	M6	2	$\phi3.7$
			$4.5<H\leqslant6.5$	2	4	150	2	M6	2	M6	2	$\phi3.7$
	烧结空心砖	0.19	$H\leqslant4.5$	2	3	150	2	M6	2	M6	2	$\phi3.7$
			$4.5<H\leqslant5.2$	2	4	150	2	M6	2	M6	2	$\phi3.7$
	烧结多孔砖	0.09	$H\leqslant3.2$	2	3	150	2	M6	2	M6	2	$\phi3.7$
		0.19	$H\leqslant3.0$	2	3	150	2	M6	2	M6	2	$\phi3.7$
			$3.0<H\leqslant5.9$	2	4	150	2	M6	2	M6	2	$\phi3.7$
乙类	加气混凝土砌块	0.20	$H\leqslant4.0$	2	3	150	2	M6	2	M6	2	$\phi3.7$
			$4.0<H\leqslant5.2$	2	4	150	2	M6	2	M6	2	$\phi3.7$
		0.25	$H\leqslant3.5$	2	3	150	2	M6	2	M6	2	$\phi3.7$
			$3.5<H\leqslant6.0$	2	4	150	2	M6	2	M6	2	$\phi3.7$
			$6.0<H\leqslant6.5$	2	5	150	2	M6	2	M6	3	$\phi3.7$
	烧结空心砖	0.19	$H\leqslant3.0$	2	3	150	2	M6	2	M6	2	$\phi3.7$
			$3.0<H\leqslant5.2$	2	4	150	2	M6	2	M6	2	$\phi3.7$
	烧结多孔砖	0.09	$H\leqslant3.2$	2	3	150	2	M6	2	M6	2	$\phi3.7$
		0.19	$H\leqslant4.0$	2	4	150	2	M6	2	M6	2	$\phi3.7$
			$4.0<H\leqslant5.9$	2	5	150	2	M8	2	M6	3	$\phi3.7$

设防烈度 8 度（0.20g）填充墙柔性连接钢卡件、锚栓及螺栓或射钉选用表

表 14.6.4-4

设防类别	砌块类别	墙厚 h(m)	墙高 H(m)	钢卡件			锚栓		螺栓		射钉	
				只数	t(mm)	l(mm)	只数	规格	个数	规格	只数	规格
丙类	加气混凝土砌块	0.20	$H \leqslant 4.0$	2	3	150	2	M6	2	M6	2	$\phi3.7$
			$4.0 < H \leqslant 5.2$	2	4	150	2	M6	2	M6	2	$\phi3.7$
		0.25	$H \leqslant 3.5$	2	3	150	2	M6	2	M6	2	$\phi3.7$
			$3.5 < H \leqslant 6.5$	2	4	150	2	M6	2	M6	2	$\phi3.7$
	烧结空心砖	0.19	$H \leqslant 3.5$	2	3	150	2	M6	2	M6	2	$\phi3.7$
			$3.5 < H \leqslant 5.2$	2	4	150	2	M6	2	M6	2	$\phi3.7$
	烧结多孔砖	0.09	$H \leqslant 3.2$	2	3	150	2	M6	2	M6	2	$\phi3.7$
		0.19	$H \leqslant 4.0$	2	4	150	2	M6	2	M6	2	$\phi3.7$
			$4.0 < H \leqslant 5.9$	2	5	150	2	M8	2	M6	3	$\phi3.7$
乙类	加气混凝土砌块	0.20	$H \leqslant 5.2$	2	4	150	2	M6	2	M6	2	$\phi3.7$
		0.25	$H \leqslant 4.5$	2	4	150	2	M6	2	M6	2	$\phi3.7$
			$4.5 < H \leqslant 6.5$	2	5	150	2	M8	2	M6	3	$\phi3.7$
	烧结空心砖	0.19	$H \leqslant 4.5$	2	4	150	2	M6	2	M6	2	$\phi3.7$
			$4.5 < H \leqslant 5.2$	2	5	150	2	M8	2	M6	3	$\phi3.7$
	烧结多孔砖	0.09	$H \leqslant 3.2$	2	4	150	2	M6	2	M6	2	$\phi3.7$
		0.19	$H \leqslant 3.0$	2	4	150	2	M6	2	M6	2	$\phi3.7$
			$3.0 < H \leqslant 4.5$	2	5	150	2	M8	2	M6	3	$\phi3.7$
			$4.5 < H \leqslant 5.9$	2	6	150	2	M8	2	M6	4	$\phi3.7$

设防烈度 8 度（0.30g）填充墙柔性连接钢卡件、锚栓及螺栓或射钉选用表

表 14.6.4-5

设防类别	砌块类别	墙厚 h(m)	墙高 H(m)	钢卡件			锚栓		螺栓		射钉	
				只数	t(mm)	l(mm)	只数	规格	个数	规格	只数	规格
丙类	加气混凝土砌块	0.20	$H \leqslant 4.5$	2	4	150	2	M6	2	M6	2	$\phi3.7$
			$4.5 < H \leqslant 5.2$	2	5	150	2	M6	2	M6	3	$\phi3.7$
		0.25	$H \leqslant 4.0$	2	4	150	2	M6	2	M6	2	$\phi3.7$
			$4.0 < H \leqslant 6.0$	2	5	150	2	M8	2	M6	3	$\phi3.7$
	烧结空心砖	0.19	$H \leqslant 4.0$	2	4	150	2	M6	2	M6	2	$\phi3.7$
			$4.0 < H \leqslant 5.0$	2	5	150	2	M8	2	M6	3	$\phi3.7$
	烧结多孔砖	0.09	$H \leqslant 3.0$	2	4	150	2	M6	2	M6	2	$\phi3.7$
		0.19	$H \leqslant 4.0$	2	5	150	2	M8	2	M6	3	$\phi3.7$
			$4.0 < H \leqslant 5.5$	2	6	150	2	M8	2	M6	4	$\phi3.7$
乙类	加气混凝土砌块	0.20	$H \leqslant 3.5$	2	4	150	2	M6	2	M6	2	$\phi3.7$
			$3.5 < H \leqslant 5.2$	2	5	150	2	M8	2	M6	3	$\phi3.7$
		0.25	$H \leqslant 3.0$	2	4	150	2	M6	2	M6	2	$\phi3.7$
			$3.0 < H \leqslant 4.5$	2	5	150	2	M8	2	M6	4	$\phi3.7$
			$4.5 < H \leqslant 6.0$	2	6	150	2	M8	2	M6	4	$\phi4.5$
	烧结空心砖	0.19	$H \leqslant 3.0$	2	4	150	2	M6	2	M6	2	$\phi3.7$
			$3.0 < H \leqslant 4.5$	2	5	150	2	M8	2	M6	3	$\phi3.7$
			$4.5 < H \leqslant 5.0$	2	6	150	2	M8	2	M6	4	$\phi3.7$
	烧结多孔砖	0.09	$H \leqslant 3.0$	2	4	150	2	M6	2	M6	2	$\phi3.7$
		0.19	$H \leqslant 3.0$	2	5	150	2	M8	2	M6	3	$\phi3.7$
			$3.0 < H \leqslant 4.5$	2	6	150	2	M10	2	M6	4	$\phi4.0$
			$4.5 < H \leqslant 5.5$	2	7	150	2	M10	2	M8	4	$\phi4.5$

设防烈度9度填充墙柔性连接钢卡件、锚栓及螺栓或射钉选用表　　表14.6.4-6

设防类别	砌块类别	墙厚 h(m)	墙高 H(m)	钢卡件			锚栓		螺栓		射钉	
				只数	t(mm)	l(mm)	只数	规格	个数	规格	只数	规格
丙类	加气混凝土砌块	0.20	$H\leqslant3.5$	2	4	150	2	M6	2	M6	2	$\phi3.7$
			$4.0<H\leqslant5.0$	2	5	150	2	M8	2	M6	3	$\phi3.7$
		0.25	$H\leqslant3.0$	2	4	150	2	M6	2	M6	2	$\phi3.7$
			$3.0<H\leqslant5.0$	2	5	150	2	M8	2	M6	4	$\phi3.7$
	烧结空心砖	0.19	$H\leqslant3.0$	2	4	150	2	M6	2	M6	2	$\phi3.7$
			$3.0<H\leqslant4.0$	2	5	150	2	M8	2	M6	3	$\phi3.7$
			$4.0<H\leqslant5.0$	2	6	150	2	M8	2	M6	4	$\phi3.7$
	烧结多孔砖	0.09	$H\leqslant3.0$	2	4	150	2	M6	2	M6	2	$\phi3.7$
		0.19	$H\leqslant3.0$	2	5	150	2	M8	2	M6	3	$\phi3.7$
			$3.0<H\leqslant4.5$	2	6	150	2	M8	2	M6	4	$\phi4.0$
			$4.5<H\leqslant5.0$	2	7	150	2	M10	2	M8	4	$\phi4.0$
乙类	加气混凝土砌块	0.20	$H\leqslant4.0$	2	5	150	2	M8	2	M6	3	$\phi3.7$
			$4.0<H\leqslant5.0$	2	6	150	2	M8	2	M6	4	$\phi3.7$
		0.25	$H\leqslant3.5$	2	5	150	2	M8	2	M6	3	$\phi4.0$
			$3.5<H\leqslant5.0$	2	6	150	2	M10	2	M6	4	$\phi4.0$
	烧结空心砖	0.19	$H\leqslant3.5$	2	5	150	2	M8	2	M6	4	$\phi3.7$
			$3.5<H\leqslant5.0$	2	6	150	2	M10	2	M6	4	$\phi4.0$
	烧结多孔砖	0.09	$H\leqslant3.0$	2	5	150	2	M6	2	M6	3	$\phi3.7$
		0.19	$H\leqslant3.5$	2	6	150	2	M10	2	M6	4	$\phi4.0$
			$3.5<H\leqslant4.5$	2	7	150	2	M10	2	M8	4	$\phi4.5$
			$4.5<H\leqslant5.0$	2	8	150	2	M10	2	M8	4	$\phi5.2$

14.7 填充墙洞口构造

14.7.1 填充墙内机电设备穿墙（嵌入）洞口宽度≤300mm时，可采用钢筋砖过梁；洞口宽度>300mm时，应设置钢筋混凝土边框或过梁。

14.7.2 填充墙内设有较大机电设备穿墙（嵌入）洞口时，当洞口较大边长≤600mm时，可仅在洞顶设置过梁；当洞口较小边长≥600mm，洞口周边应设置混凝土边框（图14.7.2）；洞宽≥800mm时亦应设边框，洞顶改设过梁；洞宽≥1500mm时洞两侧应设构造柱，洞顶设过梁。

14.7.3 填充墙洞口过梁支承长度不应小于300mm。当洞口与柱、墙边距离不满足支承长度时，应从柱、墙中预埋过梁钢筋，过梁采用现浇。浇筑过梁前，应将柱、墙面打成槽齿状。当两相邻洞口间墙长小于600mm时，过梁应连续通长设置。

14.7.4 当洞口过梁与墙内水平现浇带位置重叠时，可由水平现浇带代替过梁，但相关范围内现浇带的截面及配筋应不小于过梁的要求。

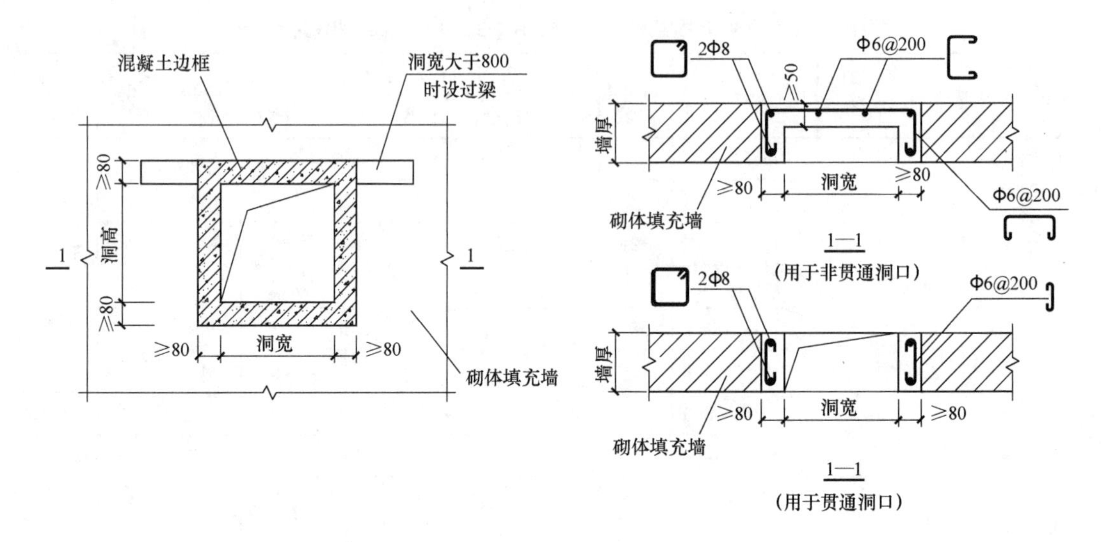

图 14.7.2　填充墙洞口构造

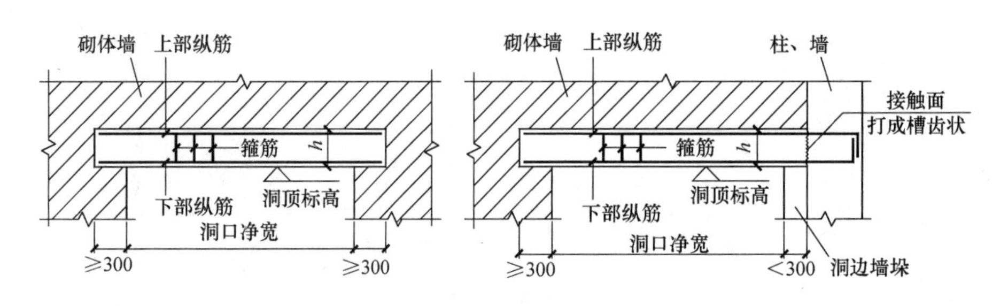

图 14.7.3　洞口过梁大样

14.7.5　当洞顶至结构梁（板）底的距离小于过梁高度时，过梁与结构梁（板）浇成整体。

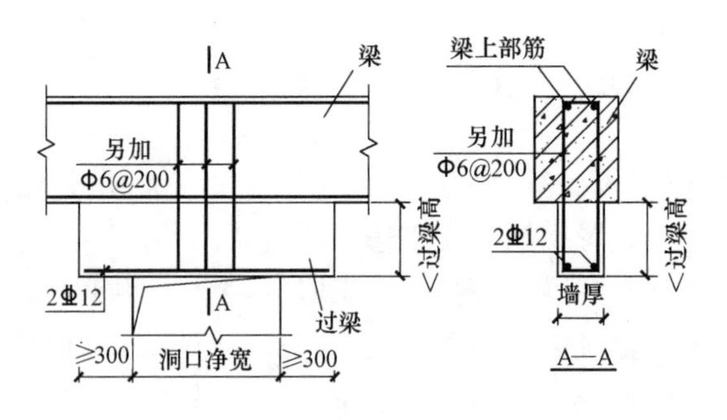

图 14.7.5　过梁与结构梁（板）浇成整体

14.7.6　当采用空心砖、加气混凝土砌块、多孔砖或实心砖砌体（含双面抹灰），并考虑构造及施工条件等因素时，各类墙体洞口过梁截面及配筋可按表 14.7.6-1～表 14.7.6-3 选用。如实际采用的砌体或荷载情况有所不同，应通过计算确定过梁截面及配筋。

100mm、120mm 厚墙体洞口过梁配筋表　　　表 14.7.6-1

洞口净宽 L_0(mm)	100mm 厚空心砖、加气混凝土砌块、多孔砖				120mm 厚实心砖、多孔砖			
	梁高 h(mm)	下部纵筋	上部纵筋	箍筋	梁高 h(mm)	下部纵筋	上部纵筋	箍筋
$L_0 \leqslant 800$	100	2Φ10	2Φ8	φ6@200	100	2Φ10	2Φ8	φ6@200
$800 < L_0 \leqslant 1800$	200	2Φ10	2Φ8	φ6@200	200	2Φ10	2Φ10	φ6@200
$1800 < L_0 \leqslant 2400$	200	2Φ10	2Φ10	φ6@200	200	2Φ10	2Φ10	φ6@200
$2400 < L_0 \leqslant 3000$	300	2Φ10	2Φ10	φ6@200	300	2Φ10	2Φ10	φ6@200
$3000 < L_0 \leqslant 4000$	300	2Φ12	2Φ10	φ6@200	300	2Φ12	2Φ12	φ6@200
$4000 < L_0 \leqslant 5000$	—	—	—	—	400	2Φ14	2Φ12	φ6@200

200mm 厚墙体洞口过梁配筋表　　　表 14.7.6-2

洞口净宽 L_0(mm)	200mm 厚空心砖、加气混凝土砌块				200mm 厚实心砖、多孔砖			
	梁高 h(mm)	下部纵筋	上部纵筋	箍筋	梁高 h(mm)	下部纵筋	上部纵筋	箍筋
$L_0 \leqslant 800$	100	2Φ10	2Φ8	φ6@200	100	2Φ10	2Φ8	φ6@200
$800 < L_0 \leqslant 1800$	200	2Φ10	2Φ10	φ6@200	200	2Φ10	2Φ10	φ6@200
$1800 < L_0 \leqslant 2400$	200	2Φ12	2Φ10	φ6@200	200	2Φ12	2Φ10	φ6@200
$2400 < L_0 \leqslant 3000$	300	3Φ12	2Φ10	φ6@200	300	3Φ14	2Φ10	φ6@200
$3000 < L_0 \leqslant 4000$	300	3Φ14	2Φ12	φ6@200	300	3Φ16	2Φ12	φ6@200
$4000 < L_0 \leqslant 5000$	400	3Φ16	2Φ12	φ6@200	400	3Φ18	2Φ12	φ6@200
$5000 < L_0 \leqslant 6000$	500	3Φ18	2Φ14	φ8@200	500	3Φ20	2Φ14	φ8@200

240mm、370mm 厚墙体洞口过梁配筋表　　　表 14.7.6-3

洞口净宽 L_0(mm)	240mm 厚实心砖、多孔砖				370mm 厚实心砖			
	梁高 h(mm)	下部纵筋	上部纵筋	箍筋	梁高 h(mm)	下部纵筋	上部纵筋	箍筋
$L_0 \leqslant 800$	120	2Φ10	2Φ8	φ6@200	120	3Φ10	2Φ8	φ6@130
$800 < L_0 \leqslant 1800$	180	2Φ12	2Φ10	φ6@200	180	3Φ10	2Φ10	φ8@200
$1800 < L_0 \leqslant 2400$	180	3Φ12	2Φ10	φ6@200	180	3Φ12	2Φ10	φ8@200
$2400 < L_0 \leqslant 3000$	240	3Φ14	2Φ10	φ6@200	240	3Φ14	2Φ10	φ8@200
$3000 < L_0 \leqslant 4000$	310	3Φ16	2Φ12	φ6@200	310	3Φ16	3Φ12	φ8@200
$4000 < L_0 \leqslant 5000$	370	3Φ20	2Φ14	φ6@200	370	4Φ18	3Φ12	φ8@200
$5000 < L_0 \leqslant 6000$	490	4Φ20	2Φ14	φ8@200	490	4Φ22	3Φ14	φ8@200

14.7.7 填充墙上开较大洞口时，应在洞边增设加强构造，保证墙体的整体性和稳定性。

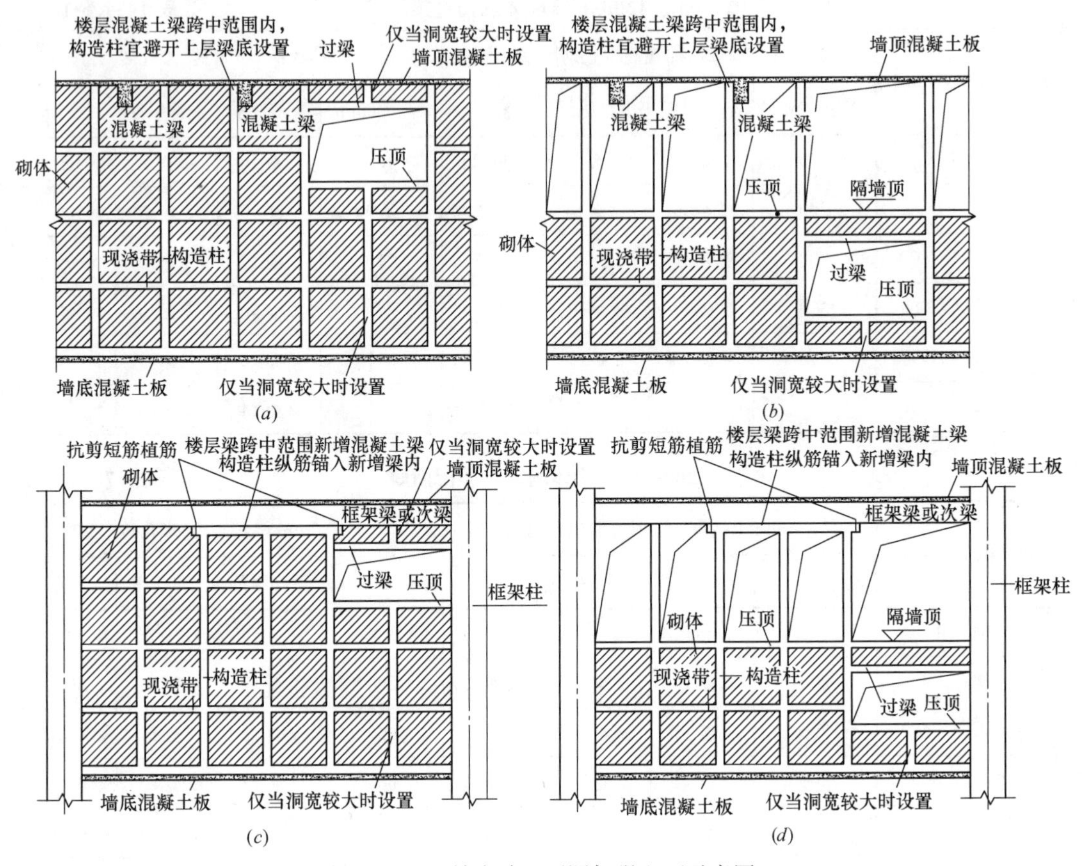

图 14.7.7　填充墙上开洞加强立面示意图

(*a*) 到顶墙（顶部与梁相交或与板相接）；(*b*) 不到顶墙（顶部与梁相交或与板相接）；

(*c*) 到顶墙（顶部与梁底顺接）；(*d*) 不到顶墙（顶部与梁底顺接）

14.8　特殊部位的填充墙

14.8.1　楼、电梯间及人流通道处的填充墙体应符合下列规定：

1. 楼梯间和人流通道周边填充墙体，应采用双面满布热镀锌焊接钢丝网砂浆面层加强（图 14.8.1-1)。钢丝网丝径不小于 1.6mm，网孔尺寸不宜大于 25mm×25mm，采用强度等级不小于 M5 的混合砂浆抹面。

2. 楼梯休息平台处的构造柱可以利用休息平台立柱向上延伸形成，延伸部分的构造柱截面及配筋可按构造柱的要求设置。延伸部分的构造柱应预留钢筋，在楼梯隔墙部分砌体施工完成后与其他构造柱一起浇筑（图 14.8.1-2)。

14.8.2　屋面砌体女儿墙高度不宜超过 0.9m，不应超过 1.55m；构造柱钢筋按图 14.8.2 及表 14.8.2 选用。当女儿墙高度超过 0.9m 时宜采用钢筋混凝土女儿墙；当女儿墙高度超过 1.55m，或为高层建筑屋顶的女儿墙时，应采用钢筋混凝土女儿墙；临街面、出入口及两侧各 3m 范围亦应采用钢筋混凝土女儿墙。钢筋混凝土女儿墙的截面和配筋应通过计算确定，并满足抗震要求。

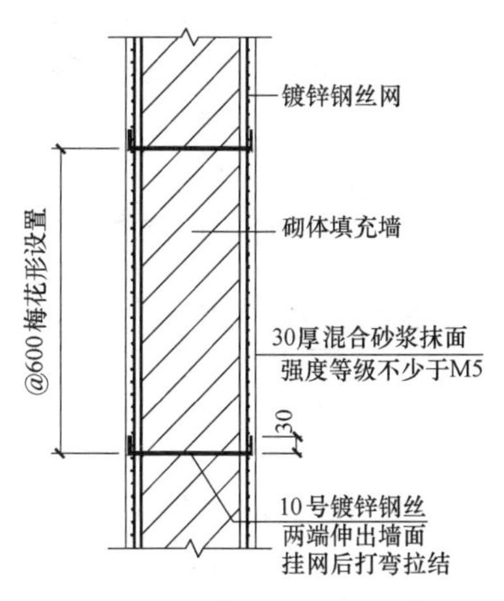

图 14.8.1-1 楼梯间、人流通道填充墙

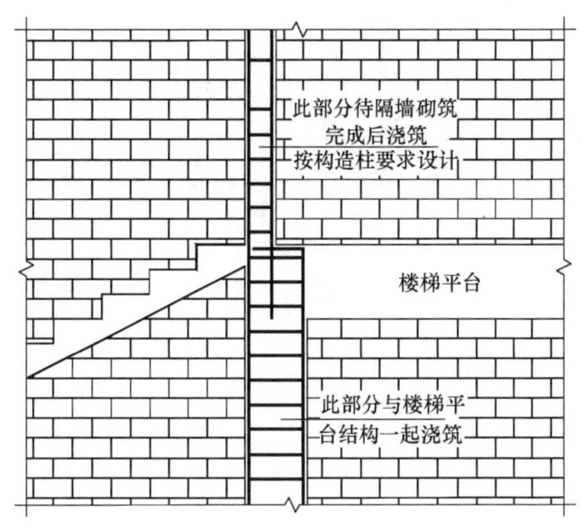

图 14.8.1-2 休息平台立柱上延形成构造柱

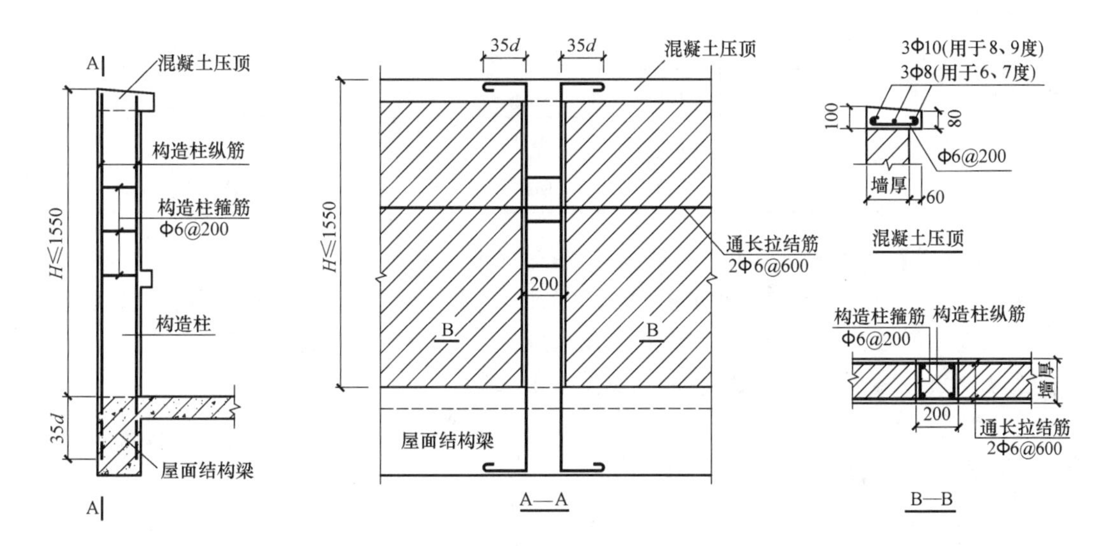

图 14.8.2 女儿墙构造柱

女儿墙构造柱纵筋选用表（构造柱间距≤1.5m）　　表 14.8.2

抗震设防烈度		女儿墙高度 H(mm)		
		H≤900	900<H≤1200	1200<H≤1550
6 度		4 Φ 10	4 Φ 10	4 Φ 10
7 度	0.10g	4 Φ 10	4 Φ 10	4 Φ 10
	0.15g	4 Φ 10	4 Φ 10	4 Φ 12
8 度	0.20g	4 Φ 10	4 Φ 12	4 Φ̲ 12
	0.30g	4 Φ 12	4 Φ̲ 12	4 Φ̲ 14
9 度		4 Φ̲ 12	4 Φ̲ 14	—

14.8.3 气体灭火系统保护的防护区，其围护墙体可采用砌体填充墙或轻质条板。

1. 砌体填充墙应采用双面钢丝网抹灰的加强措施。采用烧结普通砖或烧结多孔砖砌筑时，墙厚、砂浆强度及墙高限值可按表 14.8.3 取用。当墙高超过限值时，可按本措施第 14.9 节的方法设置墙架，墙架内每段墙高不应超过表中限值。

2. 当采用条板时，其面密度宜不小于 100kg/m^2。板厚及钢卡件按计算确定。

气体灭火系统防护区烧结普通砖或烧结多孔砖填充墙的墙高限值　　表 14.8.3

墙厚 h(mm)	砂浆强度	每段墙高 H(mm)
200	M5	$H \leqslant 2200$
	M7.5	$2200 < H \leqslant 2400$
	M10	$2400 < H \leqslant 2700$
240	M5	$H \leqslant 2600$
	M7.5	$2600 < H \leqslant 2900$
	M10	$2900 < H \leqslant 3300$
370	M5	$H \leqslant 4000$
	M7.5	$4000 < H \leqslant 4600$
	M10	$4600 < H \leqslant 5000$

【条文说明】根据《气体灭火系统设计规范》GB 50370—2005 的规定，采用气体灭火系统保护的防护区，其围护结构承受内压的允许压强，不宜低于 1200Pa，该内压设计工况不与地震工况组合。设计时应配合建筑及给排水专业确定墙体材料、厚度和采用部位。上表系按墙顶和墙底简支支承条件和内压 1200Pa 计算。

14.9　高大砌体填充墙设计

14.9.1 高度超过表 14.2.1-1 所列限值的高大空间隔墙不宜采用砌体墙。当无法避免时，可按本节方法设计。

14.9.2 高大砌体填充墙应在墙内设置由钢筋混凝土柱、梁组成的墙架，并应在墙底设置楼面梁。填充墙的地震作用应全部由墙架承担，水平地震作用可按本措施第 14.3 节方法计算确定，9 度时考虑竖向地震作用，按墙体自重的 20%取值。

14.9.3 墙内设有大洞口且洞顶墙架梁兼作过梁时，应按双向受弯构件设计。

14.9.4 计算墙架中柱、梁内力时，按周边简支的交叉梁体系考虑，构件采用对称通长配筋，纵筋接长宜采用焊接。当采用搭接时，构造应满足框架的抗震要求。

14.9.5 钢筋混凝土墙架的小截面柱、梁的纵筋应在周边主体结构构件内可靠锚固或与周边主体结构构件可靠连接。见图 14.9.5。当采用后植筋方式时，植筋锚固深度应满足现行国家标准《混凝土结构加固设计规范》GB 50367 和现行行业标准《混凝土结构后锚固技术规程》JGJ 145 的相关规定。

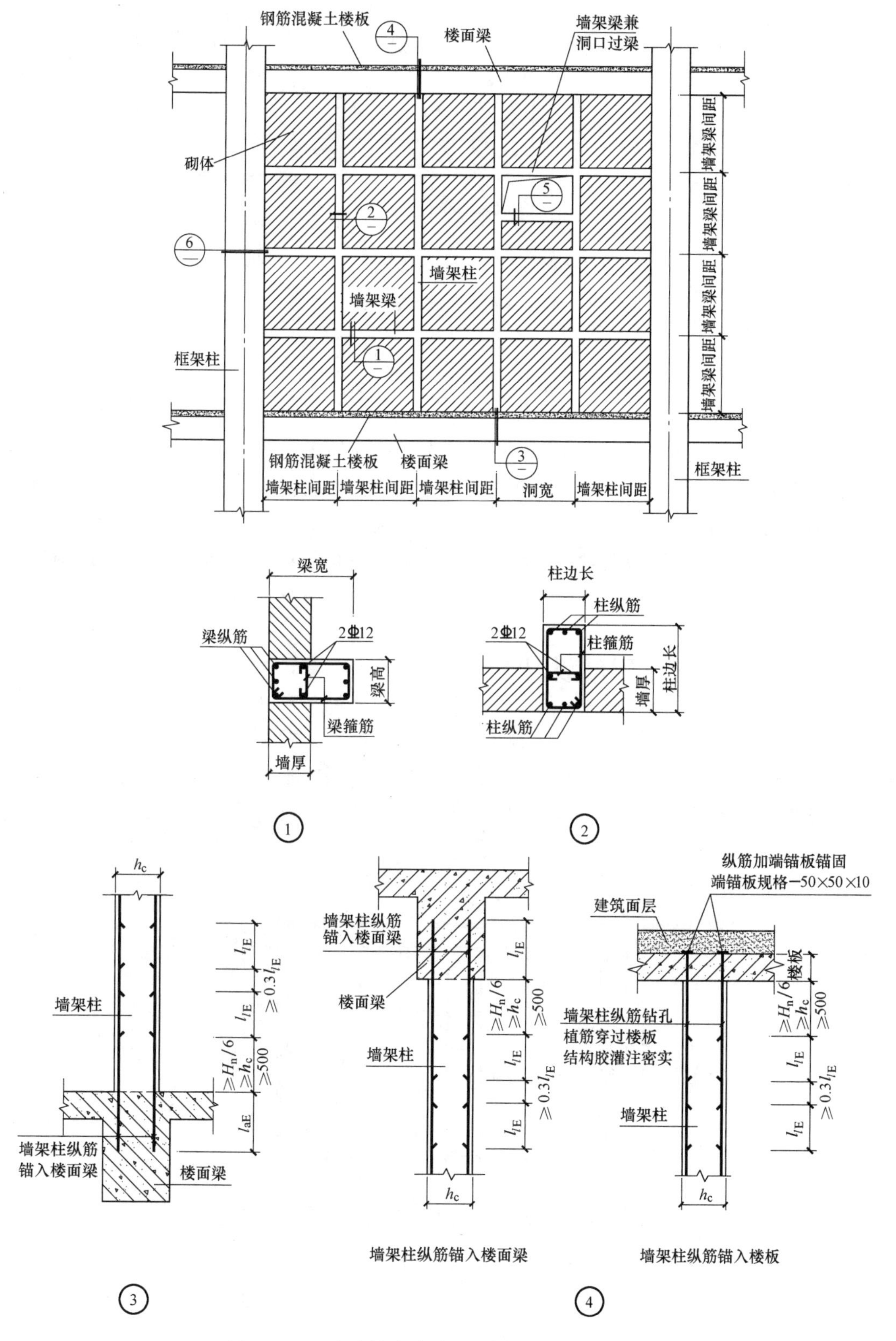

图 14.9.5 高大填充墙采用混凝土墙架示意图（一）

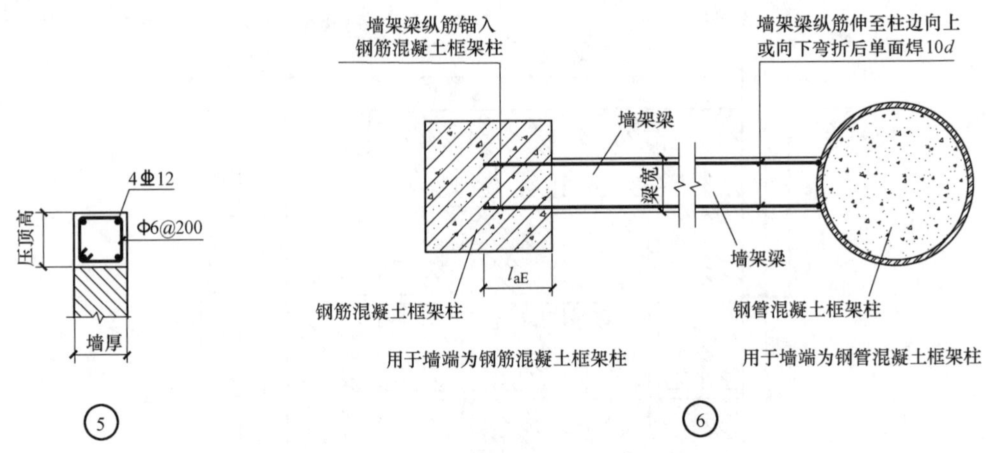

图 14.9.5　高大填充墙采用混凝土墙架示意图（二）

14.9.6　墙架设计时应考虑砌体自重对墙架梁、柱的影响。楼面支承梁应考虑墙架柱传来的集中力。墙架周边主体结构构件应考虑墙架传来的地震作用。当墙架梁、柱混凝土浇筑随砌体砌筑分段同步施工时，应保证混凝土达到70%强度后再进入下一步砌筑工序。

14.9.7　当墙架柱或墙架梁的间距较大时，应按本措施第14.4节的规定增设构造柱或现浇带。

14.10　薄壁型钢骨架墙设计

14.10.1　薄壁型钢骨架墙以竖龙骨作为墙体骨架中的主要受力构件，横龙骨作为墙体骨架与主体结构的连接构件，截面应通过计算确定。横撑龙骨与竖龙骨之间、面板与墙体骨架之间的连接构造，可参考选用国家建筑标准图集《轻钢龙骨石膏板隔墙、吊顶》07CJ03-1，墙体骨架体系如图14.10.1所示。

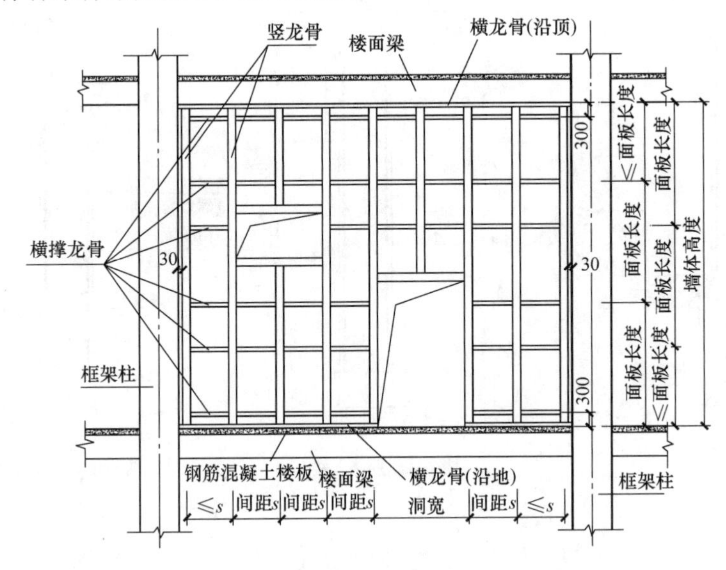

图 14.10.1　墙体骨架体系立面示意图

【条文说明】墙体面板的材质、厚度、层数，以及填充材料的材质和厚度，均应根据建筑的防火、隔声等要求，与相关专业共同确定。

14.10.2 薄壁型钢骨架墙设计应满足以下要求：

1. 墙体自重：应包括所有龙骨、面板、填充材料及装饰面层。

2. 水平地震作用：按本措施第 14.3 节规定取值。

3. 竖向地震作用：6、7、8 度不考虑，9 度时取墙体自重的 20%。

4. 风荷载：内隔墙的风荷载体型系数宜取 $\mu_s=0.20$，且高大空间内隔墙风荷载 $w_k \geqslant 0.36kN/m^2$。

5. 竖龙骨截面应按两端铰接的压弯构件设计，横龙骨的翼缘按悬臂受弯构件设计，并符合现行国家标准《钢结构设计标准》GB 50017 的规定。

6. 龙骨及龙骨组件应采用表面热浸镀锌防腐处理，镀锌量不小于 $180g/m^2$（外墙）、$120g/m^2$（内墙）。当横龙骨与预埋件现场焊接后，应补涂防腐涂料。

7. 射钉按现行行业标准《混凝土结构后锚固技术规程》JGJ 145 设计，螺栓按现行国家标准《钢结构设计标准》GB 50017 设计，预埋件按现行国家标准《混凝土结构设计规范》GB 50010 设计。

14.10.3 竖龙骨的截面形式可采用 C 形、H 形、□形等。当采用 C 形内卷边槽钢时，截面尺寸可从本措施表 14.10.7-1～表 14.10.7-6 中选用。横龙骨采用 Q355B 薄钢板制作，如图 14.10.3 所示，横龙骨板厚 t_h 按表 14.10.3 的规定选用。

横龙骨钢板厚度 t_h（mm） **表 14.10.3**

设防烈度	6 度	7 度(0.10g)	7 度(0.15g)	8 度(0.20g)	8 度(0.30g)	9 度
t_h	3.0	3.0	3.5	4.0	4.5	4.5

注：本表适用于设防烈度 6 度、7 度和 8 度（0.20g）时墙高不超过 18m，8 度（0.30g）时墙高不超过 15m 以及 9 度时墙高不超过 12m 的情况。当横龙骨与预埋件采用焊接连接时，表中数值应增加 1mm。

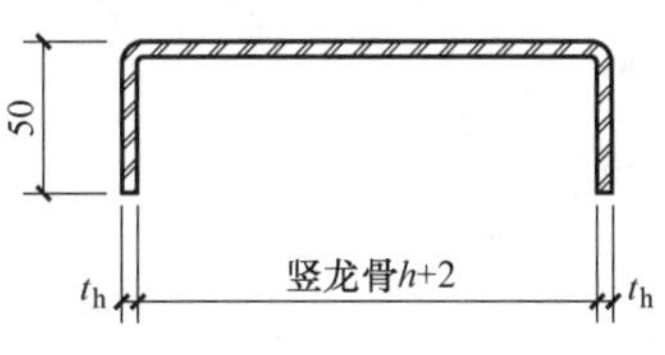

图 14.10.3 横龙骨截面示意图

14.10.4 当墙体较高需要对竖龙骨接长时，不应将所有竖龙骨接头置于同一标高处，相邻竖龙骨的接头沿高度方向错开不小于 1m。

14.10.5 当墙体高度＜6m 时，墙下宜设楼层梁；当墙体高度≥6m，墙下应设楼层梁。

14.10.6 横龙骨与主体结构构件间采用以下方式连接：

1. 与混凝土梁、板连接可采用射钉，如图 14.10.6-1 所示。射钉钉体采用 60 号钢制作，其产品性能应符合现行国家标准《射钉》GB/T 18981 的规定。

2. 与混凝土梁、板连接也可采用预埋件，如图 14.10.6-2 所示。预埋件锚板采用 Q355B 钢板，锚筋采用 HRB400 钢筋；预埋件构造如图 14.10.6-3 所示。

3. 与钢梁连接时应采用螺栓，应于钢梁下翼缘预成孔，如图 14.10.6-4 所示。螺栓性能等级为 4.6C 级，其产品性能应符合现行国家标准《紧固件机械性能　螺栓、螺钉和螺柱》GB/T 3098.1 的规定。

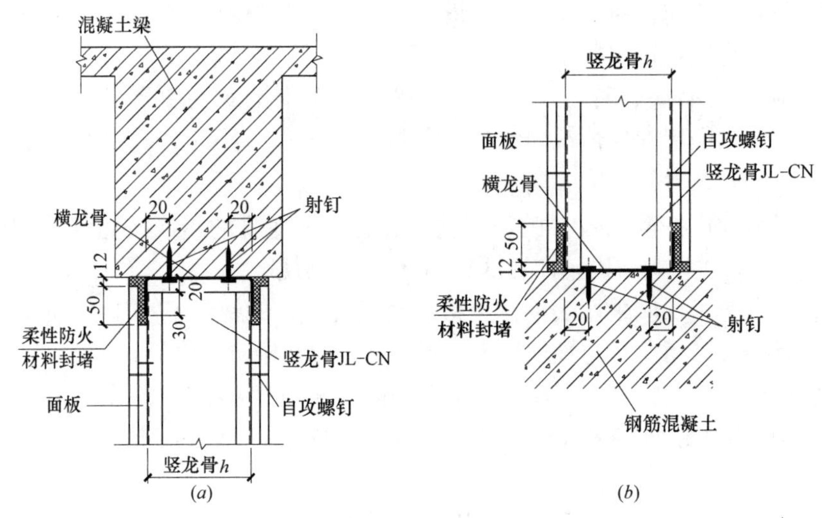

图 14.10.6-1　横龙骨与混凝土构件采用射钉连接

（a）用于墙顶；（b）用于墙脚

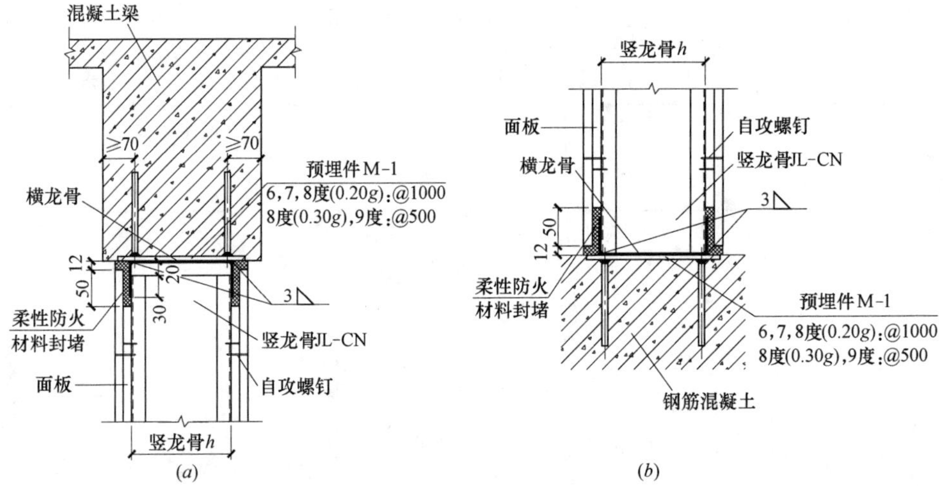

图 14.10.6-2　横龙骨与混凝土构件采用预埋件连接

（a）用于墙顶；（b）用于墙脚

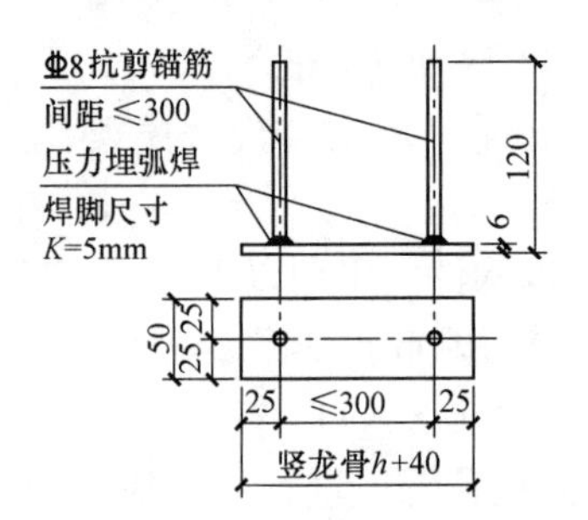

图 14.10.6-3　预埋件 M-1

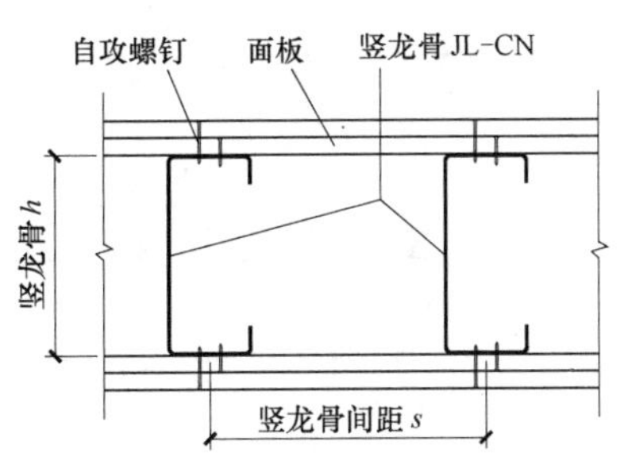

图 14.10.6-5 竖龙骨布置间距

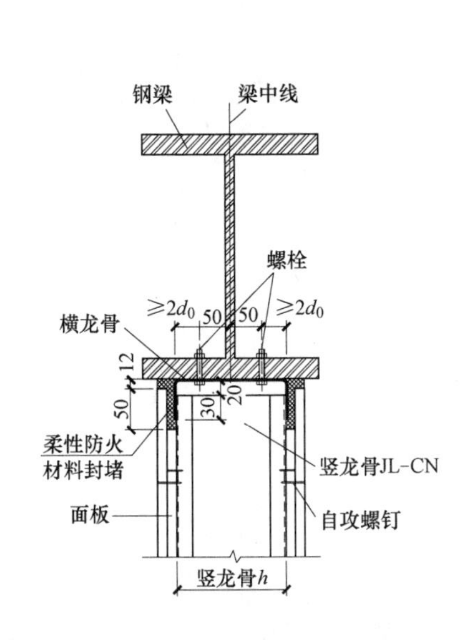

图 14.10.6-4 横龙骨与钢梁采用螺栓连接

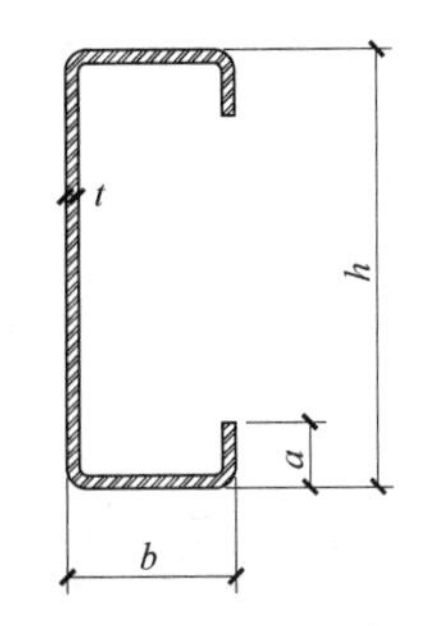

图 14.10.6-6 竖龙骨

14.10.7 无洞口的轻钢龙骨墙的竖龙骨、横龙骨以及与主体结构构件的连接件可按表 14.10.7-1～表 14.10.7-6 选用。当竖龙骨采用其他规格，或墙面洞口截断竖龙骨数量较多时，应根据龙骨的实际布置对洞边龙骨的强度和变形进行验算。

【条文说明】《轻钢龙骨石膏板隔墙、吊顶》07CJ03-1 适用于抗震设防烈度 8 度和 8 度以下地区，且隔墙的最大限制高度为 12m。当抗震设防烈度为 9 度或墙高超过 12m 时，可按本措施第 14.3 节的方法计算地震作用，进行竖龙骨截面及连接设计。

设防烈度 6 度内隔墙竖龙骨及连接材料选用表 **表 14.10.7-1**

功能级别	墙高 H (m)	竖龙骨尺寸(JL-CN 冷弯内卷边槽钢)(mm)												射钉 @1000	螺栓 @1000
		间距 s=300				间距 s=400				间距 s=600					
		h	b	a	t	h	b	a	t	h	b	a	t		
三级	≤7	—	—	—	—	—	—	—	—	120	50	20	2.00	2ϕ3.5	2M6
	8	—	—	—	—	120	50	20	2.00	140 (120)	50	20	2.00	2ϕ3.5	2M6
	9	—	—	—	—	140	50	20	2.00	160 (120)	60 (50)	20	2.20 (2.00)	2ϕ3.5	2M6
	10	140	50	20	2.00	160	60	20	2.00	180 (120)	70 (50)	20	2.00	2ϕ3.5	2M6
	11	160	60	20	2.00	180	70	20	2.00	220 (120)	75 (50)	20	2.00	2ϕ3.5	2M6
	12	180	70	20	2.00	200	70	20	2.00	220 (120)	75 (50)	20	2.20 (2.00)	2ϕ3.5	2M6
	13	200	70	20	2.00	220	75	20	2.00	250 (120)	75 (50)	20	2.20 (2.00)	2ϕ3.5	2M6

续表

功能级别	墙高 H (m)	竖龙骨尺寸(JL-CN 冷弯内卷边槽钢)(mm)												射钉 @1000	螺栓 @1000
		间距 s=300				间距 s=400				间距 s=600					
		h	b	a	t	h	b	a	t	h	b	a	t		
三级	14	220	75	20	2.00	220	75	20	2.20	280 (120)	80 (50)	20	2.20 (2.00)	2ϕ3.5	2M6
	15	220	75	20	2.00	250	75	20	2.20	280 (120)	80 (50)	20	2.20 (2.00)	2ϕ3.7	2M6
	16	250	75	20	2.20	280 (120)	80 (50)	20	2.20 (2.00)	300 (140)	80 (50)	20	2.50 (2.00)	2ϕ4.0 (3.7)	2M6
	17	250	75	20	2.20	280 (120)	80 (50)	20	2.20 (2.00)	300 (140)	80 (50)	20	2.75 (2.00)	2ϕ4.0	2M6
	18	280	80	20	2.20	300 (120)	80 (50)	20	2.20 (2.00)	(160)	(60)	(20)	(2.00)	2ϕ4.2 (4.0)	2M6
二级	≤7	—	—	—	—	—	—	—	—	120	50	20	2.00	2ϕ3.5	2M6
	8	—	—	—	—	120	50	20	2.00	140 (120)	60 (50)	20	2.00	2ϕ3.5	2M6
	9	—	—	—	—	140	50	20	2.00	160 (120)	60 (50)	20	2.20 (2.00)	2ϕ3.5	2M6
	10	140	50	20	2.00	160	60	20	2.00	180 (120)	70 (50)	20	2.00	2ϕ3.5	2M6
	11	160	60	20	2.00	180	70	20	2.00	220 (120)	75 (50)	20	2.00	2ϕ3.5	2M6
	12	180	70	20	2.00	200	70	20	2.00	220 (120)	75 (50)	20	2.20 (2.00)	2ϕ3.7 (3.5)	2M6
	13	200	70	20	2.00	220 (120)	75 (50)	20	2.00	250 (140)	75 (50)	20	2.20 (2.00)	2ϕ4.0 (3.7)	2M6
	14	220	75	20	2.00	220 (120)	75 (50)	20	2.20 (2.00)	280 (140)	80 (50)	20	2.20 (2.00)	2ϕ4.0	2M6
	15	220	75	20	2.00	250 (120)	75 (50)	20	2.20 (2.00)	280 (160)	80 (60)	20	2.20 (2.00)	2ϕ4.2 (4.0)	2M6
	16	250 (120)	75 (50)	20	2.20 (2.00)	280 (140)	80 (50)	20	2.20 (2.00)	300 (160)	80 (60)	20	2.50 (2.00)	2ϕ4.5 (4.2)	2M6
	17	250 (120)	75 (50)	20	2.20 (2.00)	280 (140)	80 (50)	20	2.20 (2.00)	300 (160)	80 (60)	20	2.75 (2.20)	2ϕ4.5	2M6
	18	280 (120)	80 (50)	20	2.20 (2.00)	300 (140)	80 (50)	20	2.20 (2.00)	(180)	(70)	(20)	(2.00)	2ϕ5.2 (4.5)	2M7 (6)
一级	≤7	—	—	—	—	—	—	—	—	120	50	20	2.00	2ϕ3.5	2M6
	8	—	—	—	—	120	50	20	2.00	140 (120)	50	20	2.00	2ϕ3.5	2M6
	9	—	—	—	—	140	50	20	2.00	160 (120)	60 (50)	20	2.20 (2.00)	2ϕ3.5	2M6
	10	140	50	20	2.00	160	60	20	2.00	180 (120)	70 (50)	20	2.00	2ϕ3.5	2M6
	11	160	60	20	2.00	180	70	20	2.00	220 (120)	75 (50)	20	2.00	2ϕ3.5	2M6
	12	180	70	20	2.00	200 (120)	70 (50)	20	2.00	220 (140)	75 (50)	20	2.20 (2.00)	2ϕ3.7 (3.5)	2M6

续表

功能级别	墙高 H (m)	竖龙骨尺寸(JL-CN冷弯内卷边槽钢)(mm)												射钉@1000	螺栓@1000
		间距 s=300				间距 s=400				间距 s=600					
		h	b	a	t	h	b	a	t	h	b	a	t		
一级	13	200	70	20	2.00	220 (120)	75 (50)	20	2.00	250 (140)	75 (50)	20	2.20 (2.00)	2ϕ4.0 (3.7)	2M6
	14	220 (120)	75 (50)	20	2.00	220 (140)	75 (50)	20	2.20 (2.00)	280 (160)	80 (60)	20	2.20 (2.00)	2ϕ4.0	2M6
	15	220 (120)	75 (50)	20	2.00	250 (140)	75 (50)	20	2.20 (2.00)	280 (160)	80 (60)	20	2.20	2ϕ4.2 (4.0)	2M6
	16	250 (140)	75 (50)	20	2.20 (2.00)	280 (160)	80 (60)	20	2.20 (2.00)	300 (180)	80 (70)	20	2.50 (2.00)	2ϕ4.5 (4.2)	2M6
	17	250 (140)	75 (50)	20	2.20 (2.00)	280 (160)	80 (60)	20	2.20 (2.00)	300 (200)	80 (70)	20	2.75 (2.00)	2ϕ4.5	2M6
	18	280 (140)	80 (50)	20	2.20 (2.00)	300 (180)	80 (70)	20	2.20	(200)	(70)	(20)	(2.00)	2ϕ5.2 (4.5)	2M7(6)

注：1. 表14.10.7-1～表14.10.7-6中竖龙骨选自《建筑结构用冷弯薄壁型钢》JG/T 380—2012中JL-CN冷弯内卷边槽钢，钢材牌号为Q355B。

2. 表14.10.7-1～表14.10.7-6的计算参数如下：单位面积质量包括龙骨+2×4层12厚防火石膏板+50厚岩棉（参照《建筑设计防火规范》GB 50016—2014附表1），并计入双面共0.2kN/m^{2}的面层荷载；墙体类别系数η=1.2；状态系数ζ_1=2.0（柔性连接）；位置系数ζ_2=2.0；高大空间内隔墙风荷载参照《轻钢龙骨石膏板隔墙、吊顶》07CJ03-1的"公共场所和电梯井隔墙"压强取w_k=0.36kN/m^2；风荷载下墙体水平挠跨比参照07CJ03-1的"公共场所"变形限值取1/250。

3. 表14.10.7-1～表14.10.7-6中括号"()"内数值用于对变形无要求的情况。

设防烈度7度（0.10g）内隔墙竖龙骨及连接材料选用表　　表14.10.7-2

功能级别	墙高 H (m)	竖龙骨尺寸(JL-CN冷弯内卷边槽钢)(mm)												射钉@600	螺栓@1000
		间距 s=300				间距 s=400				间距 s=600					
		h	b	a	t	h	b	a	t	h	b	a	t		
三级	≤7	—	—	—	—	—	—	—	—	120	50	20	2.00	2ϕ3.5	2M6
	8	—	—	—	—	120	50	20	2.00	140 (120)	50	20	2.00	2ϕ3.5	2M6
	9	—	—	—	—	140	50	20	2.00	160 (120)	60 (50)	20	2.20 (2.00)	2ϕ3.5	2M6
	10	140	50	20	2.00	160	60	20	2.00	180 (120)	70 (50)	20	2.00	2ϕ3.5	2M6
	11	160	60	20	2.00	180	70	20	2.00	220 (120)	75 (50)	20	2.00	2ϕ3.5	2M6
	12	180	70	20	2.00	200	70	20	2.00	220 (120)	75 (50)	20	2.20 (2.00)	2ϕ3.5	2M6
	13	200	70	20	2.00	220 (120)	75 (50)	20	2.00	250 (140)	75 (50)	20	2.20 (2.00)	2ϕ3.5	2M6
	14	220	75	20	2.00	220 (120)	75 (50)	20	2.20 (2.00)	280 (160)	80 (60)	20	2.20 (2.00)	2ϕ3.7 (3.5)	2M7 (6)
	15	220 (120)	75 (50)	20	2.00 (2.00)	250 (140)	75 (50)	20	2.20 (2.00)	280 (160)	80 (60)	20	2.20 (2.00)	2ϕ4.0 (3.7)	2M7 (6)
	16	250 (120)	75 (50)	20	2.20 (2.00)	280 (140)	80 (50)	20	2.20 (2.00)	300 (160)	80 (60)	20	2.50 (2.20)	2ϕ4.0 (3.7)	2M7

续表

功能级别	墙高 H (m)	竖龙骨尺寸(JL-CN冷弯内卷边槽钢)(mm)												射钉@600	螺栓@1000
		间距 s=300				间距 s=400				间距 s=600					
		h	b	a	t	h	b	a	t	h	b	a	t		
三级	17	250 (140)	75 (50)	20	2.20 (2.00)	280 (160)	80 (60)	20	2.20 (2.00)	300 (180)	80 (70)	20	2.75 (2.00)	2ϕ4.2 (4.0)	2M7
	18	280 (140)	80 (50)	20	2.20 (2.00)	300 (160)	80 (60)	20	2.20 (2.00)	(200)	(70)	(20)	(2.00)	2ϕ4.2 (4.0)	2M7
二级	≤7	—	—	—	—	—	—	—	—	120	50	20	2.00	2ϕ3.5	2M6
	8	—	—	—	—	120	50	20	2.00	140 (120)	50	20	2.00	2ϕ3.5	2M6
	9	—	—	—	—	140	50	20	2.00	160 (120)	60 (50)	20	2.20 (2.00)	2ϕ3.5	2M6
	10	140	50	20	2.00	160 (120)	60 (50)	20	2.00	180 (140)	70 (50)	20	2.00	2ϕ3.5	2M6
	11	160	60	20	2.00	180 (120)	70 (50)	20	2.00	220 (140)	75 (50)	20	2.00	2ϕ3.7	2M7 (6)
	12	180 (120)	70 (50)	20	2.00	200 (140)	70 (50)	20	2.00	220 (160)	75 (60)	20	2.20 (2.00)	2ϕ4.0 (3.7)	2M7
	13	200 (120)	70 (50)	20	2.00	220 (140)	75 (50)	20	2.00	250 (160)	75 (60)	20	2.20	2ϕ4.2 (4.0)	2M7
	14	220 (140)	75 (50)	20	2.00	220 (160)	75 (60)	20	2.20 (2.00)	280 (180)	80 (70)	20	2.20 (2.00)	2ϕ4.2	2M7
	15	220 (140)	75 (50)	20	2.00	250 (160)	75 (60)	20	2.20	280 (200)	80 (70)	20	2.20 (2.00)	2ϕ4.5 (4.2)	2M8 (7)
	16	250 (160)	75 (60)	20	2.20 (2.00)	280 (160)	80 (60)	20	2.20	300 (220)	80 (75)	20	2.50 (2.00)	2ϕ5.2 (4.5)	2M8
	17	250 (160)	75 (60)	20	2.20 (2.00)	280 (180)	80 (70)	20	2.20 (2.00)	300 (220)	80 (75)	20	2.75 (2.20)	2ϕ5.2	2M8
	18	280 (160)	80 (60)	20	2.20	300 (200)	80 (70)	20	2.20 (2.00)	(250)	(75)	(20)	(2.20)	2ϕ5.2	2M10 (8)
一级	≤7	—	—	—	—	—	—	—	—	120	50	20	2.00	2ϕ3.5	2M6
	8	—	—	—	—	120	50	20	2.00	140 (120)	50	20	2.00	2ϕ3.5	2M6
	9	—	—	—	—	140 (120)	50	20	2.00	160 (140)	60 (50)	20	2.20 (2.00)	2ϕ3.5	2M6
	10	140	50	20	2.00	160 (120)	60 (50)	20	2.00	180 (160)	70 (60)	20	2.00	2ϕ3.5	2M6
	11	160 (120)	60 (50)	20	2.00	180 (140)	70 (50)	20	2.00	220 (160)	75 (60)	20	2.00	2ϕ3.7	2M7 (6)
	12	180 (140)	70 (50)	20	2.00	200 (160)	70 (60)	20	2.00	220 (180)	75 (70)	20	2.20 (2.00)	2ϕ4.0	2M7
	13	200 (140)	70 (50)	20	2.00	220 (160)	75 (60)	20	2.00	250 (200)	75 (70)	20	2.20 (2.00)	2ϕ4.2 (4.0)	2M7
	14	220 (160)	75 (60)	20	2.00	220 (180)	75 (70)	20	2.20 (2.00)	280 (220)	80 (75)	20	2.20 (2.00)	2ϕ4.2	2M7
	15	220 (160)	75 (60)	20	2.00	250 (180)	75 (70)	20	2.20 (2.00)	280 (220)	80 (75)	20	2.20	2ϕ4.5	2M8 (7)

续表

功能级别	墙高 H (m)	竖龙骨尺寸(JL-CN冷弯内卷边槽钢)(mm)												射钉@600	螺栓@1000
		间距 s=300				间距 s=400				间距 s=600					
		h	b	a	t	h	b	a	t	h	b	a	t		
一级	16	250 (180)	75 (70)	20	2.20 (2.00)	280 (200)	80 (70)	20	2.20 (2.00)	300 (250)	80 (75)	20	2.50 (2.20)	2ϕ5.2 (4.5)	2M8
	17	250 (180)	75 (70)	20	2.20 (2.00)	280 (220)	80 (75)	20	2.20 (2.00)	300 (280)	80	20	2.75 (2.20)	2ϕ5.2	2M8
	18	280 (200)	80 (70)	20	2.20 (2.00)	300 (220)	80 (75)	20	2.20	(280)	(80)	(20)	(2.20)	2ϕ5.2	2M10 (8)

设防烈度7度（0.15g）内隔墙竖龙骨及连接材料选用表　　表14.10.7-3

功能级别	墙高 H (m)	竖龙骨尺寸(JL-CN冷弯内卷边槽钢)(mm)												射钉@600	螺栓@1000
		间距 s=300				间距 s=400				间距 s=600					
		h	b	a	t	h	b	a	t	h	b	a	t		
三级	≤7	—	—	—	—	—	—	—	—	120	50	20	2.00	2ϕ3.5	2M6
	8	—	—	—	—	120	50	20	2.00	140 (120)	50	20	2.00	2ϕ3.5	2M6
	9	—	—	—	—	140	50	20	2.00	160 (120)	60 (50)	20	2.20 (2.00)	2ϕ3.5	2M6
	10	140	50	20	2.00	160	60	20	2.00	180 (120)	70 (50)	20	2.00	2ϕ3.5	2M6
	11	160	60	20	2.00	180 (120)	70 (50)	20	2.00	220 (140)	75 (50)	20	2.00	2ϕ4.0 (3.7)	2M7 (6)
	12	180	70	20	2.00	200 (120)	70 (50)	20	2.00	220 (160)	75 (60)	20	2.20 (2.00)	2ϕ4.0	2M7
	13	200 (120)	70 (50)	20	2.00	220 (140)	75 (50)	20	2.00	250 (160)	75 (60)	20	2.20 (2.00)	2ϕ4.2 (4.0)	2M7
	14	220 (120)	75 (50)	20	2.00	220 (140)	75 (50)	20	2.20 (2.00)	280 (180)	80 (70)	20	2.20 (2.00)	2ϕ4.5 (4.2)	2M8 (7)
	15	220 (140)	75 (50)	20	2.00	250 (160)	75 (60)	20	2.20 (2.00)	300 (180)	80 (70)	20	2.20 (2.00)	2ϕ4.5	2M8 (7)
	16	250 (140)	75 (50)	20	2.20 (2.00)	280 (160)	80 (60)	20	2.20 (2.00)	300 (200)	80 (70)	20	2.50 (2.00)	2ϕ5.2 (4.5)	2M8
	17	250 (160)	75 (60)	20	2.20 (2.00)	280 (180)	80 (70)	20	2.20 (2.00)	300 (220)	80 (75)	20	2.75 (2.00)	2ϕ5.2	2M10 (8)
	18	280 (160)	80 (60)	20	2.20 (2.00)	300 (180)	80 (70)	20	2.20 (2.00)	(220)	(75)	(20)	(2.20)	2ϕ5.2	2M10 (8)
二级	≤7	—	—	—	—	—	—	—	—	120	50	20	2.00	2ϕ3.5	2M6
	8	—	—	—	—	120	50	20	2.00	140 (120)	50	20	2.00	2ϕ4.0 (3.7)	2M6
	9	—	—	—	—	140 (120)	50	20	2.00	160 (140)	60 (50)	20	2.20 (2.00)	2ϕ4.2 (4.0)	2M7
	10	140	50	20	2.00	160 (120)	60 (50)	20	2.00	180 (160)	70 (60)	20	2.00	2ϕ4.2	2M7
	11	160 (120)	60 (50)	20	2.00	180 (140)	70 (50)	20	2.00	220 (160)	75 (60)	20	2.00 (2.20)	2ϕ4.5	2M8 (7)

续表

功能级别	墙高 H (m)	竖龙骨尺寸(JL-CN冷弯内卷边槽钢)(mm)												射钉@600	螺栓@1000
		间距 s=300				间距 s=400				间距 s=600					
		h	b	a	t	h	b	a	t	h	b	a	t		
二级	12	180 (140)	70 (50)	20	2.00	200 (160)	70 (60)	20	2.00	220 (180)	75 (70)	20	2.20 (2.00)	2ϕ5.2 (4.5)	2M8
	13	200 (140)	70 (50)	20	2.00	220 (160)	75 (60)	20	2.00 (2.20)	250 (200)	75 (70)	20	2.20 (2.00)	2ϕ5.2	2M8
	14	220 (160)	75 (60)	20	2.00	220 (180)	75 (70)	20	2.20 (2.00)	280 (220)	80 (75)	20	2.20 (2.00)	2ϕ5.2	2M10
	15	220 (160)	75 (60)	20	2.00 (2.20)	250 (200)	75 (70)	20	2.20 (2.00)	300 (250)	80 (75)	20	2.20	2ϕ5.5 (5.2)	2M10
	16	250 (180)	75 (70)	20	2.20 (2.00)	280 (220)	80 (75)	20	2.20 (2.00)	300 (280)	80	20	2.50 (2.20)	2ϕ5.5	2M10
	17	250 (200)	75 (70)	20	2.20 (2.00)	280 (220)	80 (75)	20	2.20	300 (280)	80	20	2.75 (2.20)	2ϕ6.0	2M10
	18	280 (220)	80 (75)	20	2.20 (2.00)	300 (250)	80 (75)	20	2.20	(300)	(80)	(20)	(2.20)	2ϕ6.0	2M10
一级	≤7	—	—	—	—	—	—	—	—	120	50	20	2.00	2ϕ3.5	2M6
	8	—	—	—	—	120	50	20	2.00	140	50	20	2.00	2ϕ4.0 (3.7)	2M6
	9	(120)	(50)	(20)	(2.00)	140	50	20	2.00	160	60	20	2.20 (2.00)	2ϕ4.2 (4.0)	2M7
	10	140	50	20	2.00	160	60	20	2.00	180	70	20	2.00	2ϕ4.2	2M7
	11	160 (140)	60 (50)	20	2.00	180 (160)	70 (60)	20	2.00	220 (200)	75 (70)	20	2.00	2ϕ4.5	2M8 (7)
	12	180 (160)	70 (60)	20	2.00	200 (180)	70	20	2.00	220	75	20	2.20 (2.00)	2ϕ5.2	2M8
	13	200 (160)	70 (60)	20	2.00 (2.20)	220 (200)	75 (70)	20	2.00	250	75	20	2.20	2ϕ5.2	2M8
	14	220 (180)	75 (70)	20	2.00	220	75	20	2.20 (2.00)	280	80	20	2.20	2ϕ5.2	2M10
	15	220 (200)	75 (70)	20	2.00	250 (220)	75	20	2.20	300 (280)	80	20	2.20	2ϕ5.5 (5.2)	2M10
	16	250 (220)	75	20	2.20 (2.00)	280 (250)	80 (75)	20	2.20	300	80	20	2.50	2ϕ5.5	2M10
	17	250	75	20	2.20	280	80	20	2.20	300	80	20	2.75	2ϕ6.0	2M10
	18	280 (250)	80 (75)	20	2.20	300	80	20	2.20	—	—	—	—	2ϕ6.0	2M10

设防烈度 8 度（0.20g）内隔墙竖龙骨及连接材料选用表　　表 14.10.7-4

功能级别	墙高 H（m）	竖龙骨尺寸(JL-CN 冷弯内卷边槽钢)(mm)												射钉@450	螺栓@1000
		间距 s=300				间距 s=400				间距 s=600					
		h	b	a	t	h	b	a	t	h	b	a	t		
三级	≤7	—	—	—	—	—	—	—	—	120	50	20	2.00	$2\phi3.5$	2M6
	8	—	—	—	—	120	50	20	2.00	140 (120)	50	20	2.00	$2\phi3.5$	2M6
	9	—	—	—	—	140	50	20	2.00	180 (120)	70 (50)	20	2.00	$2\phi3.5$	2M7
	10	140	50	20	2.00	160 (120)	60 (50)	20	2.00	180 (140)	70 (50)	20	2.00	$2\phi3.5$	2M7
	11	160	60	20	2.00	180 (120)	70 (50)	20	2.00	220 (160)	75 (60)	20	2.00	$2\phi3.7$	2M7
	12	180 (120)	70 (50)	20	2.00	200 (140)	70 (50)	20	2.00	220 (160)	75 (60)	20	2.20	$2\phi4.0$	2M8
	13	200 (140)	70 (50)	20	2.00	220 (160)	75 (60)	20	2.00	250 (180)	75 (70)	20	2.20 (2.00)	$2\phi4.2$ (4.0)	2M8
	14	220 (140)	75 (50)	20	2.00	220 (160)	75 (60)	20	2.20 (2.00)	280 (200)	80 (70)	20	2.20 (2.00)	$2\phi4.5$ (4.2)	2M10 (8)
	15	220 (160)	75 (60)	20	2.00	250 (180)	75 (70)	20	2.20 (2.00)	280 (220)	80 (75)	20	2.20 (2.00)	$2\phi4.5$	2M10
	16	250 (160)	75 (60)	20	2.20 (2.00)	280 (180)	80 (70)	20	2.20 (2.00)	300 (220)	80 (75)	20	2.50 (2.20)	$2\phi5.2$ (4.5)	2M10
	17	250 (180)	75 (70)	20	2.20 (2.00)	280 (200)	80 (70)	20	2.20 (2.00)	300 (250)	80 (75)	20	2.75 (2.00)	$2\phi5.2$	2M10
	18	280 (180)	80 (70)	20	2.20 (2.00)	300 (220)	80 (75)	20	2.20 (2.00)	(280)	(80)	(20)	(2.00)	$2\phi5.2$	2M10
二级	≤6	—	—	—	—	—	—	—	—	120	50	20	2.00	$2\phi3.5$	2M6
	7	—	—	—	—	—	—	—	—	120	50	20	2.00	$2\phi3.5$	2M7
	8	—	—	—	—	120	50	20	2.00	140	50	20	2.00	$2\phi3.7$	2M7
	9	(120)	(50)	(20)	(2.00)	140	50	20	2.00	160	60	20	2.20 (2.00)	$2\phi4.0$	2M8
	10	140 (120)	50	20	2.00	160 (140)	60 (50)	20	2.00	180	70	20	2.00	$2\phi4.2$	2M8
	11	160 (140)	60 (50)	20	2.00	180 (160)	70 (60)	20	2.00	220 (200)	75 (70)	20	2.00	$2\phi4.5$	2M10
	12	180 (160)	70 (60)	20	2.00	200 (180)	70	20	2.00	220	75	20	2.20 (2.00)	$2\phi5.2$ (4.5)	2M10
	13	200 (160)	70 (60)	20	2.00 (2.20)	220 (200)	75 (70)	20	2.00	250	75	20	2.20	$2\phi5.2$	2M10
	14	220 (180)	75 (70)	20	2.00	220	75	20	2.20 (2.00)	280 (250)	80 (75)	20	2.20	$2\phi5.2$	2M10
	15	220 (200)	75 (70)	20	2.00	250 (220)	75	20	2.20	280	80	20	2.20	$2\phi5.2$	2M10
	16	250 (220)	75	20	2.20 (2.00)	280 (250)	80 (75)	20	2.20	300	80	20	2.50 (2.20)	$2\phi5.5$	2M12
	17	250 (220)	75	20	2.20	280	80	20	2.20	300	80	20	2.75	$2\phi6.0$	2M12
	18	280 (250)	80 (75)	20	2.20	300	80	20	2.20	(300)	(80)	(25)	(3.00)	$2\phi6.0$	2M12

续表

功能级别	墙高 H (m)	竖龙骨尺寸(JL-CN冷弯内卷边槽钢)(mm)												射钉 @450	螺栓 @1000
		间距 $s=300$				间距 $s=400$				间距 $s=600$					
		h	b	a	t	h	b	a	t	h	b	a	t		
一级	≤6	—	—	—	—	—	—	—	—	120	50	20	2.00	2ϕ3.5	2M6
	7	—	—	—	—	120	50	20	2.00	140	50	20	2.00	2ϕ3.5	2M7
	8	120	50	20	2.00	140	50	20	2.00	160	60	20	2.00	2ϕ3.7	2M7
	9	140	50	20	2.00	160	60	20	2.00	180	70	20	2.00	2ϕ4.0	2M8
	10	160	60	20	2.00	160	60	20	2.20	220	75	20	2.00	2ϕ4.2	2M8
	11	160	60	20	2.20 (2.00)	200	70	20	2.00	250 (220)	75	20	2.20	2ϕ4.5	2M10
	12	180	70	20	2.00	220	75	20	2.00	280 (250)	80 (75)	20	2.20	2ϕ5.2	2M10
	13	200	70	20	2.00	220	75	20	2.20	280	80	20	2.20	2ϕ5.2	2M10
	14	220	75	20	2.00	250	75	20	2.20	300	80	20	2.50	2ϕ5.2	2M10
	15	250	75	20	2.20	280	80	20	2.20	300	80	25	3.00	2ϕ5.5	2M10
	16	280	80	20	2.20	300	80	20	2.20	—	—	—	—	2ϕ6.0	2M12
	17	280	80	20	2.20	300	80	20	2.75 (2.50)	—	—	—	—	2ϕ6.0	2M12
	18	300	80	20	2.20	300	80	25	3.00	—	—	—	—	2ϕ6.0	2M12

设防烈度8度（0.30g）内隔墙竖龙骨及连接材料选用表　　表14.10.7-5

功能级别	墙高 H (m)	竖龙骨尺寸(JL-CN冷弯内卷边槽钢)(mm)												射钉 @350	螺栓 @500
		间距 $s=300$				间距 $s=400$				间距 $s=600$					
		h	b	a	t	h	b	a	t	h	b	a	t		
三级	≤7	—	—	—	—	—	—	—	—	120	50	20	2.00	2ϕ3.5	2M6
	8	—	—	—	—	120	50	20	2.00	140	50	20	2.00	2ϕ3.5	2M6
	9	—	—	—	—	140 (120)	50	20	2.00	180 (160)	70 (60)	20	2.00	2ϕ3.5	2M6
	10	140 (120)	50	20	2.00	160 (140)	60 (50)	20	2.00	180 (160)	70 (60)	20	2.00 (2.20)	2ϕ3.5	2M6
	11	160 (140)	60 (50)	20	2.00	180 (160)	70 (60)	20	2.00	220 (180)	75 (70)	20	2.00	2ϕ3.7	2M7 (6)
	12	180 (140)	70 (50)	20	2.00	200 (160)	70 (60)	20	2.00 (2.20)	220 (200)	75 (70)	20	2.20 (2.00)	2ϕ4.0	2M7
	13	200 (160)	70 (60)	20	2.00	220 (180)	75 (70)	20	2.00	250 (220)	75	20	2.20 (2.00)	2ϕ4.2 (4.0)	2M7
	14	220 (160)	75 (60)	20	2.00 (2.20)	220 (200)	75 (70)	20	2.20 (2.00)	280 (250)	80 (75)	20	2.20	2ϕ4.5 (4.2)	2M7
	15	220 (180)	75 (70)	20	2.00	250 (220)	75	20	2.20 (2.00)	280	80	20	2.20	2ϕ4.5	2M8

续表

功能级别	墙高 H (m)	竖龙骨尺寸(JL-CN冷弯内卷边槽钢)(mm)												射钉 @350	螺栓 @500
		间距 s=300				间距 s=400				间距 s=600					
		h	b	a	t	h	b	a	t	h	b	a	t		
二级	≤6	—	—	—	—	—	—	—	—	120	50	20	2.00	2ϕ3.5	2M6
	7	—	—	—	—	120	50	20	2.00	160	60	20	2.00	2ϕ3.5	2M6
	8	120	50	20	2.00	140	50	20	2.00	160	60	20	2.20	2ϕ3.7	2M6
	9	140	50	20	2.00	160	60	20	2.00	200	70	20	2.00	2ϕ4.0	2M7
	10	160	60	20	2.00	180	70	20	2.00	220	75	20	2.00	2ϕ4.2	2M7
	11	180 (160)	70 (60)	20	2.00 (2.20)	200	70	20	2.00	250	75	20	2.20	2ϕ4.5	2M8
	12	200	70	20	2.00	220	75	20	2.00	280	80	20	2.20	2ϕ5.2	2M8
	13	220	75	20	2.00	250	75	20	2.20	300	80	20	2.20	2ϕ5.2	2M8
	14	220	75	20	2.20	280	80	20	2.20	300	80	20	2.75	2ϕ5.2	2M10
	15	250	75	20	2.20	300 (280)	80	20	2.20	300	80	25	3.00	2ϕ5.5	2M10
一级	≤5	—	—	—	—	—	—	—	—	120	50	20	2.00	2ϕ3.5	2M6
	6	—	—	—	—	120	50	20	2.00	160	60	20	2.00	2ϕ3.5	2M6
	7	120	50	20	2.00	140	50	20	2.00	180	70	20	2.00	2ϕ3.5	2M6
	8	140	50	20	2.00	160	60	20	2.20 (2.00)	200	70	20	2.00	2ϕ3.7	2M7 (6)
	9	160	60	20	2.00	200 (180)	70	20	2.00	220	75	20	2.20	2ϕ4.0	2M7
	10	180	70	20	2.00	220	75	20	2.00	280	80	20	2.20	2ϕ4.2	2M7
	11	220	75	20	2.00	250	75	20	2.20	300	80	20	2.20	2ϕ4.5	2M8
	12	220	75	20	2.20	280	80	20	2.20	300	80	20	2.75	2ϕ5.2	2M8
	13	250	75	20	2.20	300	80	20	2.20	—	—	—	—	2ϕ5.2	2M10
	14	280	80	20	2.20	300	80	20	2.75 (2.50)	—	—	—	—	2ϕ5.2	2M10
	15	300	80	20	2.50	(300)	(80)	(25)	(3.00)	—	—	—	—	2ϕ5.5	2M10

设防烈度9度内隔墙竖龙骨及连接材料选用表　　表14.10.7-6

功能级别	墙高 H (m)	竖龙骨尺寸(JL-CN冷弯内卷边槽钢)(mm)												射钉 @300	螺栓 @500
		间距 s=300				间距 s=400				间距 s=600					
		h	b	a	t	h	b	a	t	h	b	a	t		
三级	≤6	—	—	—	—	—	—	—	—	120	50	20	2.00	2ϕ3.5	2M6
	7	—	—	—	—	120	50	20	2.00	140	50	20	2.00	2ϕ3.5	2M6
	8	—	—	—	—	120	50	20	2.00	160	60	20	2.00	2ϕ3.5	2M6
	9	(120)	(150)	(20)	(2.00)	140	50	20	2.00	180 (160)	70 (60)	20	2.00 (2.20)	2ϕ3.7	2M7
	10	140	50	20	2.00	160	60	20	2.00	200	70	20	2.00	2ϕ4.0	2M7
	11	160	60	20	2.00	180	70	20	2.00	220	75	20	2.00	2ϕ4.2	2M7
	12	180 (160)	70 (60)	20	2.00 (2.20)	200	70	20	2.00	250	75	20	2.20	2ϕ4.5	2M8

续表

功能级别	墙高 H（m）	竖龙骨尺寸(JL-CN冷弯内卷边槽钢)(mm)												射钉@300	螺栓@500
		间距 $s=300$				间距 $s=400$				间距 $s=600$					
		h	b	a	t	h	b	a	t	h	b	a	t		
二级	≤4	—	—	—	—	—	—	—	—	120	50	20	2.00	2ϕ3.5	2M6
	5	—	—	—	—	120	50	20	2.00	140	60	20	2.20	2ϕ3.5	2M6
	6	—	—	—	—	120	50	20	2.00	160	60	20	1.50	2ϕ3.7	2M6
	7	120	50	20	2.00	140	50	20	2.00	160	60	20	2.20	2ϕ4.0	2M7
	8	140	50	20	2.00	160	60	20	2.00	200	70	20	2.00	2ϕ4.2	2M7
	9	160	60	20	2.00	180	70	20	2.00	220	75	20	2.20	2ϕ4.5	2M8
	10	180	70	20	2.00	220	75	20	2.00	250	75	20	2.20	2ϕ5.2	2M8
	11	200	70	20	2.00	220	75	20	2.20	300 (280)	80	20	2.20	2ϕ5.2	2M10
	12	220	75	20	2.20 (2.00)	280 (250)	80 (75)	20	2.20	300	80	20	2.50	2ϕ5.5	2M10
一级	≤4	—	—	—	—	—	—	—	—	120	50	20	2.00	2ϕ3.5	2M6
	5	—	—	—	—	120	50	20	2.00	140	50	20	2.00	2ϕ3.5	2M6
	6	120	50	20	2.00	140	50	20	2.00	160	60	20	2.20	2ϕ3.7	2M6
	7	140	50	20	2.00	160	60	20	2.20	220 (200)	75 (70)	20	2.00	2ϕ4.0	2M7
	8	160	60	20	2.20	200	70	20	2.00	250	75	20	2.20	2ϕ4.5	2M7
	9	200	70	20	2.00	220	75	20	2.00	280	80	20	2.20	2ϕ5.2	2M8
	10	220	75	20	2.00	250	75	20	2.20	300	80	20	2.50	2ϕ5.2	2M8
	11	250	75	20	2.20	280	80	20	2.20	300	80	25	3.00	2ϕ5.2	2M10
	12	280	80	20	2.20	300	80	20	2.50	—	—	—	—	2ϕ5.5	2M10

15 钢结构防腐与防火设计

15.1 防腐设计

15.1.1 本节适用于一般使用环境下的建筑，不适用于工业厂区等特殊环境内（如炼油、化工、冶金等）的相关建筑，这些建筑的防腐设计应符合其他相关专业规范。

15.1.2 钢结构涂层配套体系应综合考虑结构重要性、结构所处腐蚀环境、结构型式、防腐设计寿命、底涂层材料与基材的适应性、涂料各层间的相容性、施工条件及维护管理条件等因素确定。

15.1.3 钢结构涂层配套体系应符合现行国家标准《色漆和清漆　防护涂料体系对钢结构的防腐蚀保护》GB/T 30790 的规定。

15.1.4 建筑钢结构防腐蚀设计、施工、验收和维护应符合现行行业标准《建筑钢结构防腐蚀技术规程》JGJ/T 251 及国家现行有关标准的规定。

15.1.5 钢材表面的除锈等级应符合现行国家标准《涂装前钢材表面处理　表面清洁度的目视评定　第 1 部分：未涂覆过的钢材表面和全面清除原有涂层后的钢材表面的锈蚀等级和处理等级》GB 8923.1 的规定。

15.1.6 钢结构涂料涂装防腐设计流程一般为：涂装工艺设计（含钢材表面处理工艺)→涂层配套体系设计（包括腐蚀环境分析、防腐寿命确定、材料选用、工况条件、经济成本)→外观色彩设计。

【条文说明】腐蚀环境分析指建筑所在地的大气环境分析；工况条件指结构构件所处工作环境，例如游泳馆、卫生间、淋浴房等。

15.1.7 钢结构除了应重视前期防腐设计外，尚应高度关注后期防腐蚀维护。设计文件中应注明防腐设计使用年限，并要求业主每隔 5 年对所有钢结构外观进行一次常规全面检查，发现局部锈蚀应及时修补。

【条文说明】当发生火灾、撞击等特殊事故后，应及时对钢结构的防腐涂层等进行检查、评定和维护。

15.1.8 同一项目的涂层材料应来自同一个厂商，以保证各涂层间相容，利于整体质量控制，否则应有可靠的第三方相容性检测报告。防火涂料不能替代防腐涂层。

15.1.9 不同金属材料（如：铝或铝合金与钢材）接触的部位，应采取隔离措施。

15.1.10 钢材涂装前表面处理应符合下列要求：

1. 不应使用表面原始锈蚀等级低于 B 级的钢材。

2. 钢结构除锈与涂装应在制作质量检验合格后进行。钢构件在进行涂装前，必须将构件表面的毛刺、焊渣、飞溅物、积尘、铁锈、氧化皮、油污及附着物彻底清除干净，然后采用机械喷砂、抛丸等方法彻底除锈。

3. 一般钢结构涂装前的最低除锈等级可按采用的底漆品种从表 15.1.10 中选用。

各种底漆或防锈漆要求的最低除锈等级　　表 15.1.10

涂料品种	最低除锈等级
油性酚醛、醇酸等底漆或防锈漆、环氧沥青、聚氨酯沥青底漆	St2
环氧或乙烯基脂玻璃鳞片底漆	Sa2
聚氨酯、环氧、醇酸、丙烯酸环氧、丙烯酸聚氨酯等底漆	Sa2 或 St3
富锌、有机硅、乙烯磷化等底漆	Sa2 或 St3
喷锌、镀锌及其合金、无机富锌、喷铝及其合金	Sa3

注：喷射或抛射除锈后的表面粗糙度宜为 40μm～75μm，且不应大于涂层厚度的 1/3。

4. 现场拼装焊接的部位，应先清除焊渣，再进行表面手工机械（如电动、风动除锈）除锈处理，除锈等级应达到 St3 级。

5. 经除锈后的钢材表面在检查合格后，应在 4h 内进行底漆涂装。

【条文说明】表面处理是决定防腐涂层质量的首要因素。其次应特别注意涂装施工。涂装后 4h 内应避免遭受雨淋和玷污。常见除锈的等级及表示方法分为以下几种：

1. 喷射或抛射除锈，用 Sa 表示，分为四个等级：

1）Sa1 级——轻度喷砂除锈：钢材表面应该没有可见的油脂、污物、附着不牢的氧化皮、铁锈、油漆涂层和杂质等，一般仅用于不重要的临时性建筑。

2）Sa2 级——彻底的喷砂除锈：钢材表面应没有可见的油脂、污物、氧化皮、铁锈、油漆涂层和杂质，残留物应附着牢固。

3）Sa2 $\frac{1}{2}$ 级——非常彻底的喷砂除锈：钢材表面应没有可见的油脂、污物、氧化皮、铁锈、油漆涂层和杂质，残留物痕迹仅显示条纹状的轻微色斑或点状。

4）Sa3 级——喷砂除锈至钢材表面洁净：钢材表面应没有可见的油脂、污物、氧化皮、铁锈、油漆涂层和杂质，表面具有均匀的金属色泽。

2. 动力工具和手工除锈，用 St 表示，分为两个等级：

1）St2 彻底手工和动力工具除锈：钢材表面应没有可见油脂、污物、附着不牢的氧化皮、铁锈或油漆涂层等附着物；

2）St3 非常彻底手工和动力工具除锈：钢材表面应没有可见油脂、污物、附着不牢的氧化皮、铁锈或油漆涂层等附着物；并且比 St2 除锈更彻底，底材显露部分的表面有金属光泽。

15.1.11　涂层配套体系设计应符合下列规定：

1. 建筑钢结构应根据其重要性、使用功能等与业主共同确定防腐设计使用寿命。防腐设计使用寿命分类见表 15.1.11-1 。

防腐设计使用寿命　　表 15.1.11-1

等级	防腐设计寿命(年)
短期	2～5
中期	5～15
长期	>15

2. 建筑钢结构可根据所处环境及已选定的防腐设计寿命按表 15.1.11-2 选用涂装防腐设计配套。

常用防腐涂层配套 **表 15.1.11-2**

使用情况	防腐设计寿命等级	除锈等级	涂层	涂料品种	干膜厚度/μm(涂装遍数)		备注
					各涂层厚度	总厚	
一般城市环境	短期(如临时建筑等)	Sa2	底漆	(铁红)醇酸底漆	80(2遍)	160	涂装方案1 注:厚浆型漆也可一道成膜
			面漆	醇酸面漆	80(2遍)		
		Sa2	底漆	(铁红)环氧底漆	60(1遍)	200	涂装方案2 (较涂装方案1的性能更好)
			中间漆	环氧云铁	80(1遍)		
			面漆	聚氨酯	60(2遍)		
	中期	Sa2	底漆	环氧磷酸锌	60(1遍)	200	涂装方案3
			中间漆	环氧云铁	80(1遍)		
			面漆	聚氨酯	60(2遍)		
		$Sa2\frac{1}{2}$	底漆	环氧富锌	50(1遍)	210	涂装方案4 (较涂装方案3的性能更好)
			中间漆	环氧云铁	100(1遍)		
			面漆	聚氨酯或氟碳或聚硅氧烷面漆	60(2遍)		
	长期	$Sa2\frac{1}{2}$	底漆	环氧富锌	70(1遍)	280	涂装方案5
			中间漆	环氧云铁	130(1遍)		
			面漆	聚氨酯或氟碳或聚硅氧烷面漆	80(2遍)		
		Sa3	底漆	无机富锌	70(1遍)	280	涂装方案6 (较涂装方案5的性能更好)
			封闭漆	环氧涂料	30(1遍)		
			中间漆	环氧云铁	100(1~2遍)		
			面漆	聚氨酯或氟碳或聚硅氧烷面漆	80(2遍)		
用水房间、干湿交替;游泳池等	短期	$Sa2\frac{1}{2}$	可采用涂装方案3~4				
	中期	Sa3	可采用涂装方案5~6				
	长期	Sa3	底漆	无机富锌	80(1遍)	360	涂装方案7
			封闭漆	环氧涂料	30(1遍)		
			中间漆	环氧云铁	170(2遍)		
			面漆	聚氨酯或氟碳或聚硅氧烷面漆	80(2遍)		
沿海(海边2km内)或海岛等	短期	Sa3	可采用涂装方案5~6				
	中期	Sa3	可采用涂装方案7				
	长期	Sa3	底漆	热喷锌/铝	150	340	涂装方案8
			封闭漆	环氧树脂	30(1遍)		
			中间漆	环氧云铁	100(2遍)		
			面漆	聚氨酯或氟碳或聚硅氧烷面漆	60(2遍)		

注:1. 出屋面的塔架一般为暴露部位且后期维护困难,建议出屋面的塔架可采用喷铝锌等的涂装方案8。
2. 本表防腐配套涂装方案给出的为典型示例,具体可根据工程特点调整。

【条文说明】1. 无机富锌比环氧富锌具有更好的防腐性能，对施工要求高。

2. 对无机富锌底漆、金属喷锌/喷铝、冷喷锌等，需在喷涂中间漆之前喷涂封闭漆。

3. 需加强抗腐蚀能力时，可加大涂层厚度，且宜优先加大中间漆厚度。

4. 涂装遍数与涂料中固体含量有关，满足涂装质量的前提下，宜尽量减少涂装遍数以降低造价。面漆为了取得更好的外观效果，一般涂2遍。

5. 底漆：

底漆含有的锌只有接触钢铁才能起作用，因此底漆厚度没必要太厚，通常在50μm～75μm；锌粉含量、锌粉的纯度（金属锌含量）及附着力对底漆防腐性能的影响最大。

防锈底漆品种很多，传统的红丹防锈漆因含铅（毒性较大）已被淘汰；一些以铁红、铁黑、锌黄等为防锈颜料的防锈底漆以及以醇酸、乙烯基类树脂为成膜物质的防锈底漆，均因其性能一般而在重防腐领域很少使用。其他底漆主要有磷酸锌底漆、环氧富锌底漆、无机富锌底漆（溶剂型无机富锌底漆和水性无机富锌底漆），其中以环氧富锌底漆在建筑钢结构中最为常用。

环氧富锌底漆因其环氧树脂优良的防腐与附着性能，兼具一定的韧性和耐冲击性等，对金属锌的电化学阴极保护作用提供了重要的补充。

无机富锌底漆与环氧富锌底漆相比，漆膜拥有更高的锌含量，从而能达到更优越的阴极保护性能，总体防腐效果较好。但它对表面处理要求比环氧富锌底漆更严格，需喷涂封闭漆，另外，无机富锌比较脆、内部应力较高。

无机富锌底漆包括溶剂型无机富锌底漆和水性无机富锌底漆。相对于环氧富锌底漆，溶剂型无机富锌底漆对施工表面处理要求高，固化过程对环境湿度依赖程度高，漆膜易发生开裂、脱落等问题。

水性无机富锌底漆有利于环境保护，代表了富锌底漆的发展方向。但当前在实施上存在一些困难：一是不适宜低温下施工（$<5℃$）；二是对施工时的外部环境、表面处理要求十分严格。

富锌底漆可参照现行化工行业标准《富锌底漆》HG/T 3668。

6. 中间漆：

中间漆的主要功能是增加漆膜厚度，以增强漆层防腐性能。作为底层与面层之间的过渡层，在涂层配套正确的前提下，具有提高层间附着力的作用。其主要工作原理是形成迷宫结构，增长空气通向底漆涂层的通道，起到屏蔽和隔离的作用。

常用的中间漆是环氧云铁中间漆，其以耐蚀树脂为主要成膜物质（主要是环氧树脂），以云母氧化铁为防腐颜料，再加入其他助剂而组成的厚浆型涂料。此外应用较多的还有环氧厚浆漆。

中间漆通常为厚浆型涂料，固体含量较高，但渗透性偏差，对于比较粗糙的底层表面，若直接喷涂厚浆型中间漆，粗糙表面凹凸处因渗透性差，容易因湿润不充分而产生“空点”。因此，在喷涂中间漆之前，常常先喷涂一道15μm～30μm厚、渗透性和配套性均较好的封闭层（主要用于对无机富锌底漆、金属喷锌或喷铝、冷喷锌等喷涂封闭层），常用品种如环氧封闭漆等，然后再喷涂配套中间漆。习惯上将封闭漆当作中间漆的一个特别品种。

中间漆需一定的厚度且云母氧化铁的含量合适，才能发挥隔离及屏蔽水的作用。这类中间漆体积固体成分含量往往较高、黏度较大，单道施工的厚度较高。

7. 面漆：

面漆的厚度通常在50μm～100μm，分两遍施工的外观会更好。

面漆的中、低档品种主要有沥青漆、醇酸漆、丙烯酸漆；高档品种有聚氨酯面漆、氟碳面漆及聚合硅氧烷面漆。另外尚有自清洁、自诊断、自修复智能防腐涂料等。

醇酸树脂面漆干燥缓慢、硬度低、耐水性差、户外耐候性不良，日光照射易泛黄；且基于醇酸树脂涂料的氧化机理，其不能一次涂装太厚。

丙烯酸面漆施工性能较好（如干燥较快、无重涂间隔等），已成为防腐蚀涂料的常用面漆品种之一。但是热塑性丙烯酸对温度敏感，漆膜遇高温会软化发黏，打磨时易粘砂纸。在一些腐蚀严重的区域，其总体效果还是不能令人满意。

从目前的工程实践看，双组分（基料＋固化剂）丙烯酸聚氨酯面漆以其优异的性价比在各领域均得到广泛的应用，既可以高温固化、又可以在低温下施工，是高档面漆应用的主要品种。氟碳涂料也以其优异的户外保光保色性能而得到了很好的应用，但其急待改进问题是低固含量、高VOC、不符合环保要求，改进的出路在于增加固体成分或开发水性氟树脂，提高可涂性，以用于重涂二道面漆和维修涂装。聚硅氧烷涂料相比聚氨酯涂料，具有更好的保光保色性且不含异氰酸酯，比较环保，同时还具有更优越的防腐性能、干燥性能、防污染性能和优异的耐候性及抗老化性能，但其价格较高。

8. 钢材表面处理是决定防腐涂层质量的首要因素。其次应特别注意涂装施工。表15.1.11-3为涂层质量的影响因素和所占比例，可供参考。

涂层质量的影响因素和所占比例　　表15.1.11-3

影响因素	所占比例(%)	影响因素	所占比例(%)
钢材表面处理	49.0	涂装方法与技术	20.0
涂层配套与厚度	19.0	环境条件	7.0
同类涂料质量差异	5.0		

3. 涂层检查验收主要包括干膜厚度、金属锌含量、漆膜附着力，外观检查不得有刷痕、流挂、缩孔、滴落、龟裂、泥裂、针头锈等。

【条文说明】干膜厚度可以用涂层测厚仪测定，漆膜附着力的检测方法主要有画X法、画格法、拉开法等。无机富锌涂层太脆，内部应力高，不宜用划格法，可优先考虑拉开法。

通常附着力是指整个涂层体系的性能，附着力检验可定为一级。一般防腐涂层的附着力要求5MPa以上，涉及膨胀型防火涂料的体系，因防火涂料机械性能相对较弱，可要求其面漆附着力为0.5MPa以上。

4. 防腐涂料各层及防火涂料间应有良好的兼容性。

5. 防腐涂料与基材应有良好的粘结性，防腐涂料应有良好的耐久性并符合卫生环保要求。

6. 防腐涂层的含锌量、体积固体含量、环保（无毒）性、柔韧性、耐磨性、耐冲击性、涂层与钢铁基层的附着力（≥5MPa）应有第三方检测报告。

7. 防腐涂装配套的防腐性能应通过第三方认证的循环腐蚀实验测试：交替循环测定耐湿热、耐盐雾、温度变化和耐候性（人工加速紫外线照射）。

8. 防腐涂装配套中的面漆应通过抗老化和抗疲劳性能测试：1000 小时人工紫外线老化试验。

15.1.12 其他防腐方式应符合下列规定：

1. 建筑中的小尺寸钢构件防腐一般采用热浸锌处理。封闭截面热浸锌时，应采取开孔防爆措施。

2. 严重腐蚀环境中或需特别加强防护的钢构件，可采用金属热喷锌（铝或锌-铝复合层）加封闭涂层，以达到双重保护的作用。

15.1.13 大跨空间钢结构防腐设计应符合下列要求：

1. 防腐设计寿命不应低于 15 年。

2. 所有管类构件均宜两端封闭，避免内壁锈蚀。采用螺栓球时，多余的螺栓孔应及时用腻子封闭。

3. 螺杆、销轴及铸钢加工件的表面采用电镀锌层处理时，应符合现行国家标准《金属及其他无机覆盖层　钢铁上经过处理的锌电镀层》GB/T 9799 的有关规定；当采用热镀锌处理时，应符合现行国家标准《金属覆盖层　钢铁制件热浸镀锌层　技术要求及试验方法》GB/T 13912 的有关规定。

4. 钢绞线用钢丝镀层重量应符合现行国家标准《锌-5%铝-混合稀土合金镀层钢丝、钢绞线》GB/T 20492 的有关规定。索头、索夹表面应采用热喷锌，喷锌层厚度应不小于 120μm；对于室外环境或游泳馆等，除索道槽处之外尚应在喷锌层外再做防腐涂装以加强防腐。

5. 冷弯薄壁型钢檩条等构件应采用热浸镀锌薄板直接加工成型，檩条镀锌量可按 275g/m^2（双面）取值。

【条文说明】热浸锌后不得考虑冷弯效应而提高设计强度。

15.1.14 多高层钢结构防腐设计寿命不应低于 15 年。

15.1.15 对用水房间（如厨房、卫生间等）的钢构件应采取加强的防腐保护措施，如在涂料外附加钢丝网抹灰保护等。

15.2 防火设计

15.2.1 建筑钢结构防火设计应符合现行国家标准《建筑设计防火规范》GB 50016、《建筑钢结构防火技术规范》GB 51249、《建筑高度大于 250 米民用建筑防火设计加强性技术要求（试行）》公消〔2018〕57 号文的规定及消防主管部门的相关要求。

15.2.2 当钢结构构件防火设计需要通过试验验证时，耐火试验应符合《建筑构件耐火试验方法》GB/T9978 的要求。

15.2.3 防火涂料产品及其应用应符合现行国家标准《钢结构防火涂料》GB 14907 和现行团体标准《钢结构防火涂料应用技术规范》CECS 24 的规定。

15.2.4 防火板材和柔性毡状隔热材料等应符合《绝热用硅酸铝棉及其制品》GB/T 16400、《绝热用岩棉、矿渣棉及其制品》GB/T 11835、《建筑用岩棉绝热制品》GB/T

19686、《膨胀蛭石防火板》JC/T 2341、《建筑用陶瓷纤维防火板》JG/T 564、《纸面石膏板》GB 9775、《硅酸钙绝热制品》GB/T 9775、《玻镁平板》GB/T 33544 等现行国家、行业和团体标准的规定。

15.2.5 钢结构常用防火方法有喷涂（抹涂）防火涂料、包覆防火板、包覆柔性毡状隔热材料和外包混凝土、金属网抹砂浆或砌筑砌体等，详见表 15.2.5。

钢结构防火方法 **表 15.2.5**

防火方法分类	做法及原理	保护材料	适用范围
喷涂法	用喷涂机将防火涂料直接喷涂到构件的表面	各种防火涂料	任何钢结构
包封法	用耐火材料把构件包裹起来	防火板材、混凝土、砖、砂浆（挂钢丝网、耐火纤维网）、防火卷材	钢柱、钢梁
屏蔽法	把钢构件包裹在耐火材料组成的墙体或吊顶内	防火板材（注意接缝处理，防止蹿火）	钢屋盖

【条文说明】建筑用结构钢材在 500℃时强度和弹性模量均下降约 30%，无保护的受力钢结构构件耐火极限通常不超过 30min。钢结构构件在火灾下丧失承载力时的临界温度 T_d 与其荷载条件直接相关，钢结构所采用的防火保护措施应保证在规范要求的设计耐火极限时间内构件的最高温度或关键截面的平均温度不应超过其临界温度。

15.2.6 防火涂料按火灾防护对象分为普通钢结构防火涂料和特种钢结构防火涂料；按使用场所分为室内钢结构防火涂料和室外钢结构防火涂料；按分散介质分为水基性钢结构防火涂料和溶剂型钢结构防火涂料；按防火机理可分为膨胀型防火涂料和非膨胀型防火涂料。膨胀型防火涂料，应涂装在防腐中间漆和面漆之间。

【条文说明】防火涂料的分类，在《钢结构防火涂料》GB 14907—2002 中非膨胀型也称作厚型（7mm＜涂层厚度≤45mm），膨胀型含薄型（3mm＜涂层厚度≤7mm）和超薄型（涂层厚度≤3mm）。在《钢结构防火涂料》GB 14907—2018 中，不仅对分类名称进行了调整，也取消了膨胀型钢结构防火涂料涂层厚度不大于 7mm 的限制。

膨胀型钢结构防火涂料成膜后在常温下是普通漆膜，而在高温下迅速膨胀，形成远大于原厚度的不可燃性泡沫状炭化层，起到阻燃作用，减缓钢材的受热升温过程。膨胀型钢结构防火涂料的实际性能是复杂的动态过程，与被保护的试件截面形状、截面系数、涂层膜厚以及受火过程密切相关，其设计膜厚的确定仍高度依赖于基于试验的数据。

非膨胀型防火涂料涂层自身具有难燃性或不可燃性，大部分非膨胀型防火涂料的成膜物质为无机材料，也有成膜物质为有机材料的类型；此外，还有一类非膨胀型防火涂料涂层能在火焰造成的高温作用下释放出灭火性气体，并形成不可燃性的无机层隔绝空气。

15.2.7 钢结构应按结构耐火承载力极限状态进行耐火验算与防火设计；当钢结构的耐火极限经验算低于设计耐火极限时，应采取防火保护措施。

【条文说明】必要时可通过消防性能化分析确定钢结构构件的防火设计。

15.2.8 钢结构防火设计包括：确定建筑的耐火等级及其构件的耐火极限；确定典型构件的荷载条件；根据防护条件选择防火保护措施（包括防火涂料、防火板材、水泥砂浆或混凝土等类型）；明确所选防火材料性能指标，非膨胀型防火涂料可用等效热阻（R_i）

或等效热传导系数（λ_i）表征其性能，膨胀型防火涂料采用等效热阻（R_i）表征其性能，非轻质防火涂料或材料需要注明质量密度（ρ）、比热容（c）、导热系数（λ）等；对非膨胀型防火涂料应注明其设计膜厚（d_i）；还应注明防火保护措施的施工误差和构造要求等。

【条文说明】对非膨胀型涂料涂层：$R_i = d_i / \lambda_i$。

在钢结构防火设计中，虽然建筑结构中同一类型单根构件的荷载条件、截面大小、形状系数可能不同，但无需对构件进行过于细致的差异化设计。基于设计条件的归并，可以从相同形状相近截面形状系数的构件中确定最不利的升温条件，并取它们中的最不利荷载条件作为设计参数进行防火设计；也可对钢构件遍历计算后取各类构件的包络值确定其防火设计。单个构件的防火设计流程见图 15.2.8 所示，图中公式及主要计算参数详见《建筑钢结构防火技术规范》GB 51249—2017。

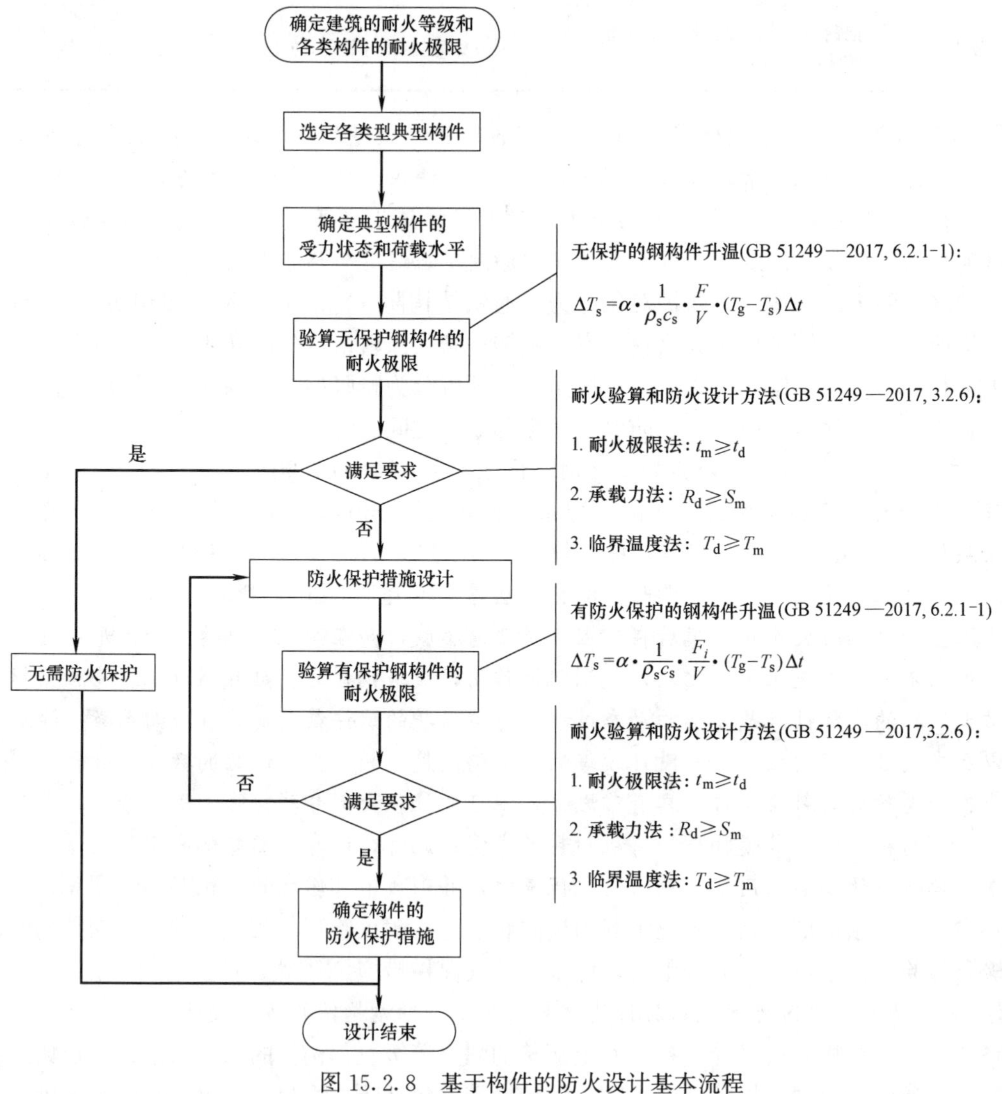

图 15.2.8　基于构件的防火设计基本流程

15.2.9 施工采用的防火涂料类型应与设计一致；当施工采用的防火涂料产品参数与设计不一致时，应通过计算复核确定实际施用涂层厚度。当实际使用的非膨胀防火涂料涂层或防火板的等效热传导系数与设计要求不一致时，可根据下式计算：

$$d_{i2}=d_{i1}\frac{\lambda_{i2}}{\lambda_{i1}}$$

参数定义详见《建筑钢结构防火设计规范》GB 51249—2017 附录 A。

【条文说明】防火涂料类型参见 15.2.6 条，防火涂料产品参数一般指等效热阻或等效热传导系数等。

15.2.10 防火涂料的性能及质量要求应符合现行国家标准《钢结构防火涂料》GB 14907 和现行团体标准《钢结构防火涂料应用技术规范》CECS 24 的规定。所采用的钢结构防火涂料应具备国家规定的消防产品认证和相应耐火等级的型式检验报告。

15.2.11 防火涂料的涂层厚度应该按设计确定，且非膨胀型不得小于 15mm，膨胀型不得小于 1.5mm。

【条文说明】在喷涂防火涂料时，节点部位取相交杆件涂层设计厚度的较大值且宜适当加厚。

15.2.12 设计应根据现行国家标准《建筑钢结构防火技术规范》GB 51249 和现行团体标准《钢结构防火涂料应用技术规范》CECS 24 的要求确定防火涂料涂层的加网措施。加网材料应选用镀锌钢丝网或耐碱玻璃纤维网，实际构件防火涂料涂层的加网措施应与相应防火涂料型式检验报告一致。

【条文说明】当加网材料为镀锌钢丝网时，其直径宜为 0.35mm～1.0mm，网眼直径宜为 10mm×10mm～35mm×35mm；当膨胀型防火涂层中加玻璃纤维网时，玻璃纤维网的网眼尺寸不得过小，避免影响涂层的膨胀。

涂装前应对防腐涂层表面进行清洁，然后再涂刷涂防火涂料。

对于外观要求和机械性能要求较低的隐蔽钢结构，可以选用造价较低的防火水泥砂浆或混凝土进行包裹；有美学要求的钢结构，当其耐火极限不高于 1.5h 时宜选用膨胀型防火涂料；耐火极限高于 1.5h 的钢结构不宜采用膨胀型防火涂料。有美学要求的钢管混凝土结构，当其耐火极限 2.0h～3.0h 时也可选用膨胀型防火涂料。

干燥、腐蚀性弱的室内环境及有雨篷遮盖的室外钢结构，可以选用非膨胀型防火涂料或单组分的膨胀型防火涂料；潮湿、腐蚀性强的环境，应选用非膨胀型防火涂料或双组分环氧类膨胀型防火涂料，并不得选用水基性膨胀型防火涂料。

非膨胀型防火涂料表面施涂面漆前，可以采用刮腻子抹平处理，如需挂面砖应另设骨架干挂，避免面砖附着力不足的问题，且应对骨架进行防火保护。

15.2.13 防火涂料应通过国家检测机构对耐火极限、理化性能及与所选用的防腐涂料相容性的检测。防火涂料的施工应由专业队伍承担，施工方应提供相应材料的相容性报告，并得到质检、验收和消防主管部门认可。

15.2.14 防火防腐涂层施工完毕后，应对防火涂层厚度、附着力等数据进行测试。

15.2.15 当大跨空间钢结构防火设计获得消防审查或验收部门的认可时，可基于消防性能化分析的结论采用非标准火灾升温曲线作为确定结构构件升温的环境条件。

15.2.16 体育场、露天剧场等室外观众看台上方的罩棚钢结构可不进行防火设计。

【条文说明】参见现行行业标准《体育建筑设计规范》JGJ 31。

15.2.17 多高层钢结构压型钢板组合楼盖，当未对压型钢板进行防火保护时，楼板截面承载力和刚度计算不应考虑压型钢板参与工作。

15.2.18 钢结构住宅当要求梁柱不外露时，宜优先选择包封法进行防火保护。

15.2.19 当选用防火涂料为防火保护措施时，为保证防火设计合理，钢结构构件的板件壁厚不宜过小。对于冷弯薄壁型钢结构构件，宜优先选用包封法进行防火保护。

【条文说明】钢结构构件的板件壁厚过小时，会造成截面系数偏大，构件升温过快，对防火设计不利，且会导致防火涂层过厚或设计热阻/导热系数不合理。

15.2.20 当钢管混凝土柱采用无保护、非膨胀型防火涂料或水泥砂浆保护层等方式时，应按现行国家标准《钢管混凝土结构技术规范》GB 50936 或《建筑钢结构防火技术规范》GB 51249 的相关规定进行验算复核。

【条文说明】根据《建筑钢结构防火技术规程》GB 51249—2017 第 8.1.10 条，对钢管混凝土，为保证火灾发生时核心混凝土中水蒸气的排放，每个楼层的柱均应设置直径不小于 20mm 的排气孔，其位置宜设置在柱与楼板相交位置上方和下方 100mm 处各布置 1 个，并应沿柱身反对称布置。当楼层高度大于 6m 时，应增设排气孔，且排气孔沿柱高度方向间距不宜大于 6m。

16 城市桥梁结构

16.1 一般规定

16.1.1 城市桥梁设计应符合城乡规划的要求。应根据道路功能、等级、通行能力及防洪抗灾要求，结合水文、地质、通航、环境等条件进行综合设计。因技术经济上的原因需分期实施时，应保留远期发展余地。

16.1.2 桥梁按其多孔跨径总长或单孔跨径的长度，可分为特大桥、大桥、中桥和小桥等四类，桥梁分类应符合表 16.1.2 的规定。

桥梁按总长或跨径分类 **表 16.1.2**

桥梁分类	多孔跨径总长 L(m)	单孔跨径 L_0(m)
特大桥	$L>1000$	$L_0>150$
大桥	$1000\geqslant L\geqslant 100$	$150\geqslant L_0\geqslant 40$
(重要)中桥	$100>L>30$	$40>L_0\geqslant 20$
(重要)小桥	$30\geqslant L\geqslant 8$	$20>L_0\geqslant 5$

【条文说明】表中冠以“重要”的中桥、小桥系指城市快速路、主干路及交通特别繁忙的城市次干路上的桥梁。

16.1.3 城市桥梁设计宜采用百年一遇的洪水频率，对特别重要的桥梁可提高到三百年一遇。城市中防洪标准较低的地区，当按百年一遇或三百年一遇的洪水频率设计，导致桥面高程较高而引起困难时，可按相交河道或排洪沟渠的规划洪水频率设计，但应确保桥梁结构在百年一遇或三百年一遇洪水频率下的安全。

16.1.4 城市桥梁结构的设计基准期应为 100 年。桥梁结构的设计使用年限应按表 16.1.4 的规定采用。

桥梁结构的设计使用年限 **表 16.1.4**

类别	设计使用年限(年)	类别
1	30	小桥
2	50	中桥、重要小桥
3	100	特大桥、大桥、重要中桥

16.1.5 桥梁结构应满足下列功能要求：

1. 在正常施工和正常使用时，能承受可能出现的各种作用；
2. 在正常使用时，具有良好的工作性能；
3. 在正常维护下，具有足够的耐久性能；
4. 在设计规定的偶然事件发生时和发生后，能保持必需的整体稳定性。

16.1.6 桥梁结构应按承载能力极限状态和正常使用极限状态进行设计。根据桥梁结构在施工和使用中的环境条件和影响，可将桥梁设计分为以下三种状况：

1. 持久状况：在桥梁使用过程中一定出现，且持续期很长的设计状况。

2. 短暂状况：在桥梁施工和使用过程中出现概率较大而持续期较短的状况。

3. 偶然状况：在桥梁使用过程中出现概率很小，且持续期极短的状况。

对上述三种设计状况，桥梁结构或其构件均应进行承载能力极限状态设计；对持久状况还应进行正常使用极限状态设计；对短暂状况及偶然状况中的地震设计状况，可根据需要进行正常使用极限状态设计；对偶然状况中的船舶或汽车撞击等设计状况，可不进行正常使用极限状态设计。

当进行承载能力极限状态设计时，应采用作用基本组合和作用偶然组合；当按正常使用极限状态设计时，应采用作用标准组合、作用频遇组合和作用准永久组合。

16.1.7 当桥梁按持久状况承载能力极限状态设计时，根据结构的重要性、结构破坏可能产生后果的严重性，应采用不低于表16.1.7规定的设计安全等级。

桥梁设计安全等级 **表16.1.7**

安全等级	结构类型	类别
一级	重要结构	特大桥、大桥、中桥、重要小桥
二级	一般结构	小桥、重要挡土墙
三级	次要结构	挡土墙、防撞护栏

16.1.8 城市桥梁结构应符合下列规定：

1. 构件在制造、运输、安装和使用过程中，应具有规定的强度、刚度、稳定性和耐久性。

2. 结构或构件应根据其所处的环境条件进行耐久性设计。采用的材料及其技术性能应符合相关标准的规定。

3. 桥梁的形式应便于制造、施工和养护。

4. 桥梁应进行抗震设计。抗震设计应按国家现行标准《中国地震动参数区划图》GB 18306、《城市道路设计规范》CJJ 37和《公路工程技术标准》JTG B01的规定进行。对已编制地震小区划的城市，可按行政主管部门批准的地震动参数进行抗震设计。地震作用的计算及结构的抗震设计应符合国家现行相关规范的规定。

5. 桥梁基础沉降量应符合现行行业标准《公路桥涵地基与基础设计规范》JTG D63的规定。对外部为超静定体系的桥梁，应控制引起桥梁上部结构附加内力的基础不均匀沉降量，宜在结构设计中预留调节基础不均匀沉降的构造装置或空间。

16.1.9 对位于城市快速路、主干路、次干路上的多孔梁（板）桥，宜采用整体连续结构，也可采用连续桥面简支结构。设计应保证桥梁在使用期间运行通畅，养护维修方便。

16.1.10 桥梁应根据工程规模和不同的桥型结构设置照明、交通信号标志、航运信号标志、航空障碍标志、防雷接地装置以及桥面防水、排水、检修、安全等附属设施。

16.1.11 桥上或地下通道内的管线敷设应符合下列规定：

1. 不得在桥上敷设污水管、压力大于0.4MPa的燃气管和其他可燃、有毒或腐蚀性的液、气体管。条件许可时，在桥上敷设的电信电缆、热力管、给水管、电压不高于

10kV 配电电缆、压力不大于 0.4MPa 燃气管必须采取有效的安全防护措施。

2. 严禁在地下通道内敷设电压高于 10kV 配电电缆、燃气管及其他可燃、有毒或腐蚀性液、气体管。

16.1.12 对特大桥和重要大桥竣工后应进行荷载试验，并应保留作为运行期间监测系统所需要的测点和参数。

16.1.13 城市桥梁按功能分类较以前有了较大拓展，有不同等级的城市车行桥梁、非机动车及人行桥梁、轻轨或地铁桥梁、磁悬浮列车高架桥梁、管线桥梁、不同交通类型的合建桥梁等。设计须充分考虑与使用功能的衔接配套，使桥梁功能达到预期效果。

16.1.14 城市桥梁的设计、施工及运营服役期间，将涉及不同系统、不同专业主管部门的执法管理，须积极配合业主（建设单位）取得必要的批复核准文件如下：

1. 规划：桥位和接线的规划红线以及相关的路网规划、区域或总体规划及现状。

2. 管线：随着城市经济发展，管线种类、规格繁多，如高压输电走廊、地下电力及电信电缆、光缆、雨水及污水管道、供水管道、燃气管道等。在设计时应了解掌握管线分布现状及管线综合规划。

3. 河道：河道规划蓝线、通航标准、桥址沿岸码头、港区及其锚地等水上交通管理设施，水利、防汛抗洪驳岸、堤坝、水闸等规划及现状。

4. 轨道交通限界：铁路、磁浮、轻轨等轨道交通对桥梁构筑物与其距离和高度的限制。

5. 立交限界：高速公路、各等级公路、城市道路等地面交通规定的净空限界。

6. 航空限界：民用、军用机场对地面上构筑物高度的限制。

7. 特殊限界：军用（通信）设施、特种工业区等对构筑物距离和高度的限制。

8. 地下建（构）筑物：地下空间开发、地铁隧道、下沉式道路及其他地下构筑物的现状和计划实施情况。

9. 工程的环境评估、大型工程的地震安全性评估、河床演变评估、河土动床与定床试验分析、通航净空尺度研究等必需的工作程序。

上述工作是开展桥梁设计、施工的必要条件，应进行调查研究、实地踏勘。在设计文件中应列出有关批复核准文件，对需要继续协调、研究的问题提出相应的具体建议或意见。

16.2 基本桥型及技术要点

16.2.1 桥梁按其主体承重结构受力特点可以分为四大类（如图 16.2.1 所示），分别是梁桥、拱桥、悬索桥和斜拉桥。拱桥以拱圈受压为主，悬索桥以主缆受拉为主。梁桥受拉受压兼而有之，截面一部分受拉、一部分受压；桁架桥一部分杆件受拉、一部分杆件受压，一般也归入梁桥类。斜拉桥和悬索桥的主体承重结构都有桥塔，二者区别在于：斜拉桥斜拉索受拉，主梁受压，二者组合形成主体承重结构；而悬索桥上部结构主要依靠主缆承载，主梁一般只起支承行车道的作用。以上四种桥型在城市桥梁中均有采用。

16.2.2 梁桥从形态上可分为两类：一类是具有实体截面的梁桥（Beam Bridge），例如钢筋混凝土梁、预应力混凝土梁、钢板梁、钢箱梁等；另一类是结构镂空的桁架梁（Truss Bridge），例如常见的钢桁梁。

16.2.3 钢筋混凝土简支梁桥跨度一般在 13m 以内，当桥梁跨度超过 13m 时一般需

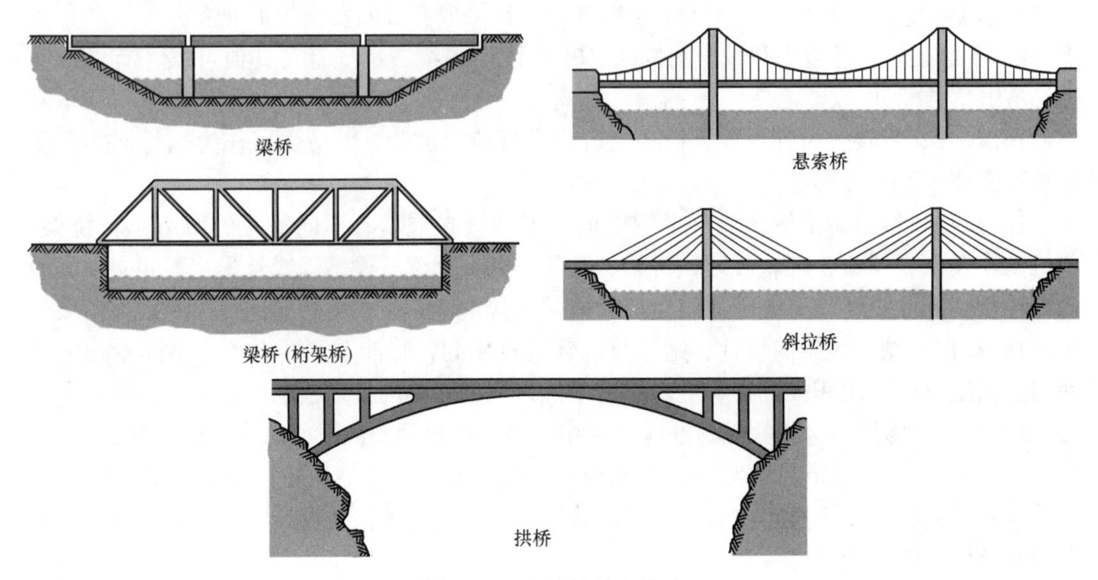

图 16.2.1　四种基本桥型

研究采用预应力混凝土简支梁。预应力混凝土简支梁的经济合理跨径一般在 40m 以内，跨度超过 40m 时可研究采用预应力混凝土连续梁。装配式预应力混凝土梁，如简支 T 梁、简支箱梁跨度一般不超过 50m。变高度预应力混凝土连续梁经济合理跨度（指主跨，下同）一般在 120m 以内，建议最大不超过 160m。

16.2.4　当预应力混凝土连续梁跨度较大，且墩高超过 20m 时，可研究墩梁固结的连续刚构体系。当桥墩高度在 20m～50m 之间时连续刚构可采用双壁墩，墩高超过 50m 时连续刚构可研究采用变截面的双壁墩、矩形空心墩或双壁墩+矩形空心墩组合墩型。为传力需要或增强梁部的横向稳定性（或横向刚度），城市桥梁在中小跨度连续梁桥中也有采用墩梁固结的情况。

16.2.5　简支钢板梁或钢箱梁经济跨度一般在 40m 左右，当跨度超过 40m 时可研究采用连续结构或简支钢桁梁。变高度的连续钢箱梁经济合理跨度一般在 100m 以内，连续钢桁梁经济合理跨度一般在 200m 以内。

16.2.6　标准跨度梁桥跨度若选择偏大，则梁部造价偏高；若跨度选择偏小，则下部结构（桥墩、基础）造价偏高，合理的跨度应是桥梁总造价最低时的经济跨度。经济跨度与桥梁的高度、工程地质条件、施工条件等相关，当桥梁较长时一般宜进行经济跨度的比选。一般来说，当桥梁上部结构造价与下部结构造价接近时，桥梁总体造价最低。

16.2.7　拱桥按材料类型可分为石拱桥、钢拱桥、钢筋混凝土拱桥及钢管混凝土拱桥四大类。若按桥道系与拱的空间关系不同分类，拱桥又可分为上承式、中承式和下承式三种形式。若按拱对体系外有无推力来划分拱桥，则又可分成有推力和无推力两大类。有推力拱水平推力一般通过基础传递至地基上，无推力拱即常见的系杆拱（Tied Arch）。

16.2.8　钢拱桥曾一度是填补梁桥与悬索桥间跨度缺口的重要桥型，在 20 世纪 30 年代跨度就超过了 500m，如悉尼港湾桥、美国贝永桥。20 世纪 50 年代现代斜拉桥出现之后，钢拱桥的地位明显下降，现在其经济合理跨度一般认为在 300m 以内。目前世界最大跨度钢拱桥为重庆朝天门长江大桥，跨度 552m。

16.2.9 钢筋混凝土拱桥结构自重较大，修建比较困难，其经济合理跨度一般认为在200m以内。目前世界最大跨度钢筋混凝土拱桥为沪昆高铁北盘江大桥，跨度为445m。

16.2.10 钢管混凝土拱桥是以钢管混凝土作为主拱结构的拱桥，我国修建较多但国外很少。钢管混凝土拱桥的跨越能力与钢拱桥相当，目前钢管混凝土拱桥世界最大跨度为530m。

16.2.11 拱桥的拱轴线形状直接影响拱圈的内力分布与大小，设计时选择适宜的拱轴线非常重要。钢拱桥、钢管混凝土拱桥及轻型钢筋混凝土拱桥，拱轴线可采用较为简单的二次抛物线；实腹拱桥、拱圈截面变化较大的钢筋混凝土拱桥，拱轴线可选用悬链线或高次抛物线。

16.2.12 系杆拱体外没有推力，下部结构可以像梁桥一样设计。系杆拱的水平推力一般由主梁承担，当主梁承载能力不足时，可另行增设专门的系杆。系杆拱桥除了常见的下承式外，还有中承式和上承式两种较为特殊的体系，如图16.2.12所示。

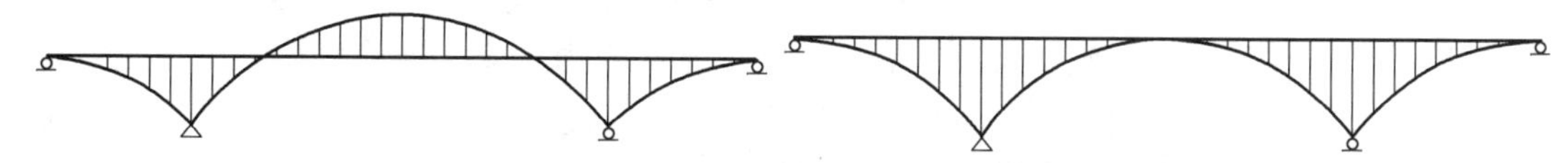

图16.2.12 中承式系杆拱与上承式系杆拱的力学图式

【条文说明】系杆拱的系杆即主梁，且主梁与拱之间一般为固结。20世纪90年代我国曾修建了不少柔性系杆拱桥，采用专门的柔性系杆（如钢绞线索）承担水平力，主梁与拱脱开为简单的悬挂结构。这种拱桥安全冗余较低，现在已不允许采用。

16.2.13 除桁式拱桥（如贵州江界河大桥）可以采取自架法（伸臂法）施工外，大多数拱桥施工必须借助额外的工程措施方可实现施工架设。拱桥的施工方法主要有：满堂支架法、拱架法、转体法、斜拉悬臂法、伸臂法、整体吊装（提升）法、顶推法、组合法等。拱架法分为外置拱架和内置拱架两种，国内大跨度钢筋混凝土拱桥多采取的劲性骨架法（也称米兰法）就是内置拱架法。

16.2.14 无铰拱和双铰拱计算时可不考虑拱上建筑与主拱的联合作用。拱的计算若考虑拱上建筑与主拱的联合作用，拱上结构应符合计算所预设的条件。当拱板的宽度小于跨径的1/20时，应验算拱圈的横向稳定性。

16.2.15 拱桥的拱圈结构第一类稳定，即弹性屈曲的结构稳定安全系数应不小于4.0；第二类稳定，即计入材料和几何非线性影响的弹塑性强度稳定安全系数，钢筋混凝土结构不应小于2.50，钢管混凝土结构不应小于2.00，钢结构不应小于1.75。

16.2.16 悬索桥是利用主缆及吊索作为加劲梁的悬挂体系，将荷载作用传递到桥塔、锚碇的桥梁，是四大桥型中跨越能力最强的桥型。悬索桥加劲梁的结构体系可根据具体情况选择单跨双铰体系、双跨两铰体系、三跨两铰体系、三跨连续体系等。悬索桥边中跨比一般为0.3～0.45。

16.2.17 悬索桥整体结构刚度主要由主缆垂跨比、主缆边跨跨度、加劲梁刚度、桥塔刚度等参数决定，应根据具体情况通过技术经济综合比选确定。主缆垂跨比一般宜在1/8～1/12的范围内选择。

16.2.18 悬索桥总体计算应采用有限位移理论，总体计算模式宜按空间结构体系进行。悬索桥加劲梁最大竖向挠度值不大于跨径的 1/250～1/300 时，可不进行舒适性评价，否则应满足舒适性评价指标。加劲梁在强风作用下，最大横向位移不宜大于跨径的 1/150。

16.2.19 悬索桥抗风设计应包括静力抗风设计和动力抗风检验两部分。静力抗风设计是指在静力风荷载作用下的结构强度、刚度和稳定性的设计计算；动力抗风检验是指动力风荷载作用下的结构强度、刚度和稳定性的试验和计算检验。

16.2.20 进行悬索桥减震设计时，应考虑在加劲梁与桥塔间、加劲梁与锚碇间设置减震装置。常用的减震装置包括黏滞阻尼器、液压缓冲装置、金属阻尼器等。

16.2.21 悬索桥锚碇主要分为重力式锚碇、隧道式锚碇和岩锚。重力式锚碇由锚块、散索鞍支墩、锚室和基础组成；隧道式锚碇由锚塞体、散索鞍支墩、锚室组成；岩锚由埋于岩体中的锚固拉杆组成。

16.2.22 重力式锚碇结构除应符合现行行业标准《公路桥涵地基与基础设计规范》JTG D63 的规定外，尚应满足：锚碇整体抗滑动稳定安全系数，基本组合下≥2.0，地震组合下≥1.1；锚碇基础在施工阶段、运营阶段的基底应力，应保证前后端不出现应力重分布；成桥后锚碇水平变位宜≤0.0001L（m），竖向变位宜≤0.0002L（m）（L 为主跨跨径）。隧道锚应进行空间结构受力分析，验算混凝土及洞壁的强度及锚塞体的抗拔力。

16.2.23 悬索桥主缆材料采用镀锌高强度钢丝，钢丝公称抗拉强度 σ_b 不宜小于 1670MPa，应符合现行国家标准《桥梁用缆索镀锌钢丝》GB/T 17101 的规定。主缆施工方法应结合设备、工艺情况，考虑成缆质量、防护要求及经济性等综合因素选择 PPWS 法或 AS 法。

【条文说明】现代悬索桥主缆多采用高强度钢丝，历史上的悬索桥的主缆结构形式多样，例如欧美国家现保存有不少运营状态良好的链索桥。链索桥即主缆采用形似链条结构（链接的梳形钢板）的索桥，是自锚式悬索桥较为适宜的主缆结构。

16.2.24 主缆应设置有效的防护构造，防护构造型式有圆形丝加腻子的传统防护方法、异形钢丝加干燥空气除湿的防护方法，应在综合技术经济比选的基础上选择。缠丝材料应选择镀锌低碳钢丝。圆形缠丝的缠绕力应保证在成桥之后仍有一定的永存张力。

16.2.25 吊索与主缆的连接可采用骑跨型式或销接型式。吊索与加劲梁的连接型式可采用承压式或销接式。

16.2.26 大跨度悬索桥主缆顶面宜设置检修道，检修道由固定于索夹的栏杆立柱及扶手钢丝绳组成。桥塔塔柱内应设置爬梯、升降机或电梯，并配备完善的照明系统。

16.2.27 斜拉桥上部结构由主梁、桥塔及斜拉索三类构件组成，是一种结构体系以加劲梁受压为主、斜拉索受拉、桥塔受压为主的桥梁。斜拉桥在四大桥型中出现最晚，一般认为在 250m～500m 跨度区间斜拉桥最具经济竞争力，不过近年来斜拉桥发展迅猛，目前世界最大跨度的斜拉桥主跨已达 1104m，极大压缩了悬索桥的适宜跨度区间。

16.2.28 现代斜拉桥最典型的布置形式为双塔三跨式和独塔双跨式，无论是双塔三跨式还是独塔双跨式，如有需要或条件允许时，在边跨内可设置辅助墩，以提高桥梁刚度。

【条文说明】多塔（三塔及以上）斜拉桥由于刚度较低以前较少使用，不过近些年国内外的建设非常活跃。

16.2.29 斜拉桥常用的结构体系包括飘浮体系、支承体系（包括半飘浮体系）、塔梁固结体系、刚构体系，如图 16.2.29 所示。其选择原则：

1. 跨度较大、索距较密或在有抗震要求的地区修建的斜拉桥宜选择飘浮体系或半飘浮体系；支承体系宜用于跨度较小的斜拉桥；独塔或双塔高墩和对变形要求较高的斜拉桥宜选择刚构体系；塔梁固结体系宜用于塔根弯矩小和温度内力小的斜拉桥。

2. 对一些特殊的结构体系，如地锚体系、矮塔体系以及斜拉桥与其他桥型协作体系，应根据桥址条件、适用情况、技术经济以及美观要求来选定。

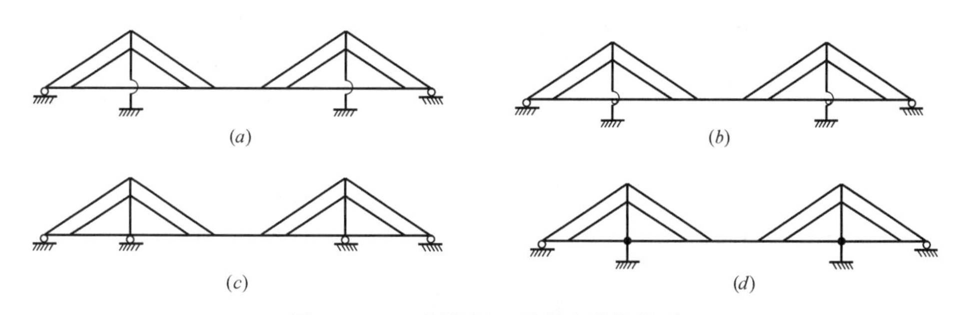

图 16.2.29 斜拉桥四种基本结构体系

(*a*) 飘浮体系；(*b*) 支承体系；(*c*) 塔梁固结体系；(*d*) 刚构体系

16.2.30 不同跨径斜拉桥主梁类型选择：主跨在 400m 以下的双塔斜拉桥可采用混凝土主梁；主跨在 600m～800m 的斜拉桥宜采用钢主梁或混合梁；主跨在 400m～600m 的双塔斜拉桥宜进行各种主梁综合比较后选择。

16.2.31 斜拉桥总体布置及基本参数按下列规定：

1. 边中跨比例一般情况下按恒载平衡的设计原则确定。双塔三跨斜拉桥的边跨与主跨跨径比宜为 0.33～0.50。其中钢主梁宜为 0.30～0.40；组合梁宜为 0.40～0.50；混合梁宜为 0.30～0.45；混凝土主梁宜为 0.40～0.45。在特殊的地形条件下，也可采用更小的跨径比或采用地锚式斜拉桥。独塔斜拉桥的双侧跨径比考虑地形条件及跨越能力，可取 0.50～1.0。多塔斜拉桥边跨与主跨跨径比可参照双塔三跨斜拉桥选用。

2. 索塔根据不同需要，可布置为独塔、双塔或多塔形式，可采用混凝土索塔、钢索塔或钢-混凝土组合索塔。双塔、多塔斜拉桥桥面以上索塔的高度与主跨跨径之比宜为 1/4～1/6；独塔斜拉桥塔高通过外索控制，桥面以上高度与跨径之比宜为 1/2.7～1/3.7，外索的水平倾角不宜小于 22°。

3. 斜拉索横桥向布置可采用单索面、双索面或多索面，索面布置可采用空间索面布置或平面索面布置。斜拉索纵桥向布置宜采用扇形，也可采用竖琴形、辐射形、星形等。主梁采用钢梁或组合梁时斜拉索标准间距宜为 8m～16m，采用混凝土梁时斜拉索标准间距宜为 6m～12m。斜拉索作为一个独立构件，设计时应进行综合比较，选用平行钢丝斜拉索或钢绞线。

4. 辅助墩应根据全桥整体刚度、结构受力、边孔通航要求、施工期安全以及经济适用条件进行设置。

5. 应综合考虑斜拉桥纵、横向受力情况，合理选择截面形式和梁高。双塔三跨斜拉桥梁高与跨径之比，混凝土主梁宜采用 1/100～1/220，组合梁宜采用 1/125～1/200，钢主梁宜采用 1/180～1/330。独塔斜拉桥梁高视主跨长度、索面数、截面形式等变化较大，可采用略低于同跨径的双塔斜拉桥梁高。

16.2.32 矮塔斜拉桥按以下规定：

1. 矮塔斜拉桥的跨径适用范围不宜大于300m。矮塔斜拉桥宜采用混凝土结构，其结构体系主要是塔、梁、墩固结体系或塔、梁固结体系。矮塔斜拉桥桥面以上塔高与跨径之比宜采用1/8～1/12。矮塔斜拉桥的边跨与主跨跨径比宜取0.50～0.76。

2. 混凝土梁宜采用箱形截面，梁高与跨径之比采用1/35～1/45。在跨径较大时，靠近塔处梁高可增大，形成变截面。矮塔斜拉桥主梁上的无索区长度，索塔附近宜取0.15～0.20倍主跨跨径；中跨跨中宜取0.20～0.35倍中跨跨径；边跨端部宜取0.20～0.35倍边跨跨径。

3. 斜拉索可按体外索设计，容许应力可采用$0.60f_{pk}$，在施工中可不作索力调整。斜拉索在索塔处宜布置为通过索，设置双套管或分丝管抗滑锚等类型的索鞍。

16.2.33 斜拉桥的容许变形，在车道荷载（不计冲击力）作用下主梁的最大竖向挠度，混凝土梁主跨应不大于$L/500$（L为主跨跨径，下同），钢梁、钢混组合梁和混合梁在主孔采用钢梁时应不大于$L/400$。

16.2.34 斜拉桥除进行静力分析外，还应进行动力分析、稳定分析，确保结构的强度、刚度和稳定性满足要求。方案设计阶段可采用平面计算图式，初步设计及施工图阶段应采用空间计算图式进行斜拉桥的空间静力分析、动力分析、稳定分析与地震分析。

16.2.35 在斜拉桥的设计计算中，应进行斜拉桥空气动力稳定分析，按现行《公路桥梁抗风设计规范》JTG/T D60-01或采用其他有效计算方法进行计算。斜拉桥结构设计临界风速应不小于设计基准风速的1.2倍。斜拉桥结构的颤振、驰振临界风速以及风致限幅振动应按现行《公路桥梁抗风设计规范》JTG/T D60-01要求确定，并根据颤振安全等级确定是否要进行风洞试验。分析计算和试验时不仅要考虑成桥持久状态，还必须考虑短暂状态的最不利阶段。

16.3 城市桥梁的作用

16.3.1 桥梁设计采用的作用应按永久作用、可变作用、偶然作用分类。除可变作用中的设计汽车荷载与人群荷载外，作用与作用效应组合均应按现行行业标准《公路桥涵设计通用规范》JTG D60的有关规定执行。

16.3.2 桥梁设计时，汽车荷载的计算图式、荷载等级及其标准值、加载方法和纵横向折减等应符合下列规定：

1. 汽车荷载应分为城-A级和城-B级两个等级。

2. 汽车荷载应由车道荷载和车辆荷载组成。车道荷载应由均布荷载和集中荷载组成。桥梁结构的整体计算应采用车道荷载，桥梁结构的局部加载、桥台和挡土墙压力等的计算应采用车辆荷载。车道荷载与车辆荷载的作用不得叠加。

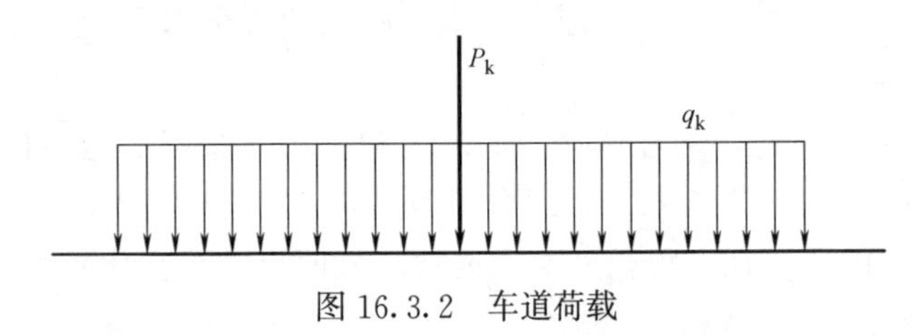

图16.3.2 车道荷载

3. 车道荷载的计算（图16.3.2）应符合下列规定：

1）城-A级车道荷载的均布荷载标准值（q_k）应为10.5kN/m。集中荷载标准值（p_k）的取值见表16.3.2-1。当计算剪力效应时，集中荷载标准值（p_k）应乘以 1.2 的系数。

集中荷载标准值（p_k）取值　　　　**表 16.3.2-1**

计算跨径 L_0(m)	$L_0 \leqslant 5$	$5 < L_0 < 50$	$L_0 \geqslant 50$
p_k(kN)	270	$2(L_0+130)$	360

2）城-B 级车道荷载的均布荷载标准值（q_k）和集中荷载标准值（p_k）应按城—A 级车道荷载的 75% 采用。

3）车道荷载的均布荷载标准值应满布于使结构产生最不利效应的同号影响线上；集中荷载标准值应只作用于相应影响线中一个最大影响线峰值处。

4. 车辆荷载的立面、平面布置及标准值应符合下列规定：

1）城-A 级车辆荷载的立面、平面、横桥向布置（图 16.3.2）及标准值应符合表 16.3.2-2 的规定。

车轴编号	1	2	3	4	5
轴重(kN)	60	140	140	200	160
轮重(kN)	30	70	70	100	80
总重(kN)	700				

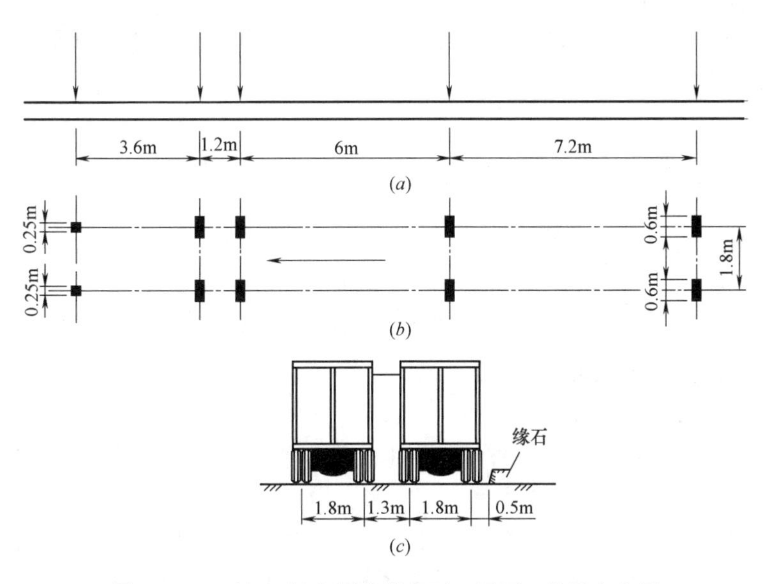

图 16.3.2　城-A 级车辆荷载立面、平面、横桥向布置
（a）立面布置；（b）平面布置；（c）横桥向布置

城-A 级车辆荷载　　　　**表 16.3.2-2**

车轴编号	单位	1	2	3	4	5
轴重	kN	60	140	140	200	160
轮重	kN	30	70	70	70	80
纵向轴距	m		3.6	1.2	6	7.2
每组车轮的横向中距	m	1.8	1.8	1.8	1.8	1.8
车轮着地的宽度×长度	m	0.25×0.25	0.6×0.25	0.6×0.25	0.6×0.25	0.6×0.25

2）城-B级车辆荷载的立面、平面布置及标准值应采用现行行业标准《公路桥梁设计通用规范》JTG D60车辆荷载的规定值。

5. 车道荷载横向分布系数、多车道的横向折减系数、大跨径桥梁的纵向折减系数、汽车荷载的冲击力、离心力、制动力及车辆荷载在桥台或挡土墙后填土的破坏棱体上引起的土侧压力等均应按现行行业标准《公路桥梁设计通用规范》JTG D60的规定计算。

16.3.3 应根据道路的功能、等级和发展要求等具体情况选用设计汽车荷载。桥梁的设计汽车荷载应根据《城市桥梁设计规范》CJJ 11—2011表10.0.3选用，并应符合下列规定：

1. 快速路、次干路上如重型车辆行驶频繁时，设计汽车荷载应选用城-A级汽车荷载；

2. 小城市中的支路上如重型车辆较少时，设计汽车荷载采用城-B级车道荷载的效应乘以0.8的折减系数，车辆荷载的效应乘以0.7的折减系数；

3. 小型车专用道路，设计汽车荷载可采用城-B级车道荷载的效应乘以0.6的折减系数，车辆荷载的效应乘以0.5的折减系数。

16.3.4 桥梁人行道的设计人群荷载应符合下列规定：

1. 人行道板的人群荷载按5kPa或1.5kN的竖向集中力作用在一块构件上，分别计算，取其不利者。

2. 梁、桁架、拱及其他大跨结构的人群荷载（W）可采用下列公式计算，且W值在任何情况下不得小于2.4kPa：

当加载长度$L<20$m时：

$$W=4.5\times\frac{20-\omega_{p}}{20}$$

当加载长度$L\geqslant 20$m时：

$$W=\left(4.5-2\times\frac{L-20}{80}\right)\left(\frac{20-\omega_{p}}{20}\right)$$

式中：W——单位面积的人群荷载（kPa）；

L——加载长度（m）；

ω_{p}——单边人行道宽度（m）；在专用非机动车桥上为1/2桥宽，大于4m时仍按4m计。

3. 检修道上设计人群荷载应按2kPa或1.2kN的竖向集中荷载，作用在短跨小构件上，可分别计算，取其不利者。计算与检修道相连构件，当计入车辆荷载或人群荷载时，可不计检修道上的人群荷载。

4. 专用人行桥和人行地道的人群荷载应按现行行业标准《城市人行天桥与人行地道技术规范》CJJ 69的有关规定执行。

16.3.5 作用在桥上人行道栏杆扶手上竖向荷载应为1.2kN/m；水平向外荷载应为2.5kN/m。两者应分别计算。

16.4 混凝土梁桥

16.4.1 钢筋混凝土板梁桥使用跨径范围在6m～13m，板厚为0.4m～0.8m。常用的断面形式见图 16.4.1。

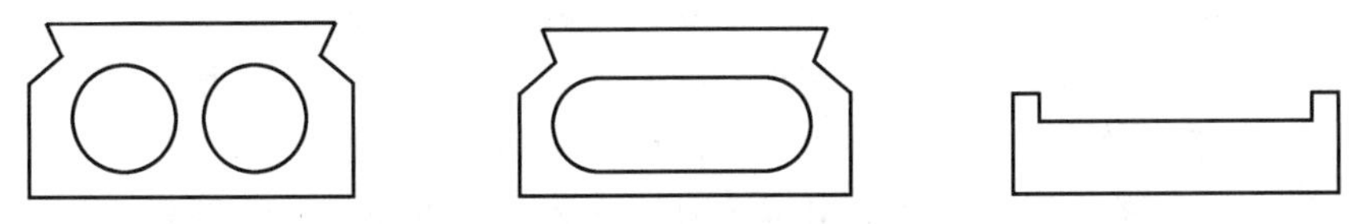

图 16.4.1 钢筋混凝土板梁常用断面形式

16.4.2 装配式板梁在安装完成以后，为了使板块共同受力，接缝能传递剪力，需要将块件间很好地加以连接。常用企口式混凝土铰联结，即用与预制板同一强度等级或高一级的细骨料混凝土将预留的圆形、棱形或漏斗形企口加以填实。如考虑铺装层参与受力，则还需要将伸出板面的钢筋加以绑扎。

16.4.3 预应力混凝土梁桥的经济合理跨径在 40m 以下，合适的高跨比约 1/14～1/25。常用的断面有板式、肋梁式（如装配式 T 梁）及箱式等，装配式 T 梁、整孔箱梁断面如图 16.4.3 所示。

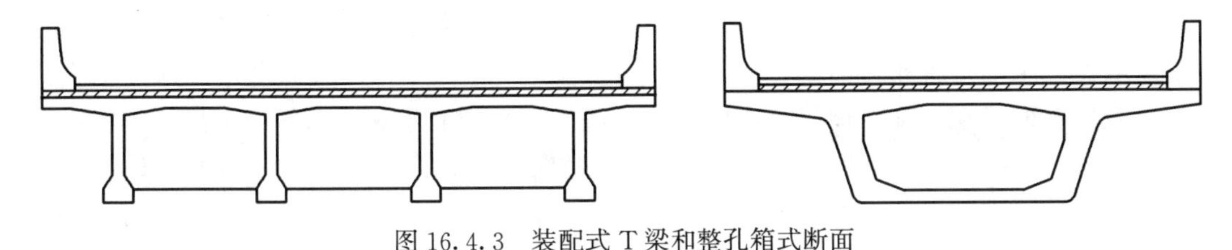

图 16.4.3 装配式 T 梁和整孔箱式断面

16.4.4 装配式梁横向连接可以是铰接，也可以是刚性连接。板梁横向多为铰接，T 梁和箱梁多为刚性连接，图 16.4.4 为横向连接构造。

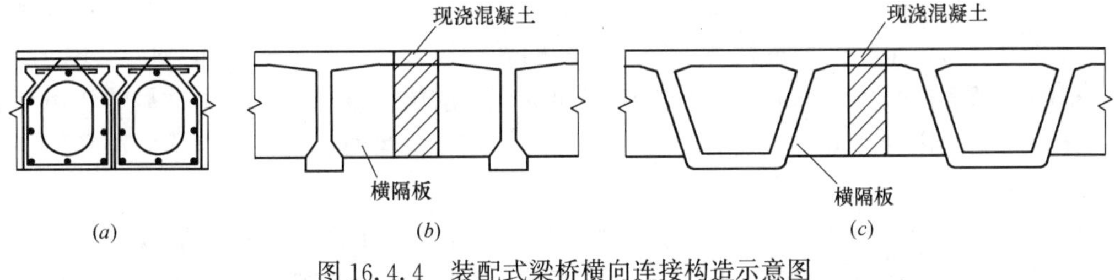

图 16.4.4 装配式梁桥横向连接构造示意图

(*a*) 装配式板梁；(*b*) 装配式 T 梁；(*c*) 装配式箱梁

16.4.5 在预制装配式梁桥结构中，横隔梁起着保证各根主梁相互连成整体共同受力的作用。端横隔梁是必须要设置的，跨内随跨径增大可以设 1～3 道横隔梁。对于 T 梁来说，间距采用 5m～6m 为宜。对于多箱式梁，由于结构抗扭刚度大，整体性好，跨内可不设横隔梁，但支座处必须要设置。

16.4.6 整体斜板桥具有弯扭耦合特性，各支座的反力分布不均，钝角区域的反力比锐角区域的反力大。斜桥在其平面内具有转动特性，在外荷载作用下，会以转动中心产生不平衡的力矩及合力，引起斜桥在其平面的转动及平移，从而引起“斜桥的爬行”。因此斜板桥应设置防转动措施，以阻止梁板的“爬移”，即在梁板锐角支承处设侧向挡块，挡块与梁板间以侧向橡胶支座相隔。斜度较大（$\phi \geqslant 30°$）时，不宜采用整体现浇板，而宜采用装配式铰接板。

16.4.7 平面弯桥受力具有弯扭耦合作用，中、大跨径的弯梁结构大都采用箱式截面。弯桥的支承反力与直线桥相比，有外梁变大、内梁变小的倾向，在内梁中有产生负反力的可能，应设计合宜的下部结构或支座结构来予以调整，抵抗负反力。

16.4.8 简支弯梁桥，应在梁端布置抗扭约束，即必须横桥向布置多个竖向支座来提供抗扭约束。连续弯梁桥可全桥布设可挠不可扭支座，也可部分设可挠不可扭支座，这时一般在桥台上设不可扭支座，在中间桥墩上设可扭支座，并配以独柱墩。

16.4.9 预应力混凝土连续梁桥的经济合理跨径在160m以下，连续梁跨径的布置一般采用不等跨的形式，边跨跨径与中跨跨径之比0.55～0.8较为常见。连续梁恒载内力与梁的施工方法有关，梁的截面形式也与施工方法有关。对采用顶推法、移动模架法、整孔架设法施工的预应力混凝土连续梁桥，当其跨径小于70m时，一般采用等高梁；对采用悬臂法施工的桥梁，用变高度梁更合适，梁高变化可采用二次抛物线。

16.4.10 预应力混凝土连续梁桥常采用箱式断面。当桥面宽度不大时，采用单箱单室截面为好；当桥面较宽时，采用单箱多室截面。箱形截面梁的外形可以是矩形（直腹板）、梯形（斜腹板）或曲线形。矩形断面适应性较强，尤其对于变高度梁，底板宽度一致，预应力钢束的布置较为简单。梯形截面造型美观，且可以减少底板宽度，减小墩台尺寸。曲线形断面景观较好，但材料用量并不经济，适用于有景观要求的城市高架。

16.4.11 混凝土梁的计算包括主梁的纵、横向计算，横梁的计算，桥面板计算，支座以及其他构造细部（如牛腿）构造计算，同时还要考虑结构挠度及预拱度设置，超静定结构还要考虑次内力的影响。

16.4.12 混凝土梁由承重结构（主梁）及传力结构（横梁、桥面板等）两大部分组成。多片主梁依靠横梁和桥面板联系成空间整体结构。由于结构的空间整体性，当桥上作用荷载时，各片主梁将共同参与工作，形成了各片主梁之间的内力分布。每片主梁分布到的内力大小，随桥梁横截面的构造形式、荷载的类型以及荷载在横向的作用位置不同而不同，精确计算需要采用空间有限元程序空间加载。目前梁桥设计和计算中常见的弯矩荷载横向分布简化实用计算方法主要有：杠杆原理法、刚性横梁法、铰接板（梁）法和比拟正交异性板法。

16.4.13 主梁的内力计算，可分为设计内力计算和施工内力计算两部分，其中设计内力是主梁强度验算及配筋设计的依据。施工内力是指施工过程中，各施工阶段的临时施工荷载以及运输、安装过程中动荷载，如施工机具设备（挂篮、张拉设备等）、模板、施工人员等引起的内力，主要供施工阶段验算用。把这部分内力和该阶段的主梁自重内力叠加，检验设计的截面尺寸和配筋是否满足施工时的强度和刚度要求，否则应增配临时束或对截面进行局部临时加固。

16.4.14 主梁内力包括恒载内力、活载内力和附加内力（如风力或离心力引起的内力）。对于超静定梁，还应包括由于预加力，混凝土徐变、收缩和温度变化等引起的结构次内力。将它们按规范的规定进行组合，从中挑选出最大设计内力，依此进行配筋设计和应力验算。

16.4.15 主梁自重是在结构逐步形成的过程中作用于桥上的，它的内力计算与施工方法有密切关系。在中、大跨度预应力混凝土超静定梁桥的施工中经常伴随有体系转换过程，在计算自重内力时必须分阶段进行，逐步叠加。

16.4.16 主梁预拱度设置的大小，通常取全部恒载（包括预加应力在内的广义恒载）和一半活载（汽车载荷不计冲击力）所产生的竖向挠度值，以保证桥梁在常遇荷载情况下桥面基本上接近直线状态。当由荷载短期效应组合并考虑荷载长期效应影响产生的长期挠度不超过计算跨径的 1/1600 时，可不设预挠度。

16.5 桥台与桥墩

16.5.1 桥墩、桥台是把桥梁上部结构以及车辆或行人荷载作用有效传递到地基基础的重要构件，同时桥台还是衔接桥梁和两端接线路基的构造物，它既要承受支座传递来的竖向力和水平力，还要挡土护岸，承受台后填土及填土上荷载产生的侧向土压力。城市桥梁由于景观需要，桥墩、桥台在满足功能要求的同时，造型选择也非常重要。

16.5.2 常用的梁式桥桥墩大致可分为重力式实体桥墩、空心桥墩、钢筋混凝土薄壁墩、柱式墩四大类。

1. 重力式实体桥墩靠自身恒载（包括桥跨结构恒载）来平衡外力（偏心力矩）和保证桥墩的稳定（抗倾覆稳定和抗滑稳定）。因此，重力式桥墩圬工体积较大、阻水面积大并对地基承载力的要求较高。重力式桥墩可不用钢筋，可采用天然石材或片石混凝土砌筑。

2. 将桥墩墩身中央挖空（挖空率一般在 50%以上），便成为空心桥墩。空心桥墩在保证墩身刚度及承载能力的情况下减少了圬工数量，适用于大跨径或高墩桥梁。

3. 薄壁墩又分为单肢薄壁墩和双肢薄壁墩，适用于墩梁固结的刚构桥上。

4. 柱式墩是最常见的桥墩结构型式，随断面型式的不同，柱式墩有很多型式。柱式墩通常用能承受弯矩的盖梁来代替墩帽。当采用桩基础时，单桩可采取桩、柱直接相连，群桩则需要在桩顶设置承台，墩桩通过承台与桩身相连。

在城市桥梁中，为了满足景观要求、功能需求及为适应各种各样的建设条件，出现了很多形状和结构较为复杂的桥墩形式，例如各种花瓶形状的桥墩、多层桥梁的桥墩、横向跨越道路的刚架墩等，设计时可根据需要灵活采用。

16.5.3 桥墩主要由墩帽（或盖梁）、墩身组成。墩帽通过垫石、支座承托着上部结构，并将相邻两孔梁上的恒载和活载传递到墩身上。墩身是桥墩的主体，除了承受上部结构的荷载外，还要承受风力、流水压力及可能出现的流冰、船只、排筏或漂流物的撞击。桥墩的截面尺寸由构造和受力两方面因素决定，一般首先确定墩帽尺寸，然后再确定墩身尺寸。

16.5.4 墩帽厚度对于大跨径桥梁不得小于 40cm，对于中小跨径桥梁不得小于 30cm。盖梁横截面形状一般为矩形或 T 形（或倒 T 形）。盖梁高度一般为盖梁宽度的 0.8～1.2 倍，盖梁悬臂端部高度不小于 30cm。墩帽或盖梁顶一般设置高度不小于 30cm 的挡块作为防落梁措施。在通航河流或有大量漂浮物下泄的河流上宜设置防护设施，例如破冰棱、防撞岛等。

16.5.5 墩身过大的长细比往往会给人不安全的感觉。视觉上合适的长细比一般小于 10，最大不宜超过 15。同时，按规范计算得到的偏心增大系数不宜大于 3，否则应加大墩身截面或对墩身采取放坡处理。

16.5.6 在墩帽放置支座的部位宜设支承垫石，其混凝土等级 C40 以上，内部布设一层或多层钢筋网。支承垫石的尺寸由构造要求确定，一般比支座底板每边大 15cm～20cm。支承垫石高度由构造确定，一般不小于 10cm。

16.5.7 城市桥梁常见的桥台有重力式桥台、埋置式桥台和轻型桥台等形式。

1. 重力式桥台主要靠自重来平衡台后的土压力，台身多由石砌、片石混凝土或混凝土等圬工材料建造。重力式桥台整体性好，刚度大，抗倾覆能力强，但圬工数量及自重较大。常用重力式桥台有 U 形桥台［图 16.5.7 (b)］、八字式［图 16.5.7 (a)］和一字式等。

2. 轻型桥台是利用钢筋混凝土结构的抗弯能力来减少圬工体积而使桥台轻型化。主要可分为薄壁轻型桥台和支撑梁轻型桥台，其优点是结构自重轻，施工方便。薄壁轻型桥台常用形式有悬臂式、扶墙式、撑墙式及箱式等。

3. 埋置式桥台是将台身大部分埋入锥形护坡中，只露出台帽，以安置支座及上部构造物，这样桥台体积可以大为减少，一般用于桥头为浅滩、护坡受冲刷较小的情况。常见的埋置式桥台有：肋形埋置桥台［图 16.5.7 (d)］、柱式埋置桥台［图 16.5.7 (c)］和框架式埋置桥台。

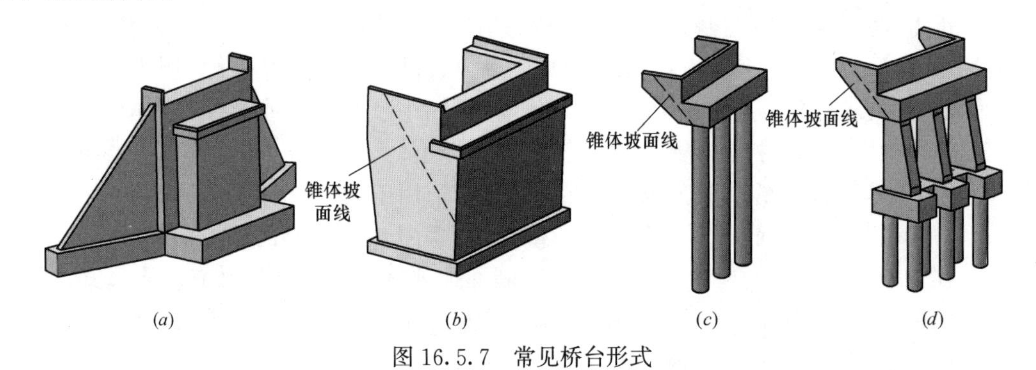

图 16.5.7 常见桥台形式

(*a*) 八字式桥台；(*b*) U 形桥台；(*c*) 柱式埋置桥台；(*d*) 肋形埋置桥台

16.5.8 锥形护坡纵向应伸入路堤不小于 0.75m，纵向的坡度，路堤下方 0～6m 处取 1∶1，大于 6m 的部分可取 1∶1.5。横向的坡度与路堤相同，一般取 1∶1.5。当纵向与横向坡度相同时，锥形护坡在平面上是 1/4 圆，当两向坡度不等时，为 1/4 椭圆。设计水位线以下的锥体护坡表面一般宜采用浆砌片石护面，设计水位线以上可采用干砌片石（或块石）防护。对旱桥如坡度不陡于 1∶1.5、高度不大于 6m，锥体护坡也可用草皮或植物保护。

16.5.9 为防止桥头路基沉陷不均引起行车颠簸，在路堤与桥台的衔接处应设置桥头搭板，搭板长度一般 5m～8m 或更长。

16.6 地基与基础

16.6.1 桥涵地基的设计，应保证具有足够刚度、强度、稳定性、耐久性和符合规定的沉降要求，并按结构设计基准期设计。

16.6.2 桥梁常采用浅基础（又称明挖基础或扩大基础）和深基础（有桩基础、沉井等形式）。基础的类型应综合水文、地质、地形、沉降控制要求、上部结构、荷载、材料供应和施工等因素合理选用。

16.6.3 基础设计荷载应按现行行业标准《公路桥涵通用规范》JTG D60 规定采用；基础结构设计应按现行行业标准《公路砖石及混凝土桥涵规范》JTJ 022 和《公路钢筋混凝土及预应力混凝土桥涵设计规范》JTG 3362 的有关规定进行设计。

16.6.4 基础不应设置在软硬均匀的地基上，基础设计应考虑地基土的冻胀性，基础设计还应考虑河流对基础的冲刷影响。重要桥梁的基础工程应对桥区附近重大地质构造问题进行分析研究，确保地基的整体稳定。

16.6.5 基础设计之前，应注意工程地质、水文资料的搜集。资料的内容范围可根据桥梁工程规模、特点及建桥地点地质、水文条件的具体情况进行取舍。

16.6.6 明挖（扩大）基础使用范围一般在天然地基上深度 5m 以内，施工常采用敞开挖基坑修筑。明挖（扩大）基础计算时不考虑基础侧面土对基础的影响，即不计算基础侧面于土的摩阻力、侧向土的土抗力等作用。

16.6.7 明挖（扩大）基础分为刚性基础和柔性基础两类，当地基承载力较高，能满足设计要求时，优先考虑采用刚性基础。在土质较差的地基上修建桥梁时，一般采用柔性基础。

【条文说明】当基础在外力作用下，基础圬工具有足够的截面使材料的容许应力大于由地基反力产生的弯曲拉应力和剪应力时，基础内不需配置受力钢筋，这种基础称为刚性基础。当基础在外力作用下产生的弯曲拉应力和剪应力超过了材料的极限应力，必须在基础中配置一定数量的受力钢筋，这类基础称为柔性基础。

16.6.8 明挖（扩大）基础埋置深度确定基础的埋置深度时，需综合考虑地基的地质、地形条件、河流的冲刷程度、土体的冻结深度、上部结构形式等因素。

1. 墩台明挖基础的基底埋置深度按《公路桥涵地基与基础设计规范》JTG D63—2007 第 3.1.1 条规定确定。

2. 对于大桥的墩台基础，应根据基岩强度嵌入岩层一定深度，基岩一般选用弱风化或微风化岩石。一般中、小桥墩台基础可考虑设在风化层内，其埋置深度可根据风化程度、冲刷情况及其相应的承载力确定。

3. 岩石地基应保证基础整体能够置于岩层上。

16.6.9 当地基土层较软弱，且较厚时，常常采用桩基础，以满足地基承载力、稳定性和控制地基沉降的要求。按施工方法及材料分类常用的类型有：混凝土预制桩、预应力混凝土预制桩、钻孔灌注桩、钢管桩。桩型选择应根据工程性质、地质情况、施工条件及场地周围环境综合考虑确定。

1. 预制打入桩可用于稍松至中密的砂类土、粉土和流塑、软塑的黏性土，震动下沉桩可用于砂类土、粉土、黏性土和碎石类土。当预制桩要求穿越坚硬土层进入相对较软弱土层，需选用较重的锤时，宜采用预应力混凝土桩。

2. 钻孔灌注桩可用于各类土层、岩层；当场地周围环境保护要求较高时，估计采用预制桩难以控制沉桩挤土等影响时，可采用钻孔灌注桩。

16.6.10 桩基础按受力条件分成柱桩和摩擦桩两种，可根据地质和受力等情况确定。柱桩承载力大，沉降量小，也较为可靠，当基岩埋深不是很深，技术可行、经济合理时，应优先考虑采用；当基岩埋深很深，采用柱桩技术经济不合理时，可采用摩擦桩。同一桩基中，不应同时采用摩擦桩和柱桩。

16.6.11 水中墩桩基础有低桩承台和高桩承台两种类型。低桩承台稳定性好，但水中施工难度较大，一般水务或航道部门有要求时可采用低桩承台。对常年有流水、冲刷较深，或水深较大，水务等部门认可，在结构受力条件允许时，宜尽量采用高桩承台。

16.6.12 依据桥梁结构类型和桩基受力等条件，可采用单排桩基础或多排桩基础。桥跨较小，或基础受力较小，单桩承载力较大时，可采用单排桩；大中型桥梁基础，或高墩台、拱桥桥台、制动墩等则应考虑采用多排桩。桩径和桩长的确定应根据桩基受力要求、桩基类型、地质条件、施工技术条件等因素综合确定。同一桩基不宜采用不同直径、不同材料的桩，也不宜采用长度相差过大的桩。

16.6.13 沉井是一种四周有壁，下部无底，上部无盖的井筒状结构物。沉井可预制浮运至墩位，也可就在地面或人工筑岛等就地制作，就位后再下沉，在井内挖土。凭借沉井本身自重，克服井壁与土层之间的摩阻力及刃脚下土的阻力下沉，直至设计标高。最后进行沉井封底与盖板施工，使其成为桥梁墩台等结构物的基础。当遇到下列情况时，可研究采用沉井基础：

1. 持力层在较深（水深大或覆盖层厚）位置，采用扩大基础开挖量大，施工围堰支撑困难。

2. 土层较好，冲刷较大，河中有较大的卵石或漂石，不便桩基础施工。

3. 垂直荷载、承受水平力及弯矩较大的基础，如悬索桥锚锭基础。

16.6.14 在施工过程中，沉井是挡土和挡水的结构物，需对沉井本身进行结构计算分析；施工完毕后，沉井又是桥梁墩台的整体基础，就应按基础要求进行各项验算；因此沉井设计与计算包括沉井基础和沉井结构两大部分内容。

16.7 桥面系构造

16.7.1 桥面铺装与构造宜与相接道路的路面相协调。桥面铺装应有完善的桥面防水、排水系统。

16.7.2 混凝土桥面铺装一般采用三种形式：沥青混凝土加水泥混凝土、沥青混凝土、水泥混凝土。

1. 水泥混凝土桥面铺装（不含整平层和垫层）的厚度不宜小于80mm，混凝土强度等级不应低于C40。水泥混凝土桥面铺装层内应配置钢筋网，钢筋直径不应小于8mm，间距不宜大于100mm。

2. 沥青混凝土桥面铺装结构可由防水层和下面层、表面层组成。防水层和下面层共同组成防水体系。快速路桥梁沥青混凝土层厚度一般为70mm～100mm；主干路、次干路桥梁沥青混凝土层厚度一般为50mm～90mm。

3. 沥青混凝土加水泥混凝土调平层桥面铺装结构，混凝土调平层厚度不宜小于80mm，且应按要求设置直径为7mm，间距150mm的钢筋网；若采用纤维混凝土，则调平层厚度不宜小于60mm；调平层混凝土强度等级应与梁体一致，并应与桥面板结合紧密。沥青混凝土层厚度不宜小于60mm并与相接道路的路面相协调。

16.7.3 正交异性板钢桥面沥青混凝土铺装结构设计应充分考虑桥梁结构特点、交通荷载状况、桥梁所在地环境气候条件、地材情况、施工条件，并结合本地桥面铺装工程经验及国内同类型桥梁桥面铺装工程经验，进行综合研究选用。钢桥面铺装常采用密级配沥青混凝土混合料、沥青玛蹄脂碎石混合料、浇筑式沥青混合料及环氧沥青混合料。

16.7.4 人行道铺装一般根据景观等要求可采用砂浆上铺面砖、大理石等装饰材料。

16.7.5 沥青混凝土铺装底面应设置防水层，采用柔性防水卷材或涂料。材料性能和技术要求应符合现行行业标准《道桥用改性沥青防水卷材》JC/T 974、《道桥用防水涂料》JC/T 975。水泥混凝土铺装可采用刚性防水材料（渗透型或外掺剂型），或底面采用不影响水泥混凝土铺装受力性能的防水涂料等。

16.7.6 桥面伸缩装置应能适应梁端自由伸缩和转角变形并使车辆平稳通过。伸缩装置应经久耐用，具有良好的密水性和排水性，且易于清洁、检修、更换。设计伸缩装置时，应考虑安装时间，其伸缩量应计及温度变化、混凝土收缩、徐变、受荷转角、梁体纵坡等因素，并考虑更换所需的间隙量。对于斜、弯、异形桥的伸缩装置，在确定桥体实际伸缩方向的基础上，必须验算其是否满足纵、横向容许错位量。

16.7.7 桥梁伸缩装置须根据所安装伸缩装置的道路性质、桥梁类型、需要的伸缩量，综合考虑道路、桥梁和伸缩装置整体的耐久性、平整度、排水和防水、施工、维修和经济性等，选择恰当的形式。

16.7.8 人行道栏杆是桥上的安全设施，要求坚固；栏杆又是桥梁的表面建筑，需与周围环境、桥梁景观协调设计。人行道栏杆的高度不应小于1.1m。

16.7.9 城市桥梁防撞护栏应根据现行行业标准《公路交通安全设施设计规范》JTG D81及《公路交通安全设施设计细则》JTG/T D81中的相关规定设置桥梁护栏。

16.7.10 城市桥梁应设置照明设施，一般采用柱灯在桥面上照明，照明用灯高出车道5m左右。灯柱可以利用栏杆柱，也可单独设在人行道内侧，也可设在护栏的钢筋混凝土部分的顶部，也可设在护栏外侧，具体在栏杆或护栏设计时宜一并考虑。

16.8 桥梁支座

16.8.1 桥梁支座按其约束型式可以分为固定支座和活动支座，后者又可分为单向活动支座和双向（多向）活动支座。固定支座相当于结构计算图式中的固定铰；活动支座相当于计算图式中的活动铰。目前，我国公路桥梁常用的支座，按其结构形式分类主要有：板式橡胶支座（或四氟滑板橡胶支座）、盆式橡胶支座、球形钢支座等。

16.8.2 支座的平面布置形式主要与桥跨的结构形式有关，一般以一个连续结构（即两条伸缩缝之间的结构部分）来进行布置，其基本原则为：

1. 使桥跨结构的恒、活荷载能可靠且均衡地传递至各个墩、台。

2. 每联连续结构在各个自由度方向均须有至少一个约束。

3. 当桥跨结构受温度变化、混凝土收缩和徐变等因素影响，出现各种（及各方向）变形时，能将由此而带来的结构内力变化限制在最小的状态，保证结构的安全。

4. 一般情况下，连续梁桥的固定支座宜设置在中间位置的桥墩上。

16.8.3 支座的布置方式应使桥跨结构稳定、可靠地固定于墩、台，且能适应梁体的各种变形，各支座的受力、位移相对均衡。图16.8.3是几种典型的支座布置方式，供参考。

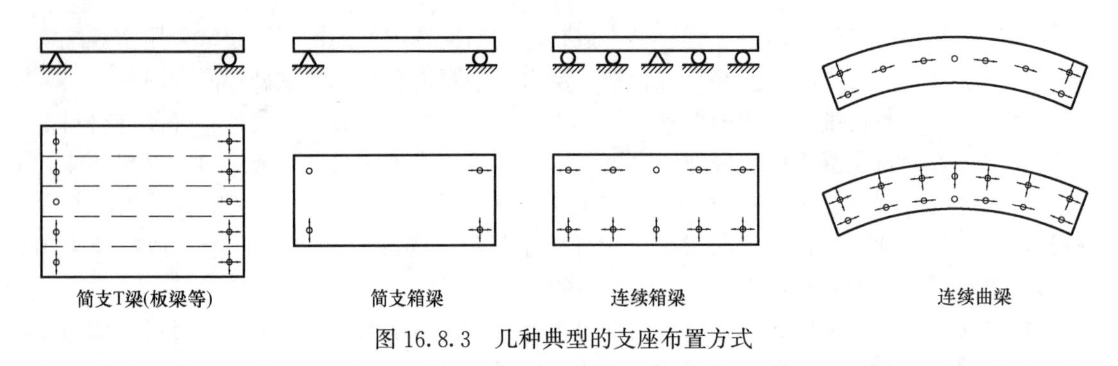

图 16.8.3 几种典型的支座布置方式

16.8.4 一般情况下，支座应水平安装。如需倾斜安装，最大纵坡不应大于1%，并应考虑由此产生的水平力与剪切变形影响。

16.9 抗震设计

16.9.1 地震基本烈度为6度及以上地区的城市桥梁，必须进行抗震设计。桥梁抗震设计的流程如下：

1. 确定地震水平

1）城市桥梁根据结构形式、在城市交通网络中位置的重要性以及承担的交通量，按表16.9.1-1分为甲、乙、丙和丁四类。

城市桥梁抗震设防分类 **表 16.9.1-1**

桥梁抗震设防分类	桥梁类型
甲	悬索桥、斜拉桥以及大跨度拱桥
乙	除甲类桥梁以外的交通网络中枢纽位置的桥梁和城市快速路上的桥梁
丙	城市主干路和轨道交通桥梁
丁	除甲、乙、丙三类桥梁以外的其他桥梁

2）城市桥梁采用两级抗震设防，在E1和E2地震作用下，各类城市桥梁抗震设防标准应符合表16.9.1-2的规定。

城市桥梁抗震设防标准 **表 16.9.1-2**

桥梁抗震设防分类	E1地震作用		E2地震作用	
	震后使用要求	损伤状态	震后使用要求	损伤状态
甲	立即使用	结构总体反应在弹性范围，基本无损伤	不需修复或经简单修复可继续使用	可发生局部轻微损伤
乙	立即使用	结构总体反应在弹性范围，基本无损伤	经抢修可恢复使用，永久性修复后恢复正常运营功能	有限损伤
丙	立即使用	结构总体反应在弹性范围，基本无损伤	经临时加固，可供紧急救援车辆使用	不产生严重的结构损伤
丁	立即使用	结构总体反应在弹性范围，基本无损伤		不致倒塌

3）甲类桥梁所在地区遭受的 E1 和 E2 地震影响，应按地震安全性评价确定，相应的 E1 和 E2 地震重现期分别为 475 年和 2500 年。其他各类桥梁所在地区遭受的 E1 和 E2 地震影响，应根据现行国家标准《中国地震动参数区划图》GB 18306 的地震动峰值加速度、地震动反应谱特征周期以及《城市桥梁抗震设计规范》CJJ 166—2011 第 3.2.2 条规定的 E1 和 E2 地震调整系数来表征。

4）各类城市桥梁的抗震措施，应符合下列要求：

① 甲类桥梁抗震措施，当地震基本烈度为 6～8 度时，应符合本地区地震基本烈度提高一度的要求；当为 9 度时，应符合比 9 度更高的要求。

② 乙类和丙类桥梁抗震措施，一般情况下当地震基本烈度为 6～8 度时，应符合本地区地震基本烈度提高一度的要求；当为 9 度时，应符合比 9 度更高的要求。

③ 丁类桥梁抗震措施均应符合本地区地震基本烈度的要求。

2. 确定场地土类别

1）桥位选择应在工程地质勘察和专项的工程地质、水文地质调查的基础上，按地质构造的活动性、边坡稳定性和场地的地质条件等进行综合评价，应按《城市桥梁抗震设计规范》CJJ 166—2011 表 4.1.1 查明对城市桥梁抗震有利、不利和危险的地段，宜充分利用对抗震有利的地段。

2）结构物地基的地质条件以及场地的水文地质和地形，对震害的发生有显著的影响，在同一地震地点，相同构造类型和质量的构造物，由于地基土质的不同，层厚的不同，震害程度往往差别很大。场地（构造物所在地的土层）分为四类，分类方法见《城市桥梁抗震设计规范》CJJ 166—2011 第 4.1.7 条。

3）工程场地范围内分布有发震断裂时，应对断裂的工程影响进行评价。甲类桥梁应尽量避开主断裂，地震基本烈度为 8 度和 9 度地区，其避开主断裂的距离为桥墩边缘至主断裂带外缘分别不宜小于 300m 和 500m。乙、丙及丁类桥梁宜采用跨径较小便于修复的结构。当桥位无法避开发震断裂时，宜将全部墩台布置在断层的同一盘（最好是下盘）上。

3. 液化土判定

对地基土液化可能性按两步判别：首先按现场条件，运用经验对比方法，初步判定；然后通过现场标准贯入试验进一步判定。

4. 地震力计算

一般情况下，城市桥梁可只考虑水平向地震作用，直线桥可分别考虑顺桥向和横桥向的地震作用；地震基本烈度为 8 度和 9 度时的拱式结构、长悬臂桥梁结构和大跨度结构，以及竖向作用引起的地震效应很重要时，应考虑竖向地震的作用。

5. 抗震验算

6. 抗震构造或设施设计

16.9.2 由于地震发生的随机性，它对桥梁结构的作用也有随机性。按照地震烈度及规范规定计算地震作用，进行结构强度验算，并不能完全保证结构绝对安全。如果结构方案不合理，构造措施不当，结构抗震性能是达不到计算所假定的效果的。从抗震角度出发，合理的桥梁结构体系应符合下列各项要求：

1. 应具有明确的计算简图和合理的地震作用传递途径。

2. 应具备必要的承载力、良好的变形能力和耗能能力。

3. 宜具有合理的刚度和承载能力分布，避免因局部削弱或突变形成薄弱部位；对可能出现的薄弱部位，应采取有效措施提高抗震能力。

4. 基础宜建造在坚硬的场地上，应尽可能避开发震断层及其他不利地段和危险地段；对建在可能液化地基或软土地基上的桥梁，应对地基进行处理；对不得不建于发震断层或其他不利地段和危险地段上的桥梁，应进行专门研究。

16.9.3 梁式桥的地震荷载计算应考虑顺桥向和横桥向的地震荷载。梁桥下部结构的抗震设计，应考虑上部结构的地震荷载，其作用点位置顺桥向为支座顶面，横桥向为上部结构的质心。位于非岩石地基上的梁桥桥墩应计入地基变形对刚度的影响。地震荷载的计算方法，一般可采用反应谱方法计算，桥台可采用静力法。

16.9.4 大跨度桥梁的地震反应分析可采用时程分析法和多振型反应谱法。地震反应分析时，采用的计算模型应真实模拟桥梁结构的刚度和质量分布及边界连接条件。当进行非线性时程分析时，支承连接条件应采用能反映支座力学特性的单元模拟，应选用适当的弹塑性单元进行模拟。

16.9.5 在桥梁抗震强度和稳定性验算时，地震荷载应与结构重力、土重力和水浮力相组合，其他荷载可不考虑。构件抗震强度验算根据现行相关的桥涵设计规范进行。

16.9.6 桥梁支座抗震验算应符合下列要求：

活动支座：$X_B \leqslant X_{max}$

固定支座：$E_{hzh} \leqslant E_{max}$

式中：X_B——地震产生的支座水平位移、永久作用效应以及均匀温度作用效应组合后的支座水平位移；

X_{max}——活动支座容许滑动水平位移（m）；

E_{hzh}——地震力、永久作用效应以及均匀温度作用效应组合后得到的支座的水平力设计值（kN）；

E_{max}——固定支座容许承受的水平力（kN）。

16.9.7 对地震基本烈度 7 度及以上地区，墩柱塑性铰区域内加密箍筋的配置，应符合下列要求：

1. 加密区的长度不应小于墩柱弯曲方向截面边长或墩柱上弯矩超过最大弯矩 80%的范围；当墩柱的高度与弯曲方向截面边长之比小于 2.5 时，墩柱加密区的长度应取墩柱全高。

2. 加密箍筋的最大间距不应大于 10cm 或 $6d_{bl}$ 或 $b/4$。（d_{bl} 为纵筋的直径，b 为墩柱弯曲方向的截面边长）。

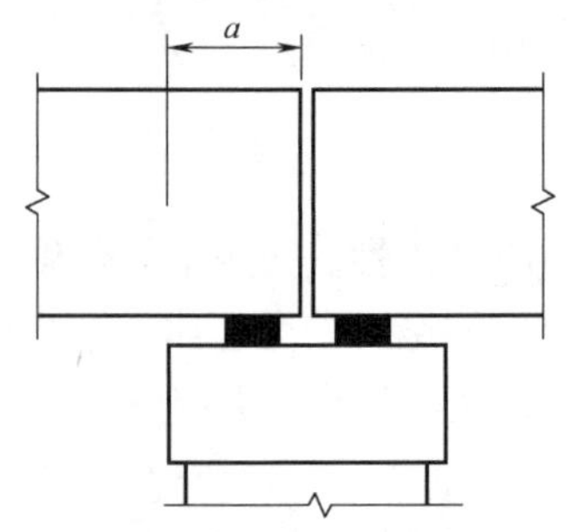

图 16.9.8　梁端至桥墩顶帽、台帽或盖梁边缘的最小距离 a

3. 箍筋的直径不应小于 10mm。

4. 螺旋式箍筋的接头必须采用对接焊，矩形箍筋应有 135°弯钩，并应伸入核心混凝土之内 $6d_{bl}$ 以上。

16.9.8 桥梁抗震构造及设施按如下要求：

1. 地震区简支梁桥的梁端至墩、台帽或盖梁边缘应有一定的距离要求，其最小值 a（如图 16.9.8 所示）应满足下列要求。

6 度地震区：$a \geqslant 40 + 0.5L$

7 度及以上地震区：$a \geqslant 70 + 0.5L$

式中：L——梁的计算跨径（m）。

2. 7度地震区桥梁在梁与梁之间，梁与桥台胸墙之间应加装橡胶垫或其他弹性衬垫。桥梁宜采用挡块、螺栓连接和钢夹板连接等防止纵横向落梁的措施。

3. 8度地震区桥梁的抗震措施除应满足7度区要求外，在简支梁桥梁与梁之间应设置限位装置控制梁墩位移，常用的限位装置有钢板连接方式或钢绞线连接方式。连续梁桥宜采取使上部构造所产生的水平地震荷载能由各个墩、台共同承担的措施。连续曲梁的边墩和上部构造之间宜采用锚栓连接。

4. 9度地震区的抗震措施除应满足8度区要求外，尚应加强梁桥各片梁间横向联系。梁桥支座应采取限制其竖向位移的措施。

17 地下结构

17.1 一般规定

17.1.1 本章内容仅包含城市轨道交通明挖法地下结构新建工程（包括基坑工程和结构工程、结构防水），工业与民用建筑及市政工程的明挖法地下结构工程可参考本章相关内容。

【条文说明】1. 地下结构工程范畴很大，本技术措施暂仅列入城市轨道交通明挖法地下结构工程相关内容，以下的“城市轨道交通明挖法地下结构”统一简称为“地下结构”。

2. 本章所述明挖法地下结构包含盖挖法地下结构。

17.1.2 地下结构的勘察、设计、施工，除遵守城市轨道交通相关现行规范、标准规程（如：《地铁设计规范》GB 50157、《城市轨道交通岩土工程勘察规范》GB 50307、《城市轨道交通工程测量规范》GB 50308、《城市轨道交通技术规范》GB 50490、《城市轨道交通结构抗震设计规范》GB 50909、《城市轨道交通工程监测技术规范》GB 50911、《城市轨道交通结构安全保护技术规范》CJJ/T 202 等）外，尚应遵守现行国家和地方以及铁路行业的相关规范、标准、规程。地下结构设计应贯彻理论计算和类比当地类似工程的原则，并充分考虑结构设计的安全可靠性和经济合理性。

17.1.3 地下结构设计应按规定进行建设用地地质灾害危险性评估（若有）、工程场地地震安全性评价、抗震设防专项审查（若有）、安全质量风险专项评估（若有）等，并应遵守国家及地方相关部门关于建设工程的安全性管理规定。

17.1.4 地下结构同一结构单元不宜选用压缩性差异较大的土层作为地基持力层，无法避免时应控制差异沉降量。

17.1.5 遇下列情况时，地基基础设计应进行沉降计算，充分考虑沉降差异的影响。必要时设置沉降缝，或在基础和上部结构的相关部位采取相应措施，增强其抵抗差异沉降的能力：

1. 同一结构单元的基础设置在性质截然不同的地基上；
2. 同一结构单元部分采用天然地基部分采用复合地基；
3. 采用不同基础类型或基础埋深显著不同；
4. 采用经加固处理的复合地基作为基础主要持力层；
5. 上部结构荷载差异较大的区域。

17.1.6 主体结构在水平、立体交叉部位需进行加强处理；对于复杂节点、结构变化等受力复杂部位应进行详细设计；对施工过程中影响结构整体稳定性的重点环节需采取合理、有效的结构处理措施；施工工法、施工步骤和工序转换应合理。

17.1.7 地下结构耐久性设计应符合国家现行标准《混凝土结构设计规范》GB 50010、《混凝土结构耐久性设计规范》GB/T 50476、《铁路混凝土结构耐久性设计规范》

TB 10005 的有关规定；处于腐蚀性介质作用环境中的地下结构可按现行国家标准《工业建筑防腐蚀设计规范》GB 50046 有关规定采取防腐蚀设计措施。

17.1.8 设计速度超过 100km/h 地下结构净空尺寸还应考虑空气动力学要求，以满足运营期舒适度的要求。

17.2 工程材料

17.2.1 地下结构的工程材料应根据结构类型、受力条件、所处环境和使用要求，结合其可靠性、耐久性和经济性选用。

17.2.2 混凝土的原材料和配比、最低强度等级、最大水胶比和单方混凝土的胶凝材料最小用量等，应符合耐久性要求，满足抗裂、抗渗、抗冻和抗侵蚀的需要。一般环境条件下的混凝土设计强度等级与抗渗等级不得低于表 17.2.2 的规定。

混凝土设计强度等级　　表 17.2.2

明挖法	整体式钢筋混凝土结构	C35	P8
	装配式钢筋混凝土结构	C35	P8
	作为永久结构的灌注桩	C35	

17.2.3 大体积浇筑的混凝土应避免采用高水化热水泥，并宜掺入高效减水剂、优质粉煤灰或磨细矿渣等，同时应严格控制水泥用量，限制水胶比和控制混凝土入模温度。

17.2.4 普通钢筋混凝土和喷锚支护结构中的钢筋应按下列规定选用：

1. 纵向受力钢筋应采用 HRB400、HRB500、HRBF400、HRBF500 钢筋。
2. 箍筋宜采用 HRB400、HRBF400、HPB300、HRB500、HRBF500 钢筋。
3. 预应力筋宜采用预应力钢丝、钢绞线和预应力螺纹钢筋。

17.3 围护结构

17.3.1 荷载按以下条款执行：

1. 作用在围护结构上的荷载，可按表 17.3.1 进行分类。荷载取值应根据现行国家标准《建筑结构荷载规范》GB 50009 及《地铁设计规范》GB 50157 的相关规定，考虑施工阶段可能出现的最不利工况，确定不同荷载组合时的组合系数。

荷载分类　　表 17.3.1

荷载分类	荷载名称
永久荷载	结构自重
	地层压力
	结构上部和破坏棱体范围内的设施及建筑物压力
	水压力
	支撑预加力
	围护结构不均匀沉降的影响

续表

<table>
<tr><th colspan="2">荷载分类</th><th>荷载名称</th></tr>
<tr><td rowspan="5">可变荷载</td><td rowspan="3">基本可变荷载</td><td>地面车辆荷载及其动力作用</td></tr>
<tr><td>地面车辆荷载引起的侧向土压力</td></tr>
<tr><td>人群荷载</td></tr>
<tr><td rowspan="2">其他可变荷载</td><td>施工荷载</td></tr>
<tr><td>膨胀力</td></tr>
</table>

【条文说明】1. 设计中要求计入的其他荷载，可根据其性质分别列入上述两类荷载中；

2. 本表中所列荷载未加说明时，可按国家现行有关标准或根据实际情况确定。

2. 地层压力应根据结构所处工程地质和水文地质条件、埋置深度、结构形式及其工作条件、施工方法及相邻结构间距等因素，结合已有的试验、测试和研究资料确定。

1）竖向压力：明、盖挖法施工的结构按全土柱计算。

2）水平压力应按下列规定计算：

① 施工期间作用在支护结构主动区的土压力宜根据变形控制要求在主动土压力和静止土压力二者之间选择，在支护结构的非脱离区或给支护结构施加预应力时应计入土体抗力的作用；施工期间作用在逆作法支护结构上的土压力宜按静止土压力计算；

② 荷载计算应计及地面荷载和破坏棱体范围的建筑物，以及施工机械等引起的附加水平侧压力；

③ 砂性土地层侧向水、土压力应采用水土分算，其余情况侧向水、土压力采用水土合算。

3. 膨胀岩土荷载取值原则：

1）施工期间应采取有效的防排水及基坑（含地表）封闭措施，避免膨胀岩土对明挖基坑围护结构的不利影响。

2）在做好施工封闭措施的前提下，可取膨胀力标准值的 20%～30%对围护结构进行验算。

4. 地下工程围护结构应按下列施工荷载之一或可能发生的组合设计：

1）设备运输及吊装荷载：根据实际情况确定。

2）地面超载：

① 一般情况宜采用 20kPa；

② 由于盾构拼装、吊入和吊出在工作井端头引起的临时地面超载，端头宜采用 70kPa，两侧宜采用 40kPa。

17.3.2 结构计算按以下条款进行：

1. 支护结构应根据设定的开挖工况和施工顺序，按竖向弹性地基梁模型逐阶段计算其内力及变形。当计入支撑作用时，应计及每层支撑设置时墙体已有的位移和支撑的弹性变形，并按内力、变形包络图进行设计。

2. 基坑工程除进行围护桩及支撑结构体系的计算，尚应进行基坑整体稳定性、抗倾覆、抗隆起、抗渗流和抗管涌稳定性检算。各类基坑支护工程稳定性应根据表 17.3.2-1 的规定进行验算。

基坑工程稳定性验算内容 表 17.3.2-1

支护类型	整体滑动稳定	嵌固稳定(抗倾覆)	坑底抗隆起	墙底抗隆起
放坡	△	—	—	—
土钉支护	△	—	—	—
支挡结构	△	○	○	△

【条文说明】1.△为应验算，○为必要时验算；

2. 悬臂、单支点围护结构应验算嵌固稳定；悬臂式支挡结构可不进行坑底隆起验算；锚拉式、支撑式支挡结构，坑底以下为软土时，需要以最下层支点为圆心进行滑动稳定性验算。

3. 当无规定时，基坑工程设计可根据工程特点、地质条件、周边环境安全的重要程度，按表 17.3.2-2 确定基坑的变形控制标准。

基坑保护等级和变形控制标准表 表 17.3.2-2

变形控制等级	地面最大沉降量及围护结构水平位移控制要求	周边环境保护要求
一级	1. 地面最大沉降量≤0.15%H； 2. 支护结构最大水平位移≤0.15%H，且≤30mm	1. 离基坑 0.75H 周围有地铁、煤气管、大型压力总水管等重要建筑市政设施、建(构)筑物必须确保安全； 2. 开挖深度≥14m，且在 1.5H 范围内有重要建筑、重要管线等市政设施； 3. 环境安全无特殊要求，开挖深度 H≥20m
二级	1. 地面最大沉降量≤0.2%H； 2. 支护结构最大水平位移≤0.25%H，且≤40mm	1. 离基坑周围 1.5H 范围内设有重要干线、在使用的大型构筑物、建筑物或市政设施； 2. 环境安全无特殊要求，开挖深度 H≥14m
三级	1. 地面最大沉降量控制在≤0.5%H； 2. 支护结构最大水平位移≤0.7%H，且≤70mm	环境安全无特殊要求

【条文说明】1. 基坑安全等级应与变形控制等级一致，膨胀土基坑安全等级按一级采用；

2. 进入基岩的基坑可结合岩面位置及对建（构）筑物的有利影响，适当降低安全等级；

3. 管线变形控制标准可按现行国家标准《城市轨道交通工程监测技术规范》GB 50911 及相关权属部门要求确定；建筑物变形控制标准按现行国家标准《建筑地基基础设计规范》GB 50007 的规定（可扣除已发生的变形）确定；

4. 地面最大沉降量及支护结构水平位移变形控制标准应结合周边环境安全要求确定。

5. 基坑深度范围内均为土层时应采用 m 法进行计算。

17.3.3 排桩设计按以下条款进行：

1. 基坑围护桩宜优先选用钻孔灌注桩，处于桥梁底或其他净高受限区域可采用冲孔桩。若环境条件不允许冲孔，且桩长不超过 25m 时，在满足施工安全、经过充分论证的前提下，可采用人工挖孔桩。

2. 围护桩设计方案应结合周边环境、工程地质、水文地质及基坑具体情况等进行充分的计算和论证，桩的纵向钢筋宜根据受力情况分段配置。

3. 人工挖孔桩直径不宜小于 1.0m，机械成孔桩桩径不宜小于 0.6m。桩距根据受力及桩间土稳定条件确定，中心距不宜大于桩径的 2 倍。

4. 间隔设置的排桩，桩间土宜采用挂钢筋网喷射混凝土面层的防护措施。喷射混凝土厚度不宜小于 80mm（80mm～200mm），强度不宜低于 C20；钢筋间距不宜大于 200mm，钢筋网宜采用横向拉筋与锚固在两侧桩体内钢筋连接。对填土较厚，自稳能力差的地段（例如松散砂层）等地质条件不良区域可根据实际情况采取超前支护措施。

【条文说明】由于管线等原因桩距较大时，可采用倒挂井壁法施作桩间挡墙。

5. 排桩支护结构的嵌固深度应根据强度、变形及基坑稳定性计算确定，多支点支护结构入岩土深度不宜小于表 17.3.3 中数值。

常见地层中的排桩最小嵌固深度参考值表 **表 17.3.3**

嵌固地层	稍密—中密卵石层	密实卵石层	全风化层	强风化层	中风化层
嵌固深度(m)	4.5～3.5	2.5	5.0	4.5	3

6. 围护桩平面布置定位原则：

1）围护桩应根据主体结构轮廓定位，并尽量避免基坑形成阳角；

2）在主体结构外轮廓拐角处，宜布置围护桩；

3）围护桩定位应考虑桩的施工误差（平面定位、垂直度）、结构变形、找平层及防水层的施工空间等，根据施工工艺及施工水平进行外放，外放尺寸一般不小于 50mm。

【条文说明】人工挖孔桩的垂直度允许偏差为 1/200，钻孔灌注桩的垂直度允许偏差为 1/100，应按照现行行业标准《建筑桩基技术规范》JGJ 94 的相关要求，不同的工法给出对应的允许偏差值。

7. 采用降水施工的基坑，在有可能出现渗水的部位应设置泄水管，泄水管应采取防止土颗粒流失的反滤措施。

8. 盾构切割范围宜采用玻璃纤维筋桩，钢筋混凝土桩在盾构切割范围以外的距离不小于 500mm；玻璃纤维筋按现行国家标准《纤维增强复合材料建设工程应用技术规范》GB 50608 的相关规定进行设计。

9. 当围护结构兼作上部建筑物的基础时，尚应进行垂直承载能力、地基变形和稳定性计算；盖挖法的围护桩（墙）应按路面活载验算竖向承载力和纵向制动时的水平力；参与主体结构抗浮作用的围护桩，应按永久结构进行抗拔承载力、裂缝宽度验算。

【条文说明】围护结构兼作上部建筑物的基础及参与主体结构抗浮作用的围护桩的需按永久结构进行设计。

17.3.4 土钉设计按以下条款进行：

1. 一般情况下，单一土钉墙基坑深度不宜超过 12m，与其他支护方式联合采用的基坑或安全等级为三级的基坑深度可适当加大；基坑深度较大时，应采用分级放坡。膨胀土地区的基坑不宜采用单一土钉支护形式。

2. 土钉墙的坡比不宜大于 1∶0.2；膨胀土区域不宜大于 1∶0.5。

3. 土钉墙优先采用打入式钢管土钉；打入施工困难或承载力不够时，宜采用机械成孔的钢筋土钉。

4. 顶层土钉长度与基坑深度之比，对非饱和黏性土不小于 1.0，对软塑状黏性土不小于 1.3；土钉墙防、截、排水措施同坡率法基坑。

17.3.5 坡率法放坡设计按以下条款进行：

1. 土质边坡坡度不宜大于 1∶0.5；基坑深度较大时，宜设置过渡平台分级放坡，平台宽度不宜小于 2.0m。膨胀土区域深度超过 3m 的基坑不宜采用坡率法。

2. 基坑开挖前采取降水、截水措施。坡顶、坡面、坡底应采取有效的防排水措施，并注意做好坡脚防护。坡顶及坡底设置截水系统，并根据实际情况设置排水孔、排水盲沟。

3. 坡面应采取防渗水、溜土、软化、崩塌等防护措施。对软质泥岩、膨胀土、裂隙发育黏性土及破碎岩石边坡，面层宜采用挂钢筋网喷射混凝土护坡，厚度不宜小于 80mm，钢筋网钢筋直径 6mm～8mm，间距不大于 250mm，喷射混凝土强度等级不低于 C20；对土质较差的黏性土、粉土、砂土边坡，宜采用钢管（筋）土钉固定护坡钢筋网。

17.3.6 降水设计按以下条款进行：

1. 基坑开挖前 30 天须进行基坑降水，要求降水后坑内水位至少位于坑底下 0.5m～1.0m。开挖至坑底施工底板时，在井点管位置设置底板泄水孔，并在底板施工完成后，拆除井点管，待车站顶板覆土及内部铺装层施工完成，经设计验算后，方可封孔。

2. 根据《管井技术规范》GB 50296—2014 的要求，降水管井出砂量的体积比应小于 1/100000，降水井施工过程中要保证成孔精度，以及对滤网的有效保护，防止滤网损坏失效。

3. 穿越砂层时，管井构造设计应采取措施防止砂层流失。

17.3.7 支撑设计按以下条款进行：

1. 支护结构支撑体系可采用钢支撑、钢筋混凝土支撑或预应力锚杆（索）。支撑系统应采用稳定的结构体系和连接构造，其刚度应满足变形和稳定性要求。支撑的选择应作好技术、经济方案论证，规则狭长的基坑宜采用对称均匀的平面内支撑体系，平面形状复杂的基坑可采用斜撑、桁架加角撑等支撑形式或部分锚索的支撑形式，平面尺寸较大的基坑宜采用锚杆（索）支撑形式。

2. 对于地质条件较差（膨胀土等）、周边环境复杂（如距建（构）筑物较近、道路交通繁忙或重载、有重要管线等）、基坑深度较大或者平面不规则的基坑，或环境保护要求较高的基坑，第一道支撑宜采用钢筋混凝土支撑，以提高支护结构刚度、降低周边环境安全风险；在基坑端头井部分，可采用封闭型钢筋混凝土环框梁或斜撑，并宜靠近阳角设置一道直撑。

3. 基坑支撑系统采用锚杆（索）时，应计及主体结构与附属结构、车站与区间之间施工的相互影响；当进入建设用地或邻近管线时，还应计及其与外部设施的相互影响。

4. 人工填土层、淤泥质土层、黏土层和膨胀土层不宜作为锚杆（索）的主要锚固段；当不可避开时，宜采用端部扩大的压力型锚杆（索）。

5. 支撑或锚杆（索）对桩施加的预应力值，应根据基坑变形控制要求以及支撑承载力设计等因素确定。

6. 支护桩顶部应设置混凝土冠梁，冠梁宽度不宜小于桩径，高度不宜小于桩径的 0.6 倍。冠梁兼作抗浮压顶梁时，其裂缝控制标准同主体结构。

7. 桩顶冠梁的埋深应充分考虑车站第一道支撑的高度对顶板梁的影响，支撑与顶板上翻梁距离不宜小于 300mm；冠梁顶部埋深不宜小于 2.0m，同时考虑周边环境、市政管线回迁等条件。第一道支撑若采用钢筋混凝土支撑影响市政管线通道时，基坑回填后需拆除支撑。

8. 内支撑平面布置应考虑土方开挖及出土需求。第一道支撑采用钢筋混凝土支撑时，其间距应为下面各道钢支撑间距的整数倍。

9. 内支撑尽量不设置竖向换撑，可通过调整各道支撑竖向及水平间距、采用双拼支撑等方式避免换撑。

10. 内支撑应避开永久结构柱，同时考虑给结构板钢筋连接预留足够的施工操作空间。

11. 当斜撑采用钢管支撑时，应采取措施确保围檩与桩间水平力的有效传递。

12. 钢支撑活络头锁定方式应合理，不应造成偏压、卸压、失稳等不利影响；同时应有可靠的防止钢支撑坠落措施。

13. 车站附属围护结构不宜支撑在已施工的车站主体围护结构上（若不能避免时，附属结构应分段施工），避免车站主体围护桩破桩工况基坑失稳。当附属结构基坑较深对车站主体结构卸载较大时，需考虑支撑措施控制车站主体结构变形。

14. 临时立柱方案应结合基坑开挖范围、荷载、基坑跨度、深度、周边环境等合理选择，临时立柱平面位置可结合土方机械开挖需要设置，但应避开结构柱、墙、集水坑、变形缝等位置。

15. 临时立柱宜选择钢筋混凝土柱、钢格构柱或 H 型钢、钢管柱等，有条件时宜优选钢筋混凝土柱或灌芯钢管柱。

16. 盖挖车站的永久立柱桩应设置桩底后注浆措施，以有效控制立柱桩沉降。

17.3.8 开挖及回填设计按以下条款进行：

1. 基坑开挖宜分层分段均匀对称进行，在开挖过程中掌握好“分层、分步、对称、平衡、限时”五个要点，遵循“竖向分层、纵向分段、先支后挖”的施工原则，基坑土体开挖空间和速率须相互协调配合。

2. 基坑开挖应严禁超挖。开挖至基坑底面设计标高以上应预留 200mm～300mm 厚度的土层采用人工开挖，开挖至基坑底面设计标高时应立即施做垫层封闭基坑。

【条文说明】在基坑开挖过程中，对位于岩层的基坑底部及侧壁应及时喷射混凝土进行封闭，以避免岩层遇水膨胀软化，危及基坑安全。

3. 基坑开挖须在围护结构、冠梁和混凝土支撑达到设计强度（或钢支撑支撑架设完毕并检查确认支撑的稳定性）后进行。

4. 在施工过程中，特别是在有管线的范围和管线埋深的可能深度范围内，应采取人工方式小心挖掘，以免破损、损坏管线，确保在施工期间所有地下管线的安全和正常使用。

5. 土方开挖时，弃土堆放应远离基坑顶边线 1.0 倍基坑深度以外，围护结构周围的地面堆载不得大于 20kPa。

【条文说明】当受周围场地条件限制，地面堆载大于 20kPa 时，需根据实际荷载验算。

6. 基坑回填宜采用易于压实且后期变形小的填料（如砂砾石、卵砾石、碎石土、山皮石等）回填，也可采用压实性较好素土回填（车站顶板上方 500mm 范围内采用黏土回填）。

【条文说明】1. 淤泥、粉砂、杂填土及有机质含量大于 5%的腐殖土不能作为回填土；

2. 当基坑肥槽采用素混凝土回填时，应经主体结构设计单位确认。

7. 回填土使用前应分别取样测定其最大干容重和最佳含水量并做压实试验，确定填料含水量控制范围、铺土厚度和压实遍数等参数，建议填料含水率控制在 $w_0 \pm 2\%$ 范围内（w_0 为最佳含水率）。

8. 基坑必须在车站主体结构达到设计强度后回填，回填前应将坑内积水、杂物清理干净。基坑回填施工机械或机具不得碰撞车站主体结构及防水保护层。

9. 基坑回填时基坑两侧应对称回填，以免结构出现偏载工况。回填材料需分层压实，每层厚度不大于 300mm。

10. 基坑回填区域有市政管线时，管线两侧及上部回填应按管线部门相关要求进行。若无具体要求时可按以下方式回填：

1）管线两侧及上部应同时对称回填，管线两侧及管顶 0.5m 范围内采用中粗砂回填密实；

2）管顶以上 0.5m 范围内用人工夯填，每层压实厚度不大于 150mm，密实度应满足现行国家标准《地下铁道工程施工质量验收标准》GB/T 50299 的要求；

3）当有地下管线复位等工程时，管线结构验收合格后方可进行回填施工。

11. 当现场检验达不到回填压实度时，可采取注浆或其他有效措施处理，并达到设计要求。

17.3.9 风险设计按以下条款进行：

1. 地下结构设计应遵循“分阶段、分等级、分对象”的基本原则，开展安全风险工程设计工作。

2. 地下结构设计应结合所处的工程地质水文地质条件、风险源的种类、风险的性质及接近程度等具体情况，采取相应的技术措施，对工程自身风险和环境风险进行控制。

3. 设计阶段除应考虑工程建设期间的安全风险因素外，还应考虑地下工程建成投入使用后可能面临的各种风险。

4. 地下结构的施工方法应与场地的工程地质和水文地质条件相适应，并应采用工艺成熟、安全稳妥、可实施性好、实施风险小的方案。

5. 当新建结构需穿越（含上穿和下穿）重要的既有地下结构设施时，应比选地下结构和工法方案，分析可能的风险。

6. 建（构）筑物加固：

1）地面预注浆一般采用钢花管或袖阀管注浆的方式。注浆材料宜采用对环境污染较小的水泥单液浆。

2）跟踪注浆注意以下事项：

① 隧道通过建筑物时，应将跟踪注浆作为隧道下穿建筑物的有效补充。跟踪注浆以填充为主要目的，注浆过程中应注意控制注浆压力不宜过大，以防压力过大而破坏建筑物基础或致建筑物隆起，或管线因注浆压力过大而破坏。

② 跟踪注浆也可用于控制基坑施工引起的相邻建筑物的沉降。

③ 注浆后及时冲洗注浆管，以便重复使用。

7. 轨道交通地下工程穿越既有或在建轨道交通工程、铁路、高速公路等高风险工程，应针对桥梁、隧道、路基等不同的结构形式采取合理的工法和相应的加固措施，专项设计方案需取得权属部门的同意。

8. 轨道交通地下工程穿越城市桥梁、下穿隧道、综合管廊、重大管线、沟渠等市政工程，设计中尽量考虑既有工程预留的有利条件，采用合适的工法及预加固措施进行穿越。对于轨道交通地下结构施工影响较大而不能保证既有市政工程结构安全和沉降要求的情况，可考虑对既有市政工程进行改造，如桩基托换、沟渠桥梁改箱涵、管线迁改或市政工程结构临时拆除等方案。

9. 基坑周边建（构）筑物保护：

基坑设计时，应详细调查周边建筑物情况，对于安全风险较高的或安全鉴定等级较低的房屋地基应有具体的加固设计。明（盖）挖基坑开挖对周边建（构）筑物的保护措施参见表17.3.9。

明（盖）挖基坑开挖对周边建（构）筑物的保护措施参考表　　表17.3.9

施工方法	周边建(构)筑物情况	保护措施
明(盖)挖基坑	基坑开挖深度远小于端承桩基础持力层的建(构)筑物	原则上不处理，需对地表进行监测
	周边0.5倍基坑深度范围内，有摩擦桩、摩擦端承桩基础建(构)筑物	预埋袖阀管，加强建(构)筑物和基坑监测，做好跟踪注浆预案
	周边1.0倍基坑深度范围内，有天然基础建(构)筑物	应结合建筑物结构形式与基础形式、持力层位置、地质条件、与基坑关系，根据基坑开挖对其影响采取相应的措施，并加强监测
	特殊情况	专项设计，报业主审批

10. 基坑邻近既有线：

1）基坑有条件时尽量远离既有线，既有线不宜位于基坑潜在滑动面范围内；

2）基坑开挖深度原则上不大于其与既有线结构水平净距的一倍，超过时应专项论证；

3）应严格控制基坑变形，水平位移及沉降不得大于基坑深度的1‰；

4）基坑第一道支撑及位于既有线结构顶板或轨面标高位置处，原则上应采用钢筋混凝土支撑；

5）基坑应严格控制降水井出砂率，砂卵石、泥岩交界面处应设置滤砂设施；

6）及时对基坑和既有线结构间的土体进行注浆加固；

7）应核算基坑开挖引起既有线结构变形及结构安全性。

17.3.10　监测设计按以下条款进行：

1. 应结合工程实际情况和保护要求，有针对性地进行施工监测项目、频率和各项控制值以及监测点布置设计。有建（构）筑物和重要管线时，应按相关规范和权属部门的要求设置监测点。

2. 根据车站的施工方法、环境情况及地质条件等，在车站施工期间拟进行的施工监测项目及要求如下：

1）围护结构的监测

在基坑开挖施工过程中，应对围护结构的变形、受力等进行施工监测，监测的频率在施工过程中每天至少两次，测点布置一般在10m～20m范围。当结构距周边建筑物较近时，应适当加密测点，并提高监测频率。

2）地面沉降监测

在施工期间应对站周围的道路、环境、地面等进行监测，监测频率在施工过程中每两天至少一次，测点布置一般在 20m 左右。遇特殊要求时，可适当提高监测频率和加密测点布置。

3）支撑的监测

在施工过程中应对基坑的支撑系统进行全方位的监测，监测内容包括支撑轴力、变形及稳定等，监测频率每天至少两次。

4）对周边建（构）筑物的监测

在车站施工过程中，应对施工影响范围内的所有建（构）筑物进行变形、沉降、裂缝以及建筑物的倾斜等监测。监测频率在施工基坑过程中，每天至少一次，施工主体结构时，每两天至少一次。遇重点或特殊保护的建筑物时，监测频率应适当提高。

5）水位监测

在车站施工的全过程中应对地下水位进行全方位的监测，监测频率每两天至少一次。

6）地下管线的监测

在施工期间应对车站基坑施工影响范围的所有地下管线进行监测，监测的频率和控制标准根据各地下管线权属单位的要求进行。

3. 监测控制指标值如下：

1）预警值：实测位移（或沉降）的绝对值和速率值双控指标达到极限值的 70%～85%，或双控指标之一达到极限值的 85%～100%；

2）报警值：实测位移（或沉降）的绝对值和速率值双控指标均达到极限值的 85%～100%。

4. 新线下穿既有线时，根据外部作业影响等级对既有轨道交通结构进行监测，应按业主相关技术标准和要求执行。

17.3.11 构造设计采取以下措施：

1. 围护桩参与抗浮时应按永久结构进行相应的耐久性设计，并对围护桩与主体结构间的抗浮连接构件（压顶或挑耳、齿槽等）进行抗剪验算。

2. 基坑顶部地表应采取封闭截水措施，封闭宽度不宜小于 5m。

3. 轨排井：

1）范围处基坑优先选择锚索桩支护体系。当受周边环境（开发项目、建（构）筑物或地层）影响无法采用锚索时，可采用车站主体结构侧墙梁、板体系承担侧向荷载；

2）轨排井尽量布置在车站公共区或对机电安装影响较小的设备区；

3）轨排井封闭前应持续降水。

4. 对于盖挖顶板、冠梁开挖施工，应做好相关边坡支护设计。

5. 基坑周边应提出施工荷载要求，确保施工期基坑安全。

6. 初步设计阶段即应做好降水设计（降深及降水井布置等），同时应核实降水井的施工用地。

7. 基坑工程紧邻江、河应设置止水帷幕，具体的处理措施如下：

1）若地表水系与地下水有较强的水力联系，基坑降水困难时，可考虑采取河底铺砌措施，同时可辅助旋喷桩加固止水、黏土-混凝土间隔桩咬合止水、桩间接缝或空隙部位注浆止水等措施。桩或连续墙插入泥岩、砂岩等不透水或弱透水层深度不宜小于 3m，以保证止水效果；

2）围护结构方案应对套管咬合桩、地下连续墙做详细的技术经济对比，且围护结构形式选择时需考虑地下水流动性对成桩、成槽质量及水域环境影响。

8. 膨胀土场地深基坑应采取防止渗水、消除（避免）膨胀力的措施。施工过程中基坑采取的主要隔水工程措施如下：

1）对基坑开挖影响范围内的雨污水管进行处理，防止水渗漏进土层。

2）开挖基坑发现地裂、局部上层滞水或土层有较大变化时，应及时采取措施消除隐患方能继续施工。基坑施工过程中，加强现场巡查，发现地表裂缝及时抹灰或灌浆封闭。

3）施工时应避开雨期作业（雨期施工应采取防水措施），各道工序要紧密衔接，分段快速作业，采取连续施工、基坑及时封底、即时封闭的原则来保证膨胀土的性状不受改变，从而减小甚至消除膨胀力的影响。施工过程中不得使基坑暴晒或泡水。当车站底板位于膨胀土（膨胀岩）地层时，及时浇筑混凝土垫层或采取土工塑料膜覆盖等措施封闭基底，达到阻水、隔水的作用，并使基底土层的含水量保持不变，避免基坑在施工期间受环境变化的影响。

4）基坑顶部地表邻基坑侧不小于 2m 范围，按照现行国家标准《膨胀土地区建筑技术规范》GB 50999 中宽散水做法要求施工。做好地表截水、排水工作，排水流向应背离基坑，以减少地表水渗漏对膨胀土的影响。

5）基坑坡面应采取挂钢筋网喷混凝土、土钉墙（固定钢筋喷抹水泥砂浆或细石混凝土）护坡等措施防止渗水、溜土、软化、崩塌。桩间喷射混凝土层内设置泄水孔，排出桩（墙）体背后滞水。在基坑底部沿四周设排水沟和集水井，便于排除基坑内的积水。

6）施工灌注桩时，在成桩过程中不得向膨胀土地层的孔内注水。

7）加强钢支撑轴力的监测，避免意外情况引起膨胀土遇水膨胀导致支撑失稳。现场应有监测轴力超过支撑承载力情况下的相关应急预案。同时注意失水收缩引起的轴力损失，采取防止钢支撑脱落的措施，并根据监测情况重复施加支撑预应力。

17.4 主体结构

17.4.1 荷载按以下条款执行：

1. 作用在地下结构上的荷载，可按表 17.4.1-1 进行分类。在决定荷载的数值时，应考虑施工和使用年限内发生的变化，根据现行国家标准《建筑结构荷载规范》GB 50009 及相关规范规定的可能出现的最不利情况确定不同荷载组合时的组合系数。

荷载分类表 **表 17.4.1-1**

荷载类型	荷载名称
永久荷载	结构自重
	地层压力
	隧道上部和破坏棱体范围的设施及建筑物压力
	水压力及浮力
	预加应力
	混凝土的收缩和徐变
	设备重量
	地层抗力

续表

荷载类型		荷载名称
可变荷载	基本可变荷载	地面车辆荷载及其动力作用
		地面车辆荷载引起的侧向土压力
		地铁车辆荷载及其动力作用
		人群荷载
	其他可变荷载	温度变化影响
		施工荷载
偶然荷载		地震作用
		沉船、抛锚或河道疏浚产生的冲击力等灾害性荷载
		人防荷载

【条文说明】1. 设计中要求考虑的其他荷载，可根据其性质分别列入上述三类荷载中；

2. 表中所列荷载本节未加说明者，可按国家有关规范或根据实际情况确定；

3. 施工荷载包括：设备运输及吊装荷载、施工机具及人群荷载、施工堆载、相邻隧道施工的影响、盾构法的千斤顶顶力及压浆等荷载。

2. 地层压力应根据结构所处工程地质和水文地质条件、埋置深度、结构形式及其工作条件、施工方法及相邻隧道间距等因素，按有关公式计算或依工程类比确定。

3. 作用在地下结构上的侧水压力，应根据施工阶段地下水位的变化，区分不同的围岩条件，按静水压力水土分算或水土合算；地下结构长期使用过程中的侧水压力应按静水压力水土分算。

4. 侧向地层抗力和地基反力的数值及分布规律，应根据结构形式及其在荷载作用下的变形、施工方法、回填与压浆情况、地层的变形特性等因素确定。

5. 有关主要荷载计算说明：

1）结构自重：根据结构构件实际情况选定。

2）地层压力：与地下结构所处的地层条件、埋置深度、工作环境、施工方法等有关系，可根据公式计算或工程类比确定（计算中应注意由于其他超载引起的附加地层压力）；

水平荷载：根据结构受力过程中墙体位移与地层间的相互关系，可分别按主动土压力、静止土压力或被动土压力计算；使用阶段主体结构宜按静止土压力进行计算，采用水土分算。

3）结构上部和破坏棱体范围的设施及建筑物压力：对已有或已经批准待建的建筑物压力在结构设计中均应考虑，根据地铁结构与其具体关系确定荷载的取值；对区间隧道，当顶部覆土层厚度足以形成天然卸载拱时，可按计及建（构）筑物条件下的卸载拱荷载考虑。

4）水压力及浮力：当地下结构所处地层有地下水时，计算中应计及地下水产生的浮力的影响；所采用的地下水位应按最不利的情况确定；

对明挖结构，施工阶段在覆土未回填或未回填到位时，应根据可能发生的地下水位，计算其水压力及浮力的大小；使用阶段应按季节性最不利地下水位计算水压力及浮力。

5）混凝土收缩影响：可假定用降低温度的方法来计算。对于整体浇筑的混凝土结构相当于降低温度20℃；对于整体浇筑的钢筋混凝土结构相当于降低温度15℃；对于分段浇筑的混凝土或钢筋混凝土结构相当于降低温度10℃；对于装配式钢筋混凝土结构相当于降低温度5℃～10℃。

6）地层抗力：根据结构与土层间实际作用情况代入计算；一般可按模拟单向受（压）力弹簧状况进行计算。

7）地面车辆荷载及其动力作用：一般可简化为与结构埋深有关的均布荷载，但覆土较浅时应按实际情况计算。

当结构位于道路下方、覆土厚度大于2.5m时的地面超载可按20kPa计算，并考虑扩散后作用在结构上，并不计动力作用的影响。当覆土厚度不满足上述要求时，可根据现行《公路工程技术标准》JTG B01选用城A级车道荷载或车辆荷载。

8）地铁车辆荷载及其动力作用：该项荷载主要对换乘车站的架空板影响较大。地铁列车荷载应根据所采用的车辆轴重、载重计算，并根据通过的其他重型设备运输车辆进行验算。

对换乘结构中直接承受列车荷载的楼板等构件，其计算及构造应满足现行《铁路桥涵设计规范》TB 10002、《铁路桥涵混凝土结构设计规范》TB 10092的要求。

9）人群荷载：站台、站厅、楼梯、车站管理人员用房等部位的人群荷载按4kPa计。

10）设备荷载：应依据设备的实际重量、动力影响、安装运输途径等确定其大小（包括动力效应）与范围；对自动扶梯，尚需注意其安装的吊点位置、荷载大小与范围。设备房屋部分的荷载一般按不小于8kPa进行设计。

11）温度变化影响：应根据当地气候条件及施工条件所确定的温度变化值通过计算确定。

12）主要施工荷载：结构设计中应考虑施工荷载可能发生的情况组合：

设备运输及吊装荷载；

施工机具荷载及人群荷载；

地面堆载、材料堆载；

盾构机始发、过站对工作井的附加力（地面超载值根据盾构施工要求而定）；

暗挖法施工时相邻隧道间施工相互影响；

盾构法施工的千斤顶顶力影响；

压浆荷载。

6. 荷载组合见表17.4.1-2。

荷载组合表 **表17.4.1-2**

荷载种类组合	永久荷载	可变荷载	土压力	水压力	人防荷载	地震荷载
1(基本)	1.3(1.0)	1.5	1.3(1.0)	1.3(1.0)	0	0
2(标准)	1.0	1.0	1.0	1.0	0	0
3(准永久)	1.0	$\psi_q \times 1.0$	1.0	1.0	0	0
4(抗浮)	1.0	0	0	K	0	0
5(人防)	1.2	0	1.2(1.0)	1.2(1.0)	1.0	0
6(地震)	1.2	0.5×1.2	1.2	1.2	0	1.3

【条文说明】1. 括号内数值为荷载有利时的荷载分项系数；

2. ψ_q 为准永久值系数。

17.4.2 结构计算按以下条款进行：

1. 地铁的主体结构工程以及因结构损坏或大修对地铁运营安全有严重影响的其他结构工程，设计使用年限不低于100年，结构安全等级为一级，按荷载效应基本组合进行使用阶段承载力计算时，重要性系数取 $\gamma_0=1.1$；不影响运营的次要地下结构构件，可按设计使用年限50年的要求进行设计，结构安全等级为二级，重要性系数取 $\gamma_0=1.0$；临时结构（如矿山法隧道的初期支护等），重要性系数取 $\gamma_0=0.9$；基坑支护结构的重要性系数根据相应的基坑安全等级取值；地震设计状况下进行承载力验算时，结构重要性系数取1.0。地下结构的设计基准期为50年。

2. 结构抗震设防为乙类，抗震等级按现行国家标准《地铁设计规范》GB 50157规定确定，根据规范规定（或针对具体工点的地震安全性评价报告要求）的抗震设防烈度进行抗震验算。抗震设计应根据设防要求、场地条件、结构类型和埋深等因素选用能较好反映其地震工作性状的分析方法，在结构设计时应采取必要的构造处理措施，以提高结构的整体抗震能力。

地下结构作为上部结构的嵌固部位时，地下一层的抗震等级应与上部结构相同。当地层中包含有可液化土层时，应分析液化土层对结构受力和稳定性产生的影响，必须采取可靠对策，提高地层的抗液化能力，保证地震作用下结构的安全性。

【条文说明】根据《城市轨道交通结构抗震设计规范》GB 50909—2014规定，除Ⅱ类场地外的其他类别工程场地设计地震动峰值加速度和设计地震动峰值位移，应分别取Ⅱ类场地设计地震动峰值加速度和设计地震动峰值位移乘以场地地震动峰值加速度调整系数和场地地震动峰值位移调整系数，调整系数按现行国家标准《城市轨道交通结构抗震设计规范》GB 50909执行。

3. 地下结构设计应分别按施工阶段和正常使用阶段进行强度、刚度和稳定性计算，正常使用阶段尚应进行裂缝开展宽度及扰度验算。当计入地震荷载或其他偶然荷载作用时，不需验算结构的裂缝宽度。地下结构构件允许出现裂缝，裂缝控制等级为三级。对钢筋混凝土构件，按荷载效应准永久组合并考虑长期作用影响时，可按表17.4.2中的最大计算裂缝宽度允许值进行控制；对处于侵蚀环境的不利条件下的结构，其最大计算裂缝宽度允许值应根据具体情况另行确定，从严控制。

最大计算裂缝宽度允许值　　**表17.4.2**

结构类型	环境类别	裂缝控制等级	允许值(mm)
室内或内部结构	一	三级	0.3
背土面结构(干湿交替)	二a(二b)	三级	0.3(0.2)
露天、迎土面	二a	三级	0.2

【条文说明】1. 环境类别的划分参照现行国家标准《混凝土结构设计规范》GB 50010执行。

2. 处于侵蚀环境条件下的结构最大计算裂缝宽度控制要求应符合现行行业标准《铁路混凝土结构耐久性设计规范》TB 10005规定。

3. 括号内数字适用于厚度不大于300mm的钢筋混凝土结构。

4. 当设计采用的最大裂缝宽度计算式中保护层的实际厚度超过30mm时，可将保护层厚度的计算值取为30mm。

4. 围护结构采用灌注桩时，可作为复合结构与侧墙共同受力。水压力作用在主体结构上，土压力由侧墙及围护桩共同承担。侧墙按可能出现的最大、最小荷载组合作用计算，支护结构宜按100%、50%刚度包络设计。

5. 明挖法施工的结构宜按底板支承在弹性地基上的结构物计算，并计入立柱和楼板的压缩变形、斜托和支座宽度的影响；盖挖法施工时，应根据施工过程对结构进行包络设计。

6. 柱下采用桩基础，可通过后注浆控制桩基沉降；钢管或型钢立柱应根据计算确定插入桩基深度，并满足不小于2倍立柱高度或直径。

7. 地下结构应进行横断面方向的受力计算，原则上，遇到下列情况还需对结构的纵向强度和变形进行受力分析。

1）覆土荷载沿其纵向有较大变化时；

2）结构直接承受建（构）筑物等较大局部荷载时；

3）地基或基础有显著差异时；

4）地基沿纵向产生不均匀沉降时；

5）地震作用时；

6）靠近结构端部时；

7）当温度变形缝的间距较大时，应考虑温度变化和混凝土收缩对结构纵向的影响；

8）空间受力作用明显的区段，需对结构进行空间分析。

8. 结构计算简图应符合结构的实际工作条件，反映围岩对结构的约束作用。当受力过程中受力体系、荷载形式等有较大变化时，宜根据构件的施工顺序及受力条件，按结构的实际受载过程进行分析，考虑结构体系变形的连续性。

9. 结构设计时应按结构整体或单个构件可能出现的最不利荷载组合进行计算，并应考虑施工过程中荷载变化情况分阶段计算。

17.4.3 结构设计按下列条款进行：

1. 结构设计一般要求：

1）覆土深度大于5m且跨度大于6m的明挖区间，顶板宜采用折板或拱形结构以改善结构受力，并注意侧墙外土体应回填密实。

2）车站主体与通道结构的连接部位，车站内盾构出土孔、吊出井等大型孔洞的封堵等部位，应在先期施工的构件上按照机械连接的方式预留一级钢筋接驳器。

3）顶板上翻梁与混凝土支撑的标高和位置的相对关系应注意协调，避免上翻梁施工时和混凝土支撑产生冲突，车站顶板上翻梁设计时应考虑管线回迁及路基路面设计的影响。

4）盾构井段板宜优先采用双向板，盾构孔孔边梁（板）宜设企口。

5）宜合理选择墙厚，减少封闭箍筋的设置。

6）邻近轨行区（含配线段）的隔墙应采用钢筋混凝土结构。

7）双层结构的区间盾构吊出井不兼区间风井时，顶板以上不宜再设封闭结构，并应设置检修孔、爬梯和落水管等设施。

8）道岔转辙机四周应设计挡水坎，并注意与排水沟隔断，避免积水。

9）车站临水面混凝土结构施工时应避免使用对拉螺杆。

10）车站公共区楼梯梯板下方尽量少设梯柱，梯柱位置应考虑人流使用方便，尽量结合主体结构立柱或结合三角机房位置设置。

11）位于设备区迎风墙应采用钢筋混凝土墙。

12）车站顶板上出土孔钢筋混凝土挡土墙或盾构出井钢筋混凝土挡土墙影响车站主体的全包防水，可考虑后期凿除进行防水层全包或采用与车站主体结构分离式挡土墙。

13）不宜采用钢结构、装配式、复合板等其他非现浇的钢筋混凝土轨顶风道。

14）离壁墙排水沟及中板设备区开孔周边挡水坎宜采用混凝土（或钢筋混凝土）结构，并与中板一次性浇筑。

2. 区间、车站顶板覆土厚度原则上不小于 3.0m，同时应满足地下管线敷设及绿化种植要求。

3. 主体结构顶板、底板、侧墙和梁、柱配筋时，构造钢筋和分布钢筋应按照细而密的原则配置；承载力计算控制时，应按照最不利工况弯矩包络图进行钢筋配置。

【条文说明】车站主体结构构件配筋应控制在经济配筋率范围，宜按下列范围控制：

1. 板墙支座处配筋率：0.8%～1.5%，板墙跨中配筋率：0.4%～0.8%，分布钢筋配筋率：0.25%～0.4%；

2. 梁配筋率：0.6%～1.5%；

3. 柱配筋率：1.0%～2.5%。

4. 车站顶板、底板一般分柱上板带、跨中板带配筋，中板配筋不分板带。车站主体结构钢筋布置，当侧墙与底板互锚后并设置附加钢筋，钢筋水平间距不满足规范要求时，可考虑竖向并筋。

5. 盖挖永久立柱一般要求：

1）有条件时可采用钢管柱永临结合，但应加强对钢管柱底部的防腐防锈处理措施。如设置底梁要至少高于底板 300mm 且柱底应该采用钢筋混凝土进行包封等措施，务必确保后期的防火、防腐蚀处理措施到位，满足结构耐久性要求，同时达到经济适用，受力可靠，受力转换少的目的。

2）在结构底板施工前，中间立柱基础与基坑支护结构的竖向差异位移不得大于 $0.003L$（L 为边墙和立柱轴线间的距离），同时也不宜大于 20mm，并在结构分析中计入其影响。

3）立柱的定位偏差不应大于 20mm，垂直度偏差不宜大于 1/500；在立柱的设计中应根据施工允许偏差计入偏心对承载能力的影响。

4）钢管柱或型钢柱下柱脚与桩或底梁的连接宜采用刚接，立柱与顶梁之间的约束作用可视为铰接，但应加强柱与顶梁的连接措施，并应验算顶梁与立柱连接处的局部受压强度，柱顶设环形封板，必要时用钢筋网对局部受压区进行加固。

5）钢管柱或型钢柱下柱脚与桩基础的连接应采用插入式，立柱插入桩基的长度应根据计算确定，并应采取一定的构造措施，插入长度不宜小于 2 倍立柱截面高度或直径。立柱与桩基础之间的约束作用可视为刚接。

6）宜在钢管混凝土内配置短钢筋笼，分别锚入钢管混凝土及顶纵梁内，锚固长度不宜小于 $35d$ 及 l_{aE}，并按配有竖向钢筋笼的钢管混凝土进行局部受压承载力计算，钢筋笼不宜小于构造配筋率。

7）钢管柱或型钢柱与底、中楼板的连接节点设计应满足梁端的剪力传递要求，连接形式宜采用环形牛腿＋双梁的结构形式。

8）立柱计算长度应根据施工过程和使用阶段各层结构对立柱的约束情况及柱身的实际工作状态确定，并应按上、下柱脚的约束条件确定各项长度系数。

9）底梁上翻或施做柱墩，避免永临结合钢管混凝土柱底钢管腐蚀失去承载力。

10）盖挖立柱桩底预埋注浆管，固结桩底沉渣，调节桩基承载力及沉降，避免立柱桩沉降超限。

6. 与市政桥梁叠建应符合下列要求：

1）与市政桥梁叠建方案，建议桥梁结构采用小跨简支梁或跨度适当加大的轻型结构。

2）桥梁墩柱宜与车站柱网协调匹配，竖向对齐减小偏心荷载，与桥墩对应的车站柱底板下应设置桩基和承台、顶板上应设置转换梁或承台。

3）桥墩对应位置的车站公共区结构柱宜尽量采用型钢混凝土柱，以减小柱结构尺寸，增强站内美观性，同时与相邻跨框架柱刚度不宜差距过大。

4）车站结构设计应考虑桥梁架设的施工荷载。桥台挡土墙段若位于车站上方，为减小车站纵向受力不均，建议采用轻质材料回填。

7. 车站盾构井处有高压线不满足安全施工距离要求时，需对盾构井位置进行调整，盾构可考虑平移或空推方案。

8. 主体结构施工管线迁改过程中核实盾构孔范围内悬吊保护管线，避免区间施工过程中管线影响盾构吊装。

9. 车站在换乘节点范围纵梁宜拉通布置。

10. 车站预留出入口应符合下列规定：

1）车站预留出入口应在车站主体结构内预留暗梁、暗柱以及与出入口钢筋连接的接驳条件，暗梁、暗柱与出入口构件的连接形式应考虑内力的有效传递；

2）针对同期实施的出入口，通道范围内侧墙需预留孔洞；远期实施的出入口除预留暗梁、暗柱外，侧墙对应的孔洞范围应设置钢筋混凝土墙封堵，以满足正常使用的要求；

3）综合考虑后期方案的变化以及不确定性，可以适当考虑预留接口位置的灵活性，尽量减少后期的改造工程规模。

11. 换乘车站（含与远期线路换乘）站厅公共区侧墙均应预留后期打开的条件。

1）对于后期线路区间隧道在底板下穿越的，底板及底纵梁加强、底板下预留支撑桩；

2）采用节点换乘的，车站底板应预留换乘楼梯孔洞的开口条件；

3）先期站厅侧墙壁框柱应计入后期车站站厅传来的顶板荷载（需注意侧墙壁框柱混凝土强度等级同侧墙）；

4）对于后期衔接的站厅、换乘节点板梁柱钢筋有条件时优先按钢筋搭接进行预留（近期低强度等级混凝土包裹），条件困难时应预留一级钢筋接驳器。

12. 对于既有线侧墙新开孔洞：

1）应视计算情况增设环框梁、C形梁等，尽量避免设置叠合板，并应满足既有结构变形及受力要求。

2）新增顶环框梁、壁柱应与既有侧墙刚性连接，侧墙开孔顶部钢筋凿出锚入新增环框梁内；在新增柱位处，原侧墙结构钢筋在柱内部分均保留，新增构件尽量由原结构钢筋保留或焊接接出连成整体。

3）底环框梁可结合柱位设置在墙外；既有侧墙外的新增环框梁优先采用原结构钢筋保留锚入，条件不允许时植筋连接加强整体性（植筋不应作为受力要求设置，仅为构造要求）。新增柱与既有柱之间的箍筋应进行焊接连接。

4）既有线侧墙开洞过程中应做好临时钢（型钢）支撑及竖向承载体系转换，严格控制结构变形量。

5）既有线顶板有条件时可卸载覆土，减小结构竖向荷载，同时核算顶板卸载引起的结构变形情况。

6）应核算侧墙开洞施工过程中引起的既有结构单侧侧土压力卸载引起的结构侧移，避免因过大侧移引起结构变形及结构开裂。

7）叠合板处宜采用微膨胀混凝土。

8）为保证既有结构安全，侧墙破除施工建议采用静力切割进行施工，需预留钢筋范围采用人工破除，严禁采用振动较大的机械破除施工。

9）开孔处安设临时支撑前应在两侧对称架设千斤顶，分级加载。加载过程中应若顶板竖向位移超预警值应立即停止加载。

10）同一面侧墙多个开孔施工时，应间隔进行改造施工，相邻开孔时间间隔应满足已开孔浇筑结构至少达到 80%设计强度值。

11）根据监测结构及时增设竖向支撑或调整支撑千斤顶顶升力。

12）对需要植筋或改造处的原结构，应先对结构内钢筋定位后再钻孔，不得因为植筋钻孔破坏原结构钢筋。

13）破除既有结构墙、板等构件时，需确保原结构钢筋在新做结构中锚固（注意钢筋截断面与混凝土凿除面不同）。若锚固长度不够，则焊接接长。

14）在既有线侧需增加不低于 500mm 高混凝土挡水墙，设置于结构板上，防止施工用水进入既有线。

13. 新旧混凝土连接（叠合板、外侧环框梁与侧墙连接等）处理要求：

1）清除表面垃圾、松动的砂石和软弱的混凝土层，既有结构表面做凿毛处理，凿入深度不小于 6mm，100mm×100mm 范围内不少于 5 处，凿毛后用高压清水冲洗干净并充分湿润（一般湿润不宜少于 24h），残留在混凝土表面的积水应消除。凿除混凝土表面浮浆直至露出混凝土骨料。

2）在既有结构板上植入销钉。

3）在施工缝表面应涂刷混凝土界面剂或水泥基渗透结晶型防水涂料，并及时浇筑混凝土，对于水平施工缝，在涂刷界面剂或水泥基渗透结晶型防水涂料后，应在施工缝表面铺 30mm～50mm 厚的 1∶1 水泥砂浆。涂布界面胶的材料、植入销钉的材料及工艺应满足地铁结构使用的耐久性要求。

4）应对既有结构的钢筋混凝土进行检测及鉴定以下内容，并根据检测结果及时进行处理：混凝土浇筑的密实度、完整性；混凝土强度等级、钢筋数量及强度是否与竣工图一致；既有混凝土结构是否发生炭化、腐蚀，钢筋是否锈蚀等。

5）施工缝附近的钢筋回弯时，要注意不要使混凝土受到松动和损坏。钢筋上的油污、水泥浆及浮绣等杂物也应清除。

6）应避免直接靠近施工缝已终凝的混凝土边缘下料和机械振捣，但应对施工缝内的新浇筑的混凝土加强振捣，使其结合密实，为确保混凝土浇筑密实及新老混凝土接合紧密，浇筑混凝土可采用补偿收缩混凝土、细石混凝土，并在12h内开始养护。

14. 结构设计应注意有关事项：

1）结构专业孔洞预留及预埋件务必与建筑图对应，加强现场核对建筑、设备图纸，避免后期新增孔洞和孔洞废弃改造现象。

2）结构图中孔边梁下净空（含轨顶风道）、纵梁下吊高度及净空需建筑专业和机电专业确认，轨行区内的梁下净空还需接触网专业确认。

3）主体结构设计图应包含楼梯、内部钢筋混凝土墙等内容，并反映后期实施构件（各类内部结构柱、需后期施做的钢筋混凝土墙（柱）、站台板、夹层板、风道等）的预留钢筋、相关埋件要求。

4）核实圈梁、过梁、楼板主次梁、梯柱是否满足相关净高、净宽要求，以及和孔洞的空间关系，确保建筑使用功能，避免与轨顶风道、孔洞冲突。

5）结构底板腋角应严格复核与转辙机安装空间之间的关系，做好与信号专业之间的图纸会签，防止侵入转辙机安装和运行空间。

6）结构图纸应与建筑（装修图纸）匹配，内部结构柱位置、尺寸、要求一致。

7）车站站内电、扶梯吊钩预埋应确保数量、位置准确。

8）供电设备夹层下方应预留好相关孔洞。

9）车站盾构洞门标高应考虑浮置板道床空间。

10）内部结构钢筋混凝土墙应认真核实门洞位置和预留措施。

11）轨顶风道应避免与区间人防隔断门（进入人防门开启范围）、下轨行区楼梯、结构上下翻梁、孔洞冲突。

12）应核实底纵梁（含腋角）与扶梯基坑、公共卫生间等位置关系以及人防门开启范围内是否有梁、柱等构件阻挡。

13）主体结构计算中，应有对开洞边梁、吊钩等构件的计算和验算。

17.4.4 抗浮设计按下列条款进行：

1. 结构设计应按最不利地下水位情况进行抗浮稳定验算。当抗浮稳定性不满足设计要求时，可采用增加压重或设置抗浮结构构件等措施。当仅考虑结构自重时，其抗浮安全系数不得小于1.05；当考虑结构自重并计及侧壁摩阻力时，其抗浮安全系数不得小于1.15。

2. 车站自重抗浮不满足要求时，应优先利用车站围护桩参与抗浮，当仍不满足要求或车站跨度较大，水压力作用下车站底板变形较大时，可在中柱、底纵梁或底板下设置抗拔桩，参与抗浮的围护桩及抗拔桩应按照永久结构设计，并应满足抗裂要求。

3. 抗浮计算应计入覆土，主体结构梁、板、柱、永久混凝土隔墙及轨下回填混凝土重量，不应考虑装修层、填充墙及设备荷载。

【条文说明】1. 抗浮计算时地下水位以下土体采用浮重度。

2. 地下水位以上人工填土重度建议按照16kN/m^3～18kN/m^{3}计算。

4. 结构抗浮验算应根据结构真实刚度进行整体建模计算分析，并应对设置的压顶梁进行抗剪承载力验算。

17.4.5 人防设计按下列条款进行：

1. 兼顾人防工程的地铁地下车站人防设防类别及防化等级应按政府有关部门和人防系统设计单位的要求确定。同一防护单元内的区间隧道与车站的防化等级应保持一致。

2. 根据经济价值、战略目标重要性及人防总体规划划分重点设防车站和一般设防车站，并报地方政府人防主管部门完成审批。一般考虑将邻近重要机关单位、交通枢纽、科研教学机构、人员密集的商贸办公场所等位置的车站设为重点设防站。

3. 半地下车站需考虑战时疏散时人员的安全，应对车站的整体结构进行加固设计，防止地面建筑在人防荷载作用下垮塌，堵塞出入口。

4. 与轨道交通同时建设并连通的其他地下工程，宜按战时用途另行报人防主管部门审批，单独设防。

5. 轨道交通工程出入线、高架线、地面车辆段、地面停车场，配套工程中的轨道交通维护检修的厂房、设备用房等均不设防。

6. 轨道交通项目中的民用建筑人防设防标准应报人防主管部门单独审批。

7. 轨道交通区间上盖物业等开发项目，应按照地方政府人民防空办公室要求进行设防。原则上要求物业开发面积超过 1000m^2 的宜划分独立防护单元，未超过 1000m^2 的开发项目可考虑并入车站防护单元。

8. 原则上以一个车站加一个相邻区间隧道为一个防护单元，防护单元之间设置防护密闭隔断门，其防护设备及内部设备应自成独立系统。对因特殊情况难以实现一站一区间为一个防护单元时，可根据项目实际情况报人防主管部门同意后予以特殊处理。

9. 一个防护单元按不少于两个战时出入口和两个战时通风口设置，车站其余出入口和通风口按临战封堵考虑，原则上所有孔口防护均应首先考虑采用人防门封堵。当条件有限需采用预制构件封堵时，需考虑设置平时到位的滑轨式封堵板，原则上不考虑设置水平预制梁封堵。

10. 战时口部房间（防毒通道、密闭通道及战时风道）均应设置防护密闭门、密闭门各一道。直通地面的战时主要出入口应设置在地面建设物倒塌范围外，当条件受限制时，应在出入口通道敞开段加设防倒塌棚架。

11. 直通地面的电梯井宜设在防护区外，当设在防护区内时，电梯通道应设置防护密闭门、密闭门各一道。

12. 当隧道下穿河流或湖泊需要设置防淹门时，隔断门宜与防淹门合并设置。合并设置时，防淹门应满足人防防护密闭性能要求，以防止战时受毒剂和放射性尘埃污染的水体侵入车站防护单元。

13. 区间防护密闭隔断门、防淹门尽量设置在线路直线段，应避开曲线段和道岔区。如因特殊原因确实无法避开时，隔断门要根据曲线段具体尺寸专门设计。隔断门门扇宜往下坡方向开启，当往上坡方向开启时，门应设于线路平面的直线段。

14. 平战转换措施相关要求：平战转换设计，应按转换时限三个阶段进行。早期转换时限为 30d；临战转换时限为 15d；紧急转换时限为 3d。平战转换设计应分别按预留、预埋和战前实施平战转换两个阶段分期进行。

17.4.6 抗震设计按下列条款进行：

1. 地下结构应按照现行国家标准《城市轨道交通结构抗震设计规范》GB 50909 进行抗震设计。

2. 地铁地下结构的抗震设防类别应为重点设防类（乙类），地下结构设计应达到下列抗震设防目标：

1）当遭受低于本工程抗震设防烈度的多遇地震影响时，地下结构不损坏，对周围环境及地铁的正常运营无影响；

2）当遭受相当于本工程抗震设防烈度的地震影响时，地下结构不损坏或仅需对非重要结构部位进行一般修理，对周围环境影响轻微，不影响地铁正常运营；

3）当遭受高于本工程抗震设防烈度的罕遇地震（高于设防烈度 1 度）影响时，地下结构主要结构支撑体系不发生严重破坏且便于修复，无重大人员伤亡，对周围环境不产生严重影响，修复后的地铁应能正常运营。

3. 地铁线站位比选时，应合理绕避不良地质地段及地层，无法避开时，应采取可靠的处理措施。

4. 设计位于设防烈度 6 度及以上地区的地下结构时，应根据设防要求、场地条件、结构类型和埋深等因素选用能反映其地震工作性状的计算分析方法，并应采取提高结构和接头处的整体抗震能力的构造措施。除应进行抗震设防等级条件下的结构抗震分析外，地铁地下主体结构尚应进行罕遇地震工况下的结构抗震验算。

5. 地下结构地震作用计算时应考虑下列因素：

1）地震时地层变形；

2）地下结构本身和地层的惯性力；

3）地层液化的影响。

6. 地下结构应分析地震对隧道横向的影响，遇有下述情况时，还应在一定范围内分析地震对隧道纵向的影响：

1）隧道纵向的断面变化较大或隧道在横向有结构连接；

2）地质条件沿隧道纵向变化较大，软硬不均；

3）隧道线路存在小半径曲线；

4）遇有液化地层。

7. 地下结构可采用下列抗震分析方法：

1）地下结构的地震反应宜采用反应位移法或惯性静力法计算，结构体系复杂、体形不规则以及结构断面变化较大时，宜采用动力分析法计算结构的地震反应；

2）地下结构与地面建（构）筑物合建时，宜根据地面建（构）筑物的抗震分析要求与地面建（构）筑物进行整体计算；

3）采用惯性静力法计算地震作用时，可按现行国家标准《铁路工程抗震设计规范》GB 50111 的有关规定执行；

4）采用反应位移法计算地震作用时，应首先分析地层在地震作用下，在隧道不同深度产生的地层位移、调整地层的动抗力系数、计算地下结构自身的惯性力，并直接作用于结构上分析结构的反应。

8. 对于地震时可能产生液化的土层，结构设计时应同时考虑液化和不液化两种工况。

9. 地下结构施工阶段，可不计地震作用。

10. 应根据地下结构的特性、使用条件和重要性程度，按照现行国家标准《地铁设计规范》GB 50157 相关规定确定结构的抗震等级。

【条文说明】1. 断面大小接近车站断面的地下结构应按车站的抗震等级确定；

2. 在地下结构上部有整建的地面结构时，地下结构的抗震等级不应低于地面结构的抗震等级。

11. 地下结构的抗震体系和抗震构造要求应符合下列规定：

1）地下结构的规则性宜符合下列要求：

① 地下结构宜具有合理的刚度和承载力分布；

② 地下结构下层的截面尺寸不宜小于上层；

③ 地下结构及其抗侧力结构的平面布置宜规则、对称、平顺，并应具有良好的整体性；

④ 在结构断面变化较大的部位，宜设置能有效防止或降低不同刚度的结构间形成牵制作用的防震缝或变形缝。缝的宽度应符合防震缝的要求。

2）地下结构各构件之间的连接，应符合下列要求：

① 构件节点的破坏，不应先于其连接的构件；

② 预埋件的锚固破坏，不应先于连接件；

③ 装配式结构构件的连接，应能保证结构的整体性。

12. 地下结构抗震构造措施按现行国家标准《铁路工程抗震设计规范》GB 50111、《地铁设计规范》GB 50157、《混凝土结构设计规范》GB 50010、《建筑抗震设计规范》GB 50011、《城市轨道交通结构抗震设计规范》GB 50909、《地下结构抗震设计标准》GB/T 51336 中有关规定执行。当遇到下列情况时，宜进行加强处理：

1）大断面的明挖地下结构；

2）埋置于Ⅴ、Ⅵ级围岩中的暗挖地下结构；

3）结构处于不同土层中时；

4）结构处于可能液化或易发生位移的地层中时；

5）结构刚度或形状突变时；

6）结构重叠段或交叉部位；

13. 当围岩中包含有可液化土层或基底处于可产生震陷的软黏土地层中时，应采取提高地层的抗液化能力，且保证地震作用下结构物的安全的措施。

17.4.7　耐久性设计按下列条款进行：

1. 永久结构应按现行国家标准《混凝土结构设计规范》GB 50010 要求进行耐久性设计。

2. 地下结构的工程材料应根据结构类型、受力条件、使用要求和所处环境等选用，并考虑可靠性、耐久性和经济性；主要受力结构应采用钢筋混凝土材料，必要时也可采用其他金属材料结构或组合结构。

3. 混凝土材料的原材料和配比、最低强度等级、最大水胶比和单位体积混凝土的胶凝材料最小用量等应符合相关规范的耐久性基本要求，同时满足抗裂、抗渗、抗冻和抗侵蚀的需要。

4. 混凝土的最低强度等级和钢筋的混凝土保护层厚度应根据结构类别、环境条件和耐久性要求等确定，并应符合下列规定：

1）最外层钢筋的混凝土保护层的厚度不得小于钢筋的公称直径。

2）在一、二a、二b环境条件下地下结构最低混凝土强度等级和钢筋的保护层厚度应同时符合表17.4.7-1的规定。

地下结构混凝土的强度及钢筋的混凝土保护层的最小厚度 c（mm）　表17.4.7-1

构件类别	结构构件	环境类别	最低混凝土强度等级	最外层钢筋最小保护层厚度
板、墙、壳等面形构件	明挖结构中板、中墙、楼梯、站台板	一	C35	30
	侧墙、顶板、底板	二a	C35	迎土侧45，背土侧35
		二b	C40	
	钢筋混凝土管片		C50	迎土侧35，背土侧25
梁、柱等条形构件	中梁	一	C35	30
	中柱	一	C40	30
	顶梁、底梁、边梁、壁柱	二a	C35	迎土侧45，背土侧35
		二b	C40	迎土侧50，背土侧35
灌注桩	临时结构		C30	70
	永久结构	二a	C35	
		二b	C40	

注：1. 表中永久构件按现行国家标准《混凝土结构设计规范》GB 50010划分其环境等级，具体环境等级高于本表时，应以实际为准。

2. 对表中构件处于二b环境时，可按最低混凝土强度等级降低一级（采用C35）、最外层钢筋保护层厚度增加5mm；但应按规范要求核实保护层厚度，注意计入梁、柱的边角效应。

3. 三、四、五类环境下的构件，其最低混凝土强度等级应符合专门标准的有关规定。

5. 单位体积混凝土的胶凝材料用量（最大水胶比、混凝土的胶凝材料最小用量）见表17.4.7-2的规定。

结构混凝土材料的耐久性基本要求　表17.4.7-2

强度等级	最大水胶比	胶凝材料最小用量（kg/m³）
C30	0.50	280
C35	0.45	320
C40	0.45	320
C45	0.40	340
C50	0.36	360

注：表中数据适用于最大骨料粒径为20mm的情况，骨料粒径较大时宜适当降低胶凝材料用量，骨料粒径较小时可适当增加。

6. 配制耐久混凝土的水泥可采用硅酸盐水泥或普通硅酸盐水泥，其强度等级不低于42.5级；车站大体积浇筑的混凝土避免采用高水化热水泥。

7. 结构耐久性设计尚应按现行国家标准《混凝土结构设计规范》GB 50010及相关标准，对不同环境条件下混凝土结构及构件提出耐久性技术措施；提出结构使用阶段的检测与维护要求。

17.4.8 构造应符合下列要求：

1. 线路中洞门（含出入段线处洞门）的防洪设计按200年一遇洪水位设防要求执行。

2. 地下结构主要构件的耐火等级为一级。

3. 结构构件的选型应从便于结构受力、有利于减小因变形而引起有害应力的角度进行。

【条文说明】结构构件的外形应有利于通风和排水，避免水汽在混凝土表面的积聚，便于施工时混凝土的捣固和养护，减少荷载作用下或发生变形时的应力集中。

4. 结构的构造应有利于减小结构因变形而引起的约束应力，并仔细规划施工缝、变形缝的间距、位置和构造。结构的施工缝应尽量避开可能遭受最不利局部侵蚀环境的部位（如水位变动区和靠近地表的干湿交替区）。

5. 变形缝的设置应符合下列规定：

1）地下结构的变形缝可分为伸缩缝和沉降缝；

2）伸缩缝的形式和间距可根据围岩条件、施工工艺、使用要求，以及运营期间地铁内部温度相对于结构施工时的变化等，按类似工程的经验确定（伸缩缝的形式和间距可在综合考虑地层条件、施工工艺、使用特点等基础上参照当地类似工程经验确定）；

3）在区间隧道和车站结构中不宜设置沉降缝，当因结构、地基、基础或荷载发生变化，可能产生较大的差异沉降时，宜通过地基处理、结构措施或设置后浇带等方法，将结构的纵向沉降曲率和沉降差控制在整体道床和地下结构的允许变形范围内；道岔转辙器部位和辙叉部位、扶梯范围内不能设置结构沉降缝，楼梯跨过结构沉降缝时需特别处理；

4）在车站结构与出入口通道、风道等附属结构的结合部宜设置变形缝；不允许两部分之间出现影响结构正常使用的差异沉降；

5）应采取可靠措施，确保变形缝两边的结构不产生影响行车安全和正常使用的差异沉降。

【条文说明】1. 处于同一持力层的车站主体与出入口通道等附属建筑的结合部位可不设置变形缝。

2. 节点换乘车站主体结构原则上不设置变形缝。

3. 变形缝的宽度可根据工程地质及水文地质、结构的刚度、结构的纵向伸缩量、防水能力和施工工艺等确定，一般为20mm。

6. 施工缝的设置应符合下列规定：

1）现浇混凝土及钢筋混凝土结构的横向分段浇筑的施工缝的位置及间距应结合结构形式、受力要求、施工方法、气象条件及变形缝的间距等因素，按类似工程的经验确定。施工缝间各结构的混凝土应间隔浇筑，并应加设端头模板。

2）施工缝的位置应结合施工组织安排，尽量留在剪力较小且便于施工的部位，宜与变形缝、后浇带相结合，并注意保持结构内部设施（如水池、电梯井、出入口等）的完整性。原则上缝间距宜参照类似工程的成功经验确定，一般控制在15m以内，其位置的选定需结合结构受力一并考虑，一般情况下顶、中、底板不得设置纵向施工缝。

【条文说明】车站和明挖区间的现浇结构的纵向设缝距离，当采取较为有效的工程措施后，如设置后浇带、间隔跳槽施工、用膨胀加强带、采用补偿收缩混凝土等，在有效地减小混凝土的温度应力和收缩应力、确保避免发生有害裂缝后，可不设或少设缝。原则上地下车站主体结构不设变形缝。

7. 明挖法施工的地下结构周边构件和中楼板每侧暴露面上分布钢筋的配筋率不宜低于0.2%，同时分布钢筋的间距也不宜大于150mm。当混凝土强度等级大于C60时，分布钢筋的最小配筋率宜增加0.1%。

8. 后砌的内部承重墙和隔墙等应与主体结构可靠拉结，轻质隔墙应与主体结构连结。

17.5 工程防水

17.5.1 防水设计原则及标准：

1. 地下工程的防水设计应进行专项设计，并符合下列规定：

1）应根据气候条件、工程地质和水文地质状况、环保要求、结构特点、施工方法、使用要求等因素采用全部或局部增设防水层以及其他防水措施形成完整的防水体系。

2）应根据地下结构所处环境类别及作用等级提出相应的防水混凝土抗渗等级、适宜的防水层设计方案和其他技术指标、质量保证措施。

3）对出地面的地下工程的防水设防高度，应满足所处区域防洪标高并不小于室外地坪高程300mm以上，并做好周边防排水系统、地面挡水、截水系统及工程各种洞口的防倒灌措施。

【条文说明】1. 地下工程不仅受地下水、上层滞水、毛细管水等作用，也受地表水的作用，所处的环境较为复杂、恶劣，结构主体长期浸泡在水中或受到各种侵蚀介质的侵蚀以及冻融、干湿交替的作用，易使混凝土结构随着时间的推移，逐渐产生劣化，各种侵蚀介质对混凝土的破坏与混凝土自身的透水性和吸水性密切相关。一旦结构抗渗性能下降，易发生结构渗漏水现象，导致电气和通信信号设备故障、轨道等金属构件锈蚀，同时地下水中的侵蚀性介质使结构劣化，使混凝土结构开裂、剥落，导致结构的耐久性下降，影响地铁的安全运营。地下轨道交通工程是一项重要、投资较大、要求使用年限长的工程，为确保这些工程的使用寿命，单靠用防水混凝土来抵抗地下水的侵蚀其效果有限，而防水混凝土和其他防水层结合使用形成较为封闭的防水空间则可较好地解决这一矛盾，因此应做工程防水专项设计形成完整的防水体系。

2. 考虑到地下工程不能单纯以地下最高水位来确定工程防水标高，对重要出地面的地下工程（指出入口、风亭、区间泵房等）的设防高度，应具有地面防、排水的功能要求。

2. 地下工程应以混凝土结构自防水为主，以混凝土结构施工缝、变形缝、诱导缝、后浇带、外部预埋管件防水为重点，并辅以加强防水层，满足结构使用要求。

【条文说明】地下工程的防水可分为两部分内容，一是结构主体防水，二是细部构造特别是施工缝、变形缝、诱导缝、后浇带的防水。目前结构主体采用防水混凝土结构自防水其防水效果尚好，而细部构造，特别是施工缝、变形缝的渗漏水现象较多，工程界有所谓“十缝九漏”之说。针对目前存在的这种情况，明挖、矿山法法施工时不同防水等级的地下工程防水方案分为四部分内容，即主体、施工缝、后浇带、变形缝进行规定。

3. 地下工程防水等级应符合下列规定：

1）地下车站、行人通道和机电设备集中区段的防水等级应为一级，不得渗水，结构表面应无湿渍；

2）区间隧道及连接通道等附属的隧道结构防水等级应为二级，顶部不得滴漏，其他部位不得漏水；结构表面可有少量湿渍，总湿渍面积不应大于总防水面积的 2/1000，任意 100m^2 防水面积上的湿渍不应超过 3 处，单个湿渍的最大面积不应大于 0.2m^2；

3）隧道工程中漏水的平均渗漏量不应大于 0.05L/m^2 · d，任意 100m^2 防水面积渗漏量不应大于 0.05L/m^2 · d。

4. 地上工程结构防水应遵循“保障功能，构造合理，防排结合，环保耐用”的原则，防水设计应符合下列规定：

1）高架桥面应设柔性防水层，并应设置顺畅的排水系统；

2）车站附属混凝土屋面防水设计等级宜采用Ⅰ级；

3）车辆基地的建筑屋面、车辆段上盖物业平台的结构防水，应符合现行国家标准《屋面工程技术规范》GB 50345 的有关规定。

【条文说明】1. 地上工程的防水内容主要是外围护、屋面系统的防水，其作用借以抵抗风雨日晒为建筑的耐久性和安全性提供保证，因此保障功能在设计中具有重要的意义和作用；由于建筑外围护、屋面系统构造组成层次较多，除考虑相关构造层的匹配和相容外，尚应考虑构造层间的相互支持，方便施工、维修，因此构造合理是提高工程寿命的重要措施。

2. 地上工程防水和排水是一个问题的两个方面，考虑防水的同时应考虑排水，应先让水顺利、迅速地排走，不至于积水，也是提高防水功能的有效措施，因此防排结合是地上工程防水概念设计的主要内容；由于新型防水建筑材料的不断出现，应掌握各种材料的性能，采用适宜、经济、环保、可靠的防水材料确保结构功能使用的耐久性。

3. 考虑到地铁车站附属工程主要为人流出入以及风亭内部设备的运行需求的重要程度，尽量提高防水设计使用年限，故要求车站附属的混凝土屋面防水等级宜采用Ⅰ级。

17.5.2 防水体系：

1. 明挖法施工的地下结构防水，应采用钢筋混凝土结构自防水，并应根据结构型式局部或全部增设防水层或采取其他防水措施。

2. 明挖法施工的地下结构防水措施应符合表 17.5.2 的规定。

明挖法施工的地下结构防水措施表　　表 17.5.2

工程部位	主体					施工缝					后浇带						变形缝（诱导缝）						
防水措施	防水混凝土	防水砂浆	防水卷材	防水涂料	膨润土防水材料	遇水膨胀止水条	外贴式止水带	中置式止水带	水泥基渗透结晶型防水材料	预埋注浆管	补偿收缩防水混凝土	外贴式止水带	预埋注浆管	防水涂料	遇水膨胀止水条	防水密封材料	中置式止水带	外贴式止水带	可卸式止水带	防水密封材料	外贴防水卷材	外涂防水涂料	预埋注浆管

续表

工程部位		主体		施工缝		后浇带		变形缝(诱导缝)
防水等级	一级	必选	应选一至二种	应选二种	必选	应选二种	必选	应选二至三种
	二级	必选	应选一种	应选一至二种	必选	应选一至二种	必选	应选一至二种

【条文说明】明挖法施工时不同防水等级的地下工程防水方案分为四部分内容，即主体、施工缝、后浇带、变形缝（诱导缝）。对于结构主体，其防水采用目前普遍应用的防水混凝土自防水结构，当工程的防水等级为一级时，应再增设一至两道其他防水层，当工程的防水等级为二级时，可视工程所处的地质条件、环境条件等不同情况，应再增设一道其他防水层。对于施工缝、后浇带、变形缝（诱导缝）防水等级越高采用的措施越多，一是解决缝隙渗漏率高的状况，二是多种措施有效互补、增强防水效果保证施工质量。

3. 复合墙结构防水应符合下列规定：

1）结构顶、底板迎水面防水层与侧墙防水层宜形成整体密封防水层，并应根据不同部位设置与其相适应的保护层；

2）车站主体结构与人行通道、通风道以及区间隧道等结合部位，应根据结构构造型式选择相匹配的防水措施；

3）车站与区间隧道所选用的不同防水层应能相互过渡粘结或焊接，应使其形成连续整体密封的防水体系。

【条文说明】复合墙的内衬墙与围护结构之间设置了防水层，因此内衬墙与围护结构之间是完全分开的。顶板、侧墙和底板防水层应封闭，形成外包防水体系，并根据防水层种类和设置部位的不同，选择合理的防水层临时或永久保护措施。而车站和出入口通道、通风道以及区间隧道的接口部位的防水层甩槎容易在后续浇筑内衬混凝土和破除围护结构时出现破损，造成主体和附属结构之间防水层接槎困难，因此应对该处防水层甩槎采取合理的保护措施及防水加强措施。而车站和附属结构及区间隧道由于工法的不同，采用的防水层材料种类有可能不同，不同防水层材料应采取合理措施做到密封过渡，使防水层形成连续封闭的防水体系。

4. 防水层宜选用不易窜水的防水材料或防水系统。

5. 利用围护结构施做顶板盖挖施工及采用地下连续墙和防水混凝土内衬的复合式逆筑结构应符合本技术措施的有关规定外，并满足以下规定：顶板、楼板及下部 500mm 的墙体应同时浇筑，墙体的下部应做成斜坡形；斜坡形下部应预留 300mm～500mm 空间，待下部先浇混凝土施工 14d 后再行浇筑；浇筑前所有缝面应凿毛，清除干净，并设置遇水膨胀止水条（胶）和预埋注浆管，上部施工缝设置遇水膨胀止水条时，应使用胶粘剂和射钉（或水泥钉）固定牢靠。浇筑混凝土应采用补偿收缩混凝土（图 17.5.2）。

【条文说明】为确保整个工程防水等级要求，必须做好逆接施工缝的防水；考虑到盖挖施工工序的特点，逆接施工缝采用土胎膜容易做成斜坡形并采用补偿收缩混凝土二次进行浇注，以确保逆接施工缝的防水质量。

17.5.3 结构自防水：

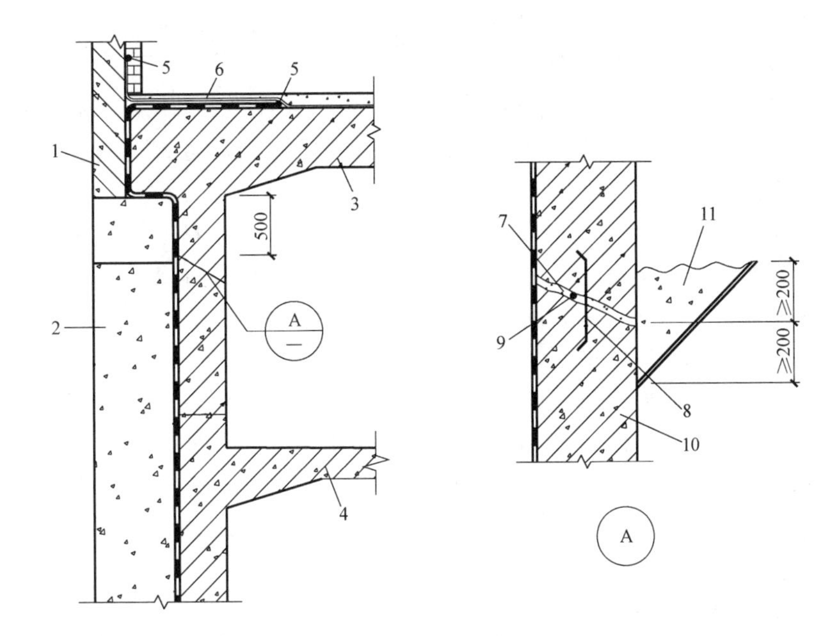

图 17.5.2 盖挖法施工防水构造

1—挡土墙；2—围护结构；3—顶板；4—楼板；5—密封胶；6—附加防水层；7—粘结剂（界面剂）；8—钢板止水条；9—注浆管；10—补偿收缩混凝土；11—应凿除的混凝土

1. 地下工程防水混凝土的设计抗渗等级应符合表 17.5.3 的规定。

防水混凝土的设计抗渗等级表 **表 17.5.3**

结构埋置深度(m)	设计抗渗等级	
	现浇混凝土结构	装配式钢筋混凝土结构
$h<20$	P8	P10
$20\leqslant h<30$	P10	P10
$30\leqslant h<40$	P12	P12

【条文说明】混凝土的抗渗性是指抵抗压力水、油、液体渗透的能力。混凝土渗水程度的大小直接影响其耐久性，它是反映混凝土耐久性的一个重要特征指标。根据表中要求的地下工程混凝土设计抗渗等级，在各地地下工程应用及施工实践经验看，效果较好。本次编制对于埋置深度不小于 30m 混凝土抗渗设计等级均采用 P12，主要是考虑到高抗渗等级的防水混凝土水泥用量要相应增加，从而混凝土硬化时其水化热的产生量也相应增大，如果施工中不采取相应措施，则极易使混凝土产生裂缝而使工程渗漏。

2. 防水混凝土的环境温度不得高于 80℃；对结构处于侵蚀性环境中时，防水混凝土应满足以下要求：

1）对于氯化物环境中的重要配筋混凝土结构工程，现浇钢筋混凝土结构的抗氯离子扩散系数不宜大于 $4\times10^{-12}m^2/s$，装配式钢筋混凝土结构的氯离子扩散系数不宜大于 $3\times10^{-3}m^2/s$；

2）对于化学腐蚀环境中的重要配筋混凝土结构工程，现浇钢筋混凝土结构的抗盐类结晶破坏性能不小于 KS150，必要时可在混凝土表面施加环氧树脂涂层、设置水溶性树脂砂浆抹面层或铺设其他防腐蚀面层。

【条文说明】1. 根据实验结果，当防水混凝土用于具有一定温度的工作环境时，其抗渗性随着温度提高而降低，当温度超过 250℃时，混凝土几乎失去抗渗能力，因此规定防水混凝土使用温度不得高于 80℃。

2. 地铁工程主体结构的耐久性要求高于一般地下工程，而防水混凝土的耐久性与混凝土的抗渗等级和其所处周边环境中作用密切相关；环境中的氯化物以水溶氯离子的形式通过扩散、渗透和吸附等途径向混凝土内部迁移，引起混凝土内钢筋的锈蚀；而地下水、土中的硫酸盐和酸类以及大气中的盐分、硫化物、氮氧化合物等污染物质，对混凝土的腐蚀主要是化学盐类腐蚀，因此除了提出了混凝土的抗渗等级要求外，参考了《混凝土结构耐久性设计规范》GB/T 50476—2008、《铁路混凝土结构耐久性设计规范》TB 10005—2010 的相关条款，增加了对防水混凝土处于氯化物环境（环境作用等级为 E 级）中的氯离子扩散系数指标，以及化学腐蚀环境条件下对防水混凝土性能的要求。

17.5.4 结构外防水：

1. 地下工程结构的防水层应根据环境条件、结构构造型式、施工工法、防水等级要求，选用卷材防水层、涂料防水层、塑料防水板防水层、膨润土防水层等；防水层应设置在结构迎水面或复合式衬砌之间。

【条文说明】考虑到混凝土在地下工程中会受地下水侵蚀，其耐久性会受到影响。现在我国地下水特别是浅层地下水受污染比较严重，而防水混凝土又不是绝对不透水的材料，据测定抗渗等级为 P8 的防水混凝土的渗透系数为 $(5\sim8)\times10^{-10}$cm/s。所以地下水对地下工程的混凝土、钢筋的侵蚀破坏已是一个不容忽视的问题。为确保这些工程的使用寿命，单靠用防水混凝土来抵抗地下水的侵蚀，其效果有限，而防水混凝土和其他防水层结合使用则可较好地解决这一问题。

2. 防水层的设置方式应符合下列要求：

1）卷材防水层宜为 1 层或 2 层。

2）高聚物改性沥青防水卷材应采用双层做法，总厚度不宜小于 7mm。

3）自粘聚合物改性沥青防水卷材宜采用双层做法，无胎基卷材的各层厚度不宜小于 1.5mm，聚酯胎基卷材的各层厚度不宜小于 3mm。

4）合成高分子防水卷材单层使用时，厚度不宜小于 1.5mm；双层使用时，总厚度不宜小于 3.0mm。

5）膨润土防水毯的天然钠基膨润土颗粒净含量不应小于 5.5kg/m^2。

6）沥青基聚酯胎预铺防水卷材的厚度不宜小于 4mm；合成高分子预铺防水卷材的厚度不宜小于 1.5mm。

7）塑料防水板的厚度不宜小于 1.5mm。

8）聚乙烯丙纶复合防水卷材应采用双层做法，各层材料的芯材厚度不得小于 0.5mm。

9）卷材及其胶粘剂应具有良好的耐水性、耐久性、耐穿刺性、耐侵蚀性和耐菌性，其胶粘剂的粘结质量应符合现行国家标准《地下工程防水技术规范》GB 50108 的有关规定。

10）涂料防水层应根据工程环境、气候条件、施工方法、结构构造型式、工程防水等级要求选择防水涂料品种，并应符合下列规定：

① 潮湿基层宜选用与潮湿基面粘结力大的有机防水涂料或水泥基渗透结晶型防水涂料、聚合物改性水泥基等无机防水涂料，或采用先涂无机防水涂料而后涂有机防水涂料的复合涂层；

② 有腐蚀性的地下环境宜选用耐腐蚀性好的反应型涂料，涂料防水层的保护层应根据结构具体部位确定；

③ 选用的涂料品种应具有良好的耐水性、耐久性、耐腐蚀性及耐菌性，且无毒或低毒、难燃、低污染；无机防水涂料应具有良好的湿干粘结性、耐磨性，有机防水涂料应具有较好的延伸性及适应基层变形的能力；

④ 无机防水涂料厚度宜为 2mm～4mm，有机防水涂料厚度宜为 1.2mm～2.5mm。

【条文说明】卷材防水层应根据施工环境条件等因素选择材料品种和设置方式，同时强调卷材防水层必须具有足够的厚度，以保证防水的可靠性和耐久性。通过在国内地铁工程中的大量采用，其防水效果综合评价较好，本条仍沿用《地铁设计规范》GB 50157—2013 的规定。

3. 结构防水层保护层的设计，应符合下列规定：

1）顶板防水层上的细石混凝土保护层厚度不宜小于 100mm，并在两者之间设置隔离层；

2）底板防水层上的细石混凝土保护层厚度不应小于 50mm，卷材防水层采用预铺反粘法施工时，可不做保护层；

3）侧墙防水层宜采用软质保护材料或铺抹 20mm 厚的 1∶2.5 水泥砂浆以及其他有效的保护措施。

【条文说明】防水层的施工虽是地下工程施工过程中的一道工序，其后续工序，如回填、底板侧墙绑扎钢筋、浇筑混凝土等均有可能损伤已做好的防水层；顶板保护层细石混凝土规定较厚，主要考虑顶板上部使用机械碾压回填土，保护层和防水层间设隔离层，主要是防止保护层伸缩对防水层的破坏。

4. 防水等级为一级的顶板有种植要求的防水层设计，应符合下列规定：

1）顶板防水层上应铺设耐根穿刺防水层，并按 17.5.4 条 3 款要求设置保护层；耐根穿刺层防水材料的选用应符合国家相关标准的规定或具有相关权威检测机构出具的材料性能检测报告。

2）种植土中的积水宜通过设置盲沟排至周边土体或建筑、市政排水系统。

【条文说明】1. 顶板防水层上设置耐根穿刺防水层目的是防止植物根系刺破防水层，《种植屋面工程技术规程》JGJ 155—2013 中规定了耐根穿刺防水材料的种类和物理性能指标。

2. 种植土中有时因降水会形成滞水，当积水到一定高度并浸没植物根系，可能导致根系腐烂，因此有必要设置排水层并与各部分排水系统综合考虑。

5. 新材料、新技术、新工艺，应经过试验、检测和鉴定，并应具有工程应用实际效果后再采用，防水材料的厚度应根据其物理力学性能结合施工工艺等因素确定。

17.5.5 接缝防水：

1. 施工缝防水应符合下列规定：

1）施工缝应选用满足工程所处环境要求的止水类产品，当用于水平施工缝时，宜选用本体刚度较大的止水带产品，纵、横向施工缝止水带应按设计要求做好搭接。

2）按照采取半幅盖挖施工的顶板纵向贯通施工缝防水应加强防水措施，比如增加钢板止水带等，并根据纵向分缝的位置合理选择企口的方向。

3）复合墙结构的环向施工缝设置间距不宜大于24m，叠合墙结构的环向施工缝设置间距不宜大于12m。

4）墙体水平施工缝应留在高出底板表面不小于300mm的墙体上。拱（板）墙结合的水平施工缝宜留在拱（板）墙接缝线以下150mm～300mm处。施工缝距孔洞边缘不应小于300mm。

5）水平施工缝浇灌混凝土前，应先将其表面浮浆和杂物清除，先铺净浆或涂刷界面处理剂、水泥基渗透结晶型防水涂料，再铺30mm～50mm厚的1∶1水泥砂浆，并应及时浇筑混凝土；垂直施工缝浇筑混凝土前，应将其表面凿毛并清理干净，并应涂刷混凝土界面处理剂或水泥基渗透结晶型防水涂料，同时应及时浇筑混凝土。

6）盖挖逆作法施工的结构板下墙体水平施工缝，宜采用遇水膨胀止水条（胶），并配合预埋注浆管的方法加强防水。

7）在支模和绑扎钢筋过程中，钢丝、铁钉等杂物掉入缝内应及时清除掉，并将施工缝积水清除，防止浇筑上层混凝土后新旧混凝土之间形成薄弱夹层。

8）应采用合适的下料方法，避免骨料集中于施工缝处。

2. 变形缝防水应符合下列规定：

1）变形缝处的混凝土厚度不应小于300mm，当遇有变截面时，接缝两侧各500mm范围内的结构应进行等厚等强处理。

2）变形缝处采取的防水措施应能满足接缝两端结构产生的差异沉降及纵向伸缩时的密封防水要求。

3）变形缝部位设置的止水带应为中孔型或Ω型，宽度不宜小于300mm。

4）顶板与侧墙的预留排水凹槽应贯通。

5）设备区地面变形缝排水沟参考出入口变形缝取消防水卷材和盖板，地面装饰材料根据实际情况调整。

6）有人防要求的变形缝，需按人防要求预埋钢板。

7）变形缝处混凝土模板的拆除宜在浇筑完成24h后进行，以确保变形缝处混凝土的成型质量。

8）橡胶止水带的运输施工应小心轻放，禁止拖拉硬拽，以防止钉子、钢筋等锐器扎伤止水带。

9）变形缝内严禁掉入砌筑砂浆和其他杂物，缝内应保持洁净、贯通，按设计图纸要求对缝内进行填充。

10）外贴式止水带安装位置要准确。

11）混凝土施工完毕应及时养护，以确保混凝土的强度。

12）预埋好的止水带应注意成品保护，避免在完全埋入混凝土前遭到损坏。

3. 后浇带防水应符合下列规定：

1）后浇带应设在受力和变形较小的部位，间距宜为30m～60m，宽度宜为

700mm～1000mm。

2）后浇带可做成平直缝、阶梯形或楔形缝；后浇带应采用补偿收缩防水混凝土浇筑，其强度等级不应低于两侧混凝土；后浇带应在两侧混凝土龄期达到42d后再施工。

3）后浇带两侧的接缝宜采用中埋式止水带、外贴式止水带、预埋注浆管、遇水膨胀止水条（胶）等方法加强防水。

4. 桩头防水应符合下列规定：

1）桩头选用的防水材料应具有能够增加混凝土的密实性、与桩头混凝土和钢筋的良好粘结性、耐水性和湿固化性等性能。

2）桩头刚性防水层与底板柔性防水层应形成连续、封闭的防水体系。

3）抗拔桩桩头钢筋根部采用膨胀聚氨酯密封胶密封；桩头在浇筑结构纵梁（或底板）前先涂刷渗透性结晶防水涂料（用量≥1.5kg/m^2），再涂刷一道环氧浆。

4）抗拔桩桩头破除后应凿毛，并将残渣冲洗干净，使新旧混凝土结合牢固。

5）桩头表面应涂刷水泥基渗透性防水涂料。

6）施工过程中应加强对注浆管的保护。

5. 穿墙管防水应符合下列规定：

1）穿墙管可根据变形量大小，采用固定式防水法和套管式防水法，套管（或主管）均应设置止水环。

2）钢套管、穿墙管在运输、堆放、吊装的过程中必须采取措施，防止变形。

3）在管道穿过防水混凝土结构处预埋套管，套管上加焊止水环，套管与止水环必须一次浇固于墙体内，固定的混凝土要求浇捣密实。

4）安装穿墙管道时，对于刚性套管，先将管道穿过预埋套管，按图将位置尺寸找准并临时固定，一端以金属箍将套管及穿墙管箍紧，从另一端将套管与穿墙管之间的缝隙用密封胶填塞密实。

5）穿墙管伸出外墙的部位，应采取有效措施防止回填时将管道损坏。

6. 新旧混凝土防水处理应符合下列规定：

1）需对既有结构的防水层完整性进行评估，若既有防水层已被破坏或与原设计图纸不符，应及时进行调整。

2）施工过程中应注意对原结构防水层的保护，发现结构防水层破损应及时修补，封闭前进行验收。

3）新结构连接处防水层需剥除，注意保护原防水材料，以留出搭接长度。

4）对新旧混凝土施工缝的防水，没有条件设置钢板止水带，除结构钢筋连成整体外，内部应设置遇水膨胀止水条、外部设置防水加强层（素混凝土外包裹层等）、混凝土接口内预留后期方便操作的注浆管。

5）新旧混凝土结合部位，在装修时应设置横截沟，保证施工缝的漏水有组织排水，横截沟底部不设置防水层、两侧设置防水层。

6）遇水膨胀止水条（胶）应与接缝表面密贴。

17.5.6 变形缝辅助排水措施设置应符合下列规定：

1. 顶部和侧墙位置变形缝接水槽应全面密封包裹变形缝，防止因变形缝施工不规则、坡度误差造成接水槽漏水，同时接水槽下部应有有效的排水措施。

2. 出入口变形缝底部增设混凝土排水沟（宽 200mm）疏排渗漏水，变形缝处防水卷材断开，与新增排水沟进行搭接。同时增设与出入口地砖一致的不锈钢包边盖板，增设提拉孔和泄水孔。